马远航　陈志伟　编著

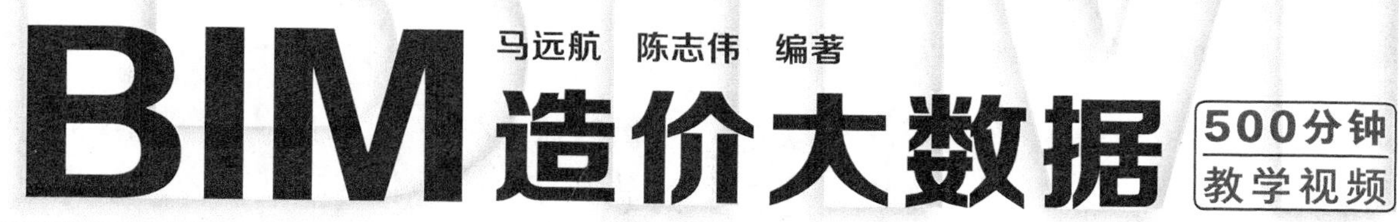

GTJ2018+BIM5D建模与交互实战

人民邮电出版社
北　京

图书在版编目（CIP）数据

BIM造价大数据 ：GTJ2018+BIM5D建模与交互实战 / 马远航，陈志伟编著. -- 北京 ：人民邮电出版社，2020.10(2021.10重印)
ISBN 978-7-115-54355-4

Ⅰ. ①B… Ⅱ. ①马… ②陈… Ⅲ. ①建筑工程－工程造价－应用软件 Ⅳ. ①TU723.3-39

中国版本图书馆CIP数据核字(2020)第124402号

内容提要

本书基于 BIM 技术在造价管理中“理论—建模—交互—应用”的定位，根据实际业务操作的顺序进行介绍，共分为 8 章。第 1 章主要介绍 BIM 及 BIM 造价的概念和特点，分析了国内外的 BIM 造价类软件和 BIM 在全过程造价管理中的应用；第 2 章主要介绍 BIM 和造价数据的来源及其相关标准；第 3～4 章以一个具体的实战为例，分别介绍某工程的手工建模和快速建模方式；第 5 章主要介绍运用 Revit、GTJ2018 和 BIM5D 完成造价数据交互的具体实战流程；第 6 章主要介绍 BIM 技术在全过程造价管理中的实际应用场景；第 7 章借助 DBB 项目管理模式中实际的造价业务场景，主要介绍运用 BIM5D 快速完成业务处理的具体方法；第 8 章主要介绍大数据的相关概况，以及 BIM 技术在工程造价中涉及的工程量、价格指标大数据的应用。

本书适合 BIM 造价建模及应用人员、传统工程造价及相关岗位人员、数字造价深度应用人员、工程及工程经济类相关专业（工程管理、工程造价和建筑工程技术等专业）在校学生、BIM 管理人员，以及房地产开发、建筑施工、工程造价和项目管理人员等阅读、学习及参考。

◆ 编　　著　马远航　陈志伟
　责任编辑　刘晓飞
　责任印制　马振武

◆ 人民邮电出版社出版发行　　北京市丰台区成寿寺路 11 号
　邮编　100164　　电子邮件　315@ptpress.com.cn
　网址　https://www.ptpress.com.cn
　固安县铭成印刷有限公司印刷

◆ 开本：787×1092　1/16
　印张：17.5
　字数：580 千字　　2020 年 10 月第 1 版
　印数：2 001－2 200 册　　2021 年 10 月河北第 2 次印刷

定价：69.00 元

读者服务热线：(010)81055410　印装质量热线：(010)81055316
反盗版热线：(010)81055315
广告经营许可证：京东市监广登字 20170147 号

本书导读

本书包含了 BIM 与造价大数据的“理论—建模—交互—应用”全过程造价管理的内容，读者在学习本书时，可以借助下图快速进入学习状态。

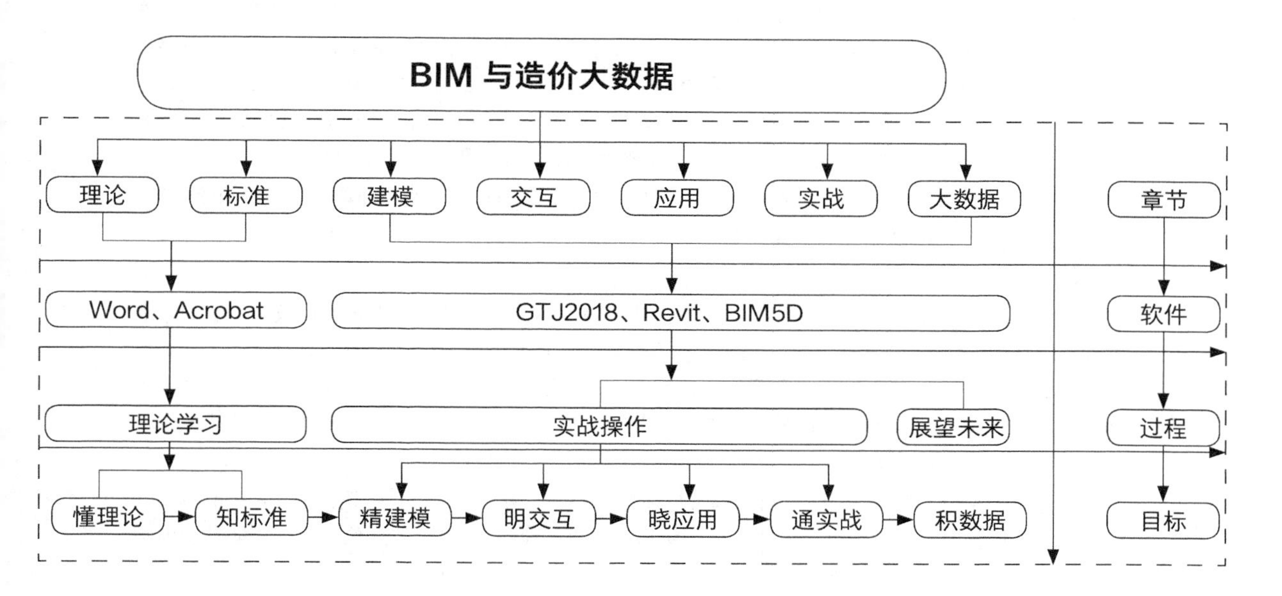

本书以一个实际项目为基础，按照某高层住宅建筑的造价处理展开业务实操，讲解了一个项目从基础数据的建立到项目落地的全过程，主要分为理论、标准、建模、交互、应用、实战和大数据 7 个部分，采取“理论 + 应用”的模式贯穿始终，同时重点剖析了模型搭建的技术点和造价数据的应用点。

读者通过理论部分和标准部分学习专业基础知识的同时，可在 BIM 应用于造价业务的实操中掌握软件的操作和建模标准文件的编制。建模部分可建立造价业务算量的数据，主要通过“手工建模 + 快速建模”的方法在 GTJ2018 平台完成基础数据模型的建立，搭建精准的模型，为后续章节的交互数据提供基础准备资料。每个章节按照任务划分，有明确的任务情景和任务要求，并通过图纸的分析和软件工具的讲解帮助读者完成一个完整的项目。交互部分介绍了提供基础数据模型转换的方法、完成 BIM 造价应用集成数据需要的交互资料，以及满足实战部分要求的交互数据。基于已有的基础资料，读者就可以阅读应用部分的内容，学习 BIM 技术在实际造价管理中的应用点，并且通过了解项目落地的具体流程，在进行实战前通晓应用部分的学习目标。实战部分将通过 BIM5D 平台工具，根据基础数据完成项目的数据集成，保证项目施工的正常进行。

最后的大数据部分为笔者多年来的经验总结，提出了未来 BIM 的发展方向，主要体现在造价管理中对信息集成的转变。通过企业级（应用场景）造价大数据的归集及应用处理，完成企业大数据造价指标数据的查询、处理等过程，为实现传统造价向数字造价的发展提供理论依据。

本书以理论联系实际，并根据实际操作业务的需求安排章节顺序，帮助读者完成 GTJ2018 的建模、其他数据的交互和 BIM5D 软件的集成数据，实现 BIM 技术在造价管理中的应用。

推荐序

随着建筑业的转型升级，传统的建造方式逐渐被数字技术替代，如今的工程管理人员若再不适应前沿技术、探索新领域，很可能会被这个时代所淘汰。

因此，为了适应建筑项目的管理要求，传统的工程管理必须向数字管理进发。数字项目管理是数字化技术在工程建设管理领域的应用，旨在以项目为中心，为项目建设提供全面的、数字化的决策和管理工具，并为项目的各参与方提供个性化的用户界面和高效、安全的信息沟通渠道。同时，将项目资料进行数字化、网络化，以实现施工管理过程的智能化和可视化为发展目标，在项目进行的过程中实时地向系统反馈信息，并动态地加工、处理和修改项目资料。

基于传统建造向数字建造转变过程中引发的问题，本书为数字建造管理提供了一套 BIM 技术的解决方案，围绕 BIM 技术从建模、应用到建设项目大数据构建全过程这一主线展开，突出了以下特色。

一是定位于 BIM 深化，精准在数字造价。本书从一线从业者的角度对全过程数字造价的管理进行了较好的诠释，所有内容都是以 BIM 作为唯一的数据基础，再一步一步地进行深化，并对数据进行了专业应用，展现了数字化管理的思维。因此，基于工程管理（造价方向）在数字造价管理上的发展，本书的精准定位将带领相关从业者一步到位地学习未来数字造价管理的技能，帮助从业者提升传统业务的处理效率。

二是结构系统，案例实用。本书特有的“理论—方法—应用—实战—积累”的方法论，使其结构严谨。这种方式不仅能够深入浅出地帮助初学者更好地学习 BIM 与造价应用，还能系统地解决工程业务实操中的多种情景。

三是信息科技化，技术图像化。本书立足于让读者通过 BIM 技术在全过程造价管理中的业务学习与训练，形成完整的知识架构，并以思维导图的形式展开，使复杂的项目过程更加直观，也更容易理解。

四是操作不死板，技巧经验化。书中的相关制作和案例步骤，并非简单的工具应用和死板的制作步骤，而是作者在多年的 BIM 造价工程经验中总结出来的相关技巧，对业务的学习具有很强的指导意义，能够帮助从业人员适应行业未来发展的需求。在使用 BIM 处理造价业务时，可能会发现其与传统的业务处理方式有所不同，但是随着信息技术的发展、新领域的探索，这些操作方法一定比传统的操作方法更有效率、更实用。

BIM 作为数字造价的工具，能够为传统造价向数字造价管理的转变提供实用的解决方案，而本书对 BIM 与造价大数据全方位的讲解，符合行业的数字化发展需求，值得建筑、工程管理行业从业者深入学习，为行业的数字化发展培养更多的人才。

中国建设教育协会 BIM 专家委员会委员 赵彬

2019 年 7 月 1 日于重庆大学

前言

BIM 作为建筑行业向信息化转型的新技术，在国内经历了十几年的发展，已经从初期 1.0 时的三维可视化、管线综合的技术应用，逐步向“技术 + 现场 + 商务 + 建筑业”的 3.0 大数据的深度应用发展。BIM 的出现为建筑业向信息化的推进提供了数据载体，而项目管理的另一个分支——工程造价，也正在 BIM 的深入发展上蓄势待发。

笔者作为经历了多个造价管理项目的实践者，逐步从传统建筑业的造价人员变为 BIM 造价应用的管理人员，深知传统造价人员在工作过程中，常常通过加班来处理建模、提量、报价和商务文件的编制等事项，而完成这个过程需要重复进行构件的创建，并处理繁杂的技术资料，同时还要一遍遍地调整电子表格。这样不仅效率低下，而且还需要借助各种版本的工具，这也直接导致了数据与数据之间不能很好地进行交互，工程完成后的数据不可避免地形成数据孤岛等问题。工程造价管理是项目管理增值的重要工具，本书依托于 BIM 技术的发展，旨在借助新技术来帮助传统工程造价管理提升造价管控业务处理的效率，为造价专业人员减少重复的操作，并为烦琐的基础数据处理提供助力。

本书根据笔者多年的从业经验，遵循着“循序渐进—由浅入深—步步推进”的原则，以“一线多面”的讲解形式介绍 BIM 与造价大数据的具体应用。“一线”即以造价专业人员业务处理中常遇到的高层住宅工程作为唯一的基础模型数据线，使其贯穿全书的业务数据流，帮助读者更好地应对实际业务场景；“多面”即从 BIM 的理论、标准、建模、交互、应用、实战和大数据等多方面的专业内容来完成全面的 BIM 造价业务应用的介绍，旨在帮助读者掌握 GTJ2018 建模的具体业务处理和模型数据交互方式，最后集成于 BIM5D 平台，实现 BIM 造价的业务处理。本书在内容方面不仅能够帮助读者学习 BIM 及造价的理论知识，还能使读者掌握主流的 GTJ2018 建模技术和集成 BIM5D 平台数据的方法，达到解决实际造价业务的目的。因此，本书不仅仅是一本工程造价建模算量及交互的高效工具类图书，还是一本在全过程造价管理中应用 BIM 技术的管理类图书，读者可以定向查阅相关技术要点，并了解工程造价未来的数字化发展方向。

全书共分为 8 章，并以某高层住宅工程为主线贯穿，力求达到活学活用的目的。第 1 章主要介绍 BIM 及 BIM 造价的概念和特点，分析国内外的 BIM 造价类软件和 BIM 在全过程造价管理中的应用；第 2 章主要介绍 BIM 和造价数据的来源及其相关标准；第 3~4 章以一个具体的实战为例，分别介绍某工程的手工建模和快速建模方式；第 5 章主要介绍运用 Revit、GTJ2018 和 BIM5D 完成造价数据交互的具体实战流程；第 6 章主要介绍 BIM 技术在全过程造价管理中的实际应用场景；第 7 章借助 DBB 项目管理模式中实际的造价业务场景，主要介绍运用 BIM5D 快速完成业务处理的具体方法；第 8 章主要介绍大数据的相关概况，以及 BIM 技术在工程造价中涉及的工程量、价格指标大数据的应用。

本书能够为造价管理转型培养“懂理论、知标准、精建模、明交互、晓应用、通实战、积数据”的全方位数字造价管理人才，实现“数字造价、‘智’造未来”的目标！

本书由马远航、陈志伟编写，其中“建模篇”（第 3 章和第 4 章）由陈志伟完成，在此深表感谢。

虽然作者在编写的过程中力求叙述准确、完善，但是由于 BIM 技术、造价行业信息化发展更新迅速，并且作者自身水平有限，因此书中难免存在不足之处，希望读者能够就存在的问题予以指正。

马远航

2019 年 5 月

资源与支持

本书由“数艺设”出品，“数艺设”社区平台（www.shuyishe.com）为您提供后续服务。

配套资源

素材文件（实例所用的初始文件和图纸文件）　实例文件（实例的最终文件）

在线教学视频（实例和技法演示的具体操作过程）

资源获取请扫码

“数艺设”社区平台， 为艺术设计从业者提供专业的教育产品。

与我们联系

我们的联系邮箱是 szys@ptpress.com.cn。如果您对本书有任何疑问或建议，请您发邮件给我们，并请在邮件标题中注明本书书名及 ISBN，以便我们更高效地做出反馈。

如果您有兴趣出版图书、录制教学课程，或者参与技术审校等工作，可以发邮件给我们；有意出版图书的作者也可以到“数艺设”社区平台在线投稿（直接访问 www.shuyishe.com 即可）。如果学校、培训机构或企业想批量购买本书或“数艺设”出版的其他图书，也可以发邮件联系我们。

如果您在网上发现针对“数艺设”出品图书的各种形式的盗版行为，包括对图书全部或部分内容的非授权传播，请您将怀疑有侵权行为的链接通过邮件发给我们。您的这一举动是对作者权益的保护，也是我们持续为您提供有价值的内容的动力之源。

关于“数艺设”

人民邮电出版社有限公司旗下品牌“数艺设”，专注于专业艺术设计类图书出版，为艺术设计从业者提供专业的图书、U 书、课程等教育产品。出版领域涉及平面、三维、影视、摄影与后期等数字艺术门类，字体设计、品牌设计、色彩设计等设计理论与应用门类，UI 设计、电商设计、新媒体设计、游戏设计、交互设计、原型设计等互联网设计门类，环艺设计手绘、插画设计手绘、工业设计手绘等设计手绘门类。更多服务请访问“数艺设”社区平台 www.shuyishe.com。我们将提供及时、准确、专业的学习服务。

目录

第 1 章

理论概述

随着建筑业的不断转型与升级，BIM 技术的应用也从早期的三维可视化应用，逐步向精细化项目管理的深入应用转变，应用 BIM 的专业人员也从初期单一的技术人员向项目管理人员等全员参与转变。在近年来的 BIM 发展过程中，BIM 造价作为 BIM 技术在工程造价管理领域应用的分支，也从施工总承包单位向建设单位、咨询单位甚至是设计单位延伸，成为新时期全过程造价管理的重要技术工具。

知识要点

◎ 什么是 BIM 造价

◎ BIM 造价的特点

◎ BIM 造价软件介绍

◎ 基于 BIM 的全过程造价管理

1.1 BIM 与 BIM 造价

在建筑业转型发展的新时代，建筑工程行业的从业者几乎都在提 BIM，并在想学习或正在学习 BIM 的路上。传统建筑工程从业人员在学习 BIM 的时候，总是离不开对 BIM 的定义和特点进行探讨。为了帮助读者更好地理解什么是 BIM 造价，下面将对 BIM 与 BIM 造价的相关概念及特点进行阐述。

1.1.1 什么是 BIM

BIM（Building Information Modeling，建筑信息模型）是一种应用于建筑工程设计、建造和管理的数据化工具，该工具可以通过模型对建筑全生命周期的数据进行整合。也就是说，在项目策划、运行和维护的全生命周期过程中，通过模型实现数据的共享和传递，帮助工程技术人员对建筑中各种信息做出正确的理解并完成高效的处理，为设计团队（包括建设、运营单位在内的各方建设主体）提供协同工作的平台，在提高项目管理的效率、节约成本和缩短工期等方面发挥重要作用。

BIM 作为建筑行业数据的载体，它的关键意义在于其模型本身承载了建筑业隐藏的数据信息，具体可分为以下两个层面。

第一个层面，作为初始的 BIM 构件工程量数据和构件 ID 中添加的价格数据。这部分数据可以是构件本身具有或能借助第三方 API 直接调取的数据（通过框选就能获得的信息，即“所选即所得”的基础数据），即能为造价专业人员在招投标、成本、合同和预结算等造价业务提供快速、准确的造价基础数据。

第二个层面，作为建设项目从“设计—建造—运维—拆除”的全生命周期的唯一模型，以及被赋予的全过程数据（包括进度、质量、安全和运营维护等数据）。它能够支持管理者随时进行查看，还能为后续的再建项目在决策分析时，提供参考的专业指标数据载体。

1.1.2 BIM 的特点

BIM 是建筑信息模型的英文缩写，其具有可视化、协调性、模拟性和优化性等特点。

可视化

可视化即“所见即所得”，对于建筑行业来说，可视化的运用在建筑业中的作用是非常大的。例如，通常拿到的施工图纸或 CAD 图所呈现的只是各个构件在图纸上通过线条绘制表达的信息，但是其真正的构造形式就需要建筑业从业人员自行构建。BIM 提供了可视化的场景，可以帮助工程师将以往的线条式的二维构件转变为一种三维的立体图形，从而形象地展示在参与方面前。

现在建筑设计也会出具一定的效果图，但是这种效果图不含有除构件的大小、位置和颜色以外的其他信息，因此不能实现不同构件之间的互动性和反馈性，而在 BIM 中实现的可视化是一种能够同构件之间形成互动性和反馈性的可视化。由于整个过程都是可视化的，因此通过这个结果不仅可以快速获得效果图展示，还能自动获得需要的构件报表。更重要的是，BIM 技术能让项目在设计、建造和运营过程中的沟通、讨论和决策都能在可视化的状态下进行。

协调性

协调是建筑项目实施过程中会遇到的重点内容，同样也是复杂的内容，不管是施工单位、业主，还是设计单位，都面临着协调和相互配合的工作。一旦项目在实施的过程中出现了问题，就需要将各专业工程部门组织起来召开协调会，以便找出各个施工问题发生的原因和解决办法，甚至会让设计变更或做出相应的补救措施。在设计过程中，比较常见的情况是各专业设计师之间的沟通不到位，导致出现各专业之间的碰撞问题。例如，暖通等专业在进行风管的布置时，由于施工图纸是各自绘制在各自的施工图纸上的，因此在真正的施工过程中，可能在布置管线的时候正好在某处有结构设计的梁等构件阻碍了管线的布置，那么暖通设计师在面对这样的碰撞问题时，就只能在问题出现之后进行解决。

BIM 的协调性就能很好地避免上述问题。BIM 可在建筑物建造的前期对各专业的模型进行整合，然后通过碰撞检查来发现一些碰撞问题并做出碰撞报告，最后生成并提供协调数据，以便提前解决问题。当然，BIM 的协调作用也并不只是能解决各专业间的碰撞问题，它还可以解决一些其他问题，如电梯井布置与其他设计布置的协调、防火分区与其他设计布置的协调，以及地下排水布置与其他设计布置的协调等。

模拟性

在模拟性方面，BIM 并不是只能模拟并设计建筑物模型，它还可以模拟不能够在现实世界中进行操作的事物。例如，在设计阶段，BIM 可以根据构件的设计并通过软件的模拟功能完成模拟实验，如节能模拟、紧急疏散模拟、日照模拟和热能传导模拟等；在招投标和施工阶段，通过模型加载进度计划实现 4D 模拟，也就是根据施工的组织设计模拟实际施工，以帮助专业工程师通过模拟工序查看方案的合理性，从而确定合理的施工方案，再根据方案指导施工。同时，还可以将进度和成本都和 BIM 模型进行挂接，帮助管理者进行 5D 模拟，使其更好地进行成本管理；而后期的运营阶段则可以模拟日常紧急情况的一些处理，如地震时进行的逃生模拟和消防人员进行的疏散模拟等。

优化性

事实上，“设计—施工—运营”的流程就是一个不断优化的过程，当然优化和 BIM 也不存在实质性的必然联系，但在 BIM 的基础上可以将优化工作做得更好。优化受 3 种因素的制约，即信息、复杂程度和时间。没有准确的信息，就做不出合理的优化结果，BIM 模型提供了建筑构件的实际存在信息，包括几何信息、物理信息和规则信息，还提供了建筑物修改以后的实际存在信息。当负责的建设项目是大型项目时，参与人员本身的能力无法掌握所有的信息，因此必须借助一定的科学技术和设备的帮助。现代建筑物的复杂程度大多超过了参与人员本身的能力极限，因此 BIM 和与其配套的各种优化工具提供了对复杂项目进行优化的可能。

1.1.3 什么是 BIM 造价

21 世纪是信息时代，互联网的发展为建筑业的发展带来了机遇。我国造价工程师执业资格制度从 1997 年建立至今，经历了二十多年，工程造价早已成为建筑业项目管理其中的一个领域。虽然我国的建筑业的产值在逐年增长，占国内生产总值的比重也越来越大，但是建筑业仍然存在着生产方式粗放、效率低下和科技创新不足等问题。据目前发布的产业信息化发展报告显示，建筑业科技费用的投入不足其收入的 1%，远远低于其他行业。因此，建筑行业需要进行信息化的转型，这为 BIM 造价提供了发展机遇。

BIM 造价是工程造价信息化之路的产物，本书将其定义为借助 BIM 相关工具，让造价从业人员通过数据平台在进行“项目决策—设计—发承包—实施—竣工”的业务处理时，能更快速地获取业务所需要的基础数据，同时为项目各参与人员提供经济数据，以便提高项目决策的准确性，提升项目的经济效益。

站在未来的发展角度来看，BIM 造价属于数字造价的范畴，也就是利用 BIM、大数据、云计算、物联网、移动互联网和人工智能等技术手段，为传统造价行业在处理造价业务上提供更智能、更便捷的应用工具，避免出现传统模式下造价数据产生数据孤岛的问题。

1.1.4 BIM 造价的特点

BIM 造价是指借助专业的技术工具来实现专业业务处理的过程，它具有协同性、准确性、便捷性和复用性等特点。

协同性

从项目管理协同的过程来看，现场技术人员需要先完成项目实施过程的进度计划数据录入，现场施工管理人员则负责对实际进度数据的照片或影像资料进行上传，造价人员则根据协同模式自动同步其他管理人员录入的实际进度信息来快速完成施工过程的造价业务处理，包括对上下游的分包工程款申报、签证变更管理和内部的成本分析等内容。

从造价业务本身的协同来看，通过平台云端技术，各造价工程师可以通过分工协作来进行造价业务的处理。例如，在一个项目的标书编制过程中，通过平台可以实现一部分造价专业人员负责询价并编制成本测算，另一部分则负责定额套取编制报价信息，各自完成任务后分别提交，云端则自行完成数据的同步并形成一份完整的投标文件，帮助造价人员实现在时间紧急的情况下快速完成项目投标文件的编制工作，从而提升造价业务处理的效率。

准确性

从数据来源来看，各设计师直接完成 BIM 模型的建立，可减少非设计人员利用 CAD 图纸建立模型的过程。直接通过模型就能获得造价业务需要的工程量数据，还能避免非设计人员在翻模的过程中因对图纸理解不当而造成模型数据不精准的问题，帮助造价工程师提高模型的准确性。

从企业大数据的积累来看，BIM 技术可以对项目的造价数据进行参数化分类、整理和归集，帮助企业形成多项目的大数据库。同时，造价专业人员在编制新项目的投资估算时，不需要再使用经验数据完成投资估算，而是通过平台查询项目造价的大数据库，快速获取类似项目的指标数据，从而使投资估算更准确，实现经验驱动向数据驱动的转变。

便捷性

便捷性主要表现在 BIM、云计算对模型和数据进行“三端一云”的处理，使造价专业人员在进行业务处理时，可以通过移动 App、Web 端快速查询业务处理所需的数据，还能根据流程处理紧急待办事项，因而不再仅限于使用 PC 端才能完成对造价业务流程的处理，这将大大提升业务处理的便捷性。

复用性

在传统模式下，项目在竣工结算完成后，造价专业人员都没有专业有效的数据分析工具对项目造价数据进行分类和整理，等时间一长就会导致完工项目的造价资料出现检索不到、数据来源不明等问题，使得历史资料的复用性差。而 BIM 技术的结构化数据处理可以完成对数据的分类整理和过程资料的挂接，能避免专业工程师在查询某些数据时出现因遗忘或未准确命名带来的数据不能复用等问题，使得专业数据更具复用性。

1.2 国内外的 BIM 造价软件

BIM 造价可以从 BIM 和造价两个方面来说：一方面是 BIM 层面，也就是专业的工具软件；另一方面就是工程造价管理的业务本身，包括“项目立项—投资估算—设计概算—施工图预算—进度款—竣工结算”全过程工程造价的业务处理。这一节将主要介绍国内外的 BIM 造价软件，以便帮助读者了解专业的工具，更好地处理工程造价业务。

1.2.1 国外的 BIM 造价软件

国外的 BIM 造价软件主要有 Visual Estimating 软件和 Vico Office 软件。

Visual Estimating 软件

Visual Estimating 软件是 Innovaya 公司开发的一款工程造价软件，它能和该公司研发的 Visual Simulation 4D 软件相互配合来实现 BIM 的项目成本（5D）管理功能。

利用 Visual Estimating 在 BIM 方面的优势，将 Revit 和 Tekla 软件中的对象交付给 MC2 ICE 和 Sage Timberline 工具，就能准确、快速和智能地进行成本估算，这个过程能提高造价专业人员在项目估算编制过程中的效率。

Visual Estimating 的特色

可视化的自动工程量提取

Visual Estimating 可以根据用户选择的构件，在几秒或几分钟内直接获取设计模型来生成构件工程量。这些工程量是根据对象类型及其维度提取的，工程量的提取方法也能单独进行定义，还能保存模板复用于其他项目。同时，在三维模型下查看对象构件时，模型也是自动关联工程量的信息，可方便用户快速进行查看。通过 CSI 或 Uniformat 等功能，能实现不同构件的分类，还能完成工程量的分类和存储。此外，用户还能将工程量信息通过 Excel 报表导出，或使用 MC2 CE、Sage Timberline 工具在可视化估算范围内完成项目管理的业务处理。

通过可视化计量模块,用户可以将构件组或单位工程项目提取到 MC2 ICE 或 Sage Timberline 中完成估算处理。同时, 用户可以直接将在构件模型中获得的构件尺寸和工程量拖放到构件库或程序集中。可视化计量还具备一种独特的特性, 即能使构件库或程序集记住哪些构件关联了哪些估算变量, 从而实现后续的所有相同类型的构件能够被自动分配对应的变量值, 这一特性能减少大量的成本估算工作, 并且可以在几秒内完成整个项目的自动成本估算。

建筑模型的自动估算

智能变量映射、MC2 ICE、Sage Timberline 构件系统、程序集和具有设计组件类型的项目之间存在自动关联, 每个构件都可以自动切换到 MC2 ICE、Sage Timberline 估计数中, 这就相当于一个价值数百万美元的项目中的所有构件都可以在几秒内被估算出来。这个过程完成后, 用户可以通过选择任何构件部分或对象来查看估算项的详细信息。MC2 ICE 或 Sage Timberline 数据库可以在三维可视化的模型评估中直接打开和使用, 并且不需要任何特殊的配置来使用可视化评估和自动化的数据提取, 也不需要中间数据的转换。也就是说, 一旦将构件数量从可视化评估提取到评估项目中, 就可以借助 MC2 ICE 或 Sage Timberline 提供的工具对其进行细化、更改和报告,对于发生的额外成本项也可以进行相同的估算。此外, Visual Estimating 还支持与 Revit 模型、Tekla 模型和 MC2 ICE、Sage Timberline 工程造价软件实现相互协作, 其具有的兼容性, 也能使 Visual Estimating 软件量化的信息和构件相关联, 帮助用户快速地进行构件归类和计算。

智能的变更管理

在智能变更管理中，可视化估算能够记住哪些构件已经被量化和估算，用户在任何时候都可以通过软件查看特定颜色的 3D 构件来识别哪些构件被删除，哪些构件还没有被删除。此外，当设计师完成构件时，构件的数量和估算都会自动与构件发生关联。如果变更了设计，那么 Visual Estimating 可以使用不同的颜色来区分变更的、新建的和删除的构件，并且还可以自动将新的构件数量更新到估算系统中。因为受影响的估算项目很容易被识别，所以成本估算也很容易进行调整，这也是软件“所见即所量”的功能，它确保了软件计算的准确性，并使工程量计算成为一项有趣的工作，帮助用户了解哪些构件是参数化的，并直接获取工程量。

Visual Estimating 的不足

由于我国的工程造价体系在工程量的计算规则上与国外不同，且定额管理体制也有所区别，因此若想使用 Visual Estimating 软件，用户需要设置的参数较多（甚至还需要修改软件），需要付出的精力也会比较多。

Vico Office 软件

Vico Office 是一个基础的虚拟建造平台，主要包含了 Takeoff Manager（计量管理）、Cost Planner（成本计划）、Cost Explorer（成本浏览）、Constructability Manager（可施工模拟管理）、Schedule Planner（进度计划）、4D Manager（4D 管理器）、Layout Manager（放样管理）和 LBS Manager（位置系统管理）8 个模块。

其中，Cost Explorer 通过对历史成本和现场实际项目成本的计算来估算解决方案，完成预算成本和实际成本的对比，从而实现项目标准化和高效的成本估算流程。

Vico Office 的特色

帮助项目完成成本数据的积累

Vico Office 是一款概念评估和成本建模的软件，它能对过去的项目估算进行数据挖掘，并使用基准期价格（WinEst 集成的一部分）作为开发新项目估算时实际构件成本的参考，同时还能将拟开发项目的开工时间和项目所在地的价格导入进去，以便创建准确的项目投资成本模型。这项功能一方面能避免完全依靠造价工程师的经验数据完成项目投资估算，帮助业主减少投资风险；另一方面还能帮助造价工程师提高投资估算报告的编制效率。

提供投资估算的历史指标区间

在传统模式下（未使用 Vico Office 之前），通常需要在施工前花费 2~3 天的时间才能完成一个项目的投资估算，而使用 Vico Office 能快速了解不同类型的项目成本（包括类似项目的历史成本的区间范围）。项目市场开发人员可以在一两个小时的沟通中，通过和拟承包单位合作来完成大部分概念性的投资估算，从而提高投资估算的工作效率。

提供协同的成本数据

使用 Vico Office 可完成模型成本的数据协同。由于工程量直接来源于模型，因此保证了构件的准确性，使得专业工程师在进行实时造价分析后得到的结果更精准。在使用协同功能时（通过相关平台），它还能帮助项目管理的各参与方加强交流和协作，并帮助各参与方减少沟通成本，同时还能对过程数据进行保存，具有可追溯的特点。

Vico Office 的不足

由于我国的工程造价体系在工程量的计算规则、定额管理体制、施工技术方法和设备条件上与国外有比较大的区别，因此 Vico Office 软件套装无法与我国建筑业的大环境相匹配。

1.2.2 国内的 BIM 造价软件

国内的 BIM 造价软件主要包括两类，一类是由传统算量软件演变而来的三维建模工具，主要代表有广联达、新点公司旗下的三维建模算量产品；另一类是基于 Revit 研发的算量二次开发插件来满足国内算量规则的产品，主要代表有鲁班、斯维尔、新点和易达等产品，如表 1-1 所示。

表 1-1

国内 BIM 造价软件一览

序号	软件名称	依托平台	土建算量	钢筋算量	安装算量	导出 IFC
1	广联达 BIM 土建计量平台	自主平台	√	√	√	√
2	鲁班 BIM	Revit	√	√	√	√
3	斯维尔 BIM		√	√	√	√
4	新点比目云 BIM		√	/	√	√
5	品茗 BIM		√	/	/	√
6	易达 BIM		√	√	/	√
7	isBIM		√	√	√	√
8	晨曦 BIM 算量		√	√	√	√

基于自主平台的软件

就国内的 BIM 自主平台来说，主要的代表软件是广联达 BIM 土建、钢筋计量软件，它们占据了国内自主算量三维计量软件的大部分市场。本书主要介绍广联达 GTJ 量筋一体化三维算量工具，它能帮助造价人员通过二维图纸完成手工建模或快速建模，并利用软件内置的钢筋和土建计算规则得到造价工程业务处理需要的全部工程量。

软件特点

GTJ2018 支持手工、CAD 识别和 IFC 数据导入来进行模型的建立，且工程量能满足国内清单、定额计算规则的要求。同时，量筋一体化的平台较原来的土建、钢筋等单独的平台在钢筋识别率上有了很大的提高，在计算效率上也有了很大的提升。也就是说，工程师现在并不需要遵循“钢筋工程建模—导入土建算量软件”的流程来分别获取钢筋和土建工程的工程量，而是可以通过“一模成型”的方式来减少建模步骤。

此外，GTJ2018 还提供了 IFC 接口，可以实现和其他 BIM 软件导入算量软件需要的数据交互。但是，这个过程需要其他 BIM 软件在建模时遵循算量软件提供的特定的建模规范，这样才能避免 BIM 软件建模完成后在导入或导出时，因数据规范不统一造成数据丢失。

钢筋计量

GTJ2018 不仅支持手工平法钢筋输入，还支持导入 CAD 图纸。此外，它还可以通过对 CAD 图纸的图层进行提取并识别来快速建立三维模型，实现钢筋工程量的计算处理。如果需要查看构件的钢筋样式，那么还能借助钢筋的三维功能，生成构件钢筋的三维样式，方便造价专业人员对软件计算的结果进行检查，同时还可以根据钢筋三维模型（可视化）对复杂节点的部分进行钢筋交底。这里需要说明一下，GTJ2018 计量平台的钢筋工程量是按照定额规范计算得到的工程量，主要满足造价专业人员对工程计量的需求。而对于现场施工钢筋下料的需求来说，此时 GTJ2018 计算得出的钢筋工程量数据就满足不了下料需求，需要借助翻样软件才能实现。

软件不足

虽然 GTJ2018 能够实现三维模型并计算工程量，但是由于其本身是由传统的三维算量软件演变而来的，因此 GTJ2018 并不具备如国外 BIM 软件那样的正向设计出图功能，需要设计人员完成施工图纸后才能进行后续的翻模算量工作，而且对于复杂的节点（如曲面幕墙），其在建模的精细度方面也是有限的。

基于国外平台的软件

从表 1-1 中可以看出，序号 2~8 的软件都是基于 Revit 平台进行二次开发得到的，它们主要借助 Revit 进行正向设计来获得模型，利用插件直接解决软件在工程量明细表中不能满足国内计量规则的问题。

软件特点

使用基于国外平台的设计软件，设计师完成三维的模型后，不需要再进行二次建模就能直接获得构件的工程量。如果设计师提供的还是传统的二维 CAD 图纸，并且没有建立设计的三维模型，那么此时还需要专业的工程师通过对 CAD 进行识图，再借助 Revit 来完成模型的建立，或者借助翻模的插件（如晨曦、易达 BIM）来快速获得模型，这个过程和国内自主算量平台通过识别 CAD 来建模的原理一致。

不过，算量插件依托于 Revit 这类 BIM 设计软件，不需要通过算量插件导入算量平台，因此也就能直接通过 Revit 打开建立好的三维模型，这样就能避免需要通过 Revit 和算量软件进行插件交互操作的麻烦，使其直接在 Revit 完成数据交互，从而减少因 BIM 建模规范不一致造成的数据丢失的问题。除此之外，Revit 还支持自建模型的使用，以方便工程师处理各种异形构件的建模。

钢筋计量

由于 Revit 数据底层的结构问题，在绘制钢筋的过程中，用户只能通过手工绘制或通过插件智能地完成钢筋的绘制，其实现方式较为烦琐。而且，用户根据平法制图标准得到的钢筋的三维模型对计算机的硬件要求提高了很多，如果想在 PC 端浏览整个项目的钢筋三维模型，即便采用大型工作站或服务器也会很吃力。因此，在实际现场应用时使用 Revit，主要是作为复杂节点的深化交底 。

软件不足

由于 Revit 的底层数据问题，其对硬件的要求较高，因此在设备投入的成本上也会相对较高，并且计算效率也是比较低的，这在一定程度上限制了 Revit 在造价方面的发展。此外，国外软件在设计理念上，也不太适合国内专业工程师的操作习惯，这也在一定程度上提高了用户学习软件的时间成本，成为 Revit 在国内发展受限的另一原因。

1.3 全过程 BIM 造价管理

基于 BIM 的全过程造价管理是指借助 BIM 技术完成建设项目的“可行性研究—投资决策阶段—设计阶段—招标投标阶段—施工阶段—竣工验收阶段—后评估阶段”的造价管理过程，实现全过程、全方位和多层次的管控、分析，并实现对项目数据的积累，从而为数字化造价管理提供必要的技术手段和数据基础。本书将对从建立 BIM 模型到实施阶段的造价应用进行详细的分析，帮助读者更好地理解 BIM 在全过程造价管理中的实际应用。

1.3.1 全过程造价管理介绍

建设工程造价管理指对项目工程造价进行预测、优化、控制、分析和监督，以获得资源的最优配置和项目最大的投资效益。

1991 年，国际全面造价管理促进会（AACEH）会长理查德·威斯特尼（Richard Westnedge）提出了全面造价管理（Total Cost Management，TCM）的理念，即工程造价管理需贯穿建设工程项目的全过程，涉及建设工程项目的所有要素、所有参与方的利益和各个参与方之间的关系，其根本目标就是有效地使用专业知识和技术去筹划并控制资源、造价、盈利、成本和风险。全过程造价管理是全面造价管理的一个方面，强调对建设工程项目进行全过程造价管理，从项目投资决策开始，到建设工程竣工验收完毕，从而达到在项目建设期内有效控制项目投资总额的目的。

建设工程全面造价管理包括全生命周期造价管理、全过程造价管理、全要素造价管理、全方位造价管理、全风险造价管理和全团队造价管理 6 个方面的内容。图 1-1 所示为建设工程的全面造价管理的具体内容。

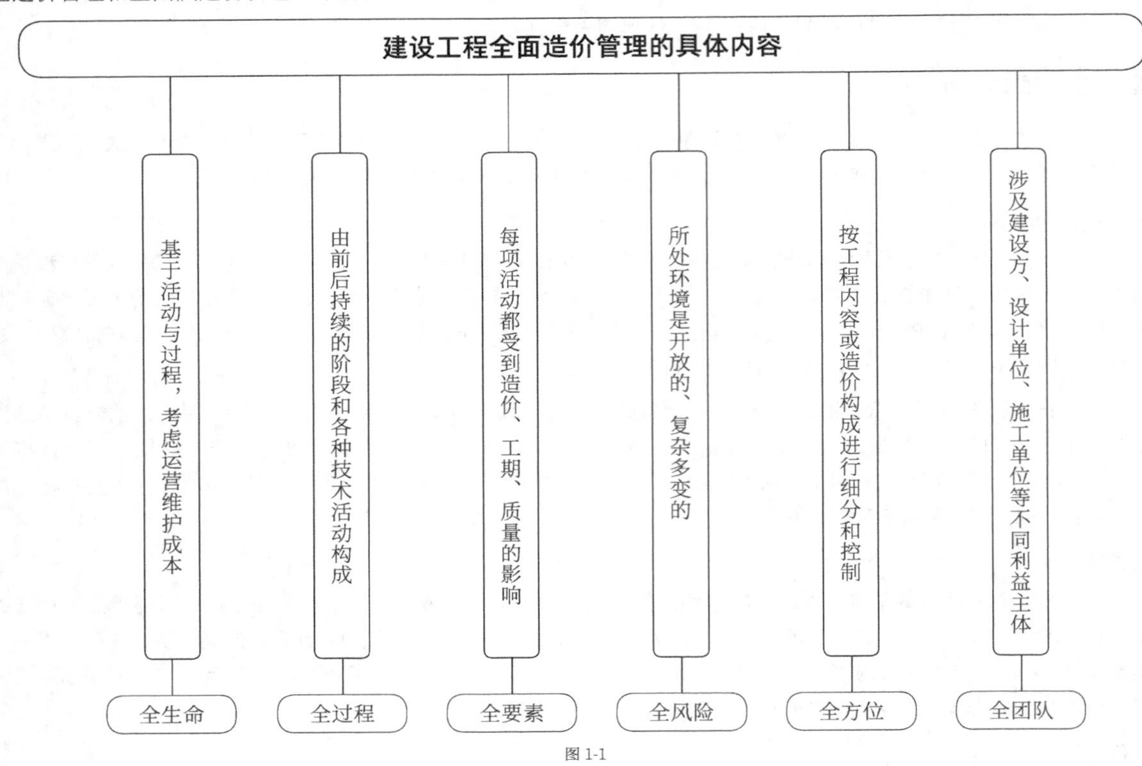

图 1-1

1.3.2 基于 BIM 的全过程造价管理

基于 BIM 的全过程造价管理，就是将 BIM 融入全过程造价管控中，利用 BIM 技术和工具帮助造价专业人员更高效地进行造价业务作业，从而提升业务处理效率；同时将过程数据与模型进行挂接，实现模型和信息为整个建设项目全生命周期的服务。下面将从“项目决策—设计—实施—结算”的整个过程，简单介绍基于 BIM 的全过程造价管理的应用。

决策阶段

项目投资决策是指在项目立项之后，针对项目的可行性分析报告。其中对建设项目未来拟投入资金的经济性数据、投资决策的准确与否是建设项目在经济性评估中的重要指标，也是判断建设项目工程造价管理是否有效的重要依据。因此，准确的投资决策是合理确定和控制工程造价的前提。

在项目决策的过程中，造价专业人员可以利用设计师或专业工程师建立的 BIM 模型，或借助企业并通过平台积累的历史项目指标数据来快速获得粗略的工程量数据，再匹配拟投资项目所在地当期市场价的信息（如主要材料价格或平方米指标等信息），就可以借助 BIM5D 模拟施工，完成模拟项目建造来获得投资决策需要的投资估算信息，从而避免传统的处理方式中依靠经验进行决策分析带来的“三超”问题。

设计阶段

在EPC(Engineering Procurement Construction,设计采购施工)项目模式下,业主主要是提出项目的功能需求,同时要求造价管理人员参与"设计—采购—施工—试运行"的全部过程。在项目设计阶段,造价人员需要通过查询类似的历史工程数据,实现设计阶段的方案经济比选和限额设计。但是,由于传统的造价管理主要服务于项目施工阶段,造价人员没有考虑到类似历史工程数据的收集、分析和积累能帮助项目在设计阶段进行经济比选,这就造成造价管理在 EPC 模式下的管理流程存在一定的缺陷。相关研究资料表明,设计阶段的费用占整个工程费用的 1%~3%,但是其对造价的影响却占据了整个项目造价的 75%~95%。图 1-2 所示为各设计阶段对投资的影响程度的分析图。

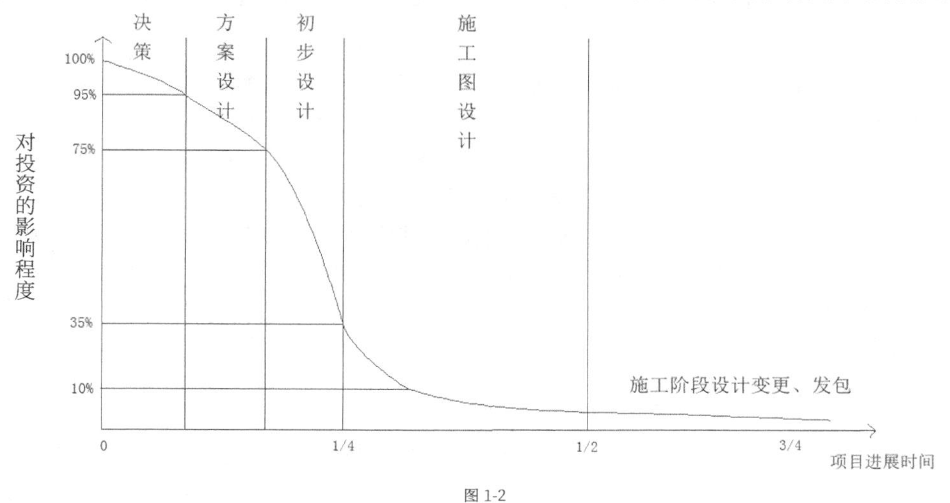

图 1-2

在 BIM 及网络协同的技术下,造价人员还能对 EPC 模式的造价管理的业务流程进行再造。主要表现在设计师提出设计、变更意向时,造价专业人员可通过数字造价平台直接查询平台积累的历史指标大数据库来匹配设计项目类型,再使用专业的价值工程(Value Engineering, VE)、全生命周期成本(Life Cycle Cost, LCC)等工具,精准评估拟选用设计方案的优劣性。同时,评估结果将通过平台被实时反馈给设计师,提醒设计师参照评估结果完成设计的优化,以此帮助造价管理人员从传统的 DBB(Design Bid Build, 设计、招标、建造)模式向 EPC 设计造价协同管理流程迈进,实现 EPC 模式下造价专业人员和设计师进行数据和业务的协同化处理。

此外,在 EPC 模式下的设计阶段,设计师还可以利用 BIM 模型进行模拟施工和各专业的碰撞检查,及早地发现并更正设计错误和不合理之处,有效地降低施工过程的变更和返工发生的概率。

实施阶段

项目的实施阶段主要包括项目前期的发承包阶段和项目中标后的施工阶段。

发承包阶段

当前,我国建设工程已基本实现了工程量清单招标投标模式。BIM 技术的推广和应用,将是对招标投标程序的一次更新。建设单位或其聘请的造价咨询单位可以根据设计单位提供的 BIM 模型数据,通过一定的操作来快速地获得需要的工程量信息,再根据项目特征来编制准确的招标工程量清单,这样能有效地避免传统模式工程量清单容易出现的漏项和错算等问题,从而较大程度地减少项目管理在施工阶段因工程量问题而引起的纠纷。同时,建设单位还可以直接在招标过程中就提供拟建项目的 BIM 模型作为招标文件的附件发放给投标人,让投标人根据实际的模型进行综合单价报价,减少双方因信息不对称而引发的问题。

《中华人民共和国招标投标法》已经明确规定,项目自招标文件发出之日起至投标人提交投标文件截止之日止,最短不得少于 20 日。建设单位往往为了尽早开工追赶进度,留给投标单位制作标书的时间会尽可能地缩短。由于招标时间的限制,光靠手工计算很难核对招标文件中工程量清单的正确性,而通过设计师提供的建筑信息模型,投标人可以轻松地获取正确的工程量信息,并根据实际模型制订更好的投标策略。

施工阶段

招标完成并确定施工单位后，就可以开始进行图纸会审。在传统模式下，基于二维平面图纸，建设单位、施工单位、设计单位和监理单位等会分专业、分阶段检查设计图纸，无法形成协同和共享，所以很难从项目整体上发现问题。BIM 技术最重要的意义在于重新整合了建造设计流程，实现单一数据平台上各个工种的协同设计和数据集中。利用模型进行图纸会审时，各单位可以对各个专业数据进行整合，并进行三维碰撞检测，以便更直观地发现问题（如减少施工过程因设计缺陷而引起的施工方索赔的问题），为造价控制提供技术支撑。

建设单位还可以利用模型合理安排资金计划，审核进度款的支付情况。例如，在某造价管理平台中，算量软件和造价软件无缝衔接，即图形的变化和造价的变化同步，这样能达到一步操作就能出价的效果。此外，通过条件统计和区域选择生产的阶段性工程造价文件，有利于建设单位收集关于进度款的支付统计。

对于施工单位而言，BIM 技术同样是一项新技术。基于参数化模型，施工单位可以按进度、工序、施工段和构件类型任意组合构件信息，从而快速完成工程量统计和工程计价工作。施工单位借助模型还能更好地进行过程造价的控制，实现施工项目的精细化管理。例如，用户可根据 BIM 模型进行砌体墙、块料墙或地砖的模拟排砖，还能分别比较不同尺寸、方式下的材料损耗率，从而选择更经济的材料。

此外，材料价格也是影响工程造价的重要因素。利用模型中提供的材料数据库中的信息，施工单位可以在施工阶段严格按照合同中的材料用量进行控制，从而合理地确定材料价格，使限额领料真正发挥效果，实现动态成本控制。这些信息还能帮助管理人员进行多算对比分析，实时把握工程成本信息。BIM 技术使数据共享成为现实，相关各方可以在自己的权限范围内调用模型数据，从而减少各管理人员在传统模式下单独计算工程量的人工成本。

结算阶段

据相关统计资料显示，现代工程问题大多出现在从建设到运营的“最后一公里”，即竣工移交阶段。在这个阶段中，普遍会出现项目资料不全、信息丢失和图纸错误等问题。在传统模式下，竣工结算对造价专业人员来说是相当具有考验的一项任务，特别是工程量的核对。例如，建设单位和施工单位的造价专业人员需根据竣工图、现场签证和施工过程完成的工程量计算书等大量造价文件，并按照单位工程、分包、分项和单构件等分类来查找工程量计算书所对应的构件。如果完全通过手工进行查找，那么将很难保证该信息的准确性，而且工程造价人员的业务水平参差不齐，很容易导致结算失真。当然，BIM 模型经历了施工阶段的修改和完善，能够实时地完成模型和现场数据的调整，这也就能保证 BIM 模型的准确性，在结算过程中也能建立双方的信任机制，减少双方的纠纷，帮助双方提高结算效率。

基于 BIM 的全过程造价管理，造价专业人员运用 BIM 技术将全过程项目造价数据在项目实施各阶段中进行模型挂接，管理人员则在项目的实施过程中实时对模型进行维护和完善。那么在项目竣工结算结束后，造价工程师就能借助企业的 BIM 数据管控平台对项目造价数据进行分类和归档，帮助企业形成大数据资产。造价工程师在后续的造价管理过程中，就能方便地通过平台进行历史数据的实时查询，以便提供更准确的造价信息，解决传统造价数据管理的孤岛问题。

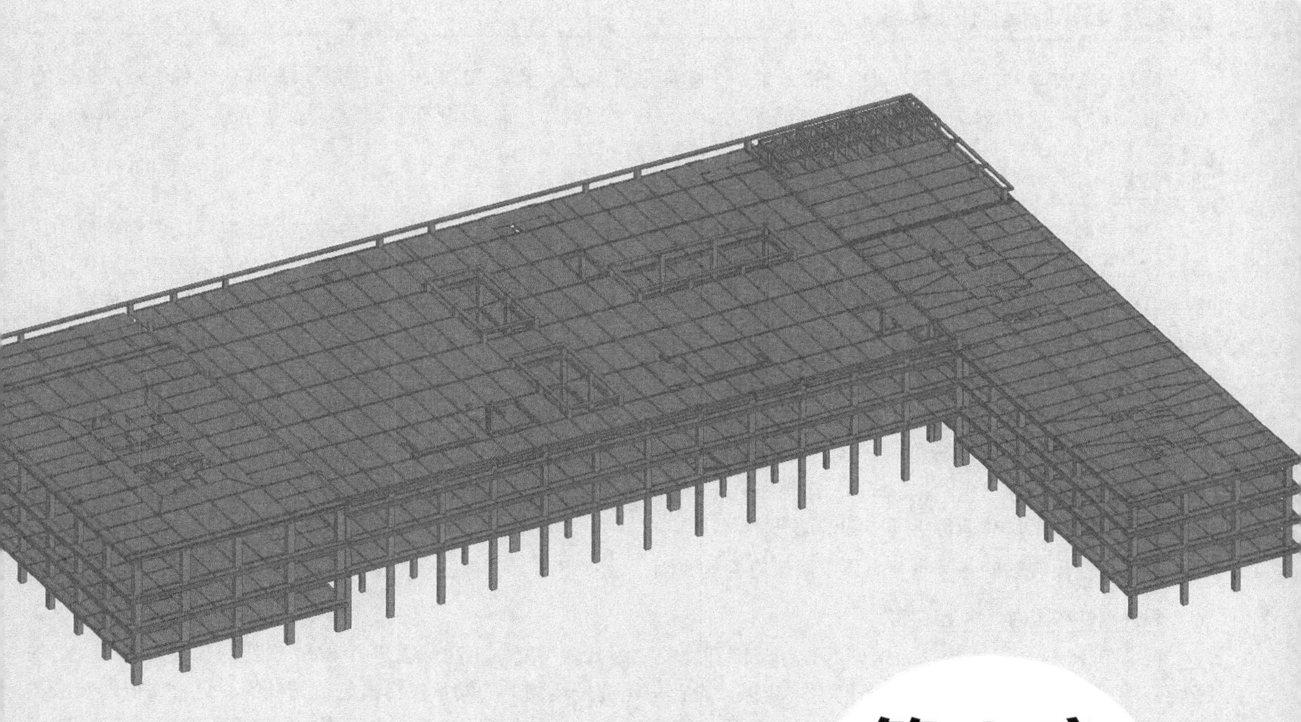

第 2 章

数据标准

第 1 章介绍了 BIM 与 BIM 造价的概念、特点和相关软件，让读者了解了 BIM 与造价的关系，以及BIM在全过程造价管理中的应用情况。那么，BIM作为建筑信息化的载体，在获取它的过程中会遇到哪些问题呢？对于 BIM 造价的数据标准又有什么要求呢？本章将主要对这些内容进行简单的介绍，帮助读者在实施 BIM 造价之前对基础数据的情况有一定的了解。

知识要点

◎ BIM 模型的来源

◎ 造价数据的来源

◎ BIM 造价数据标准的介绍

◎ BIM 造价数据标准的意义

2.1 BIM 造价数据的来源

谈及 BIM，就少不了对 BIM 模型进行叙述，但是在讲解 BIM 模型之前，还需要对造价数据进行相应的介绍，以便让读者知道 BIM 与造价数据在来源上的关系。BIM 造价数据的获取，就是通过 BIM 模型的来源和造价数据的来源来获取符合条件的造价数据。

2.1.1 BIM 模型的来源

对于 BIM 模型的来源，将从现状和未来两个角度进行阐述。虽然 BIM 在国内的发展还存在各种不足，但是不难发现，任何一项新技术在全面推进实施的前期都会存在一定问题，而且事物的发展都是从不成熟向成熟迈进的。

现状分析

在传统模式下，BIM 模型的来源大多是由设计师提供施工图纸或 CAD 图，再由业主、承包商或咨询单位的工程师对二维图纸进行识别，利用 BIM 相关软件完成翻模工作来获得满足业务需求的模型。但是在建模的过程中，通常会出现各参与方的工程师因自身的专业、经验等的不同导致对图纸、软件的认知也不同的情况，从而造成翻模得到的模型与原图纸不一致的问题，因此也就出现了一图多模、一图多量的情况。

基于上述情况，造价工程师在传统造价业务中处理对量工作时，需要各自拿着自己计算的工程量进行核对。同时还会出现一个问题，那就是有时候各单位、各造价工程师选择的软件不一致，或者一方选择手算而另一方选择机算，造成双方获得的基础数据不一致，使得传统造价的大部分时间都消耗在对量工作上了。此外，有时候一个项目的结算还会涉及咨询一审、业主二审，甚至还有三审、四审或更多环节，造价工程师将时间浪费在重复的对量工作上，这种重复的对量工作在造价管理中的价值并不大。

对于目前出现的问题，主要有以下两个方面的原因。

国外软件在国内“水土不服”

目前 BIM 软件几乎都是由国外的软件厂商开发的，因此软件开发工程师在进行 BIM 软件的开发过程中，是基于国外的工程师对设计、建造业务的需求或以“设计—建造—运营”的发承包模式进行开发的。这就使得软件虽然在国外市场有着很多成功的案例并实现了自身的功能价值，但当推广至国内时，由于国内一直采用的都是 DBB 的发包模式，对设计规范、计量规范都有自己独特的规定（如结构设计需要通过项目类型、高度和抗震等参数进行结构验算），并且以钢筋布置满足结构设计的要求为主。因此，既能够满足结构验算，又能实现软件自动配筋这一功能至今都是 BIM 推广的痛点。工程师在使用国外软件进行实际项目的实施过程中，只能根据国外软件的操作习惯来完成工程项目的建模或计量，这也是国外软件不能在国内真正落地的重要因素。

缺乏自主平台的 BIM 软件

虽然国内具备了三维算量平台，但是仅仅局限于通过二次建模得到的造价人员需要的工程量，不能达到 BIM 对全生命周期数据管理的要求，也不能满足设计人员进行项目正向设计的需求。因此，根据国内的业务需求，国内一些公司对 BIM 软件进行了二次开发，以获得满足国内市场需求的插件产品，并帮助工程师实现原版软件不能实现的业务。不过这种做法也仅仅只是“头痛医头，脚痛医脚”的无奈之举，真正要解决这一痛点，应该根据国内的设计流程或业务需求进行自主研发，做一款满足国内正向设计的 BIM 软件，彻底解决缺乏自主平台而引发的问题。

未来展望

未来的 BIM，应该是由设计师提供唯一的 BIM 模型，让 BIM 实现其从项目决策到项目拆除的全生命周期的数据管理的价值。也就是说，在项目决策阶段，设计师就开始建立 BIM 方案模型，以辅助项目决策；当项目决策完成后，再根据方案设计模拟进行设计和深化，获得满足施工的模型，然后应用于项目的实施过程；再根据实施过程中对构件参数的实际数据录入模型，交付给业主进行运维管理，最后将数据传递至拆除阶段。在整个项目的建设过程中，从立项到拆除所使用的都是由设计师提供的唯一 BIM 模型，只是将模型从 LOD100 一直深化到 LOD500，这一过程也实现了 BIM 作为建设项目从立项到报废的全生命周期的数据载体的价值。

换句话说，BIM 的模型来源就是“BIM 雏形—BIM 设计—BIM 运维—BIM 拆除”过程中的唯一 BIM 模型，每个建设阶段各参与方仅仅是根据各自职能进行数据维护，这样可以避免不同参与方根据各自对图纸的再理解和翻模而造成的模型工程量不一致的现象。

2.1.2 造价数据的来源

BIM 数据可以在“BIM 雏形—BIM 设计—BIM 运维—BIM 拆除”的过程中一步一步进行完善，那造价数据又包括哪些呢？接下来将从造价的费用数据和过程数据全面进行分析。

造价的费用数据

造价的费用数据，也就是建设项目总投资的费用构成。从住房和城乡建设部办公厅关于征求《建设项目总投资费用项目组成》征求意见稿可知，建设项目总投资的费用构成，除了造价专业工程师经常面对的“工程造价”和“增值税”这两项费用以外，还有另外两项费用，那就是“资金筹措费”和“流动资金”。图 2-1 所示为建设项目总投资费用构成图。

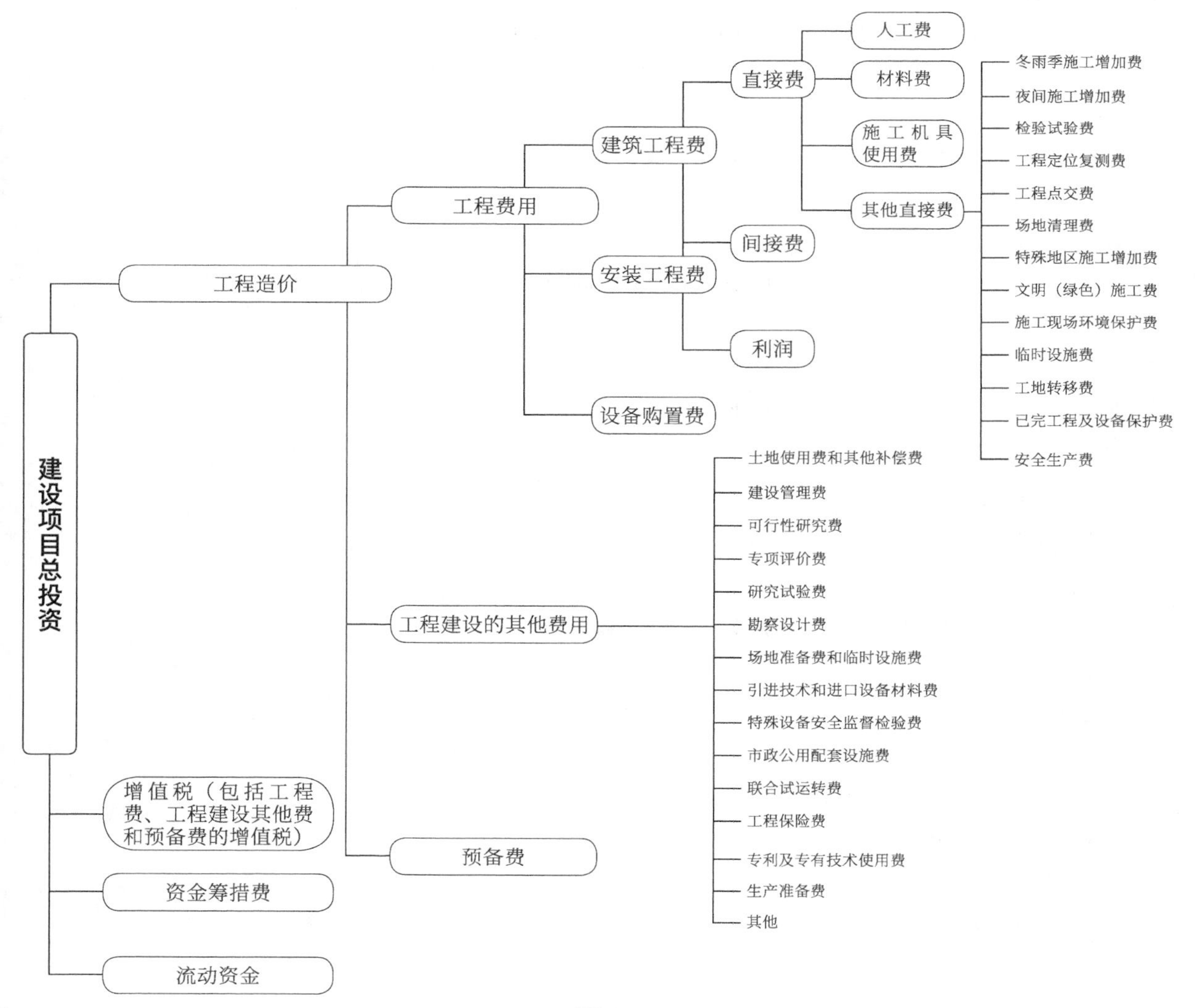

图 2-1

造价的过程数据

建设项目总投资费用构成图列出了建设项目投资过程中的费用明细，但是在实际建设项目从方案到实施，再到最后运行的过程中，还会产生出不同的造价的过程数据。下面将分别从建设项目的不同阶段来进行讲解。

决策阶段

在项目决策阶段，造价工程师主要就项目可行性研究中的经济指标进行分析，涉及的造价过程资料主要包括以下 4 项内容。

①《项目建议书》。对于初步可行性研究阶段，确定是否进行详细可行性研究。

②《可行性研究报告》。根据《项目建议书》编制的经济指标数据的过程资料，包括现金流量、利润和资金筹措计划。

③ 编制《可行性研究报告》的依据资料等。

④《建设项目决策阶段的投资估算》。

设计阶段

在设计阶段，造价的过程资料主要包括以下 6 项内容。

①设计概算和编制的相关依据文件。

②对于 EPC 项目，主要包括建设项目目标成本和责任成本分析。

③合同文本。

④图纸及清单。

⑤方案经济比选分析。

⑥市场价格资料等。

招标、发包阶段

在招标、发包阶段，造价的过程资料主要包括以下 6 项内容。

①资格预审、招标公告。

②招标文件（包括工程量清单和合同附件等）。

③投标文件（包括商务标、技术标和资信标等）。

④开标及评标资料。

⑤中标通知书。

⑥正式合同文本。

施工阶段

在施工阶段，造价的过程资料主要包括以下 8 项内容。

①项目目标责任书。

②施工图预算书。

③分包招标相关资料。

④成本分析表、报告及现场影像资料。

⑤变更签证资料（图纸、联系单和来往函件等）。

⑥分包结算、进度款申请和相关资料。

⑦进度款支付资料。

⑧补充协议等。

竣工交付阶段

在竣工交付阶段，主要涉及的造价过程资料包括以下 3 项内容。

①合同要求的结算资料文件。

②竣工结算书。

③竣工成本分析表、报告。

前面已经对造价数据的费用和过程资料的构成进行了介绍，相信读者对造价管控过程中的数据来源有了更加清晰的认识。从费用方面来说，造价各阶段的费用数据都出现在相应的纸质或电子文档中，那么它的来源就是造价工程师在建设项目实施的过程中编辑好的 Word 文档，或者是通过软件编辑的概算、预算和最后的结算书；从过程资料方面来说，就是项目各参与方在进行造价业务的过程中形成的成果文档。当然，有时候还会涉及其他类别的数据。

2.2 BIM 造价数据标准

本节主要是介绍国际通用的 BIM 数据标准、建模数据交互规范和建立 BIM 造价数据标准的意义，以帮助读者学习通用数据标准的种类，了解软件的数据通用接口，为后续深入研究数据标准提供了基础资料，也能提前让读者知道如何将 BIM 数据应用到造价业务中。

2.2.1 BIM 造价数据标准的介绍

BIM 软件在国际通用的数据标准中常见的有 IFC、IDM 和 IFD，下面将对造价数据应用在 BIM 建模的标准进行讲解。

国际通用的数据标准

为了实现不同软件在编程时的数据能够相互对接或交互，需要先对不同数据进行标准化处理。目前，国际上推行了一些标准来规范不同数据的表达和交换，推广度比较高的 3 个标准分别是 IFC、IDM 和 IFD。

IFC（Industry Foundation Classes），为工业基础类数据标准的英文缩写，国际标准化组织 ISO 对应 IFC 的标准是 ISO/PAS 16739:2005，IFC 标准是目前较受建筑行业广泛认可的国际性公共产品数据模型格式标准，各大建筑软件商均宣布了旗下产品对 IFC 格式文件的支持，许多国家也已经开始致力于 IFC 标准的 BIM 实施规范的制定工作。IFC 的作用是定义一个基于使用对象的和可用于实现信息交换的数据交换标准，并且此标准需满足 4 个要求，即贯穿项目全生命周期、全球可用、横跨所有专业和不同应用软件通用。

IFC 是一种基于使用对象的公开的数据交换标准，其中包括了建设项目全生命周期中不同阶段的所有信息，这些信息全面而细微，可以具体到单个构件的属性、几何和造价等信息。IFC 数据交换标准是建设项目的信息集成，其中提供了所有信息交换的标准和格式，可以满足所有建设项目的信息交换。

IDM（Information Delivery Manual），为信息交付手册的英文缩写，国际标准化组织 ISO 对应 IDM 的标准是 ISO 29481-1:2010 和 ISO/CD 29481-2:2010。IDM 的主要作用是明确在不同阶段、不同对象之间需要交换的信息类型和交换方式。简单地说，IDM 是定义不同阶段、不同对象之间需要交换的信息类型和交换的方法流程，并确保这些信息交换流程能够被正确地理解和使用。

关于 IFC 和 IDM 之间的关系，我们可以简单理解为 IFC 类似于一个什么药都齐全的药库，而 IDM 则是针对某项疾病或某个病人的药方，即 IFC 支持所有项目、所有阶段的所有业务需求，而 IDM 仅支持一个项目、一个阶段的一个业务需求，由 IDM 来决定本次业务需要哪些 IFC 信息。

IFD（International Framework for Dictionaries），为国际术语词典框架的英文缩写。IFD 的概念和国际标准 ISO 12006-3:2007 的联系紧密，IFD 的作用是利用信息字典库的形式来统一各种信息的不同名称和称谓。

IFD 把建设项目信息的概念和其名称、描述等分离，给每一个建设工程信息都设定了一个在全球呈唯一标识的代码，即 GUID（Global Unique Identifier）。同时，IFD 还确保了该代码的不同称谓与之相对应，以保证信息的一致性，确保交换的信息和需要的信息是同一个，避免因信息称谓等原因而产生误解。IFC、IDM 和 IFD 这 3 个数据标准构建了 BIM 平台信息交换的基础，保证了建设项目信息的传递和共享通畅，BIM 技术平台的应用价值才能得以最大化。图 2-2 所示为 3 个数据标准之间的关系图。

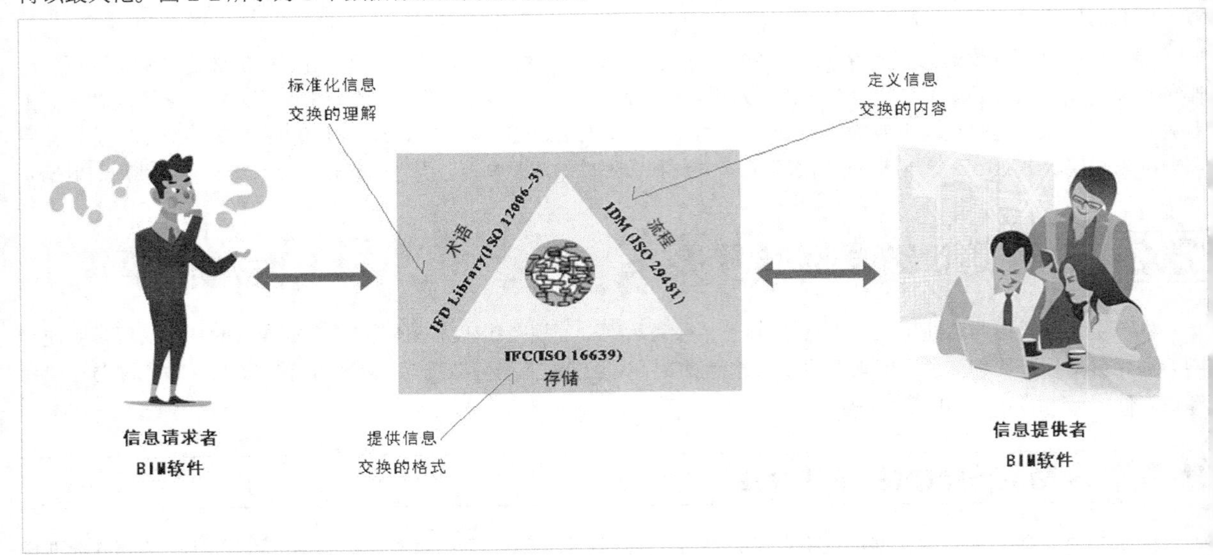

图 2-2

建模数据的交互规范

如果要实现将 BIM 模型应用于造价业务的处理，那么在建模过程中就需要工程师遵循一定的建模标准，以便得到的 BIM 模型能直接导入算量软件进行工程量计算，获得满足造价工程师的业务处理数据。这里以 Revit 模型导入广联达 GTJ2018 计量平台为例（如果是借助 Revit 插件进行计量，或者采用的是同厂商提供的模型，就不存在下面所说的规则问题）。

从构件命名规范来说

构件的命名规则建议：按照专业（A/S- 名称 / 尺寸 - 砼标号 / 砌体强度 -GTJ 构件类型字样）。

举例：S- 厚 800-C40P10- 筏板基础。

说明：A——代表建筑专业，S——代表结构专业；

名称 / 尺寸——填写构件名称或构件尺寸（如 800）；

砼标号 / 砌体强度——填写混凝土或砖砌体的强度标号（如 C40）。

GTJ 构件类型字样如表 2-1 所示。

表 2-1

GTJ 构件类型	Revit 处理方式					
	族类别	族		建议绘制入口	族类型建议包括字样	族类型样式
筏板基础	结构基础	系统族	基础底板	基础结构楼板	筏板基础、FB	S- 厚 800-C40P10- 筏板基础
	楼板	系统族	楼板	结构楼板 / 建筑楼板		
	楼板边缘	系统族	楼板边缘	楼板边		

从图元绘制规范来说

同一种类的构件不应重叠，包括墙与墙和梁与梁之间不应平行相交、板与板和柱与柱之间不应相交，如图 2-3 所示。

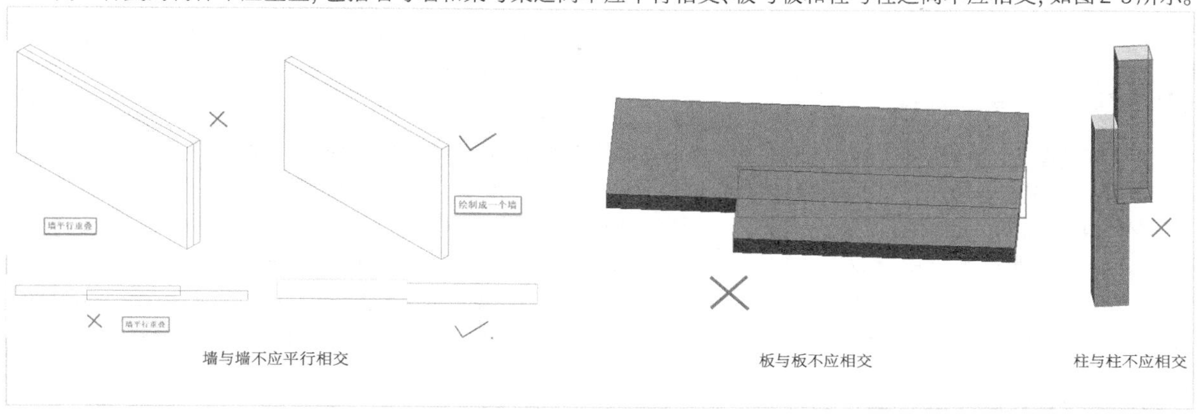

图 2-3

线性图元（墙、梁等）只有以中心线相交的方式相交才是正确的相交，否则在算量软件中都会被视为没有相交，也就无法自动执行算量扣减规则。线性图元的正确相交方式如图 2-4 所示。

图 2-4

附属构件和依附构件必须绘制在它们所附属和依附的构件上，否则软件会因为找不到父图元而无法计算工程量，具体依附关系如表 2-2 所示。

表 2-2

父构件	子构件
墙	门
	窗
	墙洞
	踢脚
	墙裙
	墙面
	保温层
门、窗、墙洞	过梁
现浇板	板洞
	天棚
筏板 / 单阶等厚的桩承台	集水坑

2.2.2 BIM造价数据标准的意义

学习国际通用数据标准和建立数据的标准之前，有必要了解BIM造价数据标准的意义，下面将从3个方面阐述。

利于各软件、系统之间的数据交互

建立BIM造价数据标准，有利于各软件、系统之间的数据交互。由于现阶段各软件厂商在开发软件的过程中，都会借助其开发的软件文件格式和数据标准来形成公司之间的技术壁垒，以便更好地抢占市场。因此各软件厂商在市场发展的过程中，其项目造价工程师在业务处理过程中需要安装不同的软件并购买不同软件的加密锁来进行造价数据的处理，这就造成了企业投入成本的增加，也在一定程度上降低了业务人员工作的效率。

通过建立BIM造价数据标准，各软件、系统能够按照统一的标准实现数据或参数化字段的处理，然后再对标准的数据进行编辑。因此使用这种方式，各软件之间具有了统一的数据结构和接口，也就能满足后续造价业务的需要。

提升造价管理人员的工作效率

建立数据标准，能提升造价管理人员的工作效率。传统造价人员在进行业务处理时，往往会根据业务需要安装不同的造价软件，以此打开不同格式的造价数据文件。这个过程不仅消耗了大量的时间成本，而且还使造价人员面临学习新软件的困境。若建立了统一的BIM造价数据标准，那么造价业务人员就可以运用自己熟悉的软件处理不同软件格式的造价数据文件，减少了安装软件和学习软件的时间成本，这将在一定程度上提升造价管理人员的工作效率。

助力传统造价管理向数字造价管理转变

建立BIM造价数据标准，标志着传统造价管理在向数字造价管理发生转变。由于传统造价数据在不同软件之间存在技术壁垒，因此当一个项目完成后，会存在各种类型的造价数据，使得数据和数据之间不能相互管理，便不能为后续的造价业务提供服务（这是传统造价数据的通病），造成传统造价数据在项目竣工结算后，数据资料被搁置，形成了目前常说的数据孤岛问题。

建立BIM造价数据标准，能够解决造价数据孤岛的问题，数据与数据之间能进行相互处理，有利于形成企业的大数据资产，帮助造价行业向数字造价提供数据基础。

综上所述，对数据标准的学习，既能帮助造价工程师拓展自身的专业视野，不再局限于传统的算量计价过程，又可以帮助造价人员养成数据管理的好习惯。在标准化的数据模式下，工程造价师可以逐渐形成个人的造价数据库，为后续的工作提升效率，并且可以让数据流通起来，从而解决传统数据造价孤岛问题，为造价行业向数字化转型助力。

第 3 章

手工建模

对于造价工程师来说，准确的模型会大大提升土建计量的工作效率，但是使用计算机建模时，首先需要根据图纸信息对项目进行通用规则的设置，保证建模输出结果能直接满足工作需要，其次才是通过模型进行 BIM 相关的造价管理应用。由于本书的重点在于建模与 BIM 应用的全过程操作，而不是工程计量的讲解，因此本章主要借助广联达 BIM 土建计量平台 GTJ2018（以下简称 GTJ2018）进行手工建模过程的实战操作讲解。

知识要点

◎ 钢筋设置

◎ BIM 手工建模之基础工程

◎ BIM 手工建模之主体柱

◎ BIM 手工建模之主体墙

◎ BIM 手工建模之现浇板

◎ BIM 手工建模之二次结构

3.1 BIM 建模工程设置

在实际的工作中，项目建模前的基础设置尤为重要，它直接关系到模型的质量，也是工程计量结果数据的直接依据。精确的模型建立需要造价工程师根据图纸设计要求，将各项基础设置均调整为符合工程计量规则的参数，再根据内置的扣减规则来实现自动计算工程量的目的。

3.1.1 进入工程

按照项目建立的工作流程，下面对工程的规则设置、工作环境和构件的基本画法进行介绍。

基础介绍

工程项目的信息设置都会涉及建模项目对应的施工图纸（即便是正向设计也需要 CAD 图作为审图的文件）。建设项目建模指造价工程师对工程项目图纸进行分析理解，然后根据图纸在 GTJ2018 中完成三维模型的建立。

在构建三维模型时，需要先完成构件和构件之间扣减关系的设置，如柱和梁之间的计算需要按照梁长计算至柱边，然后完成工程计价规则的选择，最后进行钢筋平法规则的参数化设置，使得模型的计算结果能够用于工程计量计价业务的处理。

设置依据

基本流程

新建工程的基本设置流程如图 3-1 所示。

进入工程
1. 单击“新建工程”
2. 设置计算规则、清单定额库及钢筋规则
3. 保存新建工程

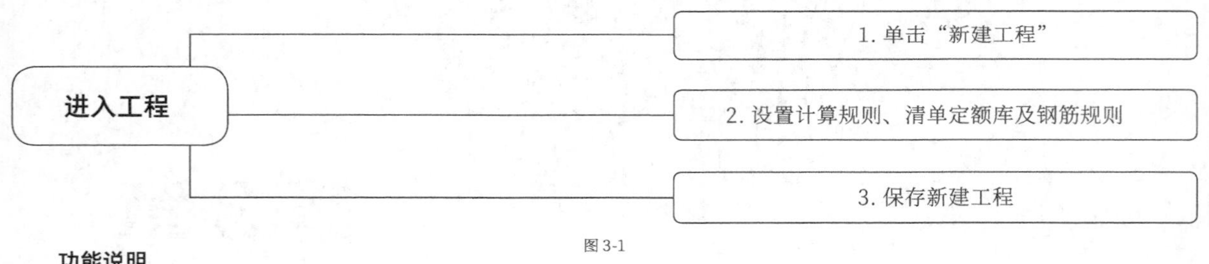

图 3-1

功能说明

规则设置

打开 GTJ2018，单击“新建工程”选项，在打开的“新建工程”的对话框中，根据项目工程的基础信息，对新建工程的工程名称、计算规则、清单定额库和钢筋规则进行设置，如图 3-2 所示。

新建工程
工程名称：
计算规则
清单规则：
建设工程工程量清单计价规范计算规则 - (R1.0.21.0)
定额规则：
建筑工程计价定额计算规则(2008)-13清单(R1.0.21.0)
清单定额库
清单库：
工程量清单项目设置规则(2002-
定额库：
建筑工程计价定额(2008)
钢筋规则
平法规则：
16系平法规则
汇总方式：
按照钢筋图示尺寸-即外皮汇总
《钢筋汇总方式详细说明》
创建工程
取消

图 3-2

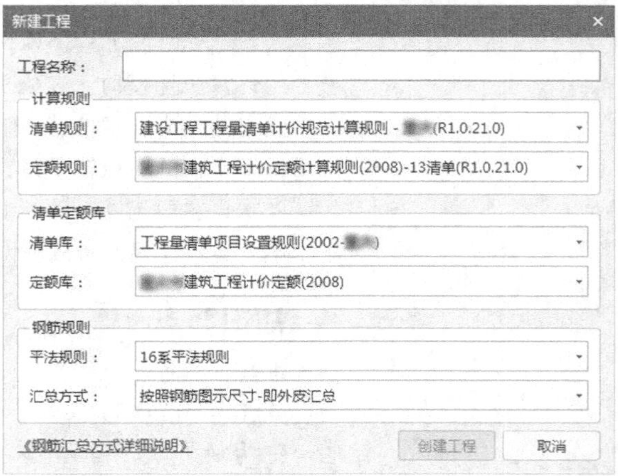

下面对工程的设置规则进行简单介绍。

工程名称：建设项目立项时确定的名称，一般指从项目立项开始到建设项目全生命周期完成的唯一名字。

计算规则：主要是国内清单定额计算规则，也是工程造价工作中的算量标准，包括为满足造价计算工程量的工作需要，行业主管部门建立的计量标准。

清单定额库：根据工程项目涉及的清单、定额库，进行构件的套项工作，还支持导入计价软件完成调价工作。

钢筋规则：主要是结构设计师在结构图纸中要求选择的钢筋节点图集，也是造价工程师在钢筋计算时选择按钢筋中轴还是外皮计算的修改位置。

工作环境

新建工程完成后，进入工程绘制界面，如图 3-3 所示。

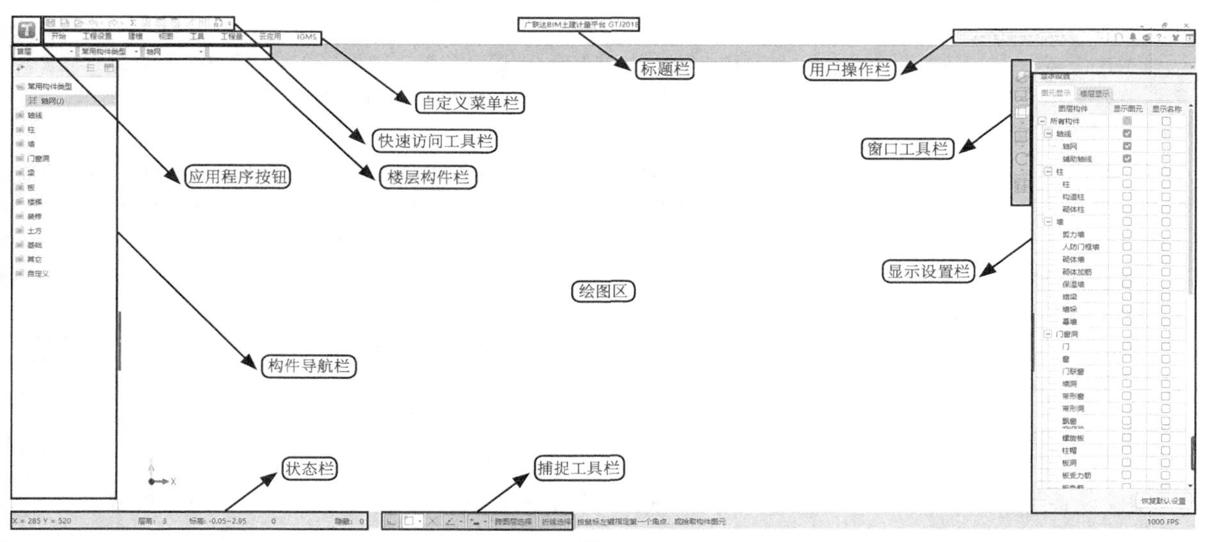

图 3-3

GTJ2018 的工程绘制界面分为“应用程序按钮”“标题栏”“快速访问工具栏”“自定义菜单栏”“用户操作栏”“窗口工具栏” “显示设置栏” “构件导航栏” “楼层构件栏” “捕捉工具栏” “状态栏” “绘图区”12 个部分。下面分别进行简单介绍。

应用程序按钮: 包括“新建”“打开”“保存”“另存为”“合并工程”“导入”“导出”“打开导入报告”“关闭工程”“选项”“退出”。

标题栏: 显示软件名称、工程名称和工程保存路径。

快速访问工具栏: 包括常用的“新建”“打开”“保存”“撤销”“恢复”“汇总计算”“查看计算式”“查看工程量”“查看钢筋量”“编辑钢筋”“钢筋三维”“添加图纸”。

自定义菜单栏: 主要包括默认安装下具有的“开始”“工程设置”“建模”“视图”“工具”“工程量”“云应用”，以及安装插件后添加的操作栏。

用户操作栏: 包括“问题搜索”“用户”“提醒”“问题反馈”“帮助”“皮肤”等内容。

窗口工具栏: 用于设置绘图区的显示，包括“俯视”“前视”“后视”“轴侧图显示”“动态观察器”等内容。

显示设置栏: 用于对楼层、图层构件中的图元及名称的显示进行设置，包括“图元显示”“楼层显示”（“当前层”“相邻层”“全部楼层”“自定义楼层”）等内容。

构件导航栏: 包括常用的构件类型，如“轴网”“柱”“墙”“梁”“板”等构件。

楼层构件栏: 主要帮助用户处理在建模时需要切换建模的楼层或仅需要切换同一楼层下不同构件类型或自定义构件类型列表及切换构件列表中具体的构件。

捕捉工具栏: 可以设置“交点”“垂点”“中点”“顶点”“坐标”等捕捉方式。

状态栏: 一般会提示鼠标指针的坐标信息、楼层的层高和底标高；对于特殊的构件，会提示图元的数量和绘图过程中的步骤。

绘图区: 进行绘图操作的区域。

构件的绘制方法

构件的绘制方法有“点”画法、“直线”画法、“矩形”画法、“三点弧”画法和“圆”画法 5 种，绘制工具如图 3-4 所示。在工程的实际处理过程中，构件可以划分为点式构件、线式构件和面式构件。不同类型的构件有不同的绘制方法，对于点式构件，主要采用“点”画法；线式构件可以采用“直线”画法和“三点弧”画法，也可用使用“矩形”画法在封闭区域内进行绘制；对于面式构件，可以采用“直线”画法绘制边线围成面式图元，也可以采用“三点弧”画法。

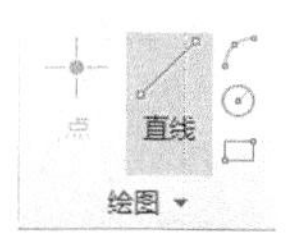

图 3-4

下面对常用构件的绘制方法进行简单介绍。

“点”画法。主要使用“点”工具绘制点式构件（如柱）和部分面式构件（如现浇板、筏板基础）。在绘图区域，单击一点作为构件的插入点。

“直线”画法。主要使用“直线”工具绘制线式构件（如梁、墙）。当需要绘制一条或多条连续的直线时，可以采用“直线”画法。在绘图区域，确定构件的起点和终点，可连续地画出多个构件。若要直接跳到不连续的地方，需要单击鼠标右键退出，再绘制一个新的构件。

“矩形”画法。主要使用“矩形”工具绘制线式或面式构件（如墙、板）。当需要绘制矩形包围形成的墙体或板面，可以采用“矩形”画法。在绘图区域，确定需要绘制构件的起点和终点（沿着矩形的对角线），可以直接绘制出矩形范围内的构件。若要绘制其他区域的构件，需要单击鼠标右键退出，再绘制其他区域的构件。

构件的调整

在绘制构件的过程中，如果发现某个位置的所有构件和已经绘制的构件完全对称或发现某个区域的左右两侧完全对称、需要快速将某个构件边线与其他构件的边线平齐或需要将选中的构件旋转一定的角度时，就需要借助“修改”选项组中的工具来完成构件的调整，如图 3-5 所示。

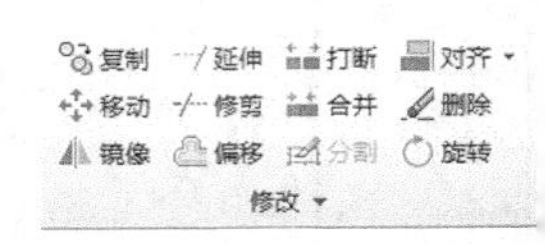

图3-5

下面对常用的构件调整工具进行简单介绍。

复制。使用鼠标左键点选或框选需要复制的构件，然后单击鼠标右键确认选择。选择复制的起点，拖曳鼠标指针到需要复制的终点，单击确定完成构件的复制。

镜像。使用鼠标左键点选或框选需要镜像的构件，然后单击鼠标右键确认选择。拖曳鼠标指针，依次单击以指定镜像线的第 1 点和第 2 点，根据情况选择是否删除原构件，完成构件的镜像。

对齐。指定需要对齐的目标线，再选择构件中需要对齐的边线，构件就会自动对齐到目标线。

旋转。使用鼠标左键点选或框选需要旋转的构件，然后单击鼠标右键确认选择。拖曳鼠标指针，单击指定第 1 点，确定旋转的基准点；单击指定第 2 点，确定旋转角度，或直接输入旋转角度，则所选构件将按该角度进行旋转。

实战：新建某高层住宅工程

素材位置	素材文件>CH03>实战：新建某高层住宅工程
实例位置	实例文件>CH03>实战：新建某高层住宅工程
教学视频	实战：新建某高层住宅工程.mp4

扫码观看视频

任务说明

（1）根据建设项目“某高层住宅工程”，完成新建工程的信息录入。

（2）本案例工程所在地可自行选择，根据项目所在省市，完成计算规则和清单定额库的设置。

（3）根据“结构设计总说明”图纸，完成钢筋计算规则的选择。

任务分析

图纸分析

参照图纸：“结构设计总说明”。

本案例配套图纸为某高层住宅工程的图纸。清单和定额规则分别采用建设工程量清单计价规范计算规则 - 某地区和某市建筑工程计价定额计算规则（2008），清单和定额库分别采用 2013 年国标清单和工程所在地最新发布定额，钢筋规则使用 16G101 系列图集，并按照外皮汇总钢筋质量。

工具分析

进入工程之前，需要先设置本建设项目的计算规则、清单定额库和钢筋规则。根据项目所在地，使用“新建工程”命令对新建的项目进行设置。

提示 如果读者在实际工作中，遇到的合同有特殊约定，那么需要根据合同约定选择匹配的计算规则。

任务实施

01 双击 GTJ2018 图标，打开广联达 BIM 土建计量平台 GTJ2018 的初始界面。单击“新建工程”按钮 新建工程，打开“新建工程”对话框，然后在“工程名称”文本框中输入“某高层住宅工程”，同时设置“清单规则”和“定额规则”为该项目所在地的 2013 年的清单、2008 年的定额。工程名称和相关信息设置完成后，单击“创建工程”按钮 创建工程，完成工程的新建，如图 3-6 所示。

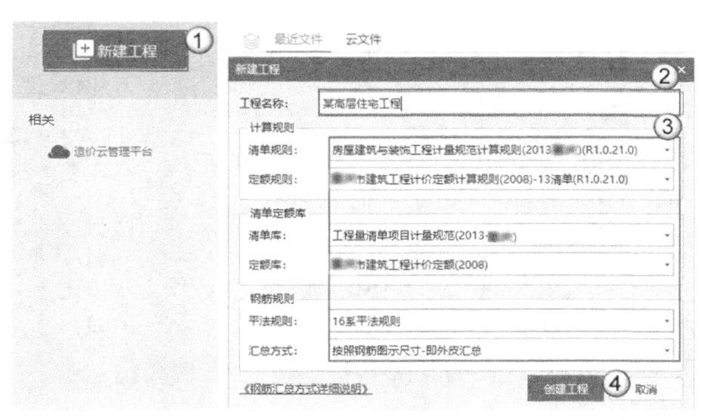

图 3-6

02 项目工程创建完成后，即可进入工程绘图界面，软件会自动激活“工程设置”选项卡，如图 3-7 所示。

03 单击“保存”按钮，打开“保存工程”对话框，将工程保存在指定位置，并将其命名为“某高层住宅工程”，最后单击“保存”按钮 保存，如图 3-8 所示。

提示 “工程名称”应和工程的项目名称一致，“清单定额库”应按照项目合同约定的内容进行选择。

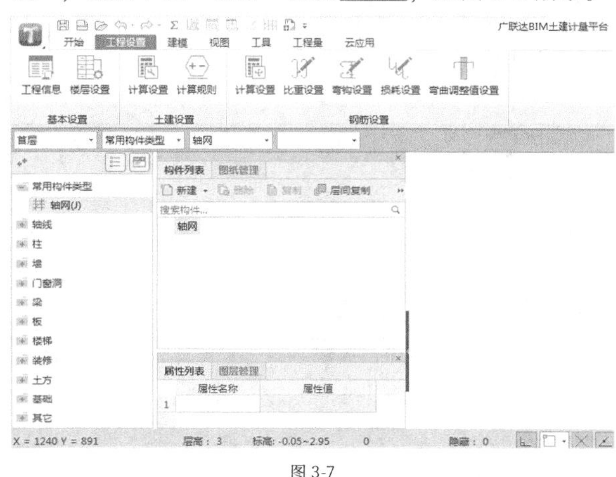

图 3-7

图 3-8

3.1.2 工程信息

按照工程项目在 GTJ2018 设置的工作流程，下面对工程信息设置的相关属性进行介绍。

基础介绍

进入项目工程后，首先需要核对项目施工图的基础信息，其次需将从施工图纸中提取的重要信息与 GTJ2018 进行关联。注意项目施工图的参考重点，主要有以下两点内容。

结构设计总说明

工程概况：包括建筑物的位置、面积、层数、结构抗震类别、设防烈度、抗震等级等。

混凝土强度等级：包括基础、柱、墙、梁、板，以及二次结构的混凝土强度等级和构件的抗渗情况。

建筑物所处的环境信息、构件的保护层厚度。

受力钢筋的连接情况、节点设计图例。

需要说明的隐蔽部分的构造详图，如后浇带加强、洞口加强筋、锚拉筋和预埋件等。

重要部位图例等。

基础平面图及详图

基础详图情况，可以帮助理解基础构造，特别注意基础标高、厚度和形状等信息，了解在基础上的柱、墙等构件的标高和插筋情况。

注意基础平面图和节点详图的设计说明，因为设计师往往将某些内容以文字的形式标注在详图说明中，而非标注在施工图上，如混凝土强度等级、保护层厚度和钢筋信息等内容。

设置依据

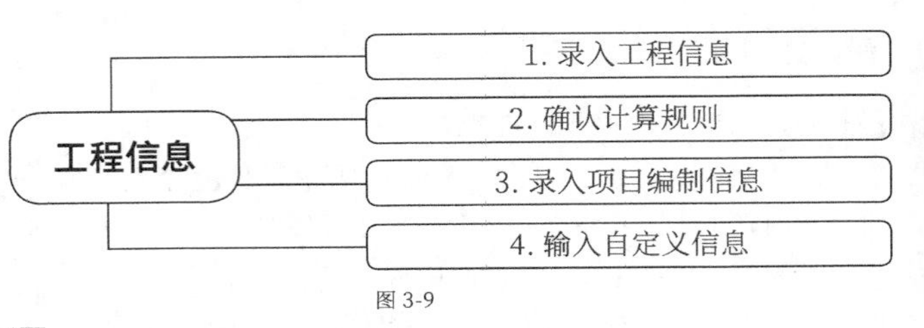

图 3-9

基本设置流程

工程信息的基本设置流程如图 3-9 所示。

功能说明

在“工程设置”选项卡中，单击“工程信息”按钮，打开“工程信息”对话框，在“工程信息”设置界面，录入工程概况、建筑结构和抗震等级等信息，如图 3-10 所示。

重要参数介绍

檐高：指室外设计地坪至檐口的高度，可通过建筑立面图查找到相关信息。

室外地坪相对 ±0.000 标高：指建筑室外地坪标高相对室内地面的高差值。可通过建筑首层平面图和建筑立面图纸来寻找准确信息。此栏信息的准确与否将影响后续土方、外墙面和保温等工程量的对错。

提示 框线标注部分的信息是关键信息，它们的调整将直接影响工程量计算的参数，因此应确认这些信息是否正确。软件中非蓝色字体部分的信息只是为了对项目工程进行特征描述，并不会影响工程量计算的准确性，可根据项目情况选择性地进行录入。

除此之外，在“属性值”中还会出现带括号的选项，用户可通过手动录入，也可在设置时不输入，待构件绘制完成后会自动获取构件工程量，并进行自动更新。

工程信息

工程信息　计算规则　编制信息　自定义

	属性名称	属性值
1	工程概况:	
2	工程名称:	工程1
3	项目所在地:	
4	详细地址:	
5	建筑类型:	居住建筑
6	建筑用途:	住宅
7	地上层数(层):	
8	地下层数(层):	
9	裙房层数:	
10	建筑面积(m²):	(0)
11	地上面积(m²):	(0)
12	地下面积(m²):	(0)
13	人防工程:	无人防
14	檐高(m):	35
15	结构类型:	框架结构
16	基础形式:	筏形基础
17	建筑结构等级参数:	
18	抗震设防类别:	
19	抗震等级:	一级抗震
20	地震参数:	
21	设防烈度:	8
22	基本地震加速度（g）:	
23	设计地震分组:	

图 3-10

通过“计算规则”设置界面，可以查看本工程设置的计算规则、清单定额库和钢筋规则等设置信息，如图 3-11 所示。

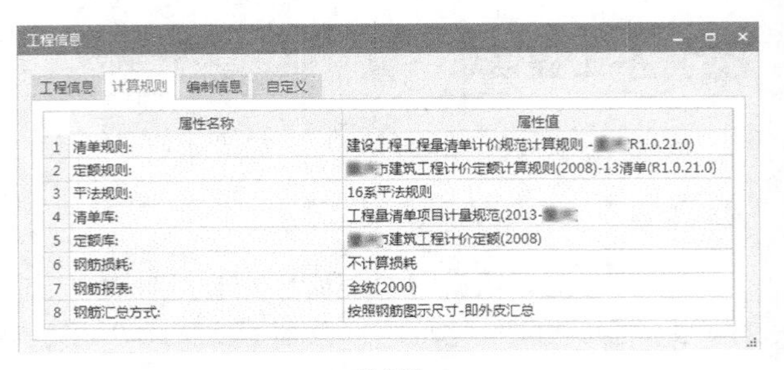

工程信息

工程信息　计算规则　编制信息　自定义

	属性名称	属性值
1	清单规则:	建设工程工程量清单计价规范计算规则 - R1.0.21.0)
2	定额规则:	市建筑工程计价定额计算规则(2008)-13清单(R1.0.21.0)
3	平法规则:	16系平法规则
4	清单库:	工程量清单项目计量规范(2013-
5	定额库:	建筑工程计价定额(2008)
6	钢筋损耗:	不计算损耗
7	钢筋报表:	全统(2000)
8	钢筋汇总方式:	按照钢筋图示尺寸-即外皮汇总

图 3-11

重要参数介绍

清单规则：根据合同约定项目使用的工程量清单计算规则，目前一般选用国标 13 清单。

定额规则：根据合同约定项目使用的工程量定额计算规则，这一项由各省市造价主管部门发布的最新定额计量计价规则来确定。

平法规则：主要根据结构设计图纸中钢筋选用的国标图集，一般都按照国家发布的最新平法整体表示法图集来确定。

在“编制信息”设置界面，需要根据图纸要求对工程的基本信息进行录入，其中包括项目各参与方、预算编制人和审核人员的相关信息（此处设置的信息不会影响工程建模结果）。

由于图纸中会涉及企业的详细信息，因此这里以“某房地产开发公司”的信息为例进行说明，如图 3-12 所示。

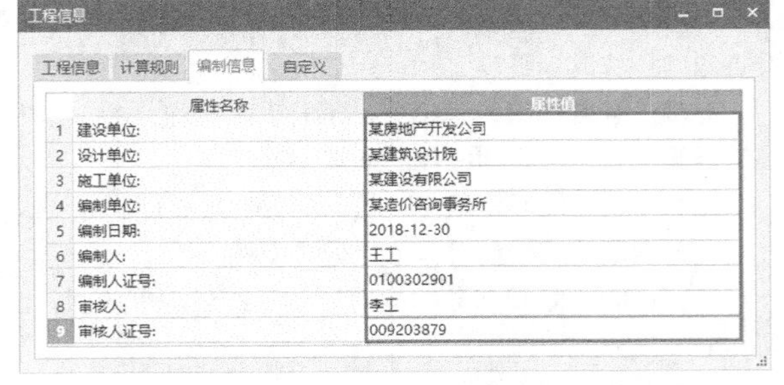

工程信息

工程信息　计算规则　编制信息　自定义

	属性名称	属性值
1	建设单位:	某房地产开发公司
2	设计单位:	某建筑设计院
3	施工单位:	某建设有限公司
4	编制单位:	某造价咨询事务所
5	编制日期:	2018-12-30
6	编制人:	王工
7	编制人证号:	0100302901
8	审核人:	李工
9	审核人证号:	009203879

图 3-12

在“自定义”设置界面，单击“添加属性”按钮，可添加前 3 个设置界面中没有的属性，如“实际开工时间”和“实际竣工时间”，如图 3-13 所示。

图 3-13

实战：设置某高层住宅工程的工程信息

素材位置	素材文件>CH03>实战：设置某高层住宅工程的工程信息
实例位置	实例文件>CH03>实战：设置某高层住宅工程的工程信息
教学视频	实战：设置某高层住宅工程的工程信息.mp4

扫码观看视频

任务说明

根据“结构设计总说明”“建施 -12 北立面图”“首层平面图”图纸信息，重点录入公有属性（蓝色字体）信息。

任务分析

图纸分析

参照图纸：“设计结构总说明”“建施 -12 北立面图”“首层平面图”。

本案例配套图纸为某高层住宅工程的图纸。从“北立面图”可知本工程的结构檐口高度为 40.5m；从“结构设计总说明”可知，本工程的结构类型为剪力墙结构，抗震设防烈度为 7 度，抗震等级为一级；从“首层平面图”可知，本工程的室内外高差为 -0.9m。

工具分析

根据工程图纸提供的图集信息，需要使用“工程信息”命令，对建筑物抗震等级、设防烈度、檐高、结构类型和混凝土强度等级等信息进行设置。

任务实施

打开“实例文件 >CH03> 实战：新建某高层住宅工程 > 某高层住宅工程 .GTJ”文件，在“工程设置”选项卡中，单击“工程信息”按钮，打开“工程信息”对话框。根据图纸信息，设置“檐高”为 40.5、“结构类型”为“剪力墙结构”、“基础形式”为“筏板基础”、“抗震等级”为“一级抗震”、“设防烈度”为 7、“室外地坪相对 ±0.000 标高”（室内外高差）为 -0.9，如图 3-14 所示。

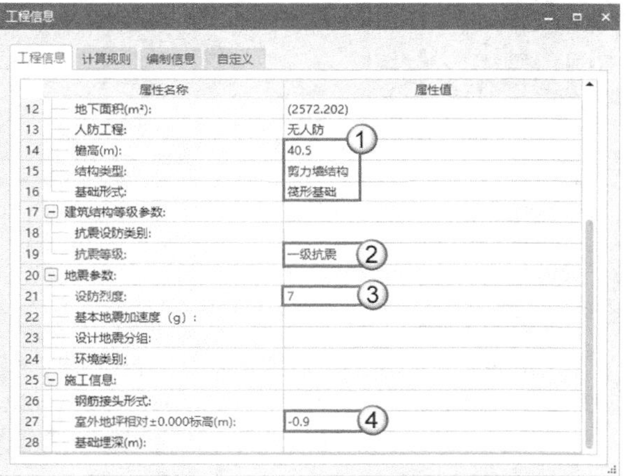

图 3-14

> **提示** 私有属性（非蓝色字体）可参照图纸内容，选择性地进行输入。

3.1.3 楼层设置

按照工程项目在 GTJ2018 设置的工作流程，下面对楼层设置的相关属性进行介绍。

基础介绍

楼层是房屋的重要组成部分。楼层是建筑物中用来分隔空间的水平分隔构件，它将建筑物沿竖直方向分隔成若干部分。楼层又是承重构件，承受着自重和楼面使用荷载，并将其传给墙（梁）和柱，对墙体起一定的水平支撑作用。

设置楼层信息可以确定模型在垂直空间上的位置关系，从而形成建筑三维模型的可视化展示。

设置依据

基本流程

楼层设置的基本流程如图 3-15 所示。

楼层设置

1. 楼层信息录入
2. 特定构件抗震等级设置
3. 构件混凝土强度等级设置
4. 构件保护层厚度设置

图 3-15

功能说明

在“工程设置”选项卡中，单击“楼层设置”按钮，打开“楼层设置”对话框，可在其中对项目工程的楼层信息进行设置，如图 3-16 所示。

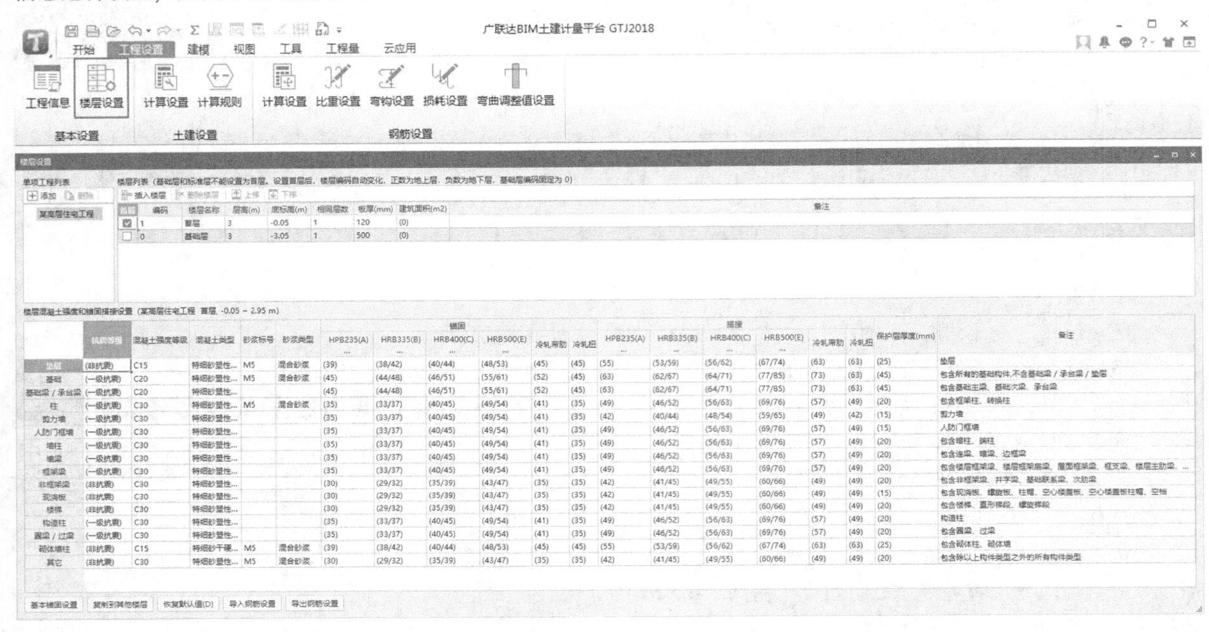

图 3-16

重要参数介绍

抗震等级：设计部门依据国家有关规定，按照“建筑物重要性分类与设防标准”，根据设防类别、结构类型、设防烈度和房屋高度 4 个因素确定，而采用不同抗震等级进行的具体设计。除结构设计总说明外，若图纸详图中单独注明的某构件的抗震等级和总说明不一致而需要单独进行设置时，可以在构件抗震等级里完成单独的设置。

混凝土强度等级：指混凝土的抗压强度。根据图纸对构件混凝土强度等级进行设置，其中包括主体结构（如柱、墙、梁、板）和其他构件的混凝土强度等级设置。

保护层厚度：指在混凝土构件中，避免钢筋直接裸露的那一部分混凝土。一般根据图纸中的结构设计总说明或结构详图大样，完成特定构件的保护层厚度设置。

实战：设置某高层住宅工程的楼层信息

素材位置	素材文件>CH03>实战：设置某高层住宅工程的楼层信息
实例位置	实例文件>CH03>实战：设置某高层住宅工程的楼层信息
教学视频	实战：设置某高层住宅工程的楼层信息.mp4

扫码观看视频

任务说明

（1）根据某高层住宅工程的“楼层表”，完成楼层信息设置。

（2）根据“地下二层底板配筋图”，完成构件混凝土强度等级和保护层的设置。

任务分析

图纸分析

参照图纸：“地下二层墙体布置图”“地下二层底板配筋图”。

本案例配套图纸为某高层住宅工程的图纸。从“地下二层墙体布置图”中的楼层表可知楼层标高和层高，主要信息如表 3-1 所示。

表 3-1

层号	标高（m）	层高（m）
	45.220	
机房层	40.500	4.720
14	37.600	2.900
13	34.700	2.900
12	31.800	2.900
11	28.900	2.900
10	26.000	2.900
9	23.100	2.900
8	20.200	2.900
7	17.300	2.900
6	14.400	2.900
5	11.500	2.900
4	8.600	2.900
3	5.700	2.900
2	2.800	2.900
1	-0.100	2.900
-1	-3.700	3.600
-2	-6.800	3.100

从“地下二层底板配筋图”可知混凝土强度等级，其中垫层为 C15，基础底板、地下室外墙为 C30，抗渗等级为 P6；二层以上梁为 C25，其余为 C30；基础板顶标高除注明外均为 -6.8m，底板厚度均为 500mm，保护层厚度的板顶为 25mm，板底为 50mm。

工具分析

根据工程图纸提供的图集信息，需要使用“楼层设置”命令，对楼层标高、楼层混凝土强度和保护层厚度等信息进行设置。

任务实施

绘制地上楼层

01 打开“实例文件 >CH03> 实战：设置某高层住宅工程的工程信息 > 工程信息 .GTJ”文件，在“工程设置”选项卡中，单击“楼层设置”按钮，打开“楼层设置”对话框，如图 3-17 所示。

楼层设置

单项工程列表　添加　删除　某高层住宅工程

楼层列表（基础层和标准层不能设置为首层。设置首层后，楼层编码自动变化，正数为地上层，负数为地下层，基础层编码固定为 0）

插入楼层　删除楼层　上移　下移

首层	编码	楼层名称	层高(m)	底标高(m)	相同层数	板厚(mm)	建筑面积(m2)	备注
☑	1	首层	3	-0.05	1	120	(0)	
☐	0	基础层	3	-3.05	1	500	(0)	

楼层混凝土强度和锚固搭接设置（某高层住宅工程 首层 -0.05 ~ 2.95 m）

构件	抗震等级	混凝土强度等级	混凝土类型	砂浆标号	砂浆类型	锚固 HPB235(A)	锚固 HRB335(B)	锚固 HRB400(C)	锚固 HRB500(E)	锚固 冷轧带肋	锚固 冷轧扭
垫层	(非抗震)	C15	特细砂塑性...	M5	混合砂浆	(39)	(38/42)	(40/44)	(48/53)	(45)	(45)
基础	(一级抗震)	C20	特细砂塑性...	M5	混合砂浆	(45)	(44/48)	(46/51)	(55/61)	(52)	(45)
基础梁 / 承台梁	(一级抗震)	C20	特细砂塑性...			(45)	(44/48)	(46/51)	(55/61)	(52)	(45)
柱	(一级抗震)	C30	特细砂塑性...	M5	混合砂浆	(35)	(33/37)	(40/45)	(49/54)	(41)	(35)
剪力墙	(一级抗震)	C30	特细砂塑性...			(35)	(33/37)	(40/45)	(49/54)	(41)	(35)
人防门框墙	(一级抗震)	C30	特细砂塑性...			(35)	(33/37)	(40/45)	(49/54)	(41)	(35)
墙柱	(一级抗震)	C30	特细砂塑性...			(35)	(33/37)	(40/45)	(49/54)	(41)	(35)
墙梁	(一级抗震)	C30	特细砂塑性...			(35)	(33/37)	(40/45)	(49/54)	(41)	(35)
框架梁	(一级抗震)	C30	特细砂塑性...			(35)	(33/37)	(40/45)	(49/54)	(41)	(35)
非框架梁	(非抗震)	C30	特细砂塑性...			(30)	(29/32)	(35/39)	(43/47)	(35)	(35)
现浇板	(非抗震)	C30	特细砂塑性...			(30)	(29/32)	(35/39)	(43/47)	(35)	(35)
楼梯	(非抗震)	C30	特细砂塑性...			(30)	(29/32)	(35/39)	(43/47)	(35)	(35)
构造柱	(一级抗震)	C30	特细砂塑性...			(35)	(33/37)	(40/45)	(49/54)	(41)	(35)
圈梁 / 过梁	(一级抗震)	C30	特细砂塑性...			(35)	(33/37)	(40/45)	(49/54)	(41)	(35)
砌体墙柱	(非抗震)	C15	特细砂干硬...	M5	混合砂浆	(39)	(38/42)	(40/44)	(48/53)	(45)	(45)
其它	(非抗震)	C30	特细砂塑性...	M5	混合砂浆	(30)	(29/32)	(35/39)	(43/47)	(35)	(35)

构件	搭接 HPB235(A)	搭接 HRB335(B)	搭接 HRB400(C)	搭接 HRB500(E)	搭接 冷轧带肋	搭接 冷轧扭	保护层厚度(mm)	备注
垫层	(55)	(53/59)	(56/62)	(67/74)	(63)	(63)	(25)	垫层
基础	(63)	(62/67)	(64/71)	(77/85)	(73)	(63)	(45)	包含所有的基础构件,不含基础梁 / 承台梁 / 垫层
基础梁 / 承台梁	(63)	(62/67)	(64/71)	(77/85)	(73)	(63)	(45)	包含基础主梁、基础次梁、承台梁
柱	(49)	(46/52)	(56/63)	(69/76)	(57)	(49)	(20)	包含框架柱、转换柱
剪力墙	(42)	(40/44)	(48/54)	(59/65)	(49)	(42)	(15)	剪力墙
人防门框墙	(49)	(46/52)	(56/63)	(69/76)	(57)	(49)	(15)	人防门框墙
墙柱	(49)	(46/52)	(56/63)	(69/76)	(57)	(49)	(20)	包含暗柱、端柱
墙梁	(49)	(46/52)	(56/63)	(69/76)	(57)	(49)	(20)	包含连梁、暗梁、边框梁
框架梁	(49)	(46/52)	(56/63)	(69/76)	(57)	(49)	(20)	包含楼层框架梁、楼层框架扁梁、屋面框架梁、框支梁、楼层主肋梁、...
非框架梁	(42)	(41/45)	(49/55)	(60/66)	(49)	(49)	(20)	包含非框架梁、井字梁、基础联系梁、次肋梁
现浇板	(42)	(41/45)	(49/55)	(60/66)	(49)	(49)	(15)	包含现浇板、螺旋板、柱帽、空心楼盖板、空心楼盖板柱帽、空档
楼梯	(42)	(41/45)	(49/55)	(60/66)	(49)	(49)	(20)	包含楼梯、直形梯段、螺旋梯段
构造柱	(49)	(46/52)	(56/63)	(69/76)	(57)	(49)	(20)	构造柱
圈梁 / 过梁	(49)	(46/52)	(56/63)	(69/76)	(57)	(49)	(20)	包含圈梁、过梁
砌体墙柱	(55)	(53/59)	(56/62)	(67/74)	(63)	(63)	(25)	包含砌体柱、砌体墙
其它	(42)	(41/45)	(49/55)	(60/66)	(49)	(49)	(20)	包含除以上构件类型之外的所有构件类型

基本锚固设置　复制到其他楼层　恢复默认值(D)　导入钢筋设置　导出钢筋设置

图 3-17

02 根据“地下二层墙体布置图”中的楼层信息，先选中“首层”楼层，再单击“插入楼层”按钮，便会在“首层”上多出一层，“楼层名称”将自动命名为“第 2 层”，如图 3-18 所示。

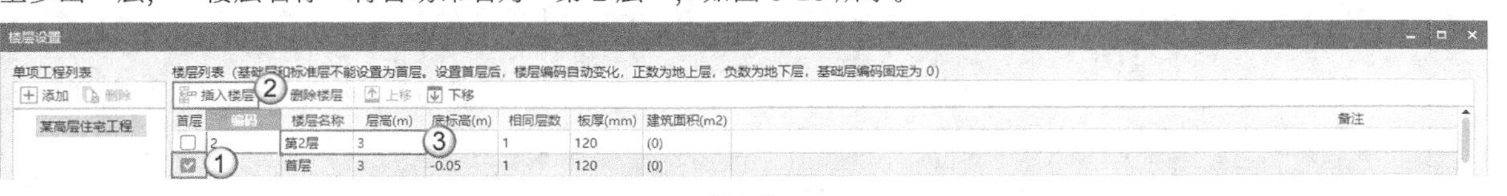

图 3-18

提示 在楼层列表中，基础层和标准层不能被设置为首层。设置首层后，楼层编码将自动变化，正数为地上楼层，负数为地下室，基础层编码固定为0。

03 开始对层高和底标高进行设置。从“地下二层墙体布置图”可知，首层的“层高”为2.9m、“底标高”为-0.1m，因此将首层的“层高”和“底标高”分别录入对应位置，如图3-19所示。

04 由于本案例工程中，1~14层的层高都是2.9m，因此只需要在“第2层”的“层高”中输入2.9，然后多次单击“插入楼层”按钮，直到列表中出现“第14层”，如图3-20所示。

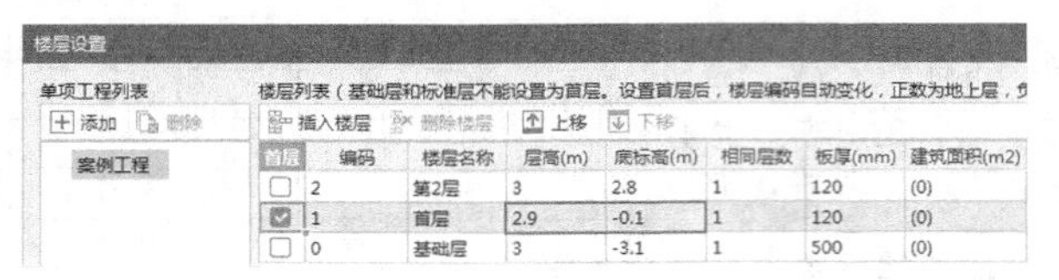

首层	编码	楼层名称	层高(m)	底标高(m)	相同层数	板厚(mm)	建筑面积(m2)
☐	2	第2层	3	2.8	1	120	(0)
☑	1	首层	2.9	-0.1	1	120	(0)
☐	0	基础层	3	-3.1	1	500	(0)

图3-19

插入楼层 删除楼层 上移 下移

首层	编码	楼层名称	层高(m)	底标高(m)	相同层数	板厚(mm)
☐	14	第14层	2.9	37.6	1	120
☐	13	第13层	2.9	34.7	1	120
☐	12	第12层	2.9	31.8	1	120
☐	11	第11层	2.9	28.9	1	120
☐	10	第10层	2.9	26	1	120
☐	9	第9层	2.9	23.1	1	120
☐	8	第8层	2.9	20.2	1	120
☐	7	第7层	2.9	17.3	1	120
☐	6	第6层	2.9	14.4	1	120
☐	5	第5层	2.9	11.5	1	120
☐	4	第4层	2.9	8.6	1	120
☐	3	第3层	2.9	5.7	1	120
☐	2	第2层	2.9	[illegible]	1	120
☑	1	首层	2.9	-0.1	1	120
☐	0	基础层	3	-3.1	1	500

图3-20

05 楼层表中“机房层”的层高为4.72m，按照同样的方式，在“第14层”的“层高”中输入4.72，再单击“插入楼层”按钮，将“第15层”的“楼层名称”重命名为“机房层”，如图3-21所示。

06 为了方便后续屋面层构件的绘制，因此继续单击“插入楼层”按钮，增加“第16层”，如图3-22所示。地上部分的楼层设置完成。本案例工程还有地下楼层，下面处理这部分楼层的信息。

插入楼层 删除楼层 上移 下移

首层	编码	楼层名称	层高(m)	底标高(m)	相同层数	板厚(mm)
☐	15	机房层	4.72	[illegible]	1	120
☐	14	第14层	2.9	37.6	1	120
☐	13	第13层	2.9	34.7	1	120
☐	12	第12层	2.9	31.8	1	120
☐	11	第11层	2.9	28.9	1	120
☐	10	第10层	2.9	26	1	120
☐	9	第9层	2.9	23.1	1	120
☐	8	第8层	2.9	20.2	1	120
☐	7	第7层	2.9	17.3	1	120
☐	6	第6层	2.9	14.4	1	120
☐	5	第5层	2.9	11.5	1	120
☐	4	第4层	2.9	8.6	1	120
☐	3	第3层	2.9	5.7	1	120
☐	2	第2层	2.9	2.8	1	120
☑	1	首层	2.9	-0.1	1	120

图3-21

插入楼层 删除楼层 上移 下移

首层	编码	楼层名称	层高(m)	底标高(m)	相同层数	板厚(mm)
☐	16	第16层	4.72	45.22	1	120
☐	15	机房层	4.72	40.5	1	120
☐	14	第14层	2.9	37.6	1	120
☐	13	第13层	2.9	34.7	1	120
☐	12	第12层	2.9	31.8	1	120
☐	11	第11层	2.9	28.9	1	120
☐	10	第10层	2.9	26	1	120
☐	9	第9层	2.9	23.1	1	120
☐	8	第8层	2.9	20.2	1	120
☐	7	第7层	2.9	17.3	1	120
☐	6	第6层	2.9	14.4	1	120
☐	5	第5层	2.9	11.5	1	120
☐	4	第4层	2.9	8.6	1	120
☐	3	第3层	2.9	5.7	1	120
☐	2	第2层	2.9	2.8	1	120
☑	1	首层	2.9	-0.1	1	120

图3-22

绘制地下楼层

01 回到列表中的基础层，选中“基础层”楼层，再单击“插入楼层”按钮，便建立了“第-1层”，设置“第-1层”的“层高”为3.6，如图3-23所示。

02 按照同样的方式，继续单击“插入楼层”按钮，建立“第-2层”楼层。由于“第-2层”的层高是3.1m，基础层采用筏板工程，因此就需要调整“第-2层”和“基础层”的层高，分别输入3.1和0.5（筏板厚度），如图3-24所示。楼层设置完成后，还需要设置楼层的混凝土强度和锚固搭接。

插入楼层 删除楼层 上移 下移

首层	编码	楼层名称	层高(m)	底标高(m)	相同层数	板厚(mm)	建筑面积(m2)
☐	7	第7层	2.9	17.3	1	120	(0)
☐	6	第6层	2.9	14.4	1	120	(0)
☐	5	第5层	2.9	11.5	1	120	(0)
☐	4	第4层	2.9	8.6	1	120	(0)
☐	3	第3层	2.9	5.7	1	120	(0)
☐	2	第2层	2.9	2.8	1	120	(0)
☑	1	首层	2.9	-0.1	1	120	(0)
	-1	第-1层	3.6	[illegible]	1	120	(0)
☐	0	基础层	3	-6.7	1	500	(0)

图3-23

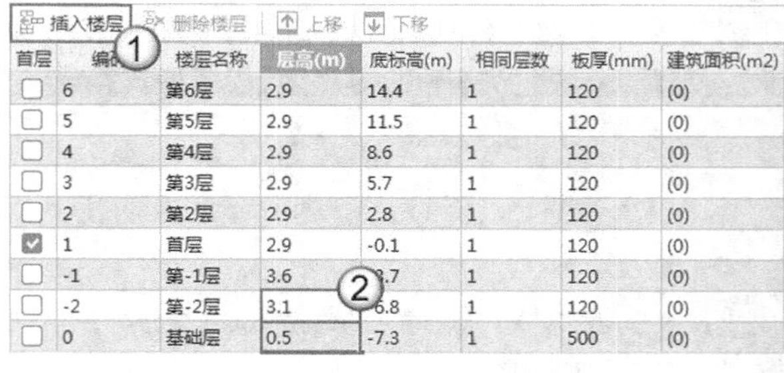

首层	编码	楼层名称	层高(m)	底标高(m)	相同层数	板厚(mm)	建筑面积(m2)
☐	6	第6层	2.9	14.4	1	120	(0)
☐	5	第5层	2.9	11.5	1	120	(0)
☐	4	第4层	2.9	8.6	1	120	(0)
☐	3	第3层	2.9	5.7	1	120	(0)
☐	2	第2层	2.9	2.8	1	120	(0)
☑	1	首层	2.9	-0.1	1	120	(0)
☐	-1	第-1层	3.6	[illegible]	1	120	(0)
☐	-2	第-2层	3.1	[illegible]	1	120	(0)
☐	0	基础层	0.5	-7.3	1	500	(0)

图3-24

楼层混凝土强度和锚固搭接设置

01 根据“地下二层底板配筋图”可知，垫层混凝土强度等级为 C15，基础底板和地下室外墙为 C30，抗渗等级为 P6，二层以上梁为 C25，其余均为 C30。选中“基础层”楼层，在“楼层混凝土强度和锚固搭接设置”中，设置“基础”和“基础梁 / 承台梁”的“混凝土强度等级”为 C30，如图 3-25 所示。

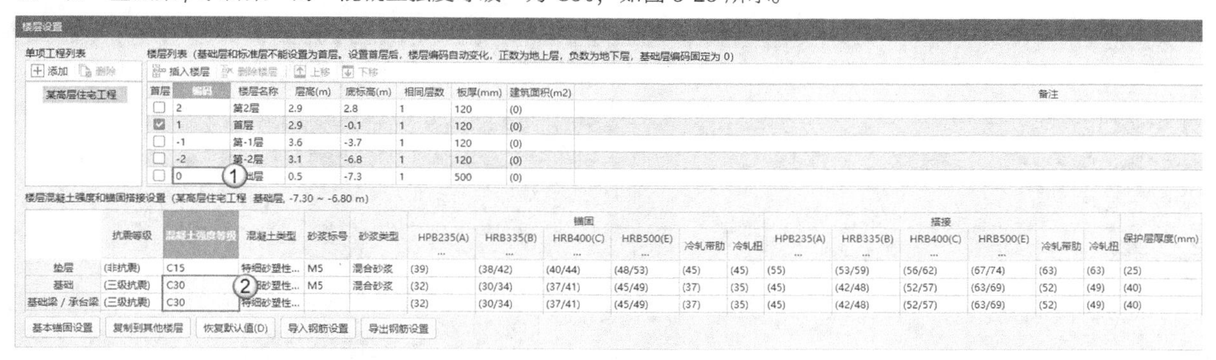

楼层设置

单项工程列表：某高层住宅工程

楼层列表（基础层和标准层不能设置为首层。设置首层后，楼层编码自动变化，正数为地上层，负数为地下层，基础层编码固定为 0）

首层	编码	楼层名称	层高(m)	底标高(m)	相同层数	板厚(mm)	建筑面积(m2)	备注
☐	2	第2层	2.9	2.8	1	120	(0)	
☑	1	首层	2.9	-0.1	1	120	(0)	
☐	-1	第-1层	3.6	-3.7	1	120	(0)	
☐	-2	第-2层	3.1	-6.8	1	120	(0)	
☐	0	基础层	0.5	-7.3	1	500	(0)	

楼层混凝土强度和锚固搭接设置（某高层住宅工程 基础层, -7.30 ~ -6.80 m）

	抗震等级	混凝土强度等级	混凝土类型	砂浆标号	砂浆类型	锚固 HPB235(A)	锚固 HRB335(B)	锚固 HRB400(C)	锚固 HRB500(E)	锚固 冷轧带肋	锚固 冷轧扭	搭接 HPB235(A)	搭接 HRB335(B)	搭接 HRB400(C)	搭接 HRB500(E)	搭接 冷轧带肋	搭接 冷轧扭	保护层厚度(mm)
垫层	(非抗震)	C15	特细砂塑性...	M5	混合砂浆	(39)	(38/42)	(40/44)	(48/53)	(45)	(45)	(55)	(53/59)	(56/62)	(67/74)	(63)	(63)	(25)
基础	(三级抗震)	C30	特细砂塑性...	M5	混合砂浆	(32)	(30/34)	(37/41)	(45/49)	(37)	(35)	(45)	(42/48)	(52/57)	(63/69)	(52)	(49)	(40)
基础梁 / 承台梁	(三级抗震)	C30	特细砂塑性...			(32)	(30/34)	(37/41)	(45/49)	(37)	(35)	(45)	(42/48)	(52/57)	(63/69)	(52)	(49)	(40)

基本锚固设置 复制到其他楼层 恢复默认值(D) 导入钢筋设置 导出钢筋设置

图 3-25

02 只有二层以上的梁的混凝土强度等级为 C25，其余为 C30，因此可以将基础层设置好的混凝土等级直接复制到其他层，再单独调整二层以上的梁的混凝土等级即可。单击“复制到其他楼层”按钮 复制到其他楼层 ，在打开的“复制到其他楼层”对话框中勾选“某高层住宅工程”二层以上的楼层选项，单击“确定”按钮 确定 ，弹出已成功复制的提示，这时信息就被全部复制到其他楼层，如图 3-26 所示。

楼层混凝土强度和锚固搭接设置（某高层住宅工程 基础层, -7.30 ~ -6.80 m）

	抗震等级	混凝土强度等级	混凝土类型	砂浆标号	砂浆类型	锚固 HPB235(A)	锚固 HRB335(B)	锚固 HRB400(C)	锚固 HRB500(E)	锚固 冷轧带肋	锚固 冷轧扭	HPB235(A)
垫层	(非抗震)	C15	特细砂塑性...	M5	混合砂浆	(39)	(38/42)	(40/44)	(48/53)	(45)	(45)	(55)
基础	(三级抗震)	C30	特细砂塑性...	M5	混合砂浆	(32)	(30/34)	(37/41)	(45/49)	(37)	(35)	(45)
基础梁 / 承台梁	(三级抗震)	C30	特细砂塑性...			(32)	(30/34)	(37/41)	(45/49)	(37)	(35)	(45)
柱	(三级抗震)	C30	特细砂塑性...	M5	混合砂浆	(32)	(30/34)	(37/41)	(45/49)	(37)	(35)	(45)
剪力墙	(三级抗震)	C30	特细砂塑性...			(32)	(30/34)	(37/41)	(45/49)	(37)	(35)	(38)
人防门框墙	(三级抗震)	C30	特细砂塑性...			(32)	(30/34)	(37/41)	(45/49)	(37)	(35)	(45)
墙柱	(三级抗震)	C30	特细砂塑性...			(32)	(30/34)	(37/41)	(45/49)	(37)	(35)	(45)
墙梁	(三级抗震)	C30	特细砂塑性...			(32)	(30/34)	(37/41)	(45/49)	(37)	(35)	(45)
框架梁	(三级抗震)	C30	特细砂塑性...			(32)	(30/34)	(37/41)	(45/49)	(37)	(35)	(45)
非框架梁	(非抗震)	C30	特细砂塑性...			(30)	(29/32)	(35/39)	(43/47)	(35)	(35)	(42)
现浇板	(非抗震)	C30	特细砂塑性...			(30)	(29/32)	(35/39)	(43/47)	(35)	(35)	(42)
楼梯	(非抗震)	C30	特细砂塑性...			(30)	(29/32)	(35/39)	(43/47)	(35)	(35)	(42)
构造柱	(三级抗震)	C30	特细砂塑性...			(32)	(30/34)	(37/41)	(45/49)	(37)	(35)	(45)
圈梁 / 过梁	(三级抗震)	C30	特细砂塑性...			(32)	(30/34)	(37/41)	(45/49)	(37)	(35)	(45)
砌体墙柱	(非抗震)	C30	特细砂干硬...	M5	混合砂浆	(30)	(29/32)	(35/39)	(43/47)	(35)	(35)	(42)
其它	(非抗震)	C30	特细砂塑性...	M5	混合砂浆	(30)	(29/32)	(35/39)	(43/47)	(35)	(35)	(42)

基本锚固设置 复制到其他楼层 恢复默认值(D) 导入钢筋设置 导出钢筋设置

复制到其他楼层

目标楼层

某高层住宅工程
- 第16层(47.04~51.76)
- 机房层(42.32~47.04)
- 第14层(37.6~42.32)
- 第13层(34.7~37.6)
- 第12层(31.8~34.7)
- 第11层(28.9~31.8)
- 第10层(26~28.9)
- 第9层(23.1~26)
- 第8层(20.2~23.1)
- 第7层(17.3~20.2)
- 第6层(14.4~17.3)
- 第5层(11.5~14.4)
- 第4层(8.6~11.5)
- 第3层(5.7~8.6)
- 第2层(2.8~5.7)
- 首层(-0.1~2.8)

※ 基本锚固也会一同复制到目标楼层

确定 取消

图 3-26

03 按照同样的方式，选中“第 3 层”楼层，设置“框架梁”和“非框架梁”的“混凝土强度等级”为 C25，如图 3-27 所示。

楼层设置

单项工程列表：某高层住宅工程

楼层列表（基础层和标准层不能设置为首层。设置首层后，楼层编码自动变化，正数为地上层，负数为地下层，基础层编码固定为 0）

首层	编码	楼层名称	层高(m)	底标高(m)	相同层数	板厚(mm)	建筑面积(m2)	备注
☐	5	第5层	2.9	11.5	1	120	(0)	
☐	4	第4层	2.9	8.6	1	120	(0)	
☐	3	第3层	2.9	5.7	1	120	(0)	

楼层混凝土强度和锚固搭接设置（某高层住宅工程 第3层, 5.70 ~ 8.60 m）

	抗震等级	混凝土强度等级	混凝土类型	砂浆标号	砂浆类型	锚固 HPB235(A)	锚固 HRB335(B)	锚固 HRB400(C)	锚固 HRB500(E)	锚固 冷轧带肋	锚固 冷轧扭	搭接 HPB235(A)	搭接 HRB335(B)	搭接 HRB400(C)	搭接 HRB500(E)	搭接 冷轧带肋	搭接 冷轧扭	保护层厚度(mm)
垫层	(非抗震)	C15	特细砂塑性...	M5	混合砂浆	(39)	(38/42)	(40/44)	(48/53)	(45)	(45)	(55)	(53/59)	(56/62)	(67/74)	(63)	(63)	(25)
基础	(三级抗震)	C20	特细砂塑性...	M5	混合砂浆	(41)	(40/44)	(42/46)	(50/56)	(48)	(45)	(57)	(56/62)	(59/64)	(70/78)	(67)	(63)	(45)
基础梁 / 承台梁	(三级抗震)	C20	特细砂塑性...			(41)	(40/44)	(42/46)	(50/56)	(48)	(45)	(57)	(56/62)	(59/64)	(70/78)	(67)	(63)	(45)
柱	(三级抗震)	C30	特细砂塑性...	M5	混合砂浆	(32)	(30/34)	(37/41)	(45/49)	(37)	(35)	(45)	(42/48)	(52/57)	(63/69)	(52)	(49)	(20)
墙梁	(三级抗震)	C30	特细砂塑性...			(32)	(30/34)	(37/41)	(45/49)	(37)	(35)	(45)	(42/48)	(52/57)	(63/69)	(52)	(49)	(20)
框架梁	(三级抗震)	C25	特细砂塑性...			(36)	(35/38)	(42/46)	(50/56)	(42)	(40)	(50)	(49/53)	(59/64)	(70/78)	(59)	(56)	(25)
非框架梁	(非抗震)	C25	特细砂塑性...			(34)	(33/36)	(40/44)	(48/53)	(40)	(40)	(48)	(46/50)	(56/62)	(67/74)	(56)	(56)	(25)

基本锚固设置 复制到其他楼层 恢复默认值(D) 导入钢筋设置 导出钢筋设置

图 3-27

04 按照同样的方式，单击“复制到其他楼层”按钮 复制到其他楼层 ，在“复制到其他楼层”对话框中，只选择“第 4 层”及以上的楼层，单击“确定”按钮 确定 ，如图 3-28 所示。

05 根据“结构设计总说明”，“基础”构件的“保护层厚度”为（25+50）/2 ≈ 38，因此设置“基础层”的“保护层厚度”为 38mm，如图 3-29 所示。

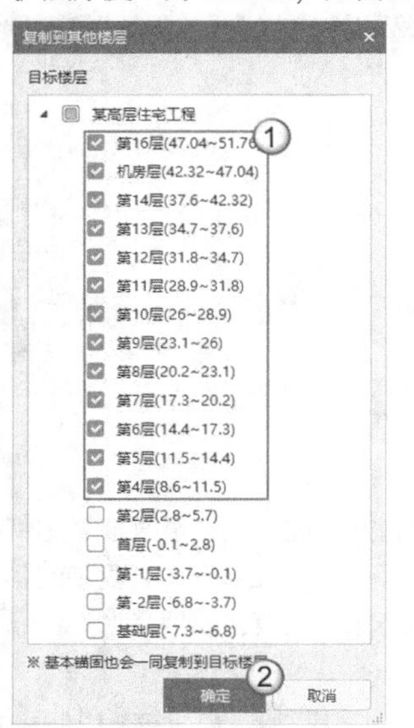

图 3-28

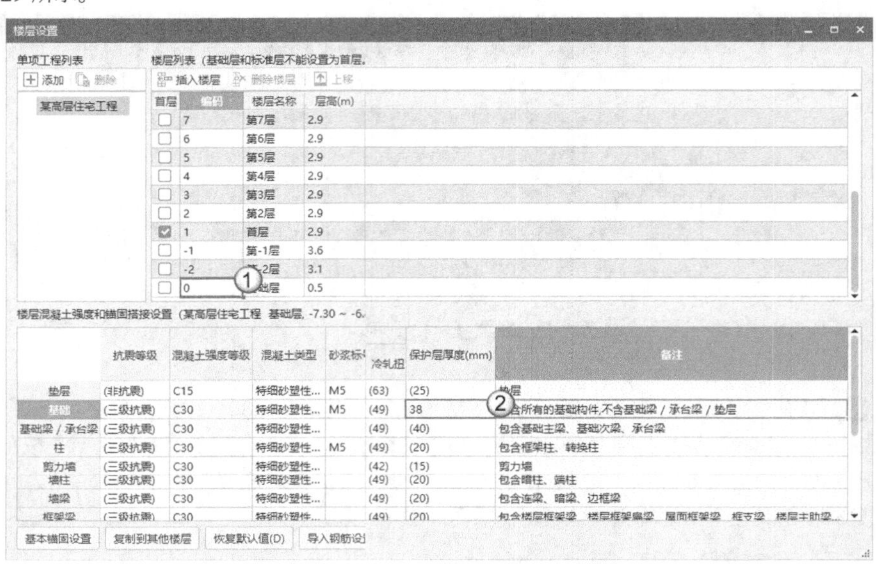

图 3-29

3.1.4 土建设置

按照工程项目在 GTJ2018 设置的工作流程，下面对土建设置的相关属性进行介绍。

基础介绍

土建工程即土木建筑工程，是土木工程和建筑工程的总称。土建作为一门为人类生活、生产和防护等活动建造各类设施与场所的工程学科，涵盖了地上、地下、水上和水下等各范畴内的房屋、道路、铁路、机场、桥梁、水利、港口、隧道、给排水和防护等诸工程范围内的设施与场所内的建筑物、构筑物和工程物的建设，其既包括工程建造过程中的勘测、设计、施工、养护和管理等各项技术活动，又包括建造过程中所耗的材料、设备和物品。

当然，土建设置就是完成土木建筑工程中构件和构件之间的清单、定额规则的参数化设置的过程。

设置依据

基本流程

土建设置的基本流程如图 3-30 所示。

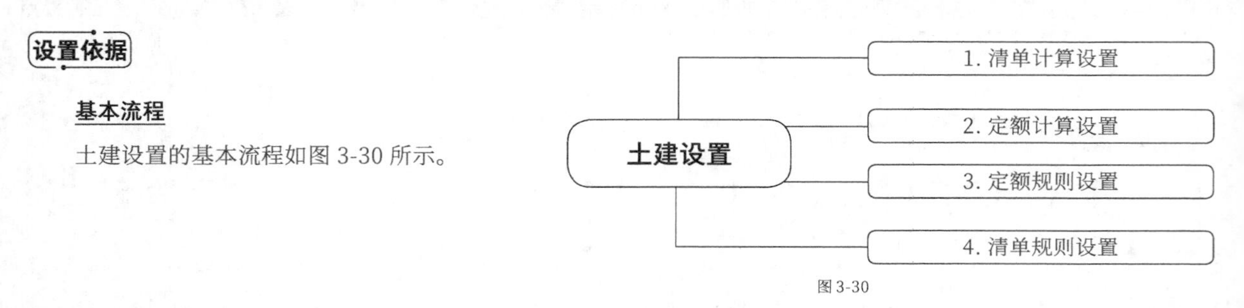

图 3-30

提示 基础信息设置完成后，便可以开始进行土建设置。这个部分的设置主要是将结构设计中的设计要求和软件默认规则不一致的设置进行全局性的调整，以便建模后的计算结果能满足造价数据的需要。

功能说明

计算设置

在“工程设置”选项卡中，单击“土建设置”选项组中的“计算设置”按钮，打开“计算设置”对话框，如图 3-31 所示。

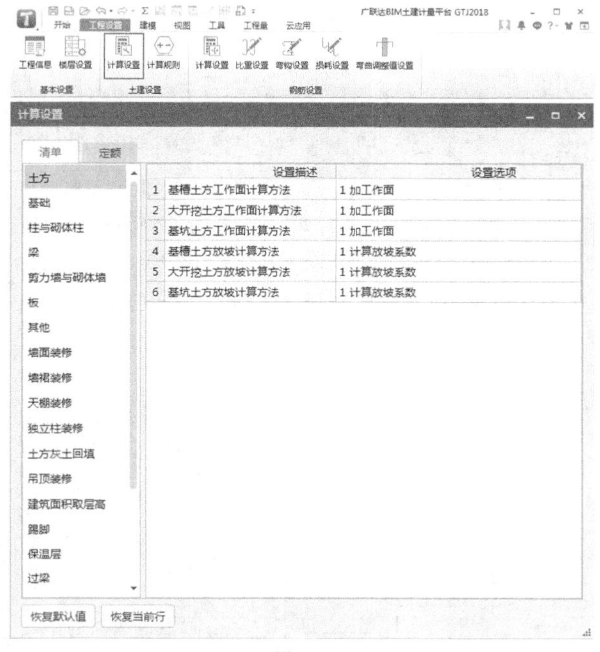

图 3-31

一般情况下按照默认的计算设置即可，若出现特殊情况，则需要按照要求进行设置，下面以土方计算为例讲解设置方式。

某工程现场独立基础土方开挖施工采用的是垂直凿岩（原槽浇筑），那么在实际的施工中则不需要进行基坑放坡，因此可以切换到“土方”设置界面，将“基坑土方放坡计算方法”中的“设置选项”设置为“0 不考虑放坡”，如图 3-32 所示，这样 GTJ2018 在计算时将按照不放坡来计算基坑土方的工程量。

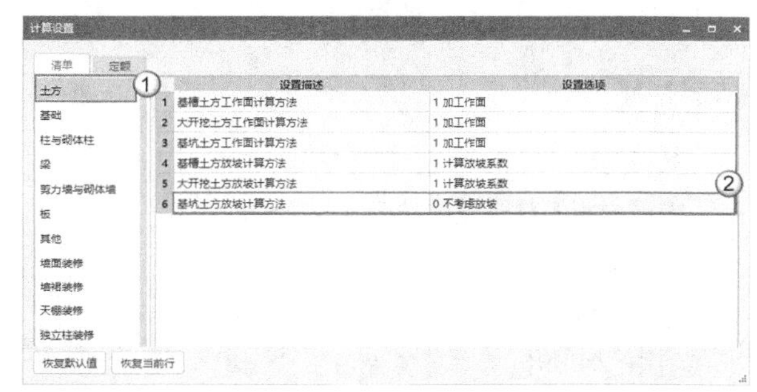

图 3-32

计算规则

如果需要对“计算规则”进行调整，那么需单击“计算规则”图标，打开“计算规则”对话框，在其中对“清单规则”和“定额规则”进行调整，如图 3-33 所示。

一般情况下按照默认的清单规则的计算设置即可，若出现特殊情况，则需要按照要求进行设置。下面以水泥砂浆台阶面为例讲解设置方式。

根据清单工程量计算规则，若设计图示尺寸以台阶（包括最上层踏步边沿加 300mm）水平投影面积计算，但是默认的“踏步水平投影面积计算方法”是按照“踏步水平投影面积”计算的，那么这时就需要单独调整计算它的规则为“0 踏步水平投影面积（包括最上层踏步边沿加 300mm）”，如图 3-34 所示。

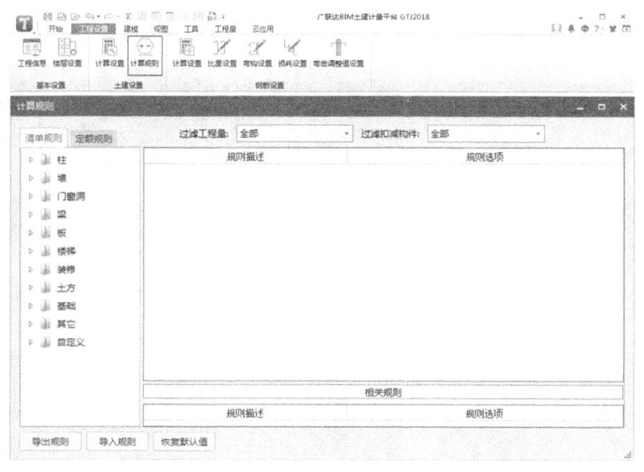

图 3-33

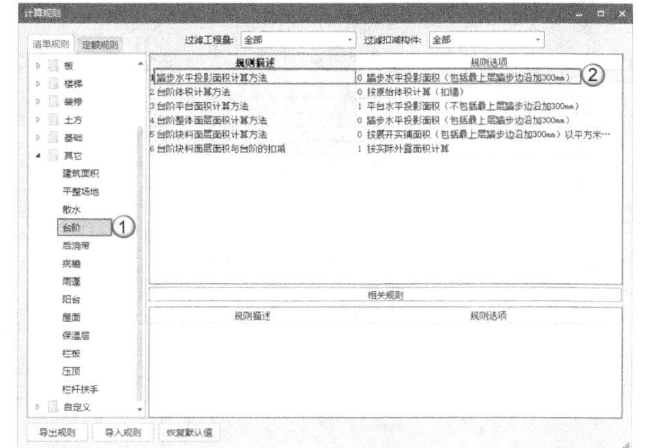

图 3-34

3.1.5 钢筋设置

按照工程项目在 GTJ2018 设置的工作流程，下面对钢筋设置的相关属性进行介绍。

基础介绍

钢筋广泛用于各种建筑结构，特别是大型、重型、轻型薄壁和高层建筑结构。钢筋指钢筋混凝土和预应力钢筋混凝土用钢材，其横截面为圆形，有时为带有圆角的方形。钢筋分为光圆钢筋、带肋钢筋和扭转钢筋。钢筋混凝土用钢筋指钢筋混凝土配筋用的直条或盘条状钢材，按照外形可分为光圆钢筋和螺纹钢筋两种，交货状态为直条和盘圆两种。

光圆钢筋实际上就是普通低碳钢的小圆钢和盘圆。带肋钢筋是表面带肋的钢筋，通常带有两道纵肋和沿长度方向均匀分布的横肋，其中横肋的外形有螺旋形、人字形和月牙形 3 种，用公称直径的毫米数表示。钢筋的公称直径为 8~50mm，推荐采用的直径为 8、12、16、20、25、32、40mm；钢种为 20MnSi、20MnV、25MnSi。

钢筋设置就是根据结构设计图中钢筋的节点要求，来匹配 GTJ2018 中的计算规则，并根据 GTJ2018 内置的钢筋计量的参数化设置，快速实现钢筋计量。

设置依据

基本流程

钢筋设置的基本流程如图 3-35 所示。

功能说明

在“工程设置”选项卡的“钢筋设置”选项组中，主要包括“计算设置”“比重设置”“弯钩设置”“损耗设置”“弯曲调整值设置”5 个图标，如图 3-36 所示。一般情况下，需要调整的钢筋信息通常在“计算设置”中进行设置，其中共有“计算规则”“节点设置”“箍筋设置”“搭接设置”“箍筋公式”5 种设置类型，可以根据工程项目的图纸信息，对钢筋信息进行详细的设置，如图 3-37 所示。

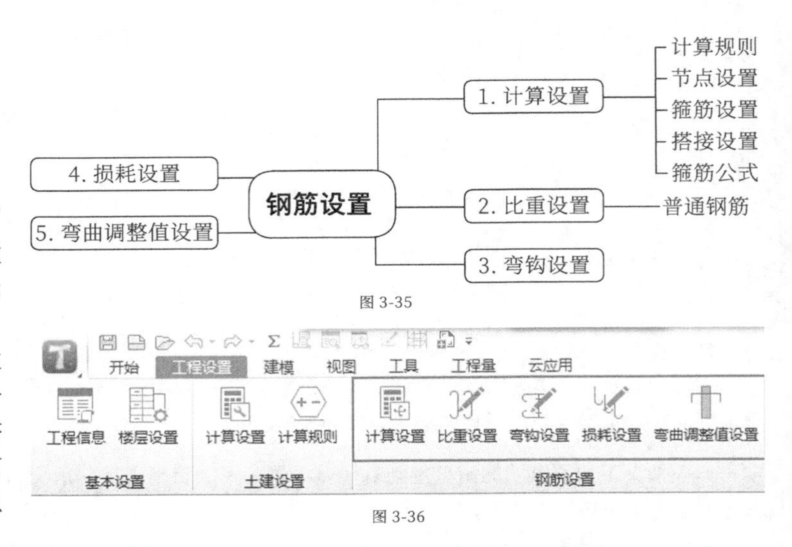

图 3-35

图 3-36

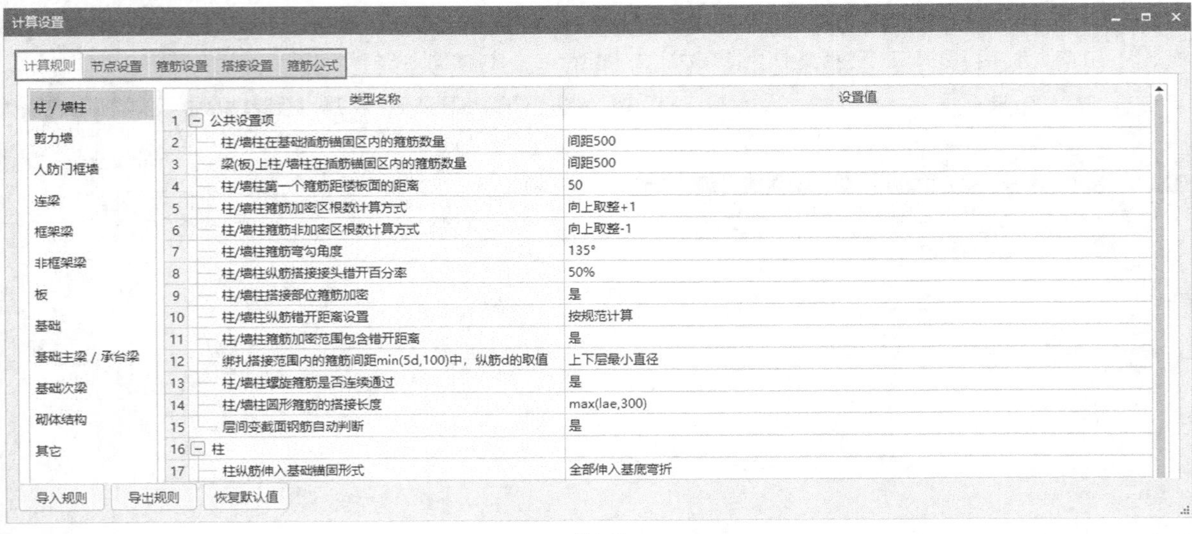
计算设置

计算规则 | 节点设置 | 箍筋设置 | 搭接设置 | 箍筋公式

柱 / 墙柱、剪力墙、人防门框墙、连梁、框架梁、非框架梁、板、基础、基础主梁 / 承台梁、基础次梁、砌体结构、其它

	类型名称	设置值
1	公共设置项	
2	柱/墙柱在基础插筋锚固区内的箍筋数量	间距500
3	梁(板)上柱/墙柱在插筋锚固区内的箍筋数量	间距500
4	柱/墙柱第一个箍筋距楼板面的距离	50
5	柱/墙柱箍筋加密区根数计算方式	向上取整+1
6	柱/墙柱箍筋非加密区根数计算方式	向上取整-1
7	柱/墙柱箍筋弯勾角度	135°
8	柱/墙柱纵筋搭接接头错开百分率	50%
9	柱/墙柱搭接部位箍筋加密	是
10	柱/墙柱纵筋错开距离设置	按规范计算
11	柱/墙柱箍筋加密范围包含错开距离	是
12	绑扎搭接范围内的箍筋间距min(5d,100)中，纵筋d的取值	上下层最小直径
13	柱/墙柱螺旋箍筋是否连续通过	是
14	柱/墙柱圆形箍筋的搭接长度	max(lae,300)
15	层间变截面钢筋自动判断	是
16	柱	
17	柱纵筋伸入基础锚固形式	全部伸入基底弯折

导入规则 | 导出规则 | 恢复默认值

图 3-37

重要参数介绍

计算规则：包括各构件的规则调整设置，如板、基础和砌体结构等内容，每项内容还包括公共设置项和具体构件选项。

节点设置：包括各构件的钢筋连接节点设置，内置了 16G101 系列图集对应的构件节点钢筋详图。

箍筋设置：包括柱、梁构件肢数的组合设置，内置了常规箍筋肢数的组合类别。

搭接设置：区分了钢筋的不同钢筋级别、不同钢筋直径对应的连接形式，还能对钢筋的计算定尺进行设置。

箍筋公式：包括整个工程中需要的箍筋肢数计算公式。

实战：设置某高层住宅工程的钢筋信息

素材位置	素材文件>CH03>实战：设置某高层住宅工程的钢筋信息
实例位置	实例文件>CH03>实战：设置某高层住宅工程的钢筋信息
教学视频	实战：设置某高层住宅工程的钢筋信息.mp4

扫码观看视频

任务说明

（1）根据“结构设计总说明”图纸中标注的受力钢筋的连接设计和板内分布筋，完成搭接设置。

（2）根据“地下二层顶板配筋图”图纸中的设计要求，完成钢筋板的调整。

任务分析

图纸分析

参照图纸：“结构设计总说明”“地下二层顶板配筋图”“地下二层底板配筋图”。

本案例配套图纸为某高层住宅工程的图纸。从“结构设计总说明”可知，受力钢筋的连接应保证钢筋直径 d>25mm 时，采用焊接或机械连接；钢筋直径 $d \leqslant$ 25mm 时，对一、二、三级抗震等级的底层框架柱采用焊接或机械连接。

从“结构设计总说明”可知，施工图未注明的板内分布筋应如表 3-2 所示。

表 3-2

板厚（mm）	100	120	140~170	180~200
分布钢筋	A6@200	A8@150	A8@200	A10@250

从“地下二层顶板配筋图”可知，“板中间负筋标注”为“不包含支座宽”，“单边标注支座负筋标注长度位置”为“支座内边线”，如图 3-38 所示。

从“地下二层底板配筋图”可知，“筏板中间负筋标注”为“不包含支座宽”，“单边标注支座负筋标注长度位置”为“支座内边线”，如图 3-39 所示。

说明:
1 未注明板板厚均为h=100mm;
2 板底未画出钢筋均为双向Φ8@200;未注明的板顶钢筋均为Φ8@200;
3 未注明板顶标高为H(H为所在楼层结构标高,相对建筑标高降100mm);
4 支座钢筋标注(以下各层同此):

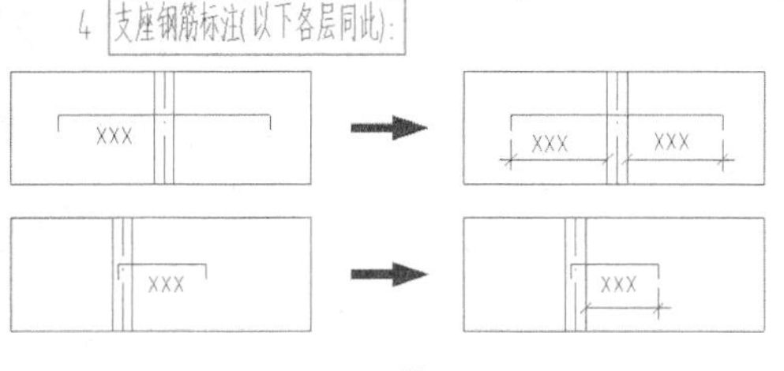

图 3-38

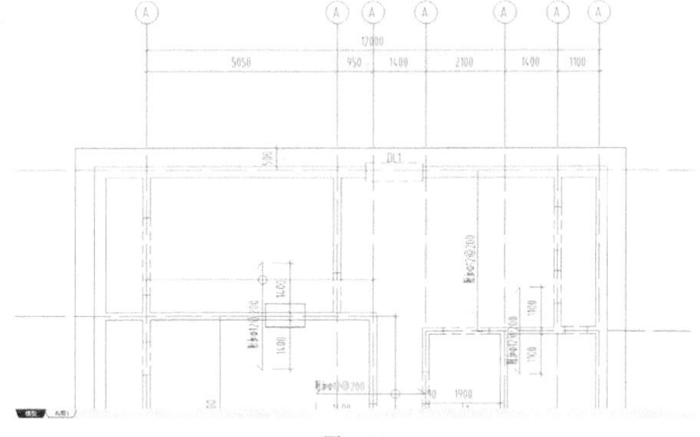

图 3-39

工具分析

根据工程图纸设计提供的图集信息，需要使用“计算设置”命令，对各构件的计算规则、钢筋的连接形式和钢筋比重等信息进行设置。

任务实施

设置构件标注规则

01 打开“实例文件 >CH03> 实战：设置某高层住宅工程的楼层信息 > 楼层信息 .GTJ”文件，根据本高层住宅工程的“结构设计总说明”，需要将同一板厚的分布钢筋进行统一设置。在“工程设置”选项卡中，单击“计算设置”按钮，在打开的“计算设置”对话框中，调整“板”的计算规则，选择“分布钢筋配置”（序号 3），然后单击“加载”按钮，如图 3-40 所示。

02 根据表 3-2，在打开的“分布钢筋配置”对话框中，选中“同一板厚的分布筋相同”选项，然后对“板厚”和“分布钢筋配置”的信息进行录入，再单击“添加”按钮。分别设置“板厚”为 140~170 和 180~200，并分别设置“分布钢筋配置”为 A8@200 和 A10@250，修改完成后单击“确定”按钮，如图 3-41 所示。

图 3-40

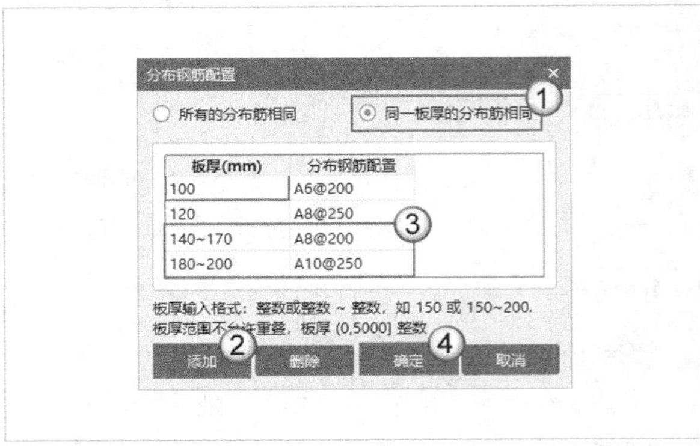

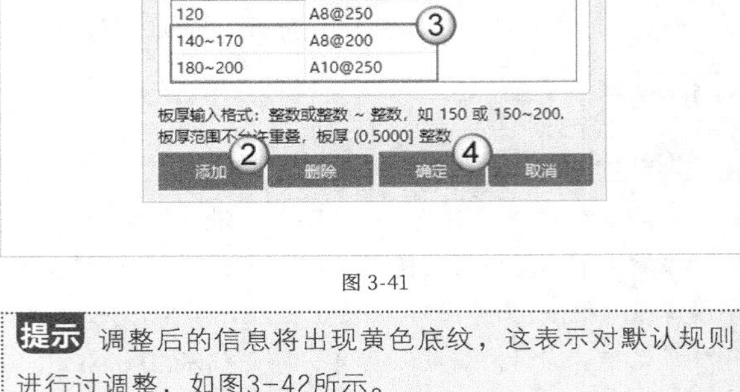

图 3-41

提示 调整后的信息将出现黄色底纹，这表示对默认规则进行过调整，如图3–42所示。

人防门框墙	3	分布钢筋配置	同一板厚的分布筋相同

图 3-42

03 按照同样的方式，将板负筋的标注按照“地下二层顶板配筋图”进行调整。设置“跨板受力筋标注长度位置”（序号 26）为“支座外边线”、“板中间支座负筋标注是否含支座”（序号 30）为“否”、“单边标注支座负筋标注长度位置”（序号 31）为“支座内边线”，如图 3-43 所示。

04 二次结构中的构造柱需按照下部预留上部植筋的常规施工做法来处理，在“砌体结构”中，设置“填充墙构造柱做法”（序号 15）为“下部预留钢筋，上部植筋”，如图 3-44 所示。

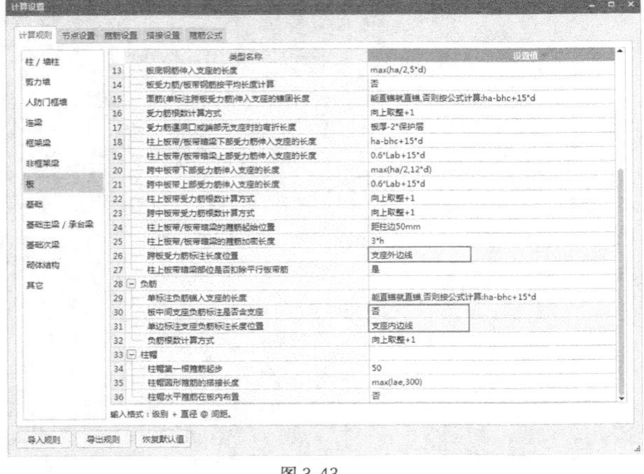

图 3-43

图 3-44

05 根据“地下二层底板配筋图”，在“基础”构件中，设置“跨筏板主筋标注长度位置”（序号 29）为“支座外边线”、“筏基底部附加非贯通筋伸入跨内的标注长度含支座”（序号 30）为“否”、“单边标注支座负筋标注长度位置”（序号 31）为“支座内边线”，如图 3-45 所示。

06 受力钢筋的连接形式和钢筋定尺，需要按照定额规范。该高层住宅工程每 8m 一个接头（如果读者在实际工程中遇到的定额要求与默认值不一致，那么可以自行调整），此时需要切换至“搭接设置”选项卡，完成钢筋搭接形式和钢筋定尺的设置，其设置信息如图 3-46 所示。

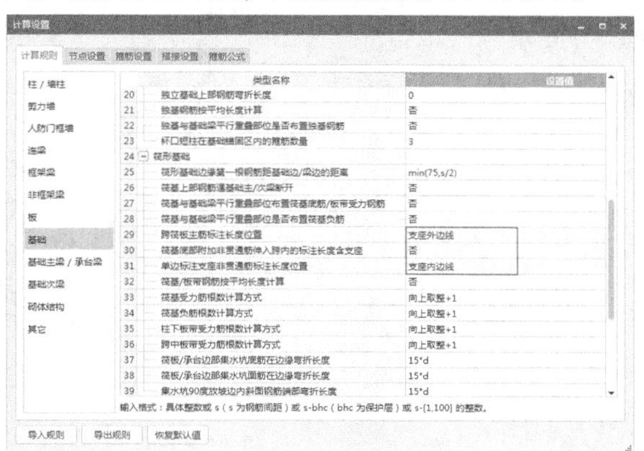

图 3-45

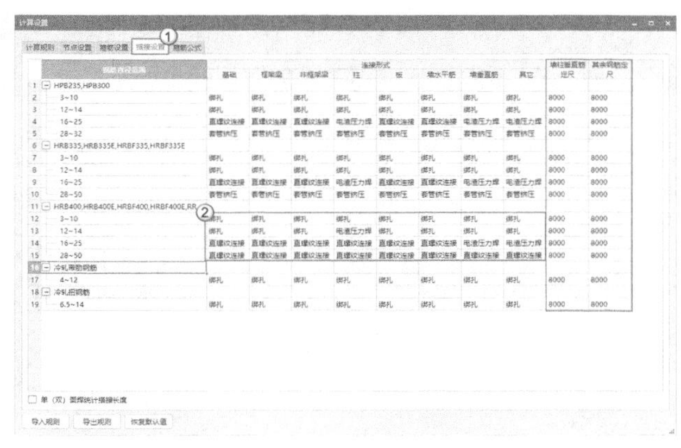

图 3-46

07 根据“筏板 - 两个保护层厚度 =500 − 25 − 50=425mm”的计算方式，在“节点设置”选项卡中，将筏板基础的“第 1 项”和“第 2 项”的“12*d”均修改为 425，如图 3-47 所示。

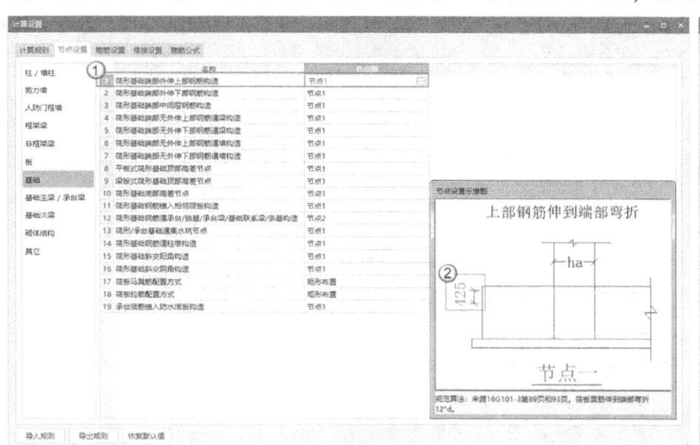

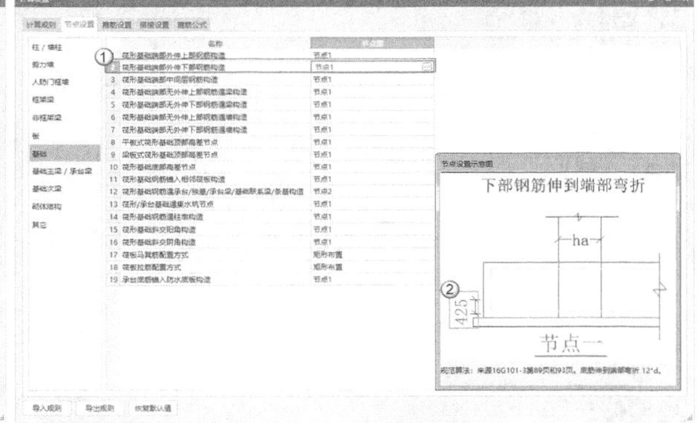

图 3-47

08 由于市场上并没有直径为 A6 的钢筋原材料，所以实际上采用的是 A6.5，因此需要在“工程设置”选项卡中单击“比重设置”按钮，打开“比重设置”对话框，将直径为 6.5mm 的 0.26 的“钢筋比重”直接复制到直径为 6mm 的“钢筋比重”中即可，如图 3-48 所示。

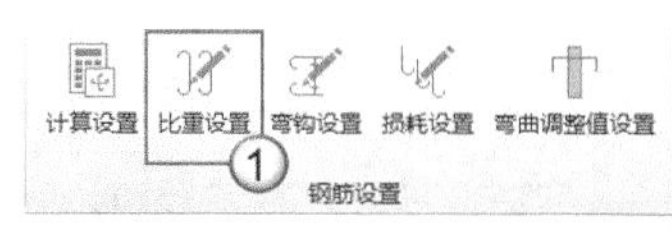

图 3-48

提示 在建模前期通过设置“比重设置”，将直径为6.5mm的“钢筋比重”复制给直径为6mm的“钢筋比重”，能减少在建模过程中需要将直径为6mm的钢筋全部替换为6.5mm的过程，还能获得准确的工程量数据。

3.2 BIM 手工建模

建模前需要提前熟悉图纸，对项目工程的基础信息进行调整，以便后续工作能够快速进行。当基础信息设置完成后，就可以开始建模了。手工建模的特点，就是不借助软件的自动识别功能，完全通过手工创建构件，来实现建模的过程，这也是快速建模（第 4 章）的基础。手工建模的流程图如图 3-49 所示。

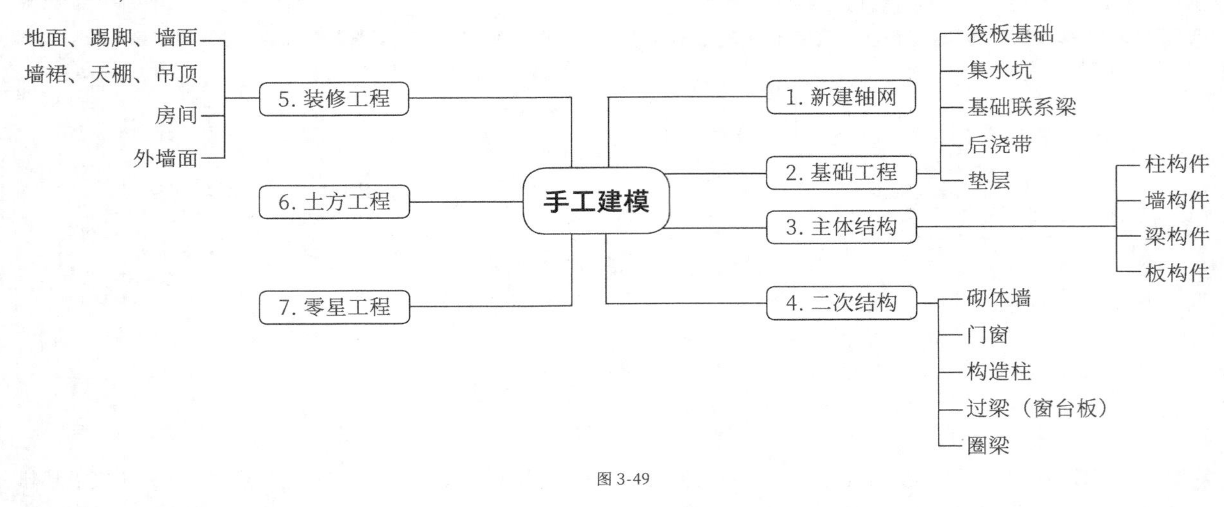

图 3-49

3.2.1 轴网

根据 GTJ2018 手工建模流程，下面对轴网的建模方式进行介绍。

基础介绍

轴网分为正交轴网、斜交轴网和圆弧轴网。轴网由定位轴线（建筑结构中的墙或柱的中心线）、标志尺寸（用于标注建筑物定位轴线之间的距离大小）和轴号组成。

轴网是建筑制图的主体框架，建筑物的主要支承构建按照轴网定位排列，这样才能井然有序。

绘制依据

基本流程

新建轴网的基本流程如图 3-50 所示。

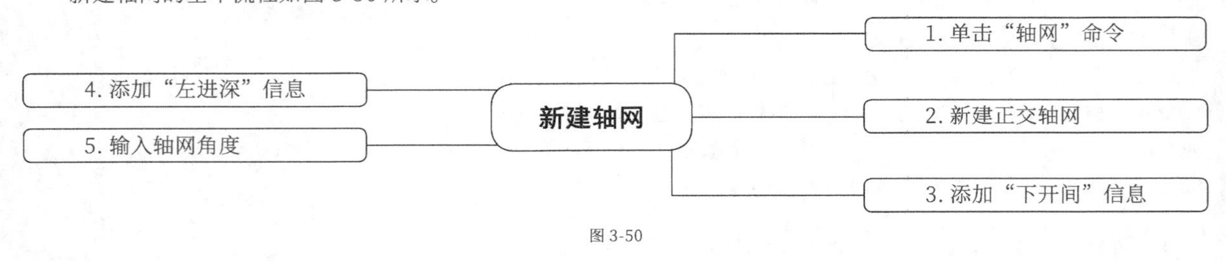

图 3-50

功能说明

轴网分为正交轴网、斜交轴网和圆弧轴网 3 种。根据轴线的形式不同，又分为轴网和辅助轴线两种类型。

轴网的新建通过“下开间”“左进深”“上开间”“右进深”4 个参数进行控制，实际上通过“下开间”和“左进深”这两个参数就能建立满足建模需要的轴网。

实战：绘制某高层住宅工程的轴网

素材位置	素材文件>CH03>实战：绘制某高层住宅工程的轴网
实例位置	实例文件>CH03>实战：绘制某高层住宅工程的轴网
教学视频	实战：绘制某高层住宅工程的轴网.mp4

扫码观看视频

图 3-51 所示为某高层住宅工程的轴网的效果图。

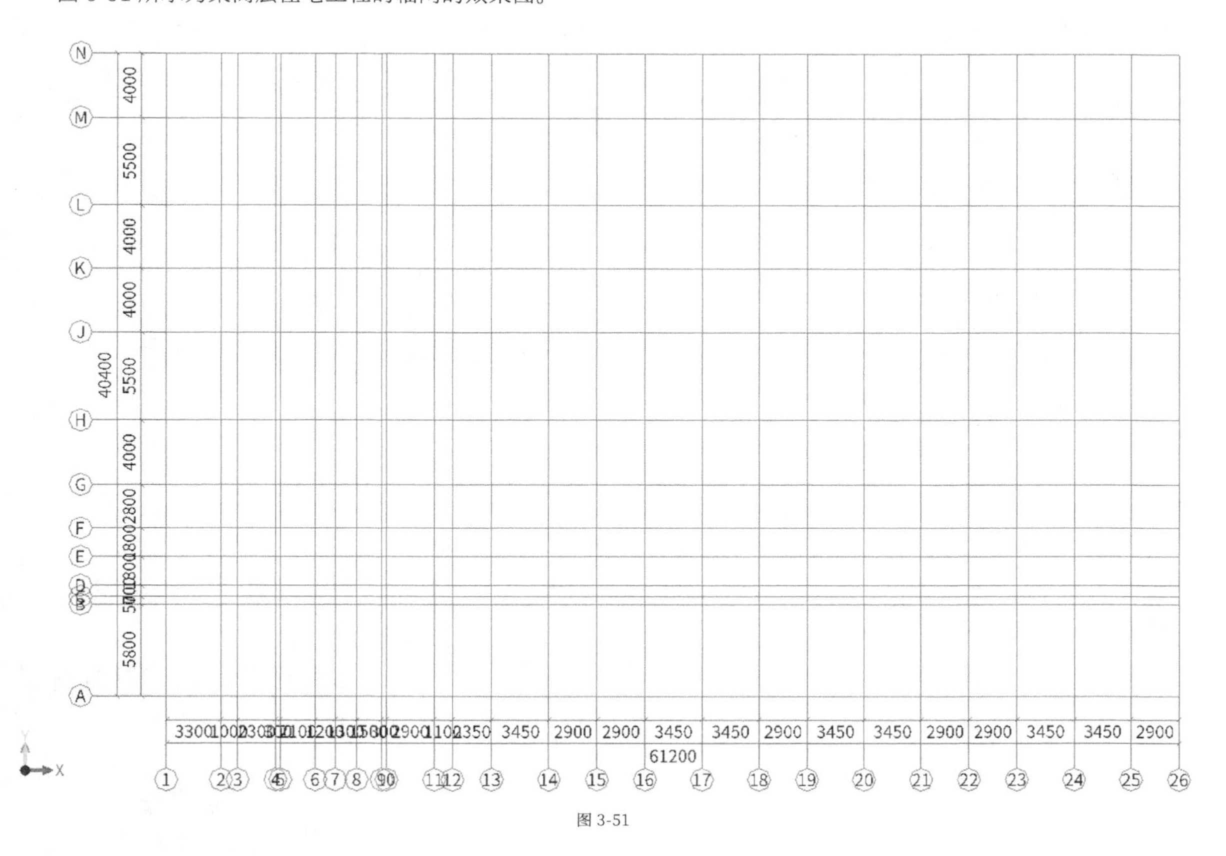

图 3-51

任务说明

根据“地下二层墙钢筋配筋图”，完成高层住宅的轴网建立。

任务分析

图纸分析

参照图纸：“地下二层墙钢筋配筋图”。

本案例配套图纸为某高层住宅工程的图纸。从“地下二层墙钢筋配筋图”可知，本工程的轴网为正交轴网，下开间依次为 3300、1000、2300、300、2100、1200、1300、1500、300、2900、1100、2350、3450、2900、2900、3450、3450、2900、3450、3450、2900、2900、3450、3450、2900mm，左进深依次为 5800、500、700、1800、1800、2800、4000、5500、4000、4000、5500、4000mm。

工具分析

轴网的构建类型为“轴网”，且为“正交轴网”，因此选择“新建正交轴网”选项，并通过“下开间”和“左进深”定义轴网的空间尺寸。

任务实施

01 打开“实例文件 >CH03> 实战：设置某高层住宅工程的钢筋信息 > 钢筋信息 .GTJ”文件，在“构件导航栏”内，执行“轴线 > 轴网”命令。在“构件列表”面板中打开“新建”的下拉列表，选择“新建正交轴网”选项，如图 3-52 所示。

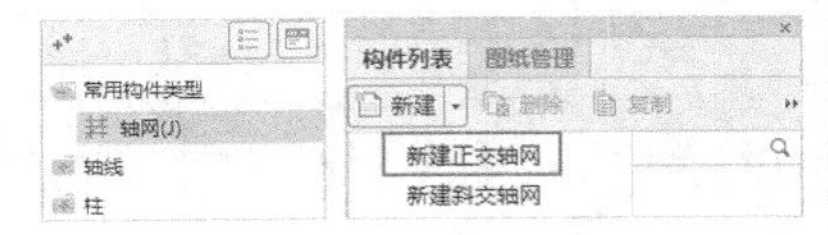

图 3-52

02 在打开的“定义”对话框中，根据图纸输入“下开间”为 3300，单击“添加”按钮 添加(A) ，新建轴号 1，如图 3-53 所示。

03 按照同样的方式，单击“添加”按钮 添加(A) ，依次添加“下开间”信息为 1000、2300、300、2100、1200、1300、1500、300、2900、1100、2350、3450、2900、2900、3450、3450、2900、3450、3450、2900、2900、3450、3450、2900mm 的轴距，得到轴号 2~25，如图 3-54 所示。

04 “下开间”的信息录入完成后，切换至“左进深”，单击“添加”按钮 添加(A) ，依次添加“左进深”信息为 5800、500、700、1800、1800、2800、4000、5500、4000、4000、5500、4000mm 的轴距，得到轴号 A~M，如图 3-55 所示。

下开间 | 左进深 | 上开间 | 右进深　添加(A)　3300

轴号	轴距	级别

常用值(mm)：600、900、1200、1500、1800、2100、2400、2700、3000、3300、3600、3900、4200、4500、4800、5100、5400

图 3-53

下开间 | 左进深 | 上开间 | 右进深　添加(A)　3450

轴号	轴距	级别
1	3300	2
2	1000	1
3	2300	1
4	300	1
5	2100	1
6	1200	1
7	1300	1
8	1500	1
9	300	1
10	2900	1
11	1100	1
12	2350	1
13	3450	1
14	2900	1
15	2900	1
16	3450	1
17	3450	1
18	2900	1
19	3450	1
20	3450	1
21	2900	1
22	2900	1
23	3450	1
24	3450	1
25	2900	1
26		2

常用值(mm)：600、900、1200、1500、1800、2100、2400、2700、3000、3300、3600、3900、4200、4500、4800、5100、5400、5700、6000、6300、6600、6900、7200

图 3-54

下开间 | 左进深 | 上开间 | 右进深　添加(A)　4000

轴号	轴距	级别
A	5800	2
B	500	1
C	700	1
D	1800	1
E	1800	1
F	2800	1
G	4000	1
H	5500	1
J	4000	1
K	4000	1
L	5500	1
M	4000	1
N		2

常用值(mm)：600、900、1200、1500、1800、2100、2400、2700、3000、3300、3600、3900、4200、4500、4800、5100、5400

图 3-55

05 关闭“定义”对话框，退出设置，这时弹出“请输入角度”对话框，单击“确定”按钮 确定 ，轴网就创建完成了，该高层住宅工程的轴网如图 3-56 所示。

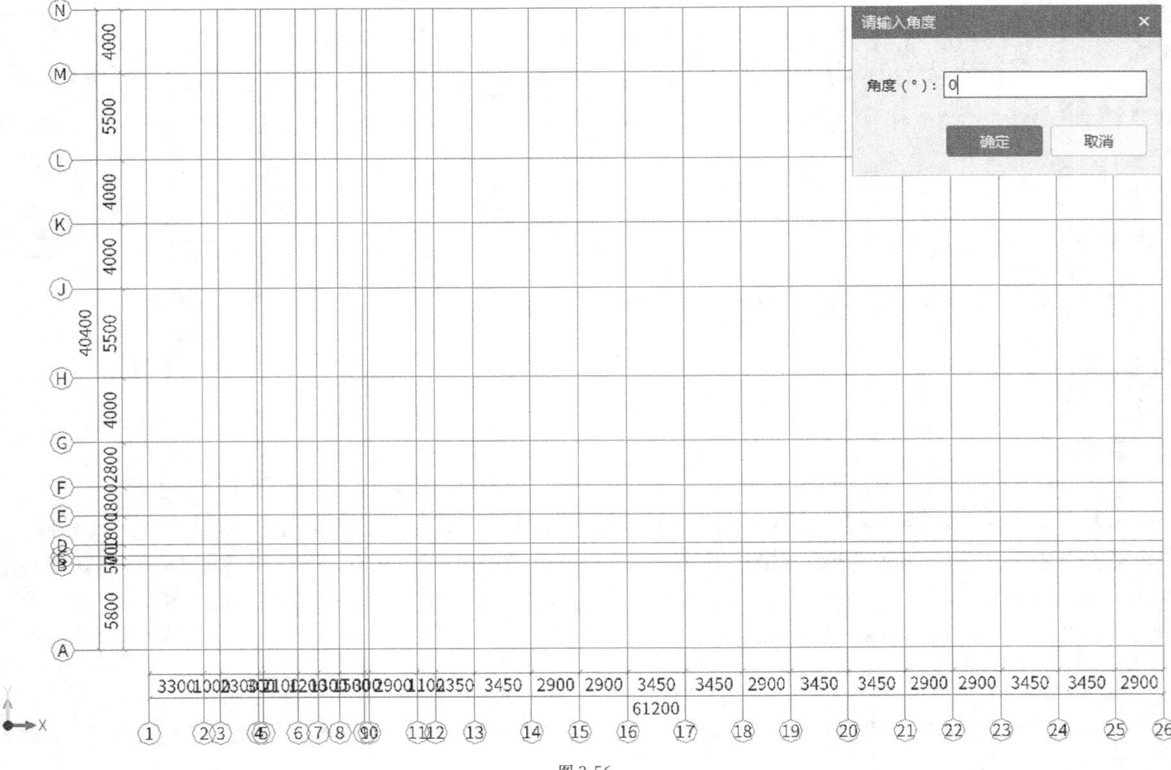

图 3-56

3.2.2 基础工程

根据 GTJ2018 手工建模流程，下面对基础工程的建模方式进行介绍。

基础介绍

基础指建筑物地面以下的承重结构，是建筑物的墙或柱子在地下的扩大部分，如基坑、承台、框架柱和地梁等，其作用是承受建筑物上部结构传下来的荷载，并将它们连同自重一起传给地基。

通过基础构件的绘制，完成建筑物构件的承重构建，并实现垂直构件钢筋锚入基础构件，从而满足建筑物的抗震功能。

绘制依据

基本流程

基础工程的基本绘制流程如图 3-57 所示。

基础工程
1. 筏板基础
2. 集水坑
3. 基础联系梁
4. 后浇带
5. 垫层

图 3-57

在本书中，讲解的是筏板基础、集水坑、基础联系梁、后浇带和垫层这 5 种构件，它们的绘制流程分别如图 3-58~图 3-62 所示。

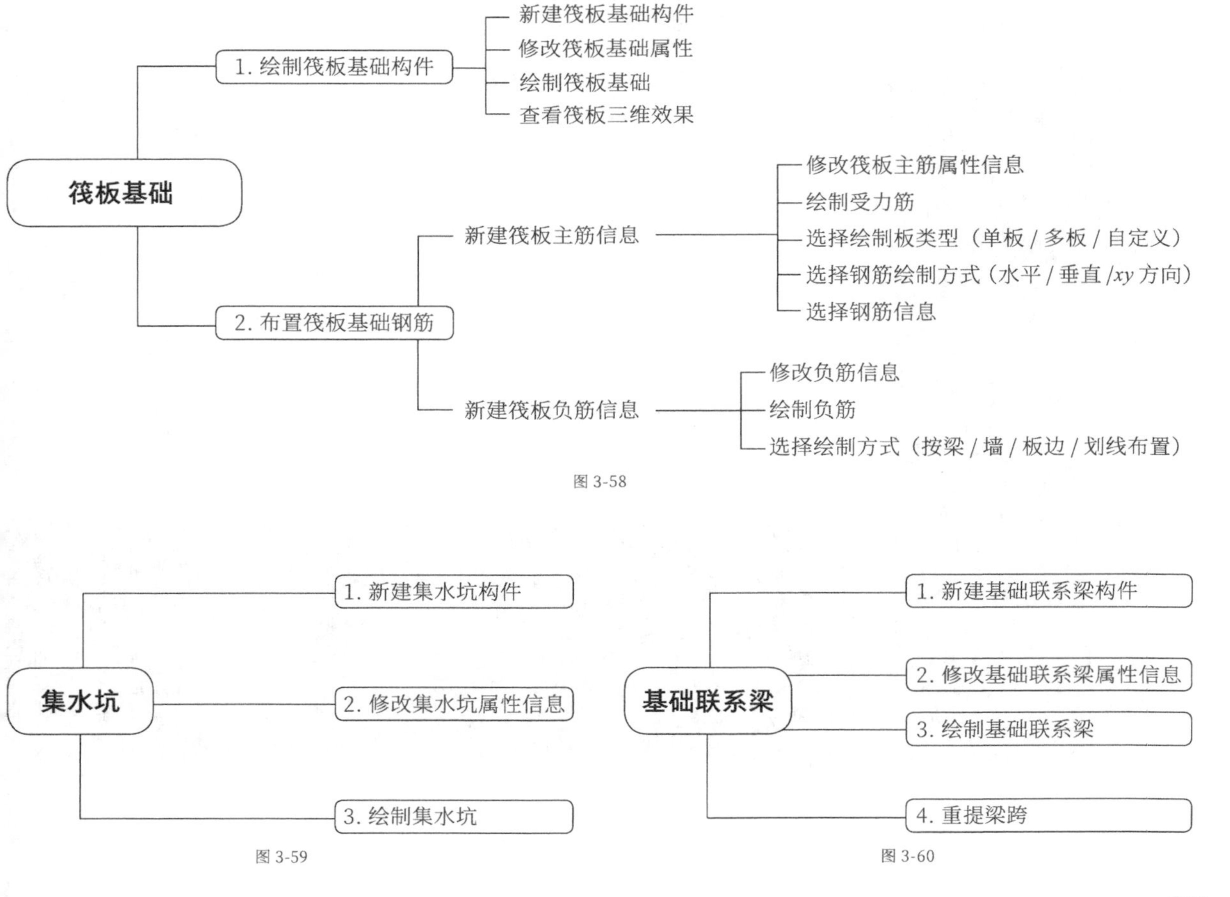

图 3-58

图 3-59

图 3-60

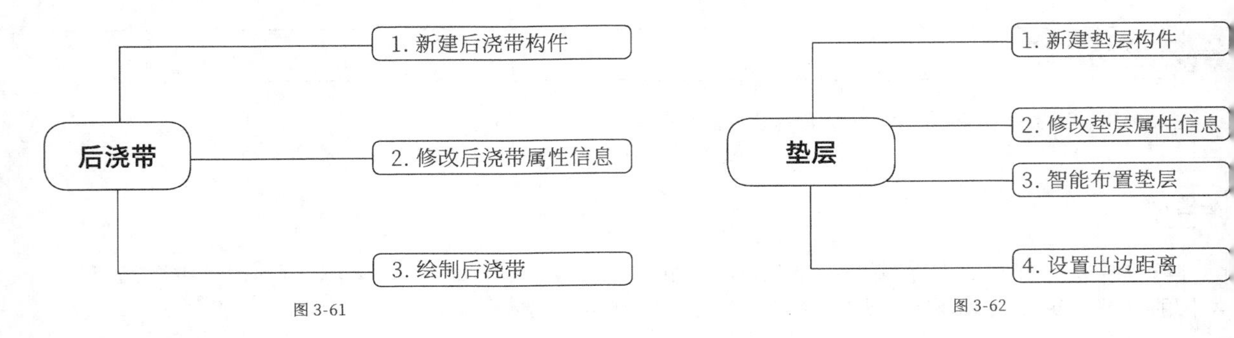

图 3-61　　　　图 3-62

功能说明

筏板基础包括筏板基础、筏板主筋和筏板负筋 3 类，其中筏板基础主要完成对筏板厚度、筏板标高参数的设置，筏板主筋包括底筋、面筋、中间层筋、跨板受力筋和钢筋信息，筏板负筋则可以完成对负筋左右标注和弯折的设置。

集水坑包括矩形、异形和自定义集水坑 3 类，主要包括坑底出边距离、坑底板厚度、标高、放坡方式、角度和钢筋信息等参数。

垫层包括点式、线式和面式 3 类，而点式和线式又分为矩形和异形 2 类，主要涉及厚度、顶标高等参数。

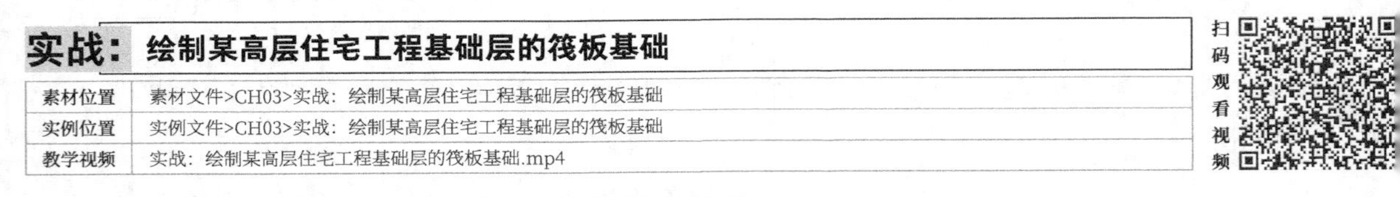

实战：绘制某高层住宅工程基础层的筏板基础

素材位置	素材文件>CH03>实战：绘制某高层住宅工程基础层的筏板基础
实例位置	实例文件>CH03>实战：绘制某高层住宅工程基础层的筏板基础
教学视频	实战：绘制某高层住宅工程基础层的筏板基础.mp4

扫码观看视频

图 3-63 所示为某高层住宅工程基础层筏板基础的效果图。

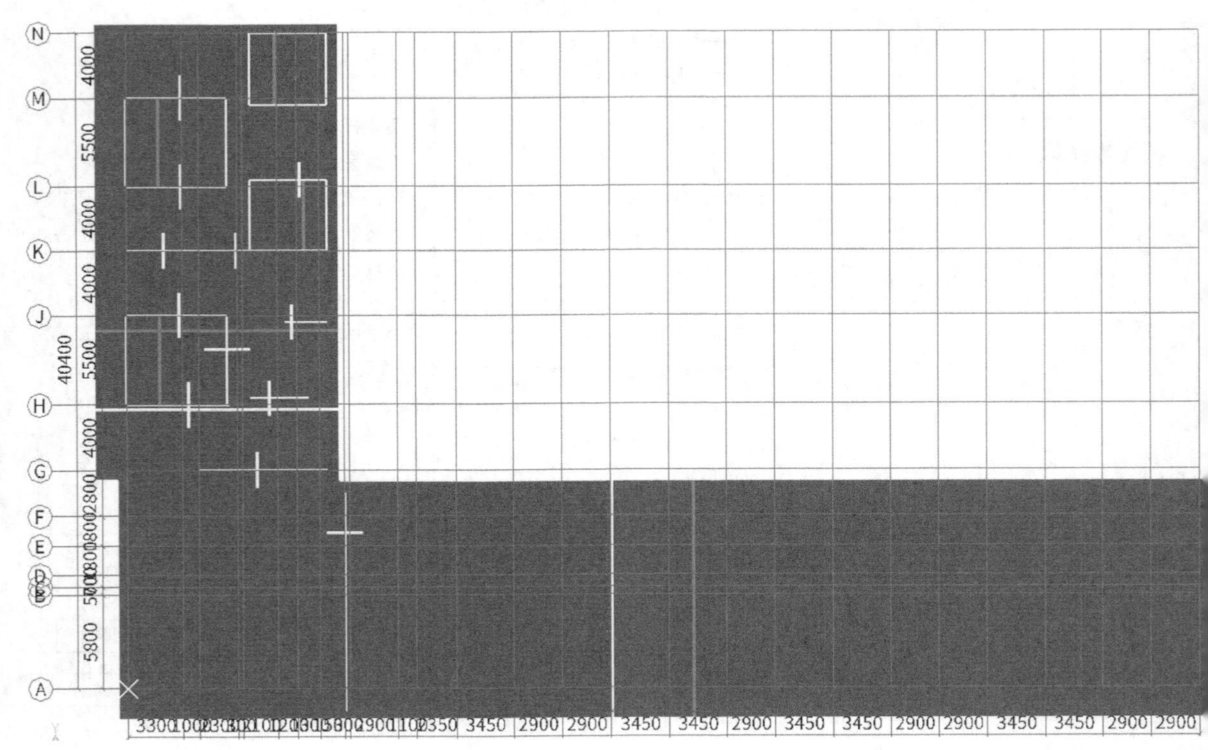

图 3-63

任务说明

（1）根据“地下二层底板配筋图”，完成筏板基础构件的新建，并在轴网中绘制筏板基础构件。

（2）完成筏板基础受力筋和附加钢筋的布置。

任务分析

图纸分析

参照图纸：“地下二层底板配筋图”“筏板外挑处节点和结施 -01”。

本案例配套图纸为某高层住宅工程的图纸。从“地下二层底板钢筋配筋图”和“筏板外挑处节点”可知，筏板基础为无梁式筏板基础，厚度为 500mm，顶标高为 -6.8m，筏板钢筋采用双层双向 C16-200，还包括一种附加钢筋，钢筋信息为 C12-200。

工具分析

（1）筏板基础的构件类型为“筏板基础”构件，因此选择“新建筏板基础”选项，并调整筏板基础的属性信息，且筏板基础为多边形，因此绘图方式只能选择“直线”工具。

（2）筏板主筋的构件类型为“筏板主筋”构件，因此选择“新建筏板主筋”选项，并调整筏板主筋的属性信息，且本工程的筏板基础采用的是双网双向钢筋，因此需要通过“布置受力筋”命令，完成 x、y 方向上的“双网双向”布置。

（3）筏板主筋的构件类型为“筏板负筋”构件，因此选择“新建筏板负筋”选项，并调整筏板负筋的属性信息，且该项目在某一范围内需要进行加强处理，因此需要通过“布置负筋”工具中的“画线布置”进行布置。

任务实施

绘制筏板基础

01 打开“实例文件 >CH03> 实战：绘制某高层住宅工程的轴网 > 轴网 .GTJ”文件，在“楼层构件栏”中，将楼层切换到“基础层”，然后在“构件导航栏”中执行“基础 > 筏板基础”命令，选择“构件列表”，在“新建”的下拉列表中选择“新建筏板基础”选项，得到 FB-1，如图 3-64 所示。

02 在“属性列表”面板中调整“筏板基础”的属性信息。设置 FB-1 的“材质”为“商品混凝土”，“混凝土外加剂”为 P6，“类别”为“无梁式”，如图 3-65 所示。

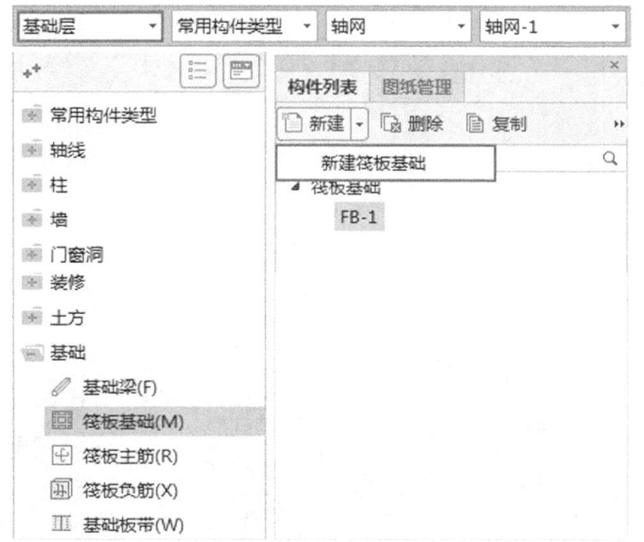

图 3-64

属性列表　图层管理

	属性名称	属性值
1	名称	FB-1
2	厚度(mm)	(500)
3	材质	商品混凝土
4	混凝土类型	(特细砂塑性混凝土(坍...
5	混凝土强度等级	(C20)
6	混凝土外加剂	P6
7	泵送类型	(混凝土泵)
8	类别	无梁式
9	顶标高(m)	层底标高+0.5
10	底标高(m)	层底标高
11	备注	
12	+ 钢筋业务属性	
26	+ 土建业务属性	

图 3-65

03 构件属性修改完成后，开始进行绘图。为了便于绘图，需要找到筏板的CAD底图作为筏板基础绘制的参照。选择“图纸管理”，双击“结施-01”，打开的图纸将自动与该轴网进行定位，如图3-66所示。

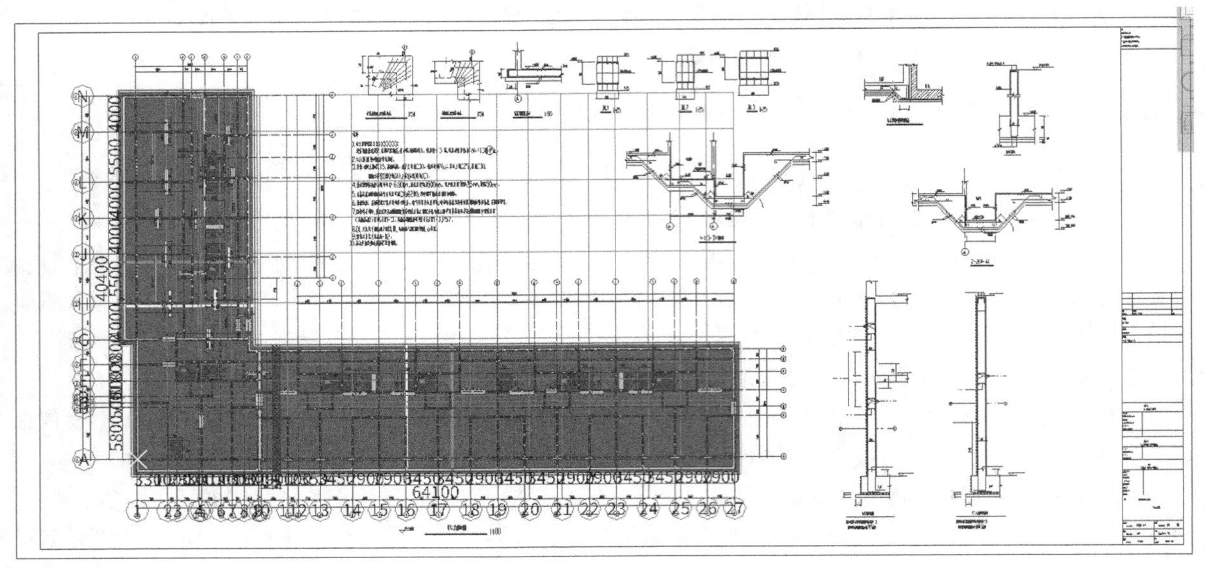

图3-66

提示 如果读者在实际的建模过程中出现导入图纸和轴网定位不在同一个交点的情况，可以通过“定位”命令调整轴网和CAD底图的位置。在“图纸管理”面板中单击“定位”按钮，找到CAD图纸中的轴网，选择轴网的一个交点，以将底图1/A定位到图中1/A为例，只需捕捉底图1/A的交点，将鼠标指针拖曳到正确的交点（即图中1/A）再次单击，底图轴网和绘制的轴网的定位就完成了，如图3-67所示。

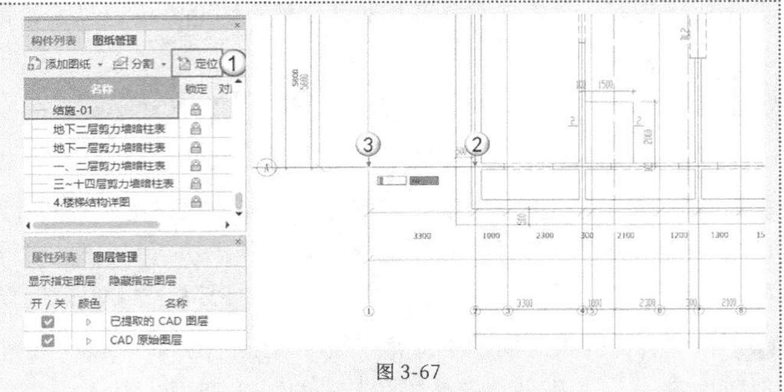

图3-67

04 底图铺好后，使用“直线”工具，然后沿着“结施-01”的筏板边框绘制一圈，绘制到倒数第2点（序号8）时，单击鼠标右键完成筏板构件的封闭操作，筏板基础绘制完成，如图3-68所示。

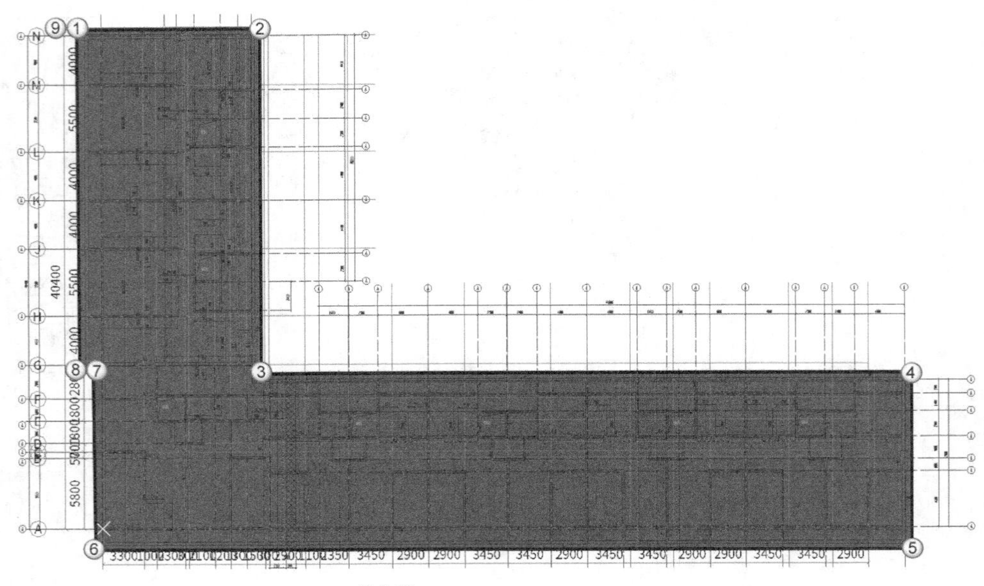

图3-68

05 单击“三维”按钮查看筏板基础的三维效果，如图 3-69 所示。按住鼠标左键并拖曳鼠标指针就能查看构件不同角度的效果，如图 3-70 所示。

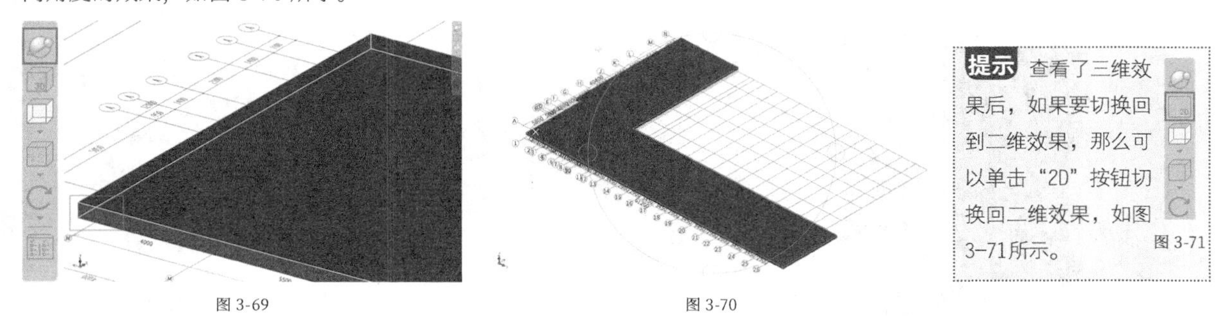

图 3-69

图 3-70

提示 查看了三维效果后，如果要切换回到二维效果，那么可以单击“2D”按钮切换回二维效果，如图 3-71所示。

图 3-71

绘制筏板主筋

01 筏板基础绘制完成后，开始绘制筏板主筋。在“构件导航栏”中执行“基础 > 筏板主筋”命令，然后选择“构件列表”，在“新建”的下拉列表中选择“新建筏板主筋”选项，得到 C8-200，如图 3-72 所示。

02 由于本案例的钢筋信息为双层双向 C16@200，因此可选中“XY 方向”选项，然后单击菜单栏的“布置受力筋”按钮，在打开的“智能布置”对话框中，选中“双网双向布置”选项，设置“钢筋信息”为 C16@200，如图 3-73 所示。

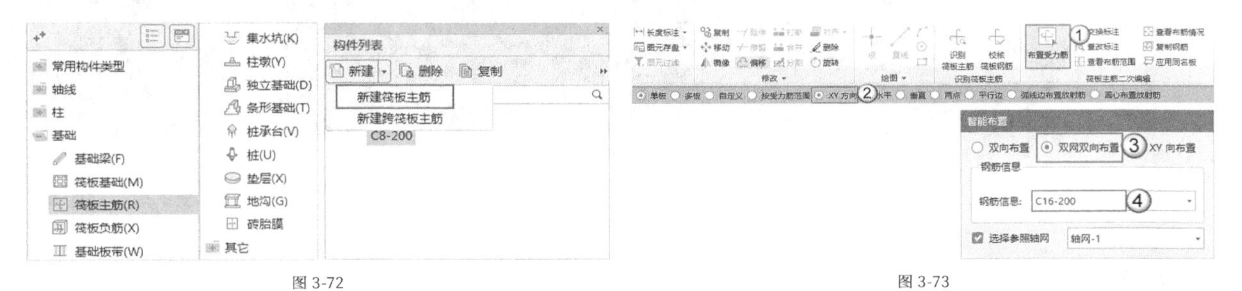

图 3-72

图 3-73

03 将鼠标指针拖曳到绘制好的筏板基础上，待鼠标指针变成“回字形”时单击，这时筏板上将在 x、y 轴上显示双向黄、紫色钢筋线，表示筏板主筋已经绘制成功，如图 3-74 所示。

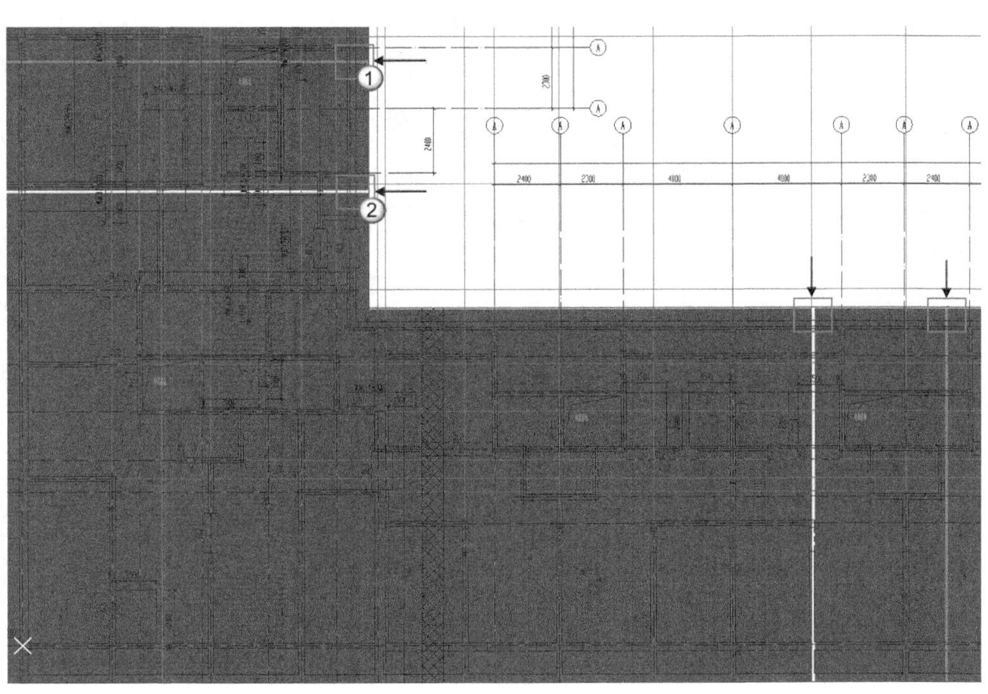

图 3-74

04 在“图层管理”面板中取消勾选“已提取的CAD图层”和“CAD原始图层”，这样便于检查筏板主筋是否布置完成，如图3-75所示。

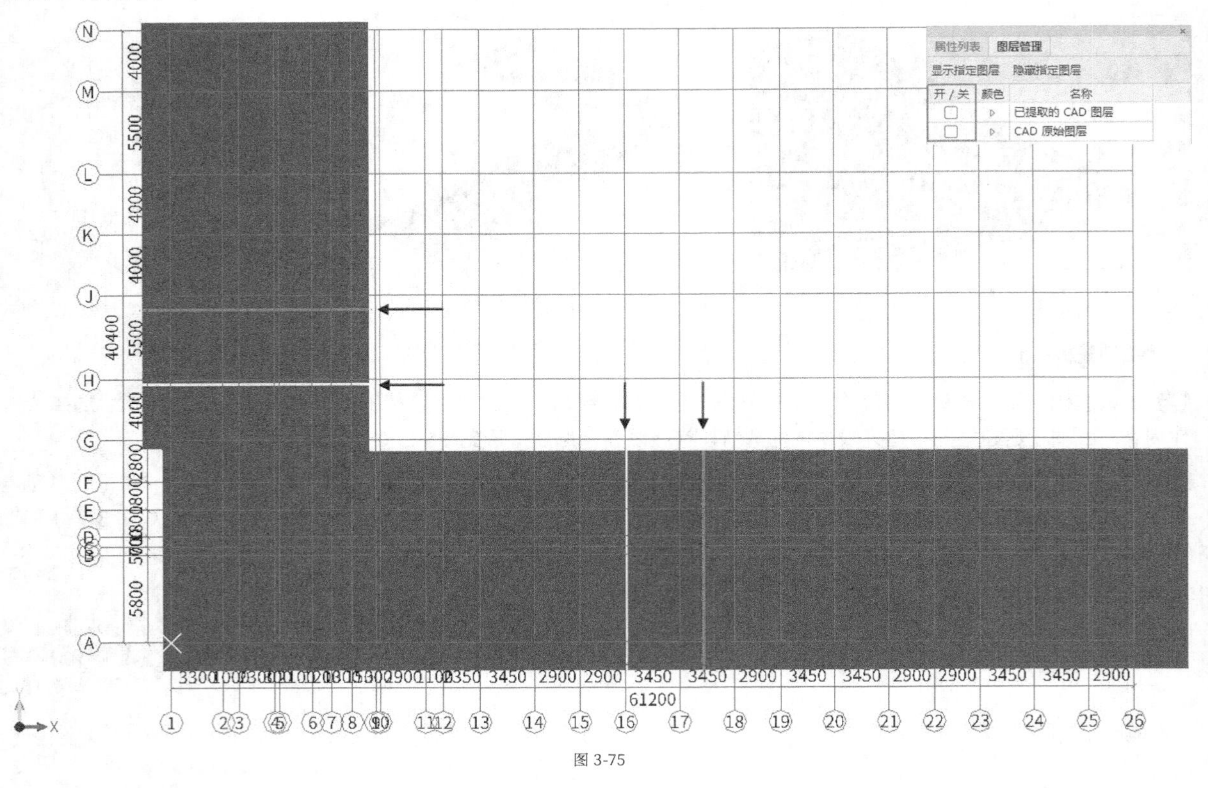

图3-75

绘制筏板负筋

01 筏板主筋布置完成后，由于本案例的筏板还有附加钢筋，接下来就需要通过“筏板负筋”命令来绘制附加钢筋。在“构件导航栏”中执行“基础 > 筏板负筋”命令，然后选择“构件列表”，在“新建”的下拉列表中选择“新建筏板负筋”，得到C8-200，如图3-76所示。

02 负筋的信息和默认的不一致，需要调整其属性值。在“属性列表”面板中，设置C8-200的“名称”为“附加C12-200”、“钢筋信息”为C12@200、“左标注”为1400、“右标注”为1400，如图3-77所示。

03 第2种附加钢筋与第1种附加钢筋的信息一致，只是左、右的标注不一致，因此可以单击“复制”按钮，然后只修改“左标注”和“右标注”的信息为1100，如图3-78所示。

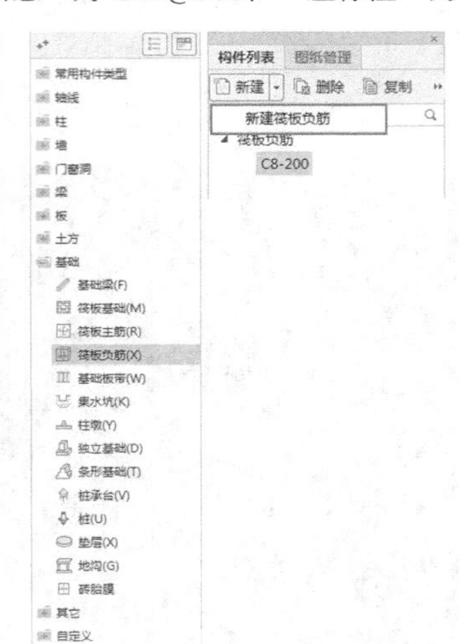

图3-76

图3-77

图3-78

04 钢筋信息修改完成后，开始进行绘制。选中“附加 C12-200”，单击菜单栏的“布置负筋”按钮，选中“画线布置”选项，如图 3-79 所示。找到图纸中的负筋范围，然后选中“附加 C12-200”（左、右标注分别为 1400 的负筋），选择其起点和终点后，拖动负筋至图纸标注负筋的位置并单击，如图 3-80 所示。

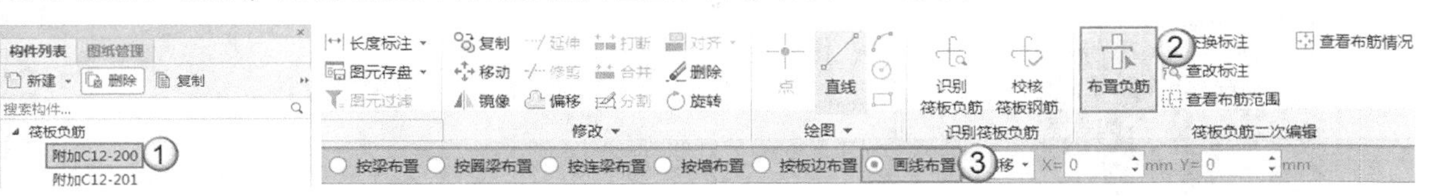

图 3-79

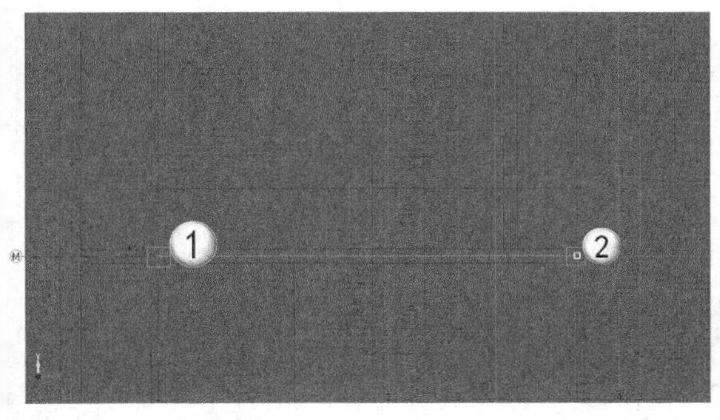

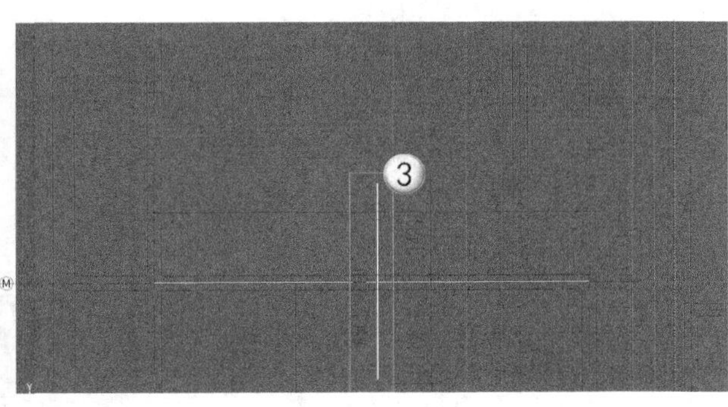

图 3-80

05 按照同样的方法布置“附加 C12-201”的负筋。选中“附加 C12-201”，单击菜单栏的“布置负筋”按钮，选中“画线布置”选项，如图 3-81 所示。找到图纸中的负筋范围，选中“附加 C12-201”（左、右标注分别为 1100 的负筋），选择其起点和终点后，拖动负筋至图纸标注负筋的位置并单击，如图 3-82 所示。

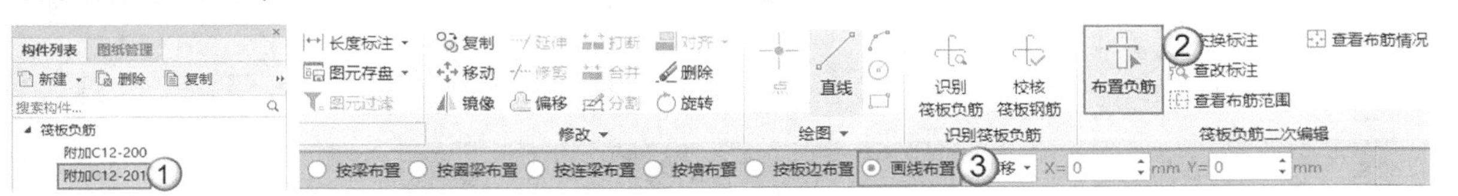

图 3-81

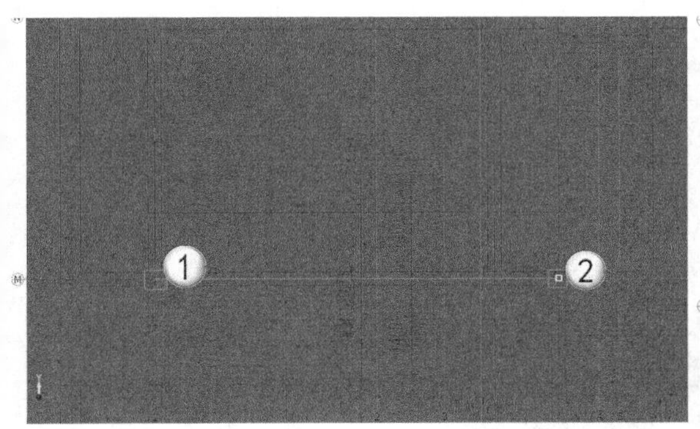

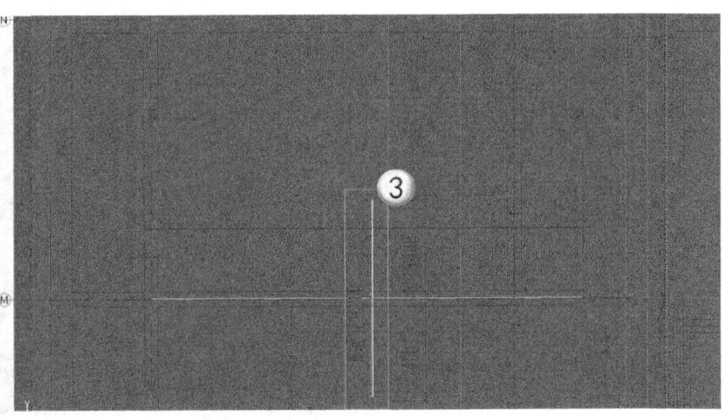

图 3-82

提示 筏板负筋绘制完成后，如果想查看绘制好的负筋范围，那么可以单击“查看布筋范围”按钮，然后选择已经绘制好的负筋，阴影部分就是负筋布置的范围，如图3-83所示。

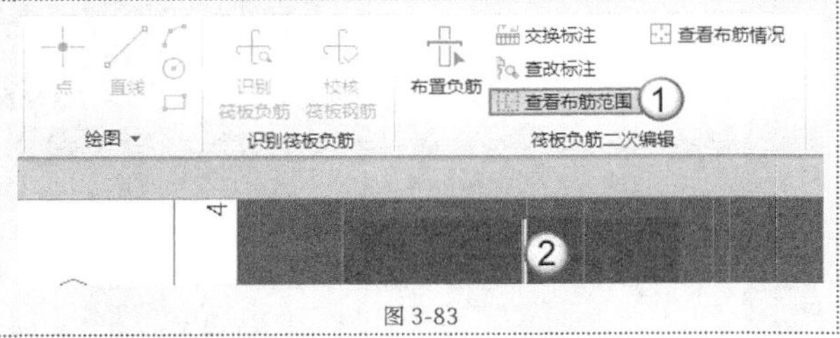

图 3-83

06 按照同样的方式，绘制剩下的“筏板负筋”，绘制完成后，该高层住宅工程基础层筏板基础如图 3-84 所示，其三维效果如图 3-85 所示。

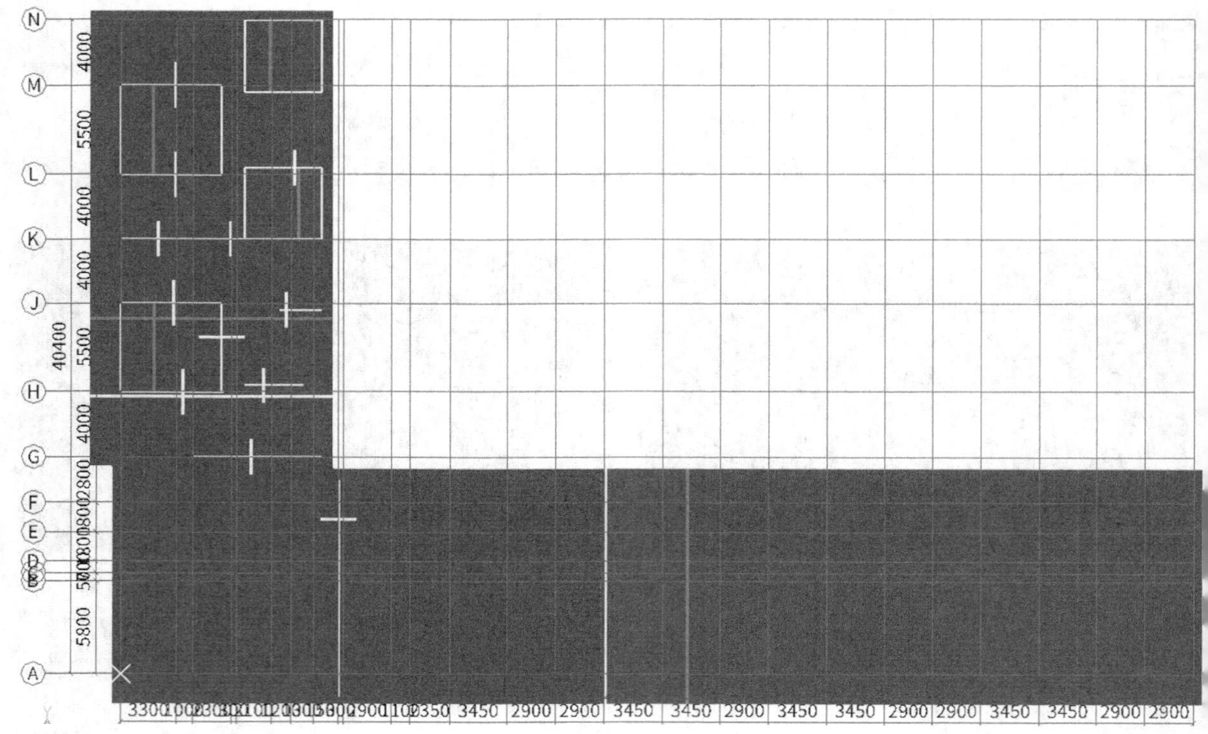

图 3-84

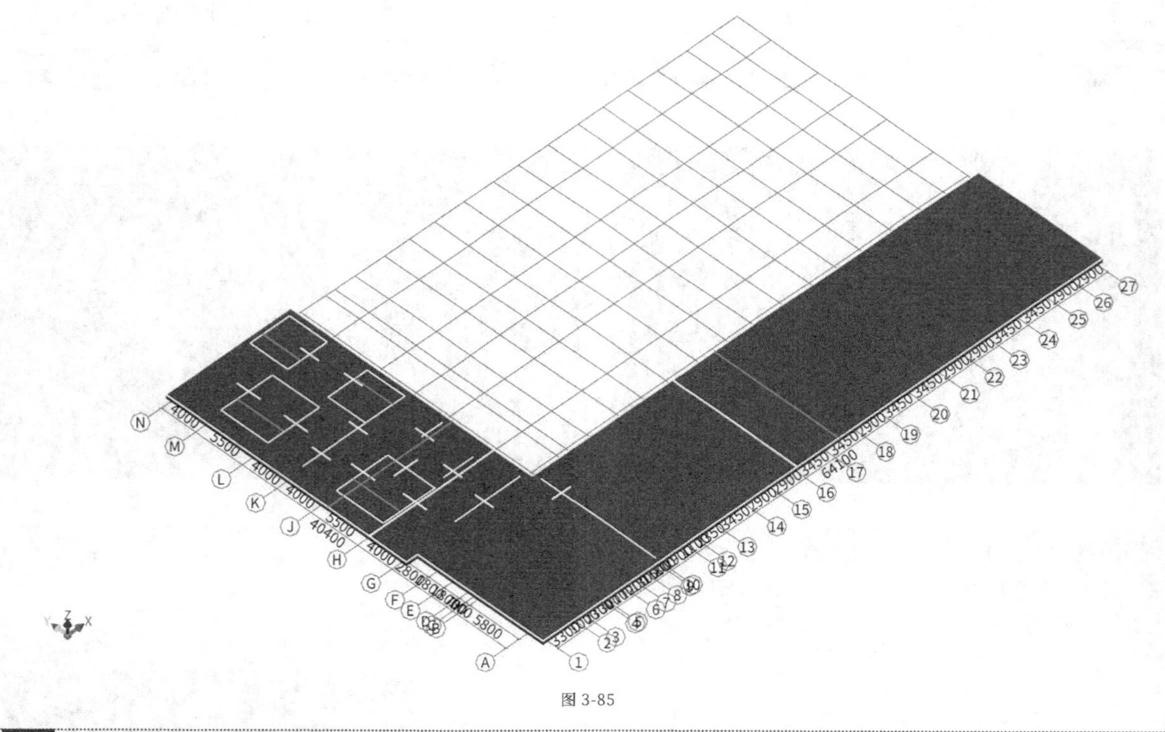

图 3-85

提示 由于筏板基础是面式结构，所以目前GTJ2018只支持手工绘制。

实战：绘制某高层住宅工程基础层的集水坑

素材位置	素材文件>CH03>实战：绘制某高层住宅工程基础层的集水坑
实例位置	实例文件>CH03>实战：绘制某高层住宅工程基础层的集水坑
教学视频	实战：绘制某高层住宅工程基础层的集水坑.mp4

扫码观看视频

图 3-86 所示为某高层住宅工程基础层集水坑的效果图。

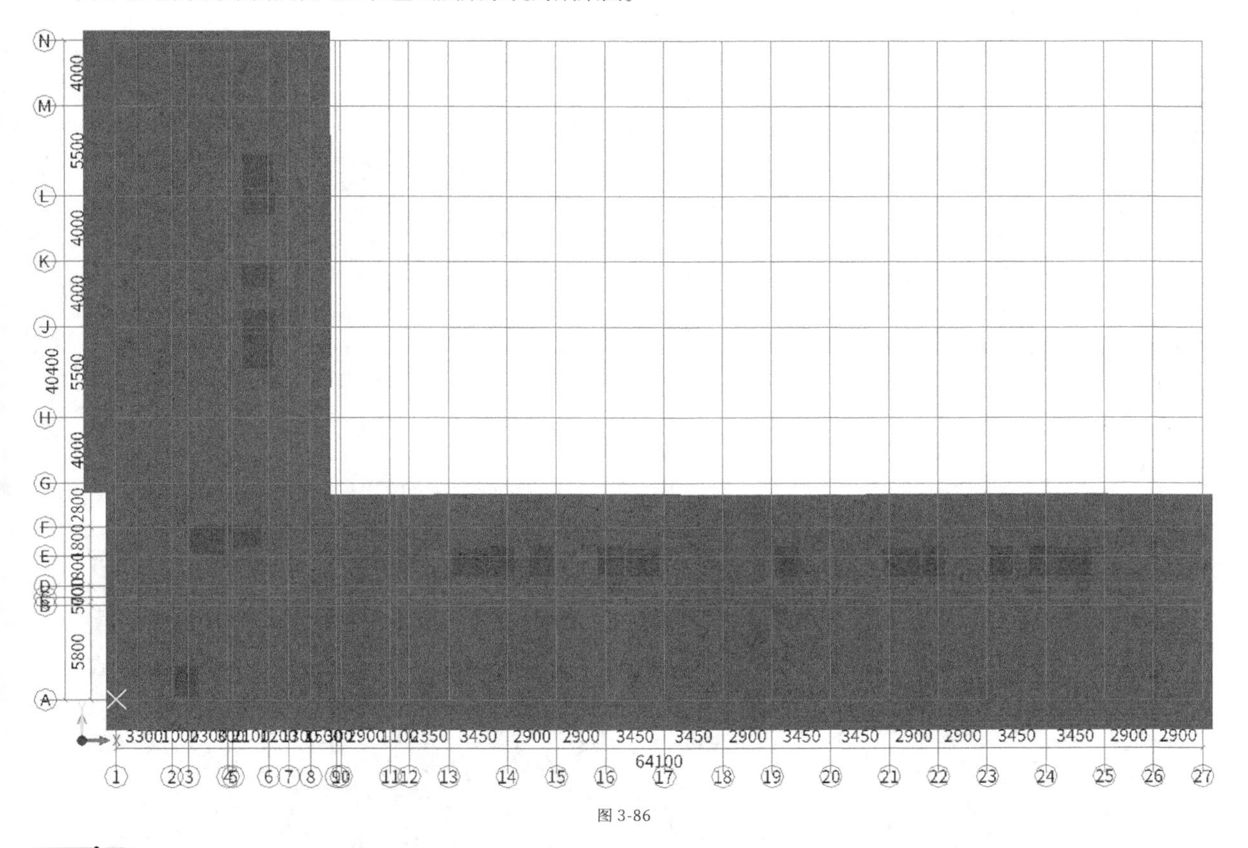

图 3-86

任务说明

（1）根据“地下二层底板配筋图”中集水坑剖面图，完成集水坑构件的新建和属性的调整。

（2）根据“地下二层底板配筋图”，绘制筏板基础的集水坑构件。

任务分析

图纸分析

参照图纸：“地下二层底板配筋图”“1-1（3-3）剖面”“2-2（4-4）剖面”。

本案例配套图纸为某高层住宅工程的图纸。以“地下二层底板配筋图”中的“1-1 剖面”为例（其他剖面仅构件标高不同），需要将“1-1 剖面”新建为集水坑 1。根据“1-1 剖面”示意图可知构件的属性信息，坑底出边距离为 90×2=180mm，坑底板厚度同筏板厚度为 500mm，坑板顶标高为 -9.9m（筏板顶标高为 -3.1m），放坡角度为 45°，涉及的 *x* 向面筋、*y* 向面筋、斜面钢筋、底筋和坑壁水平钢筋，其钢筋信息都是筏板底筋，为 C16-200。

工具分析

根据“地下二层底板配筋图”可知，各剖面均为四边形集水坑。为了减少参数设置的次数，可以在新建构件时，选择“新建自定义集水坑”，绘图工具选择“矩形”工具。

任务实施

01 打开“实例文件 >CH03> 实战：绘制某高层住宅工程基础层的筏板基础 > 筏板基础 .GTJ”文件，在“构件导航栏”中执行“基础 > 集水坑”命令，选择“构件列表”，在“新建”下拉列表中选择“新建自定义集水坑”，得到 JSK-1，如图 3-87 所示。

02 在“属性列表”面板中，调整“集水坑”的属性信息。设置 JSK-1 的“坑底出边距离”为 180、“坑底板厚度”为（500）、“坑板顶标高”为“筏板顶标高 -3.1”、“放坡角度”为 45、“X 向底筋（Y 向底筋）”为 C16@200、“X 向面筋（Y 向面筋）”为 C16@200、“坑壁水平筋”为 C16@200、“X 向斜面钢筋”为 C16@200、“Y 向斜面钢筋”为 C16@200，如图 3-88 所示。

03 确定集水坑的范围后，使用“矩形”工具，并绘制它的起点和终点，如图 3-89 所示，最后单击鼠标右键确认，退出绘制，其效果如图 3-90 所示。

图 3-87　　图 3-88

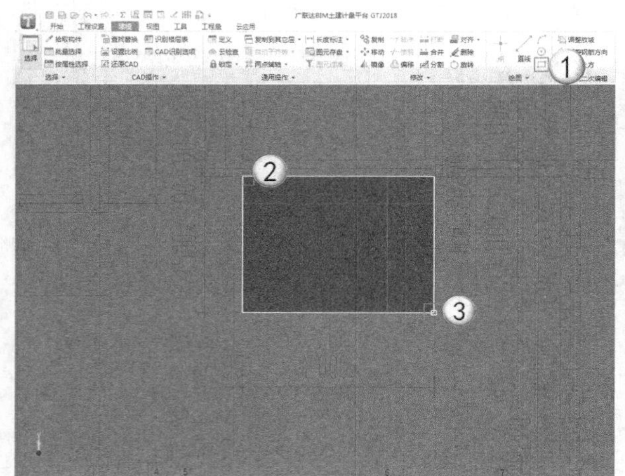

图 3-89

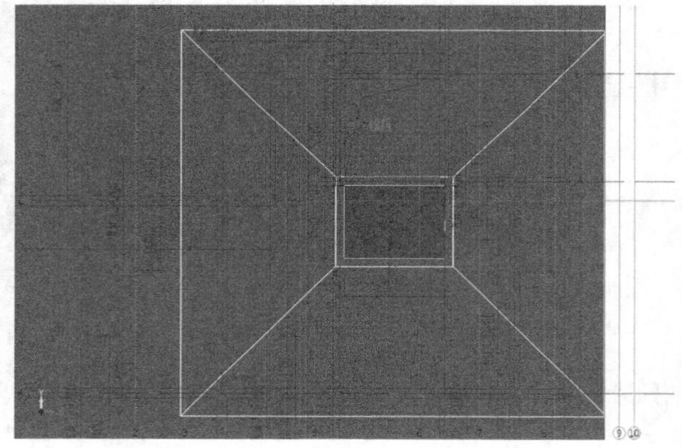

图 3-90

04 电梯基坑和集水坑在软件中都是通过集水坑构件来实现的，可以根据 JSK-1 构件调整底标高来获得电梯基坑构件。接下来复制 JSK-1，修改标高信息。

绘制步骤

①选中 JSK-1，然后单击“复制”按钮 5 次，如图 3-91 所示。

②选中 JSK-5，设置“名称”为“电梯基坑 1-1”、“坑板顶标高”为“筏板顶标高 -1.6”，如图 3-92 所示。

③选中 JSK-2，设置“坑板顶标高”为“筏板顶标高 -2”，如图 3-93 所示。

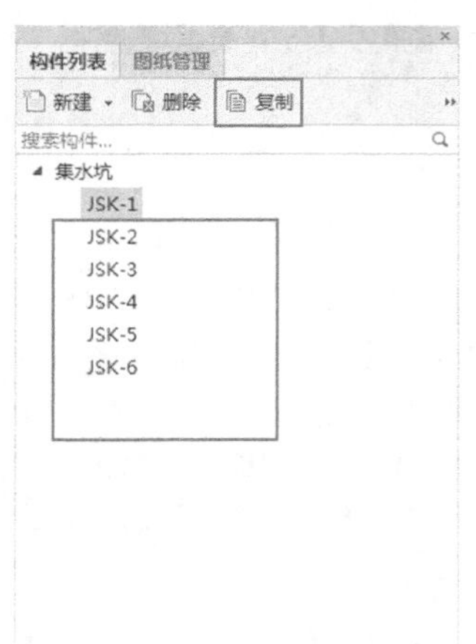

图 3-91

	属性名称	属性值
1	名称	电梯基坑1-1
2	坑底出边距离(mm)	180
3	坑底板厚度(mm)	(500)
4	坑板顶标高(m)	筏板顶标高-1.6
5	放坡输入方式	放坡角度
6	放坡角度	45
7	X向底筋	⌀16@200
8	X向面筋	(⌀16@200)
9	Y向底筋	⌀16@200
10	Y向面筋	(⌀16@200)
11	坑壁水平筋	⌀16@200
12	X向斜面钢筋	⌀16@200
13	Y向斜面钢筋	⌀16@200

图 3-92

	属性名称	属性值
1	名称	JSK-2
2	坑底出边距离(mm)	180
3	坑底板厚度(mm)	(500)
4	坑板顶标高(m)	筏板顶标高-2
5	放坡输入方式	放坡角度
6	放坡角度	45
7	X向底筋	⌀16@200
8	X向面筋	(⌀16@200)
9	Y向底筋	⌀16@200
10	Y向面筋	(⌀16@200)
11	坑壁水平筋	⌀16@200
12	X向斜面钢筋	⌀16@200
13	Y向斜面钢筋	⌀16@200

图 3-93

④选中 JSK-4，设置“坑板顶标高”为“筏板顶标高 -1.5”，如图 3-94 所示。

⑤选中 JSK-3，设置“坑底出边距离”为 140，“坑板顶标高”为“筏板顶标高 -3.1”，如图 3-95 所示。

⑥选中 JSK-6，设置“名称”为“电梯基坑 3-1”，“坑底出边距离”为 140，如图 3-96 所示。

图 3-94　　图 3-95　　图 3-96

05 根据刚刚建立的集水坑信息，使用“矩形”工具绘制剩下的集水坑，绘制完成后，该高层住宅工程基础层集水坑如图 3-97 所示。

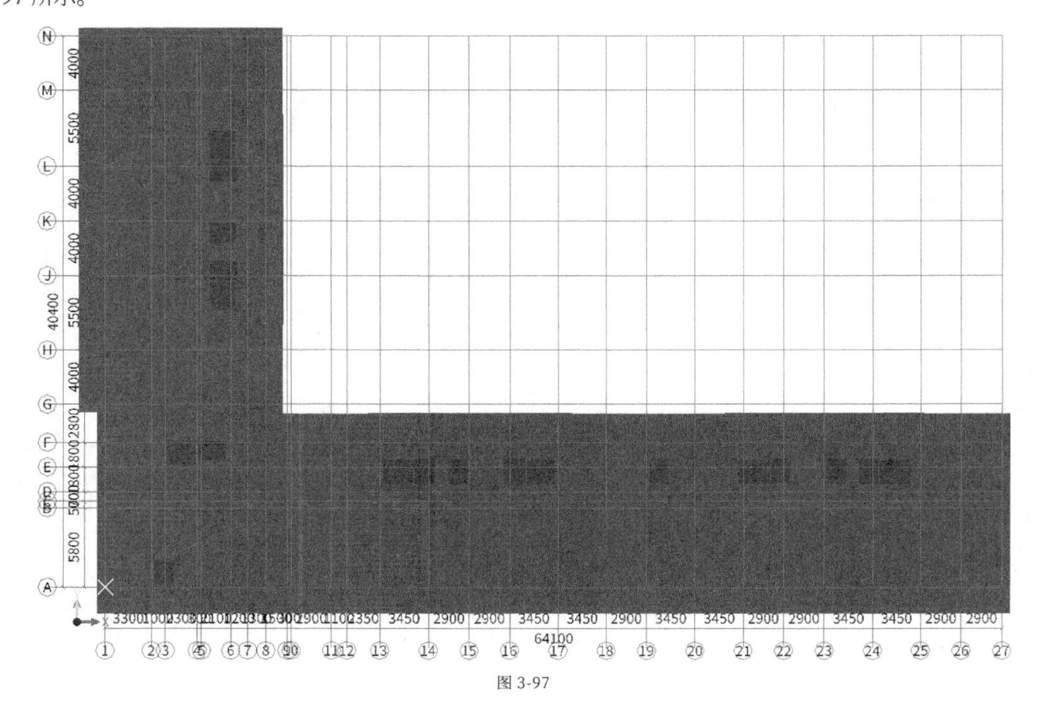

图 3-97

实战：绘制某高层住宅工程基础层的基础联系梁

扫码观看视频

素材位置	素材文件>CH03>实战：绘制某高层住宅工程基础层的基础联系梁
实例位置	实例文件>CH03>实战：绘制某高层住宅工程基础层的基础联系梁
教学视频	实战：绘制某高层住宅工程基础层的基础联系梁.mp4

图 3-98 所示为某高层住宅工程基础层基础联系梁的效果图。

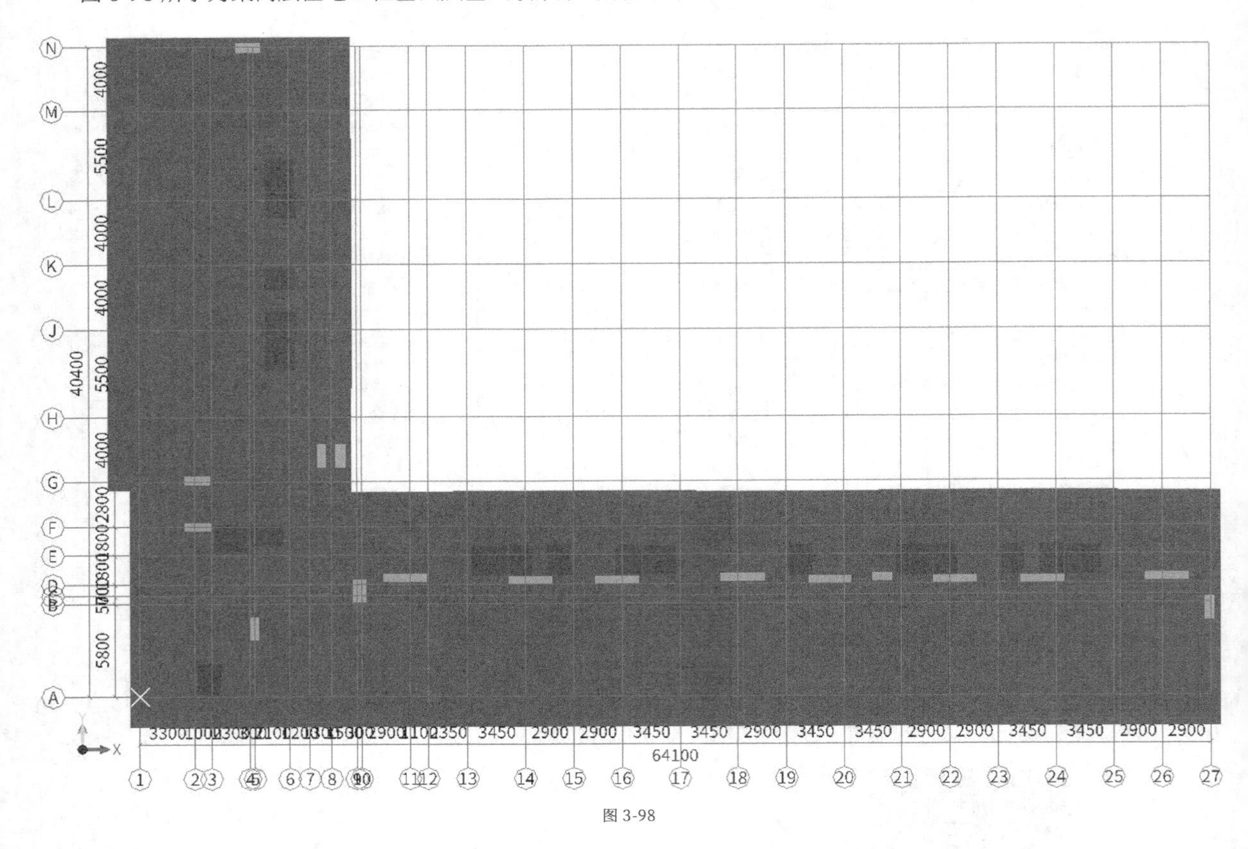

图 3-98

任务说明

（1）根据“地下二层底板配筋图”，完成基础联系梁的新建。

（2）根据“地下二层底板配筋图”，完成 DL1-3 构件的绘制。

任务分析

图纸分析

参照图纸：“地下二层底板配筋图”。

本案例配套图纸为某高层住宅工程的图纸。从“地下二层底板配筋图”可知，DL1-3 的截面尺寸（宽 × 高）分别为 600mm×500mm、500mm×500mm 和 800mm×500mm，这 3 个构件的上部和下部的通长筋分别为 5C25、4C25 和 5C25，箍筋信息为 C12@200（4），顶标高为 -6.8m。

工具分析

本高层住宅工程结构图纸中 DL（地梁）在 12G101-1 图集已经并入了“基础联系梁”，而“基础联系梁”属于“梁”构件，因此需要通过“梁”构件并选择“结构类型”中的“基础联系梁”来完成构件的新建，绘图工具选择“直线”工具。若梁未识别支座，那么还需要使用“重提梁跨”命令完成梁的支座提取。

任务实施

01 打开“实例文件 >CH03> 实战：绘制某高层住宅工程基础层的集水坑 > 集水坑 .GTJ”文件，在“构件导航栏”中执行“梁 > 梁”命令，选择“构件列表”，在“新建”下拉列表中选择“新建矩形梁”，得到“楼层框架梁 KL-1”，如图 3-99 所示。

02 按照 DL 详图设置 KL-1 的属性，设置 KL-1 的“名称”为 DL1、“结构类别”为“基础联系梁”、“截面宽度”为 600、“截面高度”为 500、“轴线距梁左距离为软件默认设置”为（300）、“箍筋”为 C12@200（4）、“肢数”会根据“箍筋”输入的信息，将数值自动调整为 4、“上部通长筋”为 5C25、“下部通长筋”为 5C25、“起点顶标高”为 -6.8、“终点顶标高”为 -6.8、如图 3-100 所示。

图 3-99

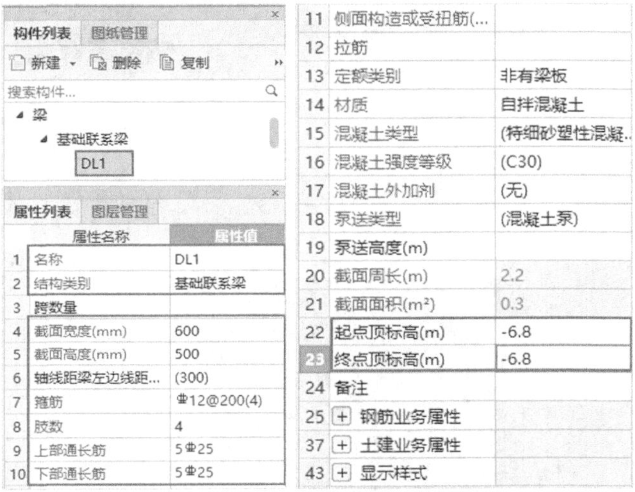

图 3-100

03 按照同样的方式，建立 DL2 和 DL3，并调整相关信息。

绘制步骤

①选中 DL1，然后单击“复制”按钮 2 次，如图 3-101 所示。

②选中 DL2，设置“截面宽度”和“截面高度”都为 500、“上部通长筋”和“下部通长筋”都为 4C25，如图 3-102 所示。

③选中 DL3，设置“截面宽度”为 800，如图 3-103 所示。

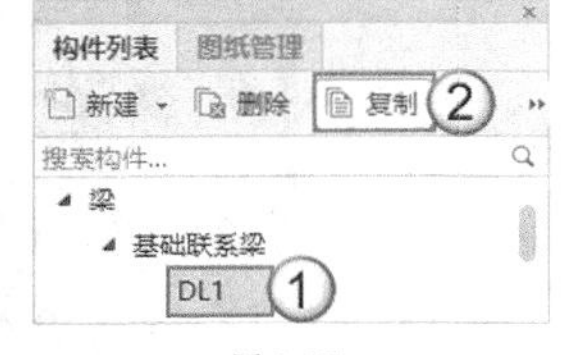

图 3-101

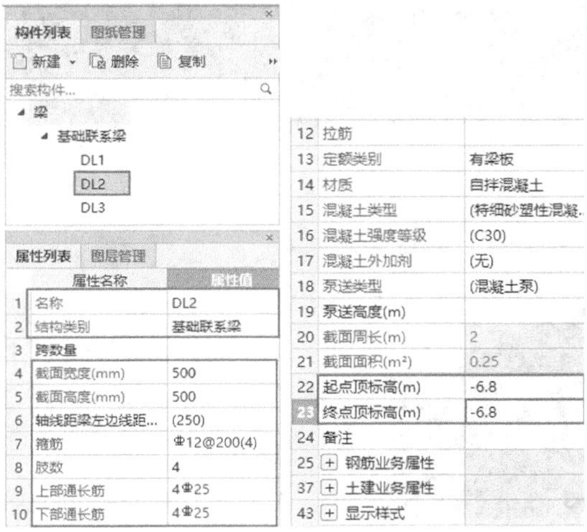

图 3-102

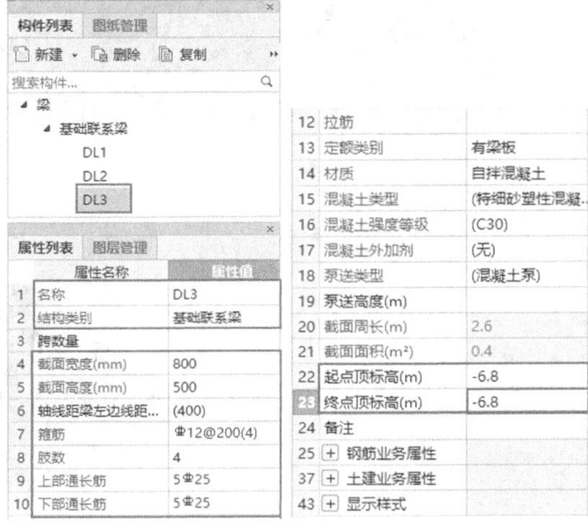

图 3-103

04 选中需要布置的DL1，然后使用“直线”工具⟋，当鼠标指针变成“回字形”时表示捕捉到起点，单击后拖曳鼠标指针并再次单击确定梁的终点，即可完成基础联系梁的绘制，如图3-104所示。

05 绘制的基础联系梁为粉红色，表示梁未识别支座，需要使用“梁二次编辑”选项组中的“重提梁跨”命令完成梁的支座提取。选中绘制好的DL1，单击鼠标右键完成梁的提取，如图3-105所示。当梁变为绿色时，表示提取成功，如图3-106所示。

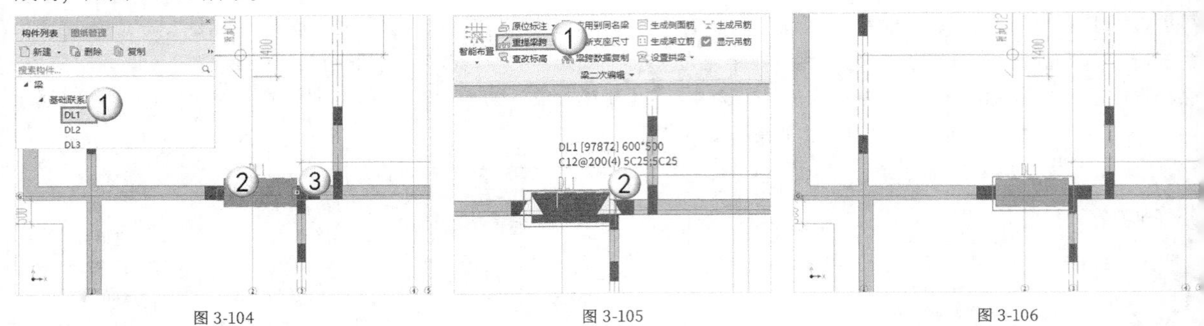

图3-104　　图3-105　　图3-106

06 按照同样的方式，绘制剩下的DL构件。绘制完成后，该高层住宅工程基础层基础联系梁如图3-107所示，其三维效果如图3-108所示。

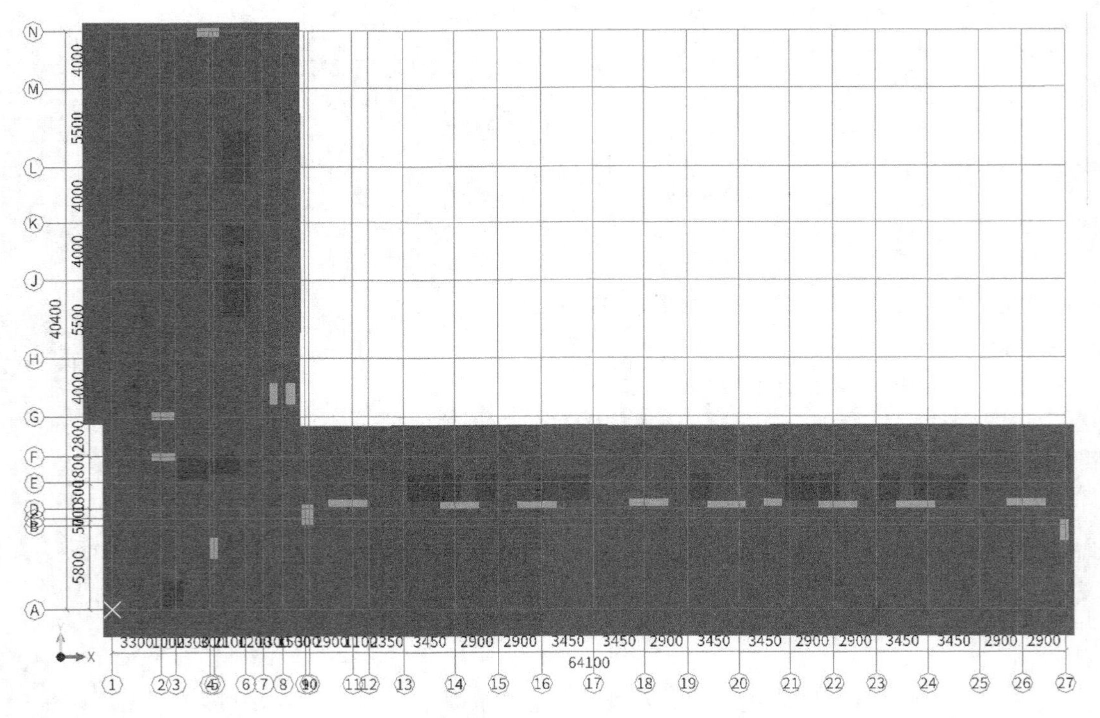

图3-107

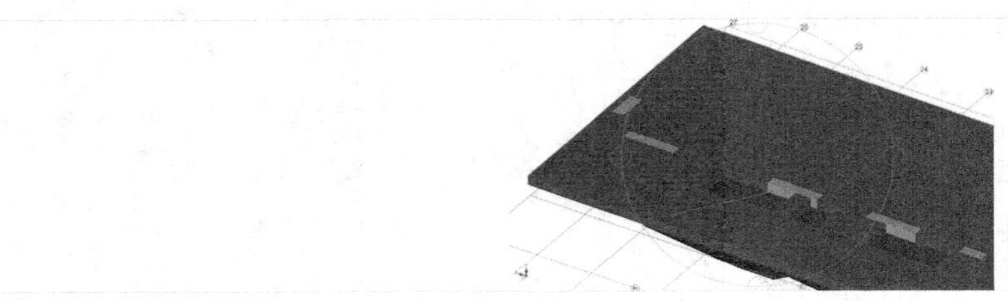

图3-108

实战：绘制某高层住宅工程基础层的后浇带

素材位置	素材文件>CH03>实战：绘制某高层住宅工程基础层的后浇带
实例位置	实例文件>CH03>实战：绘制某高层住宅工程基础层的后浇带
教学视频	实战：绘制某高层住宅工程基础层的后浇带.mp4

扫码观看视频

图 3-109 为某高层住宅工程基础层后浇带的效果图。

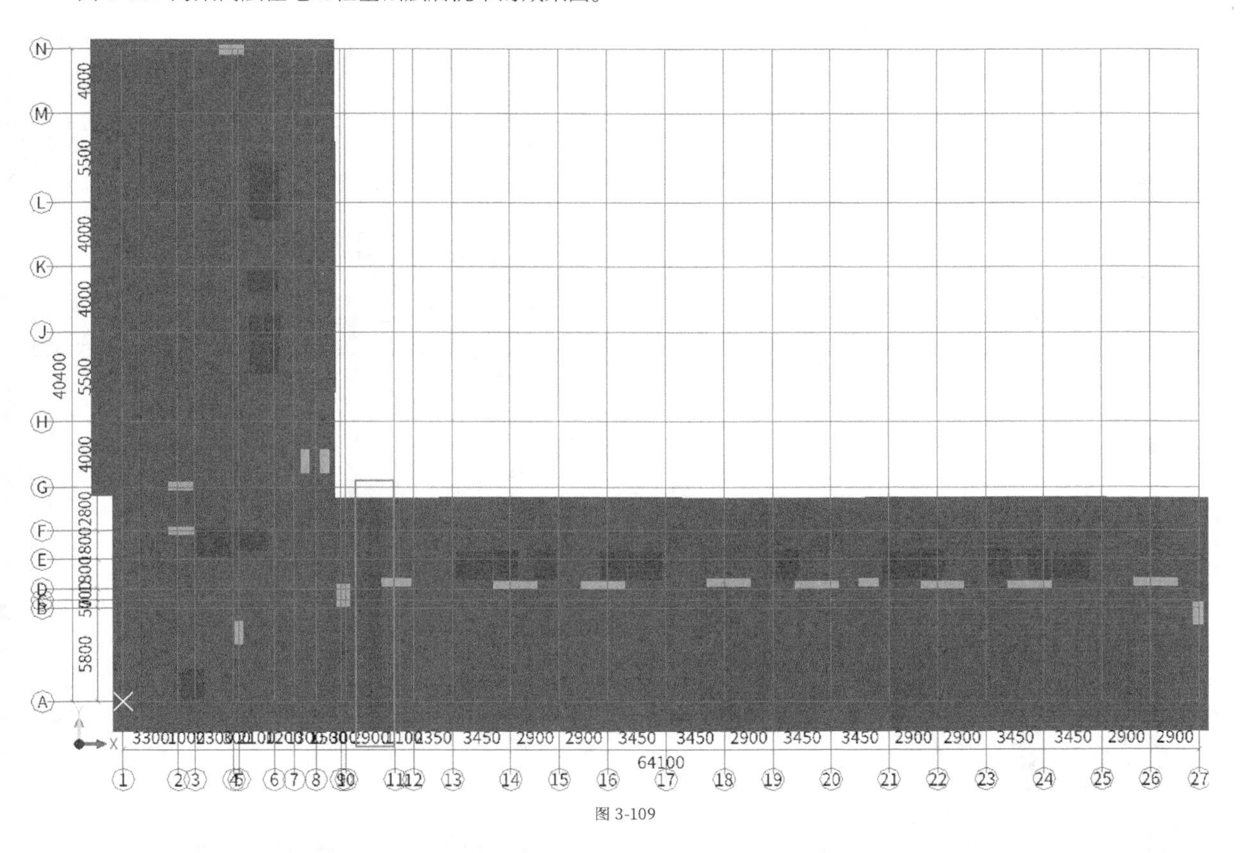

图 3-109

任务说明

（1）根据“地下二层底板配筋图”，完成后浇带的新建。

（2）根据“地下二层底板配筋图”，完成后浇带构件的绘制。

任务分析

图纸分析

参照图纸：“地下二层底板配筋图”。

本案例配套图纸为某高层住宅工程的图纸。从“地下二层底板配筋图”可知，后浇带的宽为 800mm。

工具分析

后浇带构件属于筏板基础的后浇筑的部分，构件类型为“后浇带”构件，新建后需调整后浇带的属性信息，且后浇带属于线形构件，因此绘图工具选择“直线”工具⟋。

任务实施

01 打开“实例文件 >CH03> 实战：绘制某高层住宅工程基础层的基础联系梁 > 基础联系梁 .GTJ”文件，在“构件导航栏”中执行“其他 > 后浇带”命令，选择“构件列表”，在“新建”下拉列表中选择“新建后浇带”，得到 HJD-1，如图 3-110 所示。

02 在“属性列表”面板中，调整“后浇带”的属性信息。设置 HJD-1 的“后浇带宽度”为 800，其他信息图纸未明确，按照默认设置即可，如图 3-111 所示。

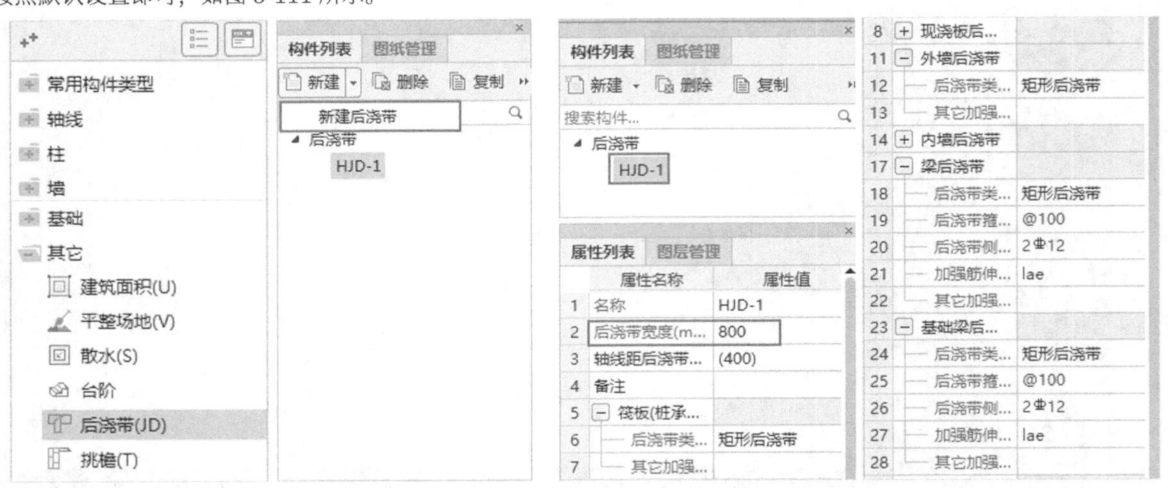

图 3-110　　　　图 3-111

03 构件新建好后，开始布置后浇带。单击“直线”工具，当鼠标指针变成“回字形”时表示捕捉到起点，单击后拖曳鼠标指针，待再次单击确定浇带的终点后，即可完成后浇带的绘制，如图 3-112 所示。

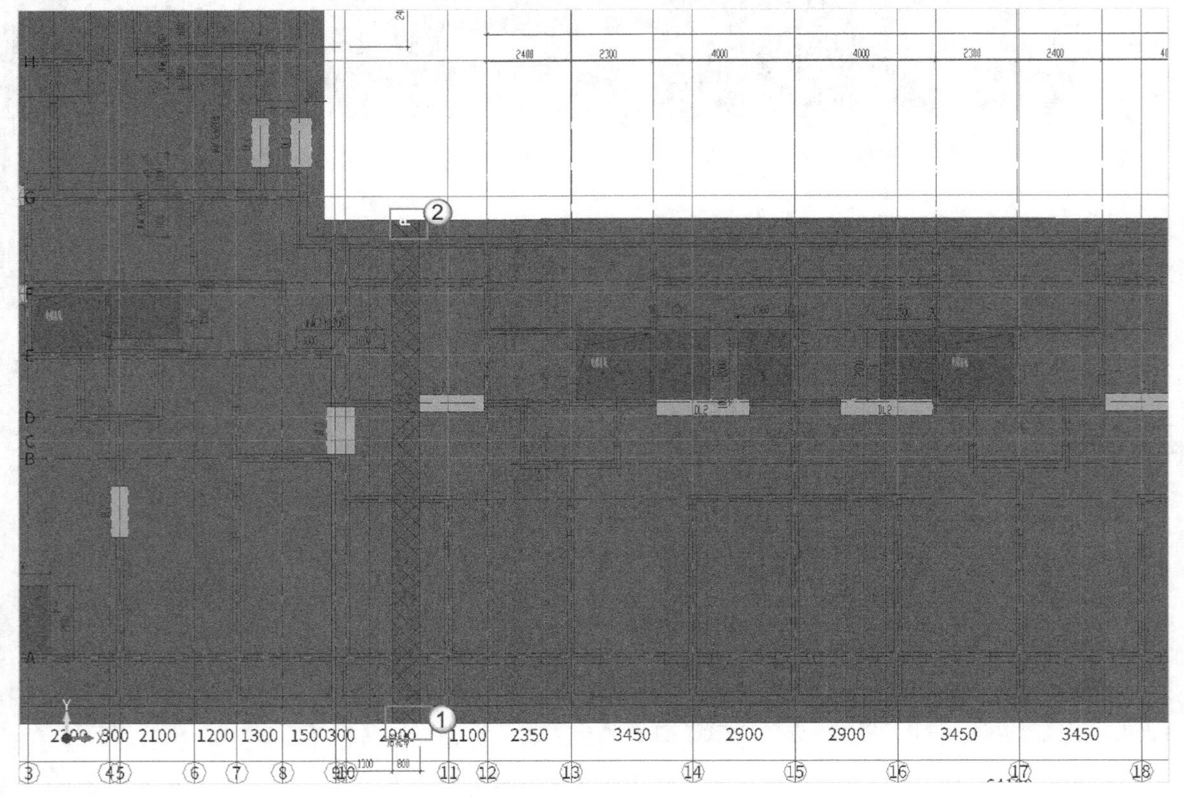

图 3-112

04 后浇带布置完成后，如图 3-113 所示，其三维效果如图 3-114 所示。

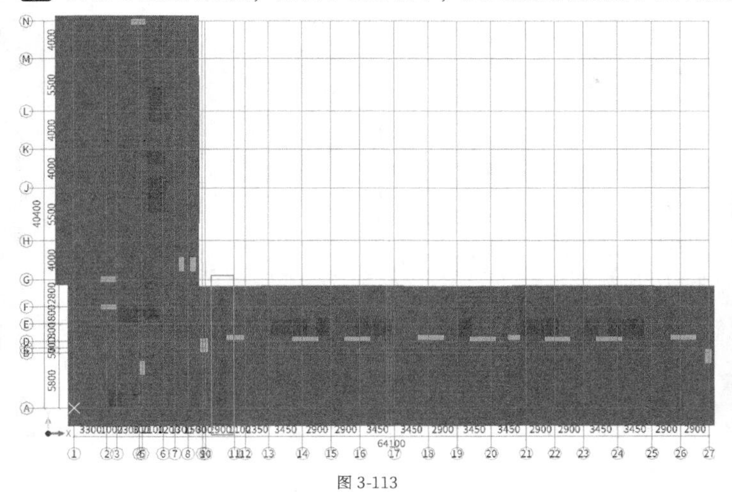

图 3-113

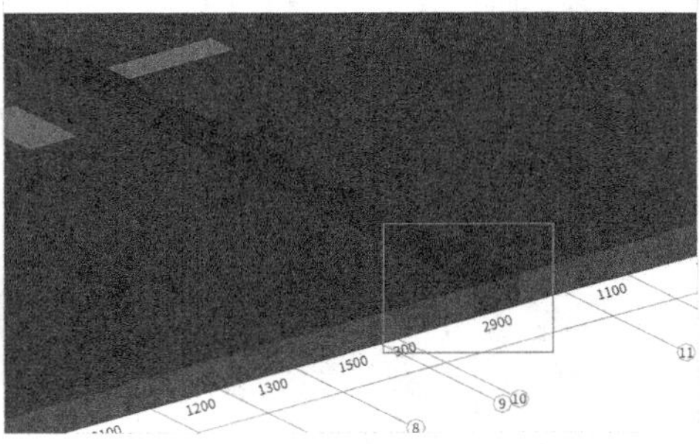

图 3-114

实战：绘制某高层住宅工程基础层的垫层

素材位置	素材文件>CH03>实战：绘制某高层住宅工程基础层的垫层
实例位置	实例文件>CH03>实战：绘制某高层住宅工程基础层的垫层
教学视频	实战：绘制某高层住宅工程基础层的垫层.mp4

图 3-115 所示为某高层住宅工程基础层垫层的效果图。

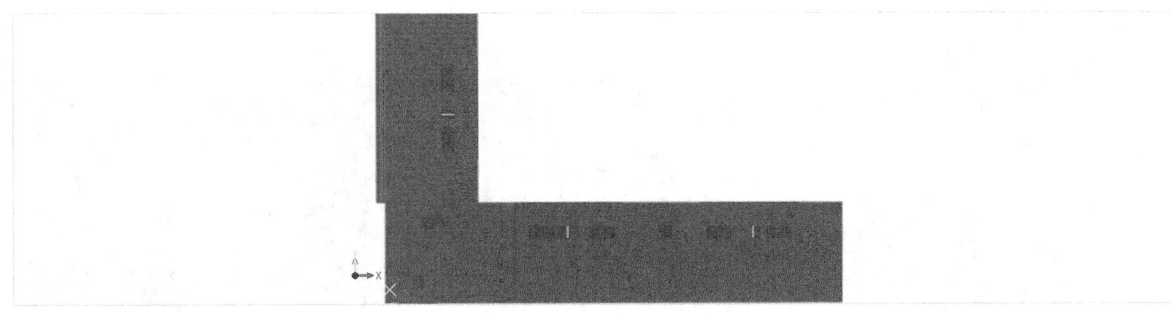

图 3-115

任务说明

（1）根据“筏板外挑出节点”图纸，完成垫层构件的新建。

（2）完成垫层构件的布置，并设置垫层的出边距离。

任务分析

图纸分析

参照图纸：“地下二层底板配筋图”“筏板外挑出节点”。

本案例配套图纸为某高层住宅工程的图纸。从“地下二层底板配筋图”可知，垫层厚度为 100mm，多出筏板基础的出边距离为 100mm。

工具分析

由于“垫层”对应的是面式构件，因此需选择“新建面式垫层”，且该工程的基础形式为筏板基础，可使用“智能布置”工具快速完成“筏板基础”和“集水坑”的垫层绘制。

任务实施

01 打开“实例文件 >CH03> 实战：绘制某高层住宅工程基础层的后浇带 > 后浇带 .GTJ”文件，在“构件导航栏”中执行“基础 > 垫层”命令，选择“构件列表”，在“新建”下拉列表中选择“新建面式垫层”，得到 DC-1，如图 3-116 所示。

02 构件新建好后，开始布置垫层。单击“智能布置”下拉列表中的“筏板”图标，然后框选所有的“筏板”构件，被选中的筏板显示为蓝色（图中为深灰色部分），如图 3-117 所示。

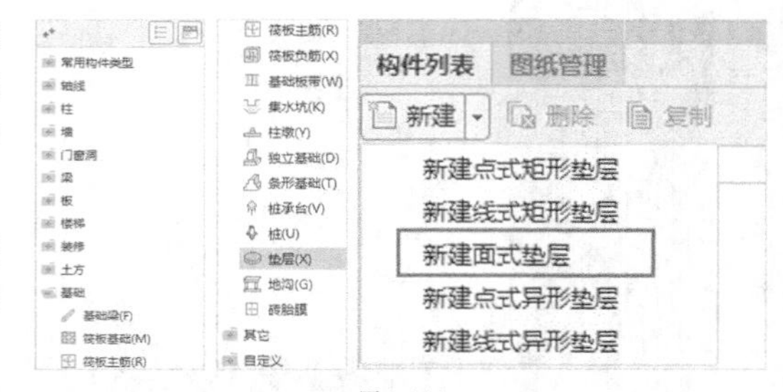

图 3-116

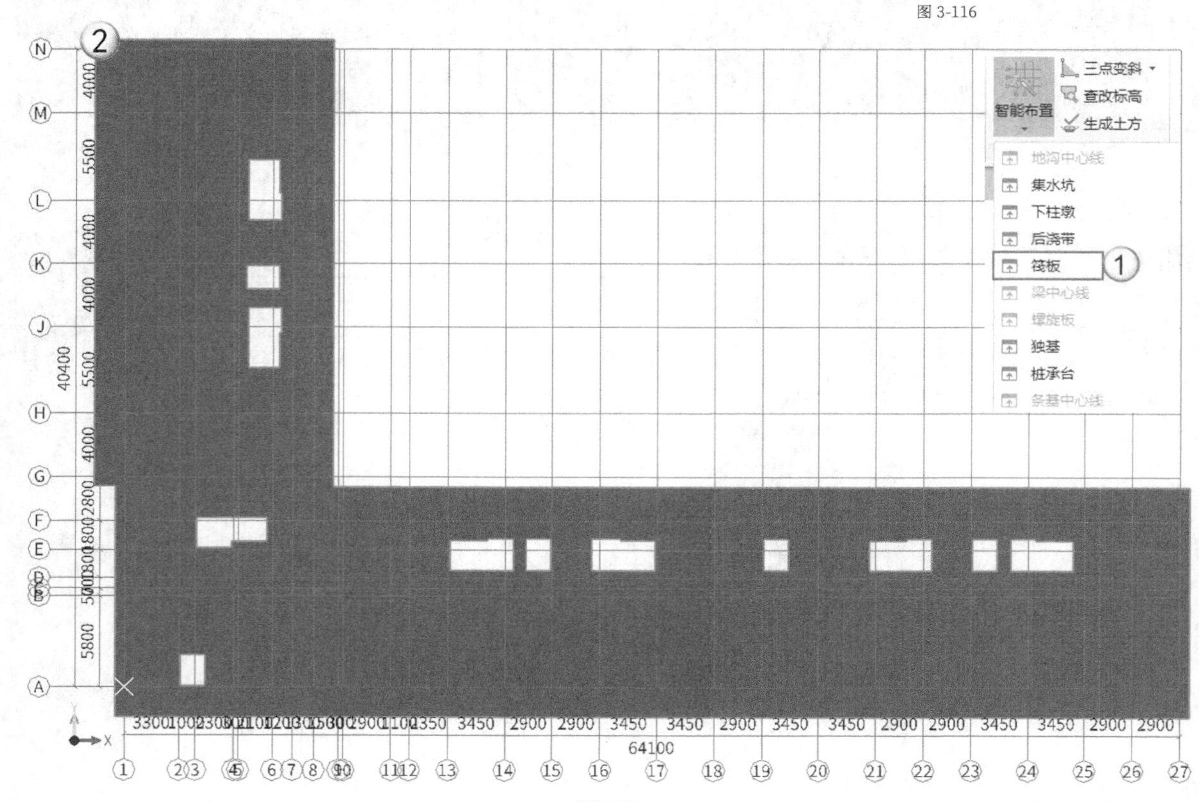

图 3-117

03 根据“筏板外挑处节点”图纸可知，垫层宽出筏板基础 100mm，其中标注的位置对应的就是垫层的出边距离。这时单击鼠标右键进行确定，打开“设置出边距离”对话框，输入“出边距离”为 100，单击“确定”按钮 确定 ，如图 3-118 所示。

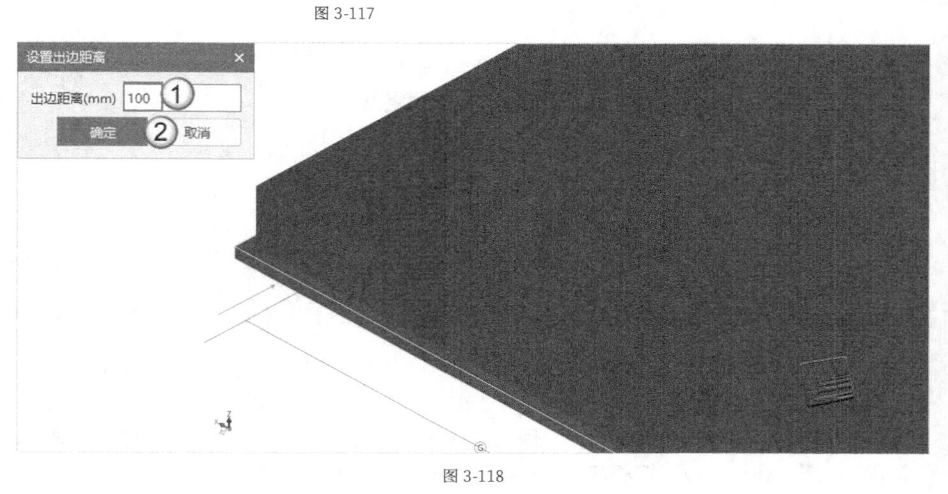

图 3-118

04 布置完成后，筏板垫层的效果如图 3-119 所示（边框显示为绿色）。

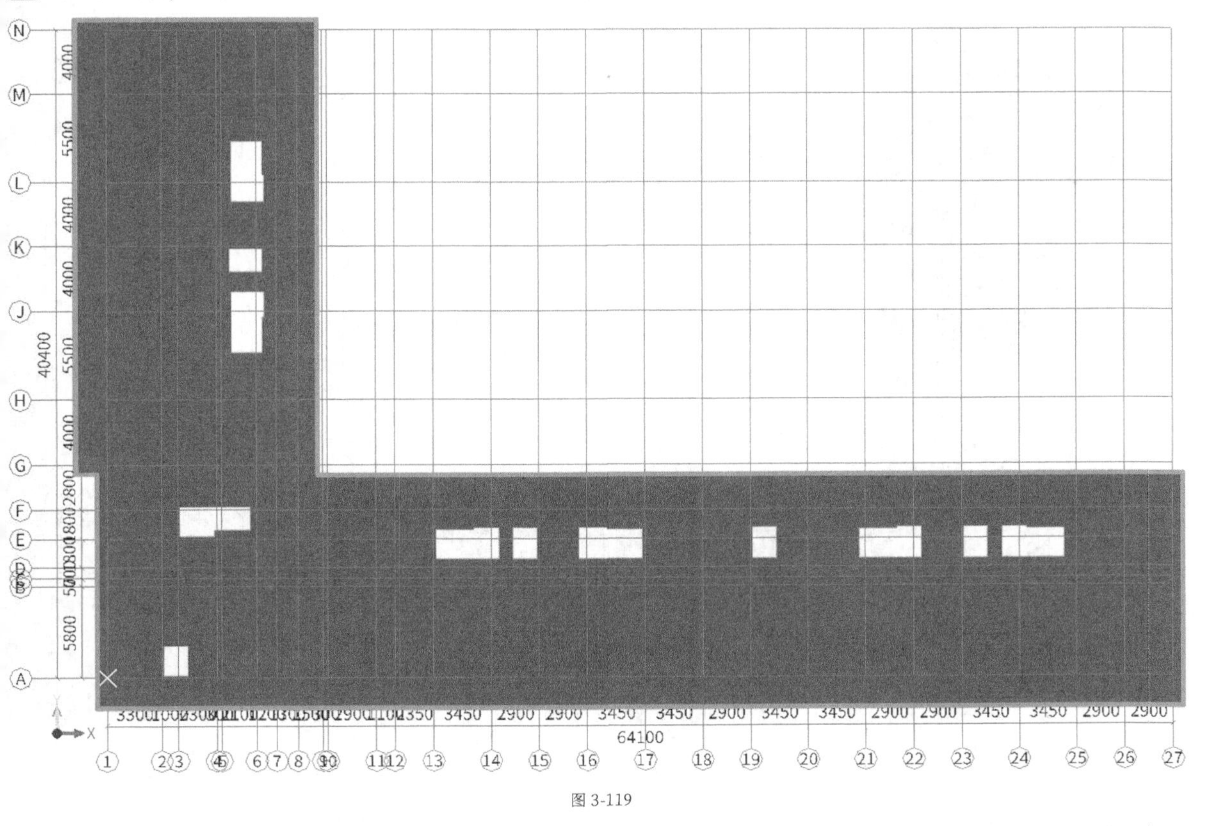

图 3-119

05 筏板的垫层绘制完成，但是从图 3-119 可知，集水坑部位的垫层还未设置。单击“智能布置”下拉列表中的“集水坑”图标，这时未布置的集水坑会自动显现出来，然后框选所有要布置的集水坑（图中为深灰色部分），如图 3-120 所示。

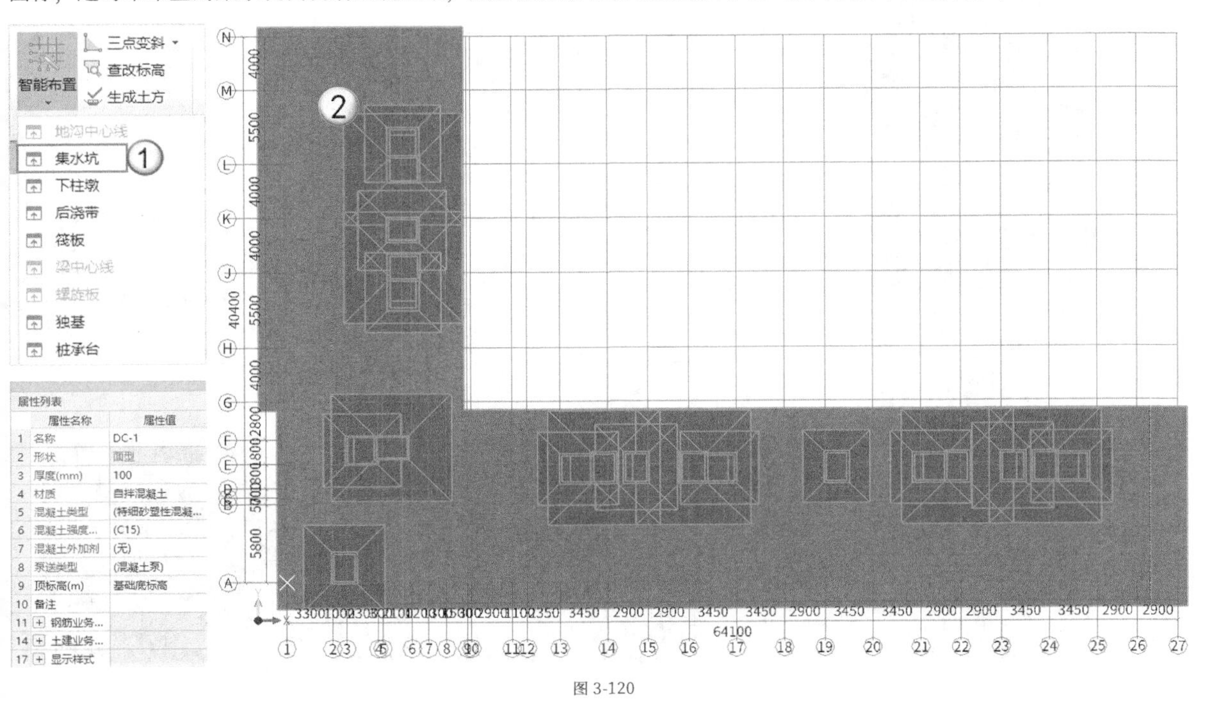

图 3-120

06 完成后单击鼠标右键进行确定，弹出“设置出边距离”对话框，设置“出边距离”为100mm，最后单击“确定”按钮，如图3-121所示。

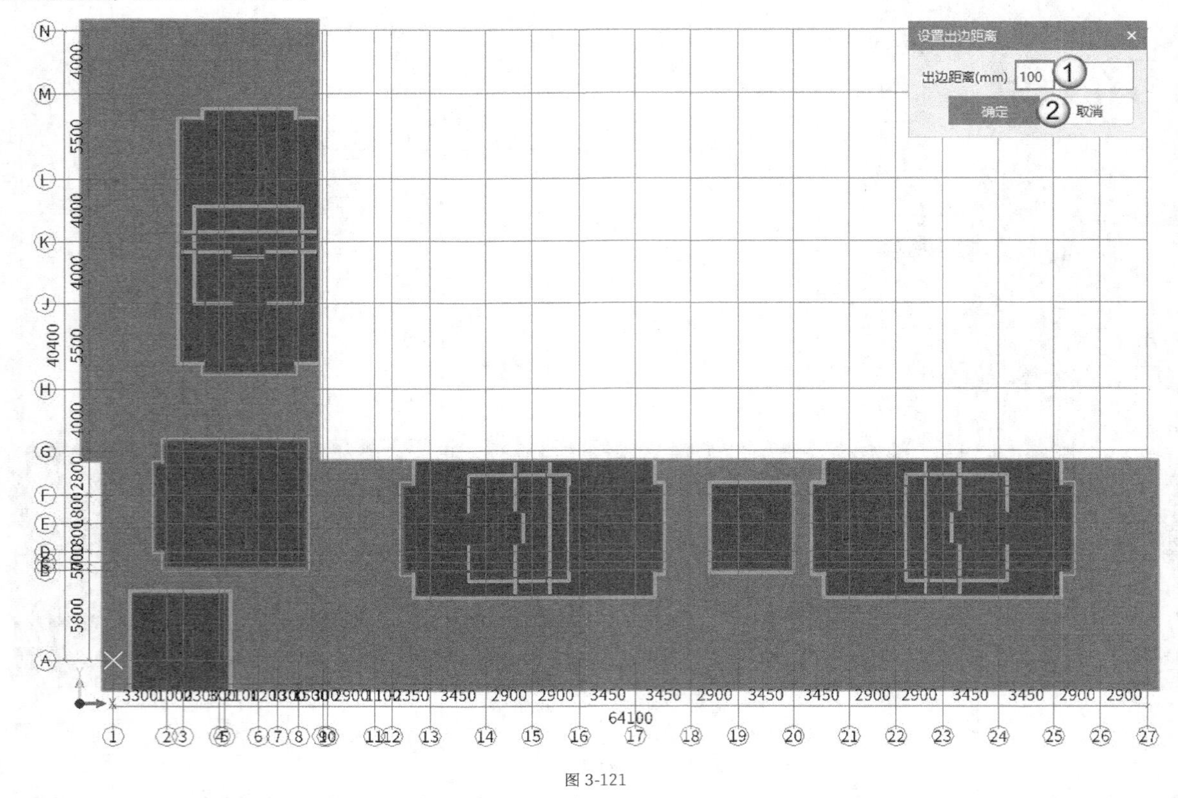

图 3-121

07 垫层布置完成后，集水坑垫层的效果如图3-122所示。

提示 布置垫层时，如果是基础梁构件，那么在设置时需要注意选择“新建线性垫层”；如果是筏板、集水坑等面式构件，那么就需要选择“新建面式垫层”。

图 3-122

3.2.3 主体柱

根据 GTJ2018 手工建模流程，下面对主体柱的建模方式进行介绍。

基础介绍

柱作为建筑物中的垂直承重构件（如梁、板等），它的作用是将上部的荷载向下传递给基础。

柱按照材料类别可以分为石柱、砖柱、砌块柱、木柱、钢柱、钢筋混凝土柱、劲性钢筋混凝土柱、钢管混凝土柱和各种组合柱。

混凝土柱又可以分为现浇混凝土柱和预制混凝土柱两类。

绘制依据

基本流程

柱的基本绘制流程如图 3-123 所示。

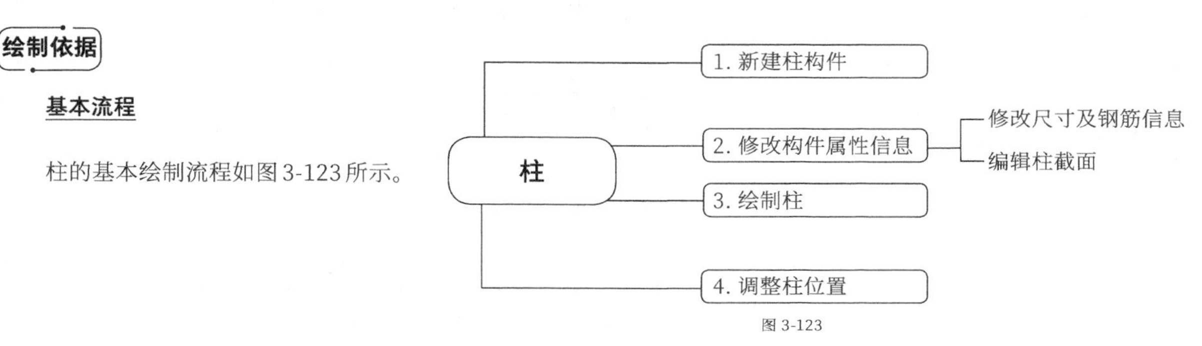

图 3-123

功能说明

根据柱的截面形状，可以将柱分为矩形柱、圆形柱、异形柱和参数化柱 4 种。根据结构类别，每一种柱可分为暗柱、端柱、框架柱和转换柱 4 类，主要涉及截面尺寸、钢筋信息、柱类型（边、角和中柱）和标高等参数。

实战：绘制某高层住宅工程地下二层的柱

扫码观看视频

素材位置	素材文件>CH03>实战：绘制某高层住宅工程地下二层的柱
实例位置	实例文件>CH03>实战：绘制某高层住宅工程地下二层的柱
教学视频	实战：绘制某高层住宅工程地下二层的柱.mp4

图 3-124 所示为某高层住宅工程地下二层的柱的效果图。

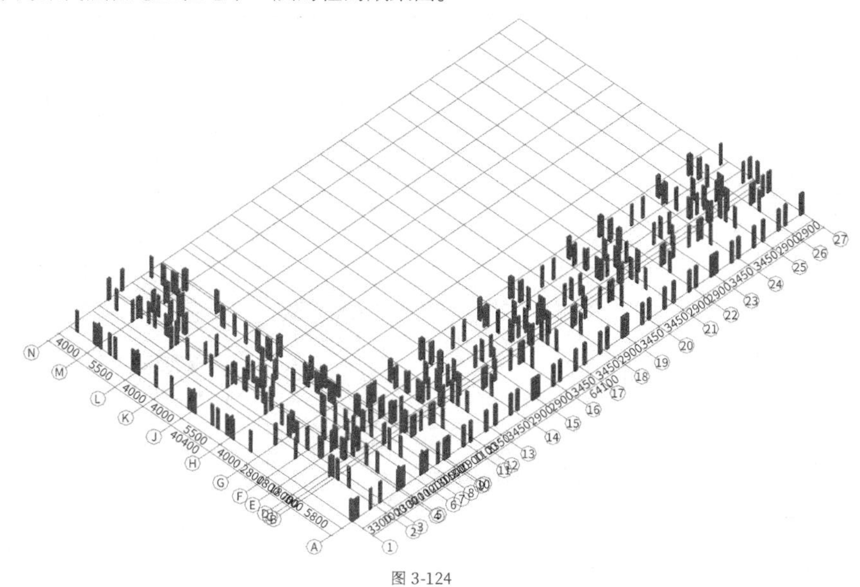

图 3-124

任务说明

（1）根据“地下二层剪力墙暗柱配筋表”，完成暗柱构件的新建。

（2）根据“地下二层墙体布置图”，完成暗柱构件在平面布置图上的绘制。

任务分析

图纸分析

参照图纸：“地下二层墙体布置图”“地下二层剪力墙暗柱配筋表”。

本案例配套图纸为某高层住宅工程的图纸。从“地下二层剪力墙暗柱配筋表”（表 3-3）可知，以 AZ1 为例，纵筋为 12C12，箍筋为 B8@200，截面为 L 型，x、y 方向的尺寸均为 200mm、300mm。

表 3-3

地下二层剪力墙暗柱配筋表					
截面	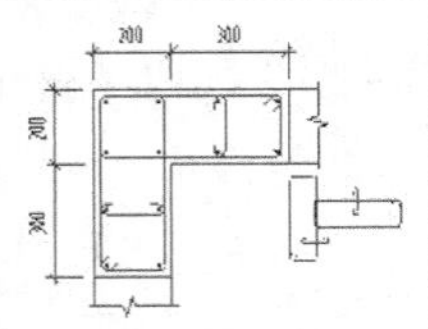	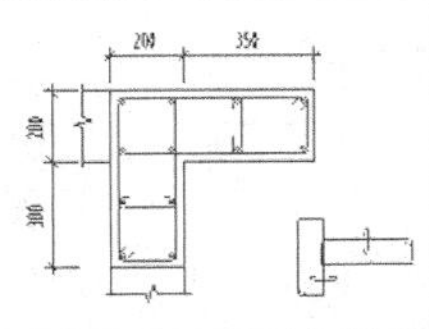	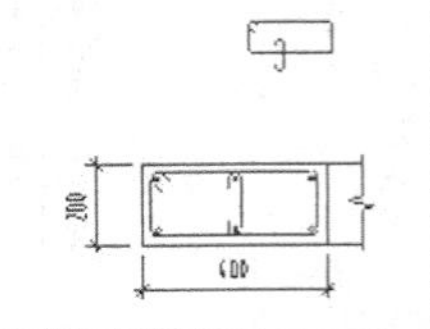	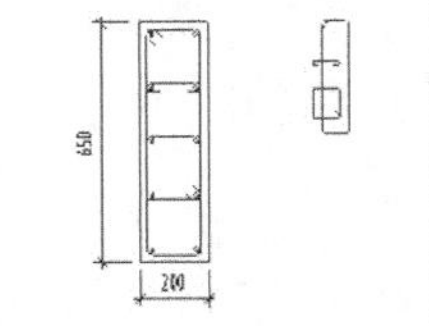	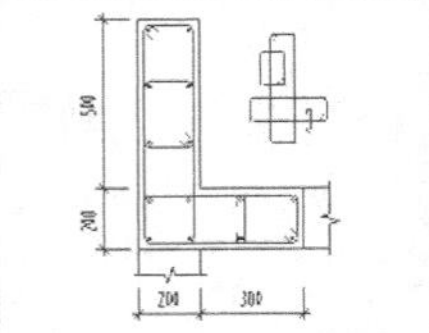
编号	AZ1	AZ2	AZ3	AZ4	AZ5
纵筋	12C12	12C12	6B12	10C12	14C12
箍筋	B8@200	C8@200	C8@200	C8@200	C8@200
截面	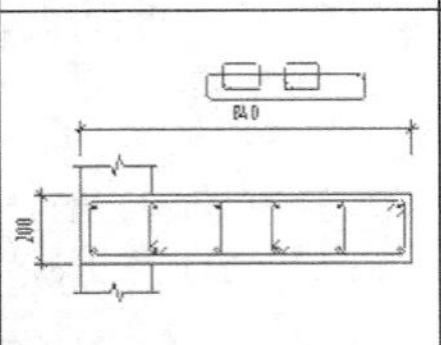	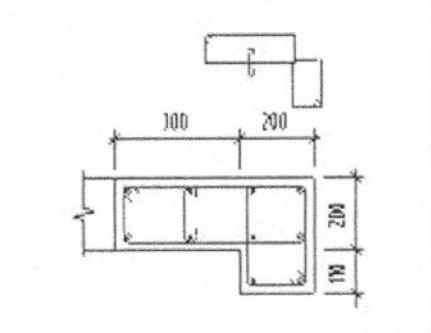	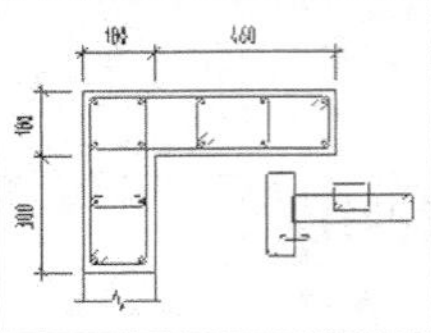	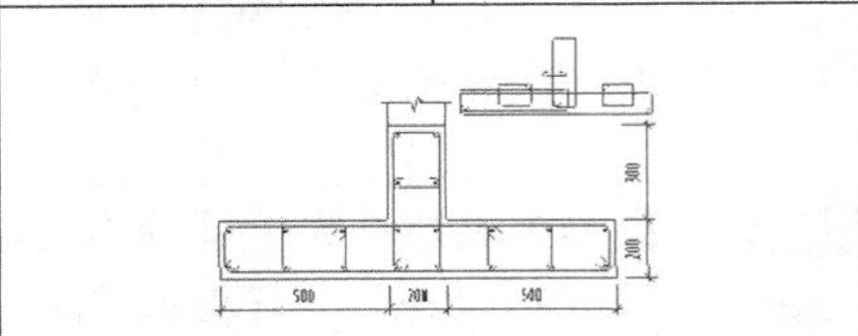	
编号	AZ7	AZ8	AZ9	AZ11	
纵筋	12C12	10C12	14C12	20C12	
箍筋	C8@200	C8@200	C8@200	C8@200	C8@200
截面	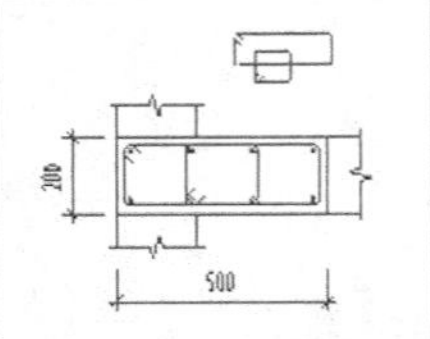	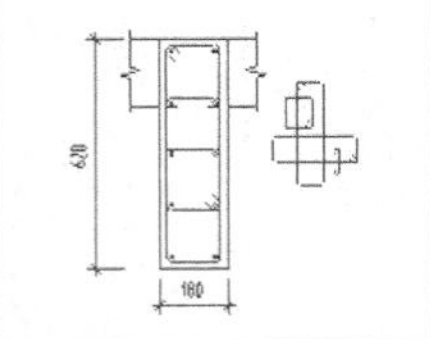	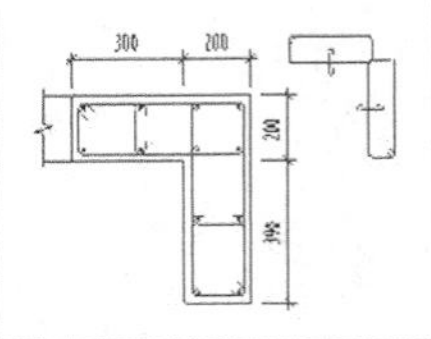	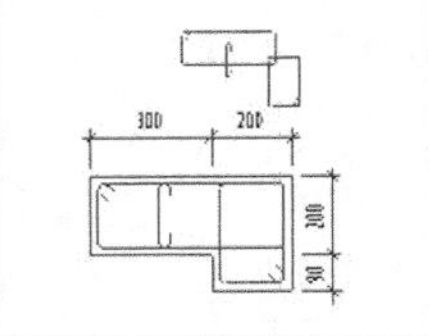	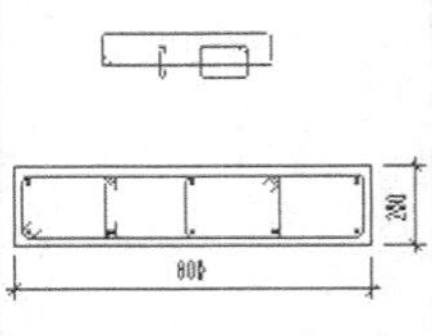
编号	AZ12	AZ17	AZ19	AZ20	AZ22
纵筋	8C12	10C12	12C12	10C12	10C12
箍筋	C8@200	C8@200	C8@200	C8@200	C8@200
截面	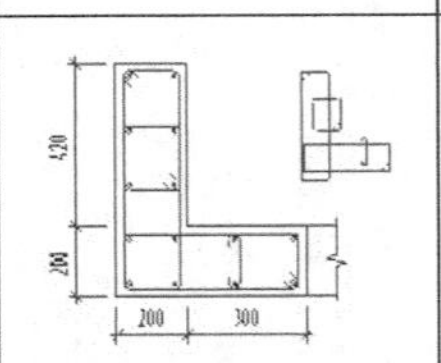	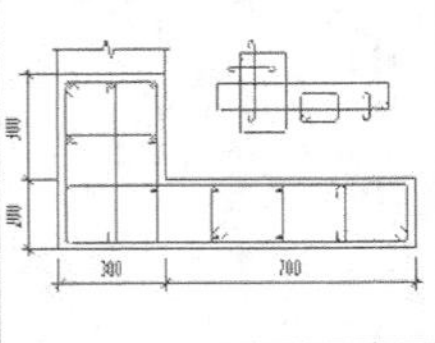	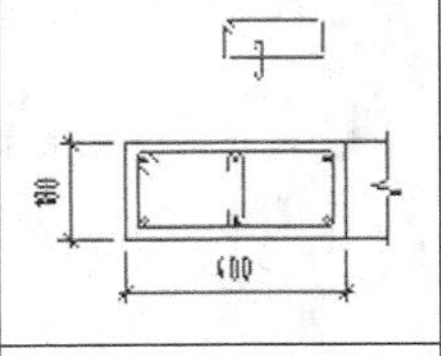	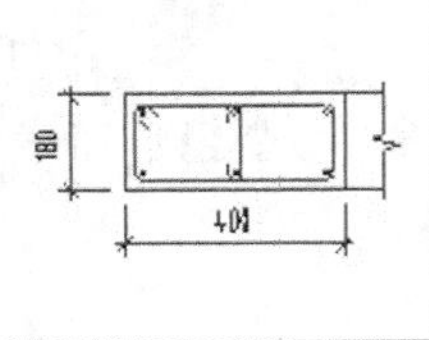	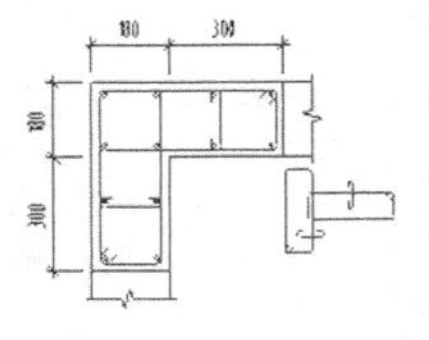
编号	AZ23	AZ25	AZ28	AZ29	AZ30
纵筋	14C12	18C12	6B12	6C12	12C12
箍筋	A8@200	C8@200	C8@200	C8@200	C8@200

（续表）

截面	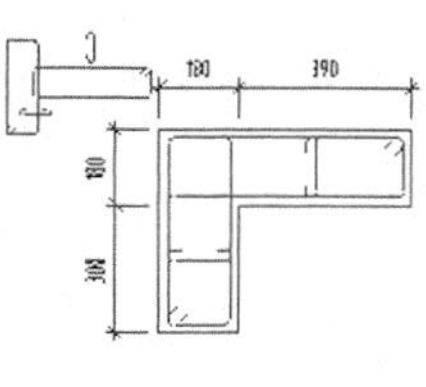	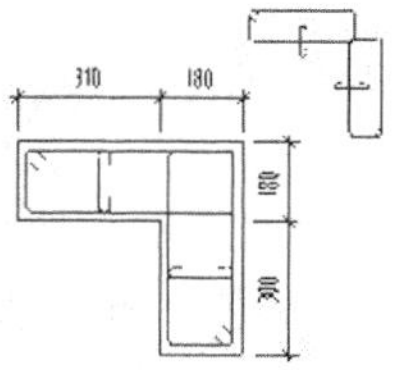	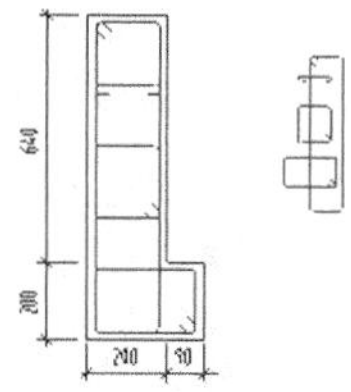	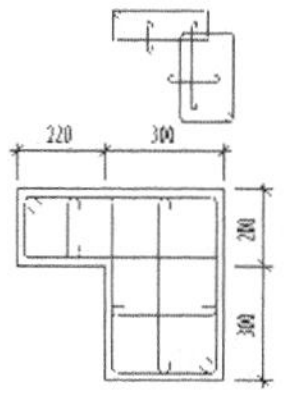	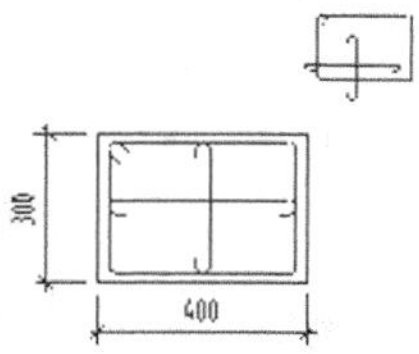
编号	AZ31	AZ32	AZ33	AZ34	AZ35
纵筋	12C12	12C12	14C12	14C12	8C12
箍筋	C8@200	C8@200	C8@200	A8@200	C8@200
截面	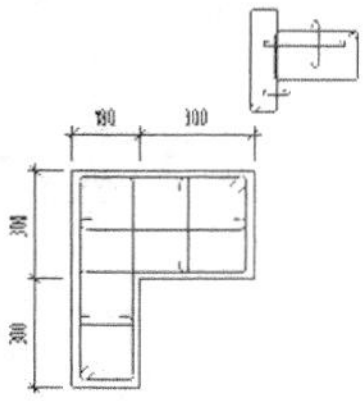	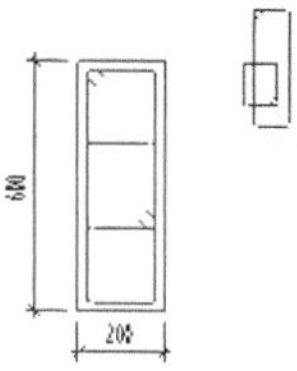	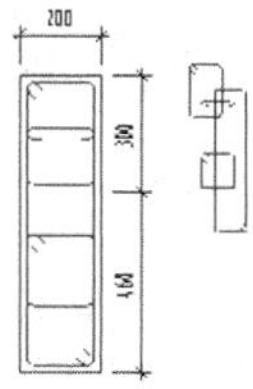	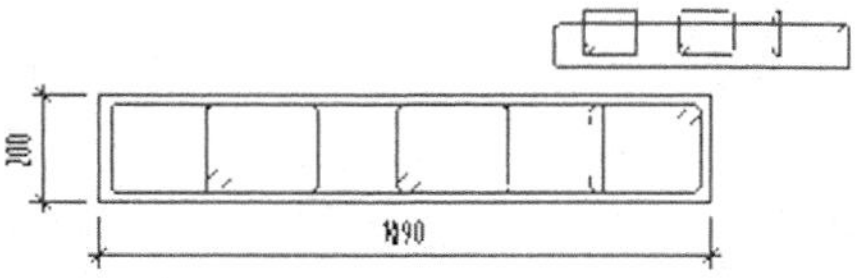	
编号	AZ36	AZ37	AZ38	AZ39	
纵筋	14C12	8C12	12C12	14C12	
箍筋	C8@200	C8@200	C8@200	C8@200	
截面	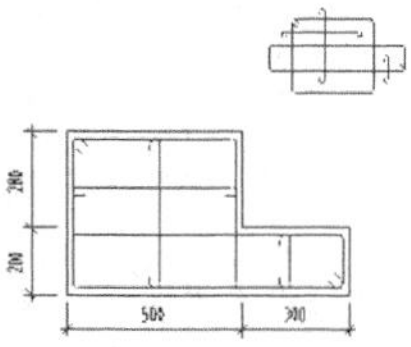	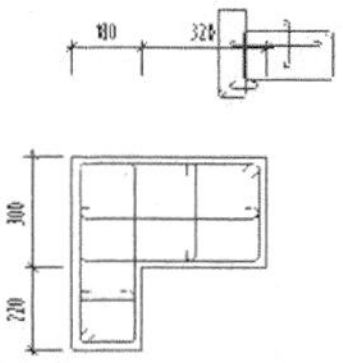	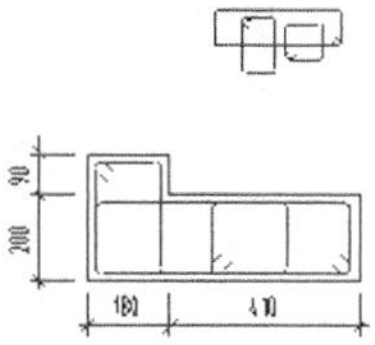	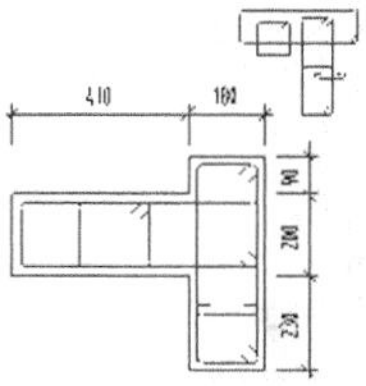	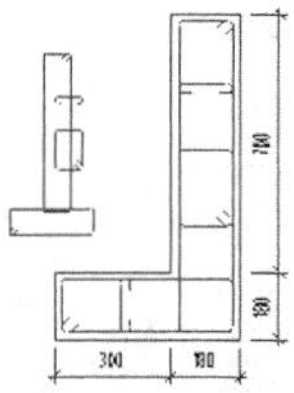
编号	AZ40	AZ41	AZ42	AZ43	AZ44
纵筋	14C12	14C12	12C12	16C12	16C12
箍筋	A8@200	C8@200	C8@200	C8@200	C8@200
截面	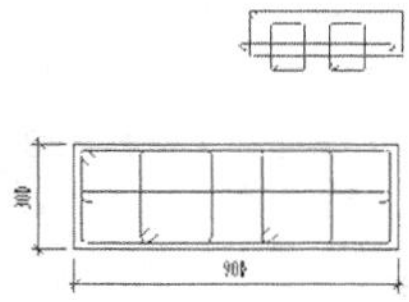	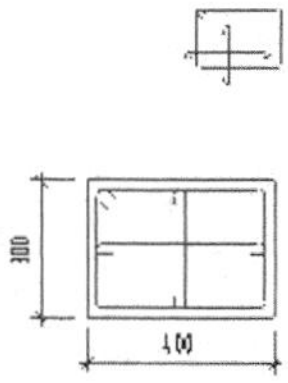	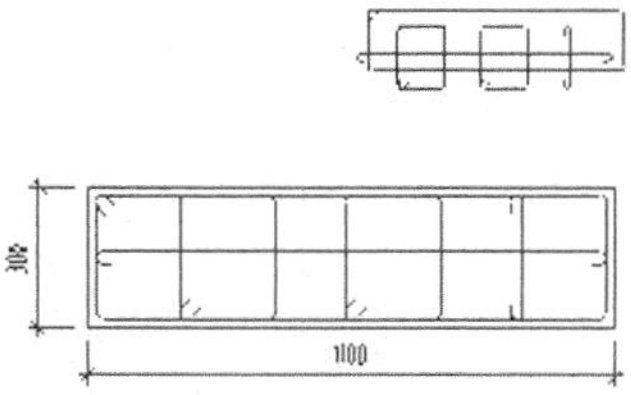		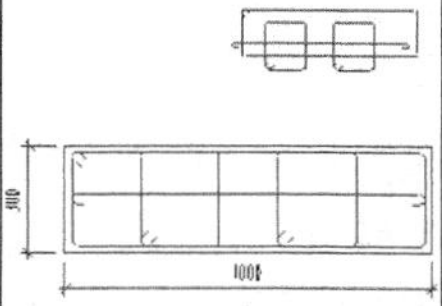
编号	AZ45	AZ46	AZ47		AZ48
纵筋	14C12	8C12	16C12		14C12
箍筋	C8@200	C8@200	C8@200		C8@200
截面	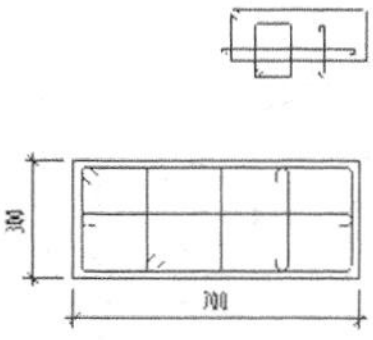	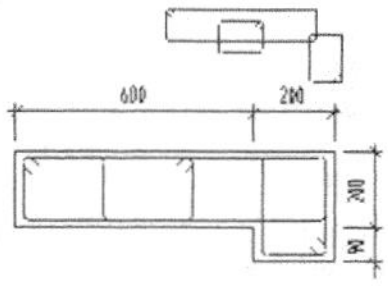	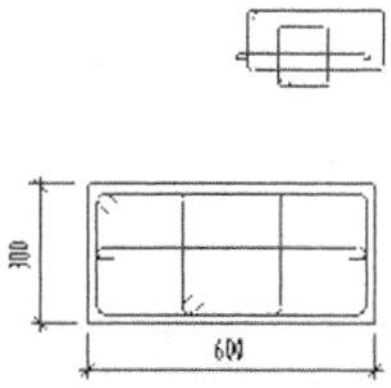	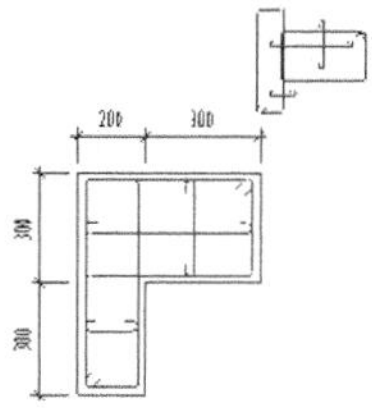	
编号	AZ49	AZ50	AZ51	AZ52	
纵筋	12C12	12C12	10C12	14C12	
箍筋	C8@200	C8@200	C8@200	C8@200	

工具分析

（1）根据“地下二层剪力墙暗柱配筋表”可知，暗柱属于“柱”构件，需要选择的构件类型为“柱”，且由于柱为单构件样式，因此绘制工具需要选择“点”工具。

（2）由于该工程的柱的截面样式多样，因此需要借助“截面编辑”修改与平面图不一致的构件。

（3）对于和图纸上标示的不一致的新建构件，还需使用“修改”选项组中的“镜像”工具进行调整。

任务实施

01 打开“实例文件 >CH03> 实战：绘制某高层住宅工程基础层的垫层 > 垫层 .GTJ”文件，在“构件导航栏”中执行“柱 > 柱”命令，选择“构件列表”，在“新建”下拉列表中选择“新建参数化柱”，如图 3-125 所示。

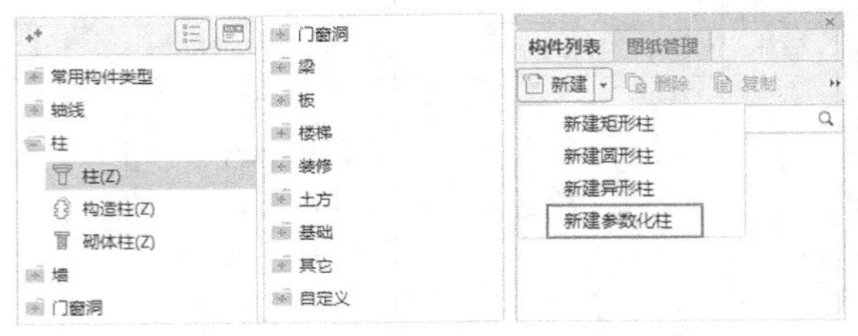

图 3-125

02 查询“地下二层剪力墙暗柱配筋表”（表 3-3），以 AZ1 为例（其他暗柱，如 AZ2~AZ52 的创建，读者可根据 AZ1 的创建方法自行完成），在打开的“选择参数化图形”对话框中，将构件信息调整成和图纸一致后，单击“确定”按钮，如图 3-126 所示。

03 在“属性列表”面板中，调整“暗柱”的属性信息。设置 AZ1 的“截面形状”为“L-a 形”、“结构类别”为“暗柱”、“定额类别”为“普通柱”、“全部纵筋”为 12C12、“材质”为“商品混凝土”，如图 3-127 所示。

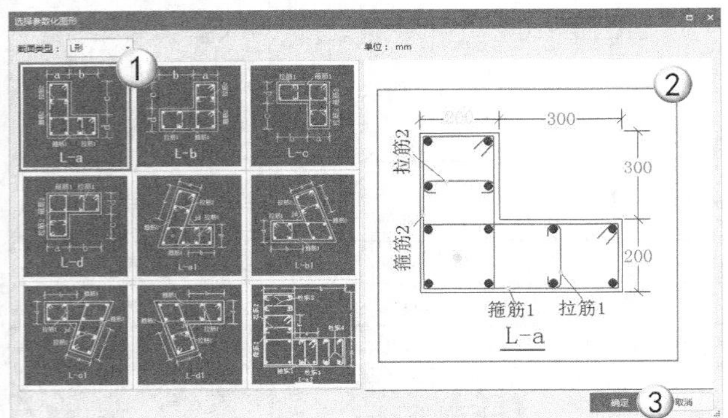

图 3-126

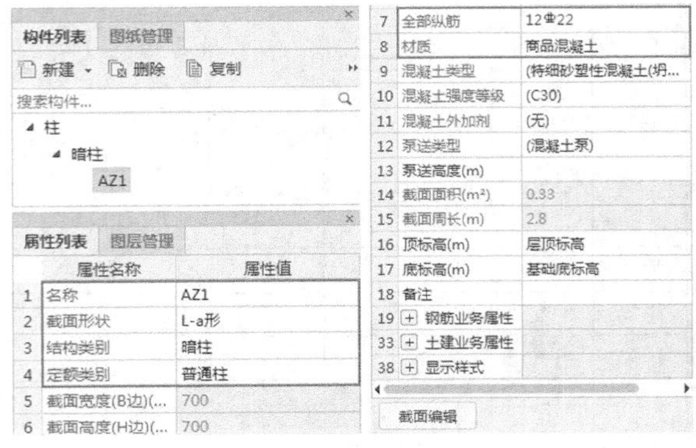

图 3-127

04 单击“截面编辑”按钮，如图 3-128 所示。在打开的“截面编辑”对话框中，调整箍筋和拉筋信息。先调整箍筋信息，由于图纸的钢筋信息为 C8@200，因此选中“箍筋”选项，这时钢筋线由红色变成蓝色，然后在“钢筋信息”中输入 C8@200，按 Enter 键确定即可，如图 3-129 所示。

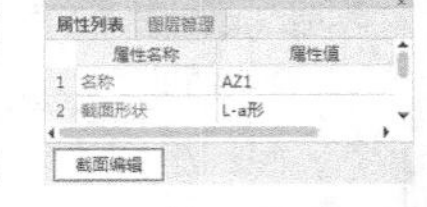

图 3-128

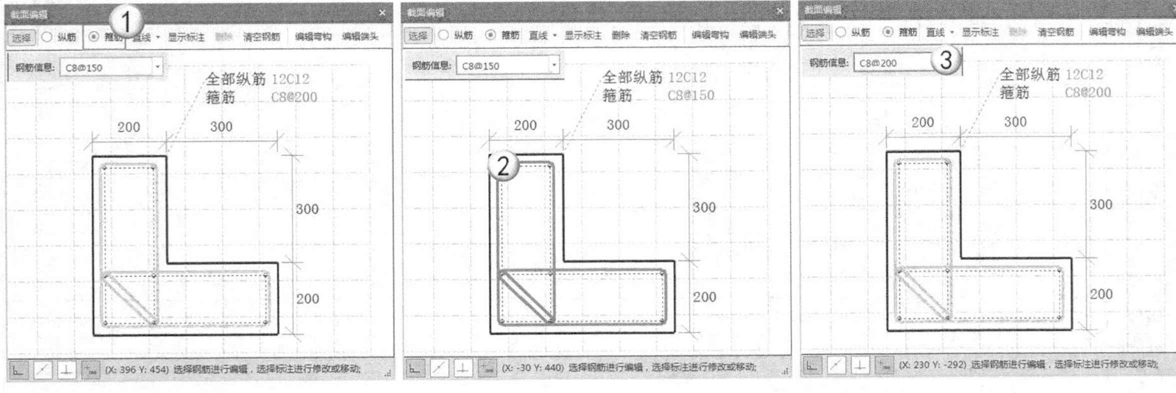

图 3-129

05 箍筋信息已经修改完成，但是拉筋还没有画好，这时需要将“箍筋”选项后的“矩形”更改为“直线”，选择主筋起点后单击，选择主筋终点后单击鼠标右键确认，完成拉筋的绘制，如图 3-130 所示。

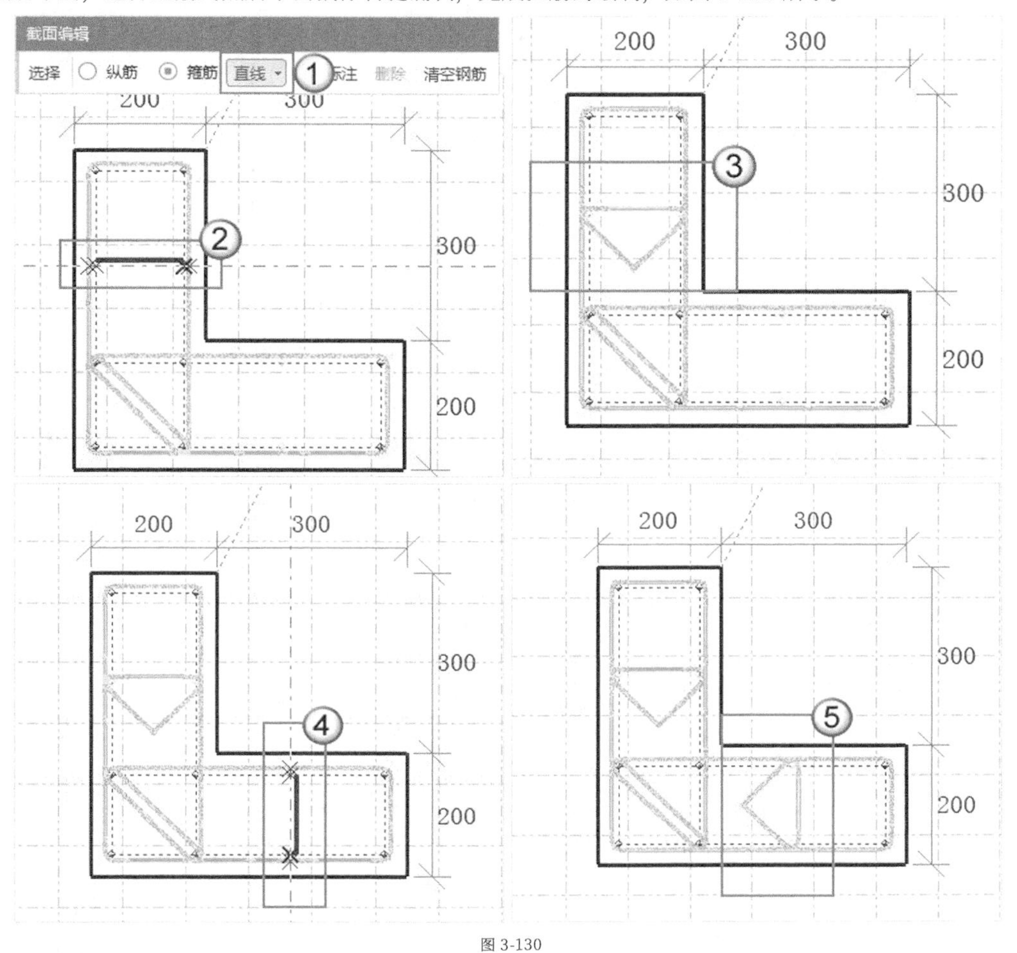

图 3-130

06 按照同样的方法将剩下的暗柱构件补全，需要补充的构件如图 3-131 所示，完成后的截面如图 3-132~ 图 3-171 所示。

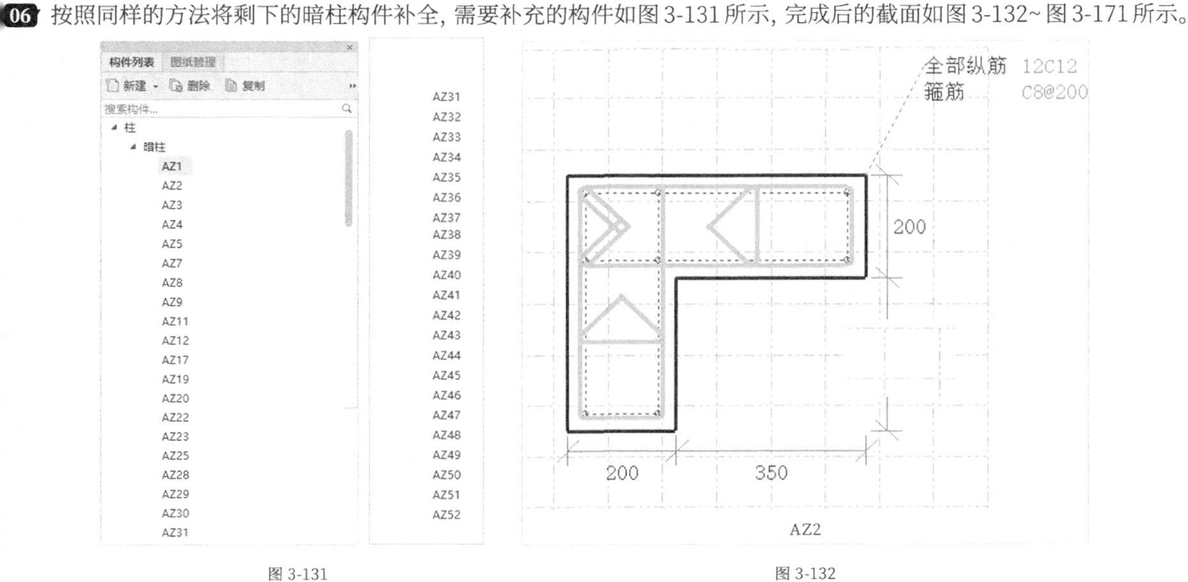

图 3-131

图 3-132

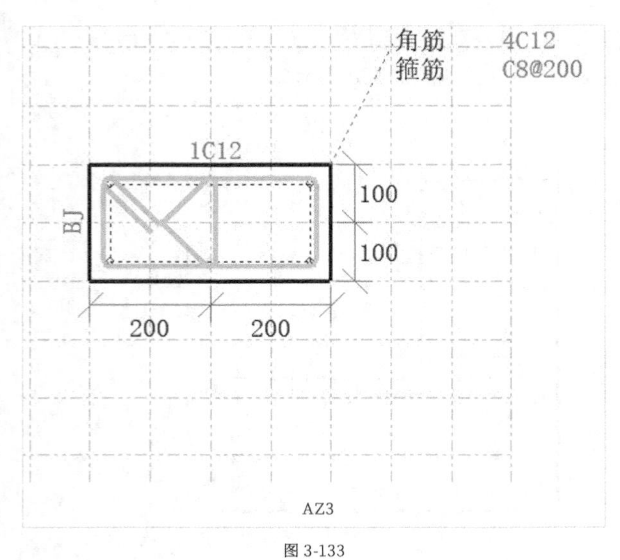

角筋 4C12
箍筋 C8@200
1C12
BJ
100
100
200
200

AZ3

图 3-133

角筋 4C12
箍筋 C8@200
BJ
3C12
325
325
100
100

AZ4

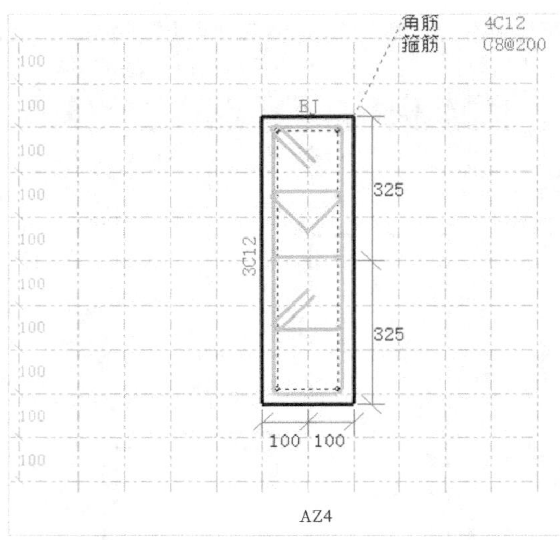

图 3-134

全部纵筋 14C12
箍筋 C8@200
200
300
500
200

AZ5

图 3-135

角筋
箍筋
4C12
4C12
C8@200
BJ
100
100
420
420

AZ7

图 3-136

全部纵筋 10C12
箍筋 C8@200
200
110
300
200

AZ8

图 3-137

全部纵筋 14C12
箍筋 C8@200
180
300
180
460

AZ9

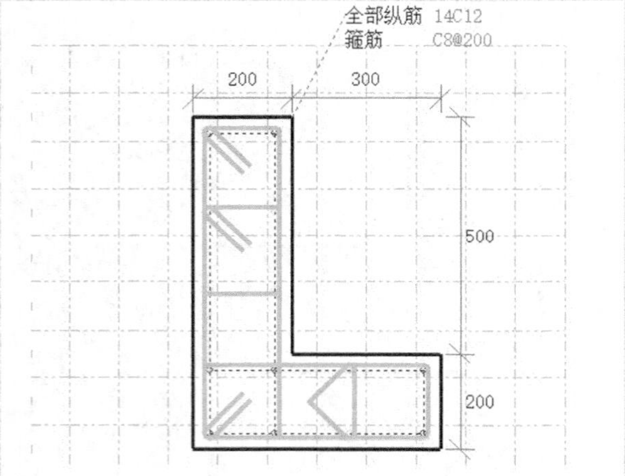

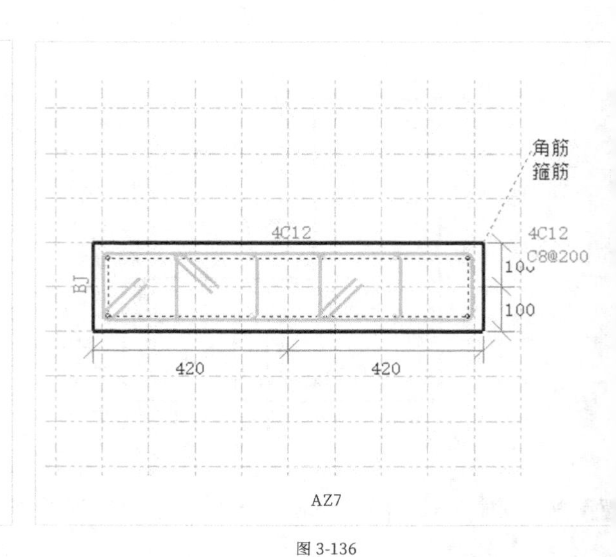

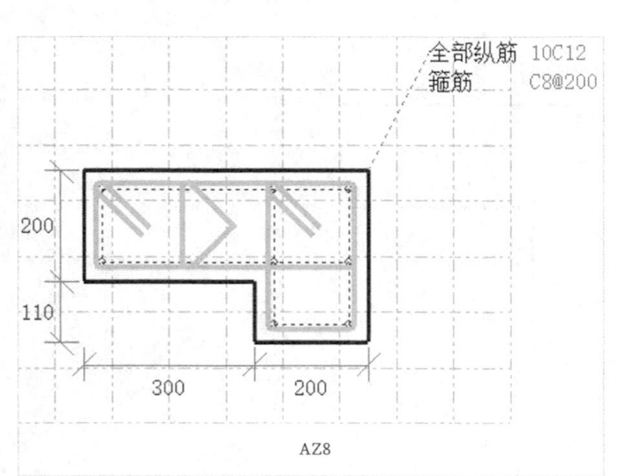

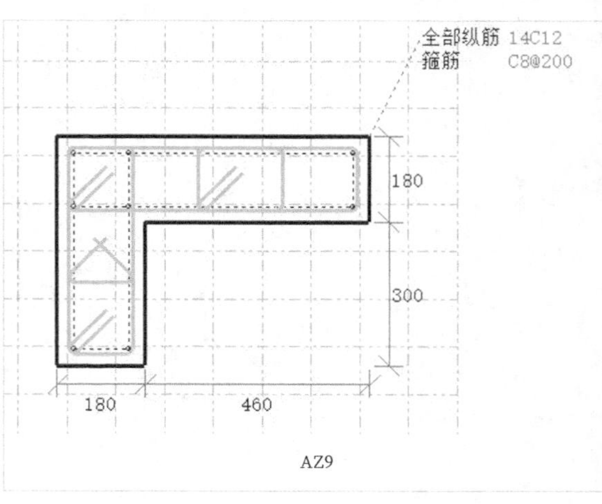

图 3-138

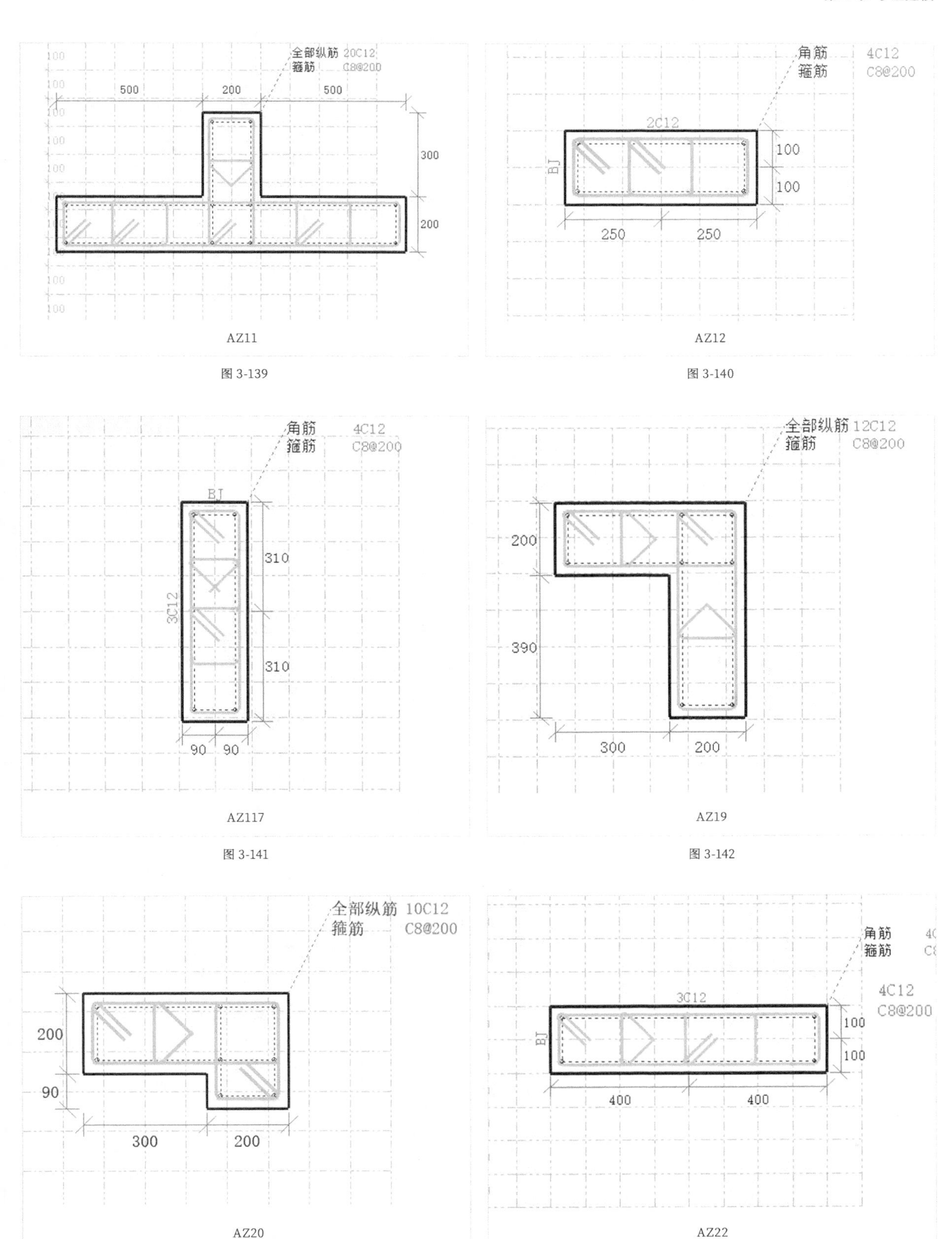

图 3-139

图 3-140

图 3-141

图 3-142

图 3-143

图 3-144

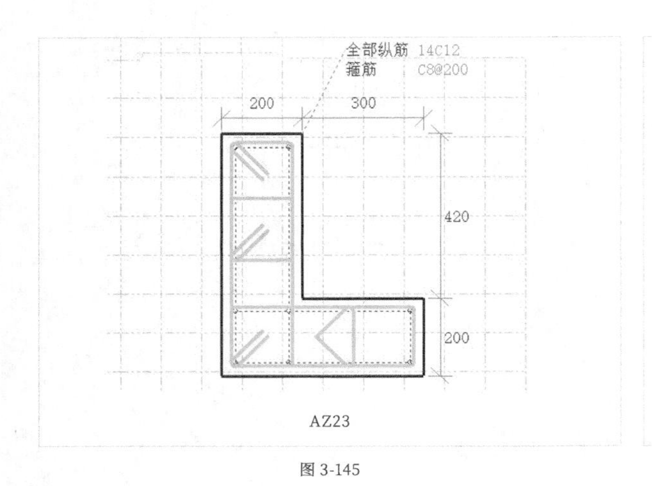

图 3-145

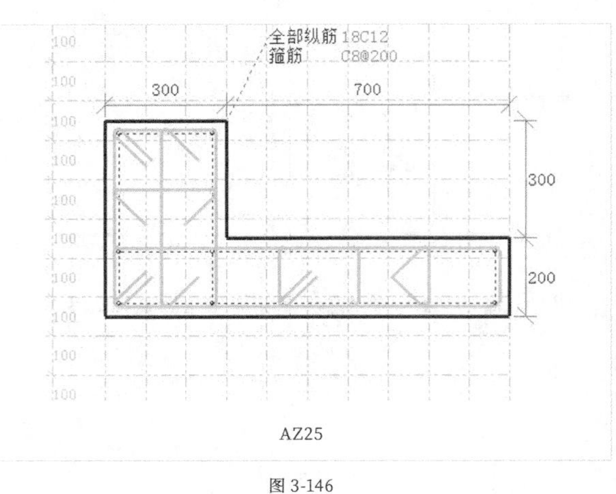

图 3-146

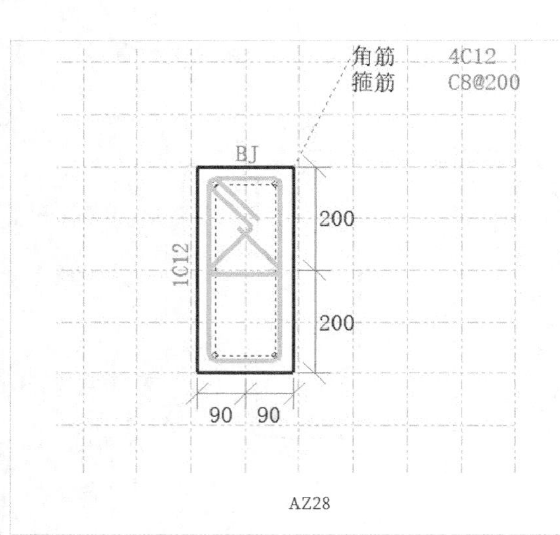

图 3-147

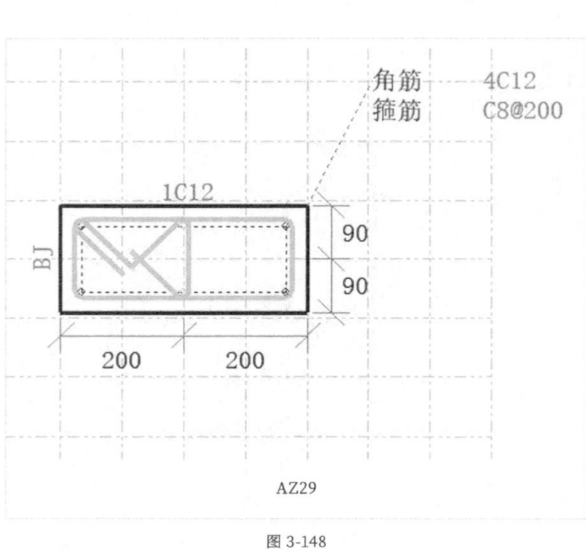

图 3-148

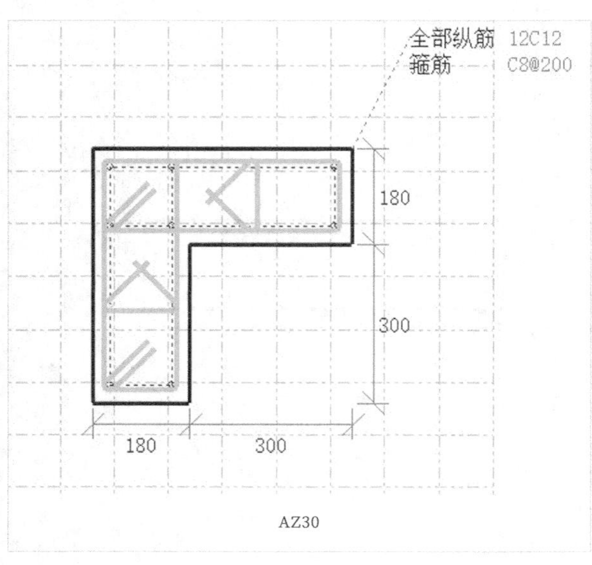

图 3-149

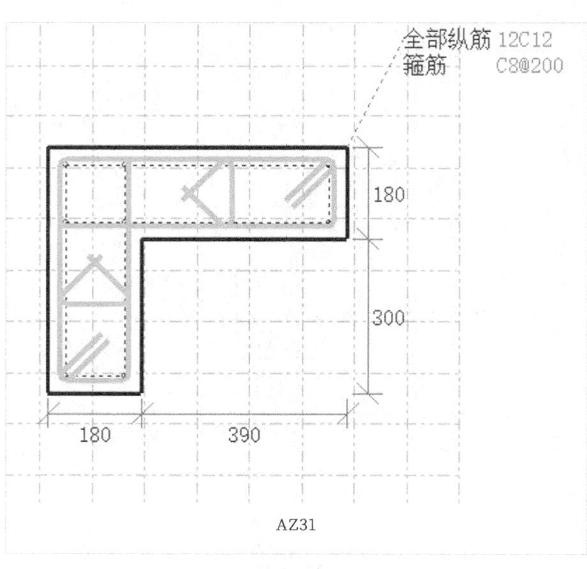

图 3-150

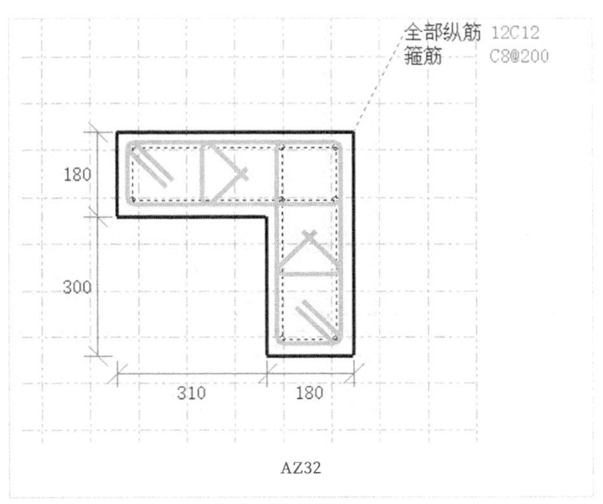

图 3-151

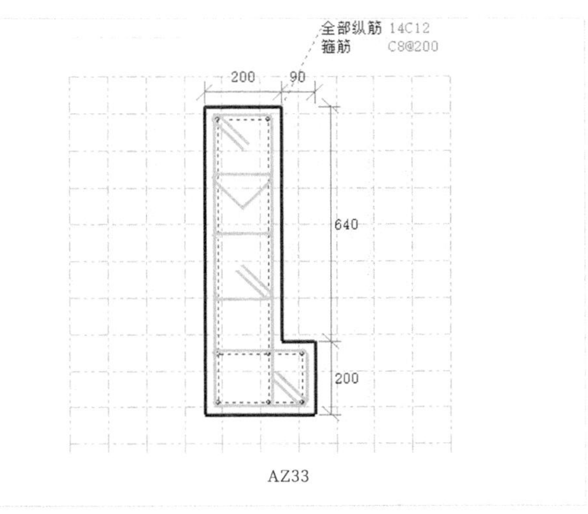

图 3-152

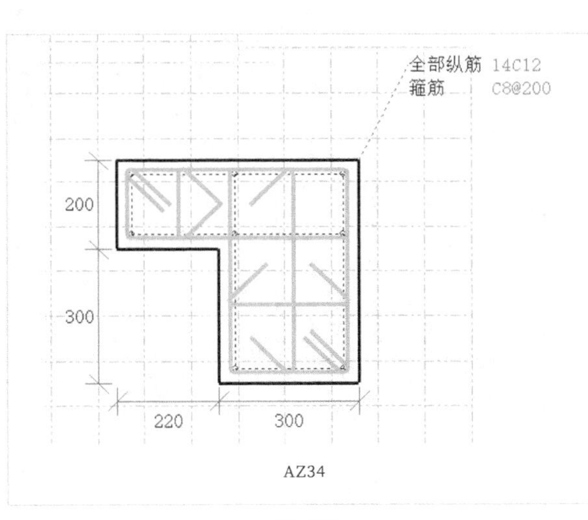

图 3-153

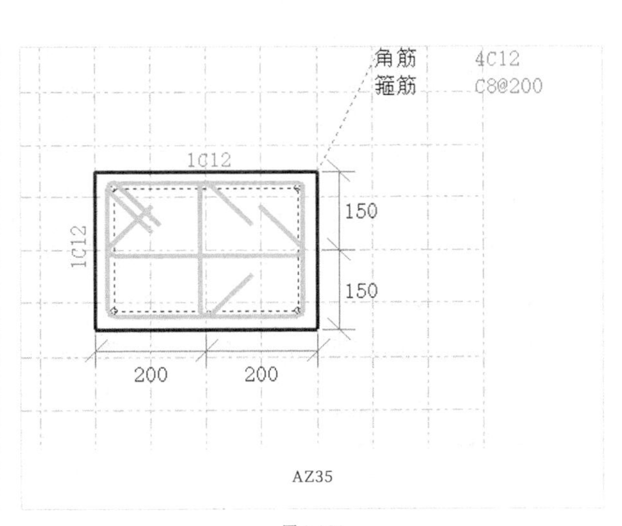

图 3-154

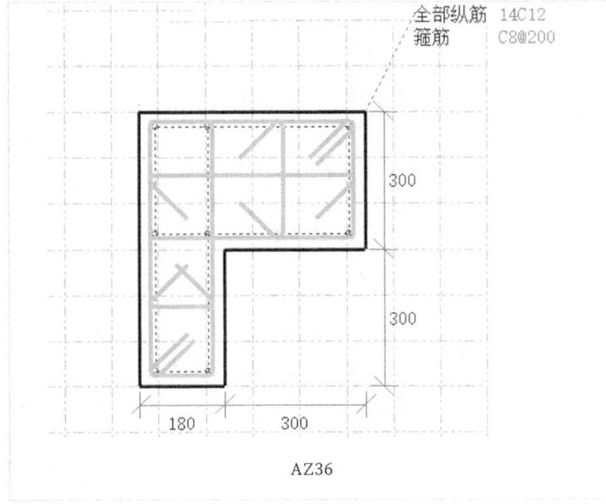

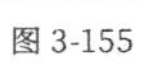
图 3-155

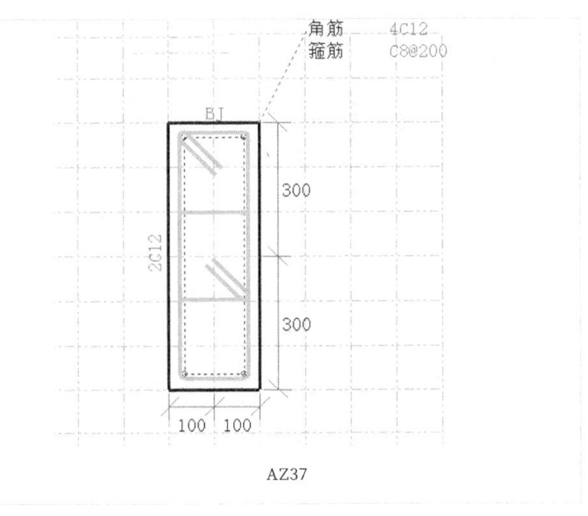

图 3-156

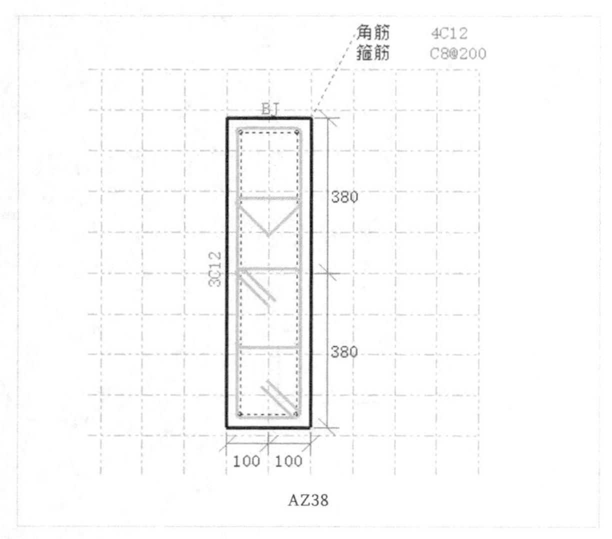

图 3-157

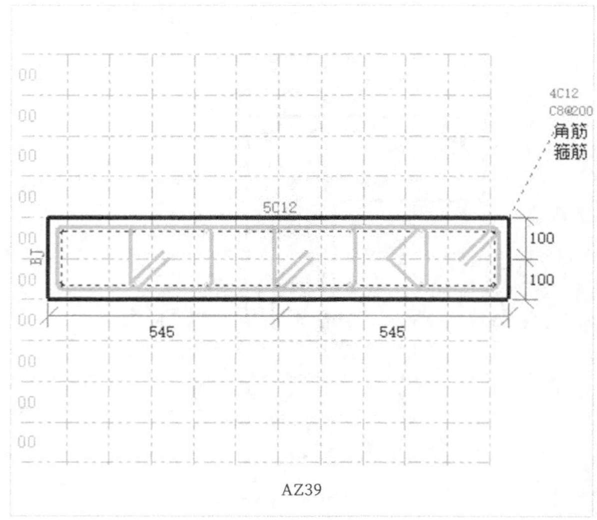

图 3-158

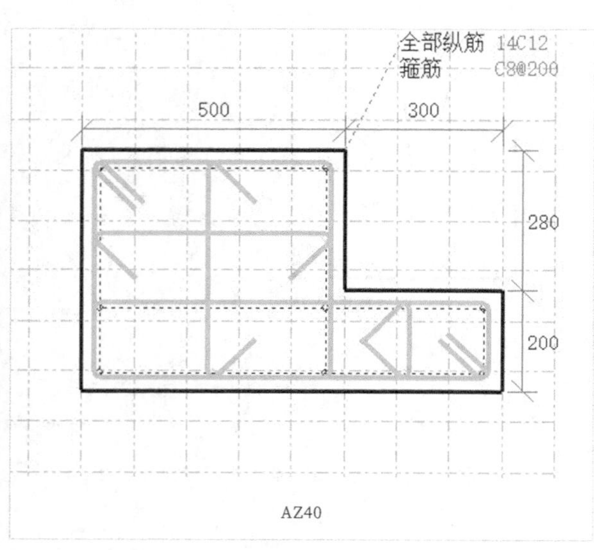

图 3-159

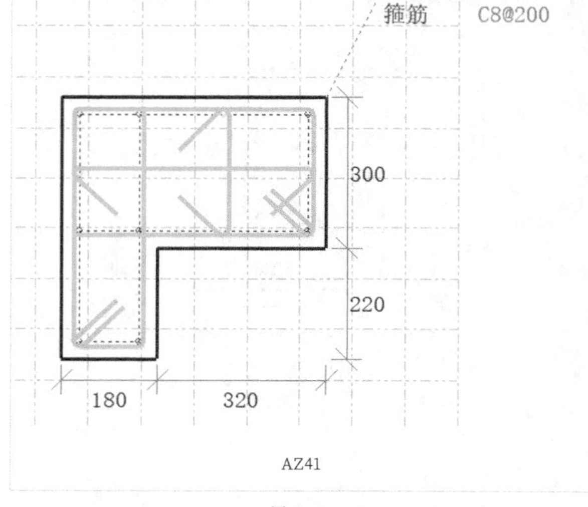

图 3-160

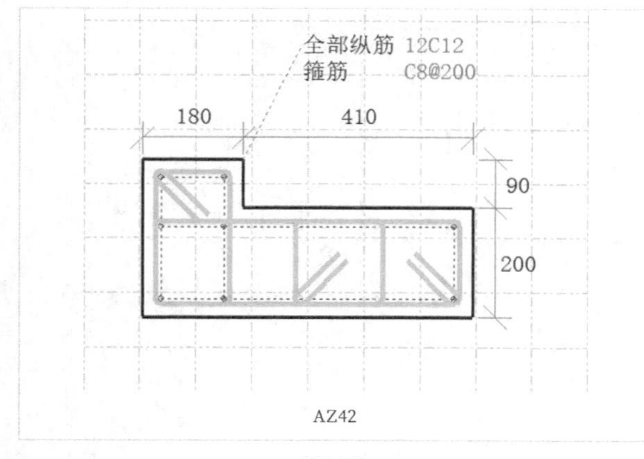

图 3-161

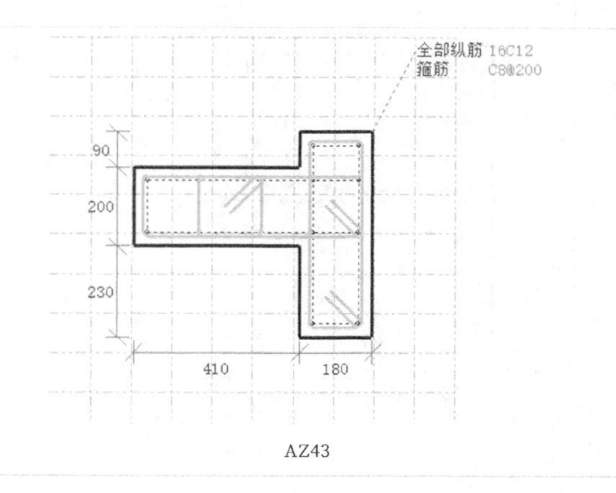

图 3-162

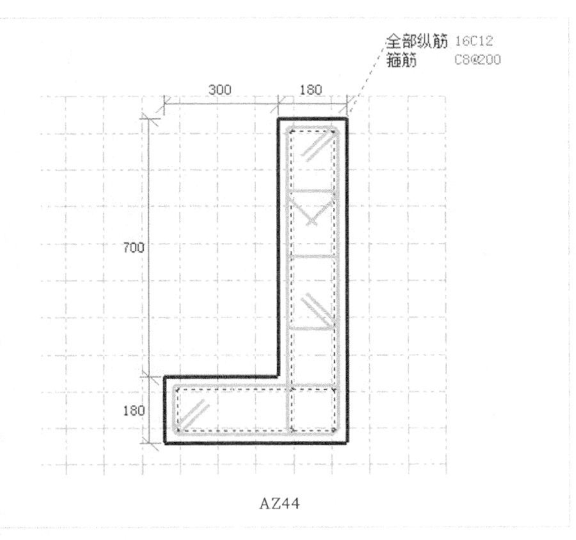

图 3-163

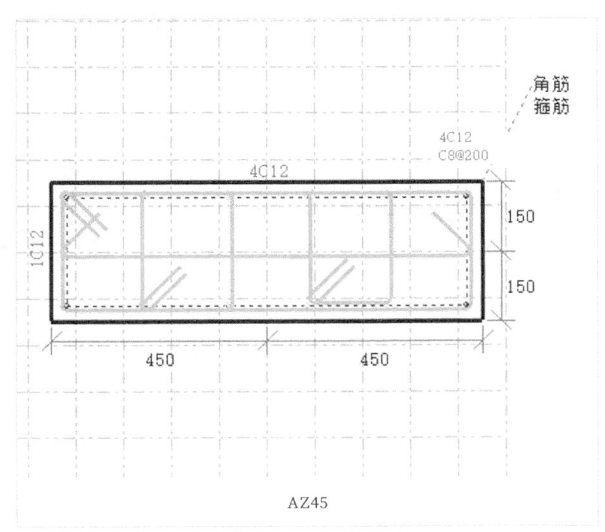

图 3-164

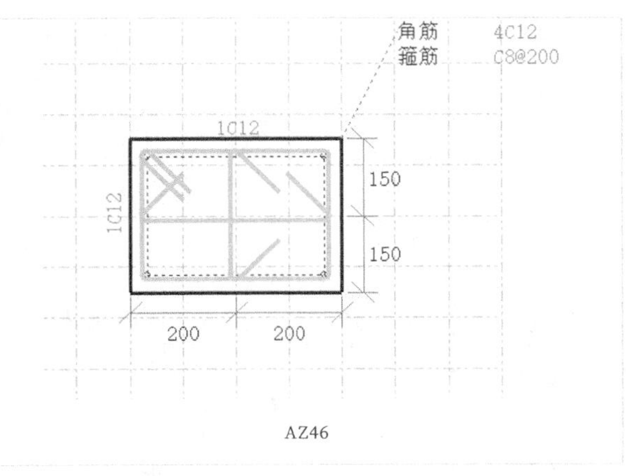

图 3-165

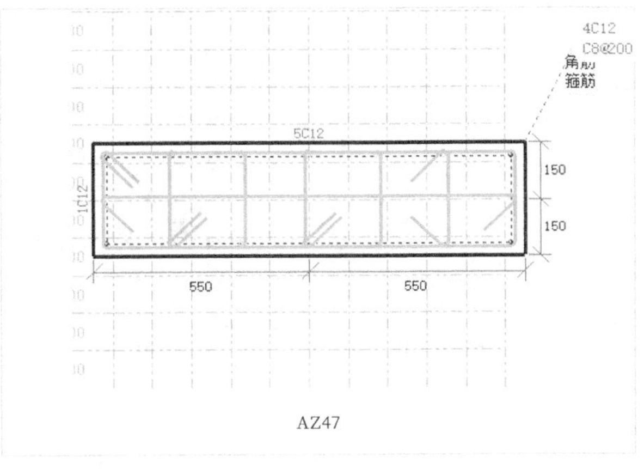

图 3-166

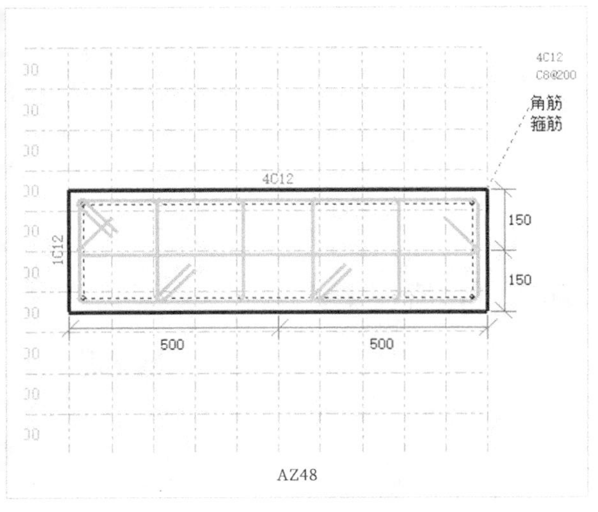

图 3-167

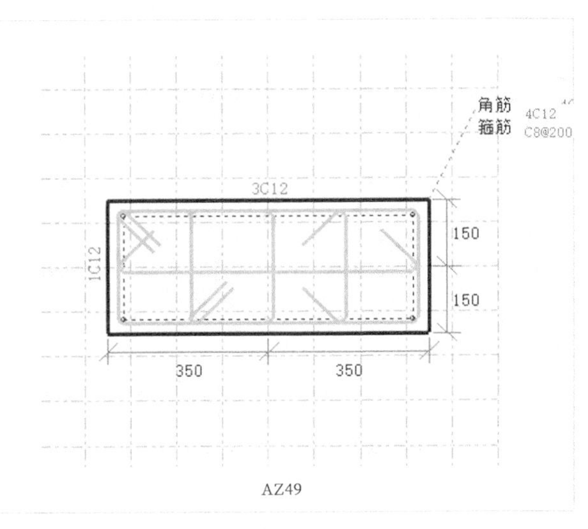

图 3-168

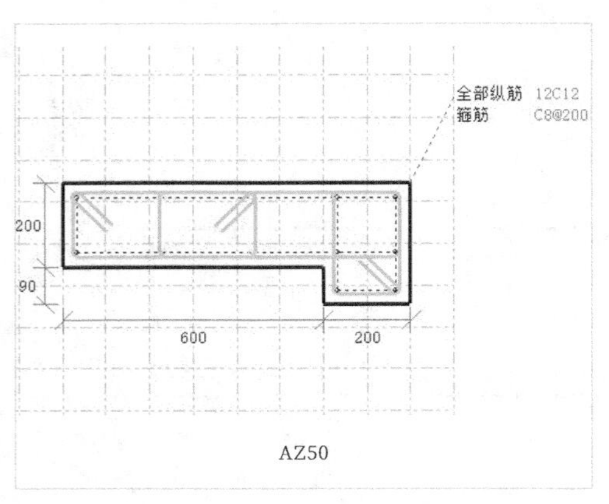

图 3-169

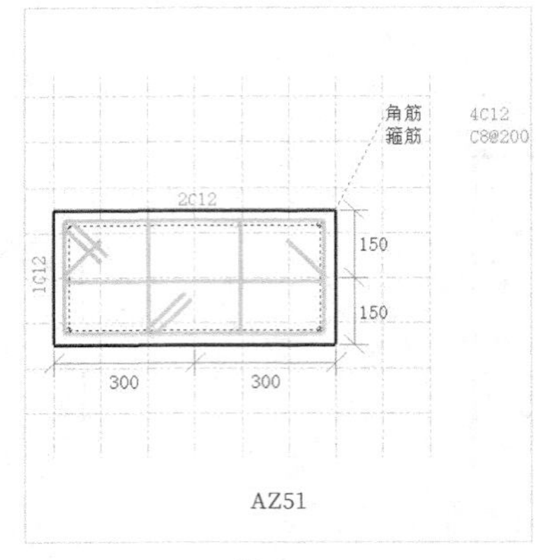

图 3-170

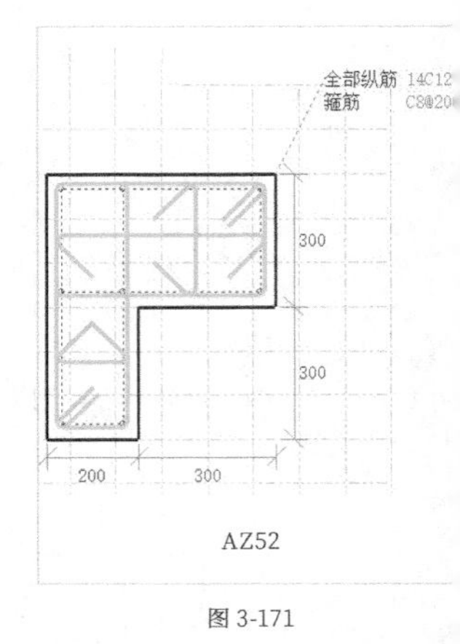

图 3-171

07 构件新建完成后，开始在图纸上进行绘制。为了便于建模，选择“图纸管理”，然后双击“地下二层墙体布置图”，如图 3-172 所示，得到该图纸的 CAD 底图，如图 3-173 所示。

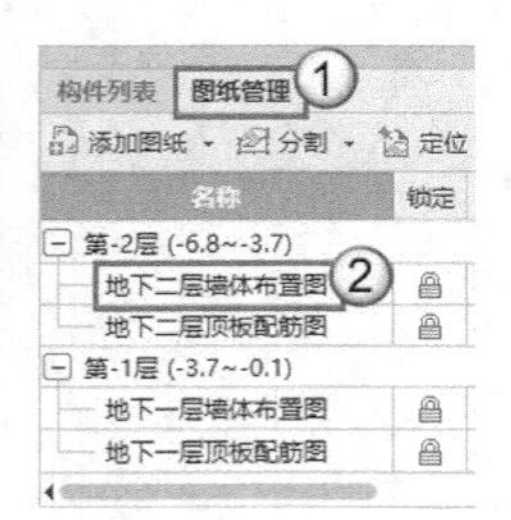

图 3-172

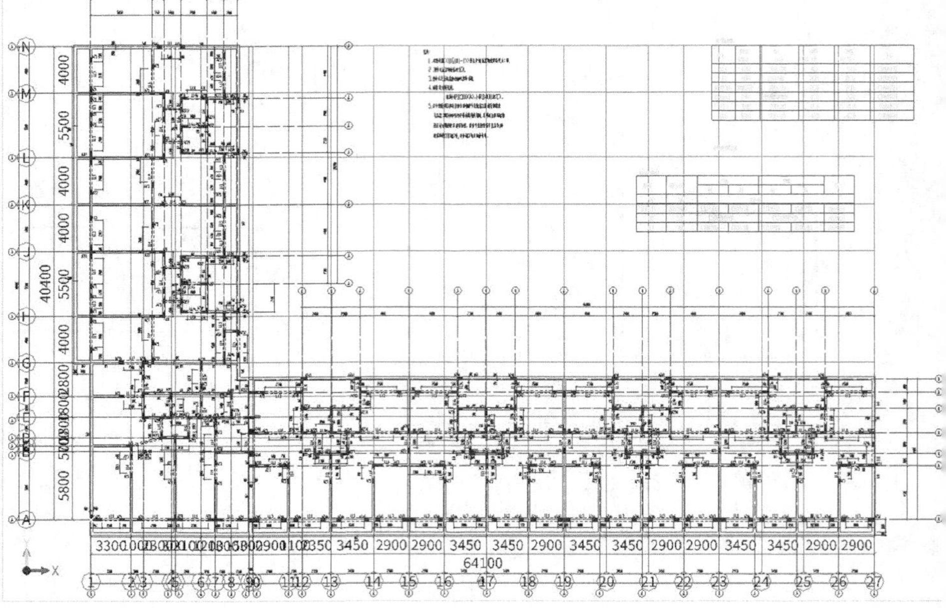

图 3-173

08 切换至“构件列表”，选中 AZ1，然后使用“点”工具，找到图纸中 AZ1 所在的位置，待鼠标指针变成“回字形”时表示捕捉到交点，单击即可完成AZ1的绘制，如图 3-174 所示。

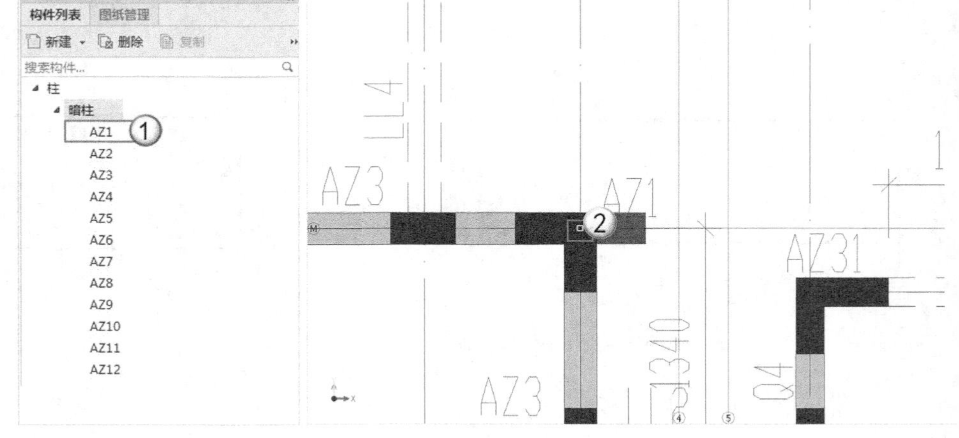

图 3-174

09 对照图纸，可以发现 AZ1 虽然绘制完成，但是和图纸上标示的不一致，这时就需要使用“镜像”工具将 AZ1 进行水平对称处理。选择“修改”选项组中的“镜像”工具，选择绘制好的 AZ1 构件并单击鼠标右键进行确定，找到镜像的中线，单击确定镜像的起点和终点，如图 3-175 所示。

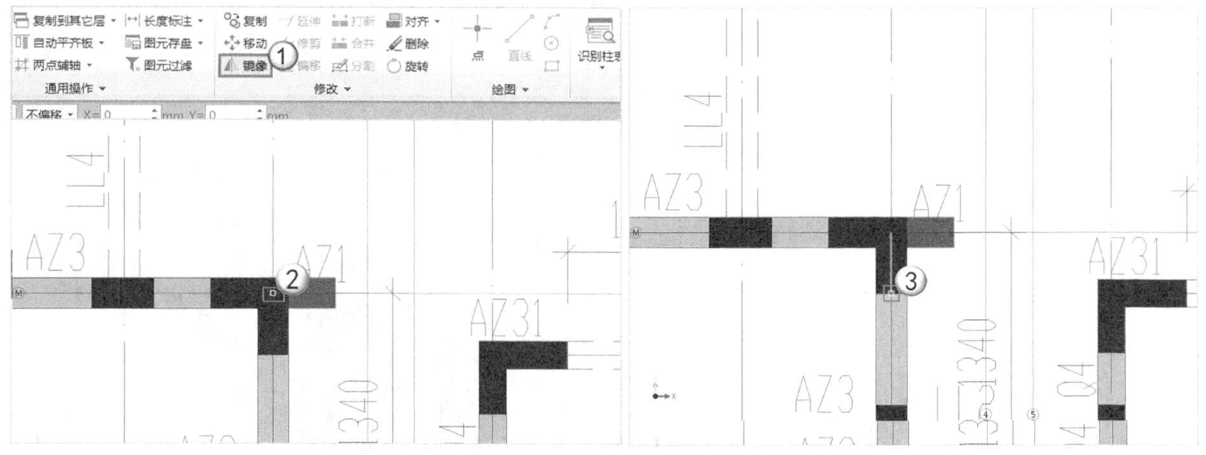

图 3-175

10 确定后将弹出是否删除图元的提示，单击“是”按钮，AZ1 就绘制完成了，如图 3-176 所示。

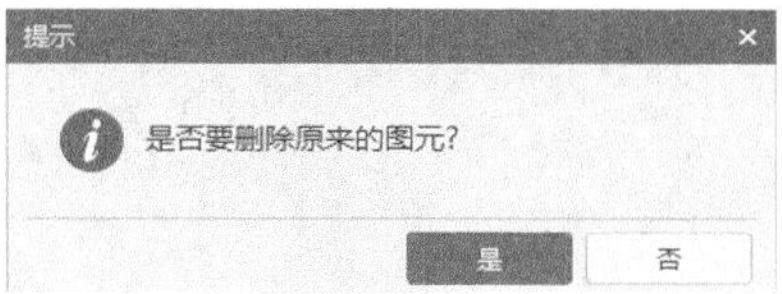

提示

是否要删除原来的图元?

是 否

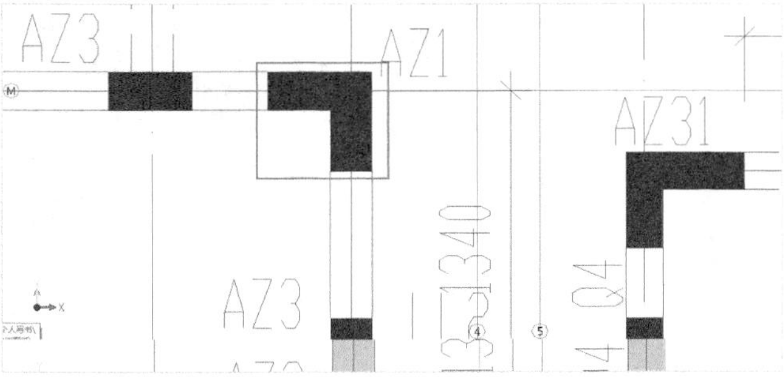

图 3-176

11 由于原来的图纸图层遮住了构件，因此看不到绘制完成的 AZ1，这时单击“三维”按钮便能看到绘制好的暗柱，如图 3-177 所示。

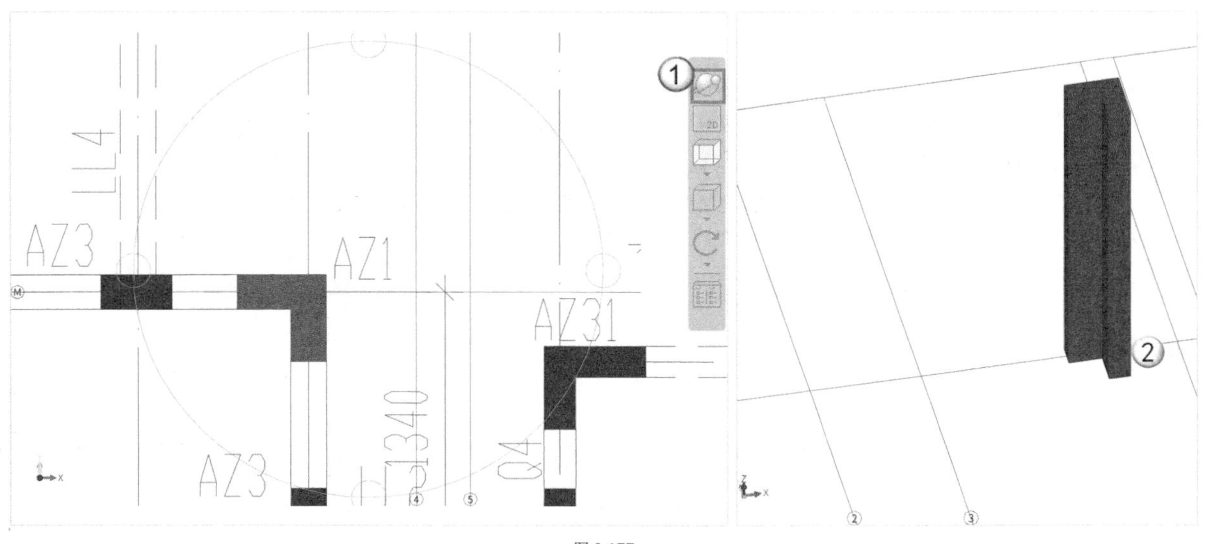

图 3-177

12 按照同样的方法，将其他构件绘制到与图纸相对应的位置，绘制完成后，该高层住宅工程地下二层的柱的效果如图 3-178 所示。

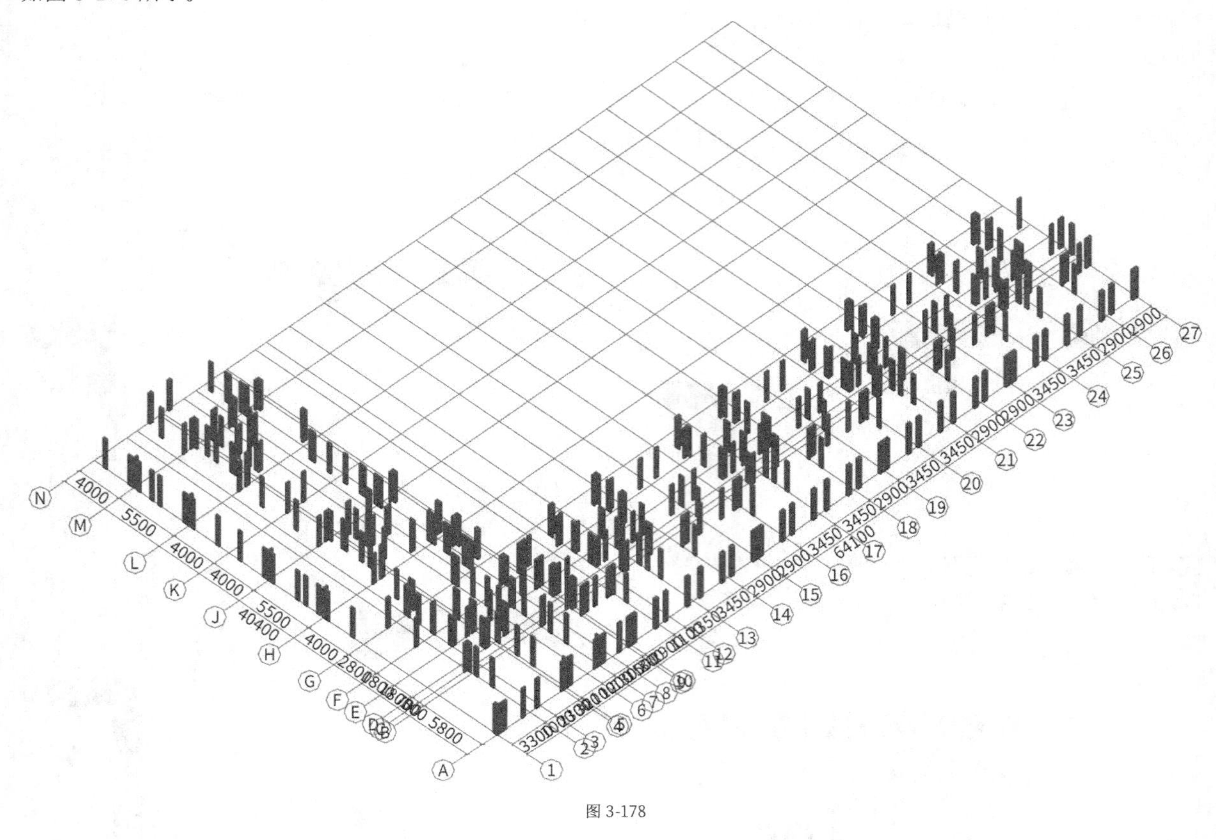

图 3-178

3.2.4 主体墙

根据 GTJ2018 手工建模流程，下面对主体墙的建模方式进行介绍。

基础介绍

墙（或称壁、墙壁）在建筑学上指一种垂直方向的空间隔断结构，用来围合、分割或保护某一区域，是建筑设计中非常重要的元素。根据墙在建筑物中是否承重，分为承重墙和非承重墙。承重墙是建筑结构的一部分，承接其上及附近建筑物的重量，不容许因装修等理由被移除。

墙身兼两重作用，一方面作为建筑物的外维护结构，需要具有足够优良的防水、防风、保温和隔热性能，为室内环境提供保护；另一方面墙又是建筑师进行空间划分的主要手段，以满足建筑功能、空间的合理性的要求。

剪力墙也叫作抗震墙、结构墙，指房屋或构筑物中承受水平力（如地震）的墙体。

绘制依据

基本流程

剪力墙的基本绘制流程如图 3-179 所示。

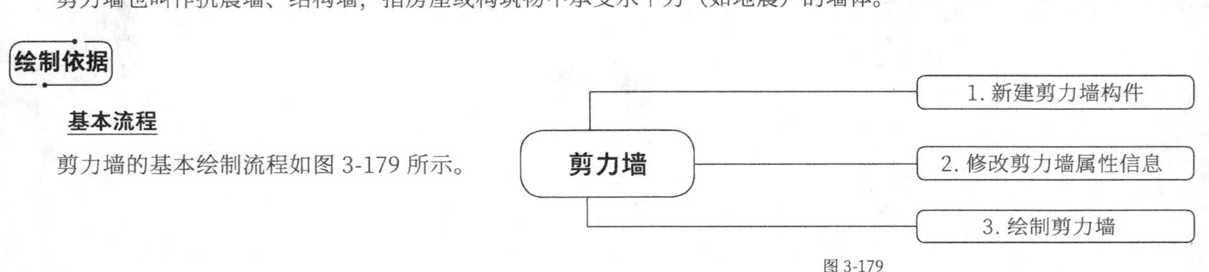

图 3-179

功能说明

剪力墙包括内墙、外墙、异形墙和参数化墙 4 类，主要涉及墙厚、钢筋信息和标高信息等参数。

实战：绘制某高层住宅工程地下二层的剪力墙

素材位置	素材文件>CH03>实战：绘制某高层住宅工程地下二层的剪力墙
实例位置	实例文件>CH03>实战：绘制某高层住宅工程地下二层的剪力墙
教学视频	实战：绘制某高层住宅工程地下二层的剪力墙.mp4

扫码观看视频

图 3-180 所示为某高层住宅地下二层的剪力墙的效果图。

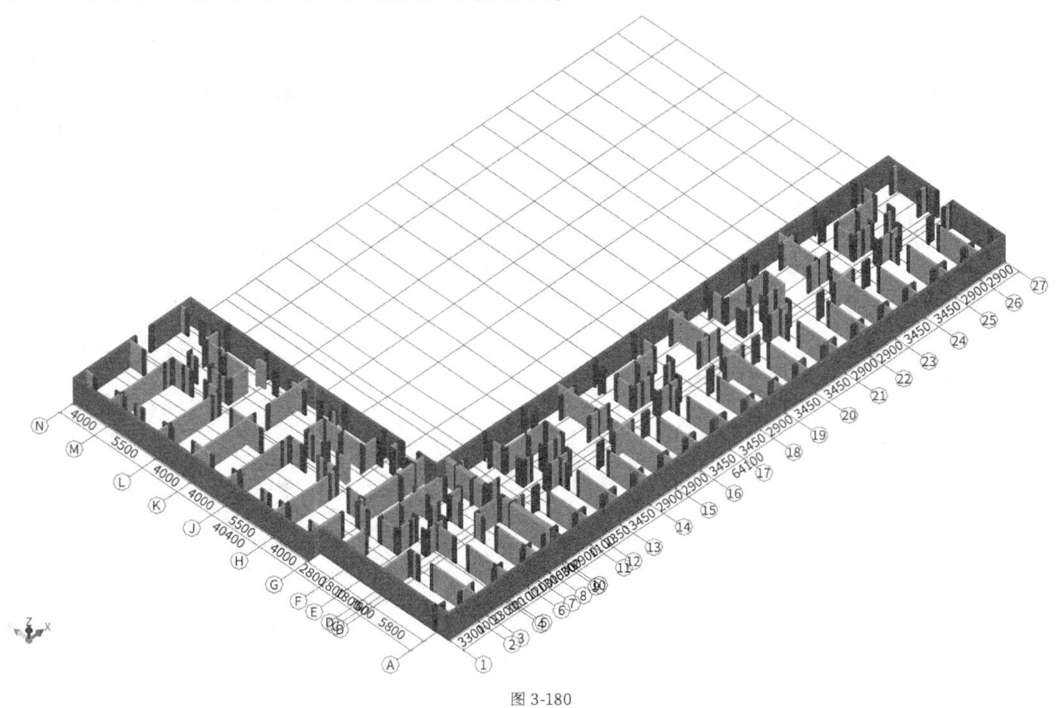

图 3-180

任务说明

（1）根据“地下二层剪力墙配筋表”，完成剪力墙构件的新建。

（2）根据“地下二层墙体布置图”，完成剪力墙构件的绘制。

任务分析

图纸分析

参照图纸：“地下二层墙体布置图”“WQ 钢筋构造”“地下二层剪力墙配筋表”。

本案例配套图纸为某高层住宅工程的图纸。“地下二层剪力墙配筋表”信息如表 3-4 所示。

表 3-4

墙体类别	墙厚（mm）	水平钢筋		竖向钢筋		拉筋
		内侧	外侧	内侧	外侧	
Q2	500	C14@200		C14@200		C6@400
Q1（Q4）	200（180）	C10@200	C10@200	C10@200	C10@200	C6@600
Q2	500	C12@200（三排）		C12@200（三排）		C6@600
Q3	300	C10@200	C10@200	C10@200	C10@200	C6@600

工具分析

(1) 剪力墙属于混凝土墙类别，应使用“剪力墙”构件完成构件的新建，且剪力墙属于线式构件，布置路径不规则，因此绘制工具选择“直线”工具。

(2) 由于剪力墙的墙体厚度不一致，这会导致绘制过程出现墙中心线距轴线的距离不同，因此还需要借助“修改”选项组中的“对齐”工具进行调整。

任务实施

01 打开“实例文件 >CH03> 实战：绘制某高层住宅工程地下二层的柱 > 柱 .GTJ”文件，在“构件导航栏”中执行“墙 > 剪力墙”命令，选择“构件列表”，在“新建”下拉列表中选择“新建外墙”，得到 WQ，如图 3-181 所示。

02 对照图纸详图和“地下二层剪力墙配筋表”，在“属性列表”面板中，调整“剪力墙”的属性信息。设置剪力墙的“名称”为 WQ、“厚度”为 300、“水平分布钢筋”为（2）C14@200、“垂直分布钢筋”为（2）C14@200、“拉筋”为 A6-400*400、“材质”为“商品混凝土”、“混凝土外加剂”为 P6，如图 3-182 所示。

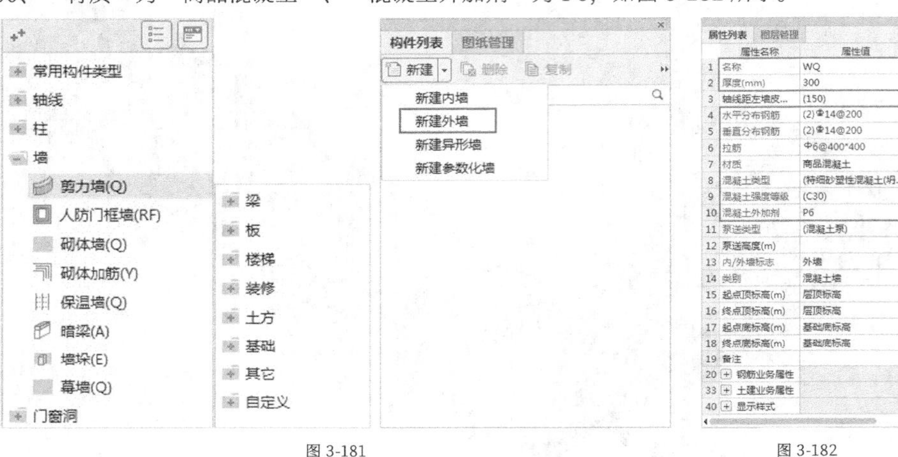

图 3-181　　　　图 3-182

03 在“属性列表”面板中继续设置剪力墙。建立 Q1~Q4，并调整相关属性信息。

设置步骤

①选中 WQ，然后单击“复制”按钮 4 次，如图 3-183 所示。

②选中 Q1，设置“厚度”为 200、“水平分布钢筋”为（2）C10@200、“垂直分布钢筋”为（2）C10@200、“拉筋”为 A6-600*600，如图 3-184 所示。

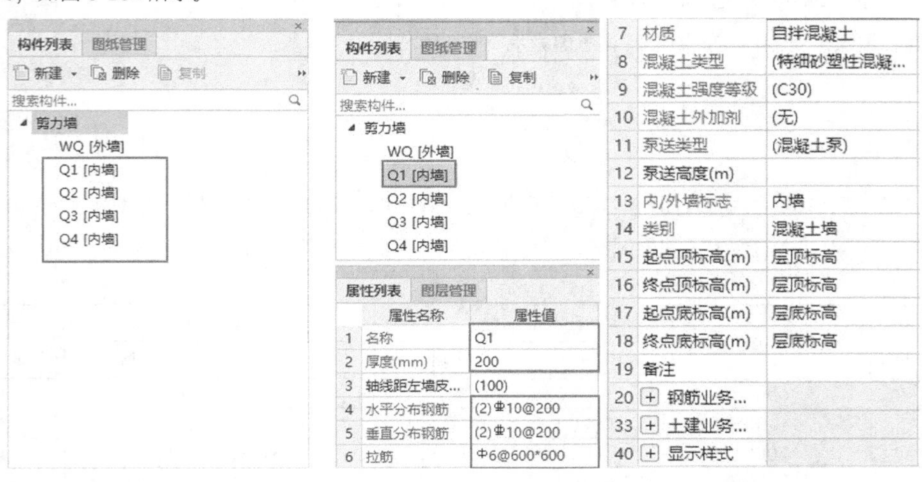

图 3-183　　　　图 3-184

③选中 Q2，设置“厚度”为 500、“水平分布钢筋”为（3）C12@200、“垂直分布钢筋”为（3）C12@200、“拉筋”为 A6-600*600，如图 3-185 所示。

④选中 Q3，设置“厚度”为 300、“水平分布钢筋”为（2）C10@200、“垂直分布钢筋”为（2）C10@200、“拉筋”为 A6-600*600，如图 3-186 所示。

⑤选中 Q4，设置“厚度”为 180、“水平分布钢筋”为（2）C10@200、“垂直分布钢筋”为（2）C10@200、“拉筋”为 A6-600*600，如图 3-187 所示。

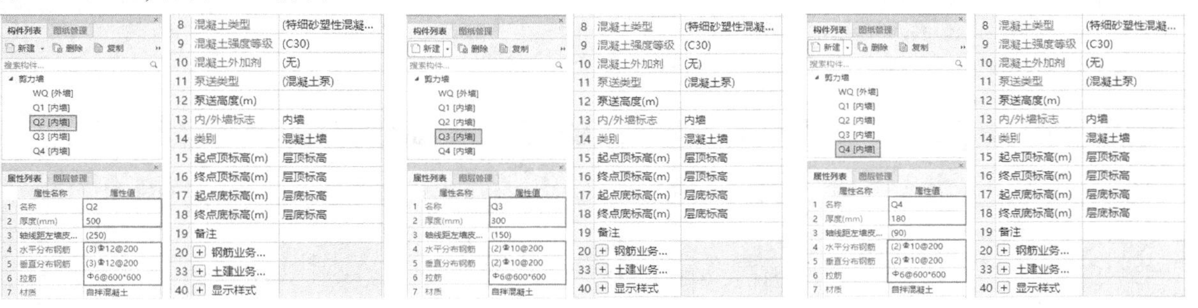

图 3-185　　图 3-186　　图 3-187

04 构件的信息修改完成后，开始进行绘图。为了便于绘制，还需要在“图纸管理”面板中，双击“地下二层墙体布置图”，如图 3-188 所示。打开该图层后，找到墙体所在的位置，如图 3-189 所示。

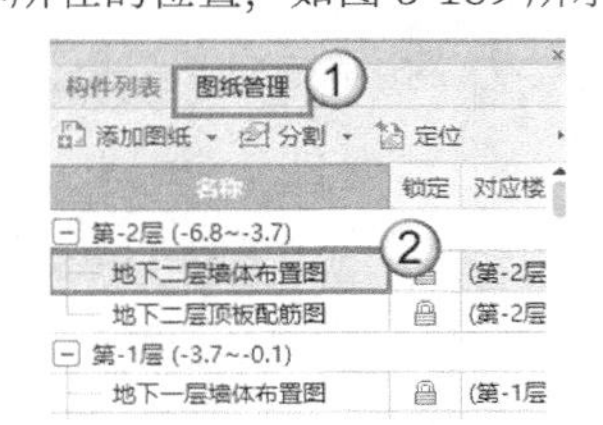

图 3-188

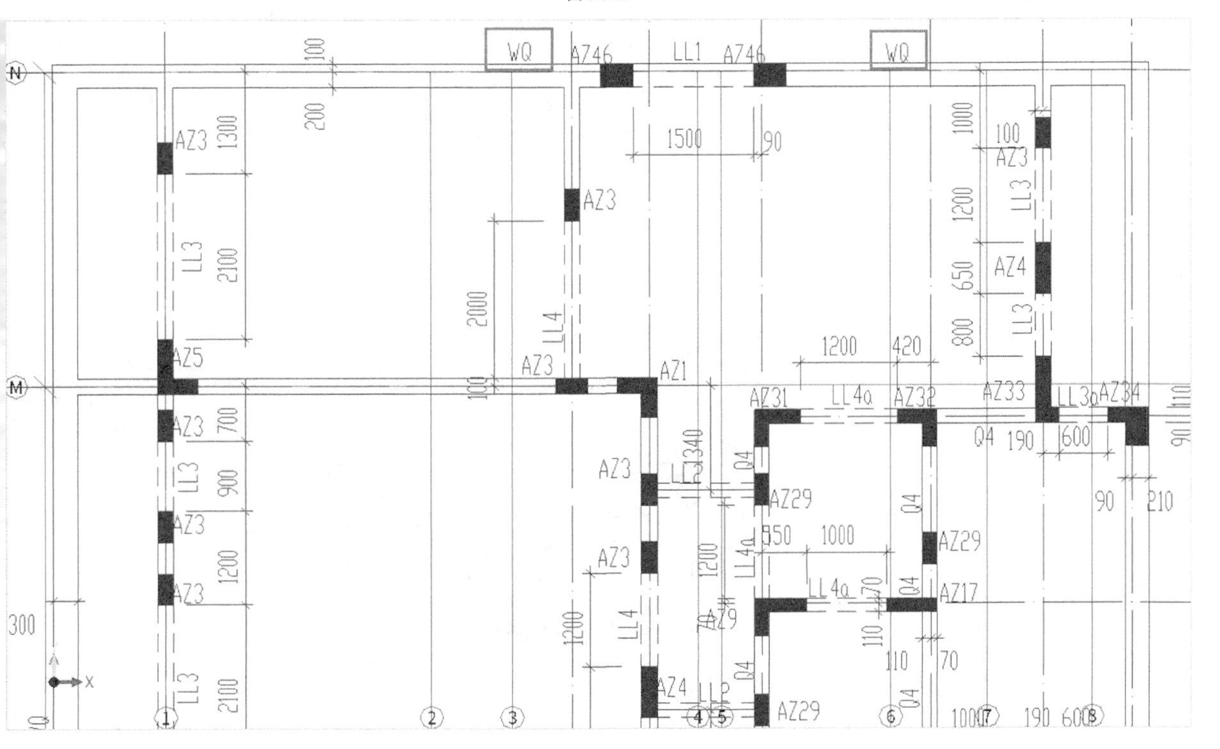

图 3-189

05 在“构件列表”面板中选中剪力墙WQ，然后使用“直线”工具，选择剪力墙的起点和终点，并单击确定，如图3-190所示。

06 使用“对齐”工具，使构件与CAD底图的图元一致。先选择对齐的目标线，再选中需要对齐的剪力墙边线，然后单击即可，最后单击鼠标右键退出，如图3-191所示。

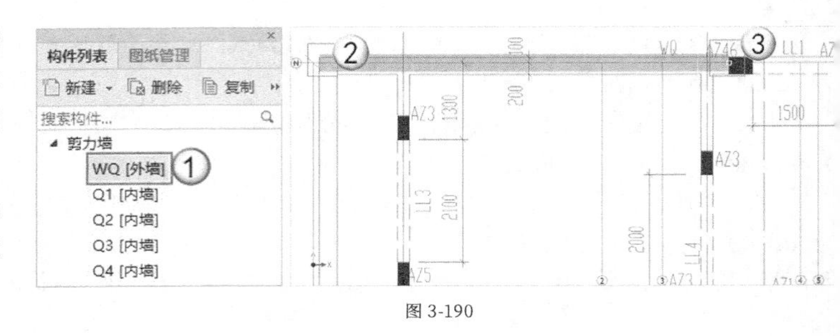

图 3-190

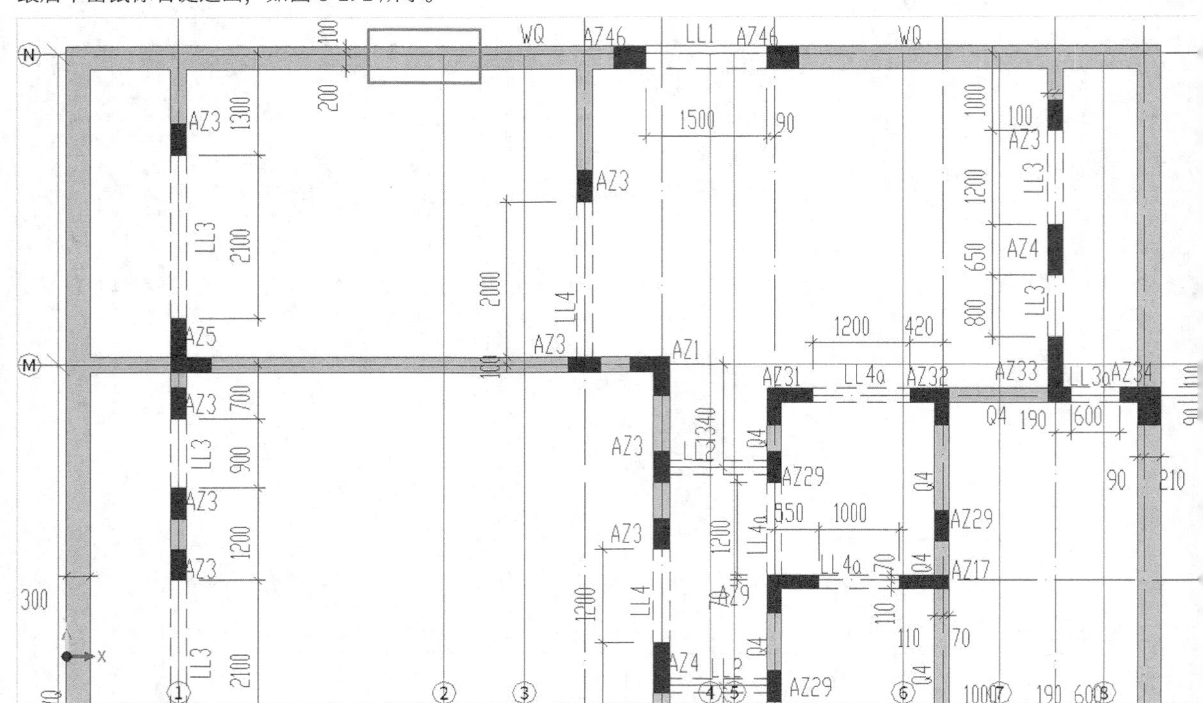

图 3-191

07 按照同样的方法，继续绘制剩下的墙体，绘制完成后，该高层住宅工程地下二层的剪力墙的三维效果如图3-192所示。

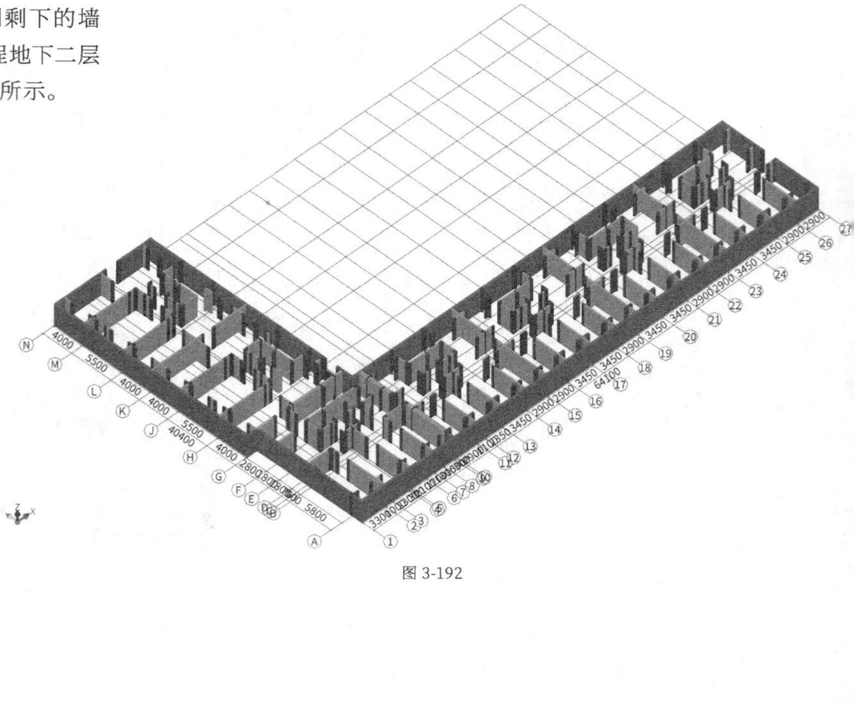

图 3-192

3.2.5 主体梁

根据 GTJ2018 手工建模流程，下面对主体梁的建模方式进行介绍。

基础介绍

梁是建筑结构中经常出现的构件。在框架结构中，梁把各个方向的柱连接成整体；在墙结构中，洞口上方的连梁将两个墙肢连接起来，使之共同工作。作为抗震设计的重要构件，梁起着第一道防线的作用。在框架 - 剪力墙结构中，梁既有框架结构中的作用，同时也有剪力墙结构中的作用。

绘制依据

基本流程

梁的基本绘制流程如图 3-193 所示。

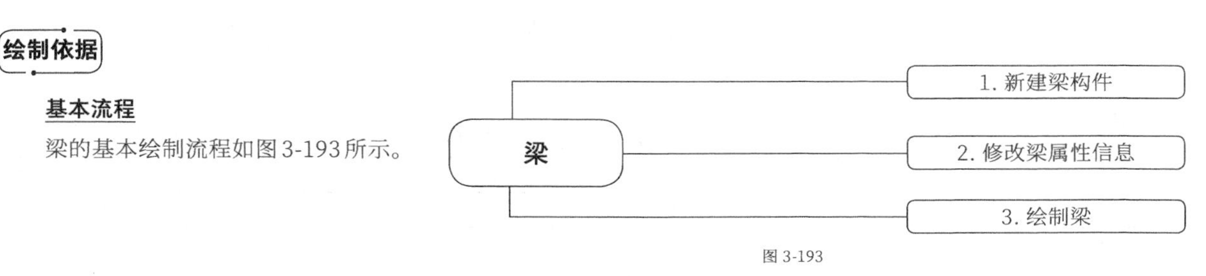

图 3-193

功能说明

梁包括梁和连梁两种，其中梁构件分为矩形梁、异形梁和参数梁 3 类。根据构件类别，梁可分为楼层框架梁、楼层框架扁梁、非框架梁、屋面框架梁、井字梁、框支梁和基础联系梁。而连梁则只有矩形梁和异形梁两类，其主要参数包括截面尺寸、钢筋信息和标高信息等参数。

实战：绘制某高层住宅工程地下二层的连梁

素材位置	素材文件>CH03>实战：绘制某高层住宅工程地下二层的连梁
实例位置	实例文件>CH03>实战：绘制某高层住宅工程地下二层的连梁
教学视频	实战：绘制某高层住宅工程地下二层的连梁.mp4

扫码观看视频

图 3-194 所示为某高层住宅工程地下二层的连梁的效果图。

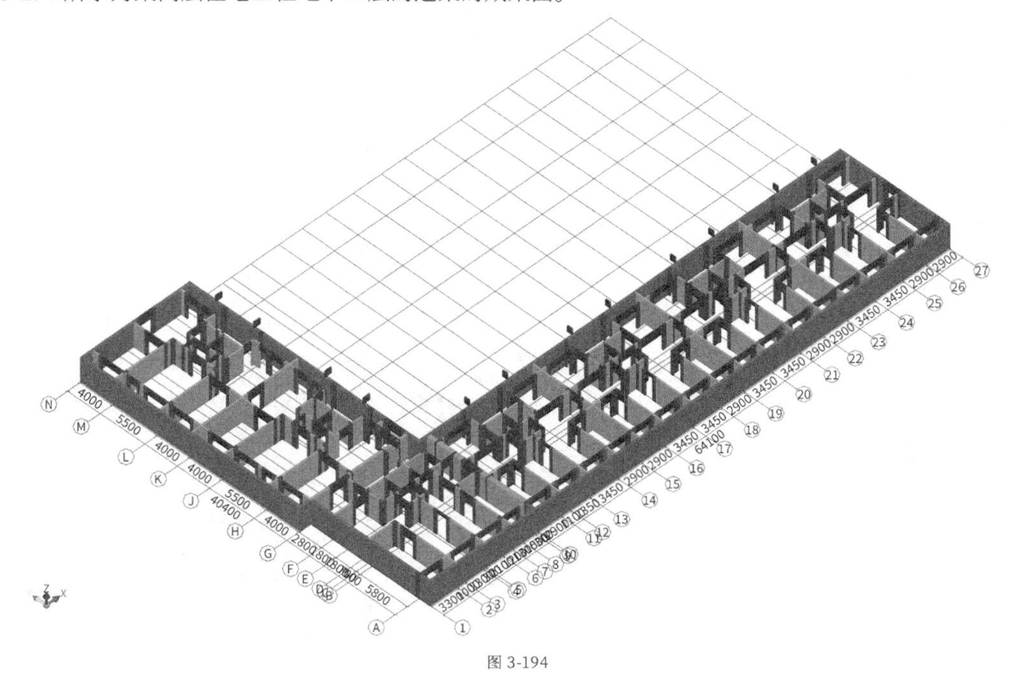

图 3-194

任务说明

（1）根据“地下二层连梁配筋表”，完成连梁构件的新建。

（2）根据“地下二层墙体布置图”，完成连梁构件的绘制。

任务分析

图纸分析

参照图纸：“地下二层墙体布置图”“地下二层连梁配筋表”。

本案例配套图纸为某高层住宅工程的图纸，需要提取的“地下二层连梁配筋表”信息如表 3-5 所示。

表 3-5

编号	梁顶相对标高高差 d（m）	梁截面 $B \times h$（mm）	上部纵筋（上排 / 下排）	下部纵筋（上排 / 下排）	箍筋
LL1	0.000	300×1000	4C16	4C16	C8@100（4）
LL2	0.000	200×400	2C16	2C16	C8@100（2）
LL3(LL1a)	0.000（2.200）	200×700	2C16	2C16	C8@100（2）
LL4(LL14a)	0.000	200×1000（180×1000）	2C18	2C18	C8@100（2）
LL5	0.000	200×300	2C14	2C14	C8@100（2）
LL6	0.000	500×700	4C20	4C20	C8@100（4）

工具分析

连梁虽然属于混凝土墙的一部分，但是在 GTJ2018 中，连梁属于“梁”构件，需要通过“梁”构件中的“连梁”完成构件的新建。根据“地下二层墙体布置图”可知，连梁的绘制工具可以选择“点”工具和“直线”工具两种，本工程的绘制工具选择“直线”工具。

任务实施

01 打开“实例文件 >CH03> 实战：绘制某高层住宅工程地下二层的剪力墙 > 剪力墙 .GTJ”文件，在“构件导航栏”中执行“梁 > 连梁”命令，选择“构件列表”，在“新建”下拉列表中选择“新建矩形连梁”，得到连梁 LL-1，如图 3-195 所示。

02 将“属性列表”面板中的信息调整为“地下二层连梁配筋表”中的信息。设置 LL-1 的“名称”为 LL1、“截面宽度”为 300、“截面高度”为 1000、“上部纵筋”为 4C16、“下部纵筋”为 4C16、“箍筋”为 C8@100（4）、“肢数”为 4、“材质”为“商品混凝土”，如图 3-196 所示。

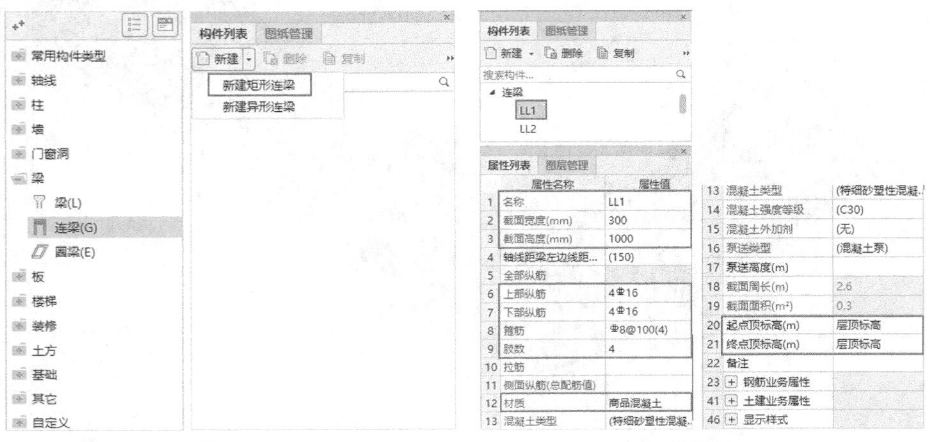

图 3-195　　图 3-196

03 继续设置连梁，建立 LL2~LL6，并调整相关信息。

设置步骤

①选中 LL1，然后单击“复制”按钮 7 次，如图 3-197 所示。

②选中 LL2，设置“截面宽度”为 200、“截面高度”为 400、“上部纵筋”为 2C16、“下部纵筋”为 2C16、“箍筋”为 C8@100（2）、“肢数”为 2、“材质”为“商品混凝土”，如图 3-198 所示。

③选中 LL3，设置“截面宽度”为 200、“截面高度”为 700、“上部纵筋”为 2C16、“下部纵筋”为 2C16、“箍筋”为 C8@100（2）、“肢数”为 2、“材质”为“商品混凝土”，如图 3-199 所示。

④选中 LL3a，设置“截面宽度”为 200、“截面高度”为 700、“上部纵筋”为 2C16、“下部纵筋”为 2C16、“箍筋”为 C8@100（2）、“肢数”为 2、“材质”为“商品混凝土”、“起点顶标高”和“终点顶标高”都为“层顶标高 +2.2”，如图 3-200 所示。

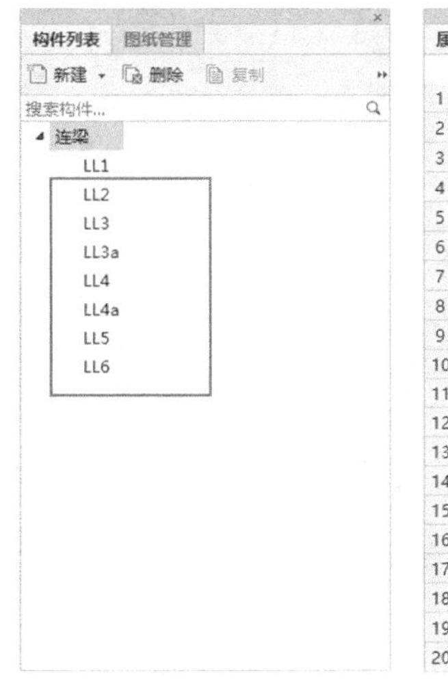

图 3-197

图 3-198

⑤选中 LL4，设置“截面宽度”为 200、“截面高度”为 1000、“上部纵筋”为 2C18、“下部纵筋”为 2C18、“箍筋”为 C8@100（2）、“肢数”为 2、“材质”为“商品混凝土”，如图 3-201 所示。

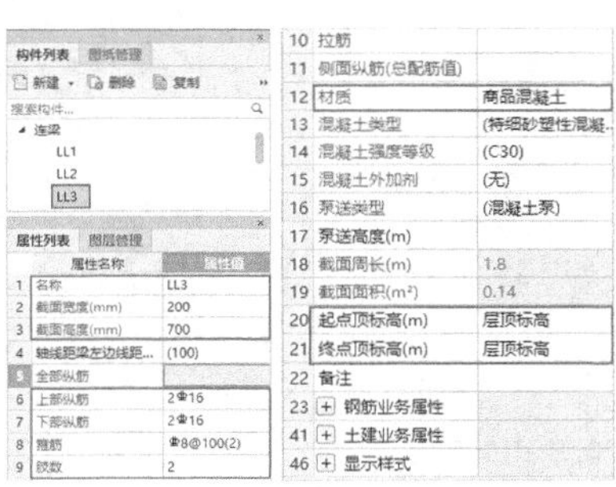

图 3-199

图 3-200

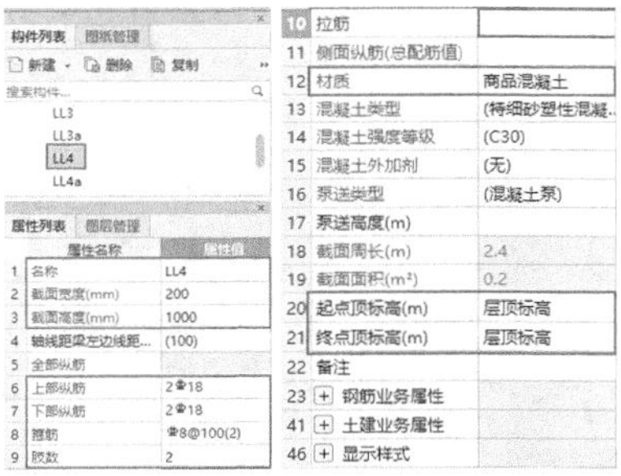

图 3-201

⑥选中 LL4a，设置“截面宽度”为 180、“截面高度”为 1000、“上部纵筋”为 2C18、“下部纵筋”为 2C18、“箍筋”为 C8@100（2）、“肢数”为 2、“材质”为“商品混凝土”，如图 3-202 所示。

⑦选中 LL5，设置“截面宽度”为 200、“截面高度”为 300、“上部纵筋”为 2C18、“下部纵筋”为 2C18、“箍筋”为 C8@100（2）、“肢数”为 2、“材质”为“商品混凝土”，如图 3-203 所示。

⑧选中 LL6，设置“截面宽度”为 500、“截面高度”为 700、“上部纵筋”为 4C20、“下部纵筋”为 4C20、“材质”为“商品混凝土”，如图 3-204 所示。

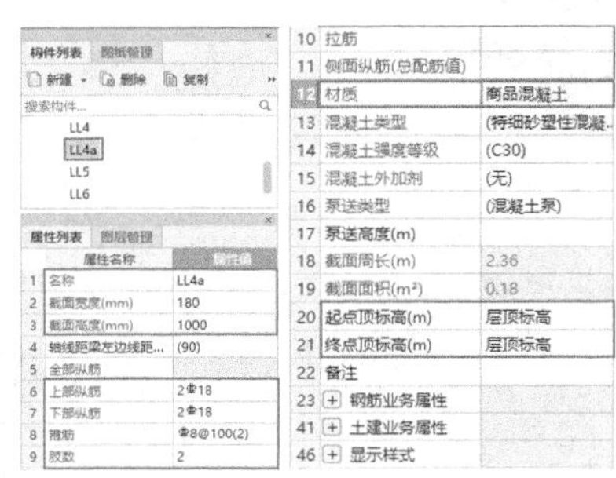

图 3-202

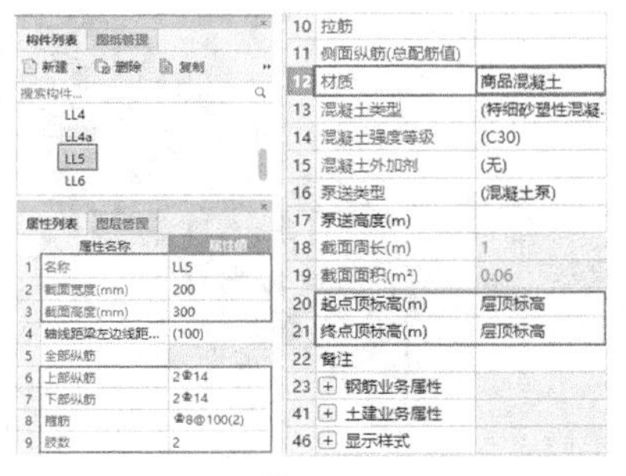

图 3-203

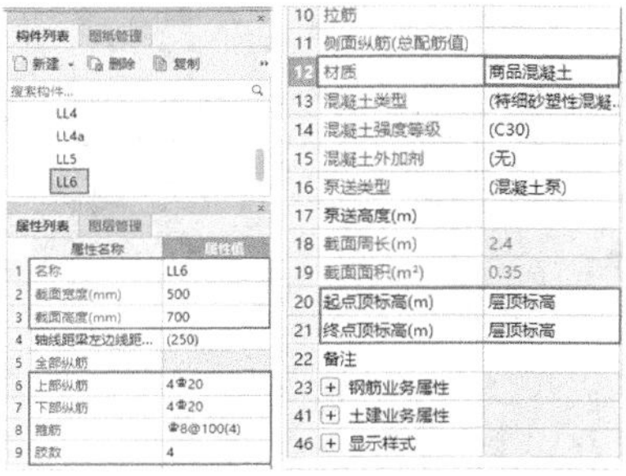

图 3-204

04 构件的信息设置完成后，就可以开始绘制连梁。以 LL1 为例，在“构件列表”面板中选中 LL1，单击“直线”图标⁄，找到与图纸中 LL1 对应的位置，待鼠标指针变成“× 形”时表示捕捉到墙交点，单击确定起点，选择终点后再次单击，单击鼠标右键确认，连梁的绘制完成，如图 3-205 所示。

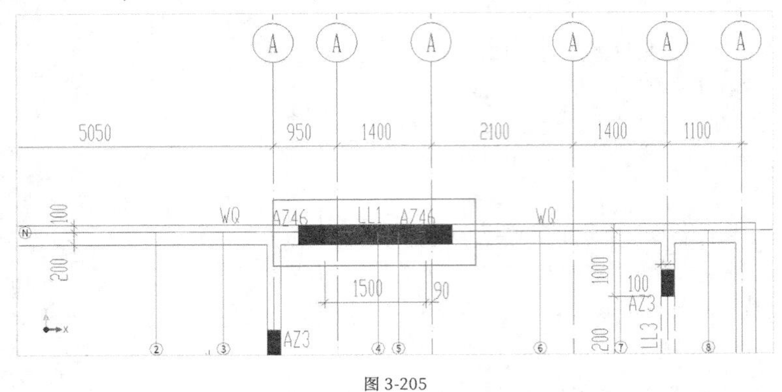

图 3-205

05 按照同样的方式，绘制剩下的连梁。绘制完成后，该高层住宅工程地下二层的连梁如图 3-206 所示，其三维效果如图 3-207 所示。

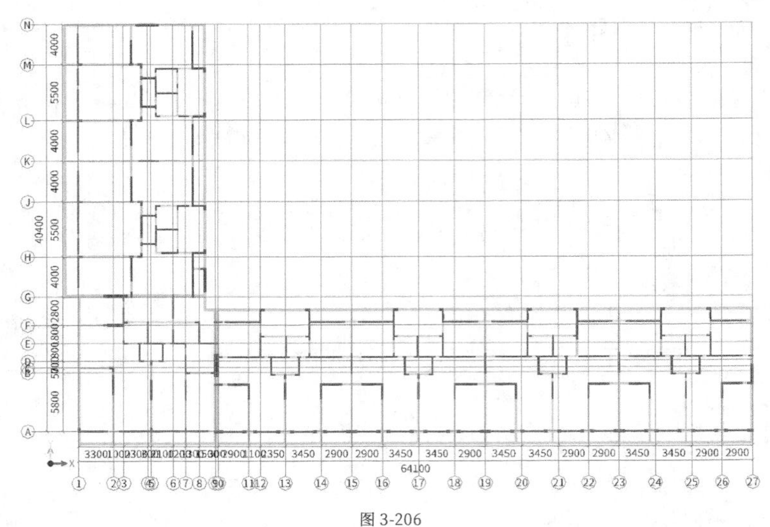

图 3-206

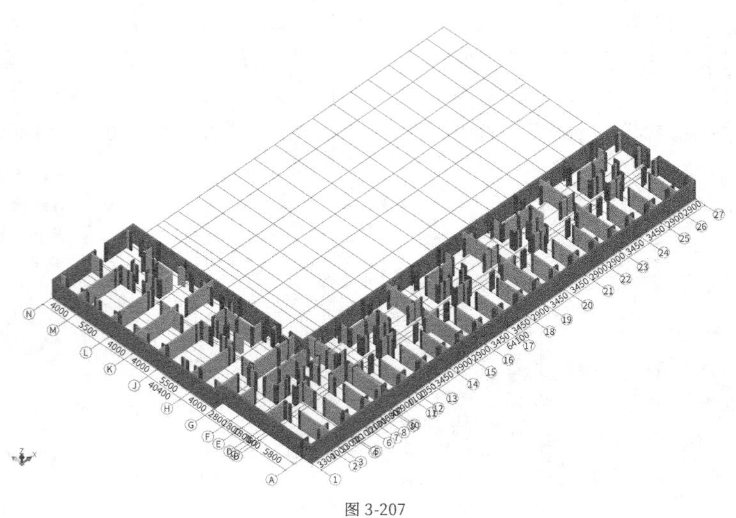

图 3-207

3.2.6 现浇板

根据 GTJ2018 手工建模流程，下面对现浇板的建模方式进行介绍。

基础介绍

现浇指在现场搭好模板，在模板上安装好钢筋，再在模板上浇筑混凝土，最后拆除模板的过程。现浇板和预制楼板比起来，能增强房屋的整体性和抗震性，具有较大的承载力，同时在隔热、隔声和防水等方面也具有一定的优势。

绘制依据

基本流程

现浇板的基本绘制流程如图 3-208 所示。

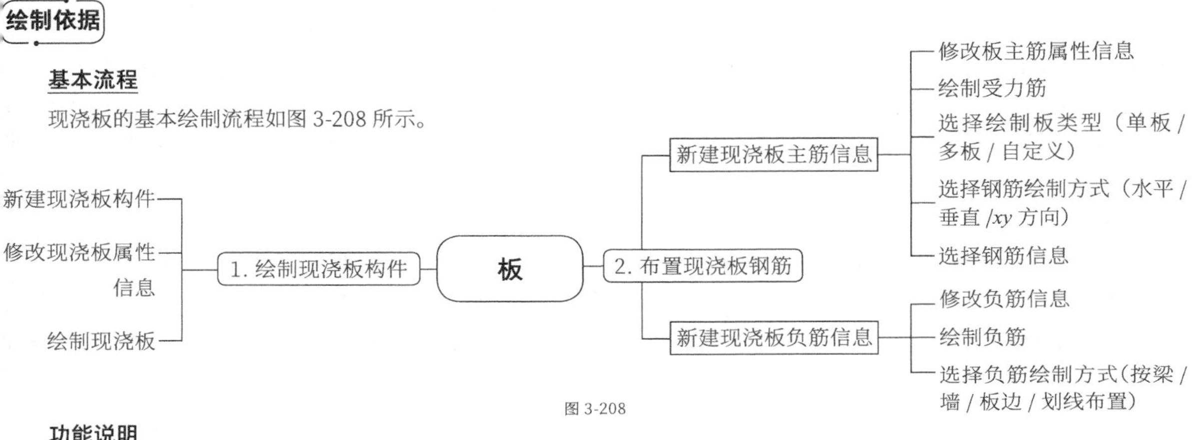

图 3-208

功能说明

板包括现浇板、板受力筋和板负筋 3 类，其中现浇板主要完成对板厚度、板标高等参数的设置；板受力筋包括底筋、面筋、温度筋、跨板受力筋和钢筋信息；板负筋则可以完成对负筋左右的标注和弯折设置。

实战：绘制某高层住宅工程地下二层的现浇板

素材位置	素材文件>CH03>实战：绘制某高层住宅工程地下二层现浇板
实例位置	实例文件>CH03>实战：绘制某高层住宅工程地下二层现浇板
教学视频	实战：绘制某高层住宅工程地下二层现浇板.mp4

扫码观看视频

图 3-209 所示为某高层住宅工程地下二层现浇板的效果图。

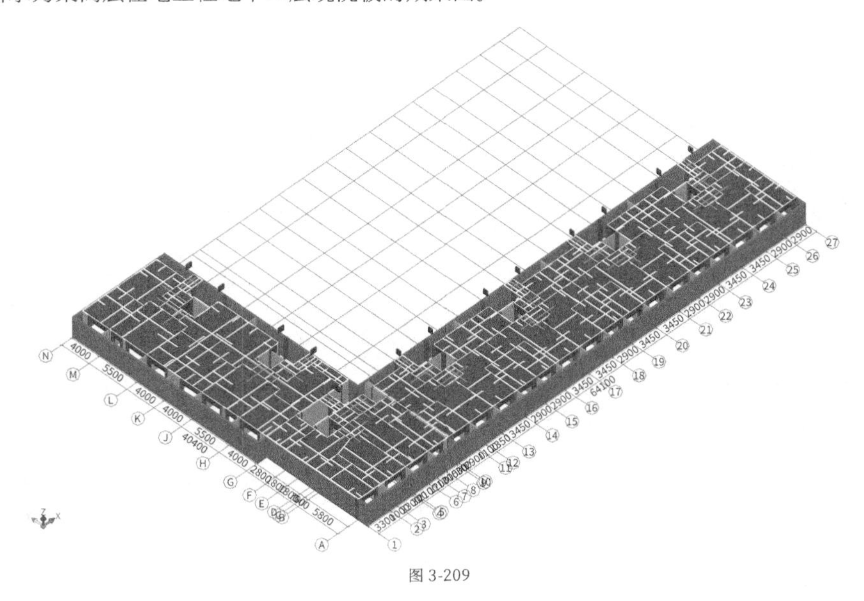

图 3-209

任务说明

（1）根据“地下二层顶板配筋图”，完成板构件的新建。

（2）根据“地下二层顶板配筋图”，完成板构件的绘制。

任务分析

图纸分析

参照图纸：“地下二层顶板配筋图”。

本案例配套图纸为某高层住宅工程的图纸。从“地下二层顶板配筋图”中的说明可知，未注明板的板厚 h 均为100mm，板底未画出钢筋均为双向 C8@200，未注明的板顶钢筋均为 C@200，未注明板顶标高为 H。其中，“地下二层顶板配筋图”中注明编号的板 LB1、LB4、LB6 的板厚为 120mm，LB2、LB3、LB7 的板厚为 150mm；未注明板编号为 B，厚为 100mm。板受力筋的底筋为 C8@200，面筋为 C8@200，跨板受力筋有 C8@100、C8@150和 C8@200，板负筋则有 C8@100、C8@150、C8@200 和 C10@200。

工具分析

（1）现浇板属于混凝土承重构件，它的构件类型为“现浇板”构件。根据“地下二层顶板配筋图”图纸，可知板的承重构件“剪力墙”已经绘制完成，这时的现浇板的绘制方式可以以“点”工具布置为主，“直线”工具绘制为辅。

（2）绘制板受力筋时，由于本工程的现浇板设计的板底为双向 C8@200，因此需要通过“布置受力筋”工具来完成 *x*、*y* 方向上的“双向”布置。

任务实施

01 打开“实例文件 >CH03> 实战：绘制某高层住宅工程地下二层的连梁 > 连梁 .GTJ”文件，在“构件导航栏”中执行“板 > 现浇板”命令，选择“构件列表”，在“新建”下拉列表中选择“新建现浇板”，得到 B-1，如图 3-210 所示。

02 在“属性列表”面板中调整“现浇板”的属性信息。设置 B-1 的“名称”为 B，“厚度”为 120，如图 3-211 所示。

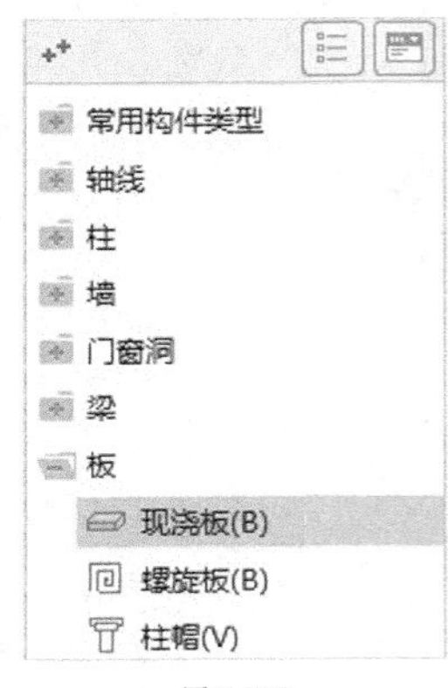

图 3-210

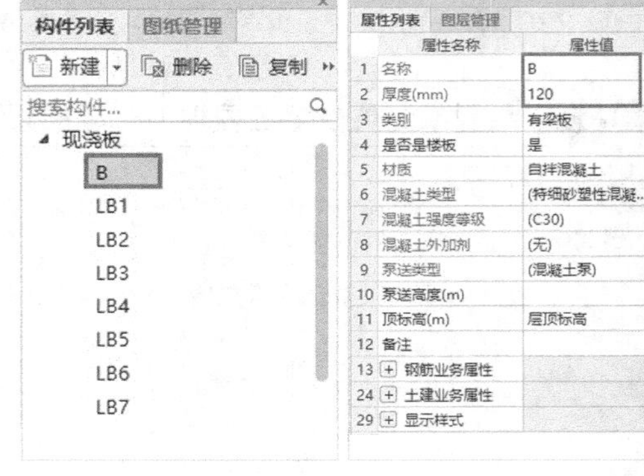

图 3-211

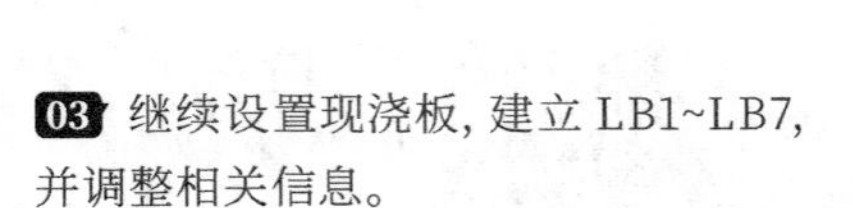

03 继续设置现浇板，建立 LB1~LB7，并调整相关信息。

设置步骤

①选中 B，然后单击“复制”按钮 5 次，如图 3-212 所示。

②选中 B-1，设置“名称”为 LB1，“厚度”为 120，如图 3-213 所示。

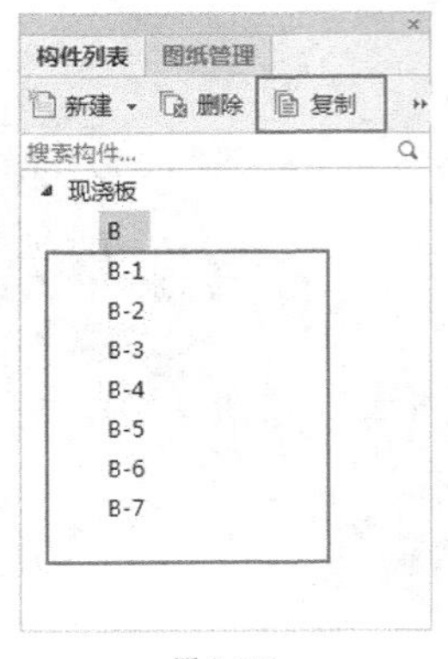

图 3-212

图 3-213

③选中 B-2，设置“名称”为 LB2、“厚度”为 150，如图 3-214 所示。

④选中 B-3，设置“名称”为 LB3、“厚度”为 120，如图 3-215 所示。

⑤选中 B-4，设置“名称”为 LB4、“厚度”为 120，如图 3-216 所示。

⑥选中 B-5，设置“名称”为 LB5、“厚度”为 120，如图 3-217 所示。

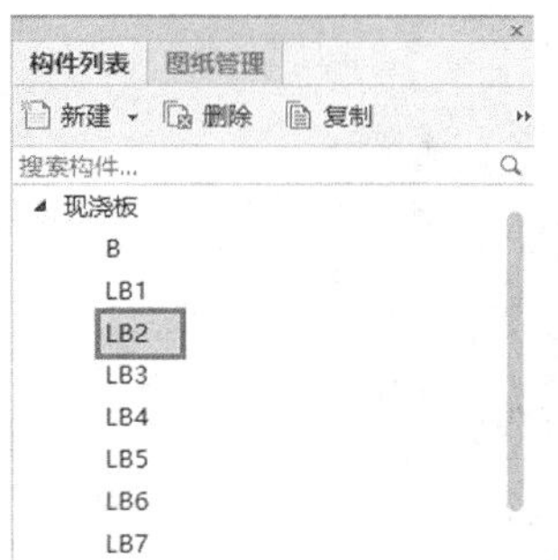

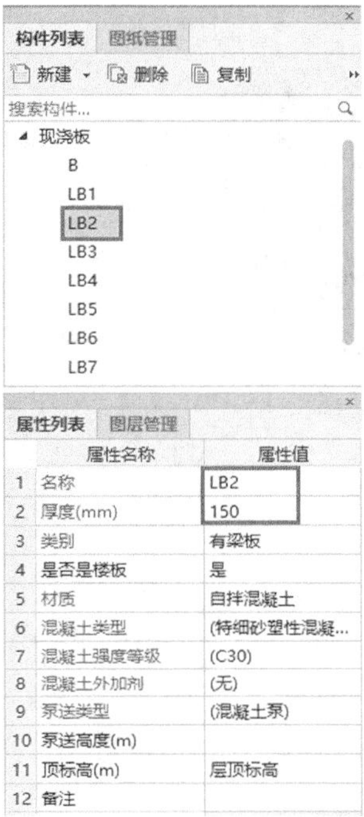

图 3-214

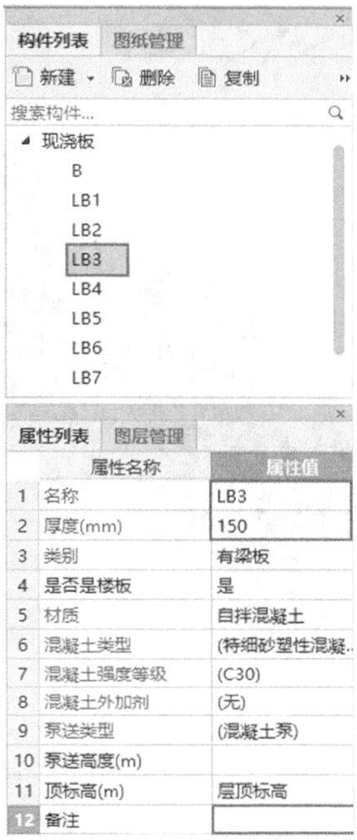

图 3-215

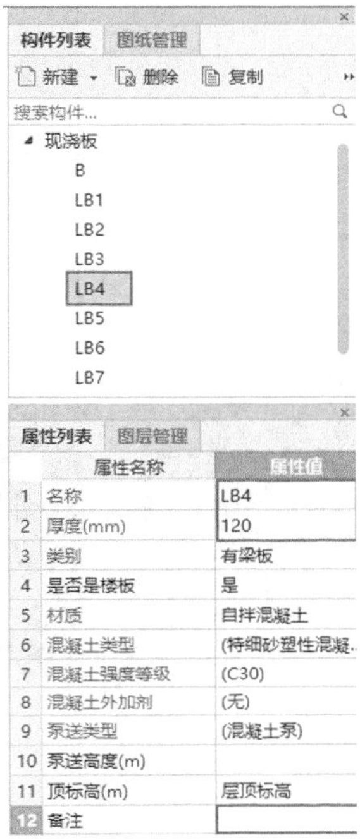

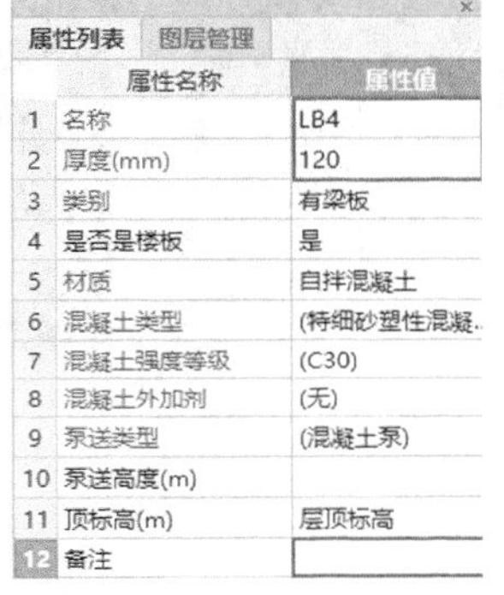

图 3-216

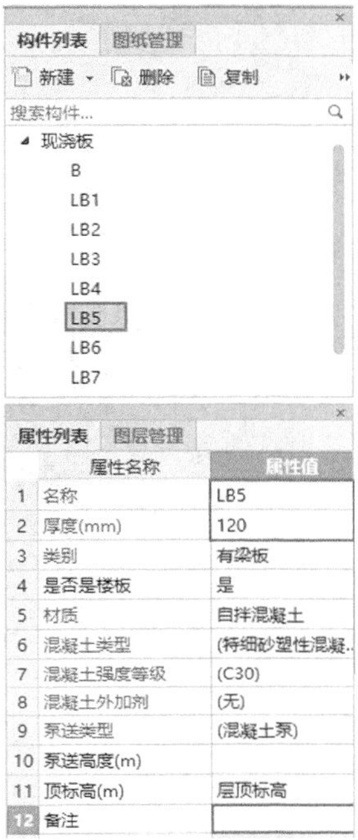

图 3-217

⑦选中 B-6，设置“名称”为 LB6、“厚度”为 120，如图 3-218 所示。

⑧选中 B-7，设置“名称”为 LB7、“厚度”为 150，如图 3-219 所示。

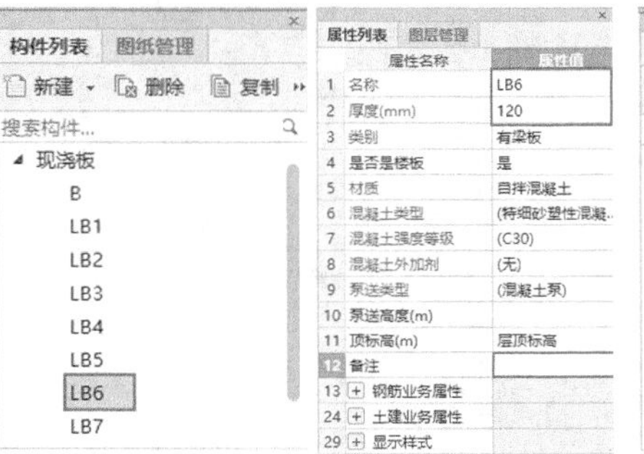

图 3-218

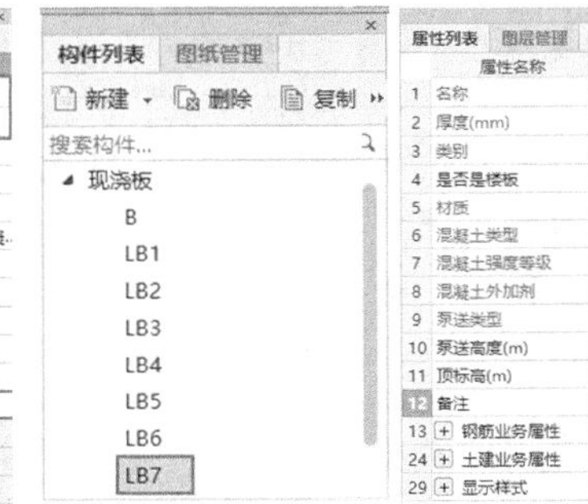

图 3-219

04 设置完成后，选择“点”工具，然后选中现浇板 B，找到图纸中板的所在位置并单击，完成板的布置，如图 3-220 所示。

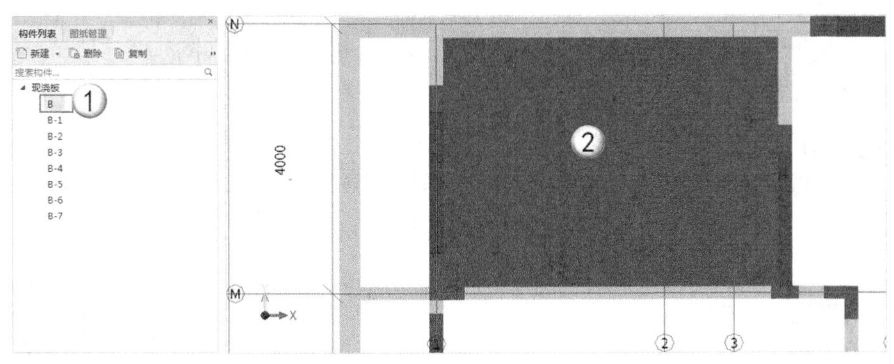

图 3-220

05 按照同样的方式布置剩下的板，绘制完成后如图 3-221 所示。

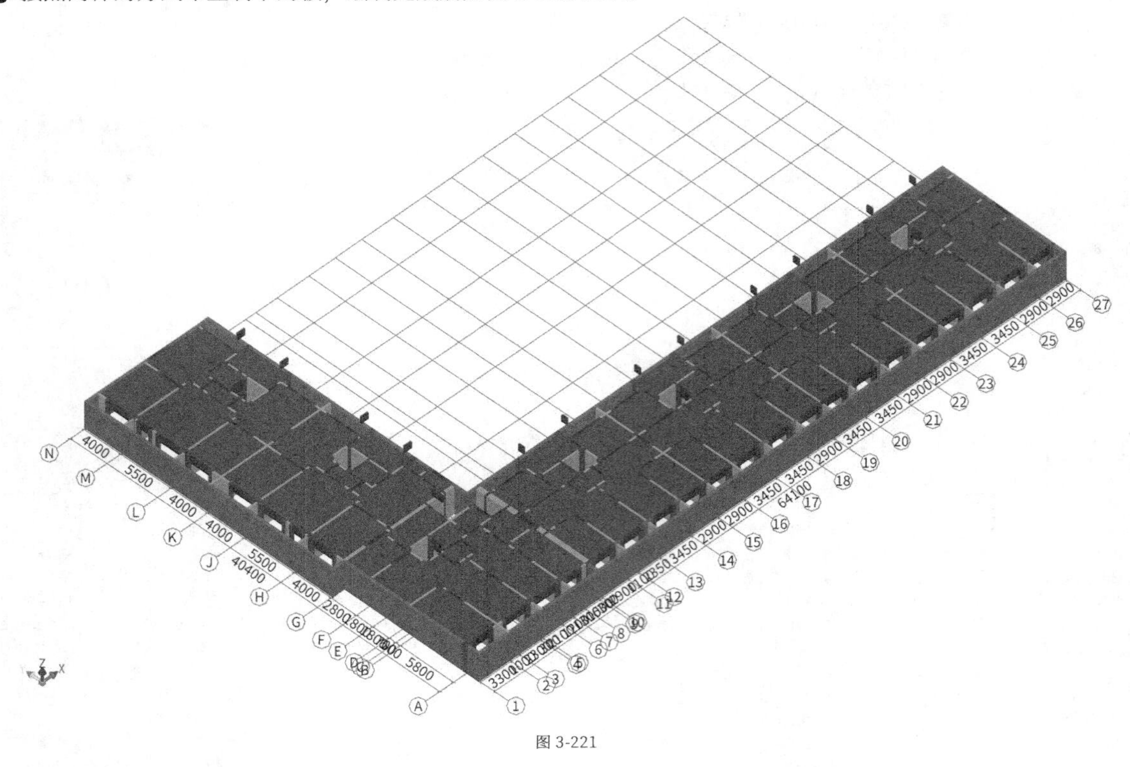

图 3-221

绘制板受力筋

01 与筏板的绘制方式相似，这里不仅需要绘制现浇板，还需要将板受力筋、板负筋也布置在现浇板上，这样才能完成整个板的绘制。在“构件导航栏”中执行“板 > 板受力筋”命令，选择“构件列表”，在“新建”下拉列表中单击“新建板受力筋”，得到 C8-200，如图 3-222 所示。

02 从图纸可知，未注明钢筋均为双向 C8@200，注明板为双向钢筋为 C12@150。由于“构件列表”面板中已默认有 C8@200 的板受力筋，因此只需单击“复制”按钮，然后设置 C8-201 的“名称”为 C12-150、“钢筋信息”为 C12@150，如图 3-223 所示。

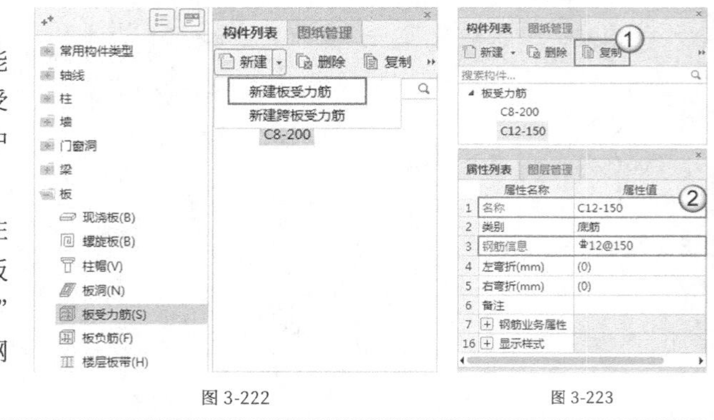

图 3-222　　图 3-223

提示 可以选择在新建构件中先设置好“板受力筋”的信息，然后在“智能布置”对话框中直接通过下拉列表进行选择；也可以先不设置构件信息，之后在“智能布置”对话框中输入受力筋信息C12-150，钢筋布置成功后，该信息就会自动更新到构件列表中。

03 构件设置完成后，单击“布置受力筋”按钮，选中“单板”和“XY 方向”选项，并在弹出的“智能布置”对话框中选中“双向布置”选项，然后在“钢筋信息”一栏中，选择新建好的 SLJ-1（C12@150）作为底筋信息，如图 3-224 所示。

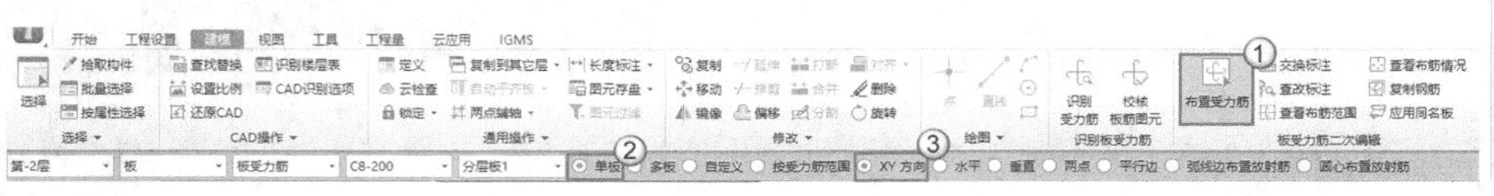

图 3-224

04 找到需要布置板受力筋的现浇板，待鼠标指针变成“回字形”时单击，板受力筋就被布置在现浇板上了，如图 3-225 所示。

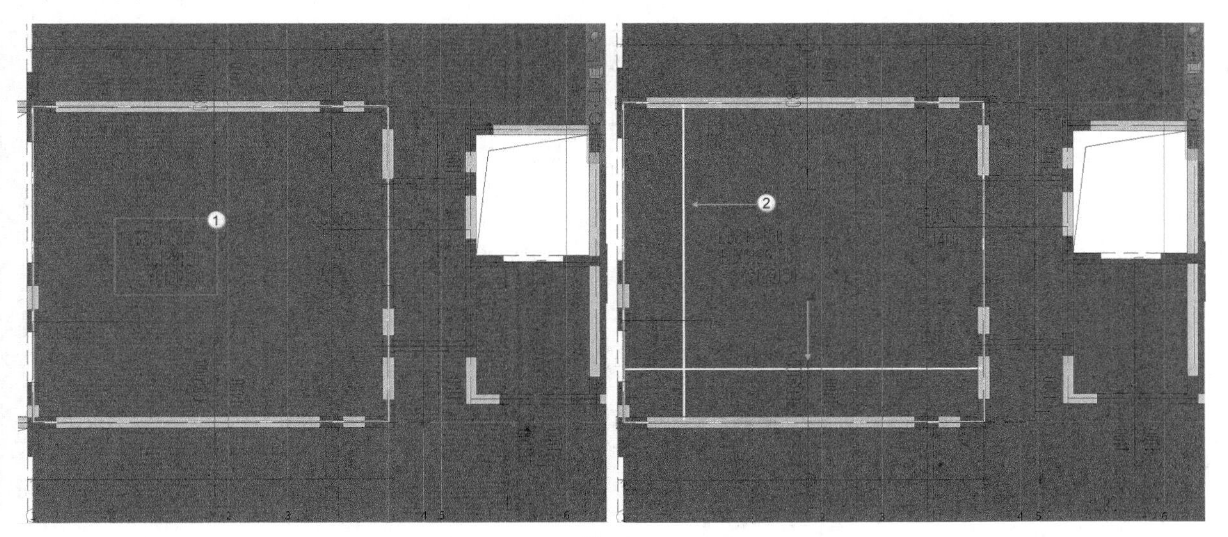

图 3-225

提示 在布置板受力筋时，如果遇到一个区域中几块板的受力筋信息相同，那么在布置钢筋时，可以选择“多板”布置，计算得到的钢筋工程量也符合现场施工中板钢筋施工常采用的拉通布置的方式。

05 按照同样的方式，布置剩下的板受力筋和负筋，绘制完成后如图 3-226 所示。

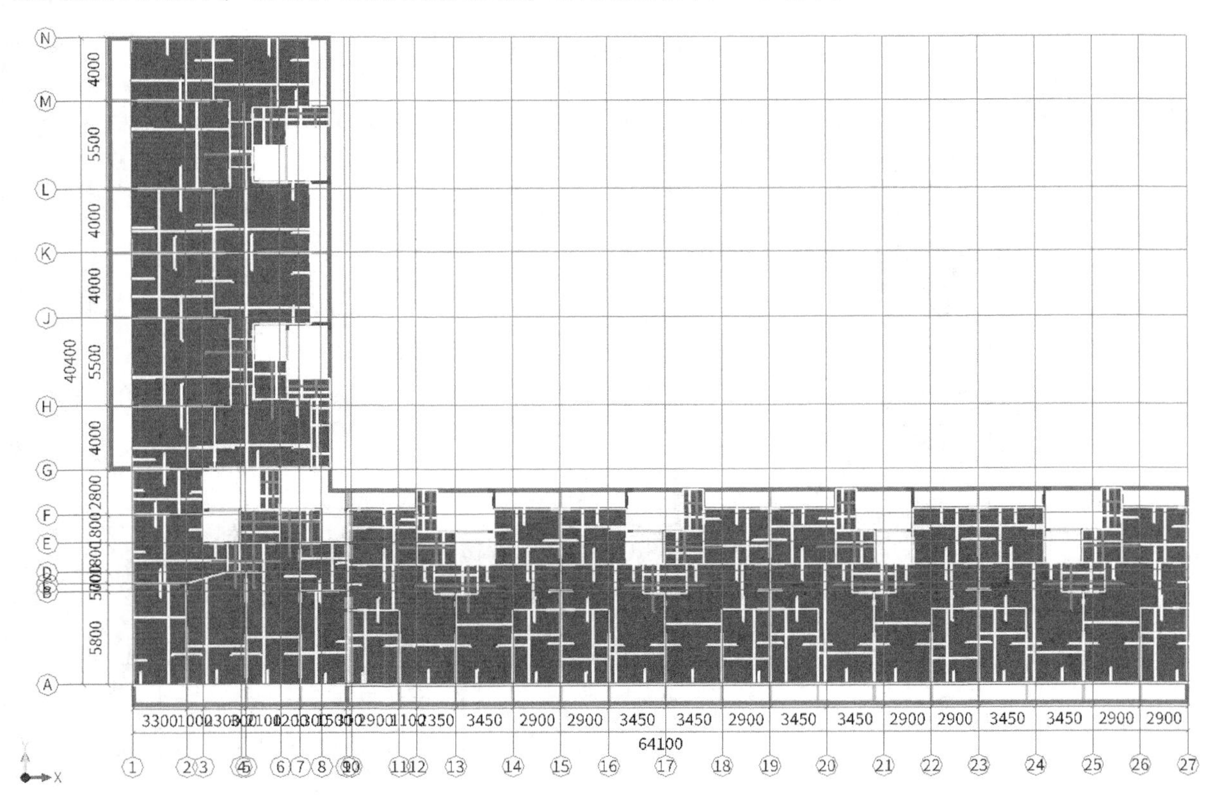

图 3-226

提示 在本高层住宅工程“地下二层顶板配筋图”中，A24轴线右侧设计注明了“未标注者与A10~A24轴相同布置”，这表示此部位未标注的钢筋信息和A10~A24轴中板配筋信息相同，此时可以使用“复制”功能快速完成钢筋的布置，而“未标注者与A10~A24轴对称布置”的说明，则表示可以使用“镜像”工具来快速完成钢筋布置。

06 绘制楼梯板。由于楼梯工程量计算按投影面积计算，为了快捷操作并使建模能够满足工程计量需求，可以利用板的投影面积来获得楼梯的工程量。在“现浇板”构件下新建板，并修改“名称”为“楼梯板”、“厚度”为120，如图3-227所示。按照板的绘制方式，将“楼梯板”绘制在楼梯位置，如图3-228所示。

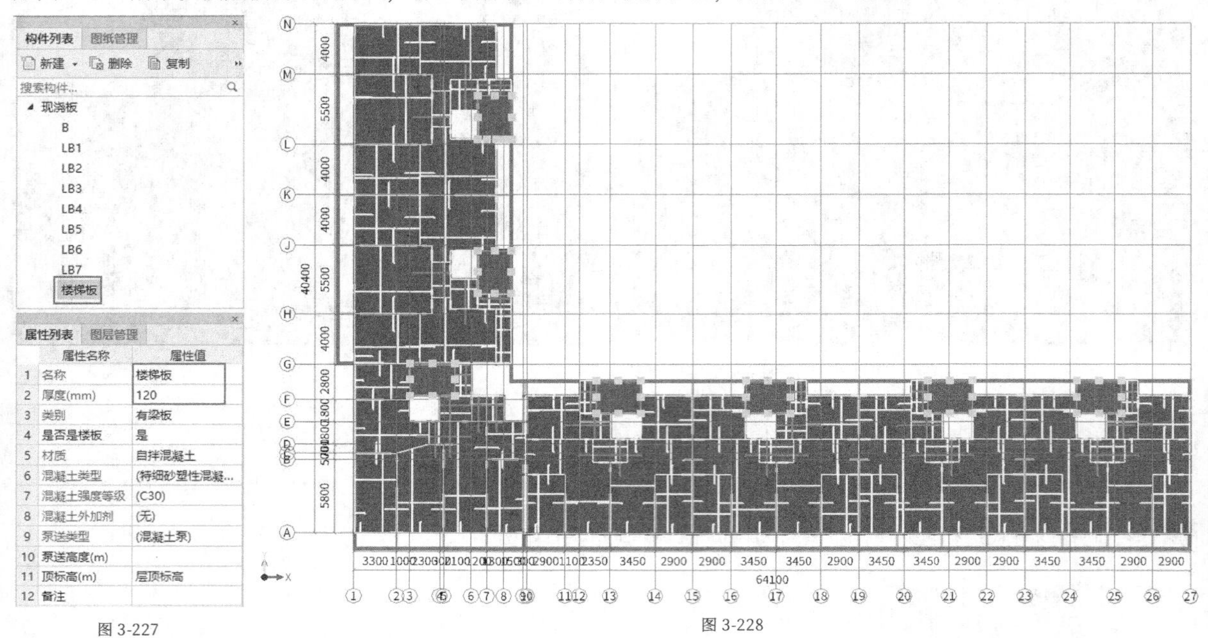

图3-227

图3-228

07 该高层住宅工程地下二层的板就已绘制完成了，如图3-229所示，其三维效果如图3-230所示。

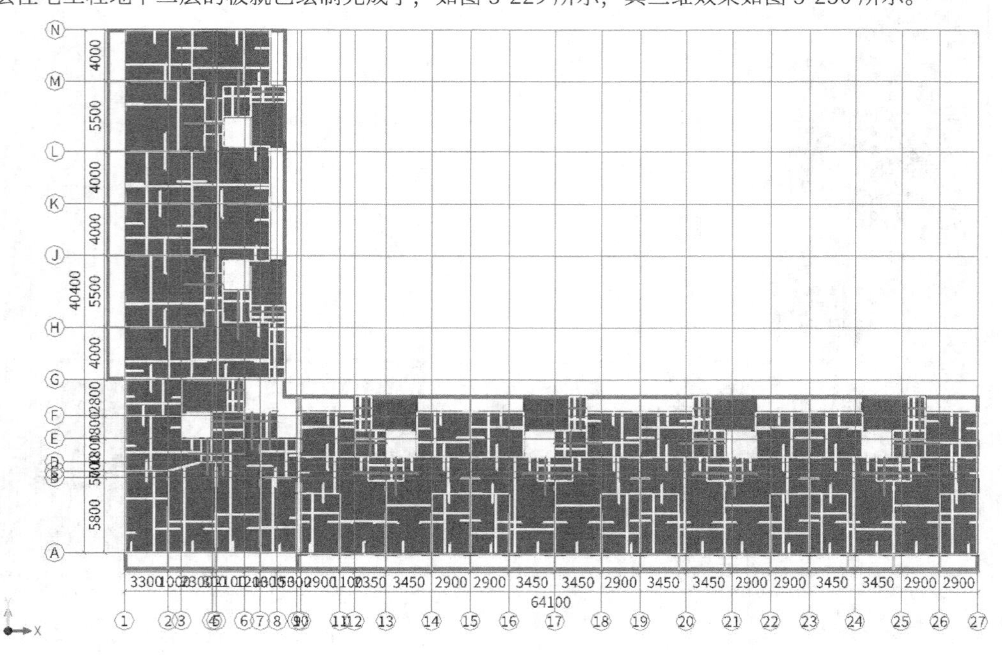

图3-229

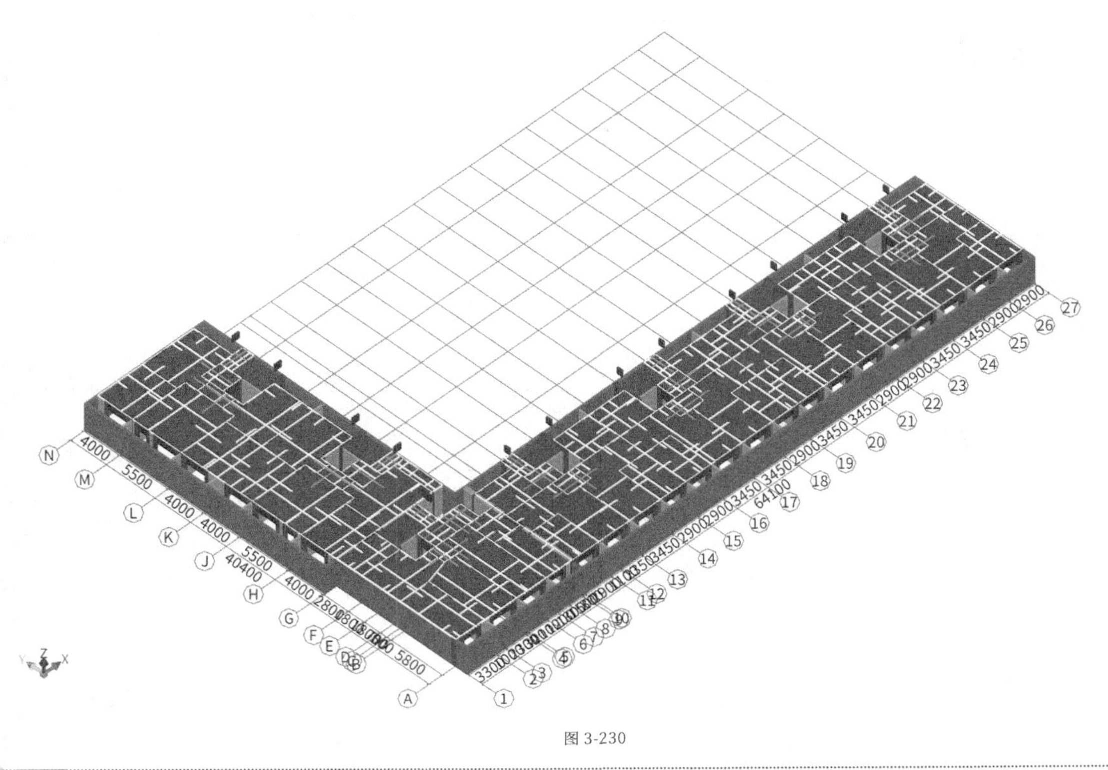

图 3-230

提示 在前面几节，通过某高层住宅项目的基础层、地下二层为读者讲解了基础工程、主体构件的创建方法，对于地下一层和地上部分的主体结构部分，读者可以按照同样的方法完成主体结构各构件的绘制，绘制完成后如图3-231所示。

图 3-231

3.2.7 二次结构

根据 GTJ2018 手工建模流程，下面对二次结构的建模方式进行介绍。

基础介绍

二次结构指在一次结构（指主体结构的承重构件部分）施工完毕以后才施工的结构，是相对于承重结构而言的非承重结构或围护结构，如构造柱、过梁、止水反梁、女儿墙、压顶、填充墙和隔墙等。

绘制依据

基本流程

二次结构的绘制流程如图 3-232 所示。

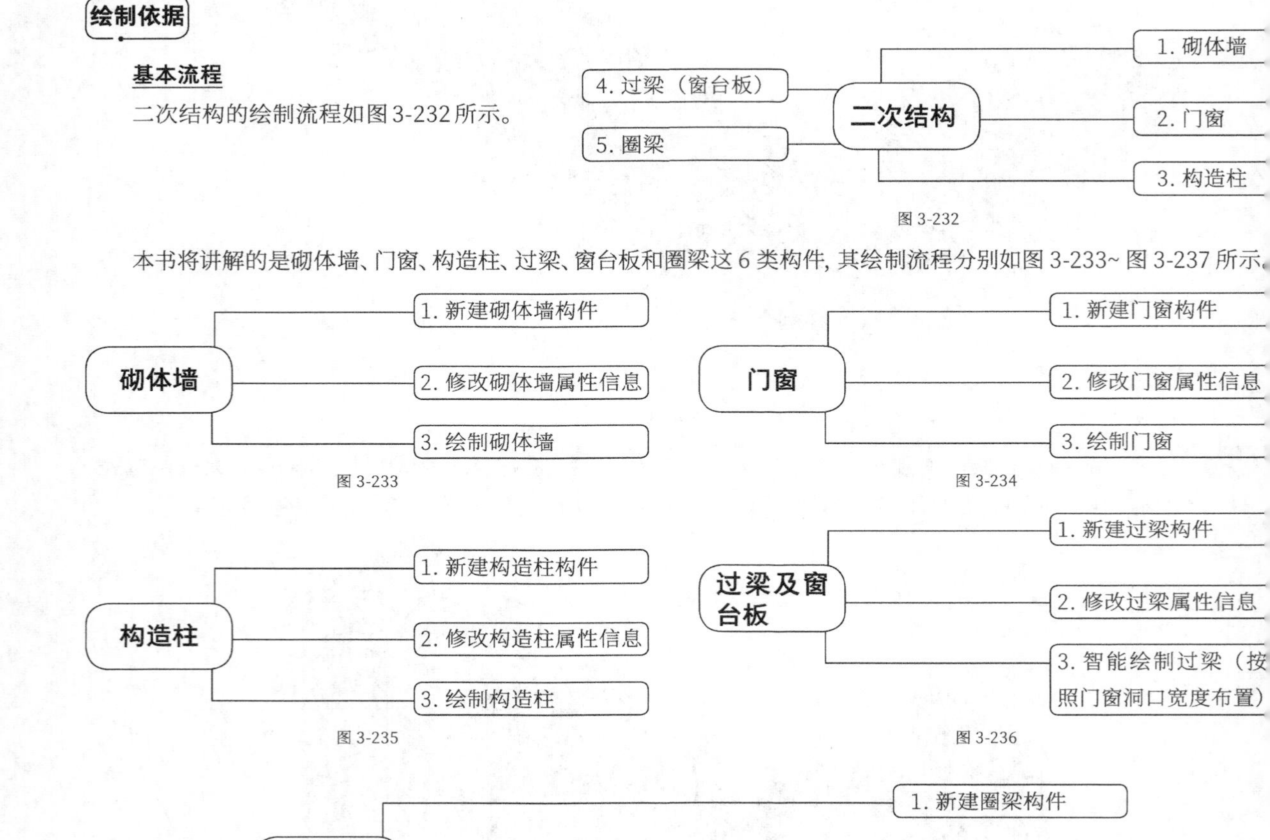

图 3-232

本书将讲解的是砌体墙、门窗、构造柱、过梁、窗台板和圈梁这 6 类构件，其绘制流程分别如图 3-233~ 图 3-237 所示。

图 3-233

图 3-234

图 3-235

图 3-236

图 3-237

功能说明

砌体墙包括内墙、外墙、异形墙、参数化墙和虚墙 5 类，主要涉及墙厚、标高信息等参数。

门窗主要包括门、窗、门联窗和带形窗等常用构件，主要涉及洞口高度、宽度和离地高度等参数。

根据柱的截面形状，构造柱可以分为矩形构造柱、圆形构造柱、异形构造柱和参数化构造柱 4 种；类别主要包括构造柱和抱框，涉及截面尺寸、马牙槎信息、钢筋信息和标高信息等参数。

过梁和窗台板都可以用过梁构件绘制，包括矩形过梁、异形过梁和标准过梁 3 类，主要涉及截面高度和宽度、钢筋信息、洞口位置和标高信息等参数。

圈梁分为矩形圈梁、异形圈梁和参数圈梁 3 类，主要涉及截面尺寸、钢筋信息和标高信息等参数。

实战：绘制某高层住宅工程第三层的砌体墙

素材位置	素材文件>CH03>实战：绘制某高层住宅工程第三层的砌体墙
实例位置	实例文件>CH03>实战：绘制某高层住宅工程第三层的砌体墙
教学视频	实战：绘制某高层住宅工程第三层的砌体墙.mp4

扫码观看视频

图 3-238 所示为某高层住宅工程第三层砌体墙的效果图。

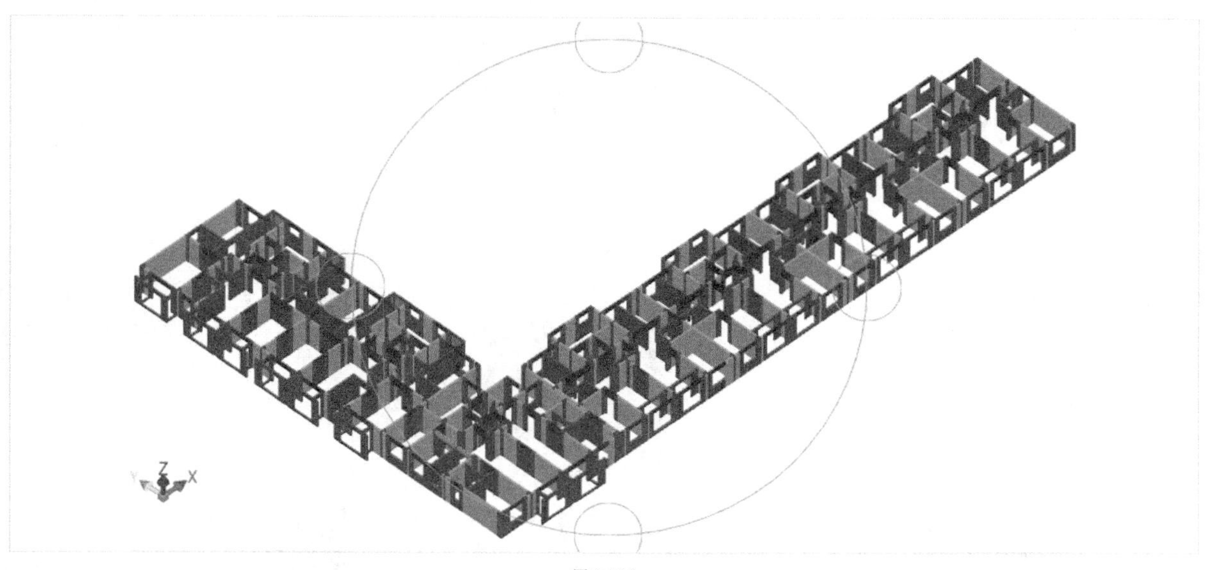

图 3-238

任务说明

（1）根据“三～十一层平面图”，完成砌体墙构件的新建。

（2）根据“三～十一层平面图”，完成砌体墙构件的绘制。

任务分析

图纸分析

参照图纸：“三～十一层平面图”。

本案例配套图纸为某高层住宅工程的图纸。从“三～十一层平面图”可知，砌体墙宽度有 90、100、150、180mm 这 4 种尺寸。

工具分析

（1）砌体墙属于墙的一种，构件类型为“砌体墙”构件，且砌体墙属于线式构件，绘制工具选择“直线”工具。

（2）由于砌体墙墙体厚度不一致，因此需要使用“修改”选项组中的“对齐”工具进行调整。

任务实施

01 打开“素材文件 >CH03> 实战：绘制某高层住宅工程第三层的砌体墙 > 某高层住宅工程主体结构 .GTJ”文件，在“构件导航栏”中执行“墙 > 砌体墙”命令，选择“构件列表”，并在“新建”下拉列表中选择“新建内墙”，得到 QTQ-1，如图 3-239 所示。

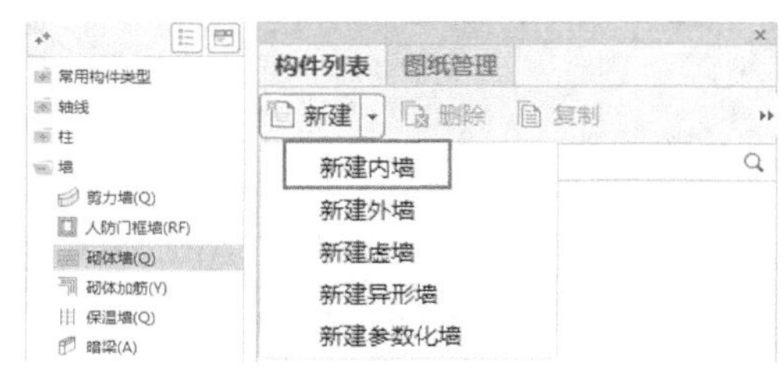

图 3-239

02 从“三～十一层平面图”可知，本工程有 90、100、150、180mm 这 4 种墙厚，因此需要新建 4 种墙。将“属性列表”面板中的“厚度”分别修改为 90、100、150、180，如图 3-240~ 图 3-243 所示。

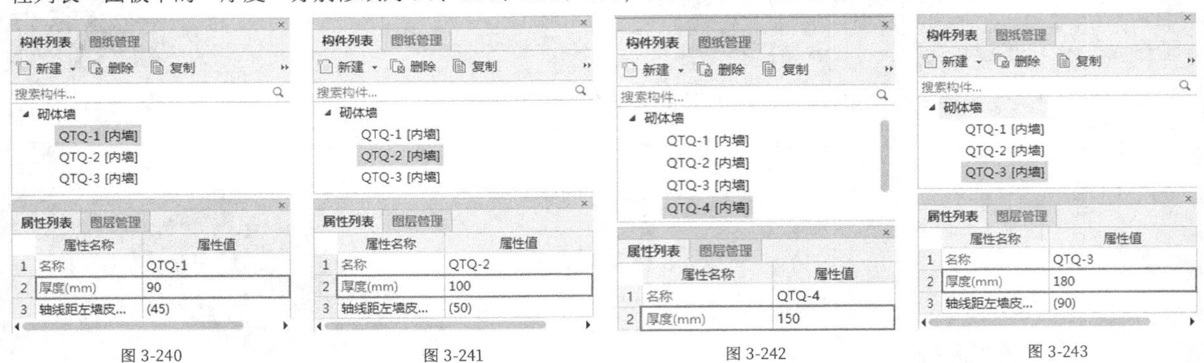

图 3-240　　图 3-241　　图 3-242　　图 3-243

提示 为了便于显示，可以将墙的颜色调深。展开“显示样式”，单击“填充颜色”右侧的“属性值”，然后单击“更多颜色”按钮，如图3-244所示。在打开的“更多颜色”对话框中，设置颜色为深黄（R:191,G:97,B:0），单击“添加到自定义颜色”按钮后单击“确定”按钮 确定 ，如图3-245所示。

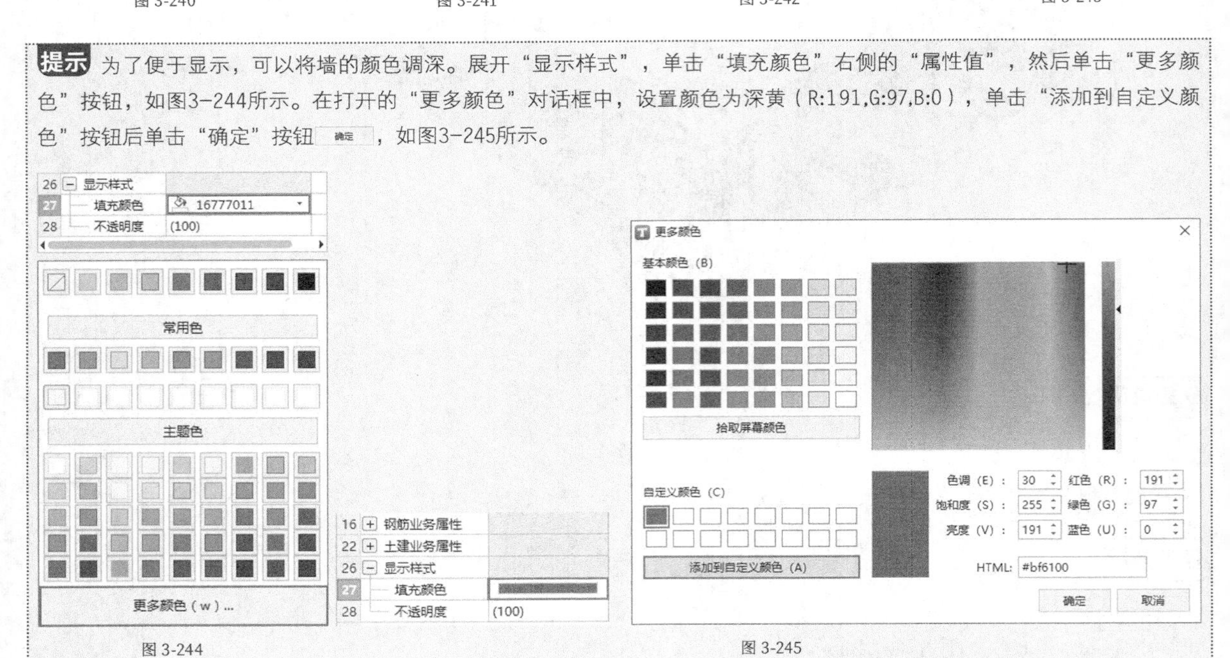

图 3-244　　图 3-245

03 构件绘制完成后，开始进行墙的绘制。为了便于绘制，还需要在“图纸管理”面板中双击“三～十一层平面图”，然后在图中找到 100mm 墙厚所在位置，如图 3-246 所示。

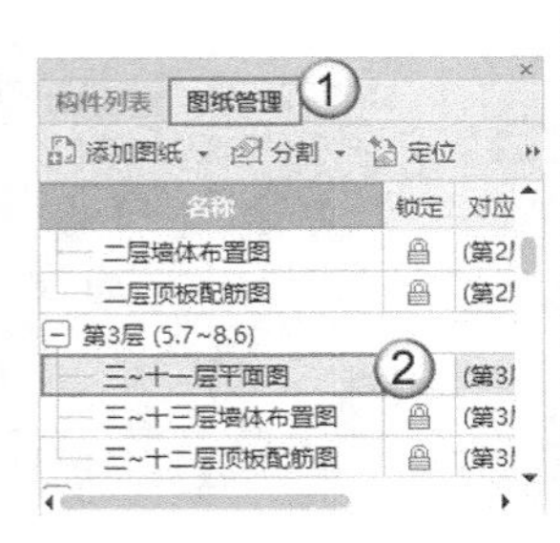

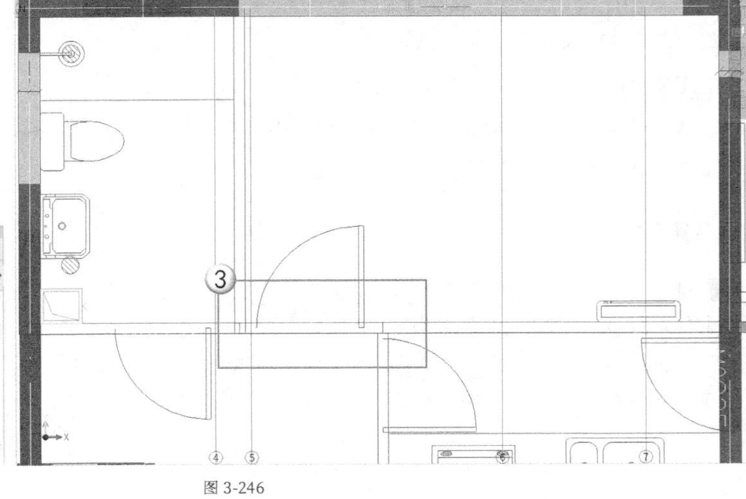

图 3-246

04 选中 QTQ-1，选择“直线”工具，拖曳鼠标指针到墙体所在位置，待鼠标指针变成黄色的“回字形”时单击，绘制起点和终点，再次单击完成砌体墙的绘制，最后单击鼠标右键确认，退出绘制，如图 3-247 所示。绘制完成后的砌体墙如图 3-248 所示。

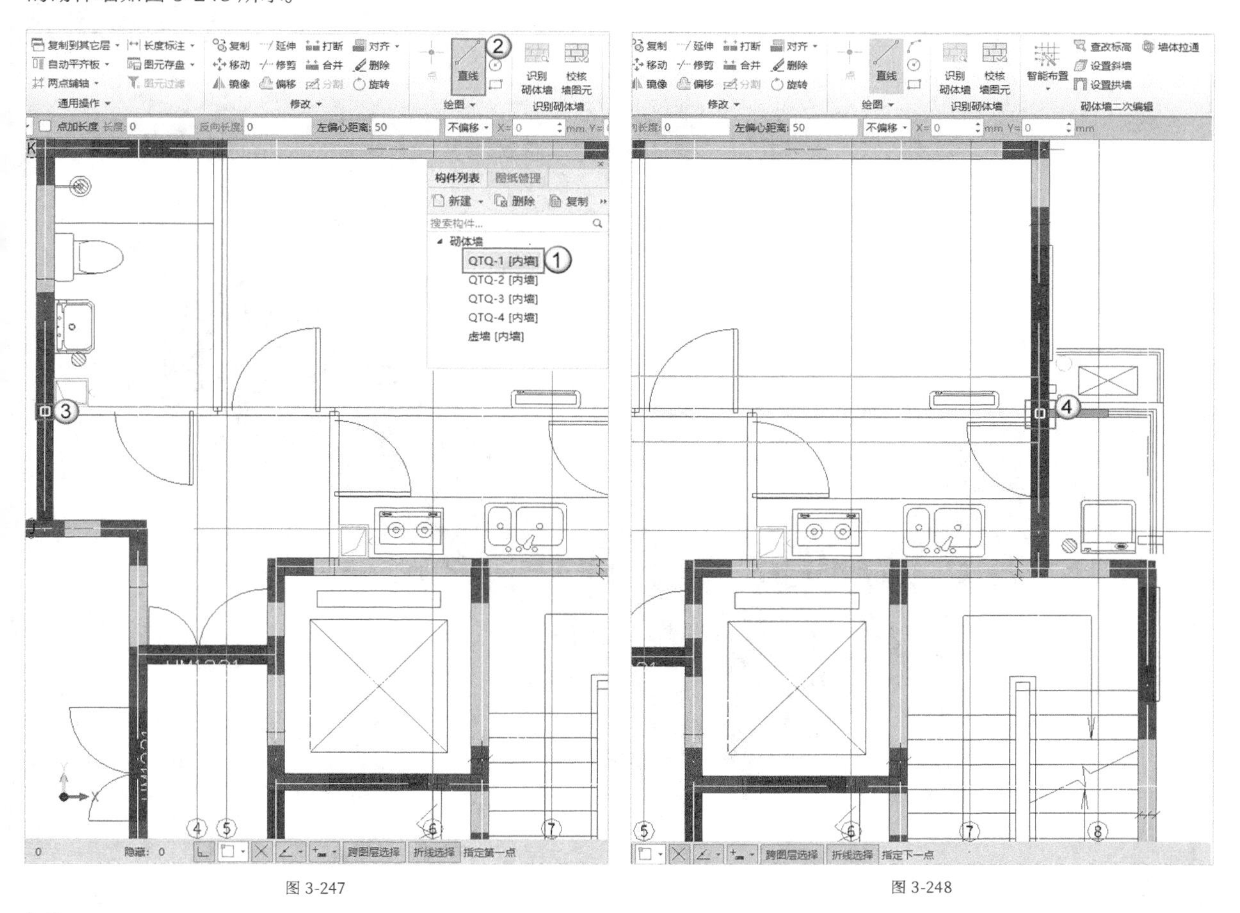

图 3-247　　图 3-248

05 按照同样的方式，完成楼层中的其他砌体墙的绘制。绘制完成后，该高层住宅工程第三层的砌体墙如图 3-249 所示。

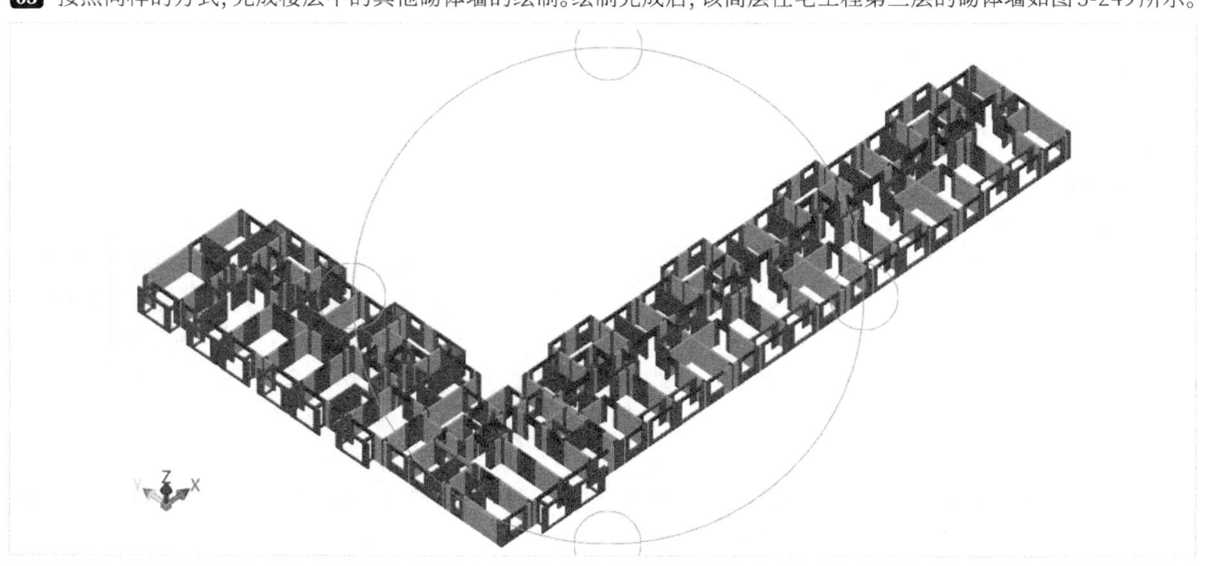

图 3-249

实战：绘制某高层住宅工程第三层的门窗

素材位置	素材文件>CH03>实战：绘制某高层住宅工程第三层的门窗
实例位置	实例文件>CH03>实战：绘制某高层住宅工程第三层的门窗
教学视频	实战：绘制某高层住宅工程第三层的门窗.mp4

扫码观看视频

图 3-250 所示为某高层住宅工程第三层的门窗效果图。

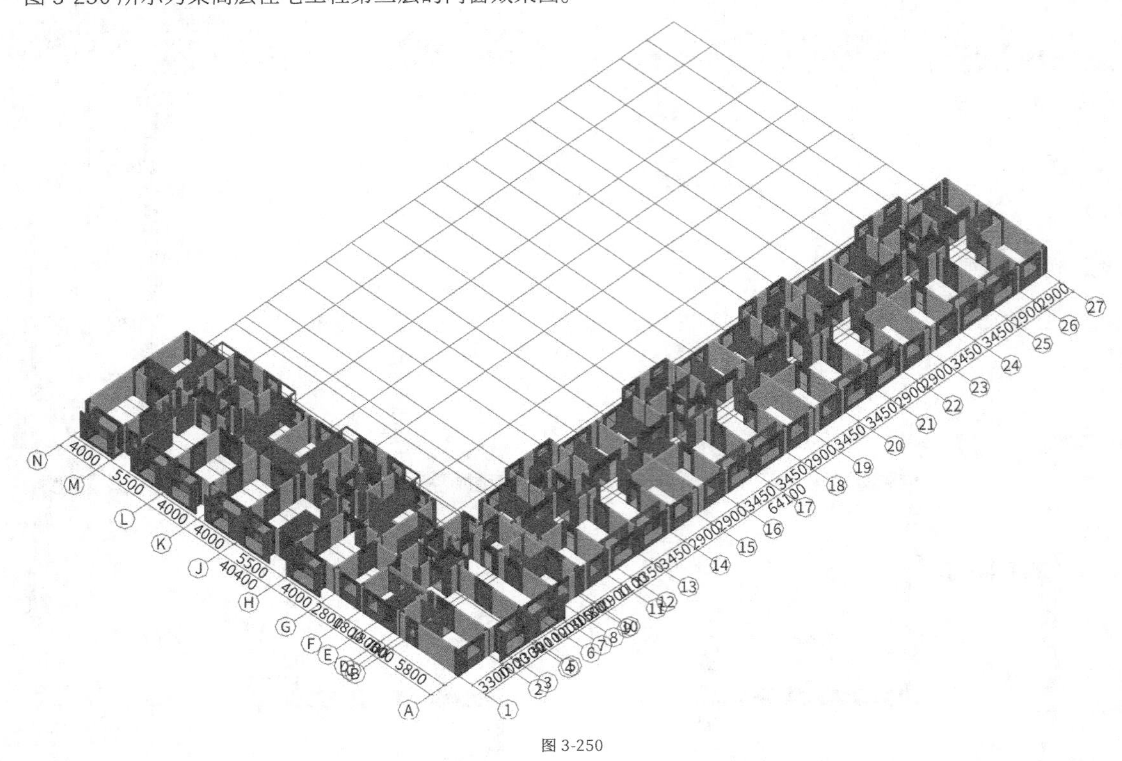

图 3-250

任务说明

（1）根据“三～十一层平面图”，完成门窗构件的新建。

（2）根据“三～十一层平面图”，完成门窗构件的绘制。

任务分析

图纸分析

参照图纸：“三～十一层平面图”。

本案例配套图纸为某高层住宅工程的图纸。从“三～十一层平面图”可知，主要的门构件有 M0821、M0921、M0912、M0825、HM1221、TLM2125、FM1221 乙、FM0921 丙、FM0621 丙和 TLM1825；主要的窗构件有 C1516、C0912、C1216、YTC2023、C1116、C0911、YTC2124、YTC0923、YTC2323 和 YTC1923。

对于窗构件，还会涉及“离地高度”的参数，此时需要查询立面图。下面以 C0921 窗的“离地高度”分析为例，找到“三～十一层平面图”窗所在位置，查看东立面图中窗的立面图，并测量出窗离楼面高度距离为 1400mm。

工具分析

（1）门窗属于墙的子图元，需要通过“门窗洞”构件中“门”和“窗”构件来完成构件的新建，且门窗构件为点式构件，因此绘制工具选择“点”工具。

（2）对于绘制过程中出现的和 CAD 图纸有偏差的问题，可以使用“修改”选项组中的“移动”工具进行调整。

任务实施

绘制门

01 打开“实例文件 >CH03> 实战：绘制某高层住宅工程第三层的砌体墙 > 砌体墙 .GTJ”文件，在“构件导航栏”中执行“门窗洞 > 门”命令，选择“构件列表”，并在“新建”下拉列表中选择“新建矩形门”，得到 M-1，如图 3-251 所示。

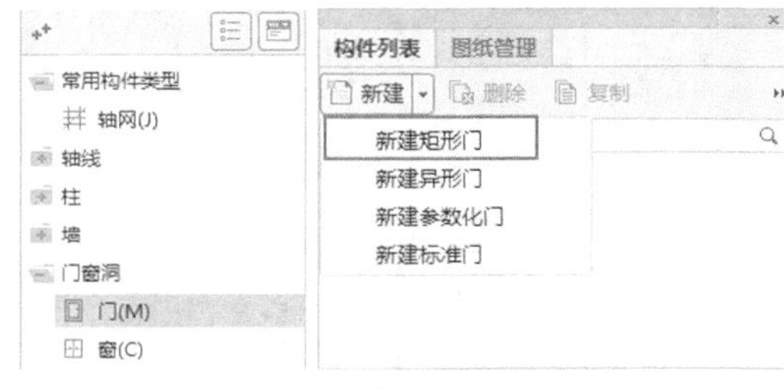

图 3-251

02 找到“三～十一层平面图”，这里以 M0821 为例。在“属性列表”面板中调整“门”的属性信息。直接根据图纸中的门标识进行新建，设置 M-1 的“名称”为 M0821、“洞口宽度”为 800、“洞口高度”为 2100，如图 3-252 所示。

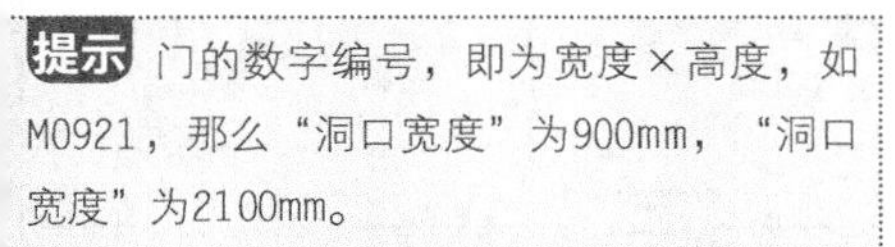
提示 门的数字编号，即为宽度×高度，如 M0921，那么“洞口宽度”为900mm，“洞口宽度”为2100mm。

图 3-252

03 其他门仅需根据门标识调整其洞口的宽度和高度即可，如图 3-253 所示。

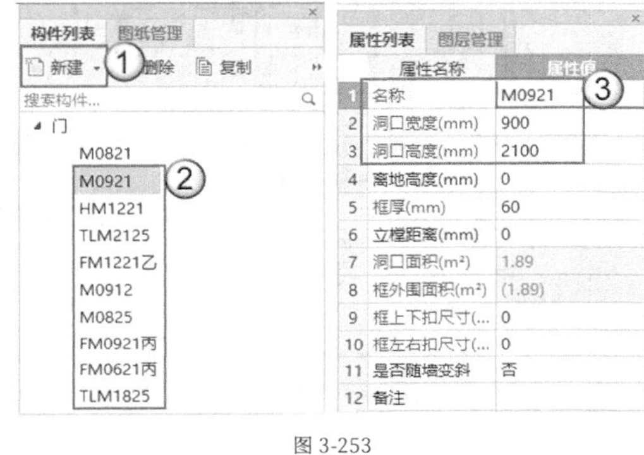

图 3-253

04 构件设置完成后，选择“点”工具，找到与图中构件对应的位置，鼠标指针将会自动捕捉门所在的起点，确定位置后单击，即可完成门的绘制，如图 3-254 所示。

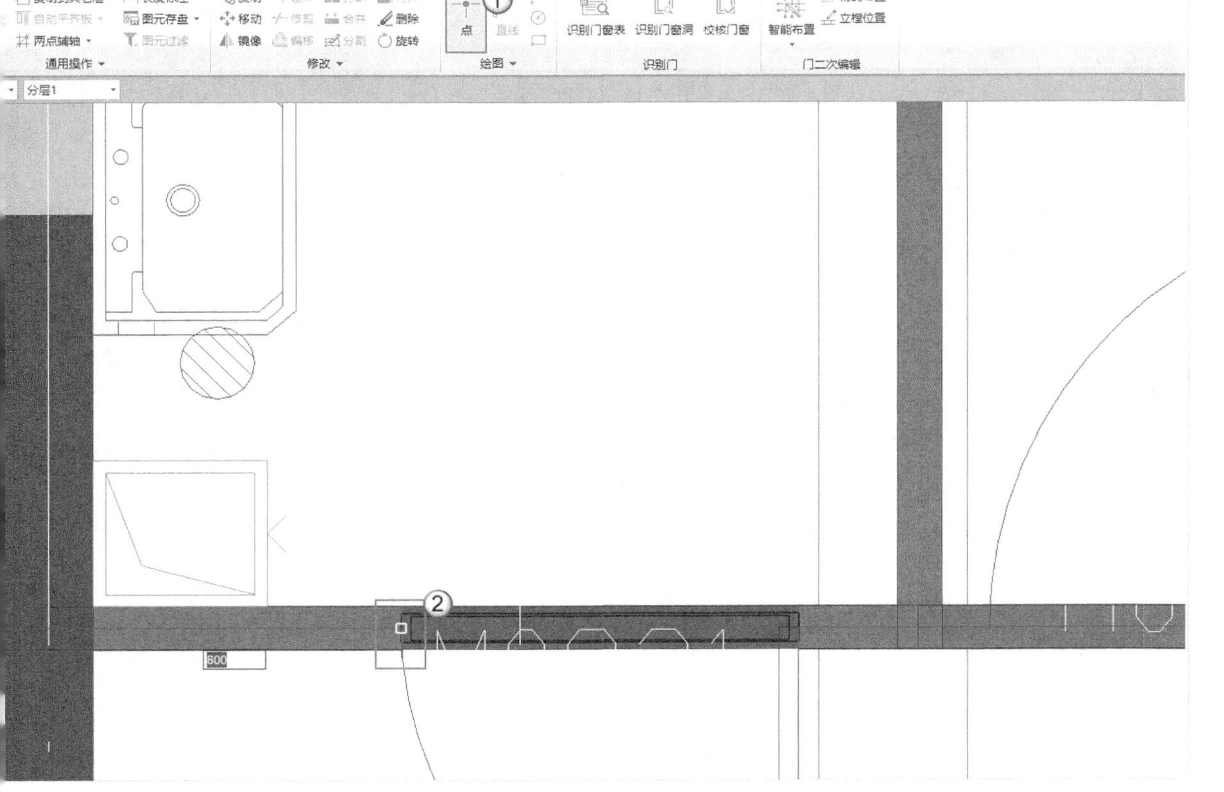

图 3-254

05 按照同样的方式，将剩下的门绘制完成，最后单击鼠标右键确认，完成绘制，如图 3-255 所示。

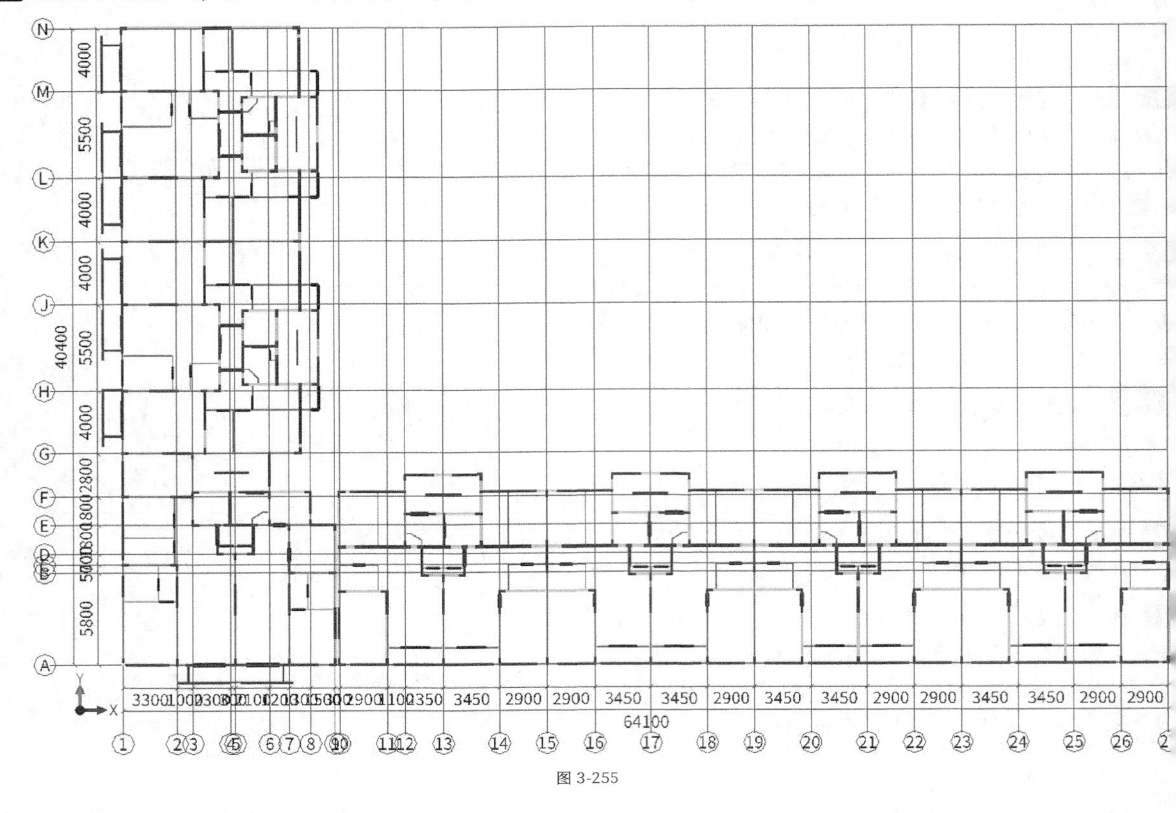

图 3-255

绘制窗

01 与门的绘制方式相似，下面将窗布置在“三～十一层平面图”中窗所在位置。在“构件导航栏”中执行“门窗洞 > 窗
命令⊞，选择“构件列表”，并在“新建”下拉列表中选择“新建矩形窗”，得到 C-1，如图 3-256 所示。

02 在“属性列表”面板中调整“窗”的属性信息。根据图纸中的门标识进行新建，设置 C-1 的“名称”为 C0912、“洞
口宽度”为 900、“洞口高度”为 1200、“离地高度”为 1400，如图 3-257 所示。

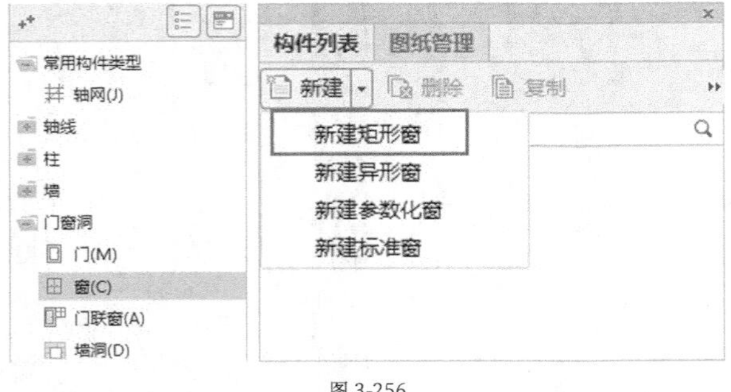

图 3-256

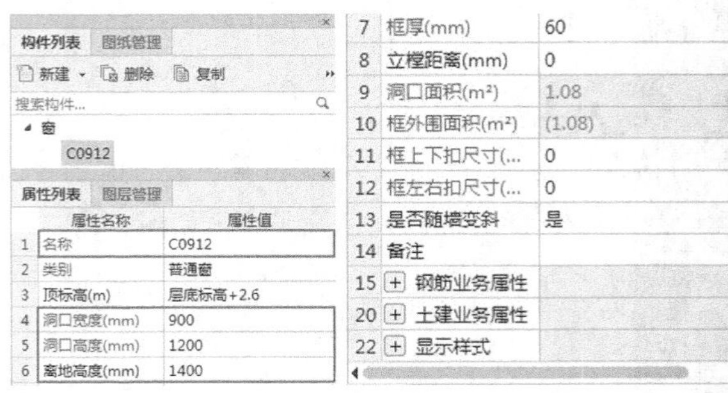

	属性名称	属性值
1	名称	C0912
2	类别	普通窗
3	顶标高(m)	层底标高+2.6
4	洞口宽度(mm)	900
5	洞口高度(mm)	1200
6	离地高度(mm)	1400
7	框厚(mm)	60
8	立樘距离(mm)	0
9	洞口面积(m²)	1.08
10	框外围面积(m²)	(1.08)
11	框上下扣尺寸(...	0
12	框左右扣尺寸(...	0
13	是否随墙变斜	是
14	备注	
15	+ 钢筋业务属性	
20	+ 土建业务属性	
22	+ 显示样式	

图 3-257

03 其他窗仅需根据窗标识调整其洞口宽度和高度即可。

绘制步骤

①设置 C1516 的“洞口宽度”为 1500、“洞口高度”为 1600、“离地高度”为 1000，如图 3-258 所示。

②设置 C1216 的“洞口宽度”为 1200、“洞口高度”为 1600、“离地高度”为 900，如图 3-259 所示。

③设置 YTC2123 的“洞口宽度”为 2100、“洞口高度”为 2300、“离地高度”为 300，如图 3-260 所示。

④设置 C1116 的“洞口宽度”为 1100、“洞口高度”为 1600、“离地高度”为 900，如图 3-261 所示。

图 3-258　　图 3-259　　图 3-260　　图 3-261

⑤设置 C0911 的“洞口宽度”为 900、“洞口高度”为 1100、“离地高度”为 1400，如图 3-262 所示。

⑥设置 YTC0923 的“洞口宽度”为 900、“洞口高度”为 2300、“离地高度”为 200，如图 3-263 所示。

⑦设置 YTC2323 的“洞口宽度”为 2300、“洞口高度”为 2300、“离地高度”为 200，如图 3-264 所示。

⑧设置 YTC2023 的“洞口宽度”为 2000、“洞口高度”为 2300、“离地高度”为 200，如图 3-265 所示。

图 3-262　　图 3-263　　图 3-264　　图 3-265

⑨设置 C1209 的“洞口宽度”为 1200、“洞口高度”为 900、“离地高度”为 1600，如图 3-266 所示。

⑩设置 C0916 的“洞口宽度”为 900、“洞口高度”为 1600、“离地高度”为 900，如图 3-267 所示。

⑪由于 YTC1916 为转角部位的窗，因此需要通过“带形窗”来新建，新建后修改名称为“YTC1916”，设置 YTC1916 的“起点顶标高”为“层底标高 +2.7（8.4）”、“终点顶标高”为“层底标高 +2.7（8.4）”、“起点底标高”为“层底标高 +0.9（6.6）”、“终点底标高”为“层底标高 +0.9（6.6）”，如图 3-268 所示。

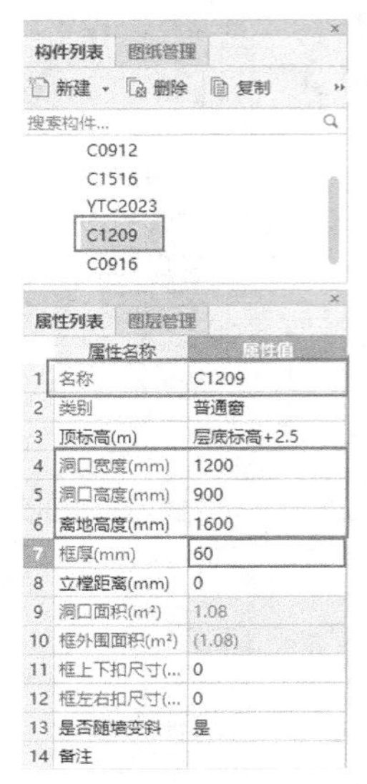

图 3-266

图 3-267

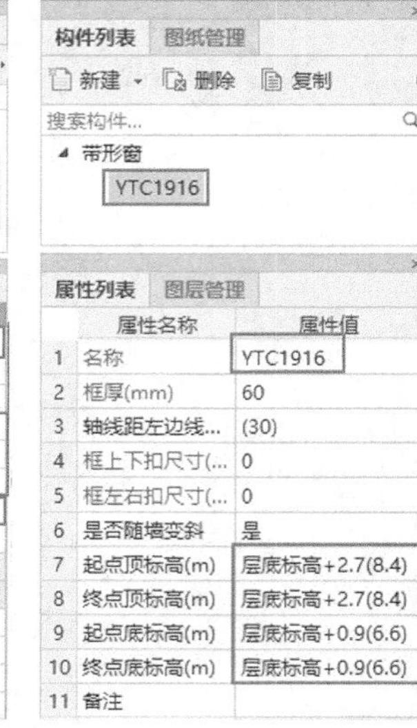

图 3-268

提示 绘制带形窗时，使用“直线”工具⟋，在转角部位分段绘制即可，如图3-269所示。绘制完成后，其三维效果如图3-270所示。

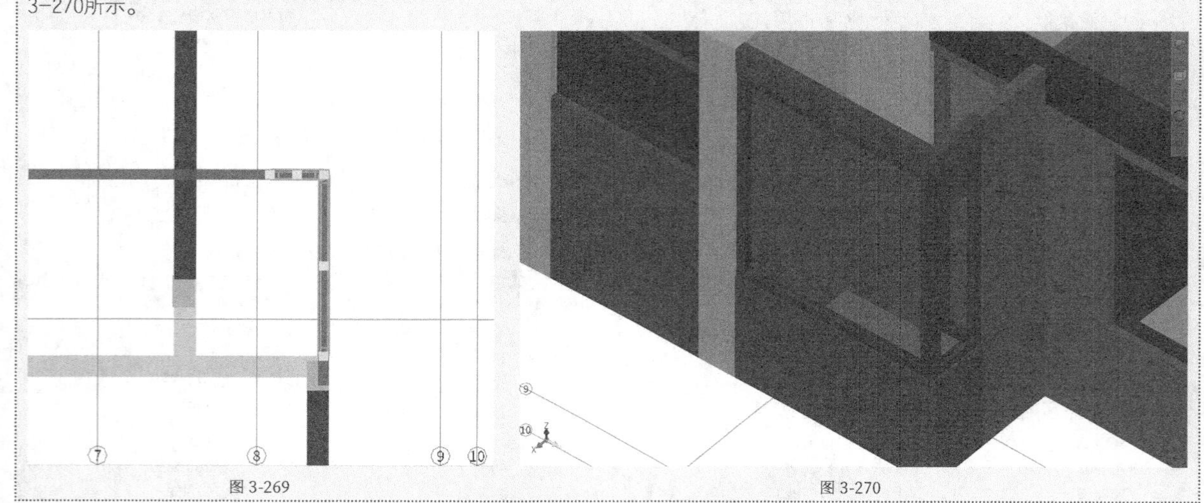

图 3-269　　图 3-270

04 构件设置完成后，选择“点”工具 ，找到与图中构件对应的位置，鼠标指针将会自动捕捉窗所在的起点，确定位置后单击，即可完成窗的绘制，如图 3-271 所示。

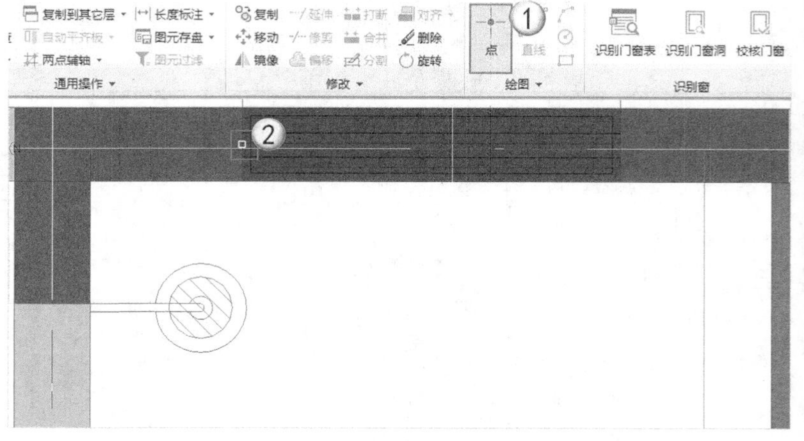

图 3-271

05 按照同样的方式将剩下的窗绘制完成，最后单击鼠标右键确认，退出绘制。绘制完成后，该高层住宅工程第三层的门窗如图 3-272 所示。

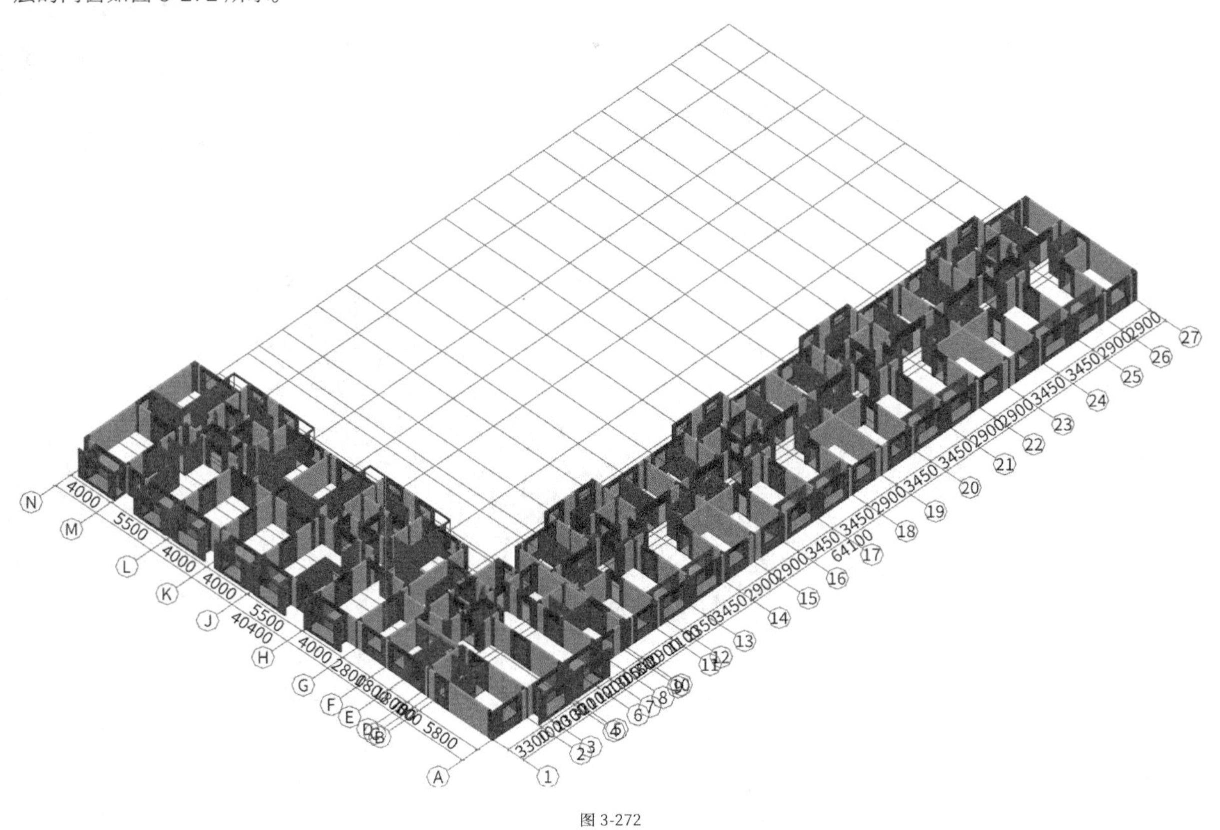

图 3-272

提示 由于本案例没有单独的门窗表，因此只能根据平面图进行新建，读者学习构件新建的方法即可。以后在进行工程项目的设计时可以根据门窗表进行新建，不过需要参照立面图将窗离地的高度的属性设置好。例如，新建窗离地标高为900mm，通过立面图测量可知实际离地高度为1400mm，这时就需要调整窗离地高度，如图3-273所示。注意，绘制好后，一定要进行三维视图的查看，避免出现建模和图纸不一致的问题。

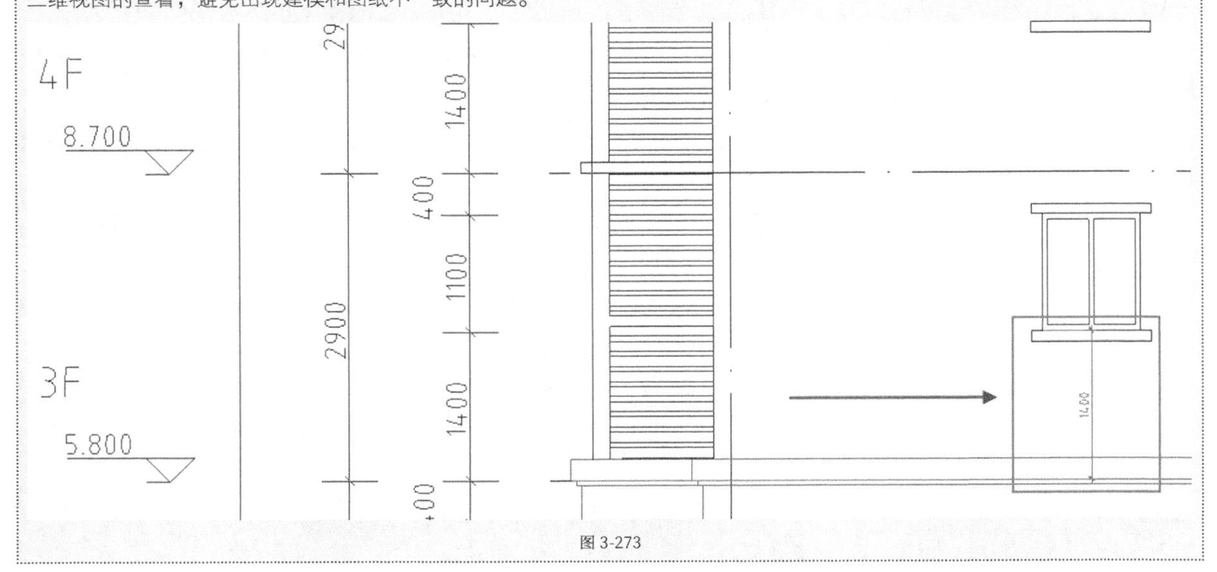

图 3-273

实战：绘制某高层住宅工程第三层的构造柱

素材位置	素材文件>CH03>实战：绘制某高层住宅工程第三层的构造柱
实例位置	实例文件>CH03>实战：绘制某高层住宅工程第三层的构造柱
教学视频	实战：绘制某高层住宅工程第三层的构造柱.mp4

扫码观看视频

图 3-274 所示为某高层住宅工程第三层的构造柱效果图。

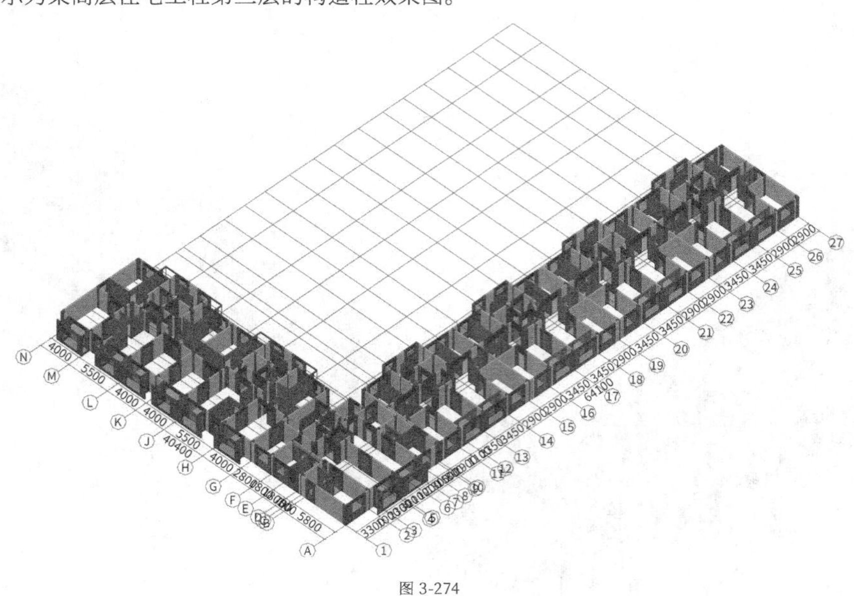

图 3-274

任务说明

（1）根据“结构设计总说明”，完成构造柱构件的新建。

（2）根据“三～十一层平面图”，完成构造柱的绘制。

任务分析

图纸分析

参照图纸：“三～十一层平面图”“结构设计总说明”。

本案例配套图纸为某高层住宅工程的图纸。从“结构设计总说明”可知构造柱、芯柱的布置原则，构造柱所在位置；构造柱的墙宽为 250mm、纵筋为 4A12，箍筋为 A6@250。

根据 06SG614-1 图集第 24、25 页可知，钢筋与构造柱采用预留方式，与框架柱采用植筋方式。钢筋深入砌体墙的长度为 700mm，钢筋信息为 2A6@500。

在“结构设计总说明”中，根据 10.2.7 的第 a 条，门窗洞口宽度大于 1.5m 时，洞口两侧应设置抱框柱做法。

工具分析

（1）构造柱属于“柱”构件中的一种，因此构件类型为“构造柱”，且构造柱构件为点式构件，绘制工具需选择“点”工具。

（2）构造柱绘制完成后，图集中还存在构造柱和砌体墙连接的钢筋，需要通过“砌体加筋”工具来处理。

（3）对于绘制过程中出现和 CAD 图纸有偏差的部分，可以使用“修改”选项组中的“移动”工具或“旋转”工具进行调整。

提示 构造柱属于二次结构，在图纸上并不会直接画出，因此就需要查找“结构设计总说明”。根据“结构设计总说明”，从对应的标准图集中找到对应的位置，才能建立满足需要的构件。

任务实施

绘制构造柱

01 打开“实例文件 >CH03> 实战：绘制某高层住宅工程第三层的门窗 > 门窗 .GTJ”文件，在“构件导航栏”中执行“柱 > 构造柱”命令，选择“构件列表”，在“新建”下拉列表中选择“新建矩形构造柱”，如图 3-275 所示。

02 根据“三～十一层平面图”，编辑厚度为 90mm 的砌体墙构造柱构件的属性信息。设置“名称”为 GZ-90*90、“截面宽度（B 边）”为 90、“截面高度（H 边）”为 90、“全部纵筋”为 4A12、“箍筋”为 A6@250（2*2），如图 3-276 所示。

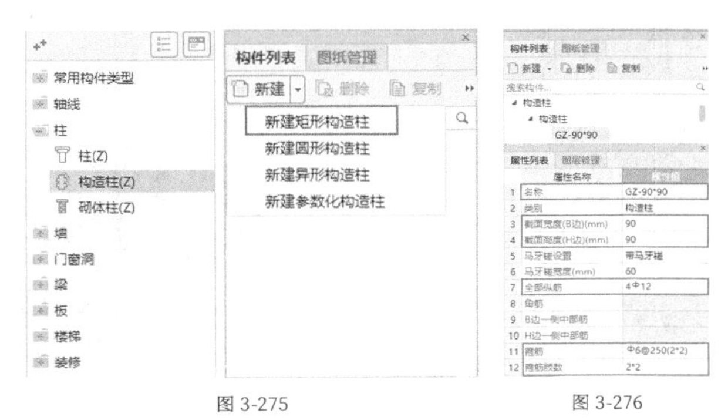

图 3-275　　图 3-276

03 接下来编辑剩余墙厚的构造柱构件，单击“复制”按钮。按照同样的方式，修改“构造柱”和“抱框”的属性信息，如图 3-277 和图 3-278 所示。

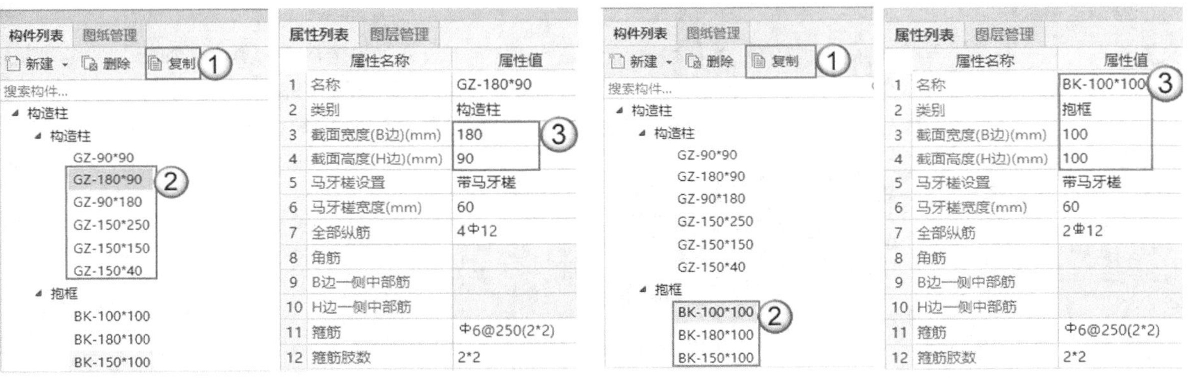

图 3-277　　图 3-278

提示 复制后，“构造柱”和“抱框”的属性信息只有“截面宽度”和“截面高度”需要修改，其信息体现在构件名称中，因此参数只需参照构件名称进行修改即可。

04 构件创建完成后，就可以开始在“砌体墙”中绘制构造柱。选择菜单栏中的“点”工具，找到砌体墙需要布置“构造柱”的位置，这里以转角处墙厚为 90mm 的砌体墙为例，待捕捉到交点，鼠标指针变成“回字形”时单击，完成“构造柱”的布置，如图 3-279 所示。

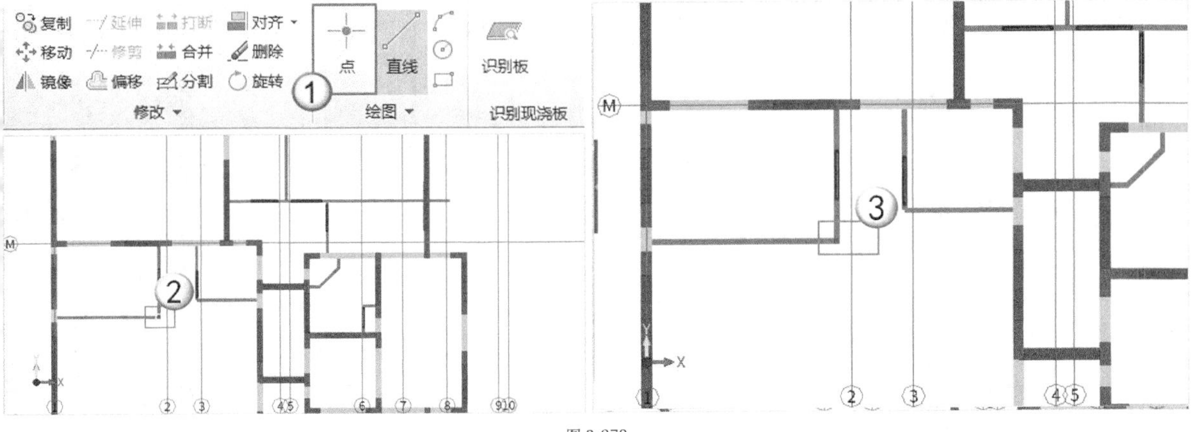

图 3-279

05 “抱框”的绘制方式和“构造柱”的绘制方式相同，按照相同的方式绘制剩下的柱，完成后的效果如图 3-280 所示。

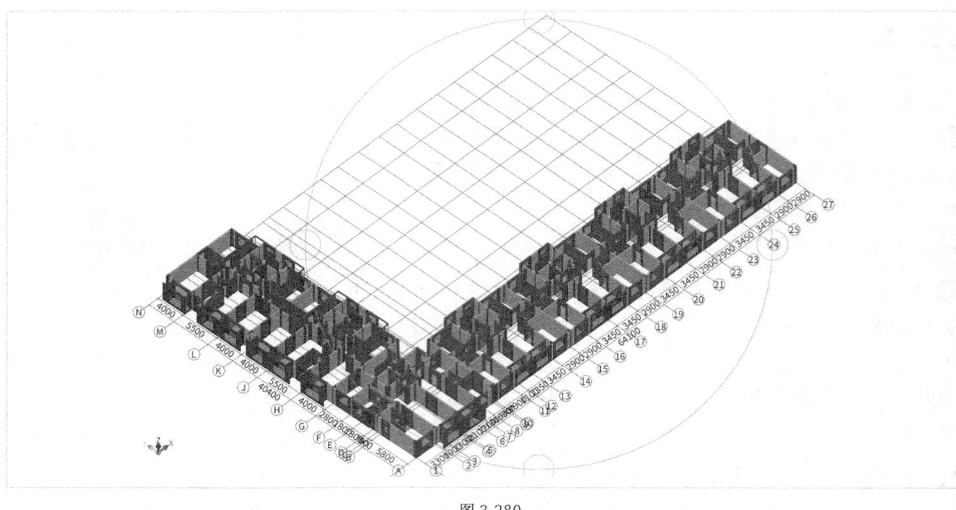

图 3-280

绘制连接钢筋

01 选择“砌体加筋”构件，然后选择“构件列表”，在“新建”下拉列表中选择“新建砌体加筋”，这时将打开“选择参数化图形”对话框，可在其中选择对应的加筋类型并设置参数，如图 3-281 所示。以 L-4 形为例（其他类型仍可参照这种方法自行建立），修改后的信息如图 3-282 所示。

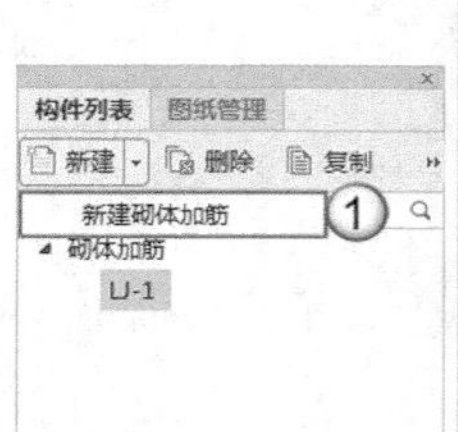

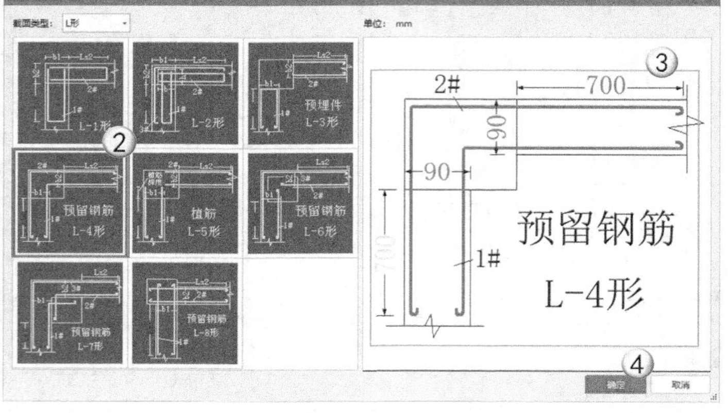

图 3-281

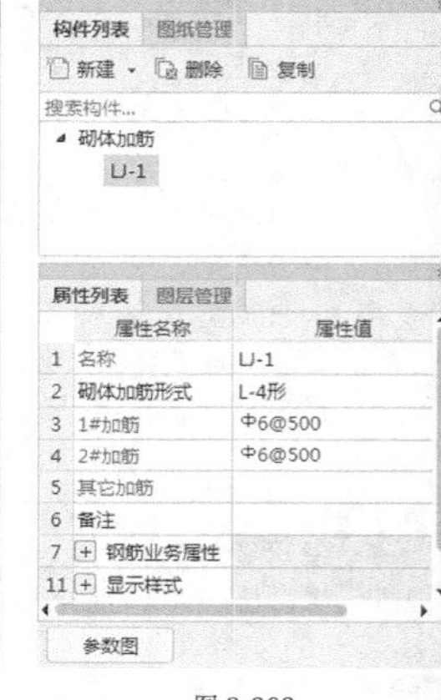

图 3-282

02 选择“点”工具，在图纸中找到需要绘制的位置后单击完成布置，如图 3-283 所示。

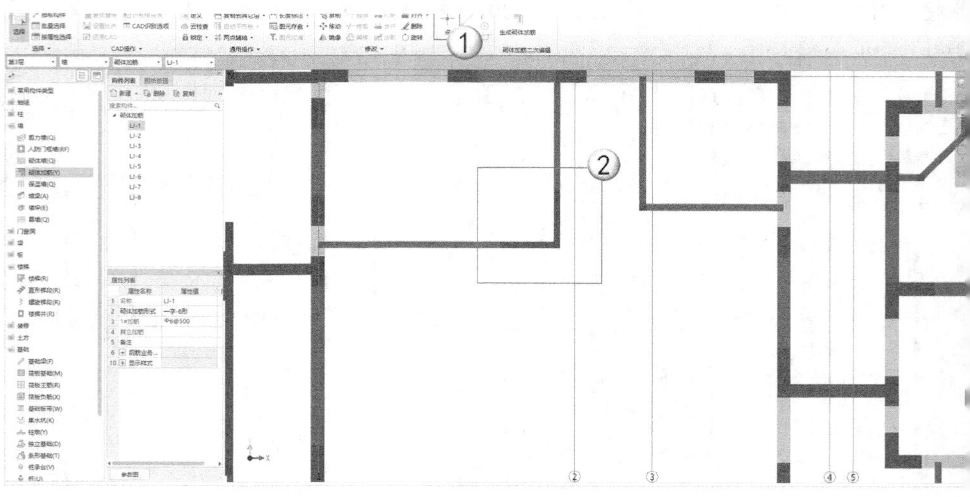

图 3-283

03 从图 3-283 可知，绘制的钢筋不符合图纸要求，因此选中绘制好的 LJ-1 构件，单击“修改”选项组中的“旋转”图标，输入参数为 180，如图 3-284 所示。待构件旋转 180° 后单击，这时构件已旋转成功，如图 3-285 所示。

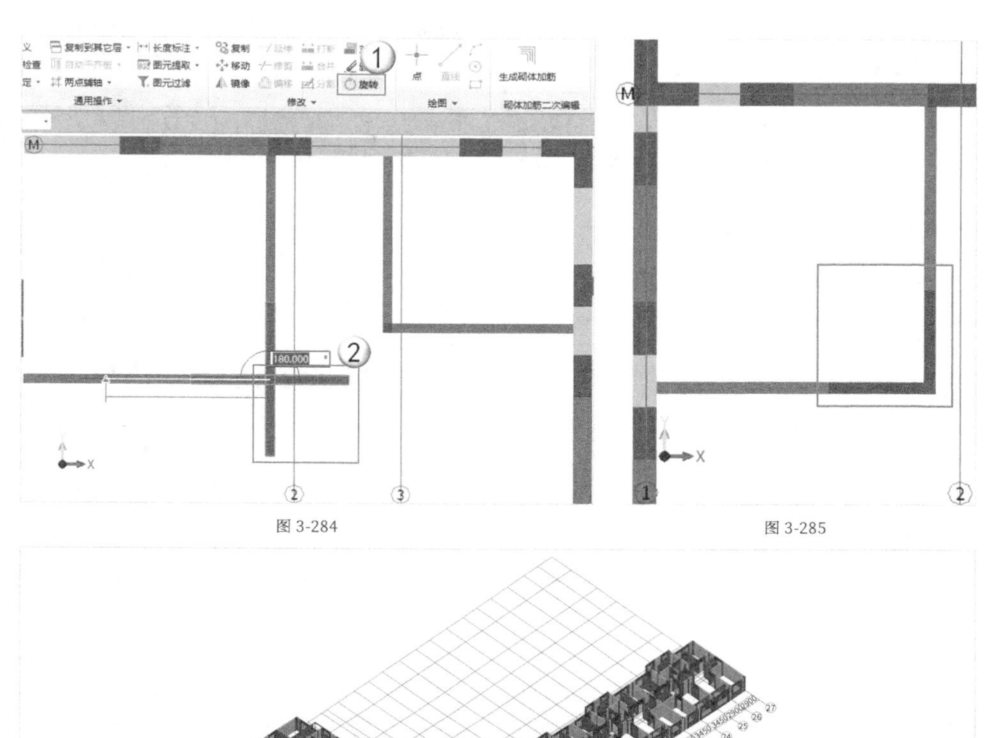

图 3-284

图 3-285

04 按照同样的方法布置其他砌体加筋类型。绘制完成后，该高层住宅工程的构造柱如图 3-286 所示。

图 3-286

实战：绘制某高层住宅工程第三层的过梁

素材位置	素材文件>CH03>实战：绘制某高层住宅工程第三层的过梁
实例位置	实例文件>CH03>实战：绘制某高层住宅工程第三层的过梁
教学视频	实战：绘制某高层住宅工程第三层的过梁.mp4

扫码观看视频

图 3-287 所示为某高层住宅工程第三层的过梁效果图。

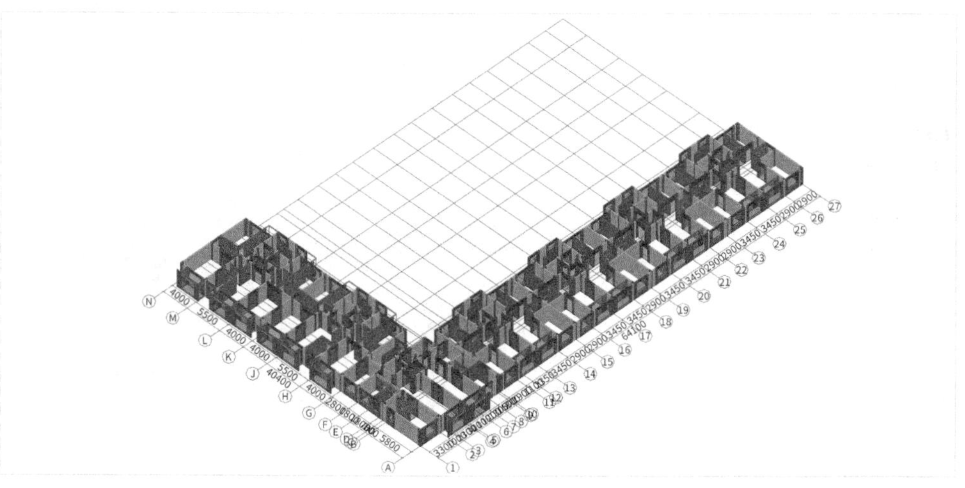

图 3-287

任务说明

（1）根据“结构设计总说明”中的过梁表，完成过梁构件的新建。

（2）根据“三～十一层平面图”，完成过梁构件在平面布置图中的绘制。

任务分析

图纸分析

参照图纸：“三～十一层平面图”“结构设计总说明”。

本案例配套图纸为某高层住宅工程的图纸。根据“结构设计总说明”中的10.2.7，门窗洞口过梁信息如表3-6所示。

表 3-6

洞口宽度 L_0（mm）	梁高 H（mm）	梁下筋	梁上筋	梁箍筋	备注
$L_0 \leqslant 1000$	100	3A10	2A10	A6@200	
$1000<L_0 \leqslant 1800$	150	3A12	2A10	A6@150	
$1800<L_0 \leqslant 2400$	200	3A14	3A12	A6@150	
$2400<L_0 \leqslant 3000$	250	3A16	3A12	A6@150	
$3000<L_0 \leqslant 4000$	350	3A18	3A12	A6@150	

工具分析

过梁属于“门窗洞”的附属图元，需要通过“门窗洞”构件中的“过梁”构件来完成构件的新建，且根据过梁洞口宽度的不同而不同，可以通过“智能布置”工具中的“门窗洞口宽度”来实现。

任务实施

01 打开“实例文件 >CH03> 实战：绘制某高层住宅工程第三层的构造柱 > 构造柱 .GTJ”文件，在“构件导航栏”中执行“门窗洞 > 过梁”命令，选择“构件列表”，在“新建”下拉列表中选择“新建矩形过梁”，得到GL-1，如图3-288所示。

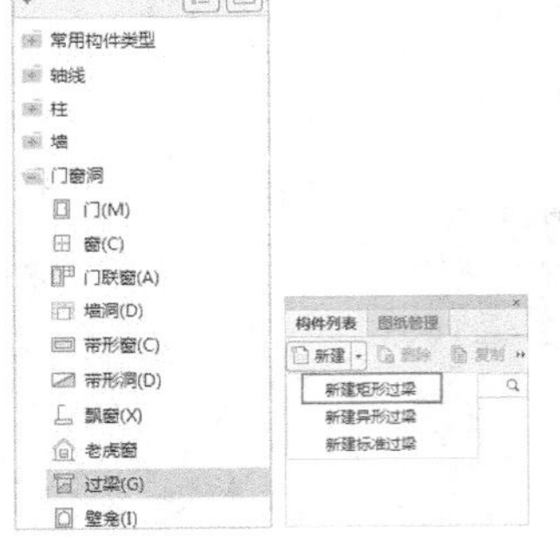

图 3-288

02 根据“门窗洞口过梁表”的要求，在“属性列表”面板中调整“过梁”的属性信息。设置GL-1的“名称”为GL<1000、“截面高度”为100、“上部纵筋”为2A10、“下部纵筋”为3A10、“箍筋”为A6@200（2），如图3-289所示。

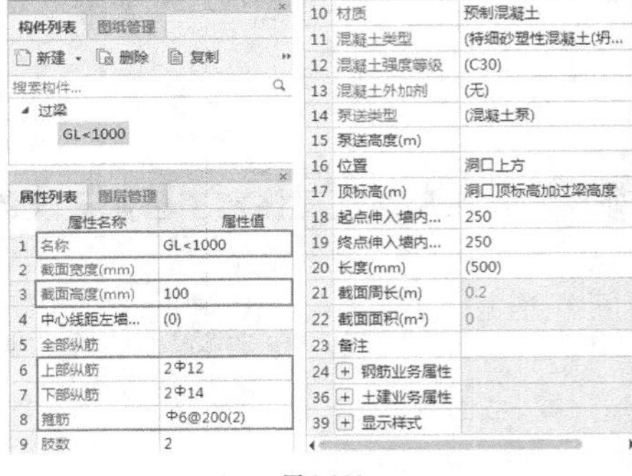

图 3-289

03 在“属性列表”面板中，继续新建1001<GL<1800、1801<GL<2400、2401<GL<3000和3001<GL<4000，并调整相关信息。

绘制步骤

①选中GL<1000，然后单击“复制”按钮 4次，如图3-290所示。

②选中GL<1001，设置“名称”为1001<GL<1800、“截面高度”为150、“上部纵筋”为2A10、“下部纵筋”为3C12、“箍筋”为A6@150（2），如图3-291所示。

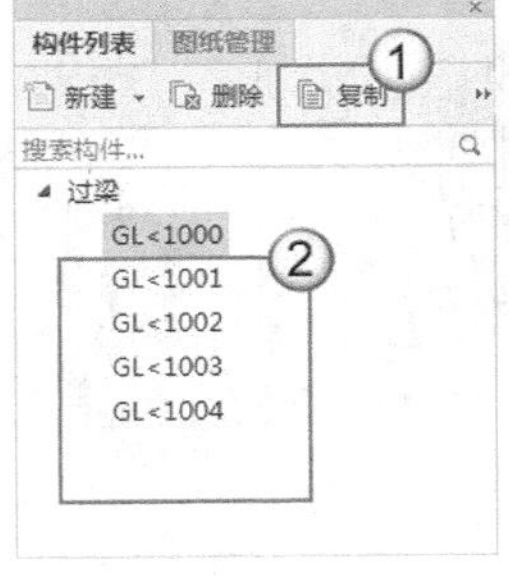

图 3-290

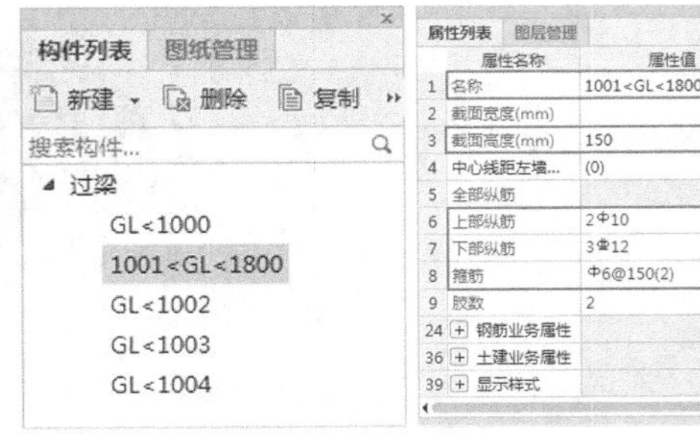

图 3-291

③ 选中 GL<1002，设置“名称”为 1801<GL<2400、“截面高度”为 200、“上部纵筋”为 2A12、“下部纵筋”为 3C14、“箍筋”为 A6@150（2），如图 3-292 所示。

④ 选中 GL<1003，设置“名称”为 2401<GL<3000、“截面高度”为 250、“上部纵筋”为 2A12、“下部纵筋”为 3C16、“箍筋”为 A6@150（2），如图 3-293 所示。

⑤ 选中 GL<1004，设置“名称”为 3001<GL<4000、“截面高度”为 300、“上部纵筋”为 2A12、“下部纵筋”为 3C18、“箍筋”为 A6@150（2），如图 3-294 所示。

构件列表：过梁 — GL<1000、1001<GL<1800、1801<GL<2400、GL<1003、GL<1004

	属性名称	属性值
1	名称	1801<GL<2400
2	截面宽度(mm)	
3	截面高度(mm)	200
4	中心线距左墙...	(0)
5	全部纵筋	
6	上部纵筋	2Φ12
7	下部纵筋	3Φ14
8	箍筋	Φ6@150(2)
9	肢数	2

图 3-292

构件列表：过梁 — GL<1000、1001<GL<1800、1801<GL<2400、2401<GL<3000、GL<1004

	属性名称	属性值
1	名称	2401<GL<3000
2	截面宽度(mm)	
3	截面高度(mm)	250
4	中心线距左墙...	(0)
5	全部纵筋	
6	上部纵筋	2Φ12
7	下部纵筋	3Φ16
8	箍筋	Φ6@150(2)
9	肢数	2

图 3-293

构件列表：过梁 — GL<1000、1001<GL<1800、1801<GL<2400、2401<GL<3000、3001<GL<4001

	属性名称	属性值
1	名称	3001<GL<4001
2	截面宽度(mm)	
3	截面高度(mm)	300
4	中心线距左墙...	(0)
5	全部纵筋	
6	上部纵筋	2Φ12
7	下部纵筋	3Φ18
8	箍筋	Φ6@150(2)
9	肢数	2

图 3-294

04 构件创建完成后，选中 GL<1000，选择“智能布置”工具下拉列表中的“门窗洞口宽度”，打开“按门窗洞口宽度布置过梁”对话框，设置“布置条件”为“500 ≤洞口宽度≤ 1000”，完成后单击“确定”按钮，如图 3-295 所示。这时过梁便自动被布置在符合条件的门窗洞口上部，其三维效果如图 3-296 所示。

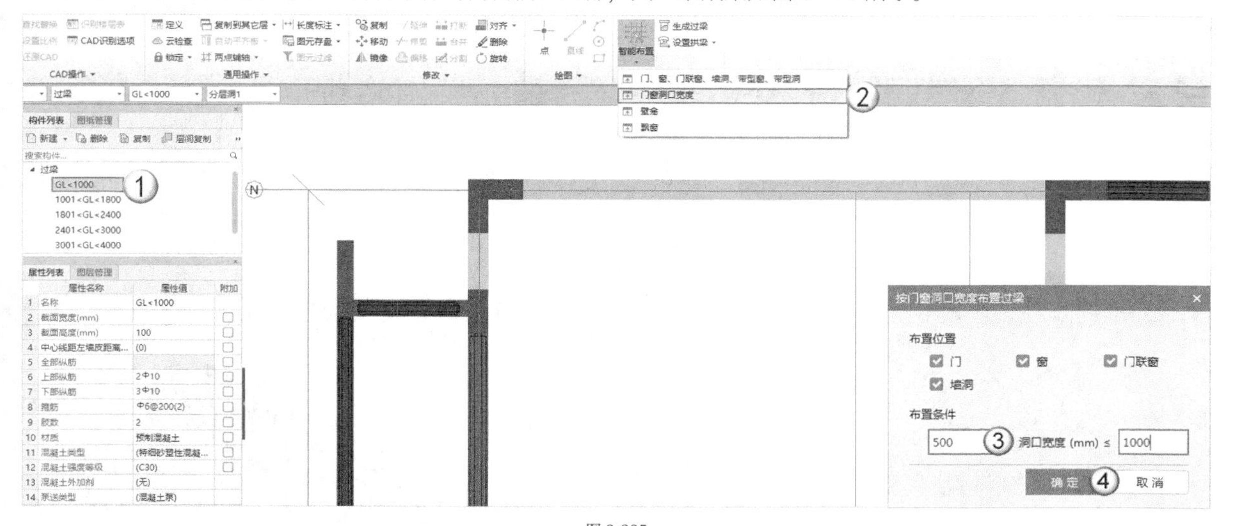

图 3-295

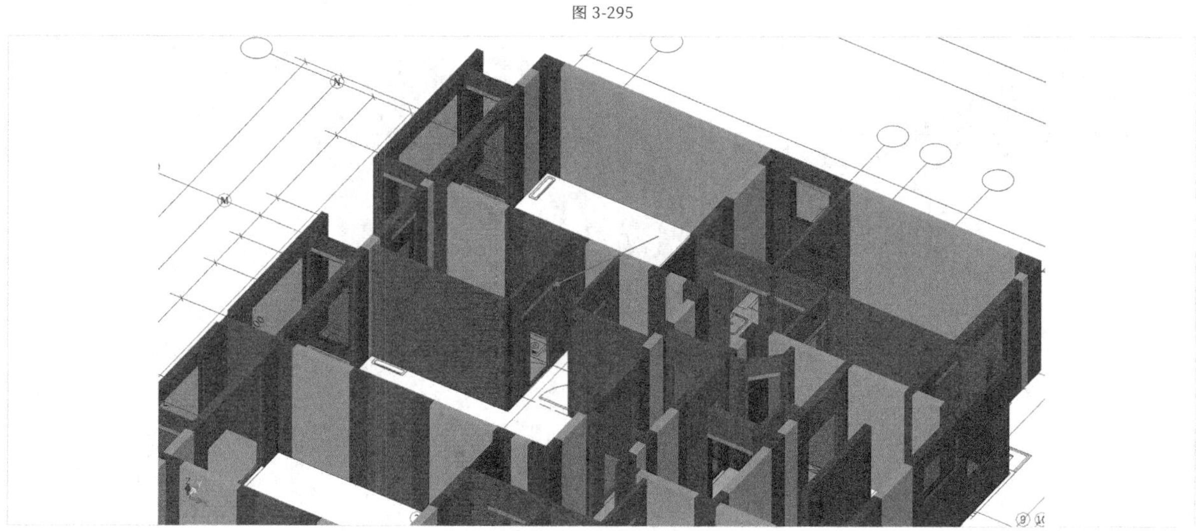

图 3-296

05 按照同样的方式，分别选中其他宽度的过梁，然后选择“门窗洞口宽度”选项，在“按门窗洞口宽度布置过梁”对话框中设置对应的洞口宽度，如图 3-297~ 图 3-300 所示。

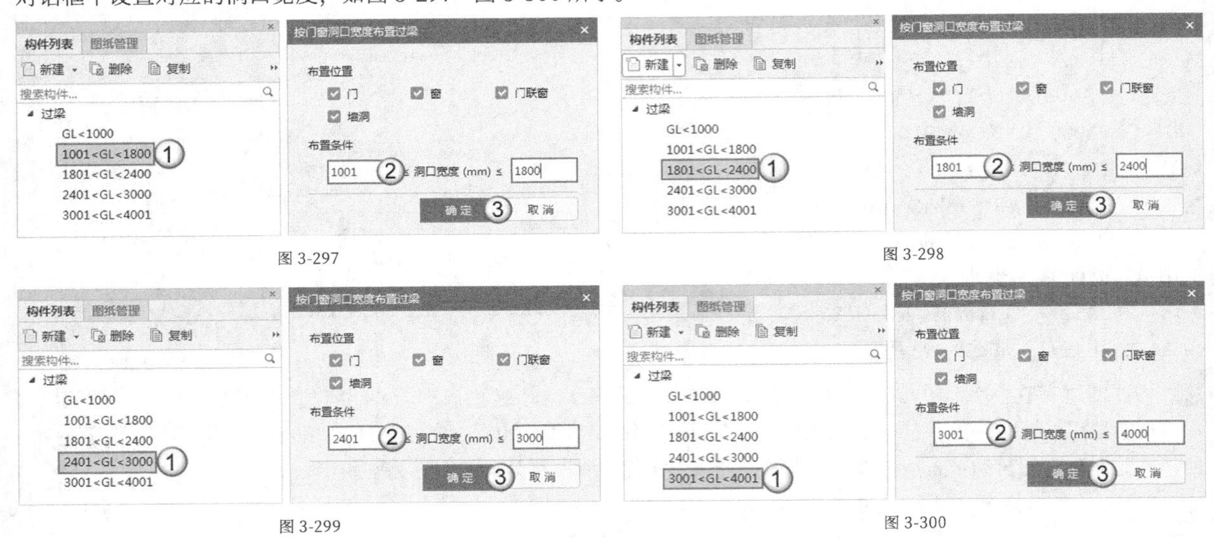

图 3-297

图 3-298

图 3-299

图 3-300

06 绘制完成后，该高层住宅工程第三层的过梁如图 3-301 所示。

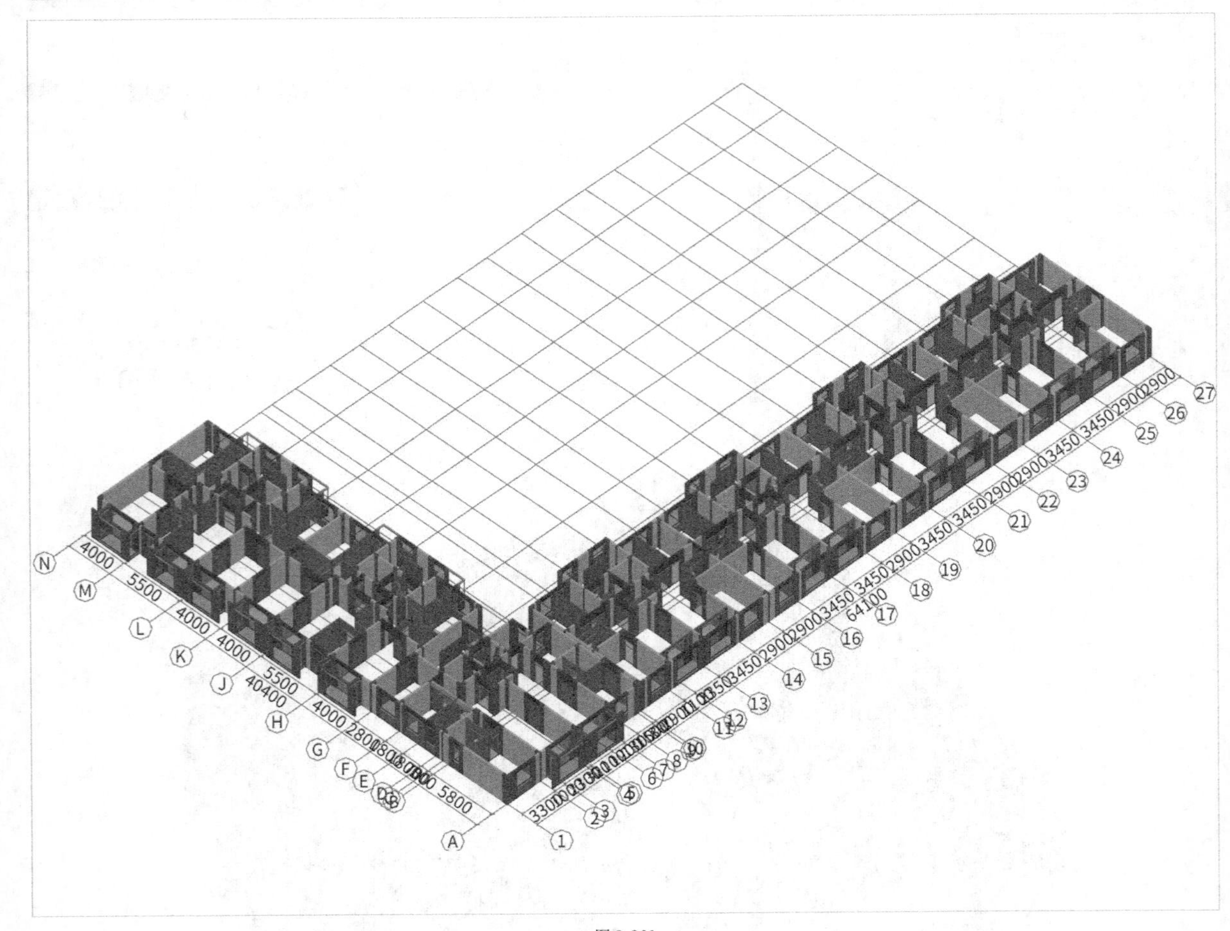

图 3-301

实战：绘制某高层住宅工程第三层的窗台板

素材位置	素材文件>CH03>实战：绘制某高层住宅工程第三层的窗台板
实例位置	实例文件>CH03>实战：绘制某高层住宅工程第三层的窗台板
教学视频	实战：绘制某高层住宅工程第三层的窗台板.mp4

扫码观看视频

图 3-302 所示为某高层住宅工程第三层的窗台板的效果图。

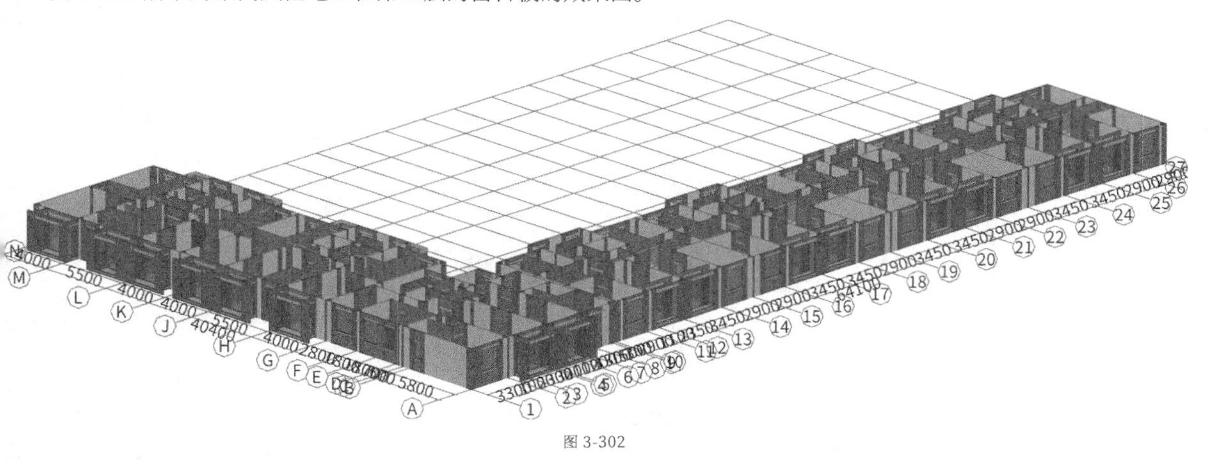

图 3-302

任务说明

（1）根据“结构设计总说明”中窗台板的属性要求，完成窗台板构件的新建。

（2）根据“三 ~ 十一层平面图”，完成窗台板构件的绘制。

任务分析

图纸分析

参照图纸：“三 ~ 十一层平面图”“结构设计总说明”。

根据“结构设计总说明”中 10.2.9 的要求，后砌外墙窗台下应设置窗台板，长度为洞口跨度 +500，截面为墙宽×60，主筋为 2A6，拉筋为 A6@300。

工具分析

窗台板可通过“过梁”构件新建，由于仅在外墙窗台下有窗台板，因此只需在外墙窗台下布置窗台梁，同时绘制工具选择“点”工具。

任务实施

01 与过梁的绘制方式相似，打开“实例文件 >CH03> 实战：绘制某高层住宅工程第三层的过梁 > 过梁 .GTJ”文件，在“过梁”的“构件列表”面板中单击“复制”按钮，设置新建构件的“名称”为“窗台板”、“截面高度”为 60、“下部纵筋”为 2A6、“箍筋”为 A6@300（1）、“位置”为“洞口下方”，如图 3-303 所示。

图 3-303

02 选择“点”工具+，然后找到需要布置的外窗，待鼠标指针变成“×形”时表示已经捕捉到目标位置，这时单击“确定”按钮 确定 ，如图 3-304 所示。

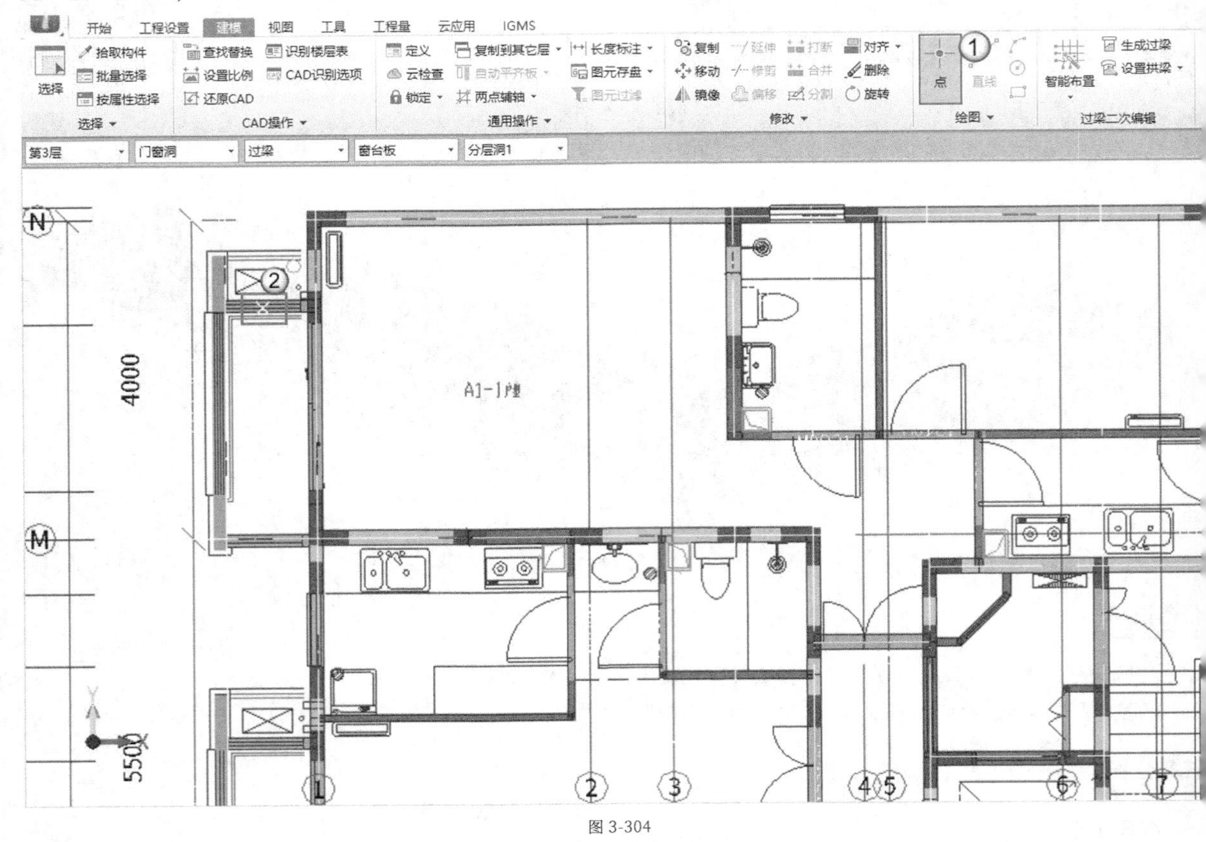

图 3-304

03 按照同样的方式，布置所有外窗的窗台板。绘制完成后，其三维效果如图 3-305 所示。

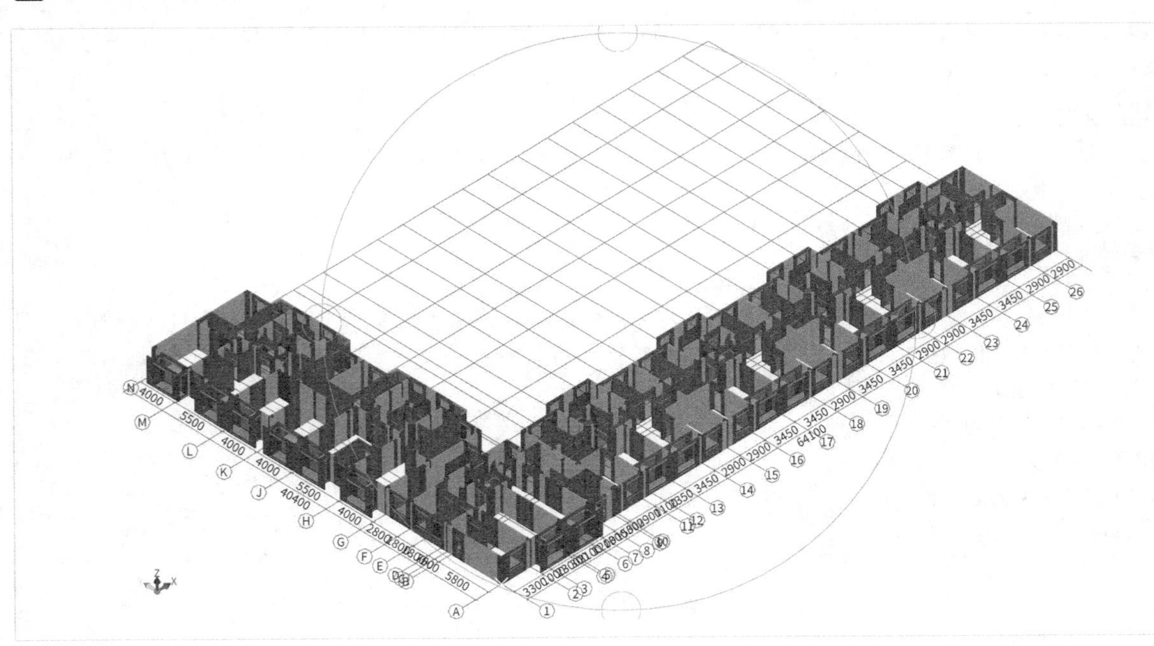

图 3-305

实战：绘制某高层住宅工程第三层的圈梁

扫码观看视频

素材位置	素材文件>CH03>实战：绘制某高层住宅工程第三层的圈梁
实例位置	实例文件>CH03>实战：绘制某高层住宅工程第三层的圈梁
教学视频	实战：绘制某高层住宅工程第三层的圈梁.mp4

图 3-306 所示为某高层住宅工程第三层的圈梁效果图。

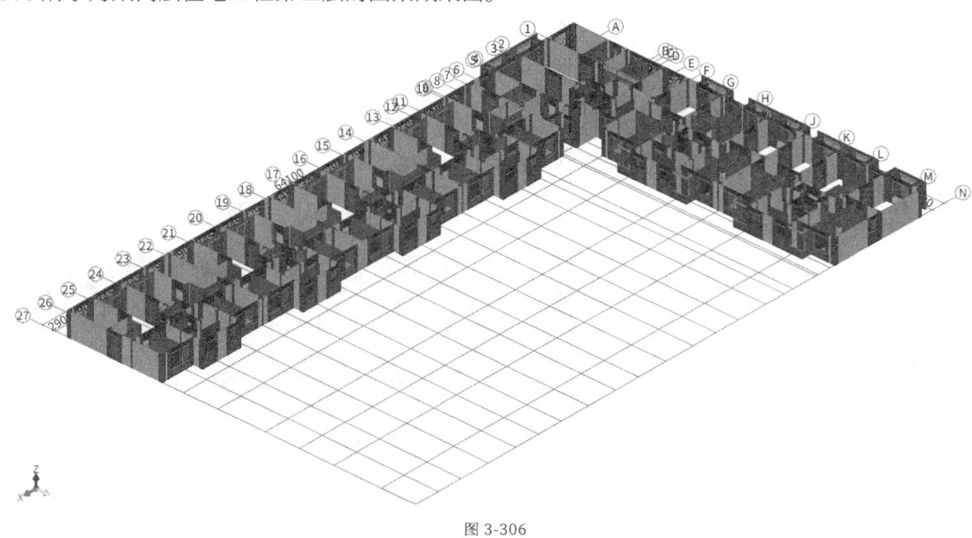

图 3-306

任务说明

（1）根据“结构设计总说明”中圈梁的属性要求，完成圈梁构件的新建。

（2）根据“三～十一层平面图”，完成圈梁构件的绘制。

任务分析

图纸分析

参照图纸：“三～十一层平面图”“结构设计总说明”。

本案例配套图纸为某高层住宅工程的图纸。在“结构设计总说明”中，根据 10.2.8 提出的楼梯间填充墙圈梁的要求可知，楼梯间填充墙沿墙高每隔 500mm 设 2A6 通常钢筋，且在楼层的半层高度位置设圈梁截面为“墙宽×150”，纵筋为 4A10，箍筋为 A6@250，纵筋深入两端剪力墙内。

工具分析

圈梁属于“梁”构件，且本工程的圈梁十分规则，因此可选择“新建矩形构件”，同时圈梁属于线性构件，因此绘制工具选择“直线”工具⁄。

任务实施

01 打开“实例文件 >CH03> 实战：绘制某高层住宅工程第三层的窗台板 > 窗台板 .GTJ”文件，在“构件导航栏”中执行“梁 > 圈梁”命令，然后选择“构件列表”，在“新建”下拉列表中选择“新建矩形圈梁”，得到 QL-1，如图 3-307 所示。

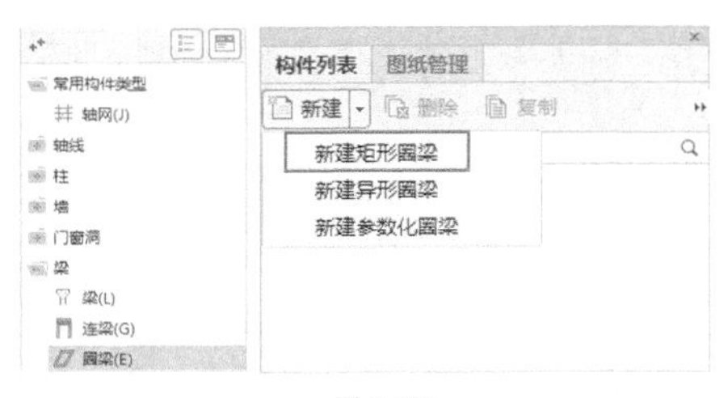

图 3-307

02 根据“结构设计总说明”，在“属性列表”面板中调整圈梁的属性。设置“截面宽度”为 180、“截面高度”为 60、“下部钢筋”为 2A6、“箍筋”为 A6@300、“肢数”为 1、“起点顶标高”为“层底标高 +1.6”、“起点顶标高”为“层底标高 +1.6”，如图 3-308 所示。

属性列表　图层管理

	属性名称	属性值
1	名称	QL-1
2	截面宽度(mm)	180
3	截面高度(mm)	60
4	轴线距梁左边线距离...	(90)
5	上部钢筋	
6	下部钢筋	2Φ6
7	箍筋	Φ6@300
8	肢数	1
9	材质	自拌混凝土
10	混凝土类型	(特细砂塑性混凝...
11	混凝土强度等级	(C30)
12	混凝土外加剂	(无)
13	泵送类型	(混凝土泵)
14	泵送高度(m)	
15	截面周长(m)	0.48
16	截面面积(m²)	0.011
17	起点顶标高(m)	层底标高+1.6
18	终点顶标高(m)	层底标高+1.6
19	备注	
20	+ 钢筋业务属性	
34	+ 土建业务属性	
40	+ 显示样式	

图 3-308

03 构件创建完成后，选择“直线”工具，找到需要放置的位置，选择起点后单击，找到终点后再次单击，最后单击鼠标右键退出，完成圈梁的布置，如图 3-309 所示。

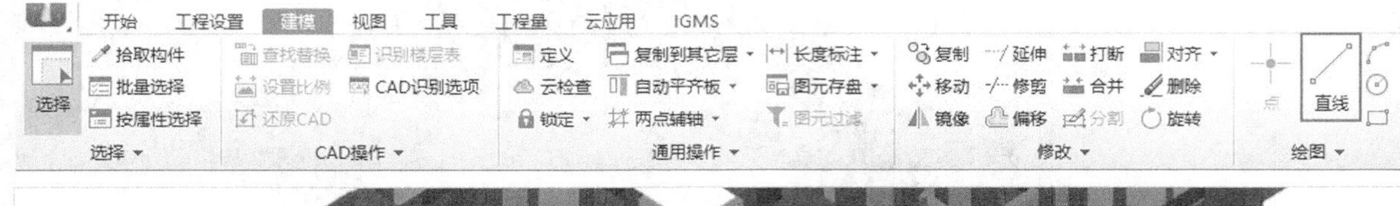

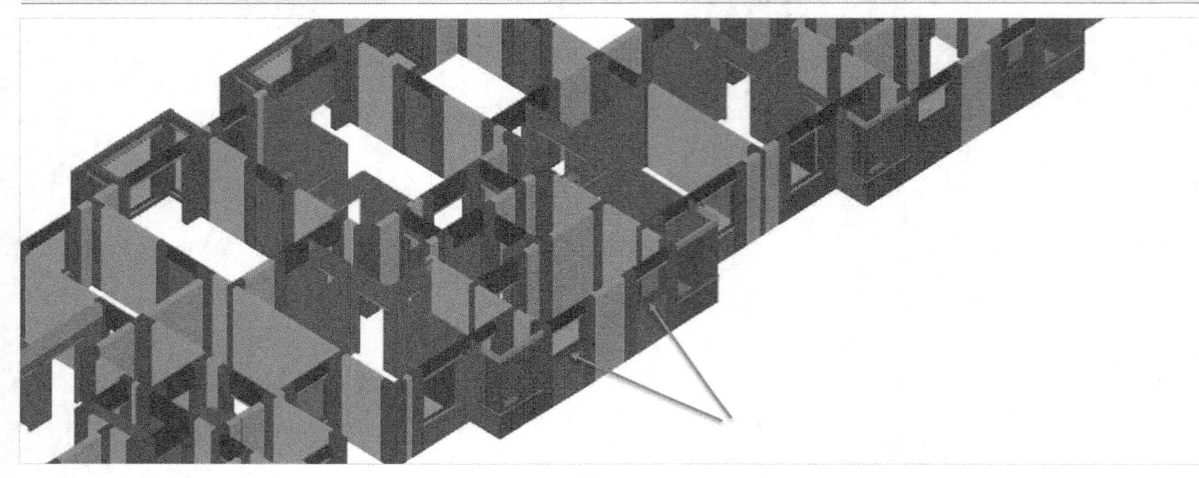

图 3-309

04 绘制完成后，该高层住宅第三层的圈梁如图 3-310 所示。

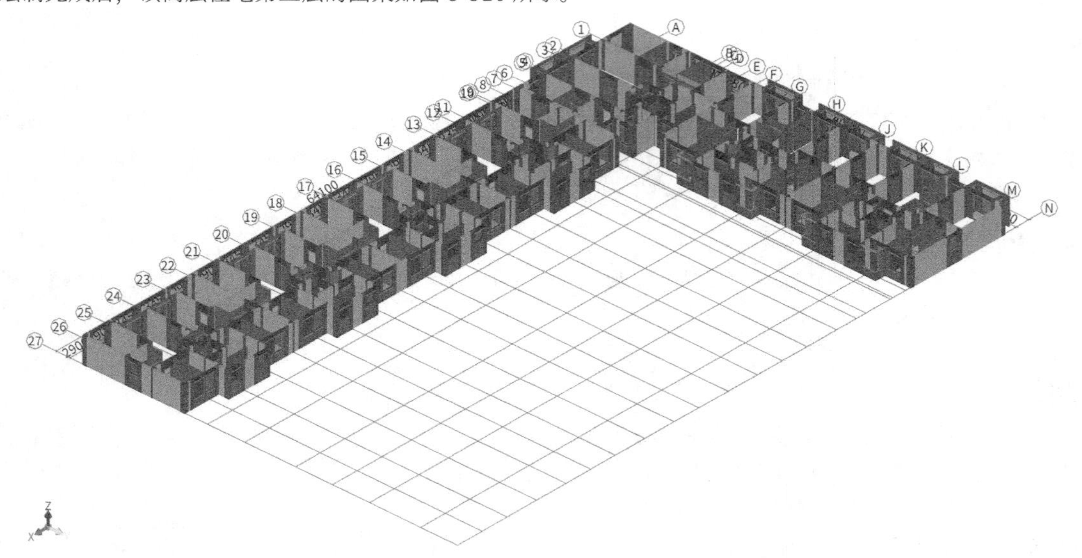

图 3-310

提示 根据实际情况，很多施工单位在进行二次结构算量时，业主往往会需要施工单位出具二次结构深化方案，报监理、业主审批后才能作为最终结算的依据。

3.2.8 装修工程

根据 GTJ2018 手工建模流程，下面对装修工程的建模方式进行介绍。

基础介绍

楼地面指在建筑主体结构板完成后，为了达到居住环境在主体结构板上进行建筑面构造的装饰做法，一般包括水泥砂浆整体楼地面和块料地砖等面层。

踢脚是指外墙内侧和内墙两侧与室内地坪交接处的构造，踢脚的主要作用是防止扫地时污染墙面，此外还能起到防潮和保护墙脚的作用。踢脚材料一般和楼地面材料一致，其高度一般在 100~150mm。

墙面主要是指建筑在完成二次结构后，为了达到居住环境，在墙上进行抹灰打底处理后，进行的高级饰面处理，包括在墙上完成乳胶漆整体墙面和墙砖、石材等块料面层。

天棚指建筑施工过程中，在主体结构板底面进行喷浆、抹灰或粘贴装饰材料，一般用于装饰性要求不高的住宅、办公楼等民用建筑。

吊顶指房屋居住环境的顶部装修的一种装饰。一般由龙骨和吊顶面层组成，距离结构底板有一定距离，在这个空间内还能进行管线的铺设，面层还能营造出不同的空间效果。

绘制依据

基本流程

装修工程的基本绘制流程如图 3-311 所示。

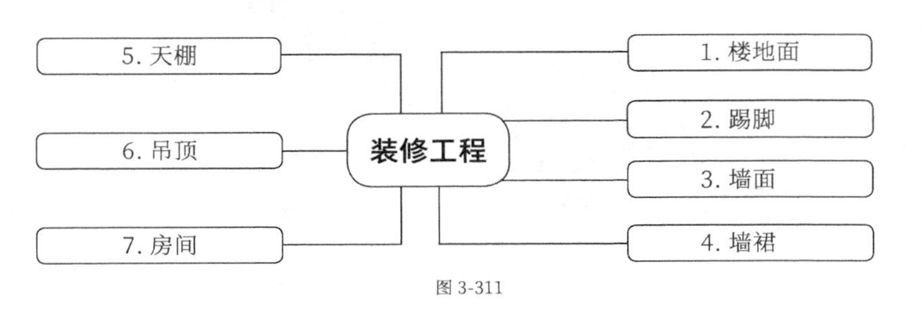

图 3-311

本书将讲解的是楼地面、踢脚、墙面、天棚、房间和外墙面，其绘制流程分别如图 3-312~ 图 3-314 所示。

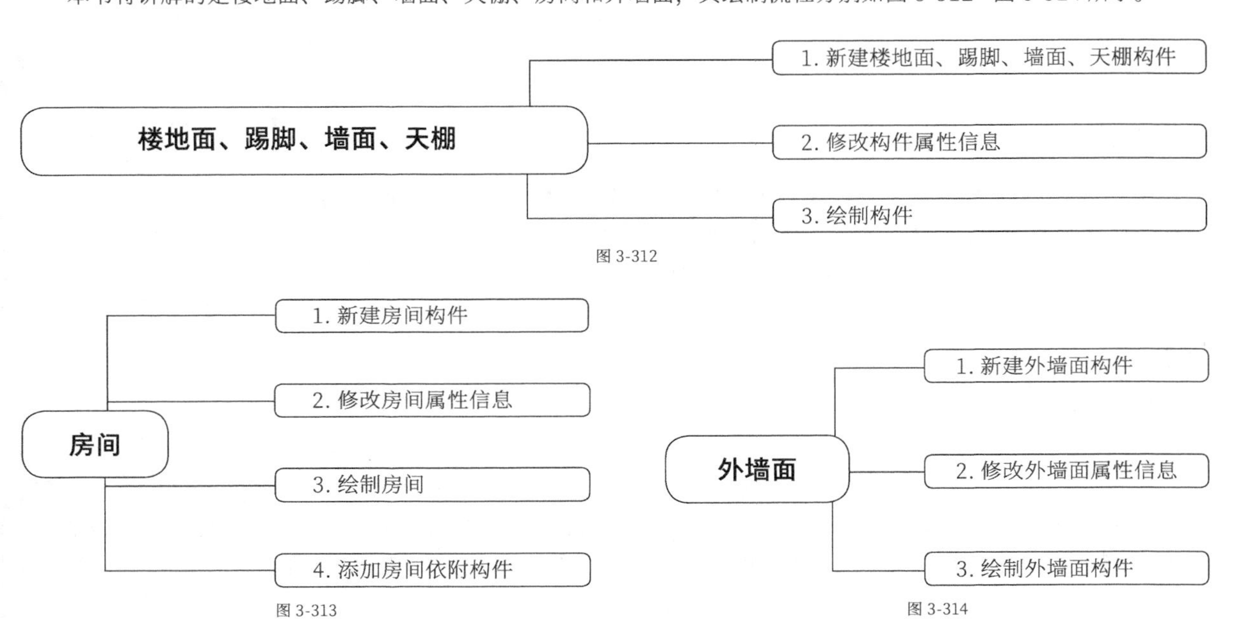

图 3-312

图 3-313

图 3-314

功能说明

按照正常的施工顺序，二次结构完成后开始进行初装修的施工，在软件中建模也一样，不过有区别的是这里只需要建立楼地面、墙面和天棚（如果有吊顶，那么也需要建立）。

房间是由楼地面、踢脚、墙面和天棚（吊顶）组成的活动空间，在软件中由相应的构件建立房间。

外墙属于墙面的一种，与室外装修所需的材料有关。

实战：绘制某高层住宅工程第三层的装修布置

素材位置	素材文件>CH03>实战：绘制某高层住宅工程第三层的装修布置
实例位置	实例文件>CH03>实战：绘制某高层住宅工程第三层的装修布置
教学视频	实战：绘制某高层住宅工程第三层的装修布置.mp4

扫码观看视频

图 3-315 所示为某高层住宅工程第三层的装修布置效果图。

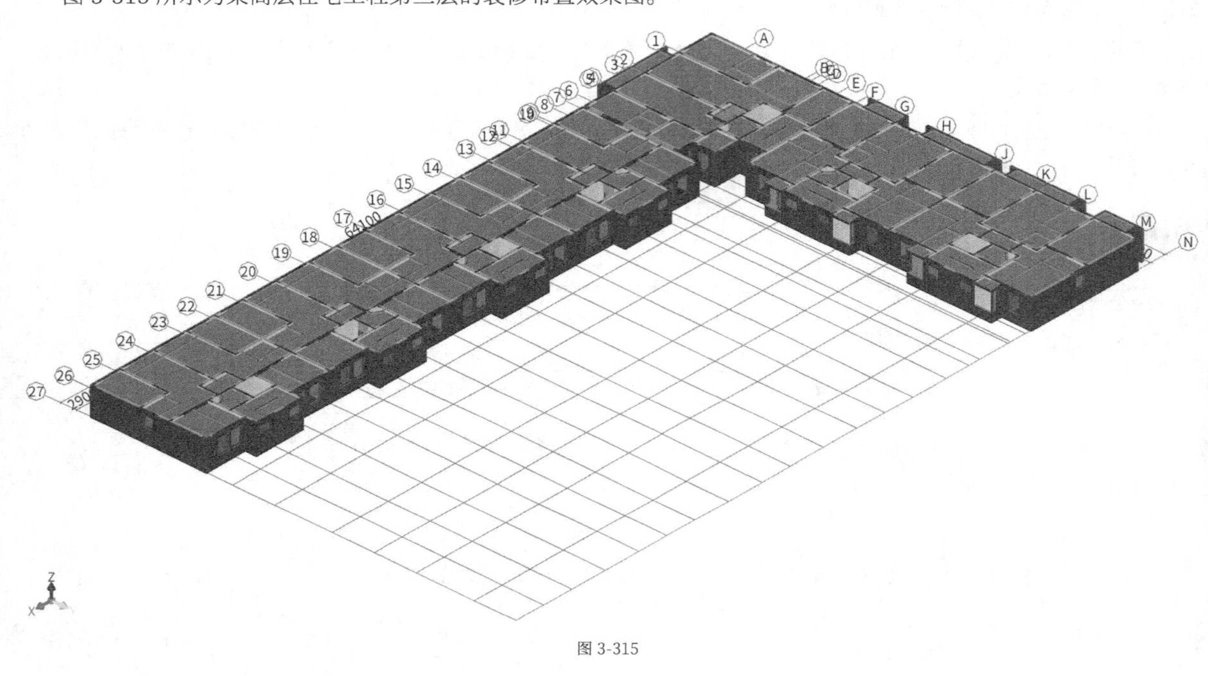

图 3-315

任务说明

（1）根据“装修做法表”，完成楼地面、踢脚、墙面、天棚、吊顶和房间构件的新建。

（2）根据“三～十一层平面图”，完成平面图中房间的布置。

（3）根据“东立面图”，完成外墙面的构件的新建和布置。

任务分析

图纸分析

参照图纸：“三～十一层平面图”“东立面图”“装修做法表”。

本案例配套图纸为某高层住宅工程的图纸。从“装修做法表”可知，卧室地面采用木地板，其他房间地面按照地砖进行设置；踢脚材质与地面的材料相同；卫生间、阳台和厨房墙面需要贴瓷砖，其他房间墙面使用乳胶漆，同时除卫生间和阳台外所有天棚使用乳胶漆；卫生间和厨房安装 PVC 吊顶，并且距地面高度为 2700mm；管道井采用水泥砂浆楼地面和墙面。

工具分析

（1）绘制楼地面需要用到“楼地面”“墙面”“踢脚”“天棚”“吊顶”构件。

（2）可以采用依附构件的组合形式，也可以直接新建“房间”后，通过房间中的“新建”命令，直接建立房间需要的构件类型。

（3）室内装修完成后，就需要做室外装修。通过查看立面图，可知本案例采用的是外墙涂料和仿石漆两类，可以通过新建“外墙面”并修改墙面名称来完成“外墙涂料”和“仿石漆”两类构件的绘制。

任务实施

绘制楼地面

01 打开“实例文件 >CH03> 实战：绘制某高层住宅工程第三层的圈梁 > 圈梁 .GTJ”文件，在“构件导航栏”中执行“装修 > 楼地面”命令，选择“构件列表”，在“新建”下拉列表中选择“新建楼地面”，得到 DM-1，如图 3-316 所示。

02 在“属性列表”面板中修改“楼地面”的属性信息。设置 DM-1 的“名称”为“地砖地面”、“块料厚度”为 10，如图 3-317 所示。

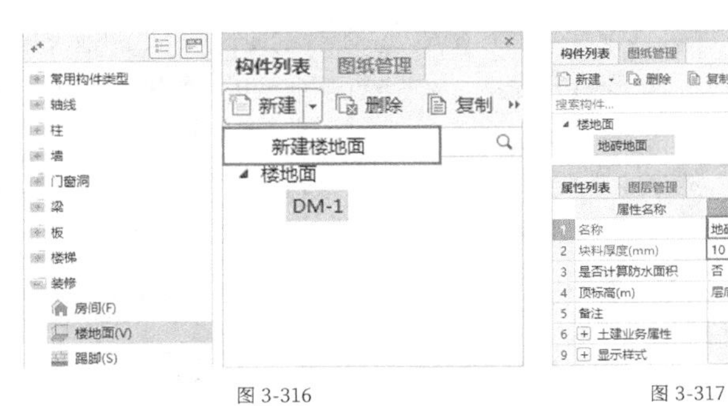

图 3-316　　图 3-317

03 地砖地面新建完成后，新建“木地板”和“水泥砂浆地面”，并修改相关属性信息。

绘制步骤

①选中“地砖地面”，然后单击“复制”按钮 2 次，如图 3-318 所示。

②选中“地砖地面 -1”，设置“名称”为“木地板”、“块料厚度”为 10、如图 3-319 所示。

③选中“地砖地面 -2”，设置“名称”为“水泥砂浆地面”、“块料厚度”为 0、如图 3-320 所示。

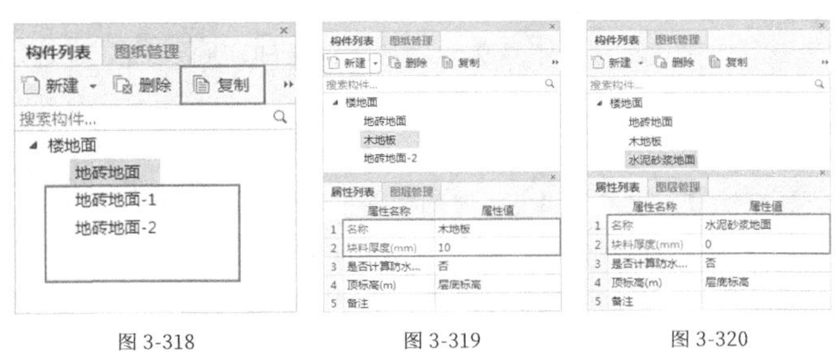

图 3-318　　图 3-319　　图 3-320

04 在“构件导航栏”中执行“装修 > 墙面”命令，选择“构件列表”，在“新建”下拉列表中选择“新建内墙面”，得到 QM-1，如图 3-321 所示。

05 在“属性列表”面板中调整“墙面”的属性信息。设置 QM-1 的“名称”为“乳胶漆”，然后单击“复制”按钮 2 次，新建“瓷砖墙面”和“水泥砂浆墙面”，如图 3-322~ 图 3-324 所示。

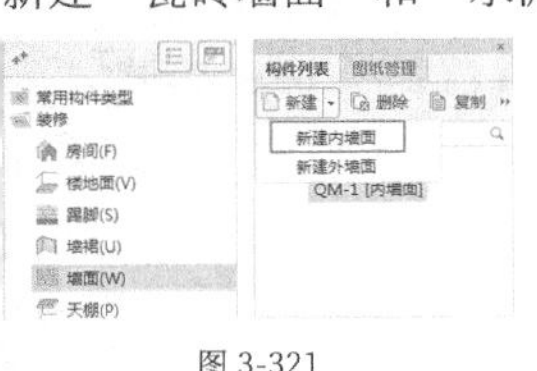

图 3-321

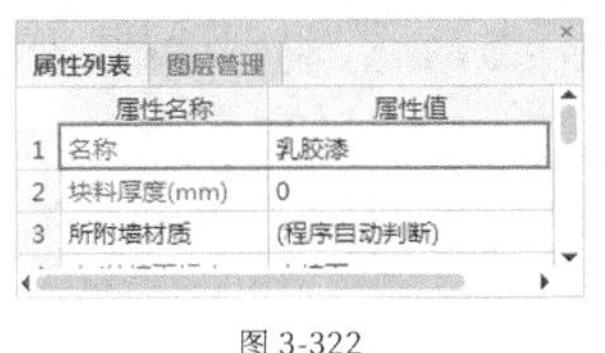

图 3-322

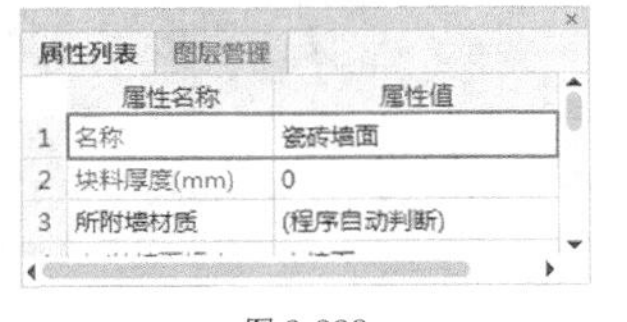

图 3-323

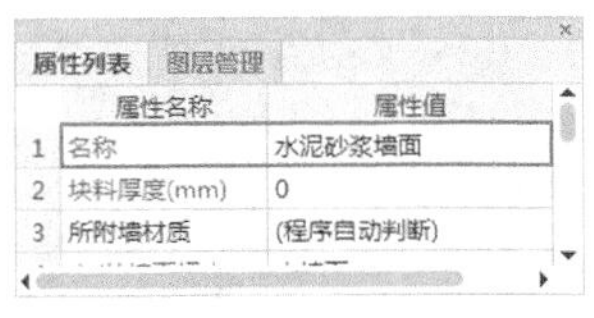

图 3-324

06 在“构件导航栏”中执行“装修 > 踢脚”命令，选择“构件列表”，在“新建”下拉列表中选择“新建踢脚”，得到 TIJ-1，如图 3-325 所示。

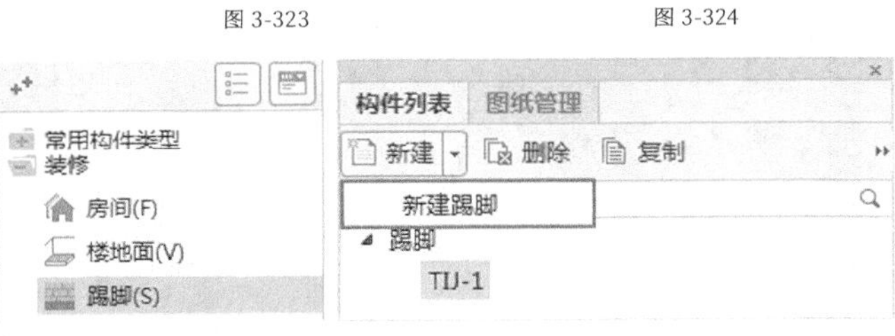

图 3-325

07 在“属性列表”面板中调整“踢脚”的属性信息。设置TIJ-1的“名称”为“地砖踢脚”、“高度”为100、“块料厚度”为10，如图3-326所示。复制“地砖踢脚”，修改“名称”为“木地板踢脚”、“高度”为100、“块料厚度”为10，如图3-327所示。

08 在“构件导航栏”中执行“装修 > 天棚”命令，选择“构件列表”，在“新建”下拉列表中选择“新建天棚”，得到TP-1，如图3-328所示。

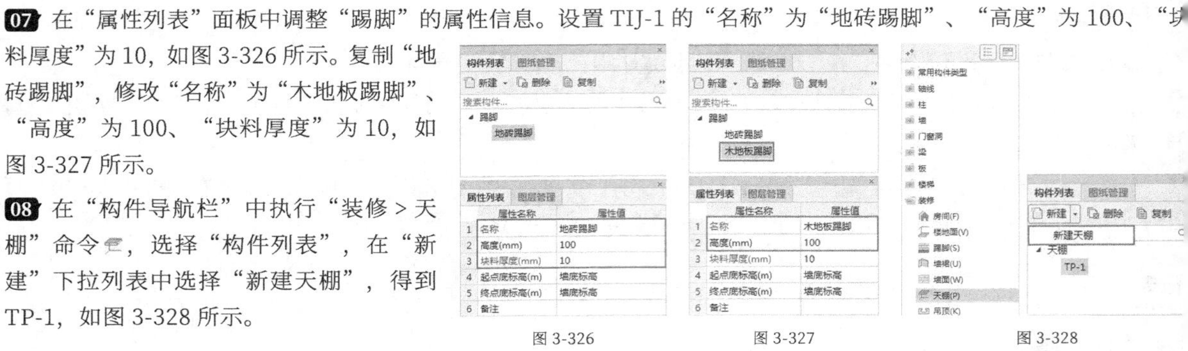

图 3-326　　图 3-327　　图 3-328

09 在“属性列表”面板中调整“天棚”的属性信息。设置TP-1的“名称”为“乳胶漆”，如图3-329所示。

10 在“构件导航栏”中执行“装修 > 吊顶”命令，选择“构件列表”，在“新建”下拉列表中选择“新建吊顶”，得到DD-1，如图3-330所示。

11 在“属性列表”面板中调整“吊顶”的属性信息。设置DD-1的“名称”为“PVC吊顶”、“离地高度”为2700，如图3-331所示。

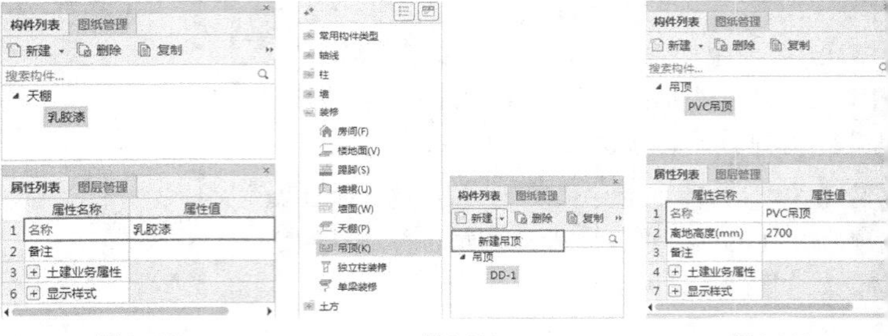

图 3-329　　图 3-330　　图 3-331

布置房间

01 在“构件导航栏”中执行“装修 > 房间”命令，选择“构件列表”，在“新建”下拉列表中选择“新建房间”，得到FJ-1，如图3-332所示。

02 根据图示房间标注的名称，在“属性列表”面板中调整“房间”的属性信息。设置FJ-1的“名称”为“起居室”，如图3-333所示。

03 起居室设置完成后，就可以为房间添加新建的楼地面、踢脚、天棚等构件，单击“定义”按钮，在打开的“定义”对话框中单击“添加依附构件”按钮，软件将自动添加地面构件，如图3-334所示。

图 3-332　　图 3-333

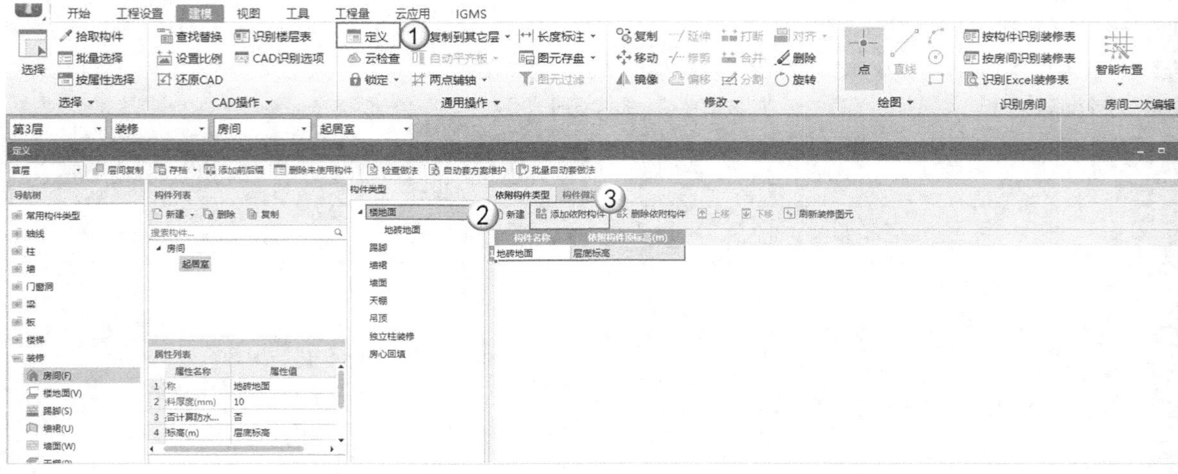

图 3-334

提示 如果该房间不是此地面类型，那么可以在“构件名称”中对其进行修改。

04 在“定义”对话框中继续添加构件，分别选择“踢脚”“墙面”“天棚”，然后单击“添加依附构件”按钮，添加“地砖踢脚” “乳胶漆 [内墙面]” “乳胶漆”，如图 3-335~ 图 3-337 所示。

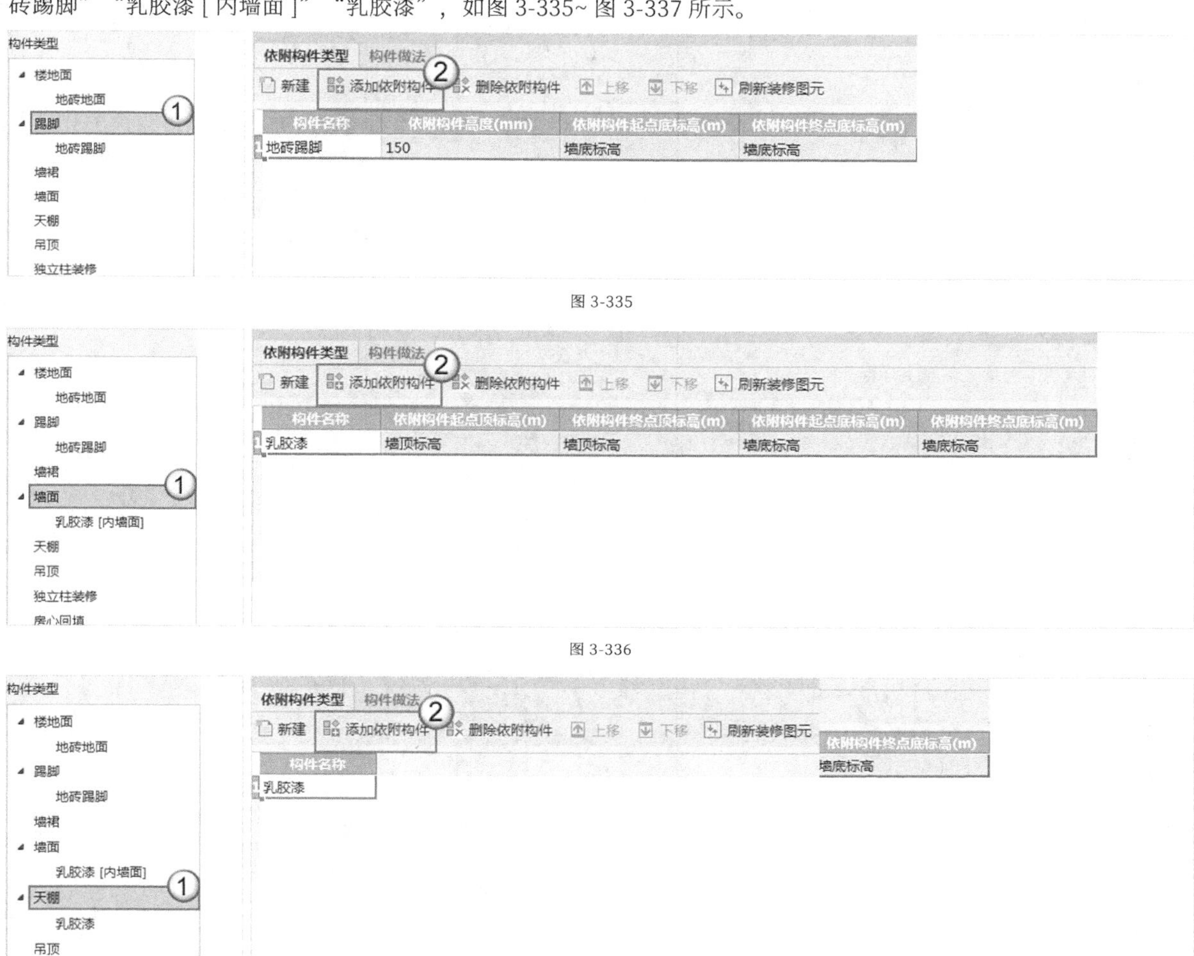

图 3-335

图 3-336

图 3-337

05 “起居室”创建完成后，可以单击“复制”按钮创建和“起居室”的装修类别一致的房间，这样可以提高建模的速度，如图 3-338 所示。

06 按照相同的方法，完成其他房间的新建，如图 3-339~ 图 3-345 所示。

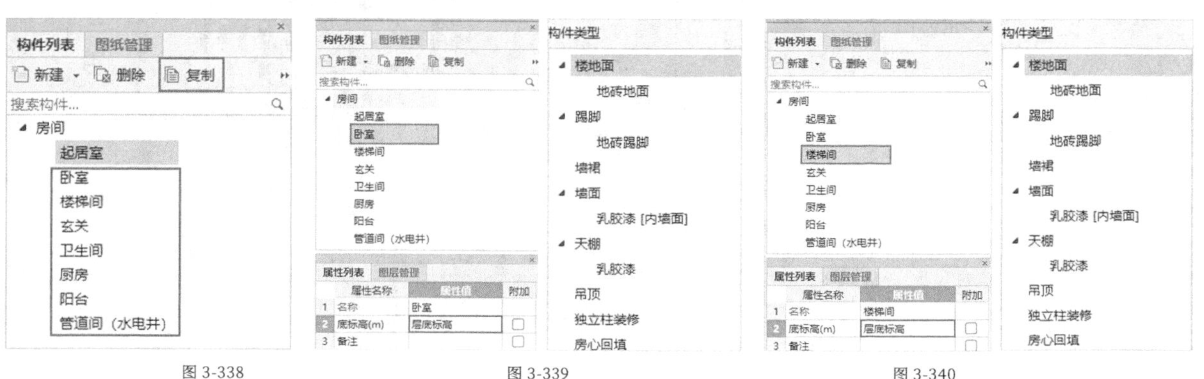

图 3-338　图 3-339　图 3-340

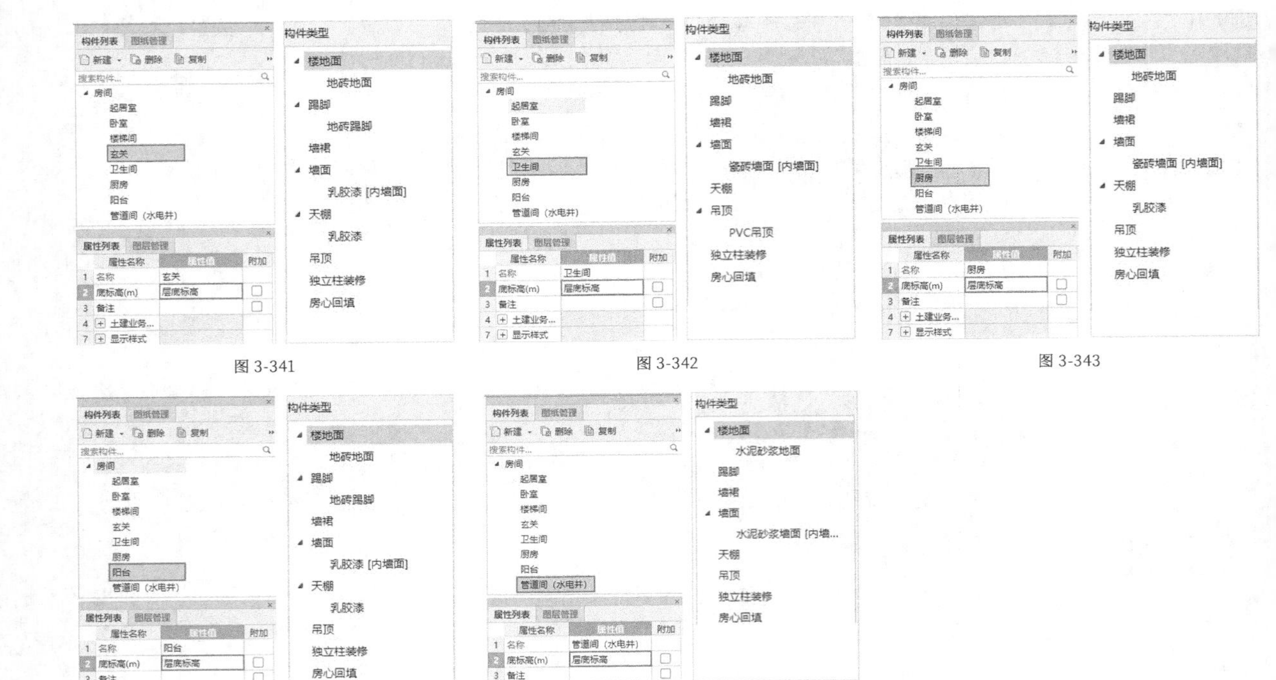

图 3-341

图 3-342

图 3-343

图 3-344

图 3-345

07 在“构件列表”面板中选中“起居室”，然后选择“点”工具，找到对应位置并单击，如图 3-346 所示。这时房间就被布置到所指定的位置，如图 3-347 所示。

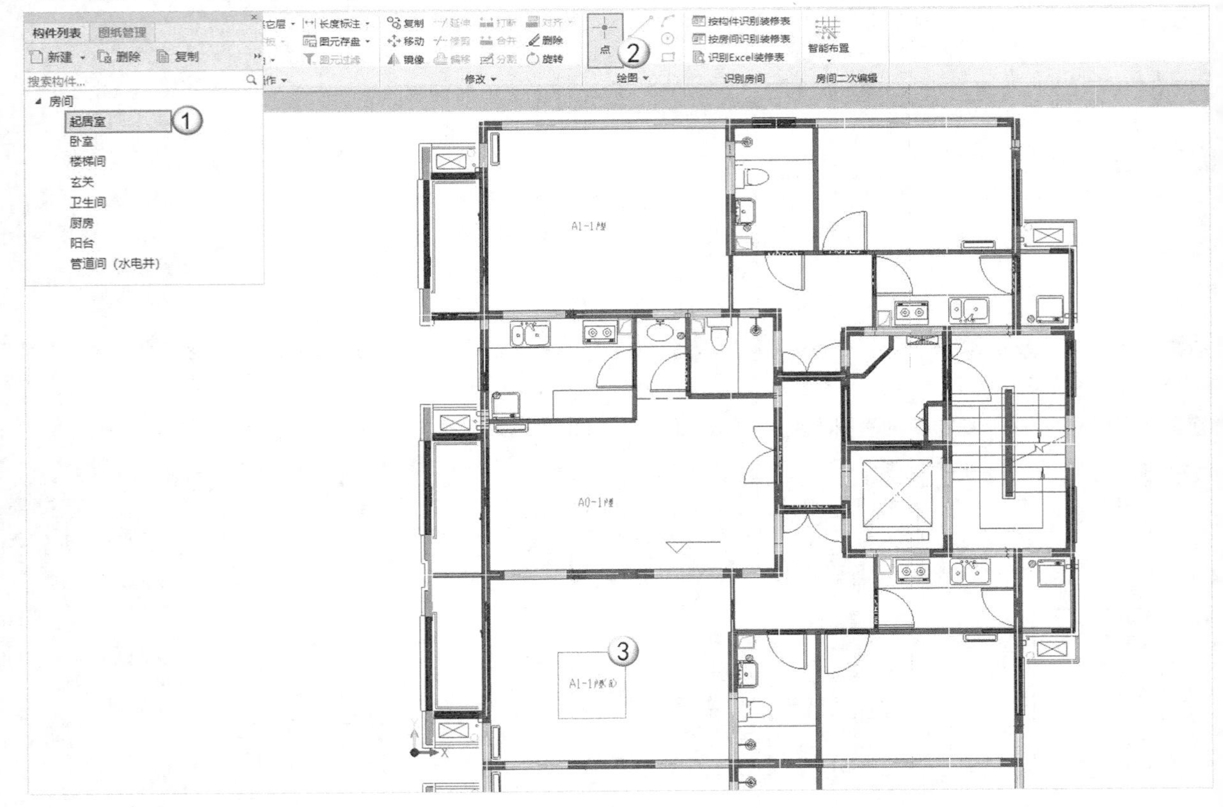

图 3-346

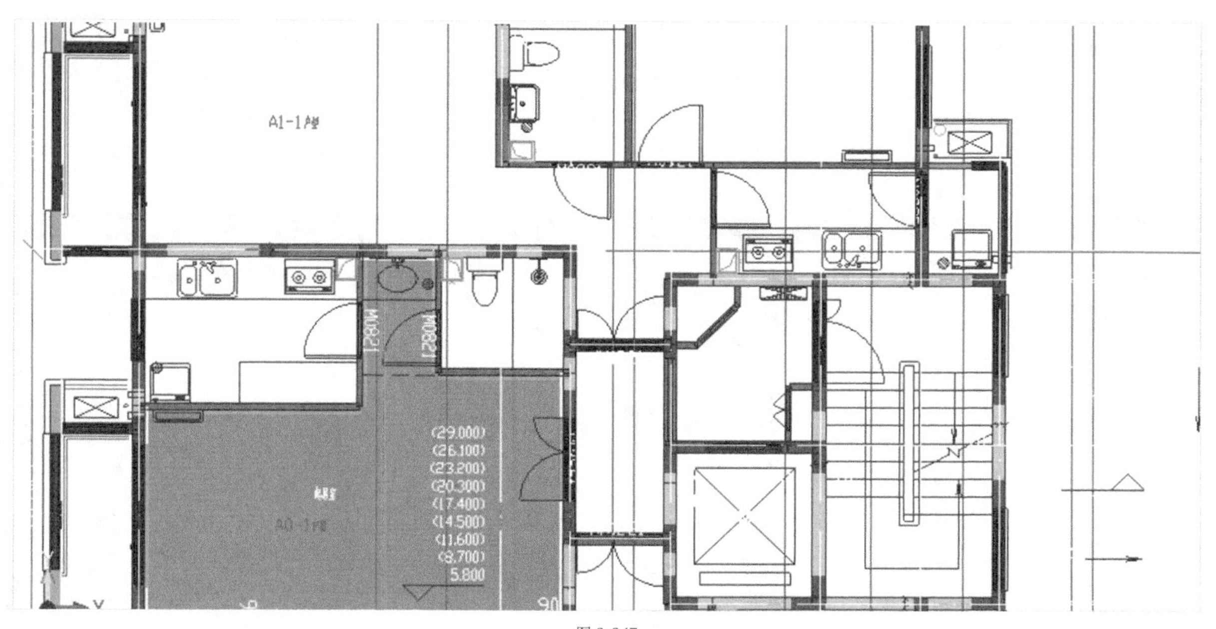

图 3-347

提示 如果在使用“点”工具布置“起居室”时，发现“玄关”也布置好了装修构件，这时候就需要在“起居室”和“玄关”的中间新建“虚墙”将“玄关”分隔开，形成两个独立的空间。在“墙”和“砌体墙”之间新建“虚墙”的绘制方法和砌体墙的绘制方法相同，读者可以自行建立，其绘制方法如图3-348所示。

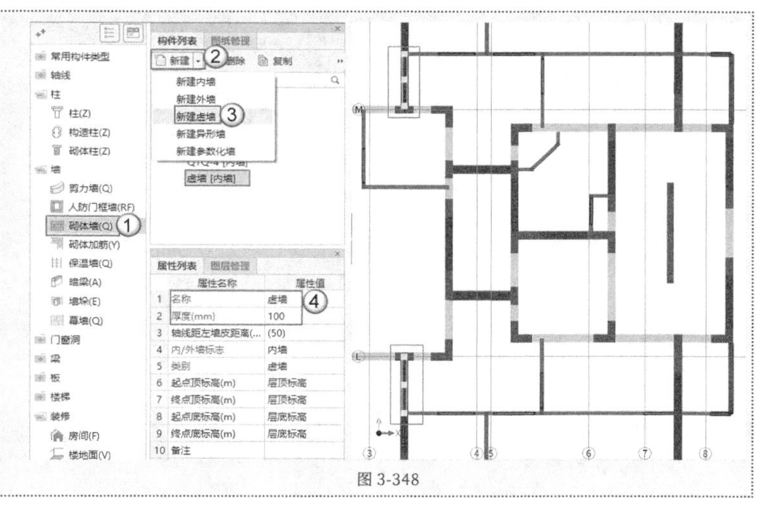

图 3-348

08 按照同样的方式，完成其他房间的布置，绘制完成后如图 3-349 所示，其三维效果如图 3-350 所示。

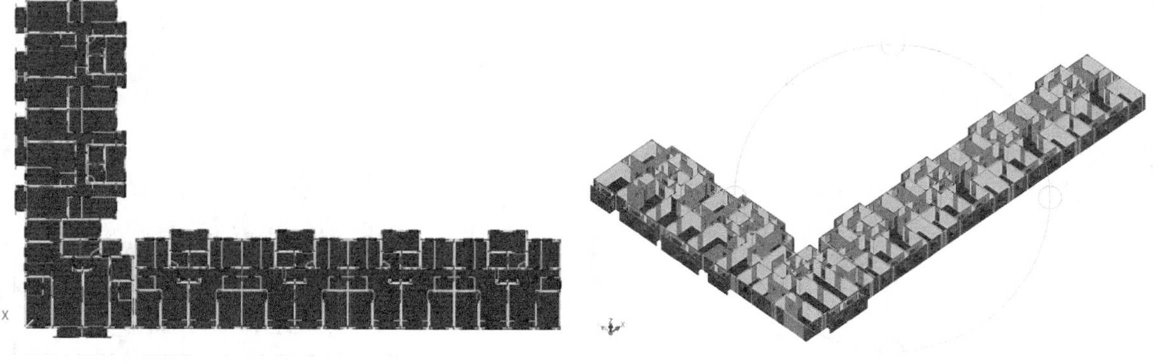

图 3-349

图 3-350

提示 如果想要先新建“房间”再新建“构件”，那么可以直接在建好的“房间”里直接新建需要的“构件”。以在“起居室”里增加“墙裙”为例，在“定义”对话框中，选中“墙裙”，然后单击“新建”按钮，如图3-351所示；这时“墙裙”中就新建好了“墙裙”构件，如图3-352所示。

在“构件导航栏”中选择“墙裙”，就能查看新建好的“构件”。如果需要修改名称，那么可直接在“属性列表”面板中对“名称”进行修改，如图3-353所示。

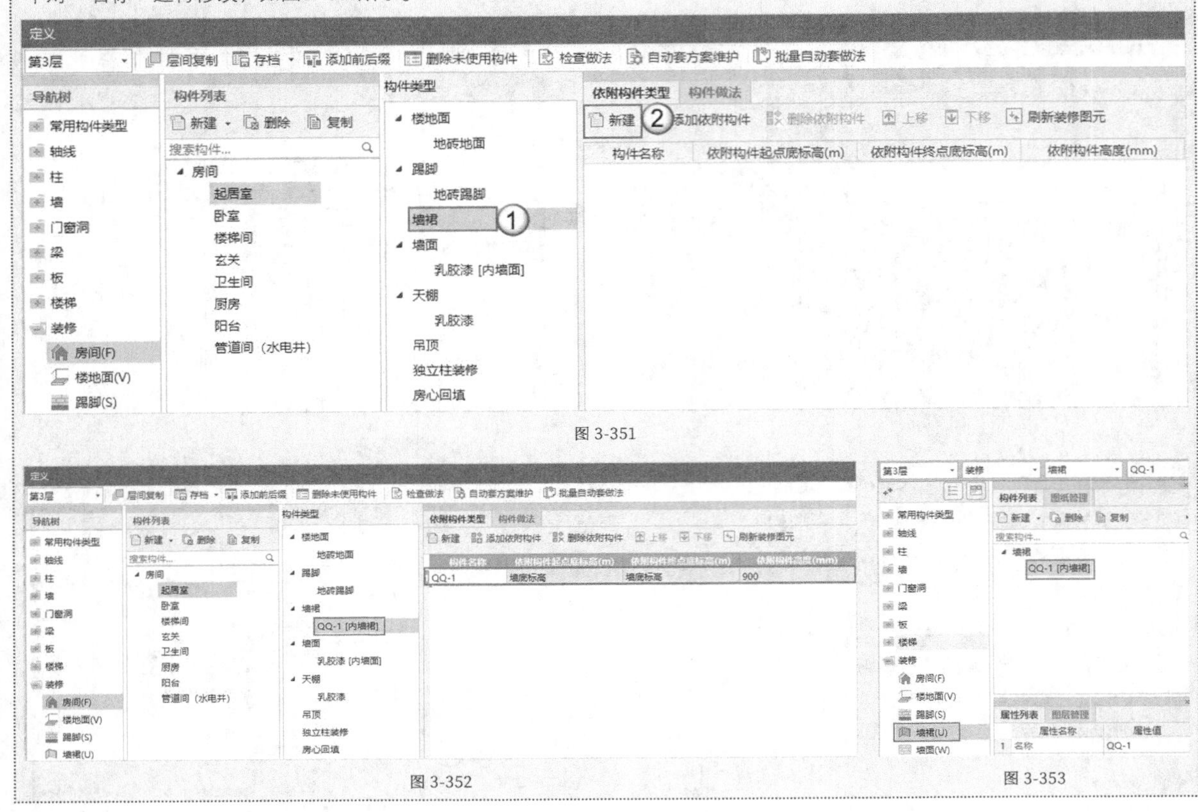

图 3-351

图 3-352

图 3-353

绘制外墙面

01 在“构件导航栏”中执行“装修 > 墙面”命令，选择“构件列表”，在“新建”的下拉列表中选择“新建外墙面”，得到“水泥砂浆墙面 -1[外墙面]”，如图 3-354 所示。

02 在“构件列表”中调整“墙面”的属性信息。设置“水泥砂浆墙面 -1[外墙面]”的“名称”为“外墙涂料”，如图 3-355 所示。

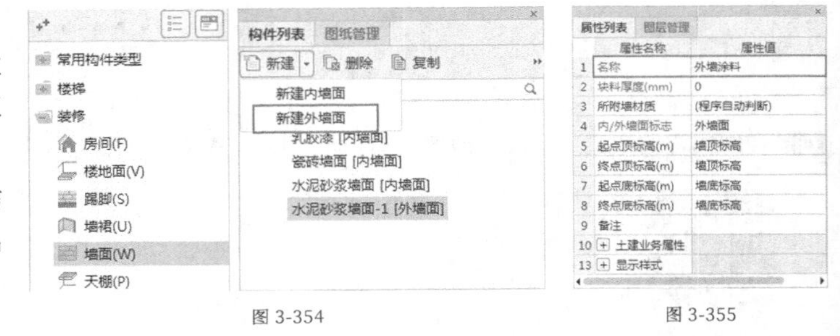

图 3-354

图 3-355

03 选中“外墙涂料”，选择“点”工具，找到需要布置的墙体，待鼠标指针变成“回字形”时单击，完成外墙面的布置（墙面出现在墙外面），如图 3-356 所示。

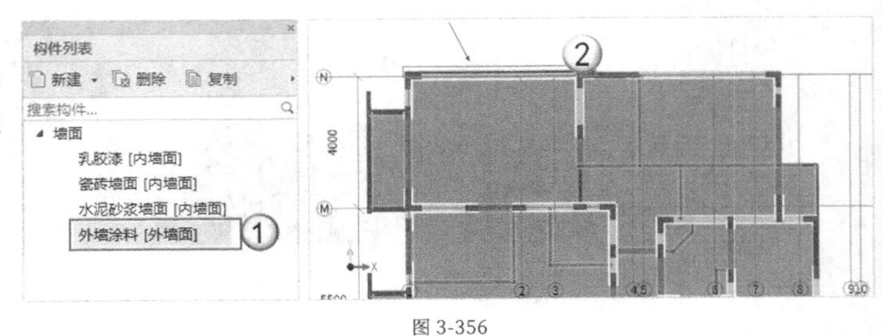

图 3-356

04 按照同样的方式，绘制剩下的外墙面。绘制完成后，该高层住宅第三层的装修工程如图3-357 所示。

提示 为了更好地展示绘制好的外墙面，墙面调成了深蓝色，调整方法是在“属性列表”中的“显示样式”进行设置。

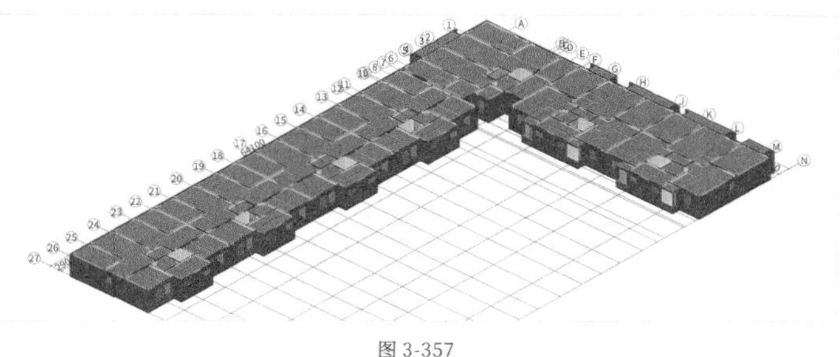

图 3-357

3.2.9 土方工程

根据 GTJ2018 手工建模流程，下面对土方工程的建模方式进行介绍。

基础介绍

土方工程是建筑工程施工中的主要工程之一，包括一切土（石）方的挖梆、填筑、运输、排水和降水等方面。在土木工程中，土方工程包括场地平整、路基开挖、人防工程开挖、地坪填土、路基填筑和基坑回填。管理人员要合理安排施工计划，尽量不要把施工时间安排在雨季，同时为了降低土方工程施工费用，应贯彻不占或少占农田和可耕地并有利于改地造田的原则。

绘制依据

基本流程

土方工程的基本绘制流程如图 3-358 所示。

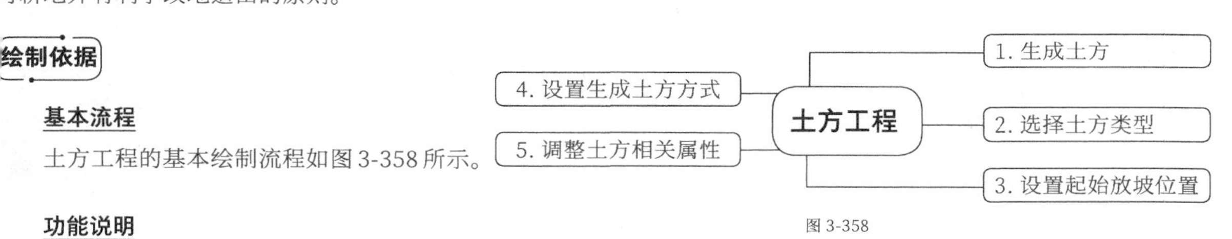

图 3-358

功能说明

在实际施工中的工作面宽是指在进行基坑开挖时，需要考虑在后续施工的作业空间需求中留出的一定空间，以便工人进行施工作业活动。具体宽度一般根据基础材料和做法的不同而不同。采用混凝土基础垫层需要支模板时，每边各增加工作面的宽度为 300mm。

土方放坡系数 m 指土壁边坡坡度的底宽 b 与基高 h 之比，即 $m=b/h$，放坡系数为一个数值。例如，b 为 0.3，h 为 0.6，则放坡系数 m 为 0.5。

在 GTJ2018 中，“工作面”和“放坡系数”的设置和调整都可在“生成土方”中完成。

实战：绘制某高层住宅工程基础层的土方

素材位置	素材文件>CH03>实战：绘制某高层住宅工程基础层的土方
实例位置	实例文件>CH03>实战：绘制某高层住宅工程基础层的土方
教学视频	实战：绘制某高层住宅工程基础层的土方.mp4

扫码观看视频

图 3-359 所示为某高层住宅工程基础层的土方的效果图。

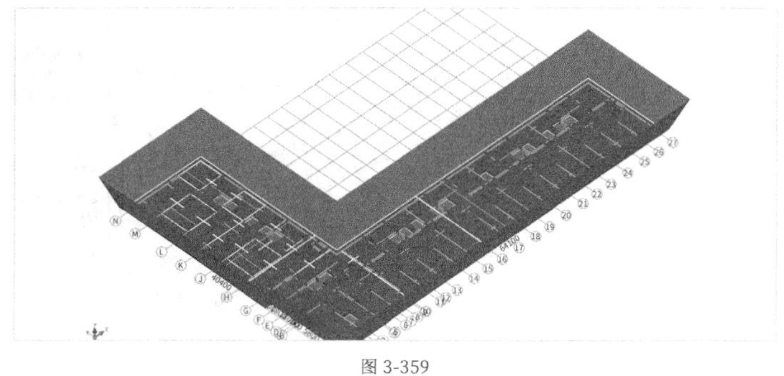

图 3-359

任务说明

根据“地下二层底板配筋图”，完成土方类型、工作面宽和放坡系数的设置。

任务分析

图纸分析

参照图纸：“地下二层底板配筋图”。

本案例配套图纸为某高层住宅工程的图纸。从“地下二层底板配筋图”可知，土方开挖形式为基坑大开挖方式，采用的是垫层底开挖方式。

工具分析

绘制土方应使用的构件类型为“垫层”，然后通过“生成土方”命令确定土方的生成条件（起始放坡位置，一般在施工中均采用“垫层底”开始进行放坡），如果选择“手动生成”，那么就需要单独选择“垫层”构件来完成“土方”的生成。

任务实施

01 打开“实例文件 >CH03> 实战：绘制某高层住宅工程第三层的装修布置 > 装修布置 .GTJ”文件，在“构件导航栏”中，执行“基础 > 垫层”命令，如图 3-360 所示。

图 3-360

02 单击“垫层二次编辑”选项组中的“生成土方”按钮，打开“生成土方”对话框，设置“土方类型”为“大开挖土方”、“生成方式”为“自动生成”、“工作面宽”为 1000、“放坡系数”为 0.33，最后单击“确定”按钮退出，如图 3-361 所示。

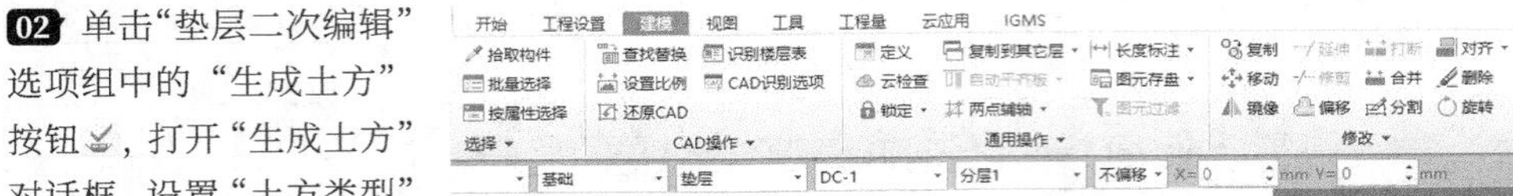

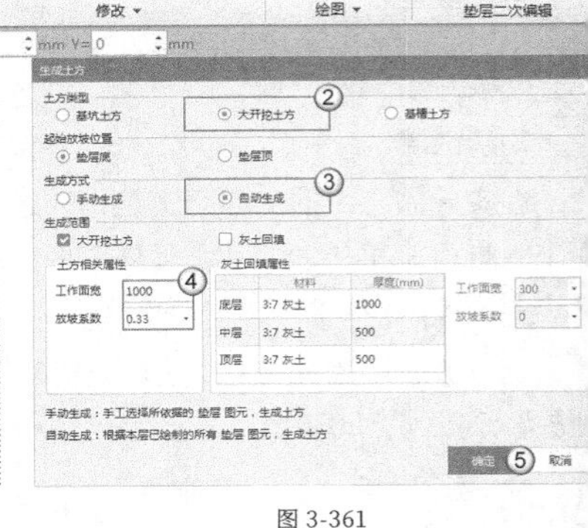

图 3-361

03 绘制完成后，该高层住宅工程的土方如图 3-362 所示。

> **提示** 选择大开挖土方，放坡系数采用0.33，工作面宽采用1000mm是常规的施工做法。如果读者在实际工作中建模，就需要根据定额规则或签字审批的土方开挖方案进行土方的设置和算量。

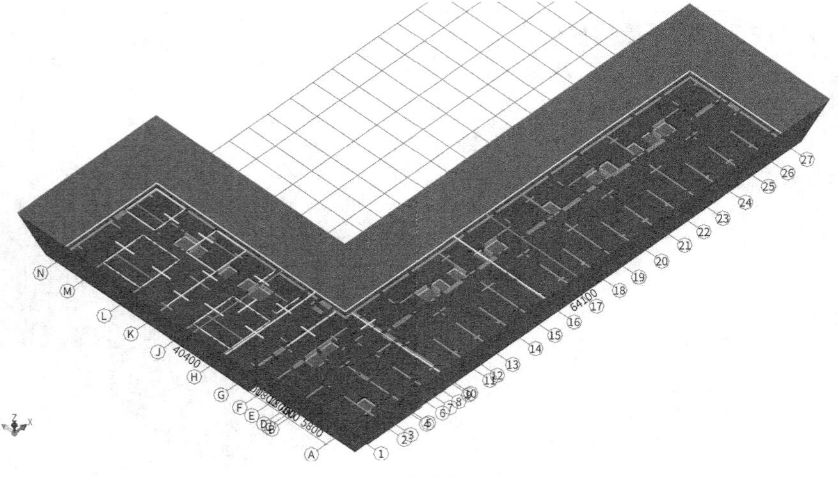

图 3-362

3.2.10 零星工程

根据 GTJ2018 手工建模的一般流程，下面对零星工程的建模方式进行介绍。

基础介绍

女儿墙指建筑物屋顶四周的矮墙，一般分为上人屋面和非上人屋面。对于不同的屋面，它的女儿墙高度、材料都会有区别，上人屋面为保证人员的安全，所以较非上人屋面要高一些。

绘制依据

基本流程

零星工程（以女儿墙为例）的基本绘制流程如图 3-363 所示。

图 3-363

功能说明

使用自定义线绘制的构件，可以通过“构件转换”转变为其他类型的构件。例如，通过自定义线绘制的构件，将其转换成“挑檐”后，其计算规则和规范都将按照转换后的“挑檐”构件属性自动匹配。

实战：绘制某高层住宅工程的女儿墙

素材位置	素材文件>CH03>实战：绘制某高层住宅工程的女儿墙
实例位置	实例文件>CH03>实战：绘制某高层住宅工程的女儿墙
教学视频	实战：绘制某高层住宅工程的女儿墙.mp4

扫码观看视频

图 3-364 所示为某高层住宅工程女儿墙的效果图。

图 3-364

任务说明

（1）根据“节点 1”，完成自定义线构件的新建。

（2）根据“第十三层顶板配筋图”，完成图纸中节点所在位置的绘制。

任务分析

图纸分析

参照图纸：“第十三层顶板配筋图”“节点 1”。

本案例配套图纸为某高层住宅工程的图纸。从“第十三层顶板配筋图”中的“节点 1”可知，女儿墙构件为异形构件，顶部钢筋为 4A6，垂直钢筋和水平钢筋都为 C10@200，标高为顶标高 +1.0m。

工具分析

根据“节点 1”可知，需要使用“自定义线”构件，并需要绘制异形构件，因此绘制工具选择“直线”工具。

任务实施

01 打开“实例文件 >CH03> 实战：绘制某高层住宅工程基础层的土方 > 土方 .GTJ”文件，在“构件导航栏”中执行“自定义 > 自定义线”命令，选择“构件列表”，在“新建”下拉列表中选择“新建异形自定义线”，如图 3-365 所示。

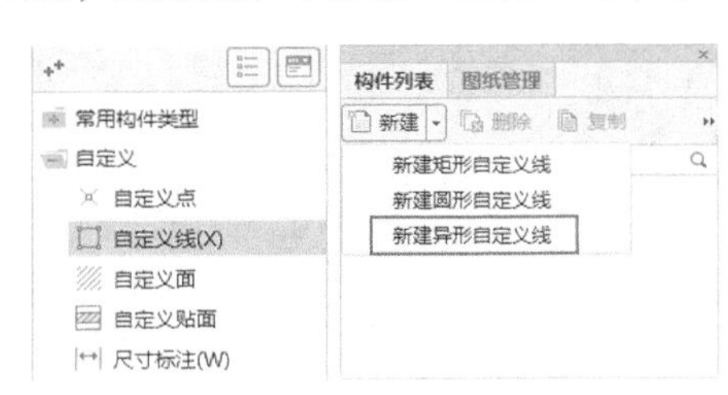

图 3-365

02 在弹出的“异形截面编辑器”对话框中单击“设置网格”按钮，打开“定义网格”对话框，设置“水平方向间距”为 30,180、“垂直方向间距”为 940,60，单击“确定”按钮，如图 3-366 所示。这时编辑器中的截面形状如图 3-367 所示。

03 按照“定义网格”对话框设置好的轴网，这时只需使用“直线”工具按照轮廓进行描绘，描绘完成后单击“确定”按钮，完成截面编辑，如图 3-368 所示。

04 异形自定义线绘制完成后，得到 ZDYD-1，然后在“属性列表”面板中调整“自定义线”的属性信息。设置 ZDYD-1 的“名称”为“节点 1”、“构件类型”为“挑檐”、“起点顶标高”为“层顶标高 +1”、“终点顶标高”为“层顶标高 +1”，然后单击“截面编辑”按钮，如图 3-369 所示。

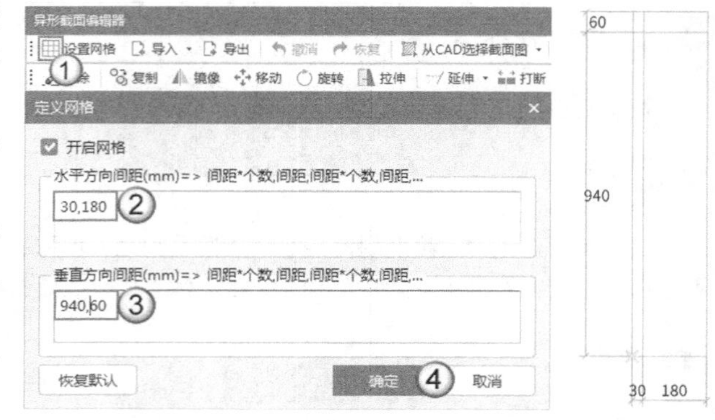

图 3-366　　图 3-367

05 在打开的“截面编辑”对话框中，对钢筋进行编辑。选中“纵筋”选项，并选择绘制方式为“直线”，并设置水平方向的“钢筋信息”为 4A6。找到钢筋对应的起点，选择第 1 点后单击，然后拖曳鼠标指针找到终点，再次单击确定，完成水平钢筋的布置，如图 3-370 所示。

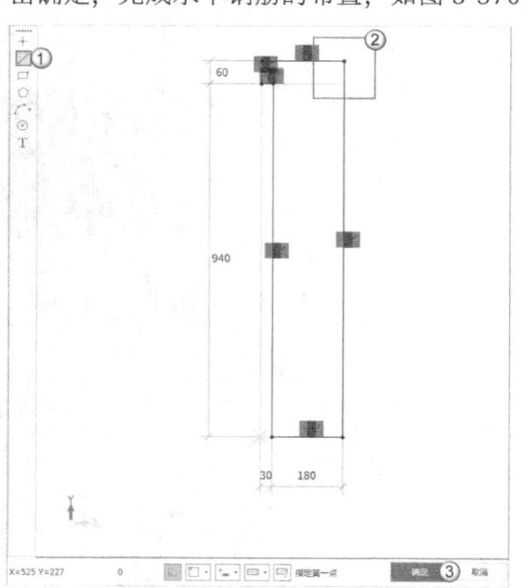

图 3-368

	属性名称	属性值
1	名称	节点1
2	构件类型	挑檐
3	截面形状	异形
4	截面宽度(mm)	210
5	截面高度(mm)	1000
6	轴线距左边线...	(105)
7	混凝土强度等级	(C30)
8	起点顶标高(m)	层顶标高+1
9	终点顶标高(m)	层顶标高+1
10	备注	
11	+ 钢筋业务属性	
21	+ 土建业务属性	
24	+ 显示样式	

图 3-369

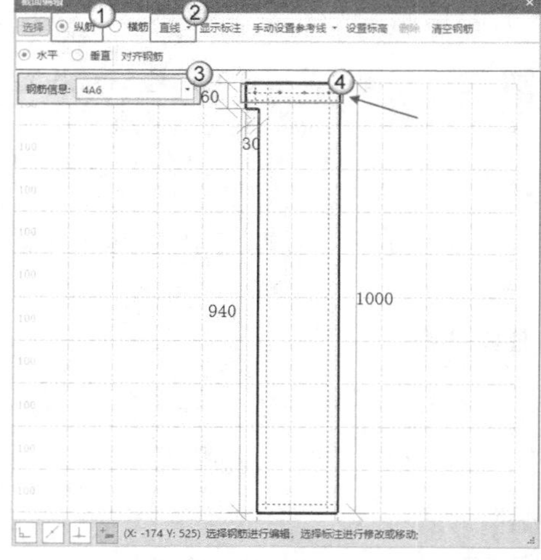

图 3-370

06 纵筋绘制完成后，开始绘制竖向钢筋。调整钢筋信息为 C10@200，确定左侧竖向钢筋起点和终点后分别单击，然后按照同样的方法完成右侧竖向钢筋的绘制，如图 3-371 所示。

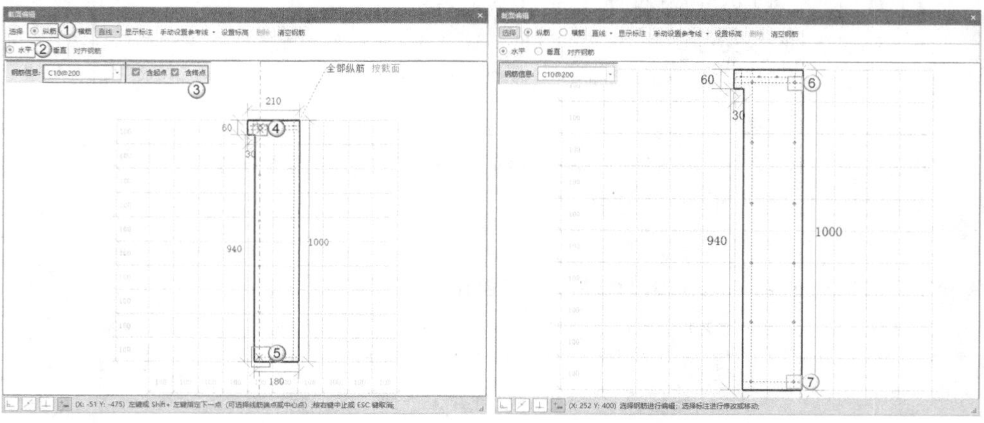

图 3-371

07 纵筋绘制完成后，选中“横筋”选项，并选择绘制方式为“直线”，然后选中“直筋”选项，再修改“钢筋信息”为 C10@200，确定截面的起点和终点，完成左侧竖向钢筋的绘制，单击鼠标右键确认，完成绘制，接着按照同样的方法完成右侧和上侧钢筋的绘制，如图 3-372 所示。

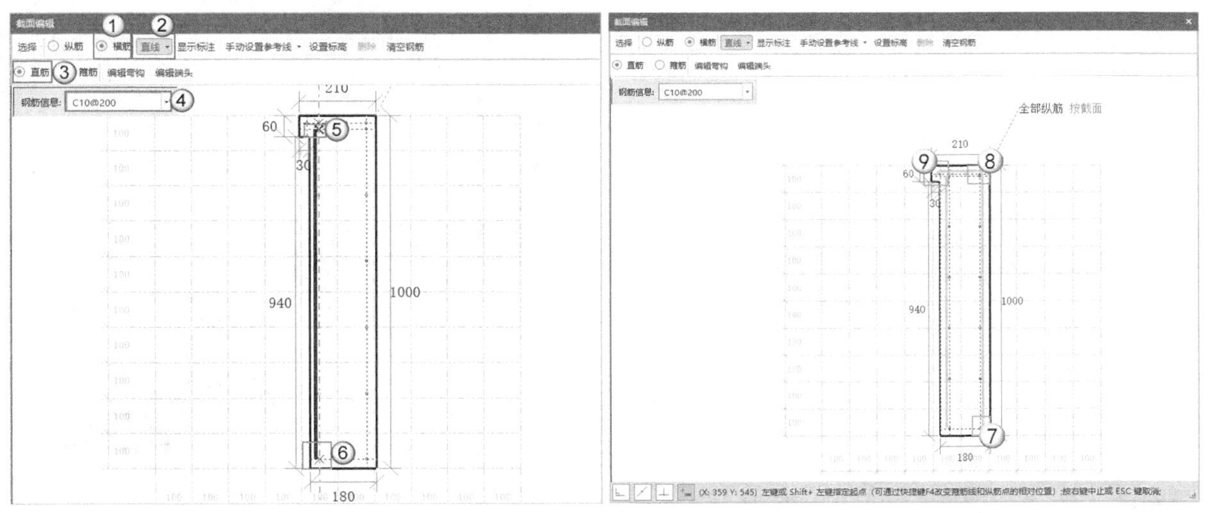

图 3-372

08 截面编辑完成后，根据“十三层顶板配筋图”中女儿墙所在的位置，使用“直线”工具选择自定线的起点和终点，如图 3-373 所示，然后连续单击完成整个节点范围的布置，最后单击鼠标右键确认，退出绘制。绘制完成后，该高层住宅工程的女儿墙如图 3-374 所示，其三维效果如图 3-375 所示。

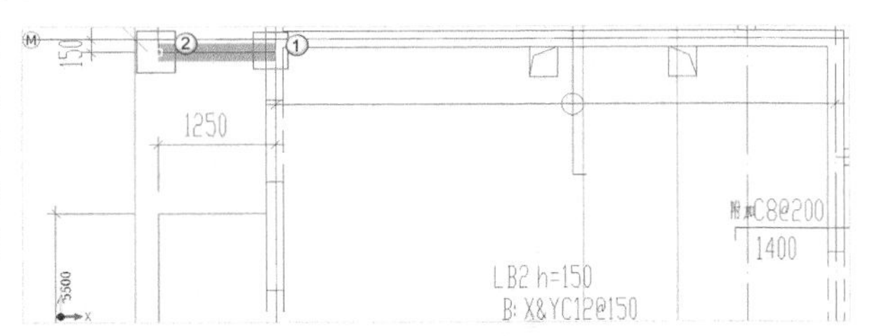

图 3-373

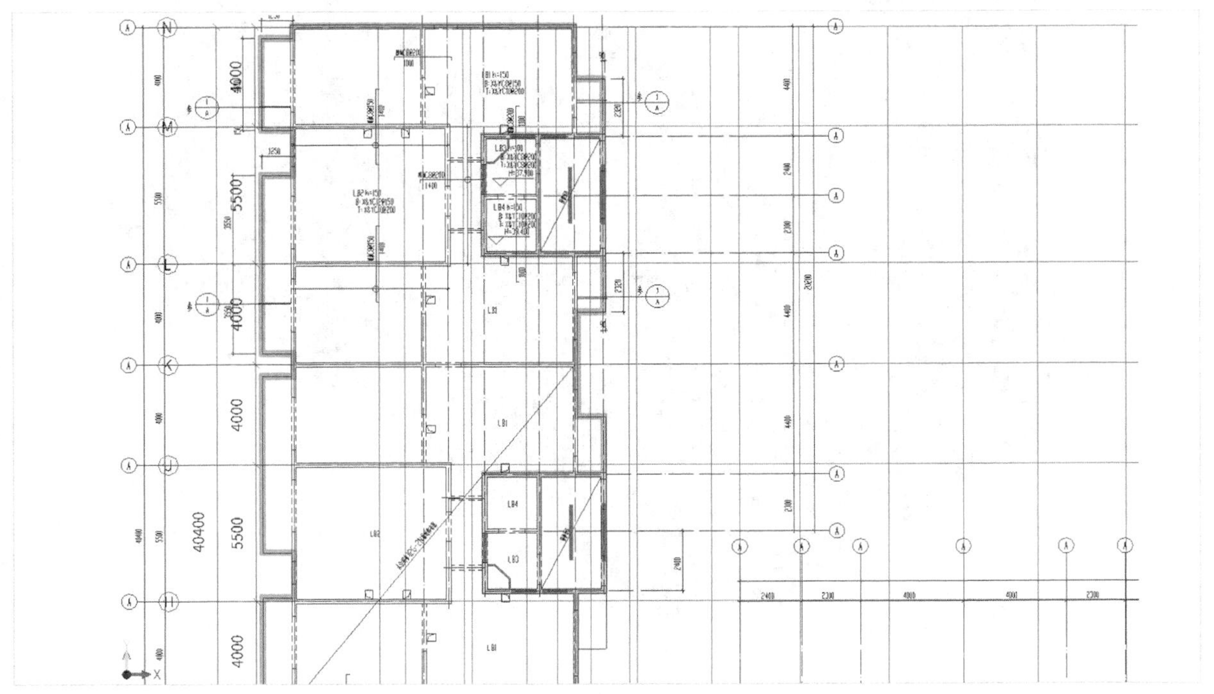

图 3-374

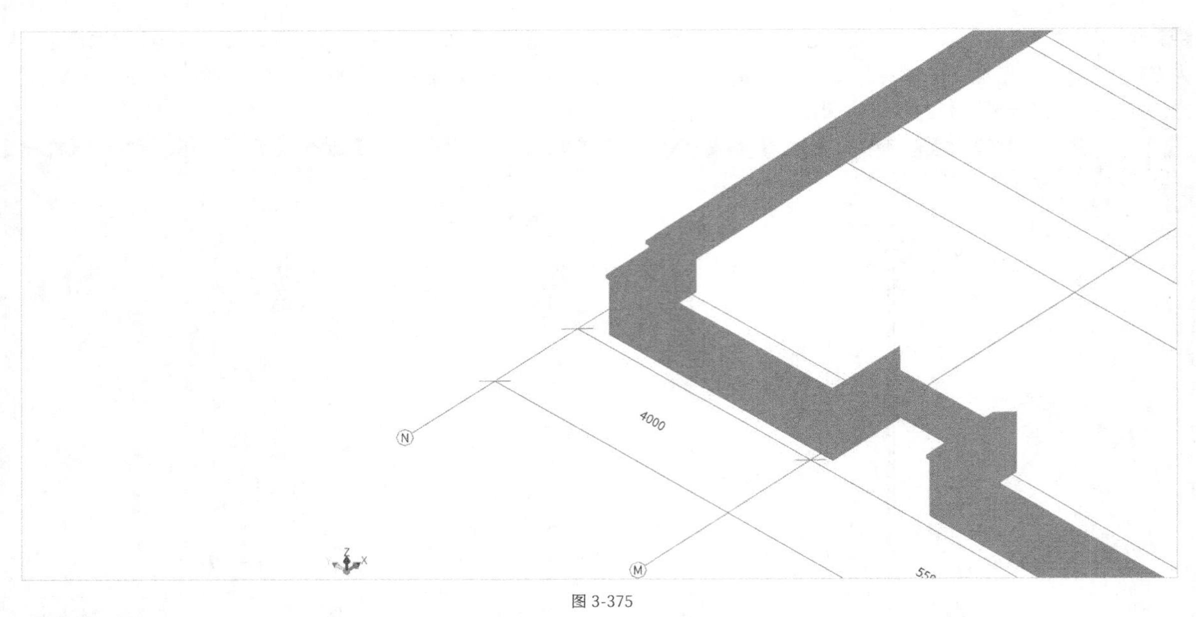

图 3-375

提示 零星工程绘制完成后，可按照同样的方式完成其他楼层的二次结构和装修布置，完成后的整体效果如图3-376所示。

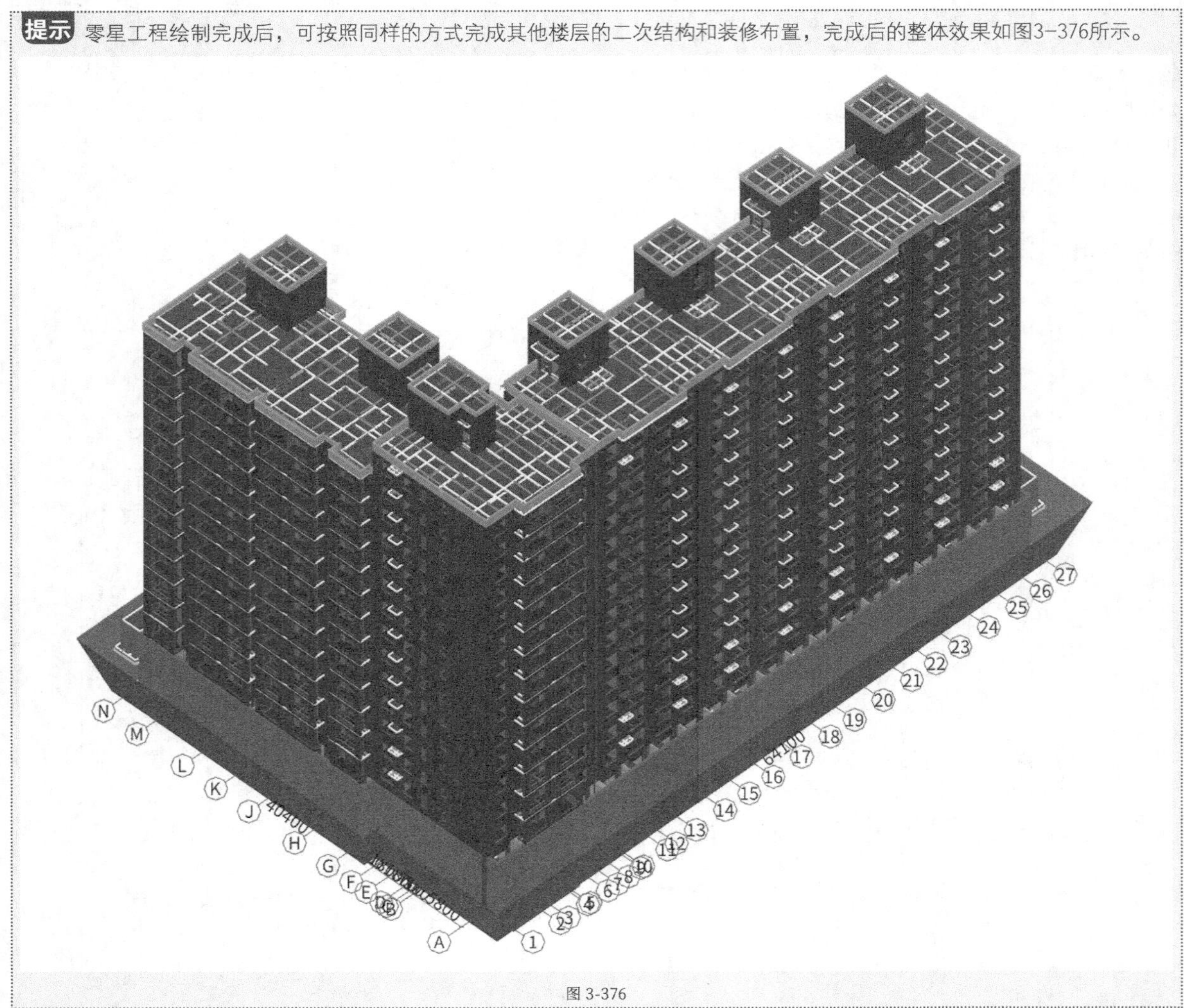

图 3-376

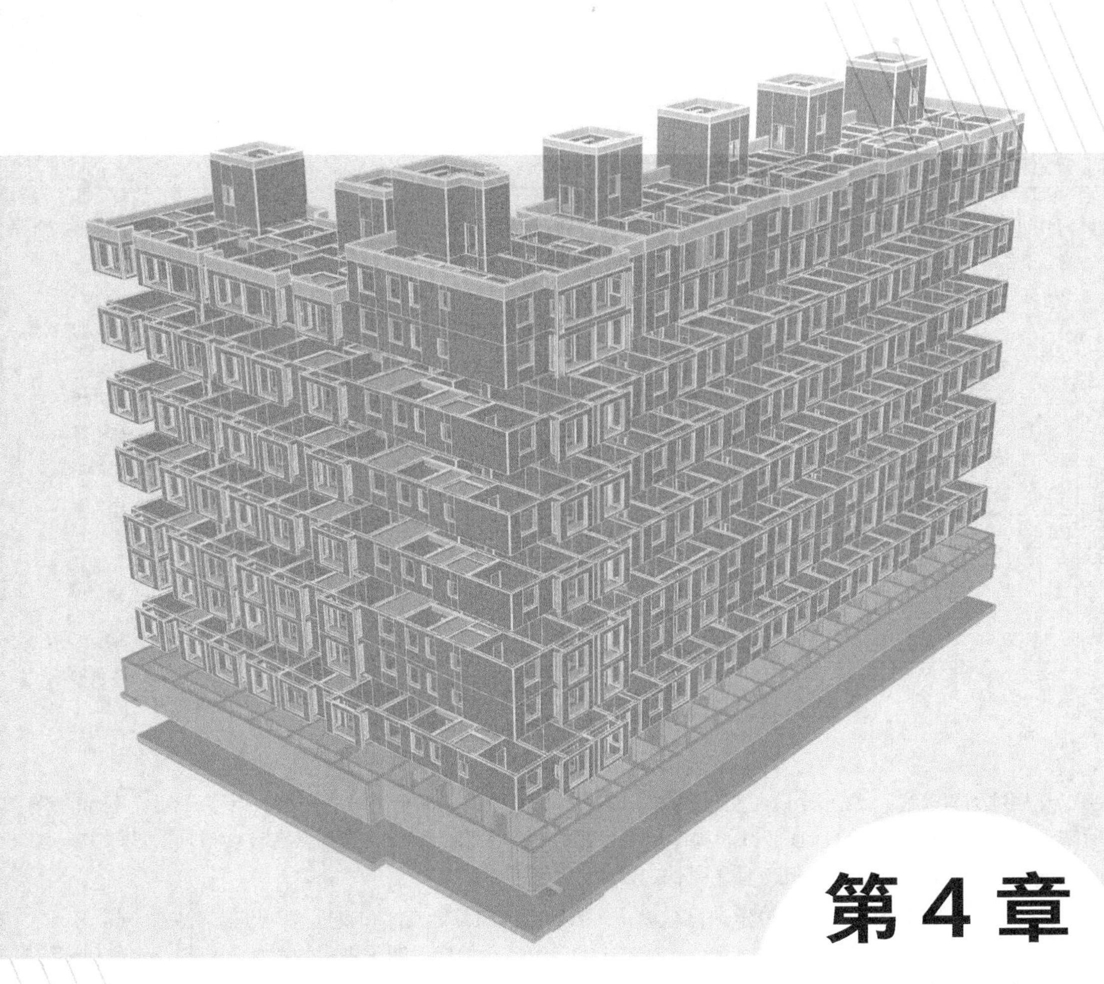

第 4 章

快速建模

虽然手工建模的流程和方法是造价专业人员必须要了解和掌握的，但是当造价专业人员需要完成大型或非常紧急的建模项目时，若是通过手工方式完成建模，其工作效率是比较低的，因此也就需要借助更加快捷的建模技术来处理业务。本章将学习快速建模的常用方法和快速建模的流程，帮助造价专业人员提高建模效率。

知识要点

◎ BIM 快速建模的流程

◎ BIM 快速建模之主体柱构件

◎ BIM 快速建模之主体板构件

◎ BIM 快速建模之装修工程

4.1 BIM 快速建模介绍

造价专业人员在建立小型工程项目的模型时，使用第 3 章的手工建模方法就能满足业务需求。但是若遇到大型项目需要快速建模计算工程量时，重复的机械建模就不符合现今快速计算的原则。于是快速建模技术便随之而出，即通过导入 CAD 图纸并完成图层的提取来自动建立构件，这种方式将大幅提高建模效率。

4.1.1 BIM 快速建模的流程

在学习快速建模之前，有必要将 BIM 快速建模的流程进行简单的介绍，让读者对 BIM 快速建模的整体流程有一定的了解，图 4-1 所示为 BIM 快速建模中进行构件搭建的流程图。

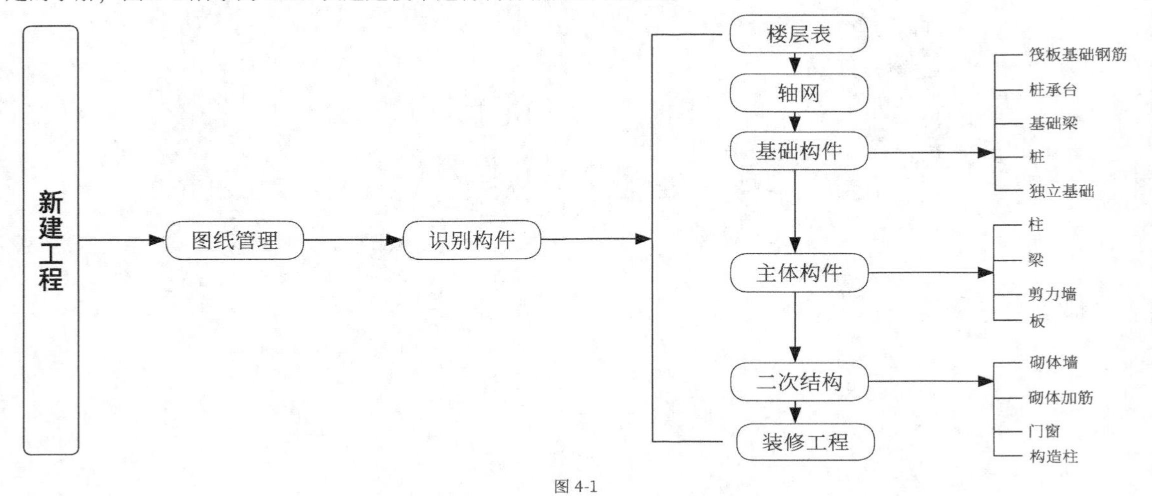

图 4-1

与手工建模的方式类似，快速建模前期也需要完成新建工程和添加图纸的准备工作。与手工建模不同的是，快速建模后期则需要根据提取出的 CAD 图纸的构件图层来完成构件的自动识别。当然，在自动识别的过程中，减少了手工单个、重复新建构件及绘制的步骤。以下是快速建模的流程介绍。

新建工程：完成项目的建立，包括设定项目名称、计算规则、清单定额库和钢筋规则等信息。

图纸管理：主要对快速建模过程中导入的 CAD 图纸进行管理，包括对图纸进行的添加、分割、定位和删除等操作，并对导入的图纸图层进行编辑。

识别构件：涉及项目的轴网、楼层表、基础、主体构件、二次结构和装修等构件的快速识别和绘制，从而实现 BIM 快速建模的过程。

4.1.2 BIM 快速建模的原理

BIM 快速建模的原理，可以从智能 CAD 识别和便捷图纸管理两方面来叙述。

高效智能 CAD 识别

用户将 DWG 格式的图纸导入 GTJ2018，利用 GTJ2018 提供的识别构件功能，通过识别来获取 CAD 图纸中的构件图层（同时将已提取的图层自动隐藏，避免后续提取重复、错误的图层），待整改操作完成，GTJ2018 就能快速将电子图纸中的信息识别为 GTJ2018 中对应的构件。

便捷的图纸管理

图纸管理是指对原电子图进行有效管理，并将其随工程统一保存，从而提高工程建模的效率。同时，通过图纸分割功能，可分别识别和提取单张图纸的名称，并将图纸和楼层信息进行挂接，双击图纸即可快速定位到图纸所在楼层，实现 CAD 图纸和 GTJ2018 中的楼层联动。

4.2 BIM 快速建模

在手工建模时，用户需要自行完成对图纸的识别，然后将构件的参数信息录入 GTJ2018 构件的属性栏，完成对构件属性的设置。此外，对于图纸中的异形截面，也需要逐一完成构件的二次截面编辑。这种方式不仅重复的操作多，而且效率非常低。BIM 快速建模摒弃了手工建模需要逐一修改的弊端，通过对 CAD 图层的自动分析和识别功能，快速获得项目的构件、截面和钢筋信息，并自动绘制在指定的绘图区域，实现快速、准确的建模。

4.2.1 导入 CAD 图纸

根据快速建模的一般流程，下面对导入 CAD 图纸的方式进行介绍。

快速建模介绍

BIM 快速建模的前提是具备工程项目的工程图纸，即 CAD 图纸。有了 CAD 图纸，就可以开始进行快速识别操作。将 CAD 图纸导入 GTJ2018 作为提取信息的底图，通过提取构件对应的 CAD 图层来完成自动建立构件的过程。这种方式简化了手工建模逐一建立构件的重复操作过程，极大地提高了建模的效率。

快速建模方式

基本流程

导入 CAD 图纸的流程如图 4-2 所示。

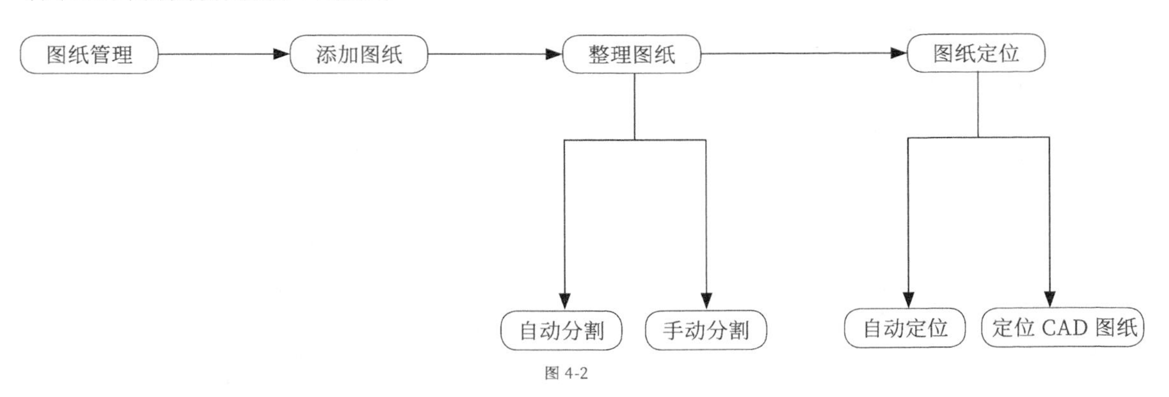

图 4-2

功能说明

（1）导入的图纸如果是工程中的所有图纸，那么需要使用“分割”工具，然后按照楼层顺序和图纸类型将整套图纸分割为单个图纸，以便对图纸进行编辑。分割有自动分割和手动分割两种形式，一般采取“自动分割”加“手动分割”组合的操作模式，实现 CAD 快速分割处理。如果是单张的 CAD 图纸，可以直接完成单张图纸的信息提取。

（2）当完成整张图纸的整理后，双击某单张图纸名称，软件将自动对轴网进行定位。如果出现定位和轴网不一致的情况，那么就需要通过“定位”工具手动修改定位点。

实战：打开某高层住宅工程地下二层墙体布置图和三～十一层平面图

素材位置	素材文件>CH04>实战：打开某高层住宅工程地下二层墙体布置图和三~十一层平面图
实例位置	实例文件>CH04>实战：打开某高层住宅工程地下二层墙体布置图和三~十一层平面图
教学视频	实战：打开某高层住宅工程地下二层墙体布置图和三~十一层平面图.mp4

扫码观看视频

图 4-3 和图 4-4 所示分别为打开的某高层住宅工程“地下二层墙体布置图”和“三～十一层平面图”。

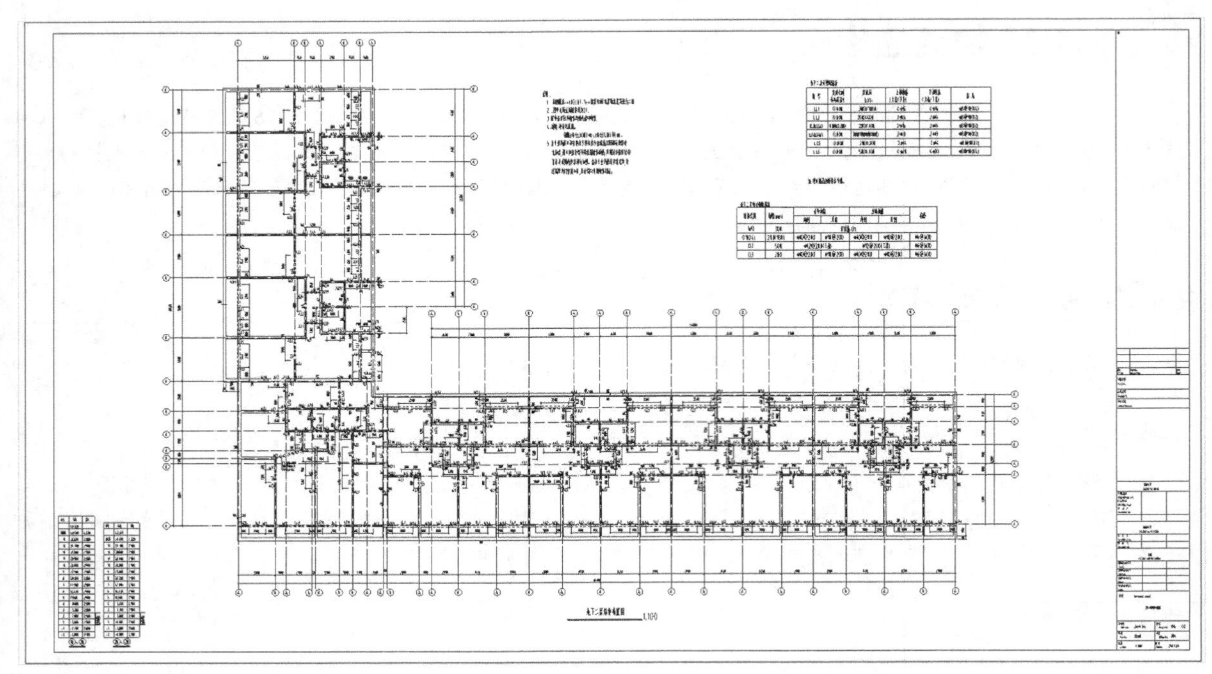
图 4-3

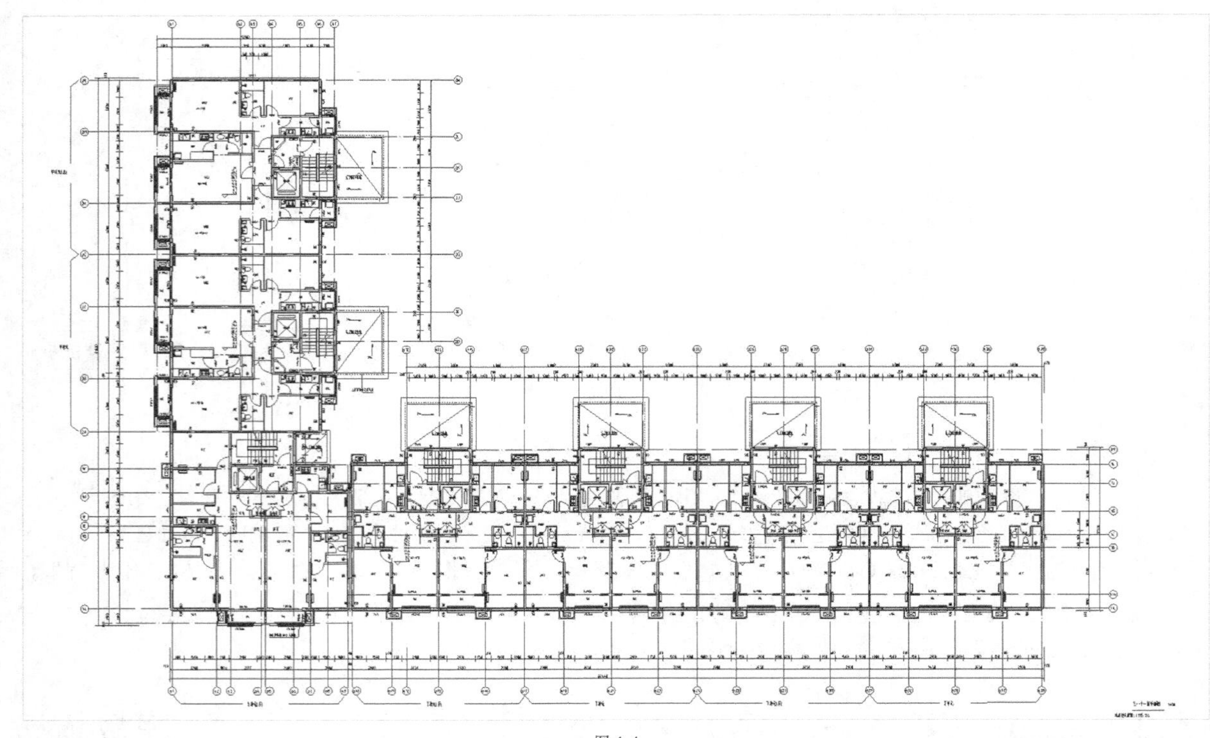
图 4-4

任务说明

(1) 完成高层住宅工程的“结构图纸”和“建筑图”的导入。

(2) 图纸导入后，完成“结构图纸”和“建筑图”的自动分割和手动分割。

(3) 打开“地下二层墙体布置图”和“三～十一层平面图”图纸。

任务分析

图纸分析

参照图纸：“结构图纸”“建筑图”。

工具分析

（1）按照图纸要求，使用“添加图纸”命令获得“结构图纸”和“建筑图”。

（2）要获得“地下二层墙体布置图”，需要通过“自动分割”工具和“手动分割”工具将“结构图纸”分割为单张图纸。

任务实施

导入结构图

01 打开 GTJ2018，选择“图纸管理”，单击“添加图纸”按钮，打开“添加图纸”对话框，选择“素材文件 >CH04> 实战：打开某高层住宅工程地下二层墙体布置图和三～十一层平面图 > 结构图纸 .dwg”，单击“打开”按钮，如图 4-5 所示。

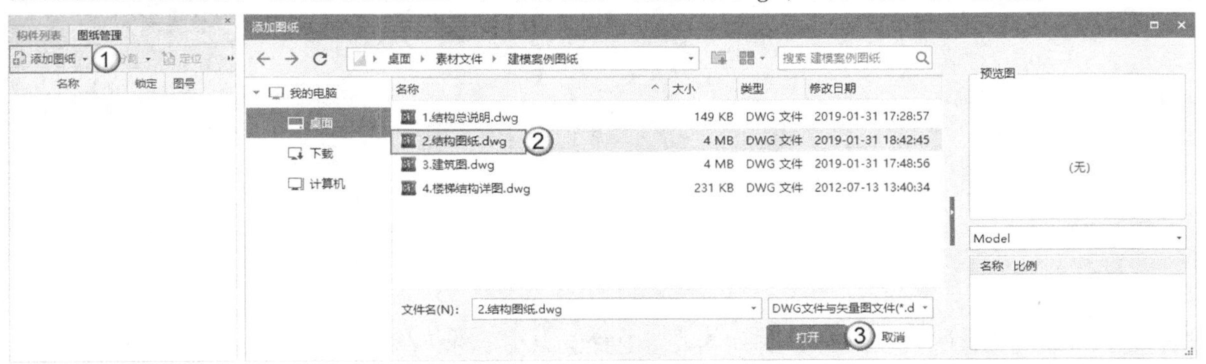

图 4-5

02 图纸导入后，“图纸管理”面板中出现“结构图纸”，单击“分割”下拉列表中的“自动分割”按钮，软件会自动将一套完整的结构图纸按照楼层标高分割为多张结构图纸，如图 4-6 所示。

03 检查 CAD 图纸是否都自动分割完成。发现“剪力墙暗柱表”未能被自动识别并分割，因此需要使用手动分割的方式来完成图纸分割。单击“分割”下拉列表中的“手动分割”按钮，找到“地下二层剪力墙暗柱表”所在的区域，按住鼠标左键并从左上角向右下角，框选所有暗柱表，被框选的图纸被黄色框包围，表示完成单张图纸的框选，然后单击鼠标右键确定，如图 4-7 所示。

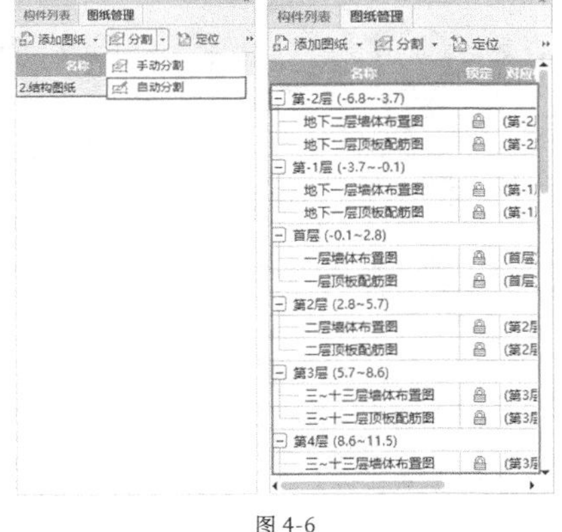

图 4-6

图 4-7

04 这时将自动打开“手动分割”对话框，发现默认的图纸名称与实际框选的名称不一致，因此需要单独修改图纸名称。此时只需移动鼠标指针到图纸名称的位置，待鼠标指针呈现“回字形”时，单击图纸名称，可自动提取“地下二层剪力墙暗柱表”，单击“确定”按钮确定，完成“地下二层剪力墙暗柱表”的手动分割，如图 4-8 所示。这时图纸列表中将出现“地下二层剪力墙暗柱表”图纸可供选择，如图 4-9 所示。

05 按照同样的方法，完成“地下一层剪力墙暗柱表”“一、二层剪力墙暗柱表”“三 ~ 十四层剪力墙暗柱表”的手动分割，分割完成后的图纸列表如图 4-10 所示。

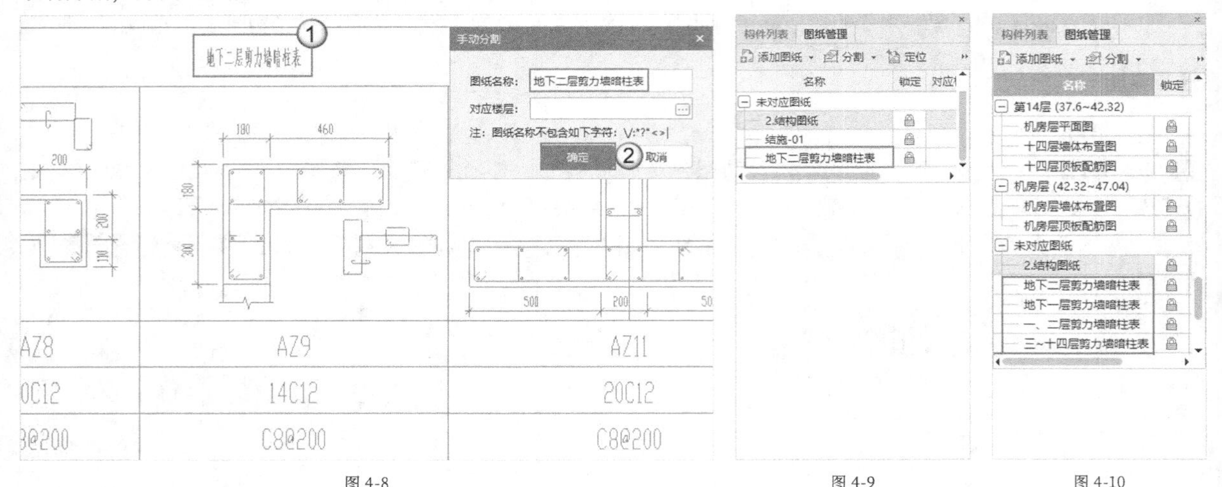

图 4-8　　图 4-9　　图 4-10

导入建筑图

01 为了便于后续的操作，将建筑图纸也一并导入（用户也可以在需要的时候单独进行导入）。单击“图纸管理”面板中的“添加图纸”按钮，在打开的“添加图纸”对话框中选择“素材文件 >CH04> 实战：打开某高层住宅工程地下二层墙体布置图和三 ~ 十一层平面图 > 建筑图 .dwg”文件，然后单击“打开”按钮打开，如图 4-11 所示。

图 4-11

02 图纸导入后，“图纸管理”面板中出现“建筑图”图纸，单击“分割”下拉列表中的“自动分割”按钮，如图 4-12 所示。这时图纸将被自动分割，分割后的图纸列表如图 4-13 所示。

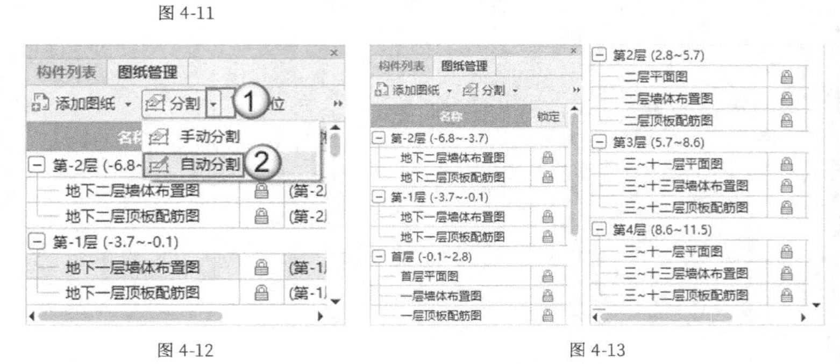

图 4-12　　图 4-13

打开图纸

“建筑图”和“结构图纸”已经导入完成，并在“图纸管理”面板中按照各类图纸的楼层和类型进行了分割。如果需要查看图纸，那么可以对其进行双击，即可显示对应的图纸。双击“地下二层墙体布置图”，打开“地下二层墙体布置图”图纸，如图 4-14 所示；双击“三～十一层平面图”，打开“三～十一层平面”图纸，如图 4-15 所示。

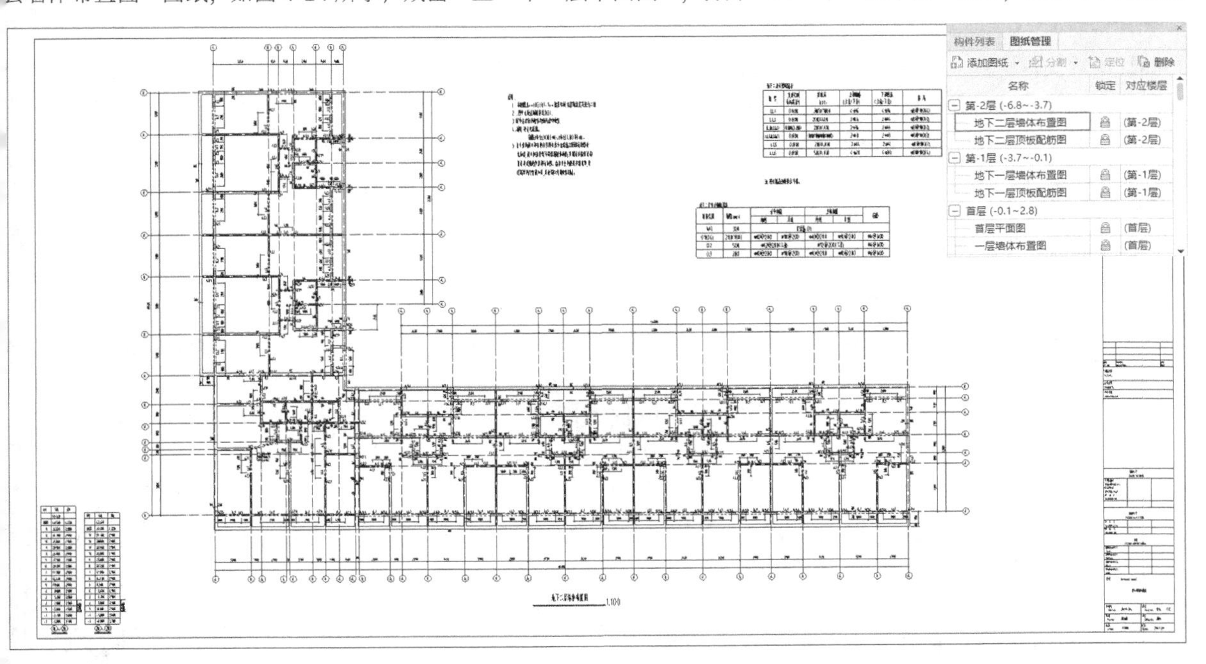

图 4-14

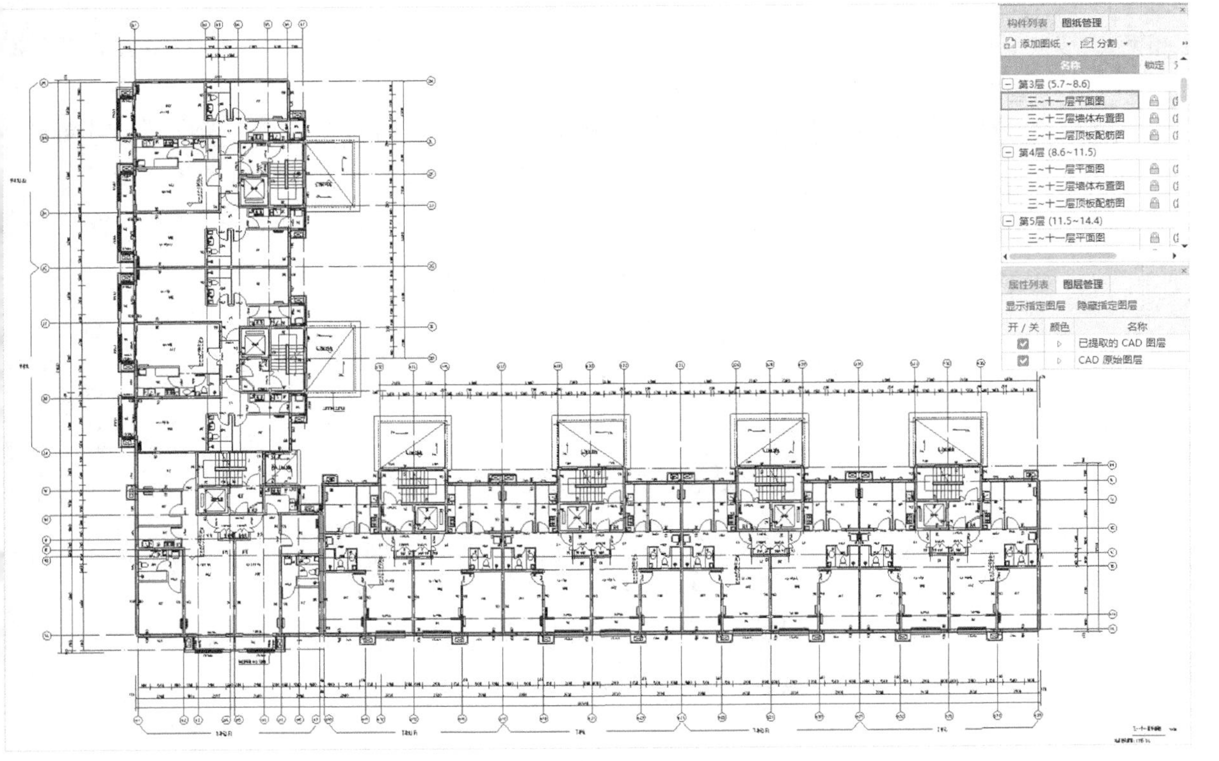

图 4-15

4.2.2 楼层设置

根据快速建模的一般流程，下面对项目工程的楼层设置进行介绍。

快速建模介绍

楼层的快速建模是指 GTJ2018 通过提取 CAD 楼层信息表图层中的楼层名称、楼层标高和楼层层高来快速完成楼层设置，能够帮助建模人员减少新建楼层的步骤。同时，GTJ2018 能够自动识别首层、智能建立基础层，从而避免手工建模过程中对首层和地下楼层的理解不当造成楼层标高错误的情况发生。

快速建模方式

基本流程

快速进行楼层设置的流程如图 4-16 所示。

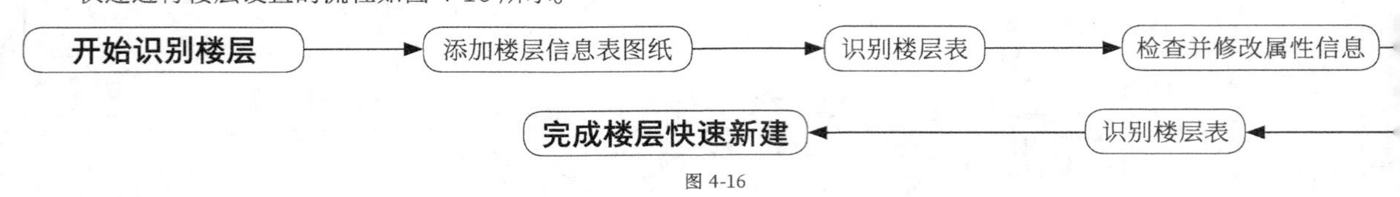

图 4-16

功能说明

在快速建模时，可以使用“识别楼层表”工具，并通过框选楼层信息表提取楼层设置需要的编码、底标高和层高 3 种关键参数信息，快速实现楼层设置。

实战：快速创建某高层住宅工程的楼层设置

素材位置	无
实例位置	实例文件>CH04>实战：快速创建某高层住宅工程的楼层设置
教学视频	实战：快速创建某高层住宅工程的楼层设置.mp4

扫码观看视频

图 4-17 所示为快速创建的某高层住宅工程的楼层设置。

楼层设置

单项工程列表　添加　删除　某高层住宅项目-快速

楼层列表（基础层和标准层不能设置为首层。设置首层后，楼层编码自动变化，正数为地上层，负数为地下层，基础层编码固定

插入楼层　删除楼层　上移　下移

首层	编码	楼层名称	层高(m)	底标高(m)	相同层数	板厚(mm)	建筑面积(m2)	备注
☐	16	第16层	3	45.22	1	120	(0)	
☐	15	机房层	4.72	40.5	1	120	(0)	
☐	14	第14层	2.9	37.6	1	120	(0)	
☐	13	第13层	2.9	34.7	1	120	(0)	
☐	12	第12层	2.9	31.8	1	120	(0)	
☐	11	第11层	2.9	28.9	1	120	(0)	
☐	10	第10层	2.9	26	1	120	(0)	
☐	9	第9层	2.9	23.1	1	120	(0)	
☐	8	第8层	2.9	20.2	1	120	(0)	
☐	7	第7层	2.9	17.3	1	120	(0)	
☐	6	第6层	2.9	14.4	1	120	(0)	
☐	5	第5层	2.9	11.5	1	120	(0)	
☐	4	第4层	2.9	8.6	1	120	(0)	
☐	3	第3层	2.9	5.7	1	120	(0)	
☐	2	第2层	2.9	2.8	1	120	(0)	
☑	1	首层	2.9	-0.1	1	120	(0)	
☐	-1	第-1层	3.6	-3.7	1	120	(0)	
☐	-2	第-2层	3.1	-6.8	1	120	(0)	
☐	0	基础层	0.5	-7.3	1	500	(0)	

图 4-17

任务说明

（1）打开高层住宅的“地下二层墙体布置图”。

（2）识别楼层表，完成高层住宅工程的楼层信息设置。

任务分析

图纸分析

参照图纸：“地下二层墙体布置图”的（1A~2A）楼层表。

工具分析

自动识别楼层信息表中的内容，实现楼层信息提取，需要使用“识别楼层表”命令。

任务实施

01 打开“实例文件 >CH04> 实战：打开某高层住宅的地下二层墙体布置图和三 ~ 十一层平面图 > 平面布置图 .GTJ”文件，在“建模”选项卡中单击“识别楼层表”按钮，框选“地下二层墙体布置图”左下角的（1A~2A）楼层表，待松开鼠标后，被选中的楼层表被黄色线框包围，此时单击鼠标右键确认，如图 4-18 所示。在打开的“识别楼层表”对话框中，单击“识别”按钮，完成楼层的设置，如图 4-19 所示。

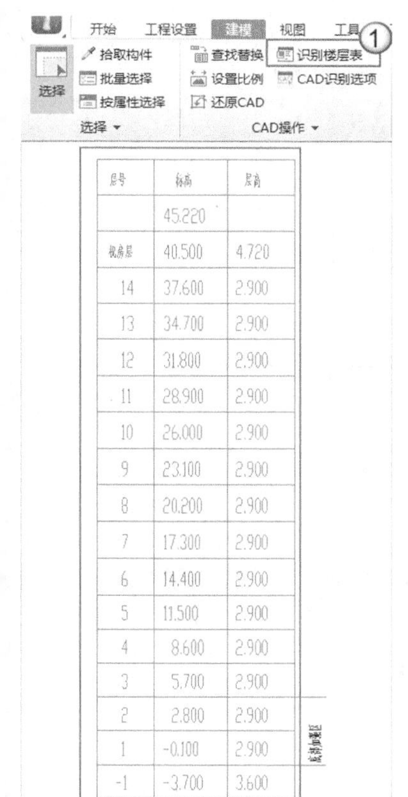

层号	标高	层高
	45.220	
机房层	40.500	4.720
14	37.600	2.900
13	34.700	2.900
12	31.800	2.900
11	28.900	2.900
10	26.000	2.900
9	23.100	2.900
8	20.200	2.900
7	17.300	2.900
6	14.400	2.900
5	11.500	2.900
4	8.600	2.900
3	5.700	2.900
2	2.800	2.900
1	-0.100	2.900
-1	-3.700	3.600
-2	-6.800	3.100

图 4-18

识别楼层表

撤消 恢复 查找替换 删除列 删除行 插入行 插入列

编码	底标高	层高
层号	标高	层高
	45.220	
机房层	40.500	4.720
14	37.600	2.900
13	34.700	2.900
12	31.800	2.900
11	28.900	2.900
10	26.000	2.900
9	23.100	2.900
8	20.200	2.900
7	17.300	2.900
6	14.400	2.900
5	11.500	2.900
4	8.600	2.900
3	5.700	2.900
2	2.800	2.900
1	-0.100	2.900
-1	-3.700	3.600
-2	-6.800	3.100

识别 3 取消

图 4-19

提示 在选择楼层表时，应选择轴线较为完整的楼层，这样能快速完成整栋楼的楼层新建，因此本高层住宅工程选择（1A~2A）楼层表作为识别楼层对象。

02 切换至“工程设置”选项卡，然后单击“楼层设置”按钮，打开“楼层设置”对话框，查看快速建好的楼层，确认无误后，将“基础层”的“层高”设置为 0.5（即将筏板基础厚度设为 0.5m），即可完成快速创建楼层设置，如图 4-20 所示。

首层	编码	楼层名称	层高(m)	底标高(m)	相同层数	板厚(mm)	建筑面积(m2)
☐	16	第16层	3	45.22	1	120	(0)
☐	15	机房层	4.72	40.5	1	120	(0)
☐	14	第14层	2.9	37.6	1	120	(0)
☐	13	第13层	2.9	34.7	1	120	(0)
☐	12	第12层	2.9	31.8	1	120	(0)
☐	11	第11层	2.9	28.9	1	120	(0)
☐	10	第10层	2.9	26	1	120	(0)
☐	9	第9层	2.9	23.1	1	120	(0)
☐	8	第8层	2.9	20.2	1	120	(0)
☐	7	第7层	2.9	17.3	1	120	(0)
☐	6	第6层	2.9	14.4	1	120	(0)
☐	5	第5层	2.9	11.5	1	120	(0)
☐	4	第4层	2.9	8.6	1	120	(0)
☐	3	第3层	2.9	5.7	1	120	(0)
☐	2	第2层	2.9	2.8	1	120	(0)
☑	1	首层	2.9	-0.1	1	120	(0)
☐	-1	第-1层	3.6	-3.7	1	120	(0)
☐	-2	第-2层	3.1	[illegible]	1	120	(0)
☐	0	基础层	0.5		1	500	(0)

图 4-20

4.2.3 轴网

根据快速建模的一般流程，下面对轴网的建模方式进行介绍。

快速建模介绍

轴网的快速新建是指通过提取 CAD 中轴网的图层来快速完成 GTJ2018 中轴网的新建工作，能够帮助建模人员减少录入轴网间距和修改轴网需要进行的操作步骤，还能避免手工输入数据带来的错误问题（特别是对于复杂、异形轴网的建立）。

快速建模方式

基本流程

快速创建轴网的流程如图 4-21 所示。

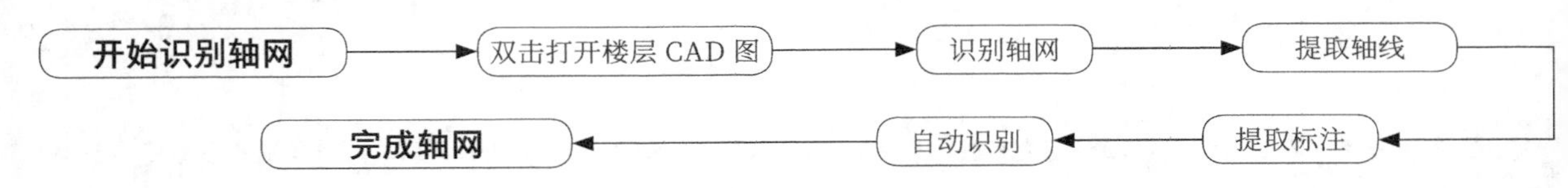

图 4-21

功能说明

图 4-22

在快速建模时，主要会用到“识别轴网”对话框中的“提取轴线”“提取标注”“自动识别”3 个命令，如图 4-22 所示。每一步都需要确保对应的图层被提取，否则会影响轴网进行自动识别的准确性。

重要参数介绍

提取轴线：单击图纸中的某一根轴线，然后单击鼠标右键确定，就能自动对轴线的图层进行提取；在进行图层的选择时，一般选择默认的“按图层选择”即可；如果 CAD 图纸图层不明显，那么还可以利用“单图元选择”和“按颜色选择”来完成 CAD 轴线的提取操作。

提取标注：单击图纸中的某一个标注，然后单击鼠标右键确定，就能自动对标注的图层进行提取，包括尺寸标注和轴号两个部分。

自动识别：轴线和标注提取完成后，如果图层全部完成提取，那么单击“自动识别”就能获得自动建立的轴网。

实战：快速创建某高层住宅工程的轴网

素材位置	无
实例位置	实例文件>CH04>实战：快速创建某高层住宅工程的轴网
教学视频	实战：快速创建某高层住宅工程的轴网.mp4

扫码观看视频

图 4-23 所示为快速创建的某高层住宅工程地下二层的轴网。

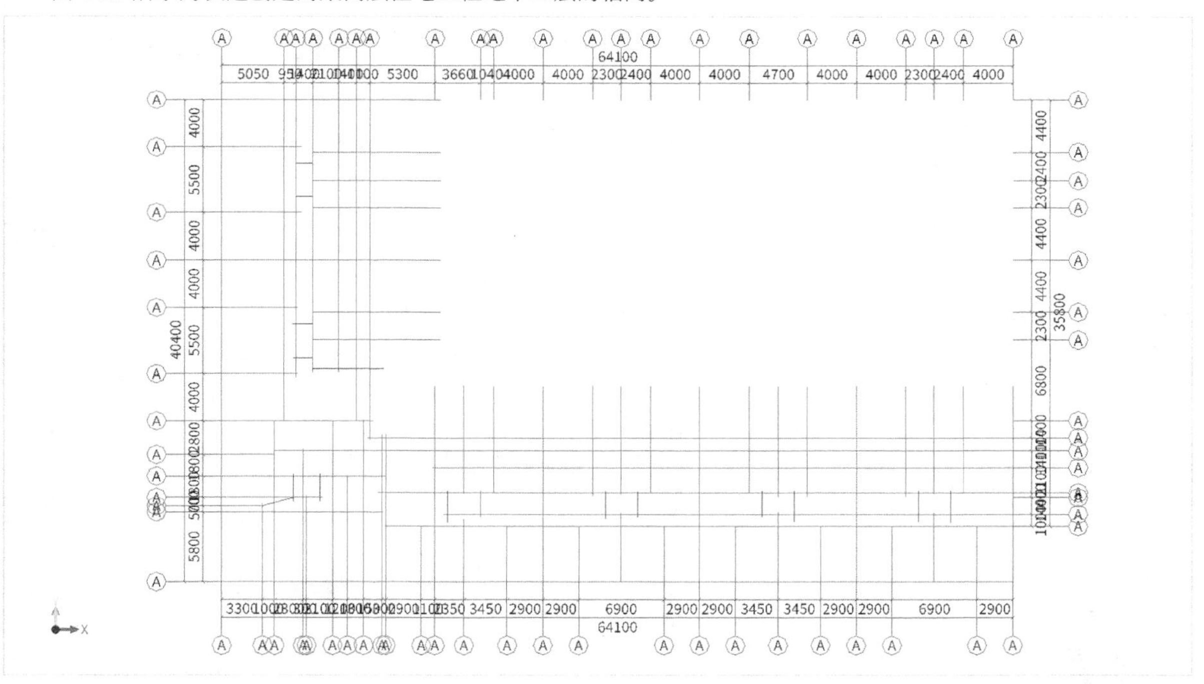

图 4-23

任务说明

（1）打开某高层住宅工程的“地下二层墙体布置图”。

（2）提取轴网的轴线和标注，并完成轴网的自动识别。

任务分析

图纸分析

参照图纸：“地下二层墙体布置图”。

工具分析

（1）自动识别楼层中的轴网，实现轴网的提取，需要使用“提取轴线”命令。

（2）自动识别楼层中的标注，实现标注的提取，需要使用“提取标注”命令。

（3）轴线和标注提取完成后，需要使用“自动识别”命令自动建立轴网。

任务实施

01 打开“实例文件 >CH04> 实战：快速创建某高层住宅工程的楼层设置 > 楼层设置 .GTJ”文件，双击“图纸管理”面板中的“地下二层墙体布置图”，如图 4-24 所示，这时打开的“地下二层墙体布置图”如图 4-25 所示。

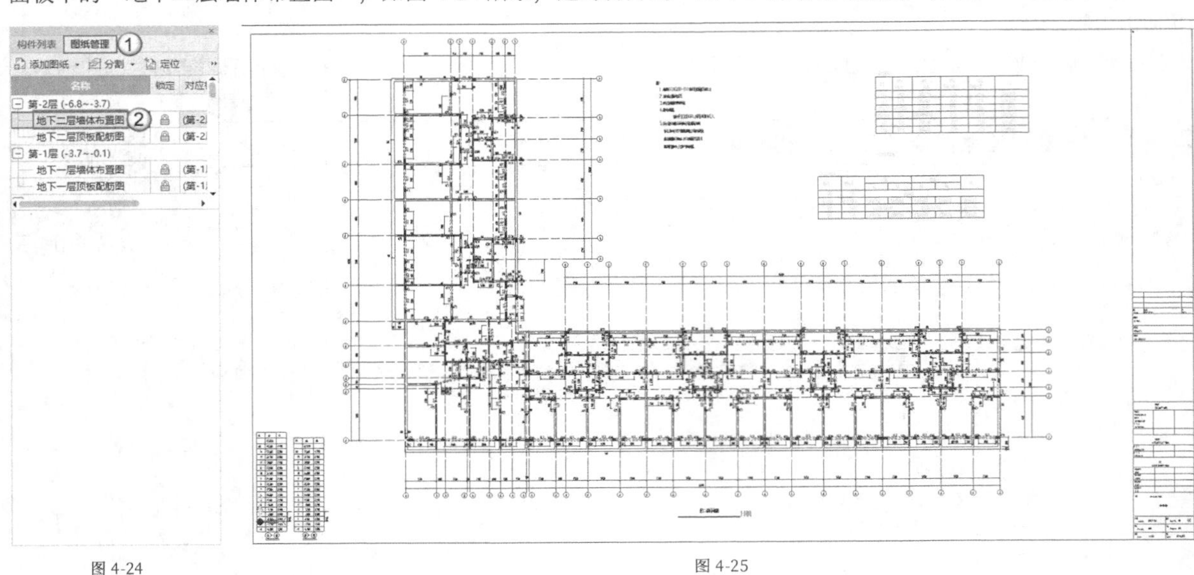

图 4-24　　　　图 4-25

02 在“构件导航栏”中执行“轴线 > 轴网”命令，然后单击“识别轴网”按钮，如图 4-26 所示。

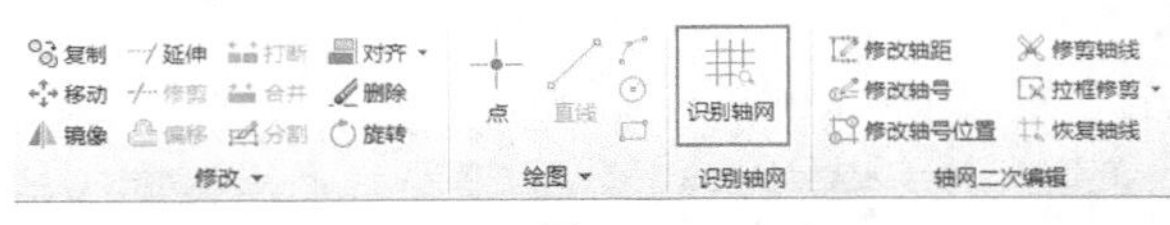

图 4-26

03 打开“识别轴网”对话框后，选择“提取轴线”选项，将鼠标指针放到轴线的位置，待鼠标指针变成“回字形”时表示轴线可被选中，任选一处轴线单击，当图层出现蓝色时表示选择成功，如图 4-27 所示。单击鼠标右键确认，蓝色边线消失，完成轴线的提取，如图 4-28 所示。

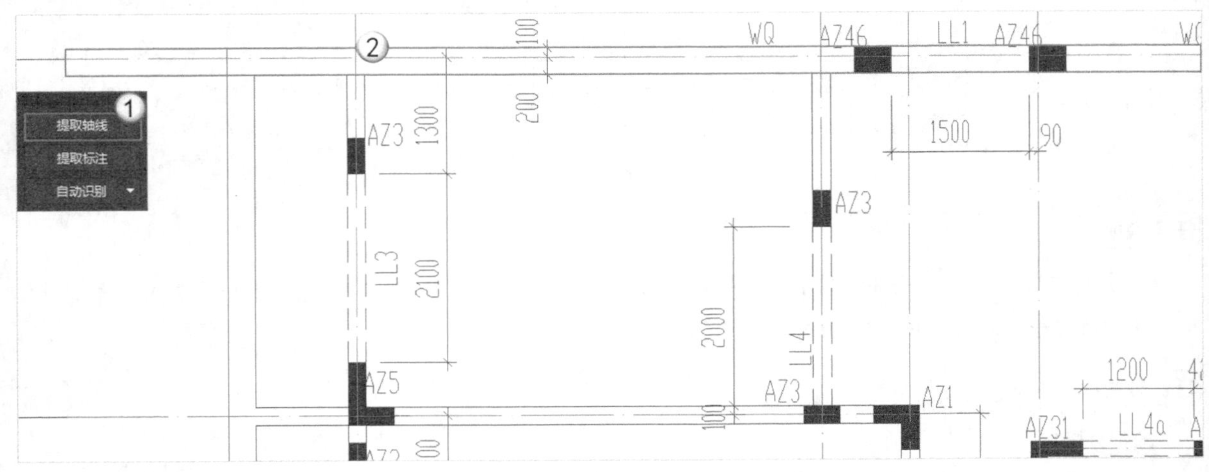

图 4-27

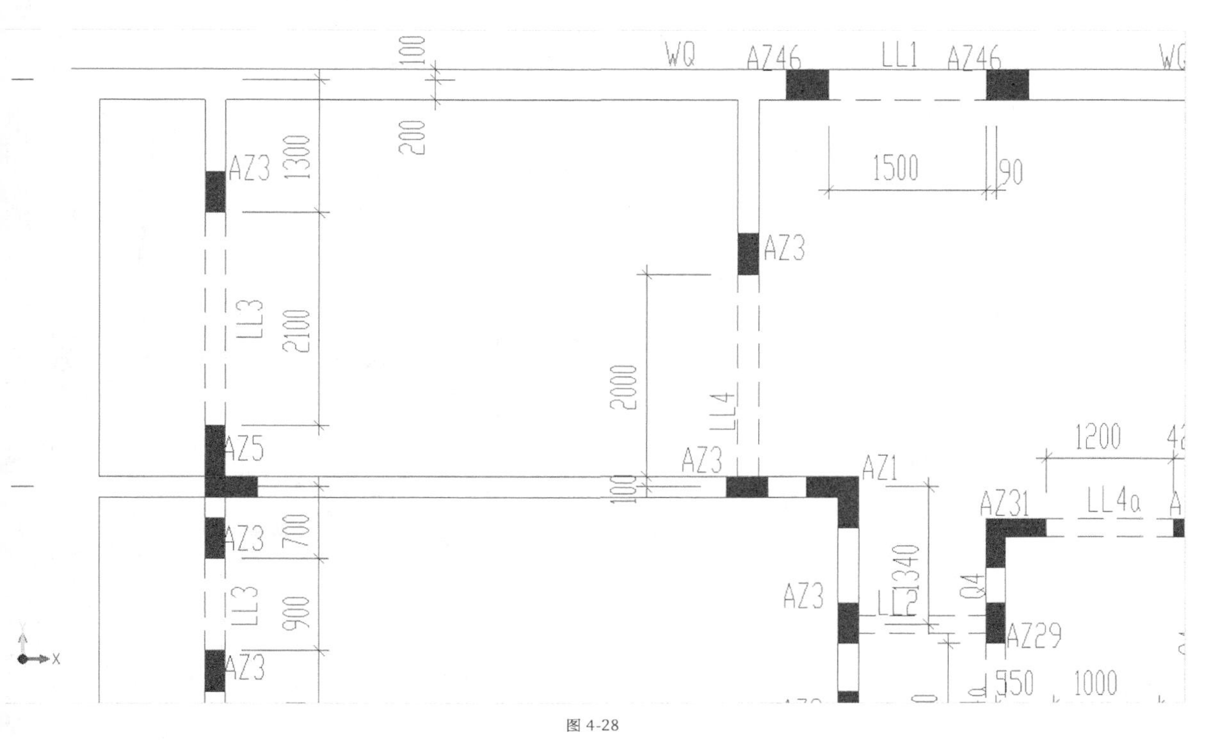

图 4-28

04 轴线提取完成后，选择“提取标注”选项，将鼠标指针放到轴线的标注位置，待鼠标指针变成“回字形”时表示轴线可被选中，任选一处轴线标注单击，当图层出现蓝色时表示选择成功，如图 4-29 所示。单击鼠标右键确认，蓝色标注消失，完成标注的提取，如图 4-30 所示。

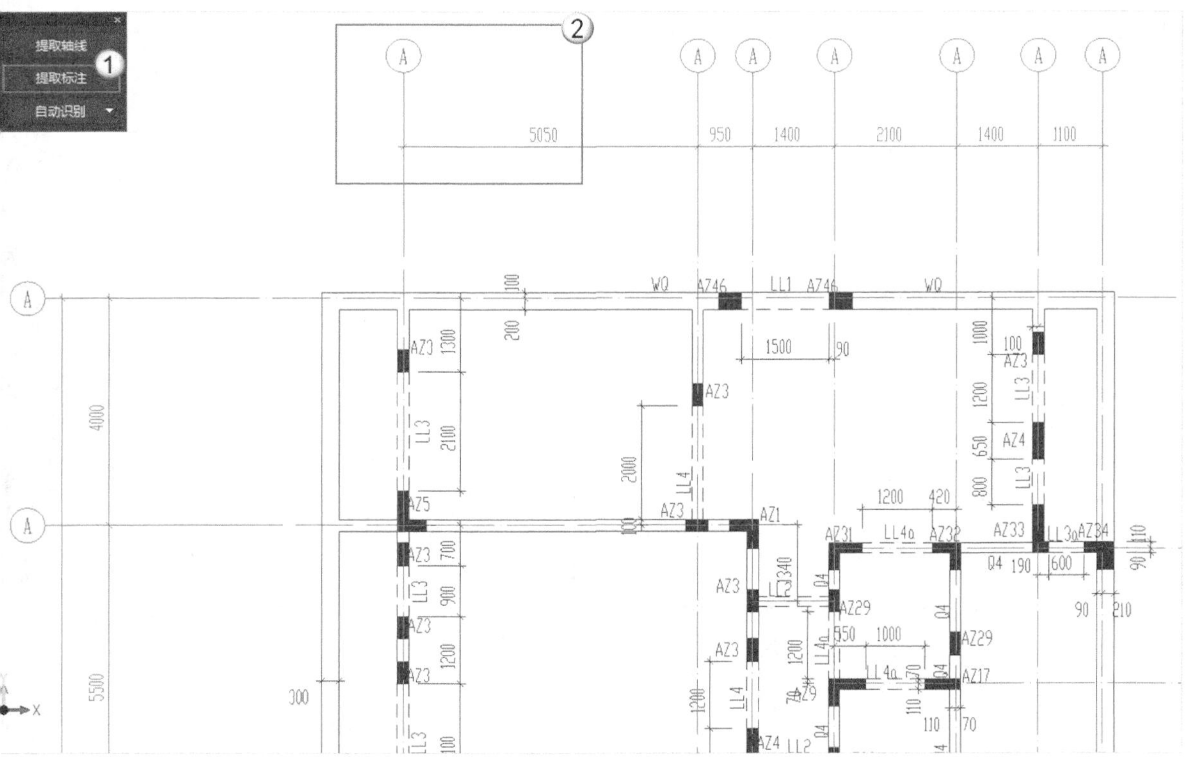

图 4-29

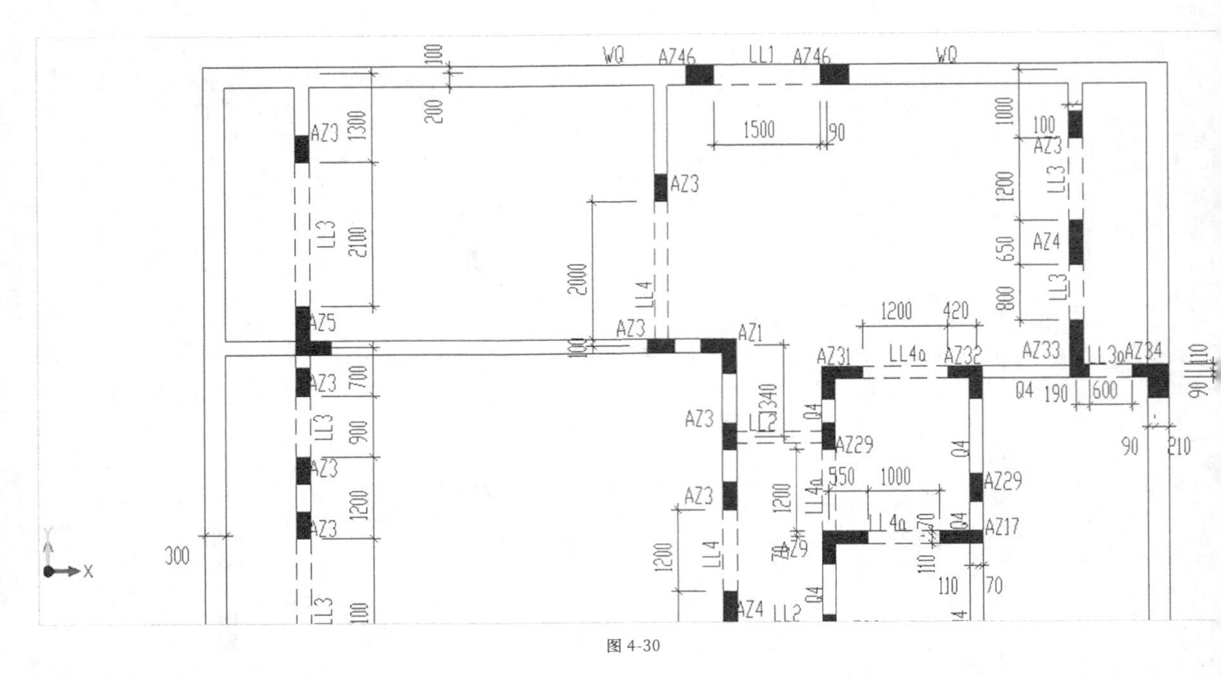

图 4-30

05 轴线和标注提取完成后，打开“自动识别”的下拉菜单，选择“自动识别”选项，完成轴网的快速创建，效果如图 4-31 所示。

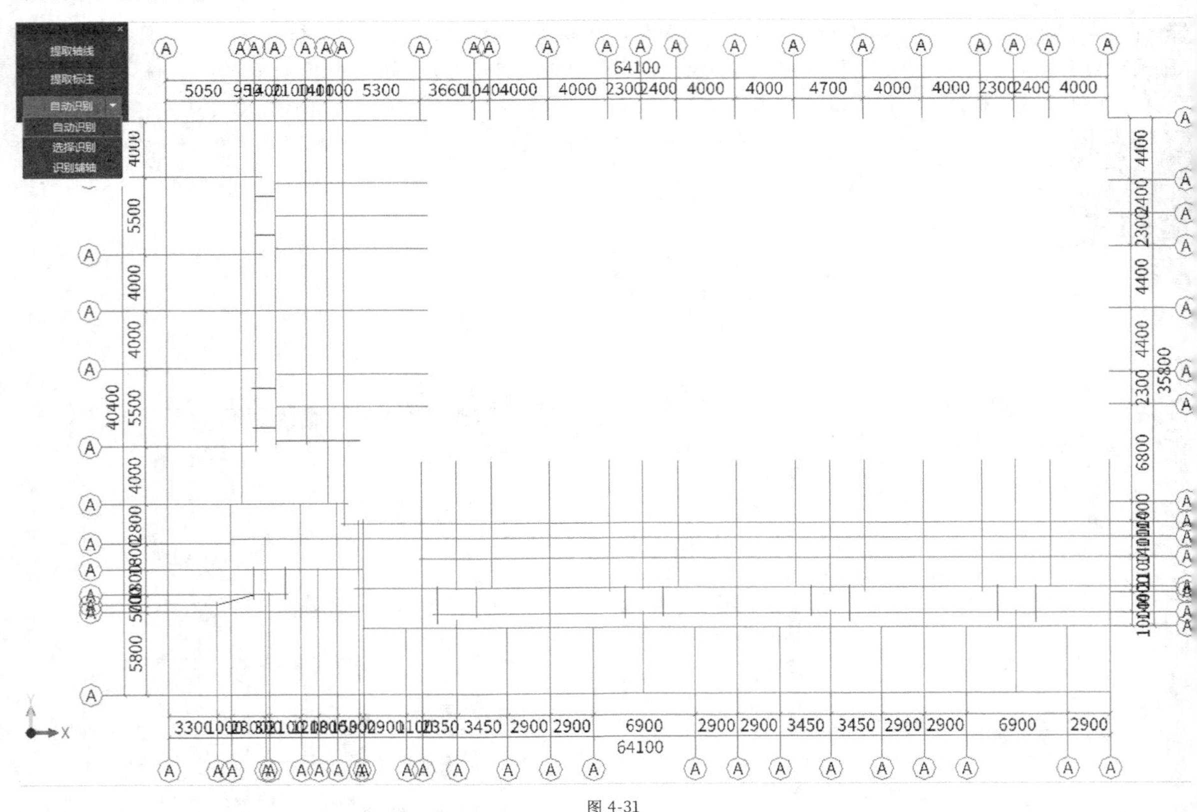

图 4-31

提示 识别轴网时对具体根据哪一层的图纸并没有强制的要求，通常选择CAD图纸中所有楼层都具有轴网的图纸，这样能避免和其他楼层出现轴网不一致的问题。

4.2.4 基础构件

根据快速建模的一般流程，下面对基础构件的建模方式进行介绍。

快速建模介绍

在 GTJ2018 中目前能实现快速建模的基础构件主要包括独立基础、基础梁、桩承台、桩和筏板钢筋等。基础构件的快速识别指通过对 CAD 图纸中基础构件的图层进行识别和提取来获得 GTJ2018 中构件的参数信息，实现基础构件的快速建立，还能将新建的基础构件快速绘制到 CAD 图纸中的对应位置。

快速建模方式

基本流程

快速创建基础构件的流程如图 4-32 所示。

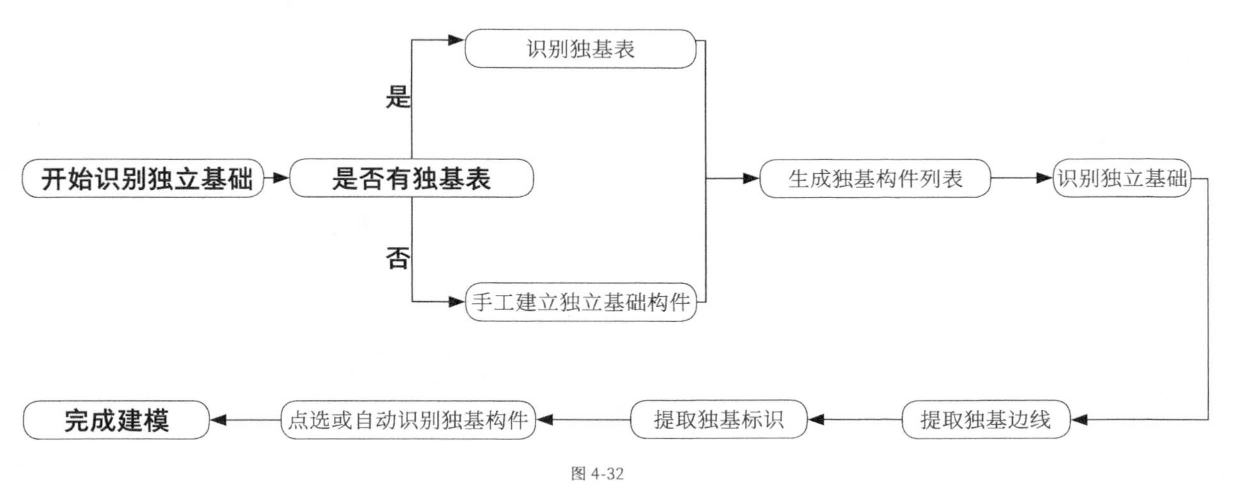

图 4-32

功能说明

在快速建模时，会用到“识别独立基础”对话框中的“提取独基边线”“提取独基标识”“点选识别”“自动识别”“框选识别”5 个命令，如图 4-33 所示。每一步都需要确保对应的图层被提取，否则会影响独基绘制自动识别的准确性。

图 4-33

重要参数介绍

提取独基边线：单击图纸中的某一独立基础边线，就能自动对独基边线的图层进行提取；在进行图层的选择时，一般选择默认的“按图层选择”即可；如果 CAD 图纸图层不明显，那么还可以利用“单图元选择”和“按颜色选择”来完成 CAD 独基边线的提取操作。

提取独基标识：单击图纸中的某一个独基的标注，就能自动对标注的图层进行提取，包括尺寸标注和独基编号两个部分。

点选识别：完成独基边线和独基标识的提取后，如果需要单独识别某个独立基础，则可以通过“点选识别”来完成某个独立基础的绘制。

框选识别：完成独基边线和独基标识的提取后，如果此时仅需要识别某部分区域的独立基础，则可以通过“框选识别”来完成某个区域的独立基础绘制。

自动识别：完成独基边线和独基标识的提取后，此时图纸内所有独立基础的图层全部消失则表示全部提取完成，那么单击“自动识别”命令就能获得自动完成的所有图纸范围的独立基础绘制。

实战：快速创建某高层住宅工程地下一层的独立基础

素材位置	无
实例位置	实例文件>CH04>实战：快速创建某高层住宅工程地下一层的独立基础
教学视频	实战：快速创建某高层住宅工程地下一层的独立基础.mp4

扫码观看视频

图 4-34 所示为快速创建的某高层住宅工程地下一层的独立基础的效果图。

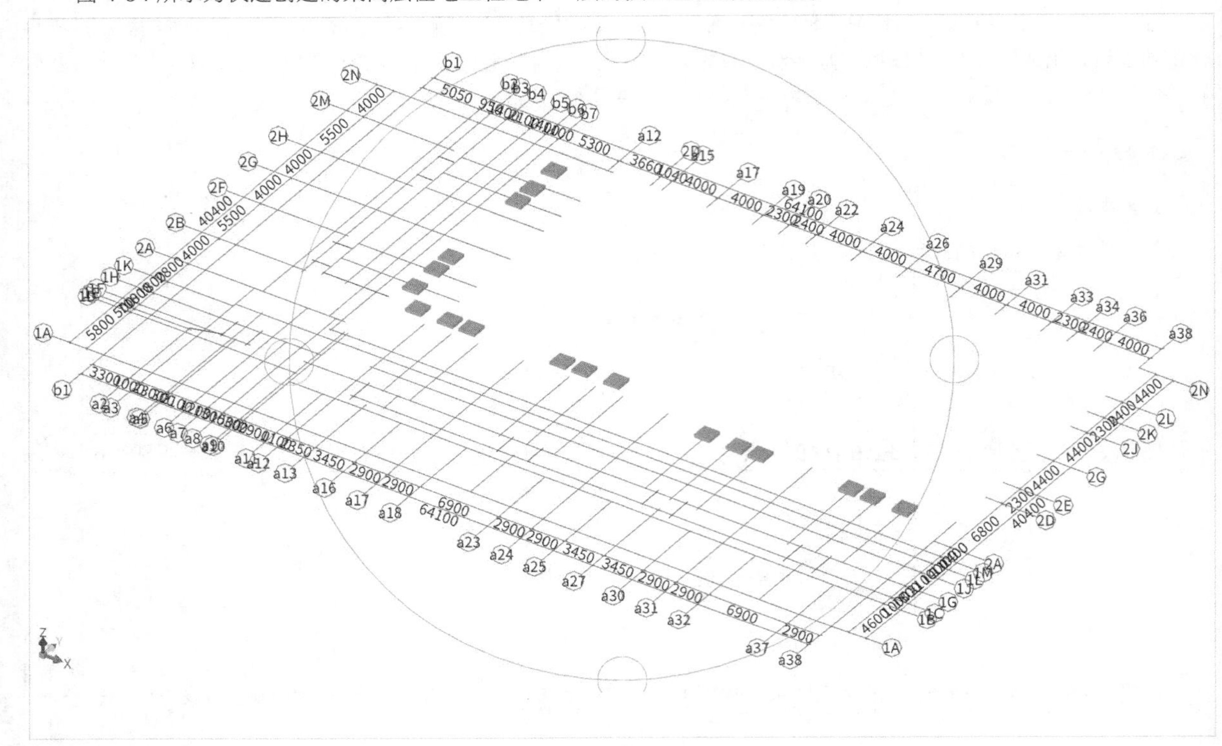

图 4-34

任务说明

（1）打开某高层住宅工程的“地下一层墙体绘制图”。

（2）根据基础大样图 J1，完成独立基础构件的新建。

（3）提取独立基础的边线和标识图层，并完成独立基础的自动识别。

任务分析

图纸分析

参照图纸：“地下一层墙体绘制图”“J1 独基详图”。

工具分析

通过查看“地下一层墙体绘制图”“J1 独基详图”可知，本高层住宅项目独立基础结构设计采用了详图方式，需使用手工建模的方式建立独基构件，然后再进行独立基础的识别操作。

任务实施

01 打开“实例文件 >CH04> 实战：快速创建某高层住宅工程的轴网 .GTJ”文件，由于本案例只有地下一层有独立基础，因此需要在“楼层构件栏”中将楼层切换到“第 -1 层”，然后双击“图纸管理”面板中的“地下一层墙体布置图”，如图 4-35 所示，这时打开的“地下一层墙体布置图”如图 4-36 所示。

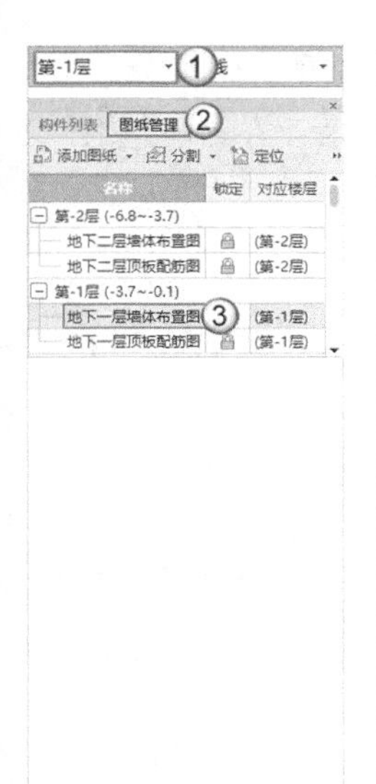

图 4-35

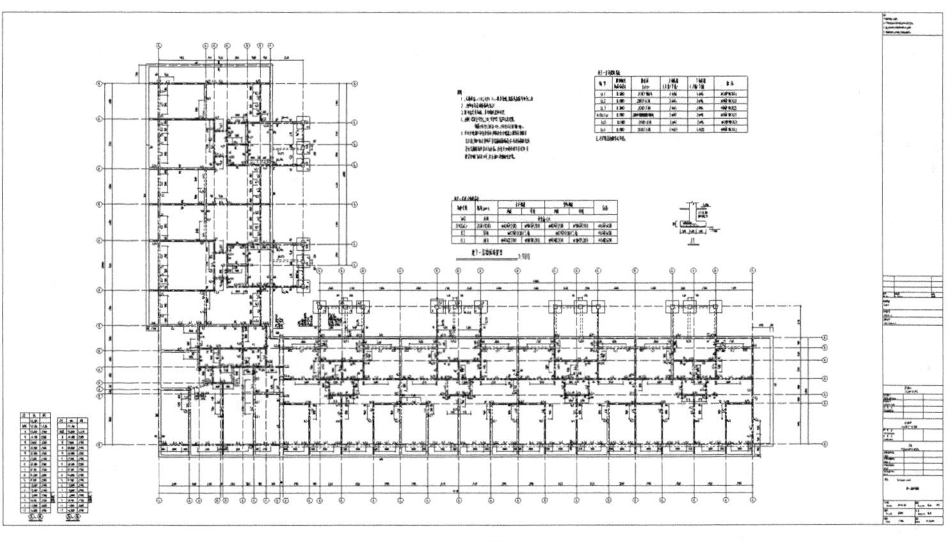

图 4-36

02 在“构件导航栏”中执行“基础 > 独立基础”命令（快捷键为 DD）。为了提高识别独基的准确度，需要先通过手工创建独基构件，再通过“识别独立基础”命令完成快速建模，图 4-37 所示为需要进行手工建模的“J1 独基详图”。

03 选择“构件列表”，在“新建”下拉列表中选择“新建独立基础”选项，得到 DJ-1。在“属性列表”面板中调整“独立基础”的属性信息，设置 DJ-1 的“名称”为 J1、“顶标高”为 -1.6、“底标高”为 -1.9，如图 4-38 所示。

04 选择“构件列表”，在“新建”下拉列表中选择“新建矩形独立基础单元”选项，得到（底）DJ-1-1。在“属性列表”面板中调整“独立基础”的属性信息，设置 DJ-1-1 的“截面长度”为 1400、“截面宽度”为 1400、“高度”为 300、“横向受力筋”为 C10@200、“纵向受力筋”为 C10@200，如图 4-39 所示。

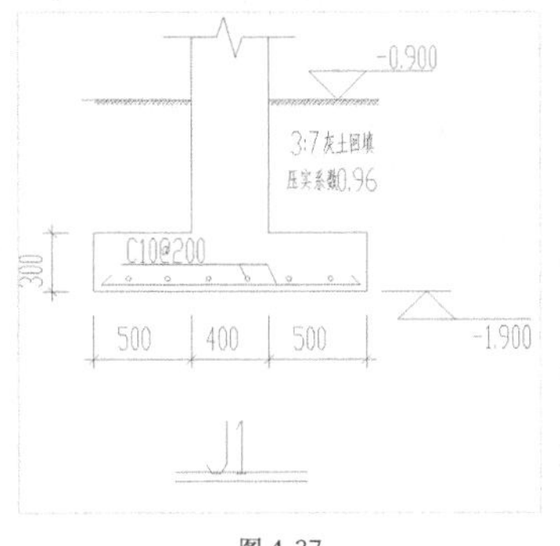

图 4-37

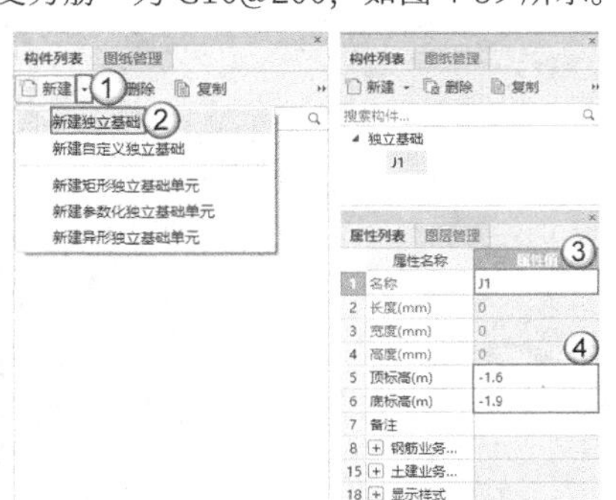

图 4-38

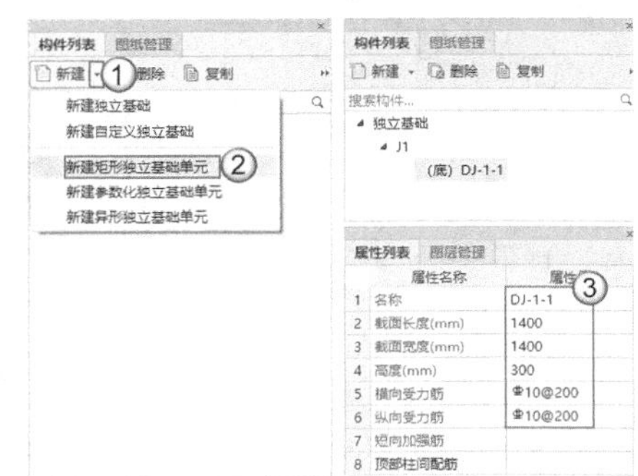

图 4-39

提示 独立基础新建完成后，在修改“名称”时应注意要确保构件名称和图纸上标注的名称一致，否则在使用“识别独立基础”命令时，会因名称不一致而出现报错现象。

05 单击“识别独立基础”按钮，打开“识别独立基础”对话框，然后选择“提取独基边线”选项，“按图层选择（Ctrl+）”保持默认即可，如图 4-40 所示。

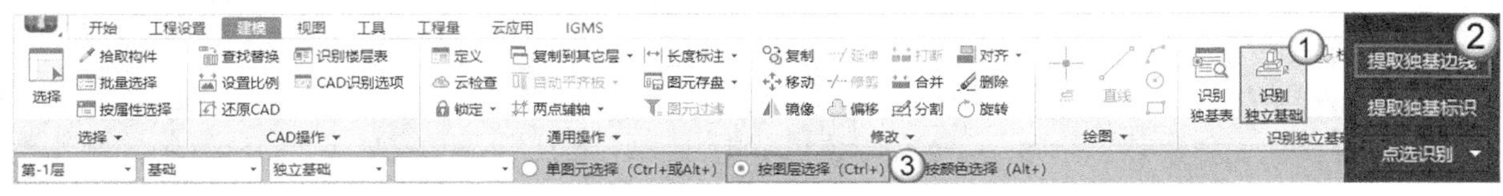

图 4-40

06 在“识别独立基础”对话框中单击“提取独基边线”命令，将鼠标指针放到独基边线的位置，待鼠标指针变成“回字形”时表示轴线可被选中，任选一处独基边线单击，当图层出现蓝色时表示选择成功，如图 4-41 所示。单击鼠标右键确认，蓝色边线消失，完成独基边线的提取，如图 4-42 所示。

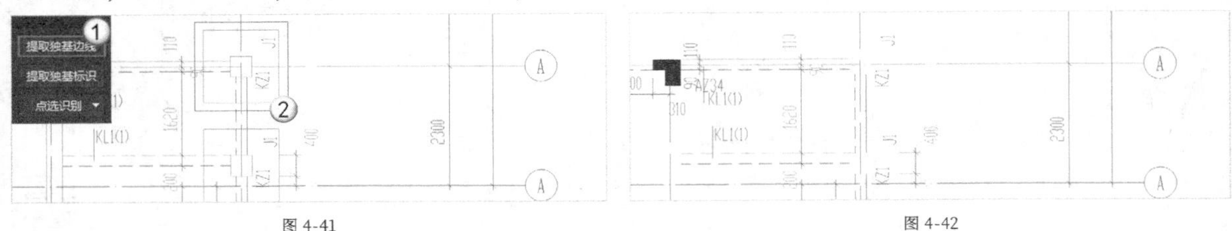

图 4-41　　图 4-42

提示 选择独基边线时，一定要在鼠标指针处于“回字形”时单击右键确定，提取后注意进行图纸检查，看是否还有独基构件边线未提取。如果未提取，则需再次单击“提取独基边线”，完成二次边线的提取。

07 独基边线提取完成后，单击“提取独基标识”命令，将鼠标指针放到独基标注位置处，鼠标指针变成“回字形”时表示处于选中状态，任选一处图纸的独基标注单击，待图层出现蓝色表示选择成功，如图 4-43 所示。单击鼠标右键确认，蓝色独基标注消失，完成独基标识的提取，如图 4-44 所示。

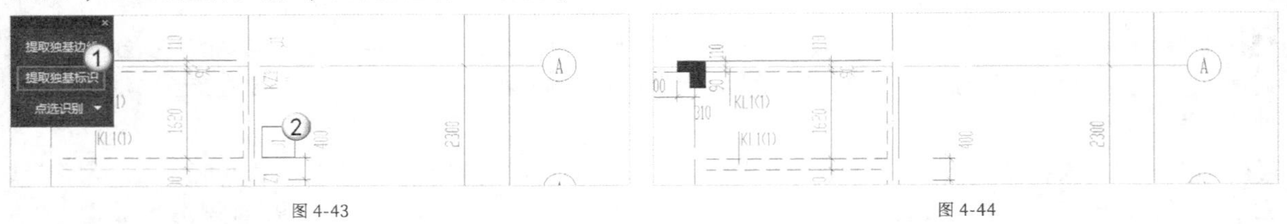

图 4-43　　图 4-44

提示 提取独基标识时，如果独立基础标注线和独立基础尺寸线不在同一个图层，那么在提取时需要同时提取构件的尺寸线和标注线，否则构件识别后会出现识别的构件和构件列表的标注不一致的情况。

08 独基的边线和标识提取完成后，在“点选识别”的下拉列表中单击“自动识别”命令，软件将自动完成构件的绘制，如图 4-45 所示。

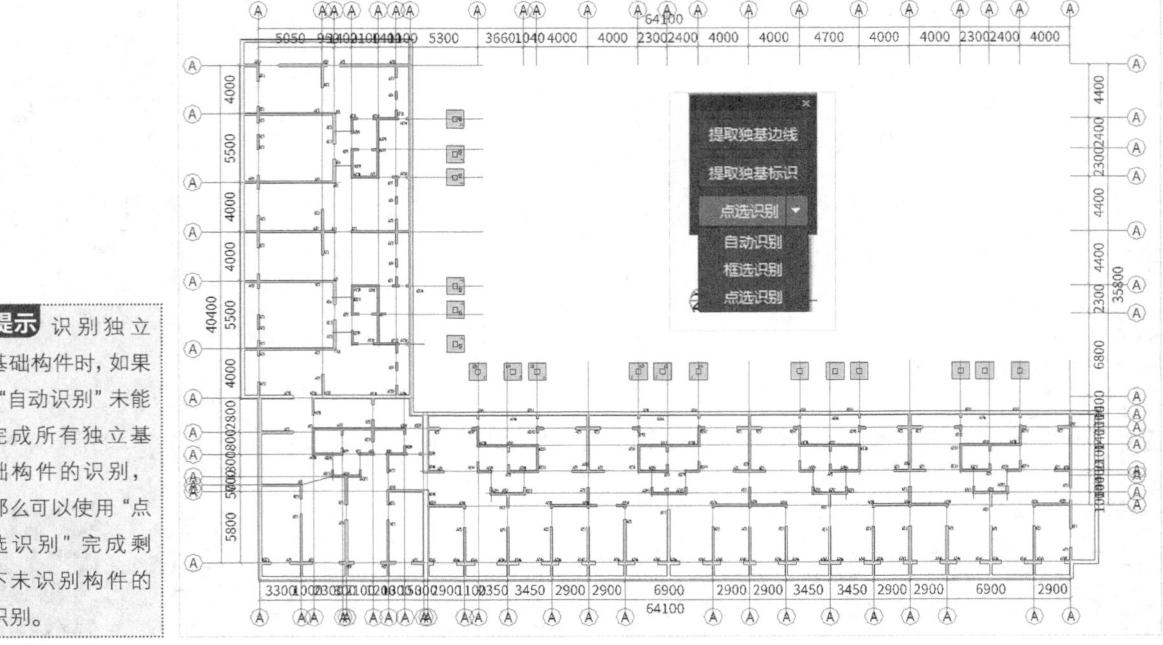

图 4-45

提示 识别独立基础构件时，如果“自动识别”未能完成所有独立基础构件的识别，那么可以使用“点选识别”完成剩下未识别构件的识别。

09 独立基础绘制完成后，可以使用“三维”工具快速查看独立基础构件的三维效果，如图 4-46 所示。

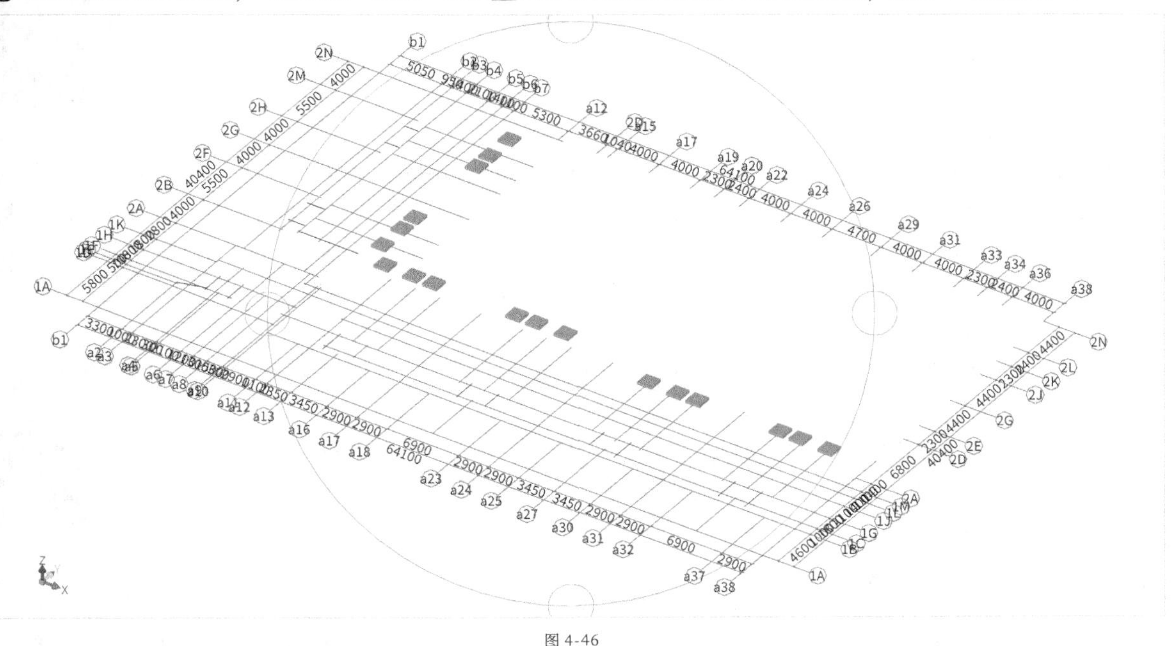

图 4-46

提示 读者在提取CAD图层进行独立基础构件的识别时，务必按照流程图进行操作。构件识别完成后，需要进行模型信息和图纸独基信息的核查，对核查出现的问题应及时修改，以免影响后续建模的准确性。

4.2.5 主体柱构件

根据快速建模的一般流程，下面对主体柱构件的建模方式进行介绍。

快速建模介绍

基础构件建模完成后，就可以开始进行主体结构构件的建模，参照“柱—墙—梁—板”的施工工序进行主体柱构件的建模。柱构件的快速建模包括对柱大样的识别，通过识别自动完成柱构件的新建，然后根据平面绘制图完成柱构件的绘制。需要注意在柱大样的识别过程中，要确保柱大样的钢筋直径、数量和箍筋样式与图纸一致，这样才能保证柱构件的建模是准确的。

快速建模方式

基本流程

快速创建主体柱构件的流程如图 4-47 所示。

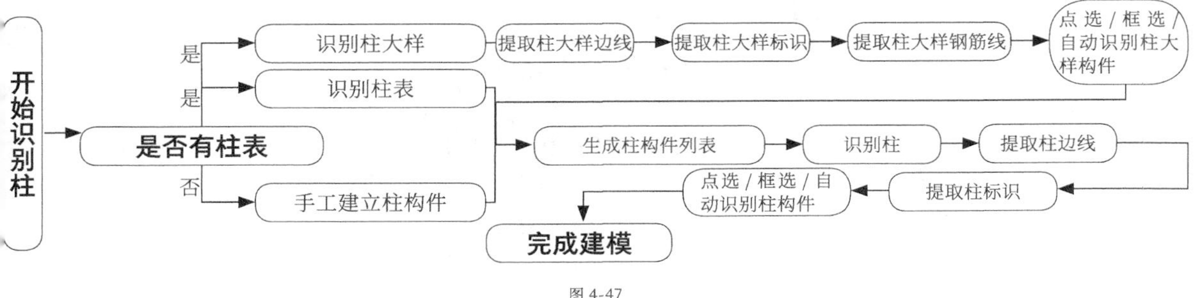

图 4-47

功能说明

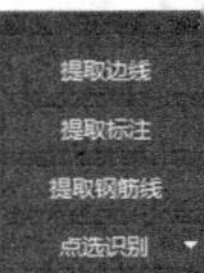

图 4-48

（1）在快速柱建模中，需要先通过“识别柱大样”来获得柱构件，此时会用到“识别柱大样”对话框中的“提取边线”“提取标注”“提取钢筋线”“点选识别”4 个命令，如图 4-48 所示。每一步都需要确保对应的图层被提取，否则会影响柱大样自动识别的准确性。

重要参数介绍

提取边线：单击图纸中的某一柱大样边线，就能自动对柱大样边线的图层进行提取；在进行图层的选择时，一般选择默认的“按图层选择”即可；如果 CAD 图纸图层不明显，那么还可以利用“单图元选择”和“按颜色选择”来完成 CAD 柱大样边线的提取操作。

提取标注：单击图纸中的某一个柱大样的标注，就能自动对标注的图层进行提取，包括尺寸标注、柱大样编号和钢筋信息 3 个部分。

提取钢筋线：单击图纸中的某一个柱大样的钢筋线，就能自动对钢筋线的图层进行提取，包括柱大样纵筋、箍筋、拉筋和箍筋示意 4 个部分。

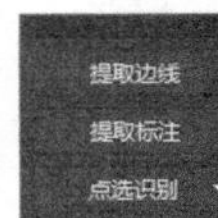

图 4-49

（2）柱大样识别完成后，选择识别柱以完成柱的绘制，此时会用到“识别柱”对话框中的“提取边线”“提取标注”“点选识别”3 个命令，如图 4-49 所示。每一步都需要确保对应的图层被提取，否则会影响柱自动识别的准确性。

重要参数介绍

提取边线：单击图纸中的某一柱边线，就能自动对柱边线的图层进行提取；在进行图层的选择时，一般选择默认的“按图层选择”即可；如果 CAD 图纸图层不明显，那么还可以利用“单图元选择”和“按颜色选择”来完成 CAD 柱边线的提取操作。

提取标注：单击图纸中的某一个柱的标注，就能自动对标注的图层进行提取，包括柱编号和柱引线两个部分。

实战：快速创建某高层住宅工程地下二层的主体柱

素材位置	无
实例位置	实例文件>CH04>实战：快速创建某高层住宅工程的主体柱
教学视频	实战：快速创建某高层住宅工程的主体柱.mp4

扫码观看视频

图 4-50 所示为快速创建的某高层住宅工程地下二层的主体柱的效果图。

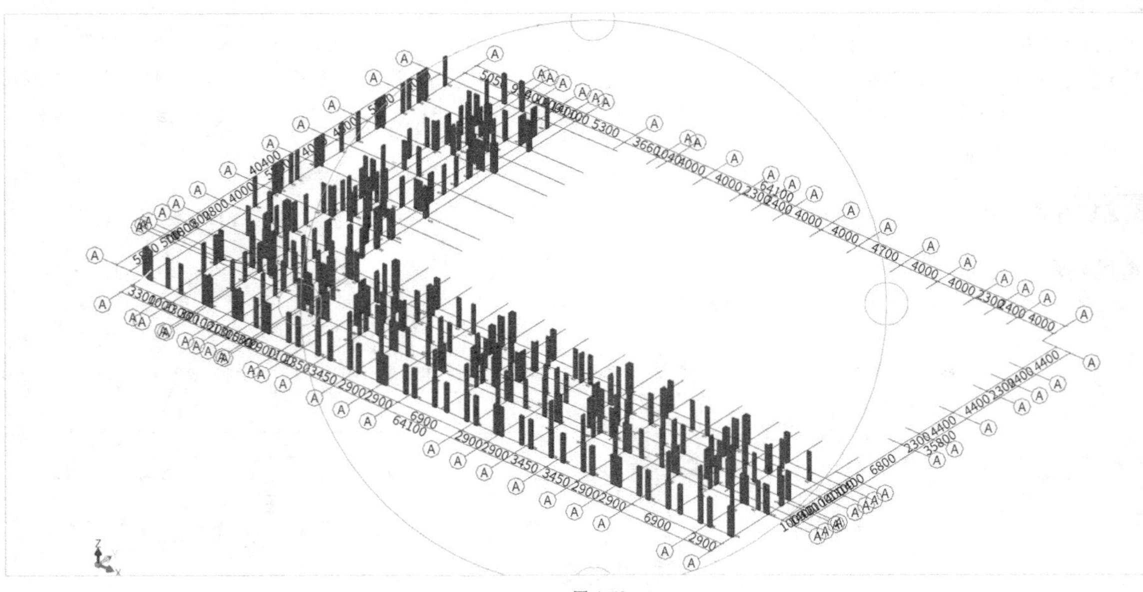

图 4-50

任务说明

（1）根据“地下二层剪力墙暗柱表”，完成柱大样的识别和构件的修改。

（2）根据“地下二层墙体布置图”，完成柱构件在平面图中的识别。

任务分析

图纸分析

参照图纸：“地下二层墙体布置图”“地下二层剪力墙暗柱表”。

工具分析

通过查看某高层住宅项目工程“地下二层剪力墙暗柱表”可知，本次主体柱图纸提供的是柱大样的方式，则选择“识别柱大样”的方式来快速建立柱构件列表。

任务实施

识别柱大样

01 打开“实例文件 >CH04> 实战：快速创建某高层住宅工程地下一层的独立基础 > 独立基础 .GTJ”文件，然后在“楼层构件栏”中将楼层切换到“第 -2 层”，再双击“图纸管理”面板中的“地下二层剪力墙暗柱表”，如图 4-51 所示，这时打开的“地下二层剪力墙暗柱表”如图 4-52 所示。

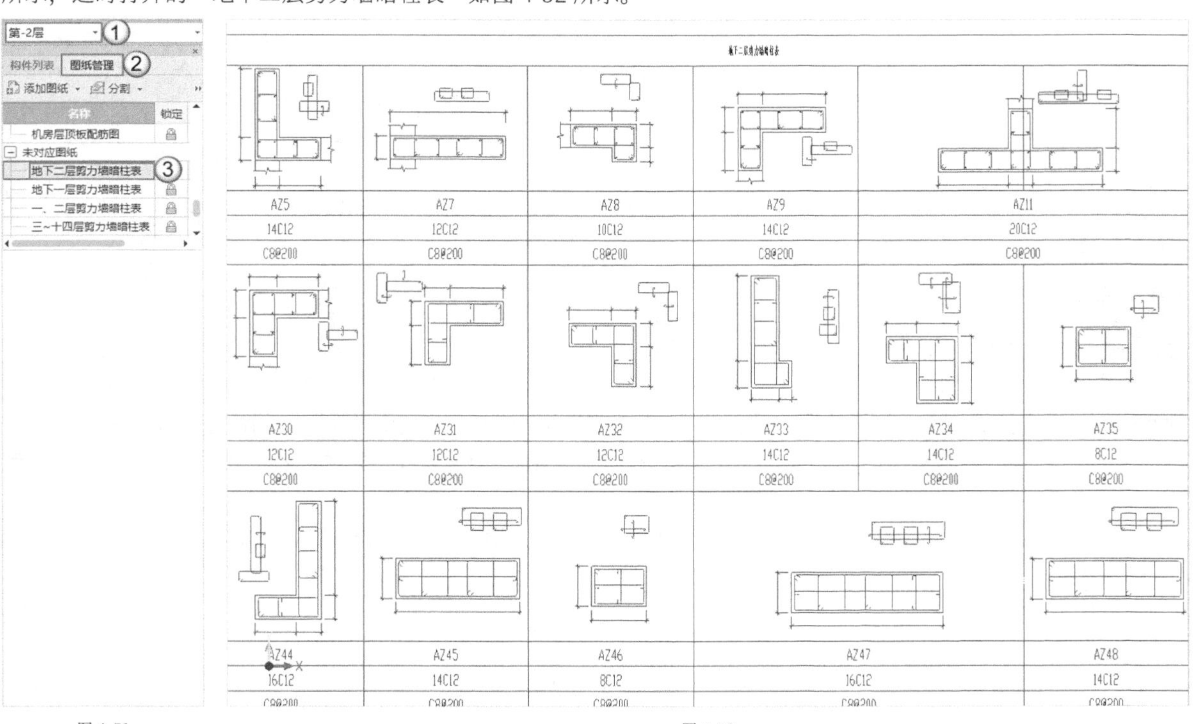

图 4-51　　　　图 4-52

02 在“构件导航栏”中执行“柱 > 柱”命令（快捷键为 ZZ），然后单击“识别柱大样”按钮，如图 4-53 所示。

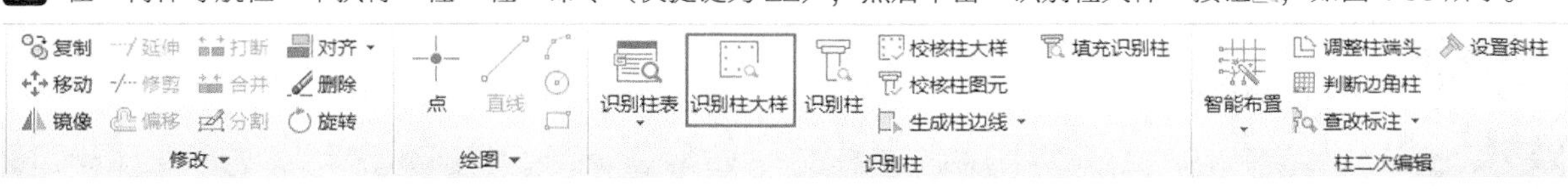

图 4-53

03 在打开的“识别柱大样”对话框中单击“提取边线”命令。这时需要找到暗柱表中各柱大样的边线（图 4-54 中箭头所示的边线），由于默认按照图层选择，因此只需要找到其中一个柱大样的边线单击，当图层出现蓝色时表示选择成功。由于本暗柱表中还有其他表示柱大样边线的图层，因此需要找到另外一个未选中的图层并再次单击，使柱大样被全部选中，如图 4-54 所示。单击鼠标右键确认，蓝色边线消失，完成柱大样边线的提取，如图 4-55 所示。

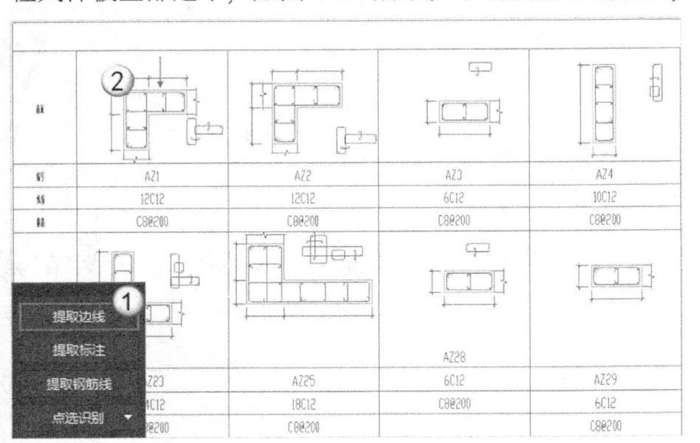

图 4-54

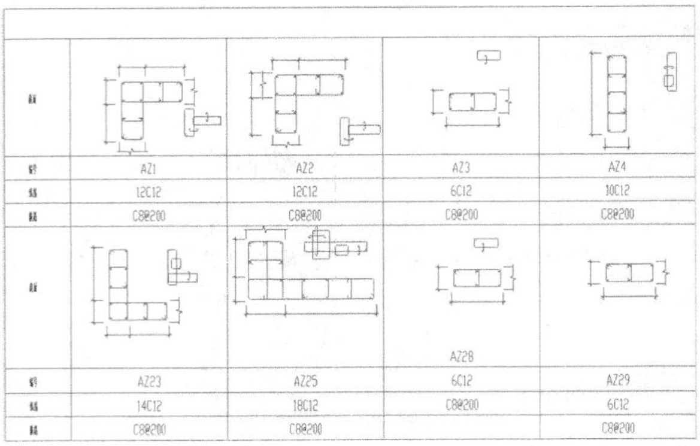

图 4-55

04 柱大样的边线提取完成后，单击“提取标注”命令，然后分别单击尺寸标注、编号、纵筋和箍筋对应的信息，当图层出现蓝色时表示选择成功，如图 4-56 所示。单击鼠标右键确认，蓝色边线消失，完成柱大样标注的提取，如图 4-57 所示。

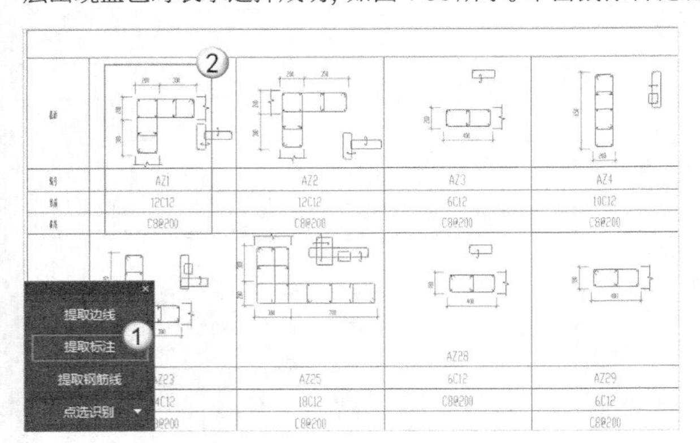

图 4-56

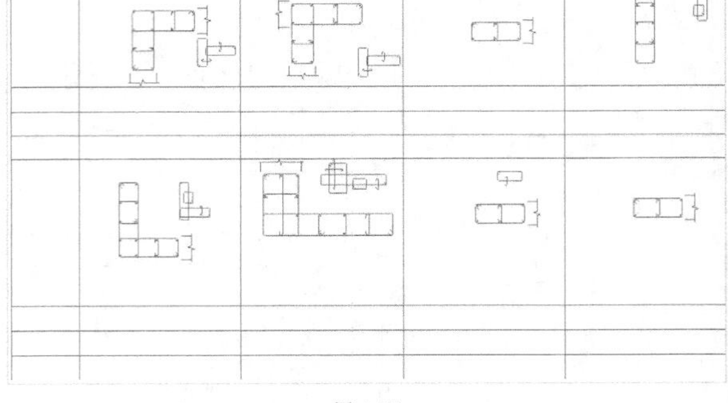

图 4-57

05 柱大样标注提取完成后，单击“提取钢筋线”命令，这时只需单击CAD图层中的纵筋（点）和箍筋、拉筋和箍筋示意图，当图层出现蓝色时表示选择成功，如图 4-58 所示。单击鼠标右键确认，蓝色边线消失，完成钢筋线的提取，如图 4-59 所示。

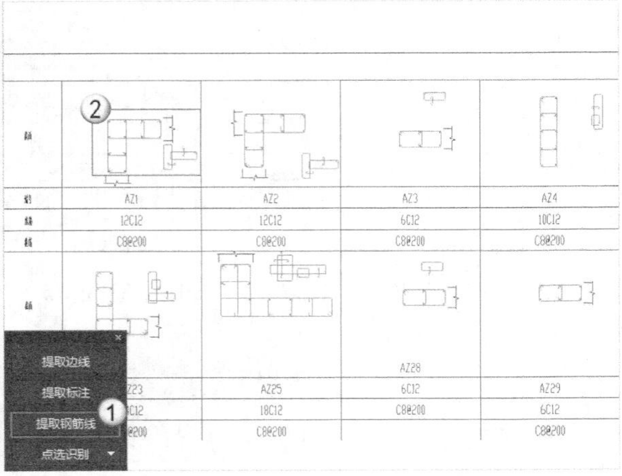

图 4-58

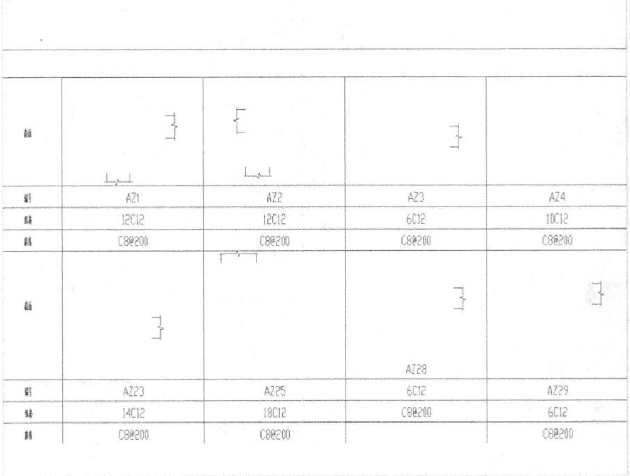

图 4-59

06 柱大样的全部信息提取完成后，在“点选识别”的下拉列表中单击“自动识别”命令，开始自动识别柱大样，识别完成后将弹出识别完成的提示，单击“确定”按钮 确定 ，如图 4-60 所示。

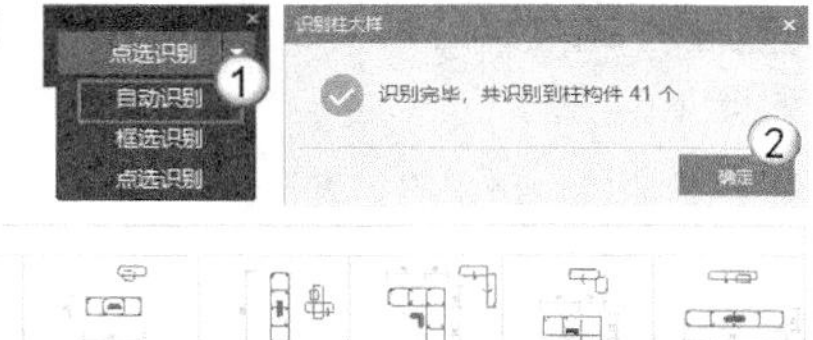

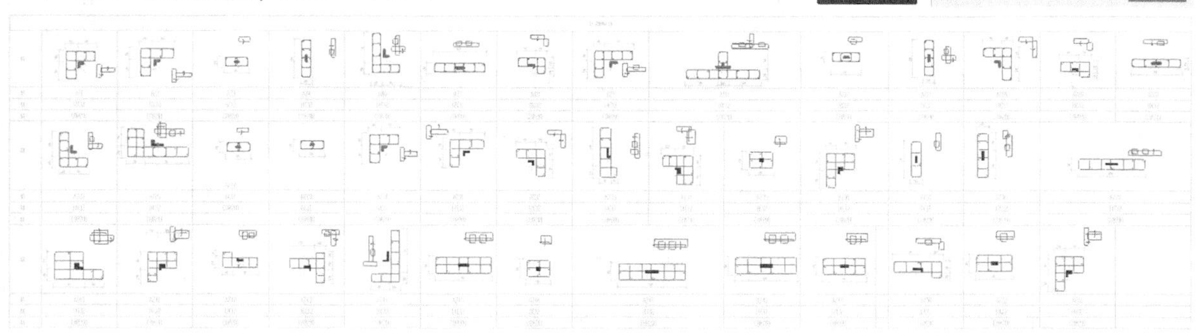

图 4-60

07 确定后软件开始自动校核信息，并得到校核柱大样的结果。由于图纸上缺少钢筋线信息，因此校核报错。双击报错构件，将自动定位到图纸上构件所在位置和属性列表，对报错的构件进行编辑，如图 4-61 所示，然后单击“截面编辑”按钮 截面编辑 ，如图 4-62 所示。

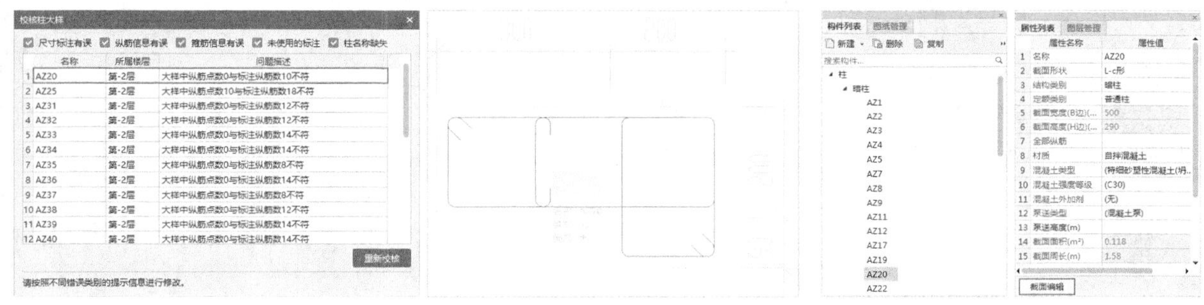

校核柱大样

☑ 尺寸标注有误 ☑ 纵筋信息有误 ☑ 箍筋信息有误 ☑ 未使用的标注 ☑ 柱名称缺失

	名称	所属楼层	问题描述
1	AZ20	第-2层	大样中纵筋点数0与标注纵筋数10不符
2	AZ25	第-2层	大样中纵筋点数10与标注纵筋数18不符
3	AZ31	第-2层	大样中纵筋点数0与标注纵筋数12不符
4	AZ32	第-2层	大样中纵筋点数0与标注纵筋数12不符
5	AZ33	第-2层	大样中纵筋点数0与标注纵筋数14不符
6	AZ34	第-2层	大样中纵筋点数0与标注纵筋数14不符
7	AZ35	第-2层	大样中纵筋点数0与标注纵筋数8不符
8	AZ36	第-2层	大样中纵筋点数0与标注纵筋数14不符
9	AZ37	第-2层	大样中纵筋点数0与标注纵筋数8不符
10	AZ38	第-2层	大样中纵筋点数0与标注纵筋数12不符
11	AZ39	第-2层	大样中纵筋点数0与标注纵筋数14不符
12	AZ40	第-2层	大样中纵筋点数0与标注纵筋数14不符

重新校核

请按照不同错误类别的提示信息进行修改。

图 4-61　　图 4-62

08 在打开的“截面编辑”对话框中，按照绘制纵筋到绘制箍筋的方式完成截面编辑，由于 AZ20 图纸标注纵筋 10C12，因此设置“钢筋信息”为 10C12，然后单击“布角筋”按钮，再单击鼠标右键确认，完成角筋的绘制，如图 4-63 所示。

09 对比发现只完成了 8C12 的绘制，这时修改“钢筋信息”为 1C12，然后单击“布边筋”按钮，在对应位置单击，完成边筋绘制，如图 4-64 所示。

10 纵筋绘制完成后，选中“箍筋”选项，确认“钢筋信息”为 C8@200，然后选择“矩形”选项，用呈对角线的方式（依次单击左上角和右下角）完成拉筋的绘制，如图 4-65 所示。

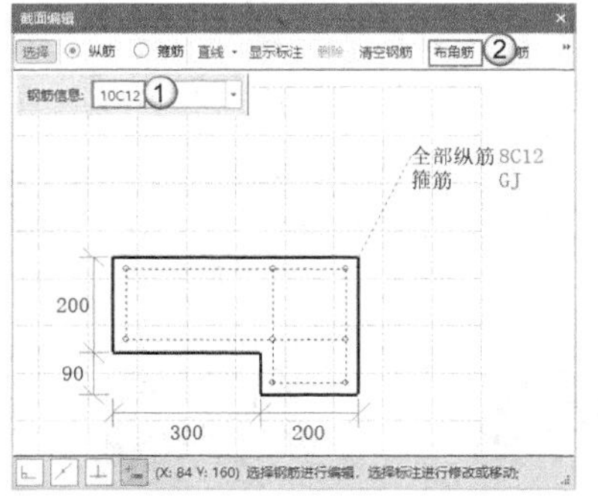

图 4-63　　图 4-64　　图 4-65

提示 在绘制柱大样中的箍筋时，需要注意箍筋端头的方向。箍筋的端头方向对应绘制时使用矩形绘制拉对角线的起点，所以读者在绘制时，可以查看CAD图将箍筋端头的方向作为绘制箍筋的起点。

11 接下来选择“直线”选项，然后分别单击需要绘制的直线拉钩的位置，最后单击鼠标右键使其自动完成闭合，如图 4-66 所示。

12 其他校对错误的信息也按照同样的方式全部修改完成，才能开始后续的操作。“构件列表”面板中将出现 AZ1~AZ52 所有识别的构件，可以查看第 3 章柱截面图辅助调整已经识别好的构件和相关属性。修改完成后的构件列表如图 4-67 所示。

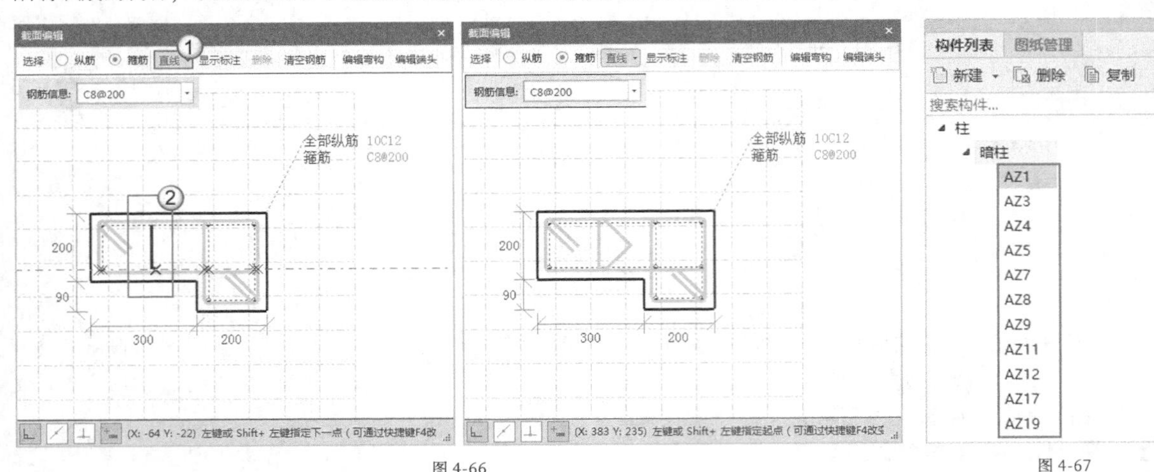

图 4-66

图 4-67

提示 如果柱构件的顺序不是按照从小到大排列，那么可单击“暗柱”，然后单击鼠标右键，可选择“按名称”“按子类型”“按子类型和名称”“按创建时间”4种类型的排序方式，如图4-68所示。

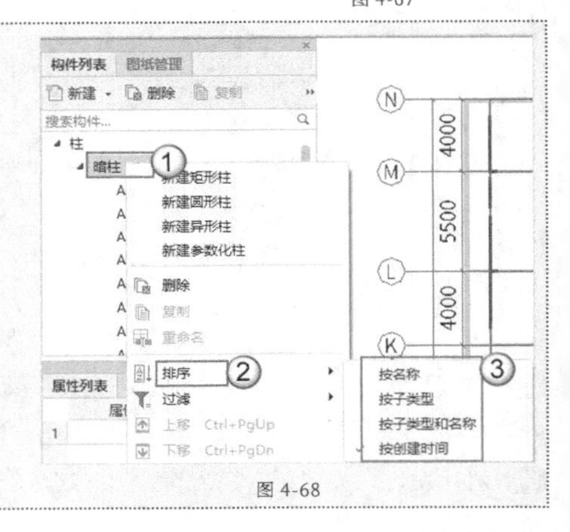

图 4-68

绘制主体柱

01 柱的截面信息设置完成，下面开始快速绘制主体柱。单击“识别柱”按钮，如图 4-69 所示。

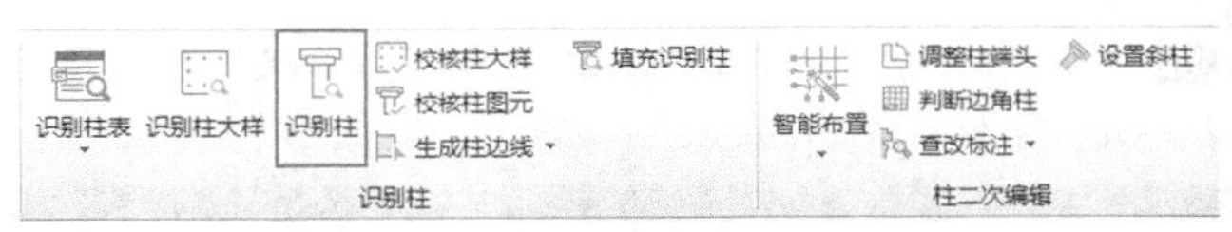

图 4-69

02 与柱大样边线的提取方式相似，在打开的“识别柱”对话框中单击“提取边线”命令，保持默认勾选的“按图层选择（Ctrl+）”选项即可，然后将鼠标指针放到暗柱边线的位置，待鼠标指针变成“回字形”说明暗柱处于可选中状态。在图纸中任选一处暗柱的边线单击，当图层边框出现蓝色时表示选择成功，如图 4-70 所示。单击鼠标右键确认，蓝色边线消失，完成柱边线的提取，如图 4-71 所示。

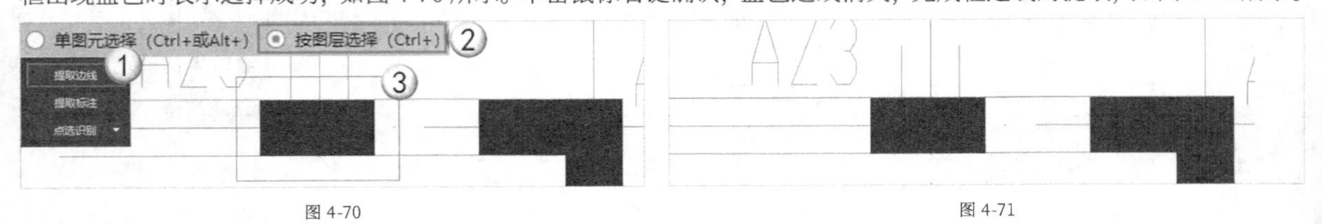

图 4-70

图 4-71

提示 在提取柱构件的边线时，一定要检查所有的构件是否提取完成。如果有构件未提取，那么在使用“校核柱图元”命令时会出现构件未识别的提醒，则需根据提醒完成构件边线的提取。

03 柱边线提取完成后，单击“提取标注”命令，将鼠标指针放到图纸暗柱标注的位置，待鼠标指针变成“回字形”时表示处于选中状态，任选一处暗柱的标注单击（如 AZ 编号、引线和尺寸线），当图层出现蓝色时表示选择成功，如图 4-72 所示。单击鼠标右键确认，暗柱标注消失，完成柱标注的提取，如图 4-73 所示。

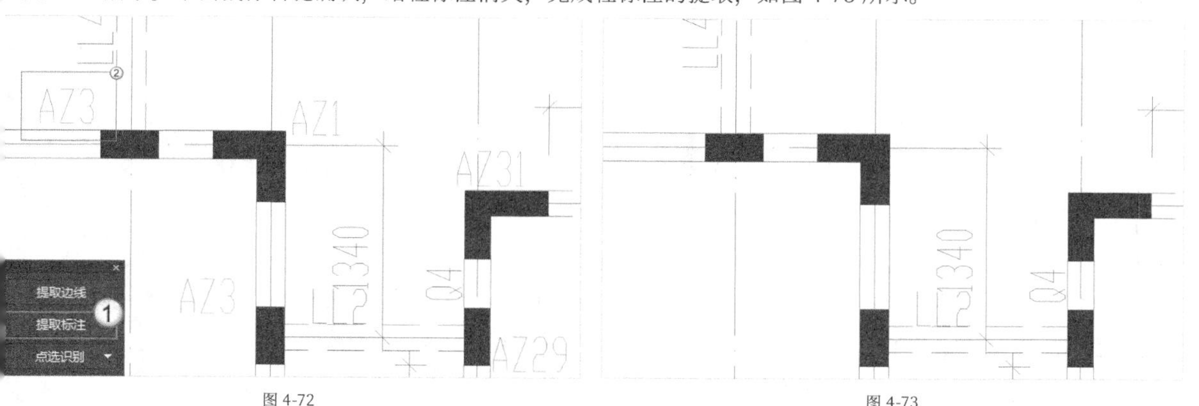

图 4-72　　图 4-73

04 柱的信息全部提取完成后，在“点选识别”的下拉列表中单击“框选识别”命令，然后按住鼠标左键同时框选全部需要识别的暗柱构件，如图 4-74 所示。

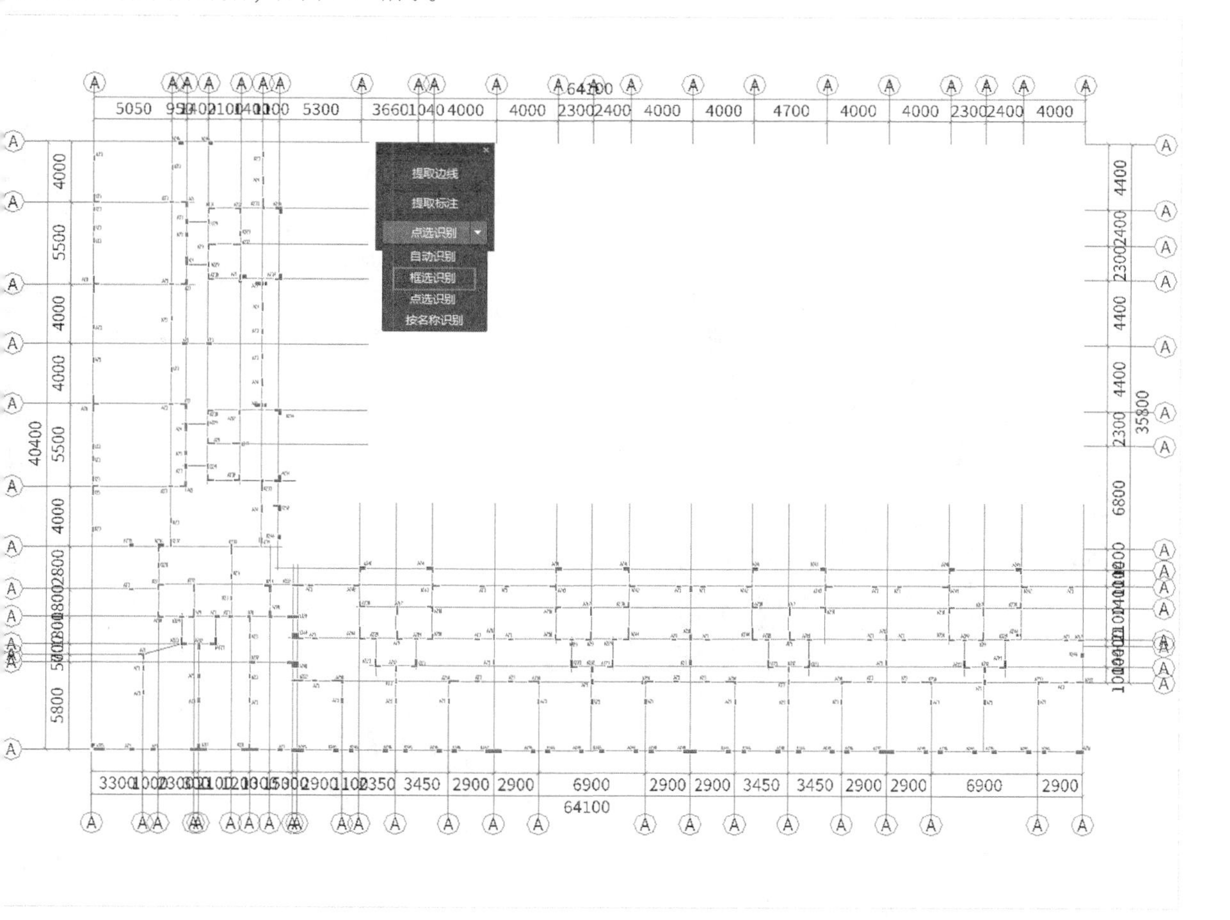

图 4-74

提示 当进行柱构件识别时，尽量选择“框选识别”。因为选择“自动识别”可能会出现其他非柱图层被提取引发识别构件错误的信息，从而造成构件列表中出现系统自动反建构件的现象。

05 完成识别后，弹出校核柱大样校核成功的提示，单击“确定”按钮，完成主体柱的快速建模，如图 4-75 所示。

> **提示** 柱构件识别仍需要注意按照独基识别的要求，此外如果在识别过程中出现图元校核报错，那么这可能是由于CAD图纸有问题，这时就需要根据报错修改每一条信息，只有完成图元校核才能进行后续工作。

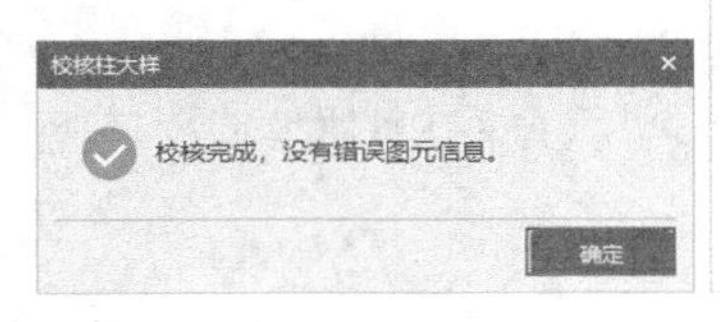

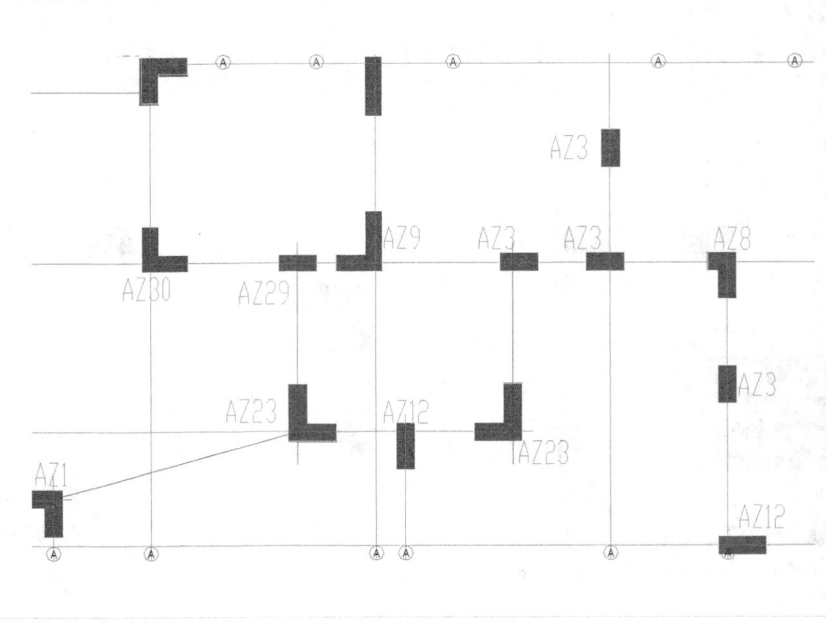

图 4-75

06 暗柱绘制完成后，可以使用“三维”工具快速查看主体柱构件的三维效果，如图 4-76 所示。

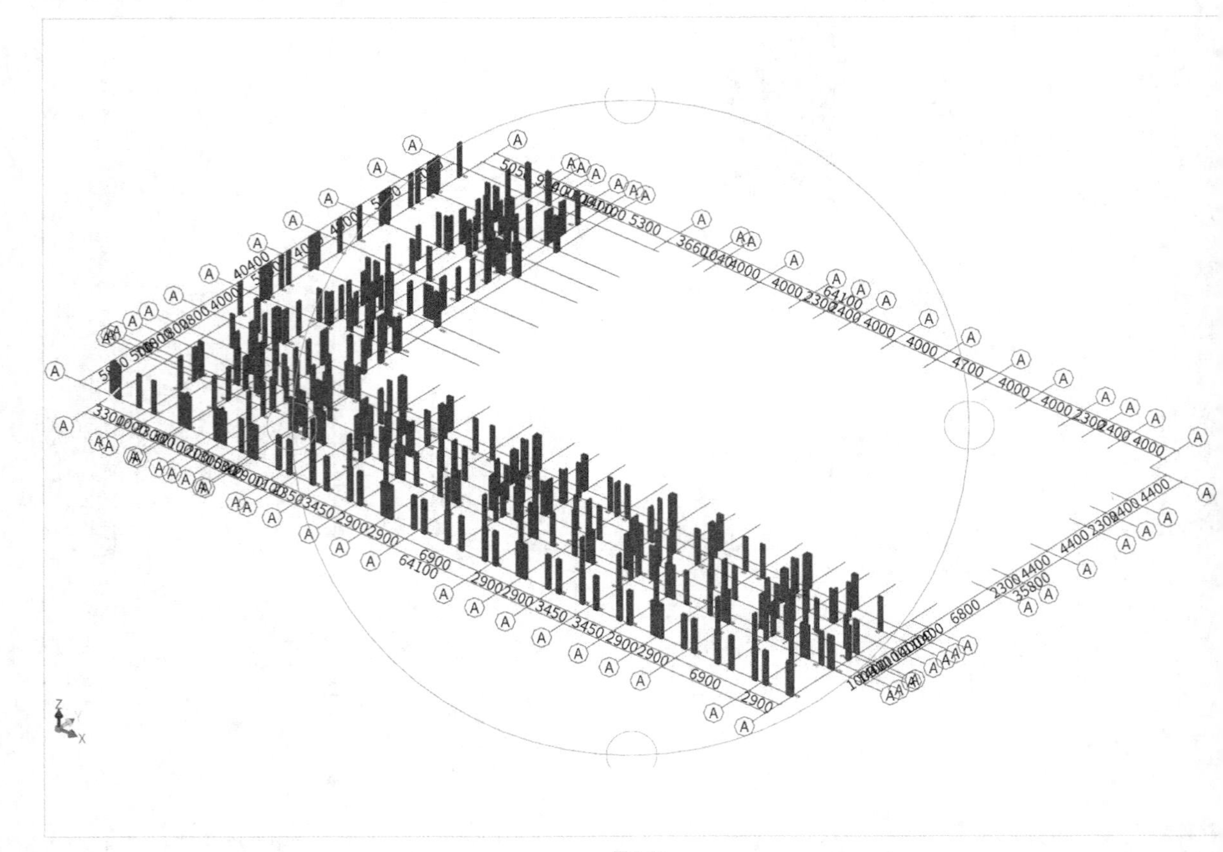

图 4-76

4.2.6 主体墙构件

根据快速建模的一般流程，下面对主体墙构件的建模方式进行介绍。

快速建模介绍

参照“柱—墙—梁—板”的施工工序进行主体柱构件的建模。在 4.2.5 节中，介绍了“主体柱”的快速建模方法，下面将学习主体墙构件快速建模的流程。

进行剪力墙的快速建模时，通常需要提取剪力墙配筋表中的信息。如果出现墙钢筋一致，而墙编号和厚度不同且在 CAD 图纸中为同一行时，如 Q1 与 Q4 在同一行，需要通过“识别剪力墙表”进行修改（修改墙名称和厚度来获得准确的墙表信息）。

快速建模方式

基本流程

快速创建主体墙构件的流程如图 4-77 所示。

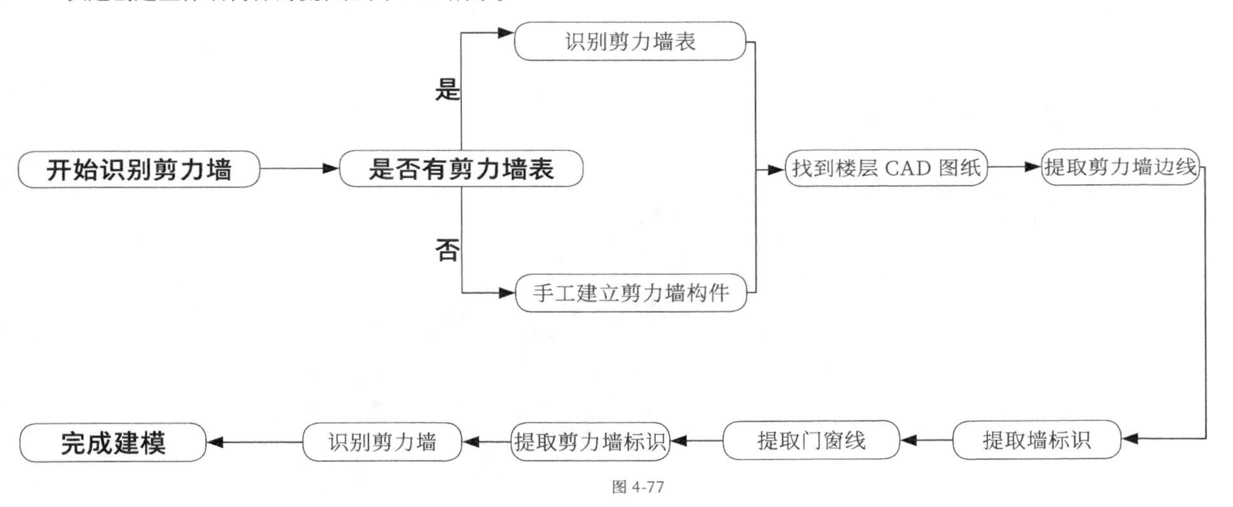

图 4-77

功能说明

(1) 在快速创建剪力墙时，需要使用“识别剪力墙表”命令，通过框选图纸中的剪力墙表，提取剪力墙构件需要的名称、墙厚和水平钢筋信息、竖直钢筋信息和拉筋 5 种信息，快速实现剪力墙构件设置。

(2) 剪力墙构件建好后，需要通过“识别剪力墙”命令来建立墙构件，其中有“提取剪力墙边线”“提取墙标识”“提取门窗线”“识别剪力墙”4 个命令，如图 4-78 所示。每一步都需要确保对应的图层被提取，否则会影响剪力墙自动识别的准确性。

图 4-78

重要参数介绍

提取剪力墙边线：单击图纸中的某一剪力墙边线，就能自动对剪力墙边线的图层进行提取；在进行图层的选择时，一般选择默认的“按图层选择”即可；如果 CAD 图纸图层不明显，那么还可以利用“单图元选择”和“按颜色选择”来完成 CAD 剪力墙边线的提取操作。

提取墙标识：单击图纸中的某一个剪力墙的标注，就能自动对标注的图层进行提取，包括剪力墙编号和剪力墙引线两个部分。

识别剪力墙：完成剪力墙边线、墙标识和门窗线的提取后，此时图纸内所有剪力墙的图层全部消失则表示全部完成提取，那么单击“识别剪力墙”命令就能获得自动完成的所有图纸范围的剪力墙绘制。

实战：快速创建某高层住宅工程地下二层的主体墙

素材位置	无
实例位置	实例文件>CH04>实战：快速创建某高层住宅工程地下二层的主体墙
教学视频	实战：快速创建某高层住宅工程地下二层的主体墙.mp4

扫码观看视频

图 4-79 所示为快速创建的某高层住宅工程地下二层的主体墙的效果图。

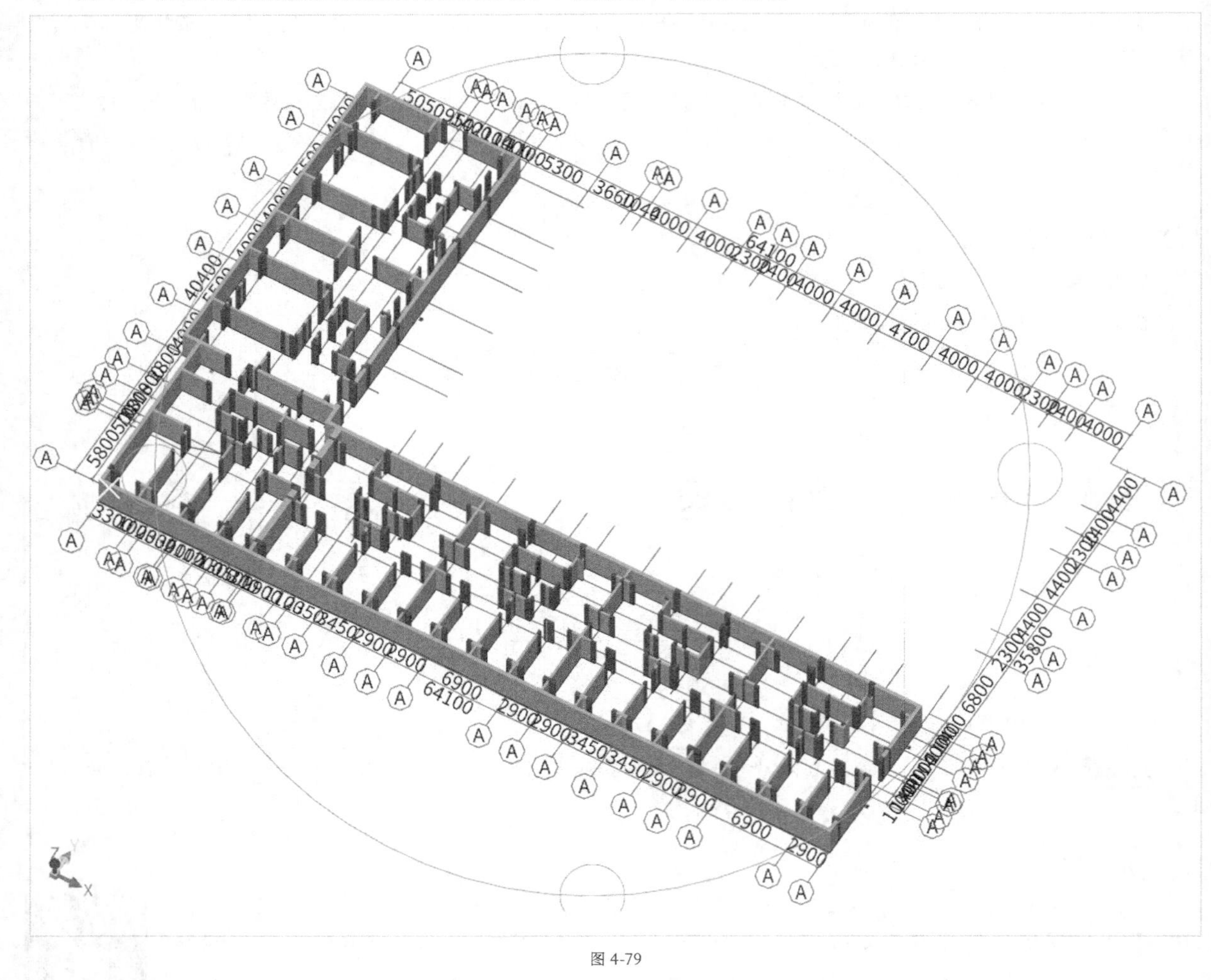

图 4-79

任务说明

（1）根据“地下二层剪力墙配筋表”，完成剪力墙配筋表的识别和构件的新建。

（2）根据“地下二层墙体布置图”，完成墙构件在平面图中的识别。

任务分析

图纸分析

参照图纸：“地下二层墙体布置图”“WQ 钢筋构造”“地下二层剪力墙配筋表”。

工具分析

通过查看高层住宅项目可知，本次主体剪力墙图纸提供的是剪力墙表的方式，因此选择“识别剪力墙表”命令来快速建立剪力墙构件属性，然后通过“识别剪力墙”命令绘制主体墙。

任务实施

01 打开“实例文件 >CH04> 实战：快速创建某高层住宅工程地下二层的主体柱 > 主体柱 .GTJ”文件，在“构件导航栏”中，执行“墙 > 剪力墙”命令（快捷键为 QQ），双击“图纸管理”面板中的“地下二层墙体布置图”，如图 4-80 所示，打开“地下二层墙体布置图”，如图 4-81 所示。

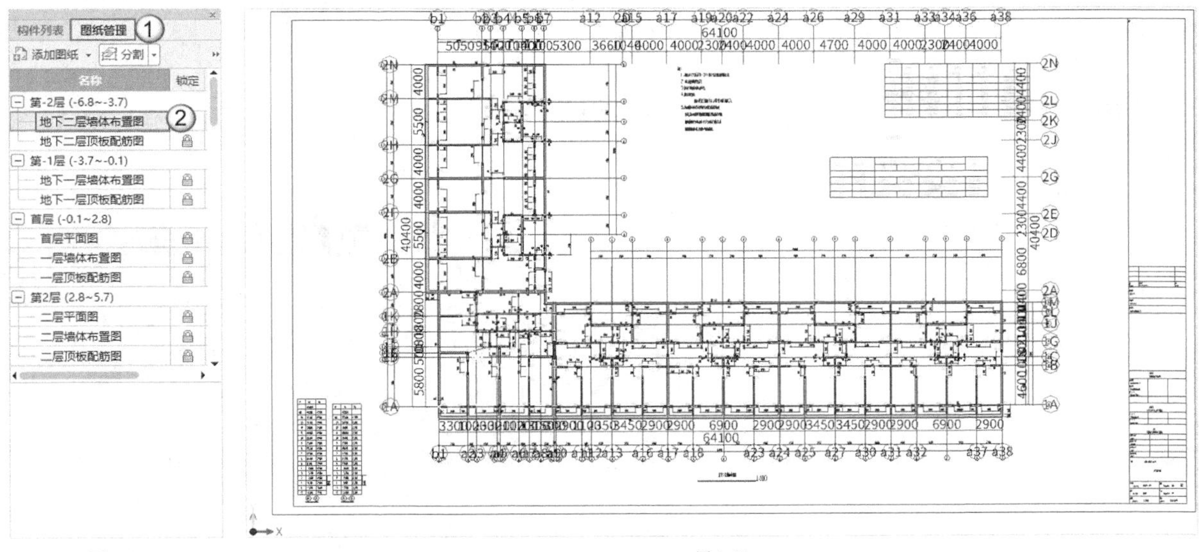

图 4-80　　　　图 4-81

02 单击“识别剪力墙表”图标，在图纸的右上方找到“地下二层剪力墙配筋表”，框选“地下二层剪力墙配筋表”，框选完需要的内容后，如图 4-82 所示。单击鼠标右键确定所选范围，即可打开“识别剪力墙表”对话框，如图 4-83 所示。

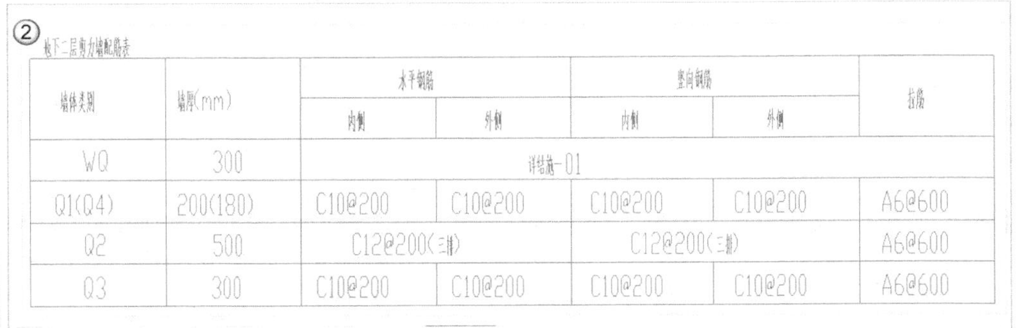

2 地下二层剪力墙配筋表

墙体类别	墙厚(mm)	水平钢筋		竖向钢筋		拉筋
		内侧	外侧	内侧	外侧	
WQ	300	详结施-01				
Q1(Q4)	200(180)	C10@200	C10@200	C10@200	C10@200	A6@600
Q2	500	C12@200(三排)		C12@200(三排)		A6@600
Q3	300	C10@200	C10@200	C10@200	C10@200	A6@600

图 4-82

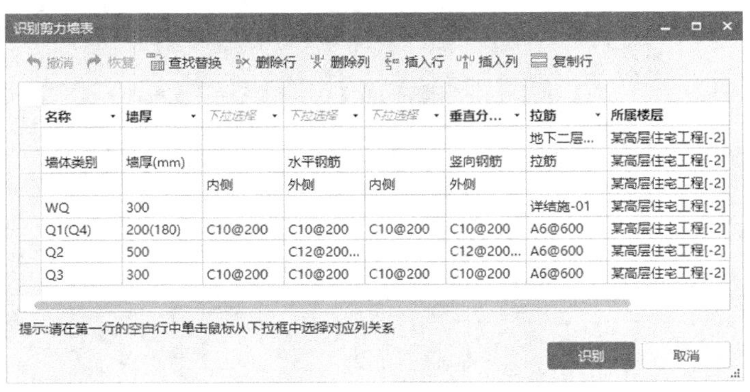

名称	墙厚	下拉选择	下拉选择	下拉选择	垂直分...	拉筋	所属楼层
						地下二层...	某高层住宅工程[-2]
墙体类别	墙厚(mm)		水平钢筋		竖向钢筋	拉筋	某高层住宅工程[-2]
		内侧	外侧	内侧	外侧		某高层住宅工程[-2]
WQ	300					详结施-01	某高层住宅工程[-2]
Q1(Q4)	200(180)	C10@200	C10@200	C10@200	C10@200	A6@600	某高层住宅工程[-2]
Q2	500		C12@200...		C12@200...	A6@600	某高层住宅工程[-2]
Q3	300	C10@200	C10@200	C10@200	C10@200	A6@600	某高层住宅工程[-2]

图 4-83

03 根据识别的信息对剪力墙表中的信息进行设置，使用“删除行”命令删除第 1~3 行，使用“删除列”命令删除第 3 列和第 5 列，然后打开第 4 列的下拉列表，选择“水平分布筋”，同时根据图纸将 WQ 和 Q4 的信息补齐。设置 WQ 的“水平分布筋”为 C14@200、“垂直分布筋”为 C14@200、“拉筋”为 A6@400。复制 Q1（Q4）、并设置 Q4 的“墙厚”为 180、“水平分布筋”为 C10@200、“垂直分布筋”为 C10@200、“拉筋”为 A6@600、同时将 Q1 和 Q4 中相同的信息内容删去。设置 Q2 的“水平分布筋”为（3）C10@200、“垂直分布筋”为（3）C10@200。最后单击“识别”按钮，如图 4-84 所示。这时提示共有 5 个构件被识别，确认剪力墙构件被全部识别后，单击“确定”按钮，退出“识别剪力墙表”对话框，如图 4-85 所示。

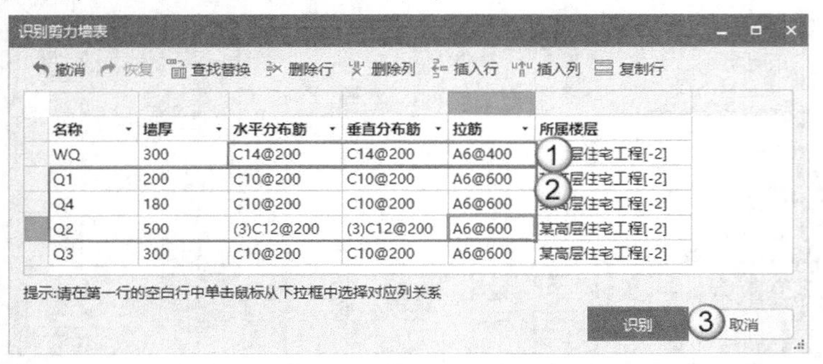

名称	墙厚	水平分布筋	垂直分布筋	拉筋	所属楼层
WQ	300	C14@200	C14@200	A6@400	某高层住宅工程[-2]
Q1	200	C10@200	C10@200	A6@600	某高层住宅工程[-2]
Q4	180	C10@200	C10@200	A6@600	某高层住宅工程[-2]
Q2	500	(3)C12@200	(3)C12@200	A6@600	某高层住宅工程[-2]
Q3	300	C10@200	C10@200	A6@600	某高层住宅工程[-2]

图 4-84

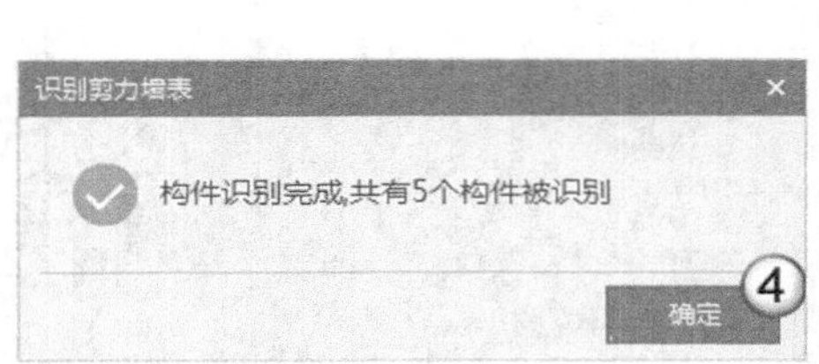

图 4-85

04 识别完成后，获得所有剪力墙的构件信息，其中 Q2 的“水平分布钢筋”“垂直分布钢筋”自动识别为（3）C12@200，如图 4-86 所示。

05 构件识别完成后，开始识别墙。单击菜单栏的“识别剪力墙”按钮，如图 4-87 所示。

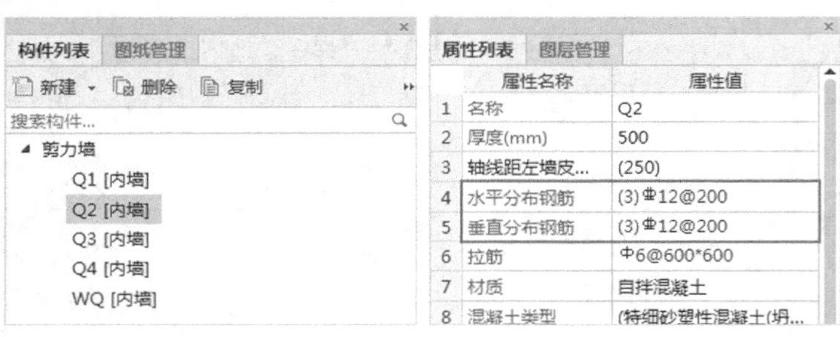

	属性名称	属性值
1	名称	Q2
2	厚度(mm)	500
3	轴线距左墙皮...	(250)
4	水平分布钢筋	(3)⌀12@200
5	垂直分布钢筋	(3)⌀12@200
6	拉筋	⌀6@600*600
7	材质	自拌混凝土
8	混凝土类型	(特细砂塑性混凝土(坍...

图 4-86

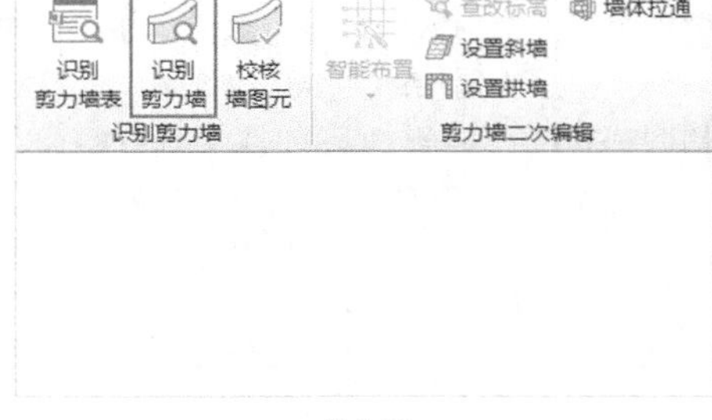

图 4-87

06 在打开的“识别剪力墙”对话框中单击“提取剪力墙边线”命令，将鼠标指针放到墙线位置，待鼠标指针变成“回字形”时表示轴线可被选中，然后任选一处墙线单击，当图层出现蓝色时表示选择成功，如图 4-88 所示。单击鼠标右键确认，蓝色边线消失，完成剪力墙边线的提取，如图 4-89 所示。

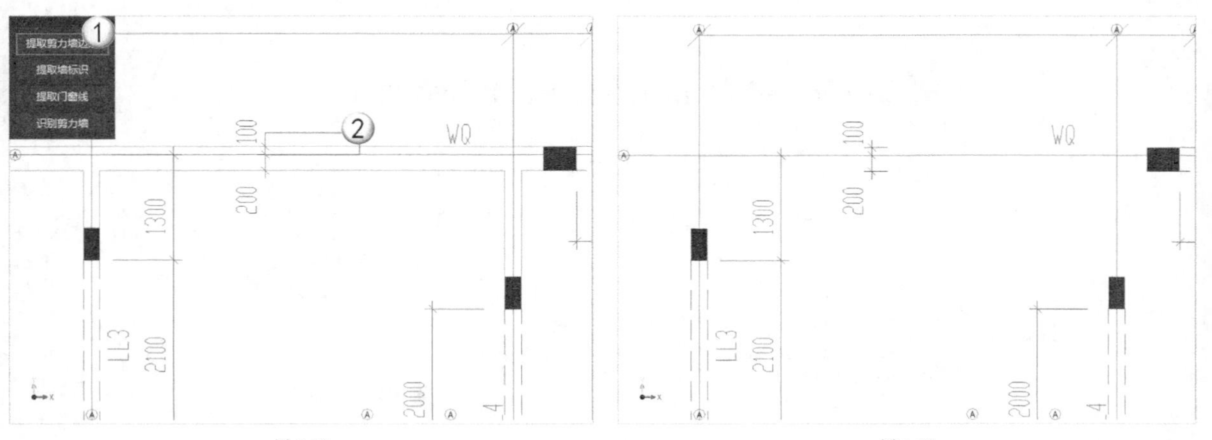

图 4-88　　　　图 4-89

07 剪力墙边线提取完成后，单击“提取墙标识”命令，将鼠标指针放到剪力墙名称的标注位置，待鼠标指针变成“回字形”时表示轴线可被选中，然后任选一处墙线单击，当图层出现蓝色时表示选择成功，如图 4-90 所示。单击鼠标右键确认，蓝色边线消失，完成剪力墙标识的提取，如图 4-91 所示。

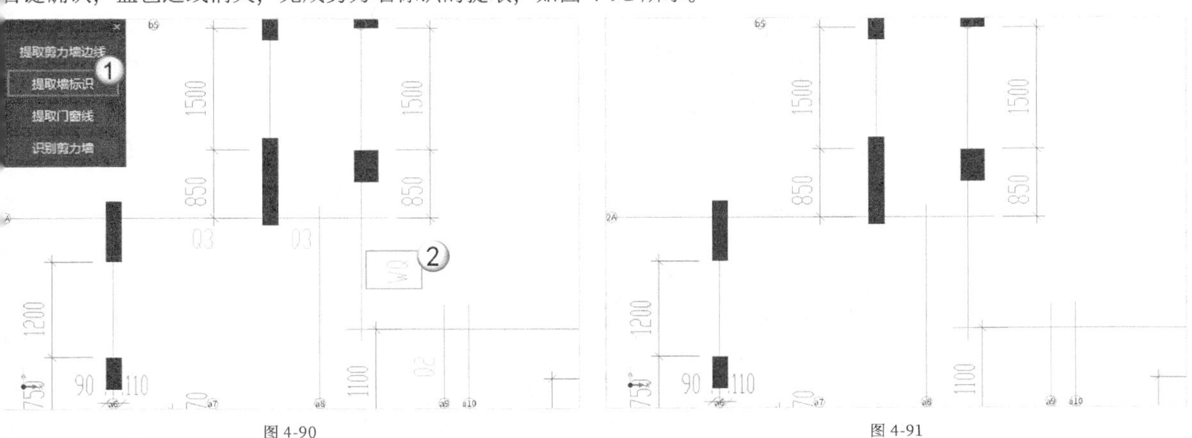

图 4-90　　图 4-91

08 由于选择的是结构图纸，所以不需要操作第 3 步（提取门窗线），直接单击“识别剪力墙”命令，打开“识别剪力墙”对话框，发现多识别了 Q4-1，需要取消勾选 Q4-1 的“识别”选项。确定好需要识别的构件列表后，单击“自动识别”按钮 自动识别，如图 4-92 所示。

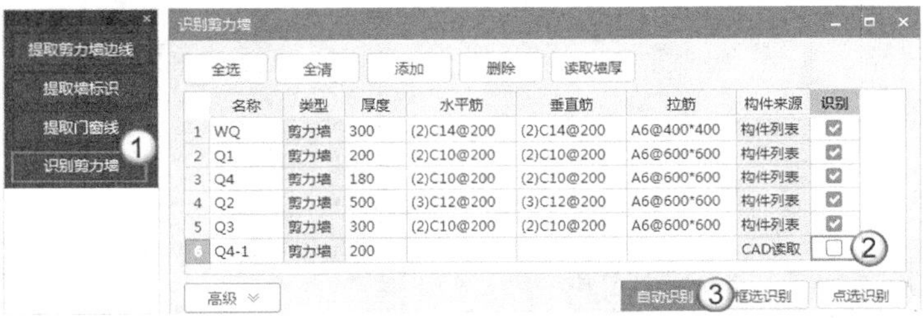

提取剪力墙边线
提取墙标识
提取门窗线
识别剪力墙

识别剪力墙

全选　全清　添加　删除　读取墙厚

	名称	类型	厚度	水平筋	垂直筋	拉筋	构件来源	识别
1	WQ	剪力墙	300	(2)C14@200	(2)C14@200	A6@400*400	构件列表	☑
2	Q1	剪力墙	200	(2)C10@200	(2)C10@200	A6@600*600	构件列表	☑
3	Q4	剪力墙	180	(2)C10@200	(2)C10@200	A6@600*600	构件列表	☑
4	Q2	剪力墙	500	(3)C12@200	(3)C12@200	A6@600*600	构件列表	☑
5	Q3	剪力墙	300	(2)C10@200	(2)C10@200	A6@600*600	构件列表	☑
6	Q4-1	剪力墙	200				CAD读取	☐

高级　自动识别　框选识别　点选识别

图 4-92

09 识别完成后，弹出“识别剪力墙”对话框，直接单击“是”按钮 是，如图 4-93 所示。

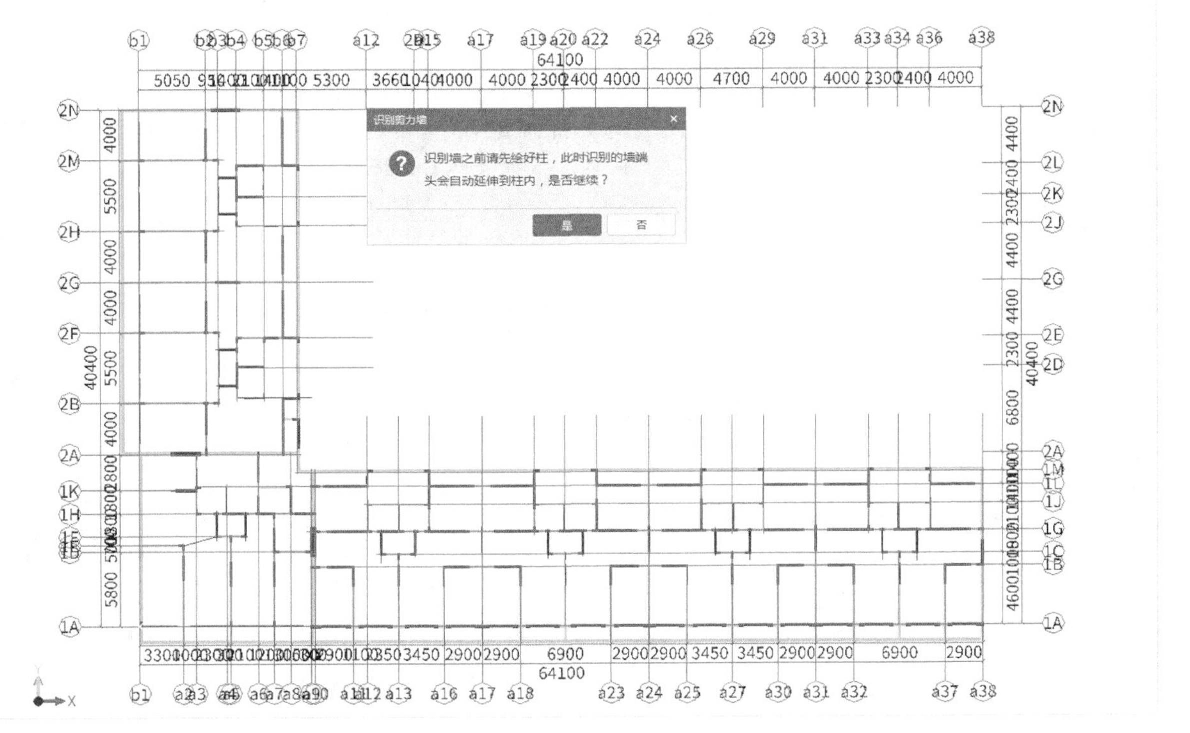

图 4-93

10 剪力墙构件绘制完成后，可以使用“三维”工具快速查看剪力墙构件的三维效果，如图 4-94 所示。

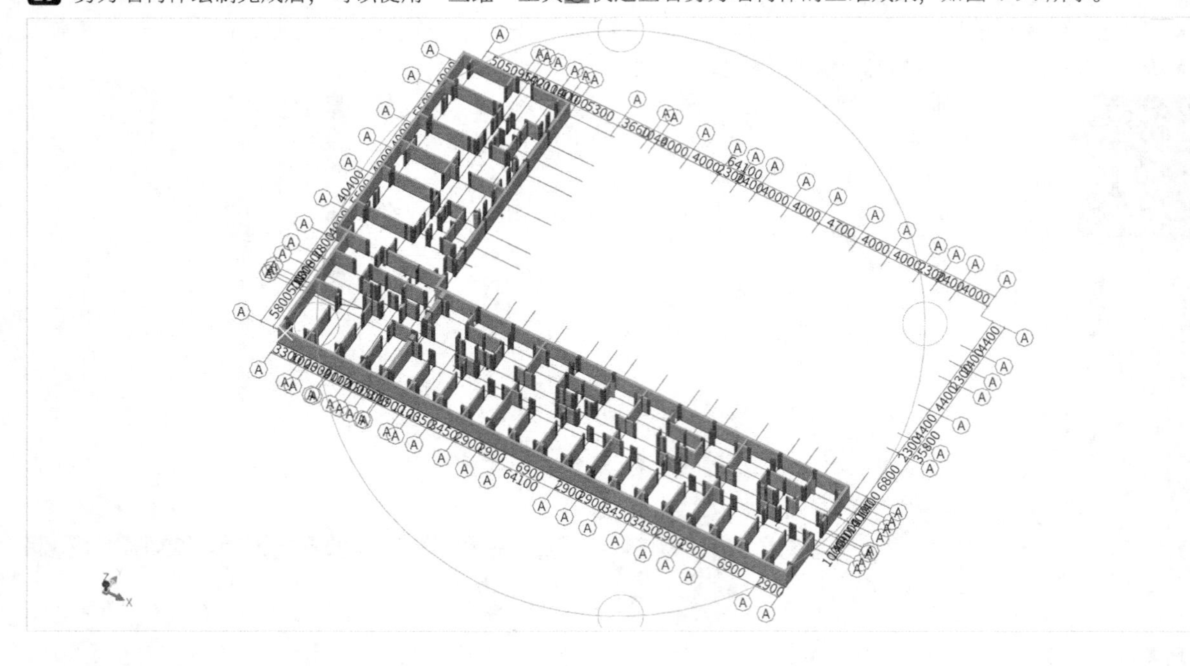

图 4-94

4.2.7 主体梁构件

根据快速建模的一般流程，下面对主体梁构件的建模方式进行介绍。

快速建模介绍

参照“柱—墙—梁—板”施工工序，剪力墙创建完成后，开始进行主体梁构件的创建。

梁构件的识别需要完成对梁构件的钢筋信息的提取（包括集中标注和原位标注）。先通过集中标注的信息实现梁截面和跨数信息的提取和绘制，然后根据原位标注的信息完成梁的快速建模。

快速建模方式

基本流程

快速创建主体梁构件的流程如图 4-95 所示。

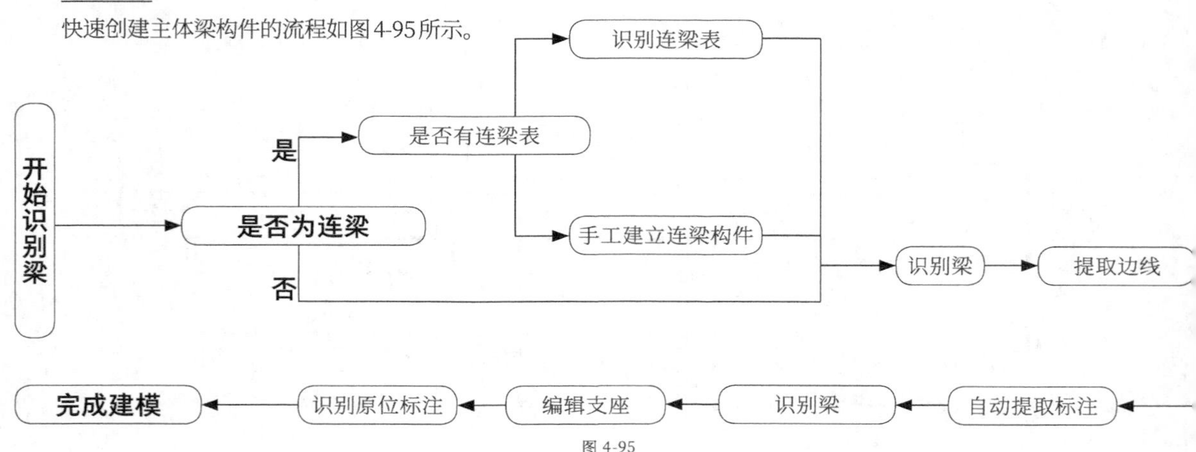

图 4-95

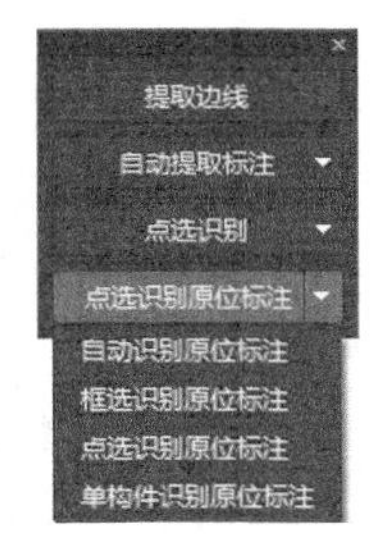

图 4-96

功能说明

（1）在快速创建连梁时，需使用“识别连梁表”命令，通过框选图纸中的连梁表来提取连梁构件需要的编号、梁顶相对标高高差、梁截面、上部纵筋、下部纵筋和箍筋 6 种信息，快速实现连梁构件设置。

（2）连梁构件建好后，需要通过“识别梁”命令来建立连梁构件，其中有“提取边线”“自动提取标注”“点选识别”“点选识别原位标注”4 个命令，如图 4-96 所示。每一步都需要确保对应的图层被提取，否则会影响连梁自动识别的准确性。

重要参数介绍

提取边线：单击图纸中的某一连梁边线，就能自动对连梁边线的图层进行提取；在进行图层的选择时，一般选择默认的“按图层选择”即可；如果 CAD 图纸图层不明显，那么还可以利用“单图元选择”和“按颜色选择”来完成 CAD 连梁边线的提取操作。

自动提取标注：单击图纸中的某一个连梁的标注，就能自动对标注的图层进行提取，包括连梁的集中标注和原位标注两个部分。

自动识别原位标注：完成连梁边线、标注的提取，此时图纸内所有梁的图层全部消失则表示全部完成提取，单击“自动识别原位标注”就能获得自动完成的所有图纸范围的梁原位标注的绘制。

实战：快速创建某高层住宅工程地下二层的主体梁

素材位置	无
实例位置	实例文件>CH04>实战：快速创建某高层住宅工程地下二层的主体梁.GTJ
教学视频	实战：快速创建某高层住宅工程地下二层的主体梁.mp4

扫码观看视频

图 4-97 所示为快速创建的某高层住宅工程地下二层的主体梁的效果图。

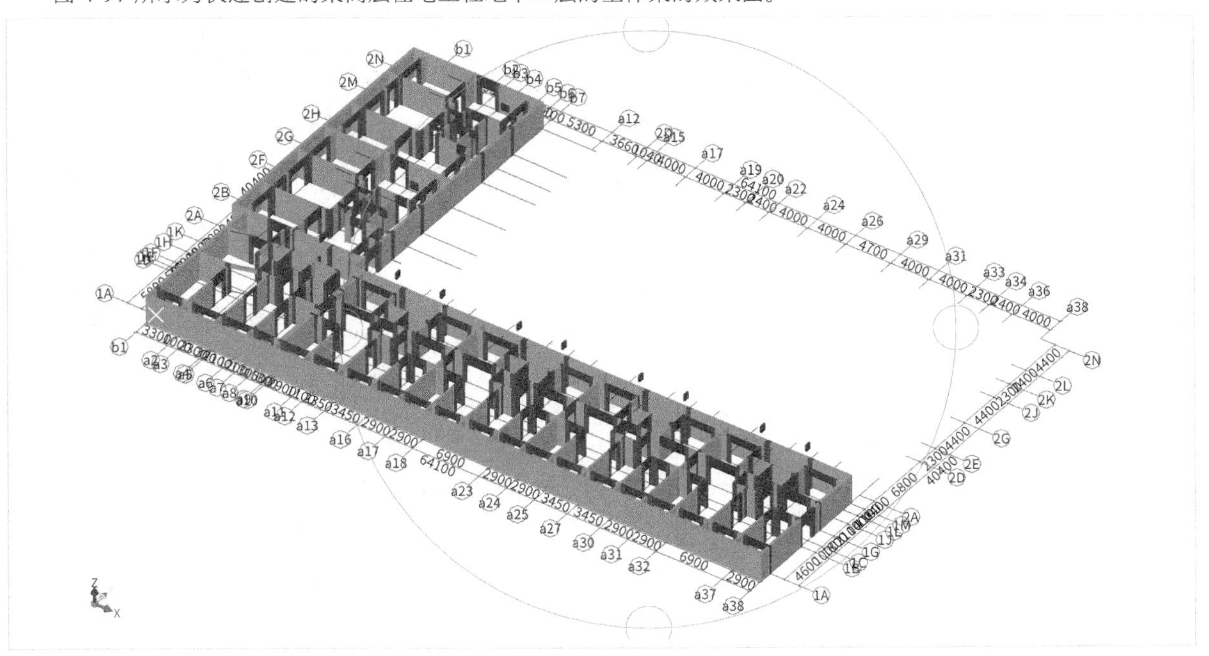

图 4-97

任务说明

（1）根据“地下二层连梁配筋表”，完成连梁配筋表的识别和构件的新建。

（2）根据“地下二层墙体布置图”，完成连梁构件在平面图中的识别。

任务分析

图纸分析

参照图纸：“地下二层墙体布置图”“地下二层连梁配筋表”。

工具分析

通过查看本高层住宅工程“地下二层墙体布置图”中的连梁配筋表可知，本次主体连梁图纸提供的是梁表的方式，因此选择“识别连梁表”命令来快速建立连梁构件属性，再通过“识别梁”命令绘制主体梁。

任务实施

01 打开“实例文件 >CH04> 实战：快速创建某高层住宅工程地下二层的主体墙 > 主体墙 .GTJ”文件，在“构件导航栏”中，执行“梁 > 连梁”命令（快捷键为 GG），双击“图纸管理”面板中的“地下二层墙体布置图”，如图 4-98 所示，这时打开的“地下二层墙体布置图”如图 4-99 所示。

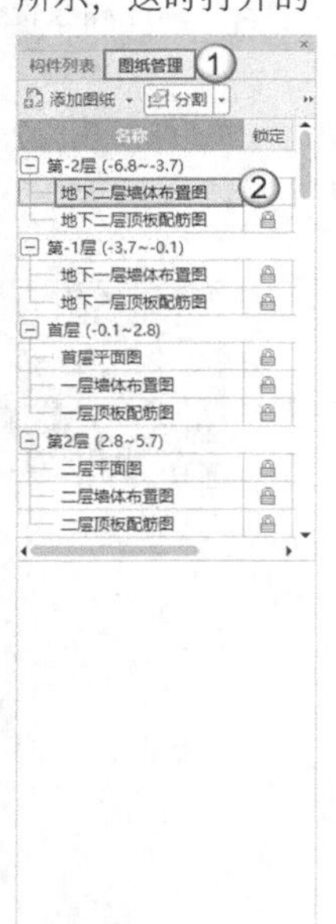

图 4-98

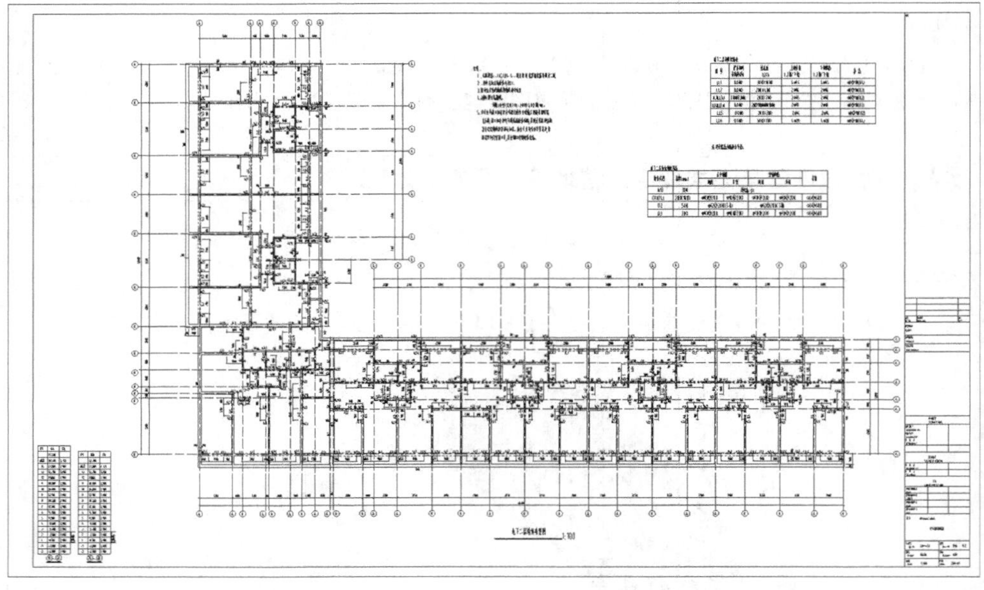

图 4-99

02 单击“识别连梁表”按钮，与“识别剪力墙表”的识别方式相似，框选“地下二层连梁配筋表”，如图 4-100 所示。

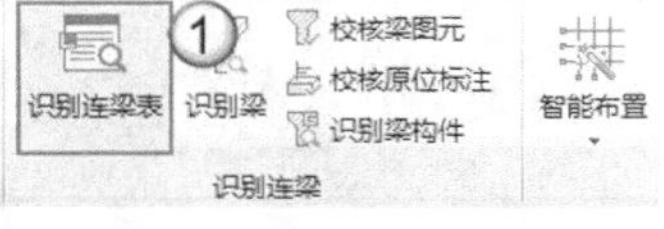

地下二层连梁配筋表

编号	梁顶相对标高高差(m)	梁截面 bXh	上部纵筋（上排/下排）	下部纵筋（上排/下排）	箍筋
LL1	0.000	300X1000	4C16	4C16	C8@100(4)
LL2	0.000	200X400	2C16	2C16	C8@100(2)
LL3(LL3a)	0.000(2.200)	200X700	2C16	2C16	C8@100(2)
LL4(LL4a)	0.000	200X1000(180X1000)	2C18	2C18	C8@100(2)
LL5	0.000	200X300	2C14	2C14	C8@100(2)
LL6	0.000	500X700	4C20	4C20	C8@100(4)

图 4-100

03 单击鼠标右键确定后，打开“识别连梁表”对话框，按照“地下二层连梁配筋表”修改识别连梁表中的连梁信息。选中第 1 行，单击“删除行”图标删除第 1 行，再分别选中 LL3（LL3a）和 LL4（LL4a），单击“复制行”图标复制 LL3（LL3a）和 LL4（LL4a）。设置 LL3a 的“梁顶相对标高差”为 2.200、“截面”为 200*700、“上部纵筋”为 2C16、“下部纵筋”为 2C16、“箍筋”为 C8@100（2）、“所属楼层”为“某高层住宅工程 [-2]”。然后设置 LL4a 的“梁顶相对标高差”为 0.000、“截面”为 200*1000、“上部纵筋”为 2C18、“下部纵筋”为 2C18、“箍筋”为 C8@100（2）、“所属楼层”为“某高层住宅工程 [-2]”，同时将 LL3 与 LL4 和 LL3a 与 LL4a 中相同的信息内容删去，如图 4-101 所示。

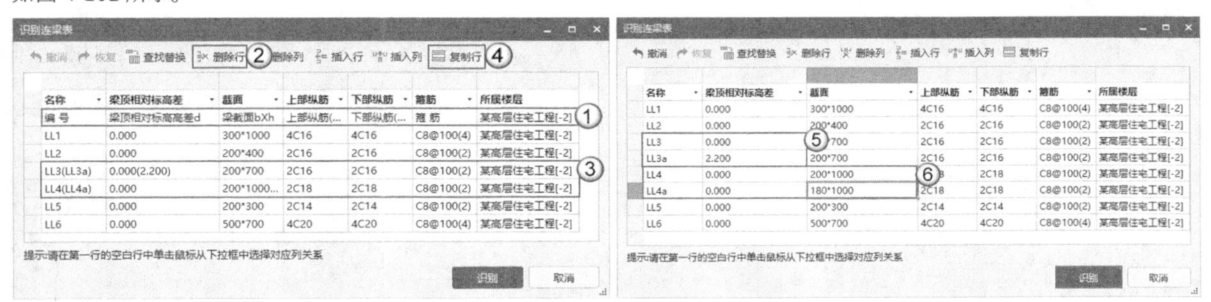

图 4-101

04 单击“识别”按钮后，提示共有 7 个构件被识别，单击“确定”按钮，如图 4-102 所示。

05 完成连梁的新建后，开始快速绘制连梁。单击菜单栏的“识别梁”按钮，如图 4-103 所示。

06 在打开的“识别梁”对话框中，单击“提取边线”命令，将鼠标指针放到连梁边线位置，待鼠标指针变成“回字形”时表示连梁边线已被选中，然后任选一处梁线单击，当图层出现蓝色时表示选择成功，如图 4-104 所示。单击鼠标右键确认，蓝色边线消失，完成连梁边线的提取，如图 4-105 所示。

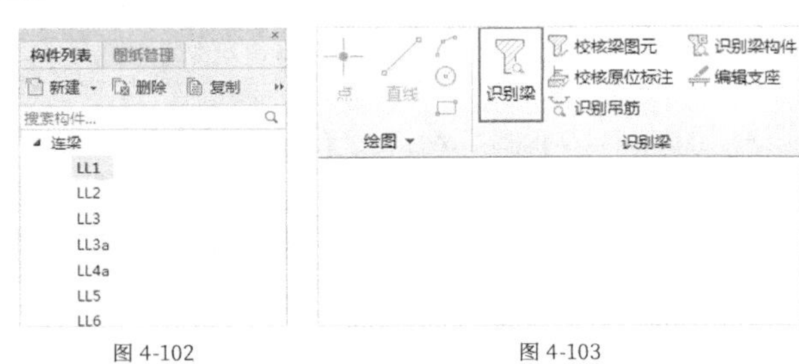

图 4-102　　图 4-103

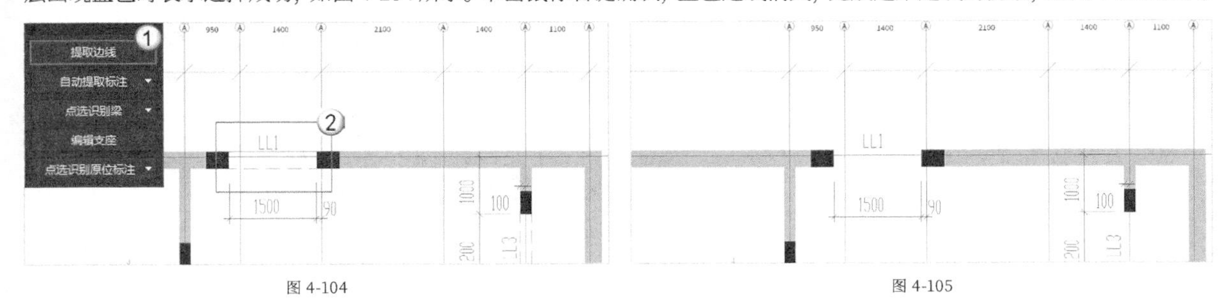

图 4-104　　图 4-105

07 连梁边线提取完成后，单击“自动提取标注”命令，将鼠标指针放到连梁对应的标注位置，待鼠标指针变成“回字形”时表示连梁标注可被选中，然后任选一处连梁标注单击，当图层出现蓝色时表示选择成功，如图 4-106 所示。单击鼠标右键确认，蓝色边线消失，完成连梁标注的提取，如图 4-107 所示。

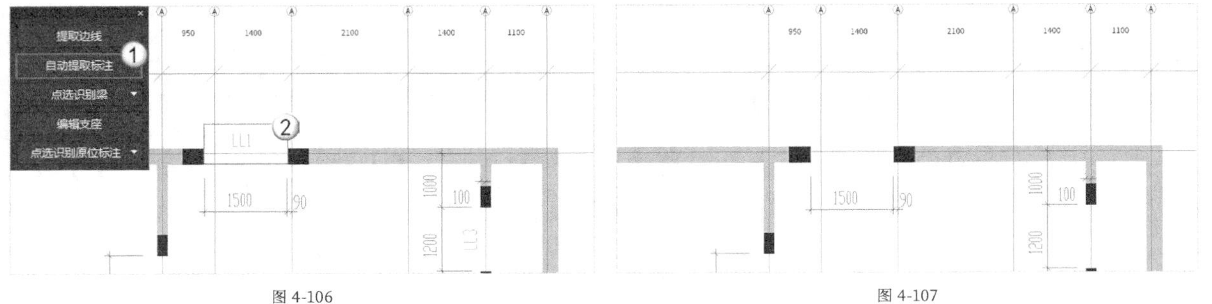

图 4-106　　图 4-107

08 梁的全部信息提取完成后，为了避免“自动识别”识别其他构件而造成报错，在“点选识别”的下拉菜单中单击“框选识别梁”命令，然后框选需要识别的图纸，全部选中后单击鼠标右键确认，如图 4-108 所示。

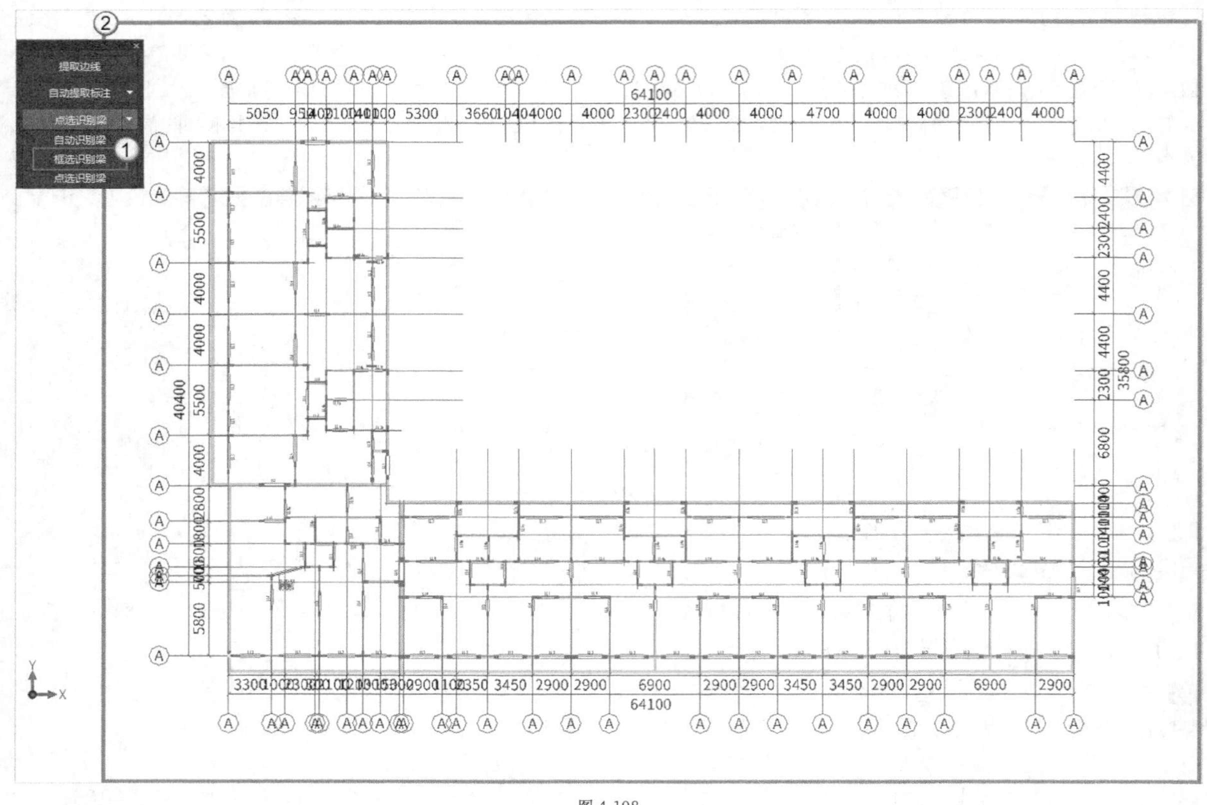

图 4-108

09 在打开的“识别梁选项”对话框中进行核对，核对无误后，单击“继续”按钮，如图 4-109 所示，这时主体连梁就绘制好了，如图 4-110 所示。

识别梁选项

全部 缺少箍筋信息 缺少截面 复制图纸信息 粘贴图纸信息

	名称	截面(b*h)	上通长筋	下通长筋	侧面钢筋	箍筋	肢数
1	L1	200*400	2C14	2C14		A8@150(2)	2
2	LL1	300*1000	4C16	4C16		C8@100(4)	4
3	LL2	200*400	2C16	2C16		C8@100(2)	2
4	LL3	200*700	2C16	2C16		C8@100(2)	2
5	LL3a	200*700	2C16	2C16		C8@100(2)	2
6	LL4	200*1000	2C18	2C18		C8@100(2)	2
7	LL4a	180*1000	2C18	2C18		C8@100(2)	2
8	LL5	200*300	2C14	2C14		C8@100(2)	2
9	LL6	500*700	4C20	4C20		C8@100(4)	4

请检查并确认得到的梁信息 继续 取消

图 4-109

图 4-110

10 由于本案例有一根非框架梁（非框架梁有单独的原位标注信息），因此还需要完成“识别原位标注”。单击“自动识别原位标注”命令，得到校核通过的提示，非框架梁和连梁就识别完成，如图 4-111 所示。

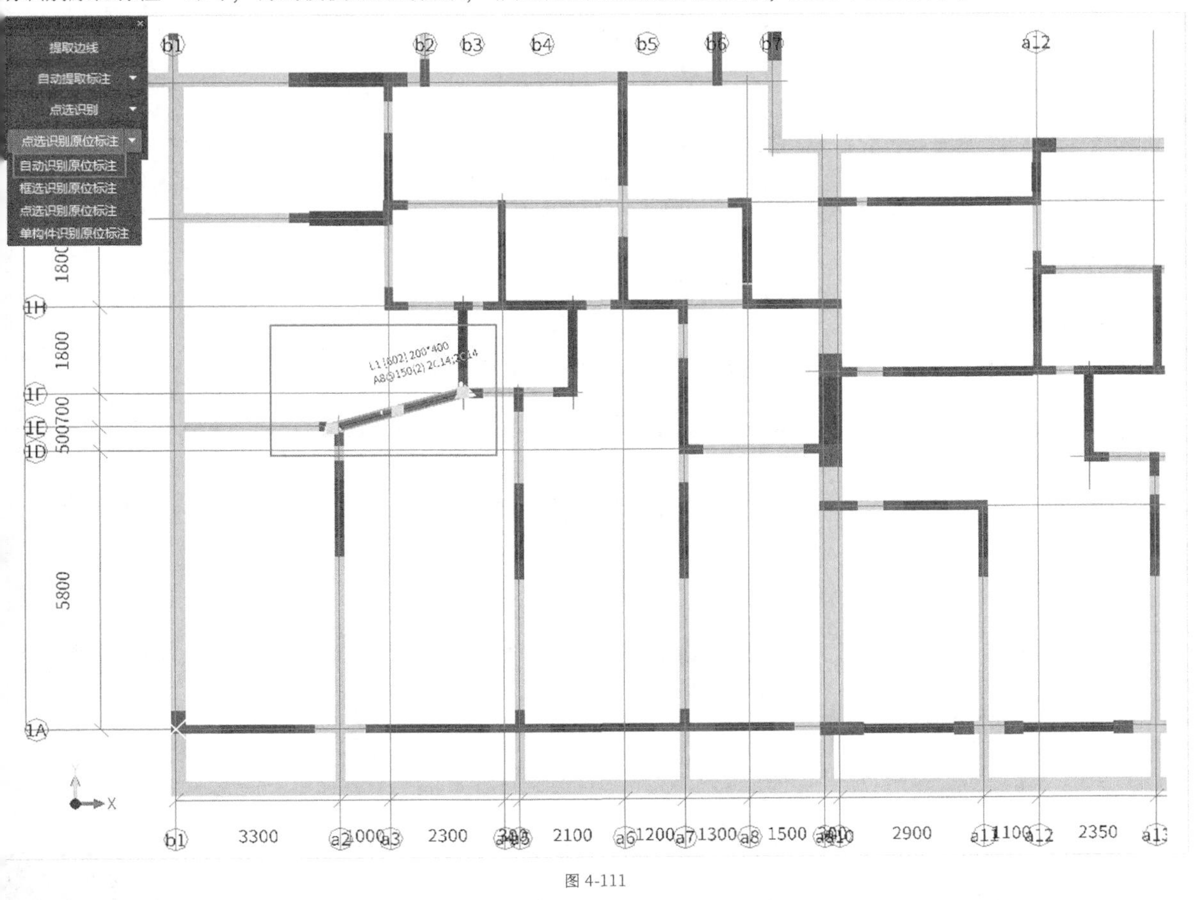

图 4-111

11 主体梁构件绘制完成后，可以使用“三维”工具快速查看梁构件的三维效果，如图 4-112 所示。

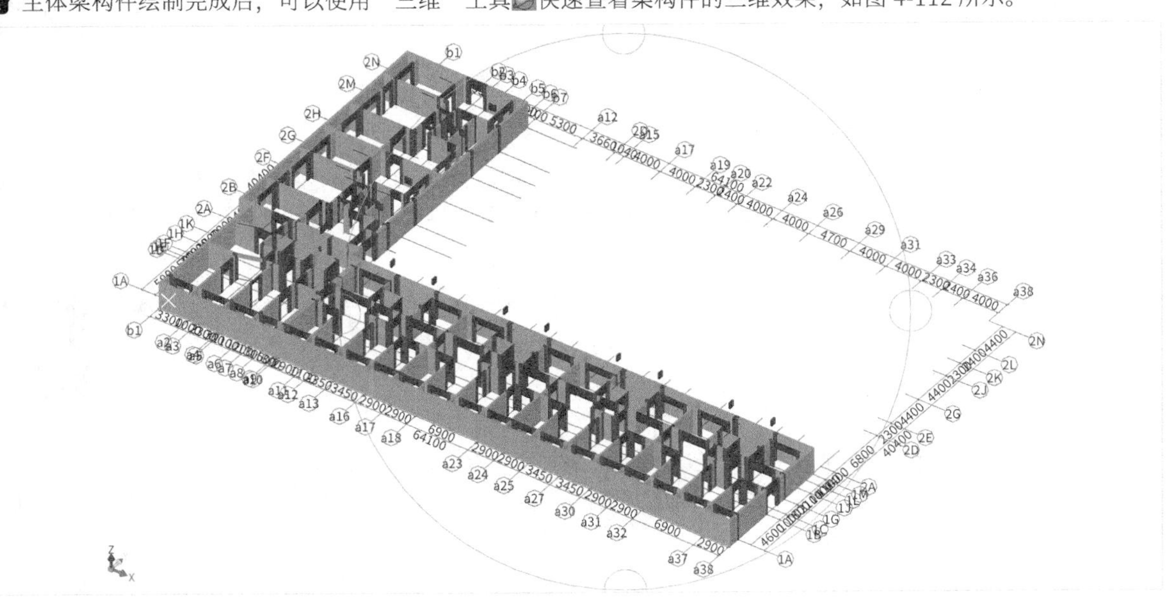

图 4-112

4.2.8 主体板构件

根据快速建模的一般流程，下面对主体板构件的建模方式进行介绍。

快速建模介绍

参照“柱—墙—梁—板”的施工工序，在连梁建立完成后，可开始进行主体板构件的识别。板构件的快速识别，主要会涉及“现浇板”“板受力筋”“板负筋”构件的快速建模，“现浇板”是“板受力筋”和“板负筋”的父图元只有绘制好“现浇板”部位才允许绘制“板受力筋”或“板负筋”。

快速建模方式

基本流程

快速创建主体板构件和板筋的流程分别如图 4-113 和图 4-114 所示。

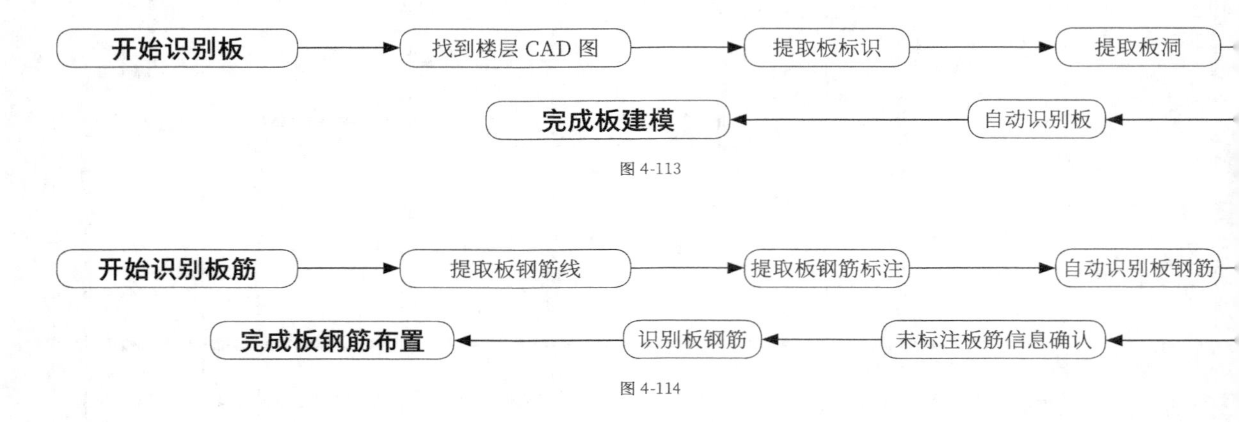

图 4-113

图 4-114

功能说明

（1）在快速创建板时，需要先通过“识别板”工具来获得现浇板构件，其中会用到“提取板标识”“提取板洞线”“自动识别板”3 个命令，如图 4-115 所示。每一步都需要确保对应的图层被提取，否则会影响板自动识别的准确性。

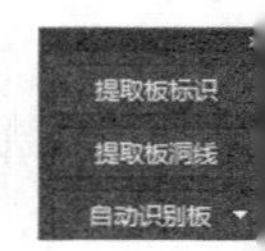

图 4-115

重要参数介绍

提取板标识：单击图纸中的某一块板的标识，就能自动对标识的图层进行提取。

提取板洞线：单击图纸中的某块板洞线，就能自动对板洞线的图层进行提取；在进行图层的选择时，一般选择默认的“按图层选择”即可；如果 CAD 图纸图层不明显，那么还可以利用“单图元选择”和“按颜色选择”来完成 CAD 板洞线的提取操作。

（2）识别板完成后，开始识别板钢筋。会用到“识别受力筋”对话框中的“提取板筋线”“提取板筋标注”“点选识别受力筋”3 个命令，如图 4-116 所示。每一步都需要确保对应的图层被提取，否则会影响板钢筋自动识别的准确性。

图 4-116

重要参数介绍

提取板筋线：单击图纸中的某一块板的受力钢筋线，就能自动对板筋线的图层进行提取；在进行图层的选择时，一般选择默认的“按图层选择”即可；如果 CAD 图纸图层不明显，那么还可以利用“单图元选择”和“按颜色选择来完成 CAD 板钢筋线的提取操作。

提取板筋标注：单击图纸中的某一块板的受力钢筋的标注，就能自动对钢筋标注的图层进行提取，包括钢筋信息和钢筋尺寸标注两个部分。

实战：快速创建某高层住宅工程地下二层的主体板

素材位置	无
实例位置	实例文件>CH04>实战：快速创建某高层住宅工程地下二层的主体板
教学视频	实战：快速创建某高层住宅工程地下二层的主体板.mp4

扫码观看视频

图 4-117 所示为快速创建的某高层住宅工程地下二层的主体板的效果图。

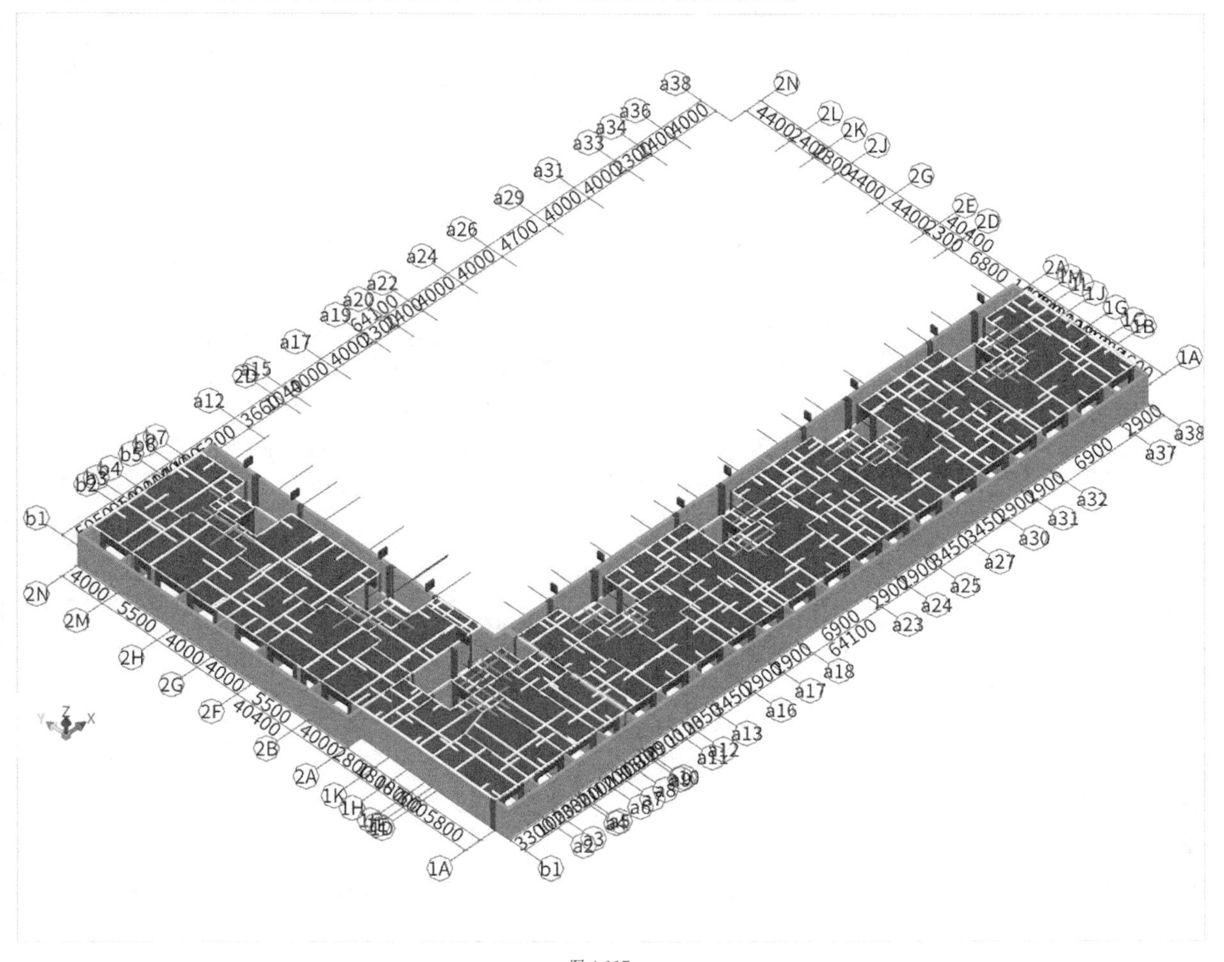

图 4-117

任务说明

（1）根据“地下二层顶板配筋图”，完成不同板厚的图层提取构件的新建和绘制。

（2）在绘制好的板构件中完成板主筋、负筋的识别和查改。

任务分析

图纸分析

参照图纸：“地下二层顶板配筋图”。

工具分析

通过查看本高层住宅工程“地下二层顶板配筋图”可知，本次板快速建模包括对板构件的快速建模，钢筋设置为单层双向底筋加支座负筋，所以会涉及“板受力筋”的识别和快速绘制。

任务实施

识别板

01 打开“实例文件 >CH04> 实战：快速创建某高层住宅工程地下二层的主体梁 > 主体梁 .GTJ”文件，在“构件导航栏”中，执行“板 > 现浇板”命令（快捷键为 BB），双击“图纸管理”面板中的“地下二层顶板配筋图”，如图 4-118 所示，这时打开的“地下二层顶板配筋图”如图 4-119 所示。

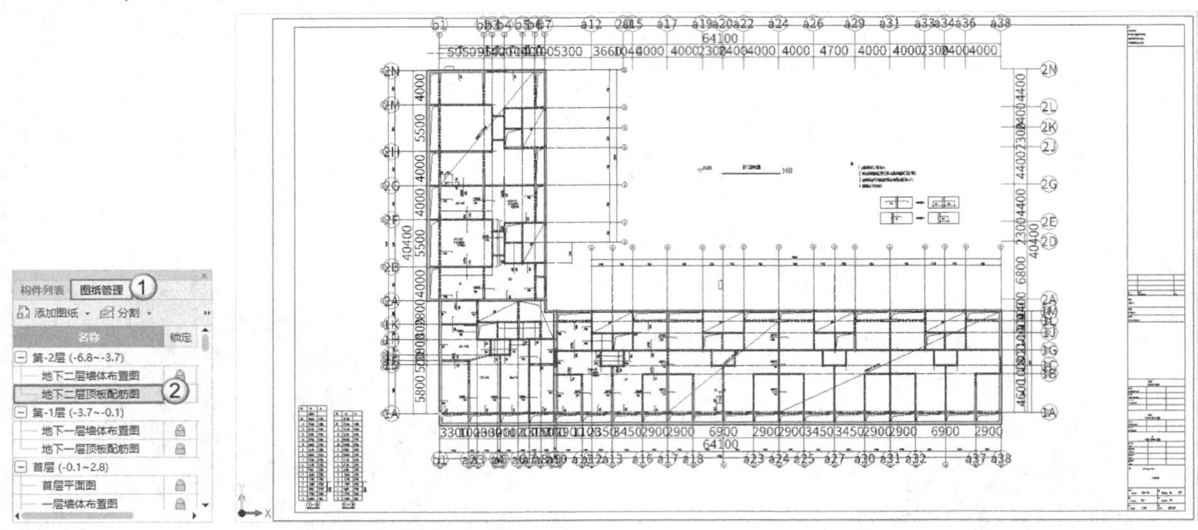

图 4-118　　图 4-119

02 单击菜单栏的“识别板”按钮，如图 4-120 所示。

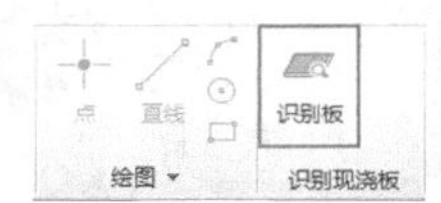

图 4-120

03 在打开的“识别现浇板”对话框中单击“提取板标识”按钮，将鼠标指针放到板标识的对应位置（包含板名称及标注），待鼠标指针变成“回字形”时表示板标识可被选中，然后任选一处板标识进行单击，当图层出现蓝色时表示选择成功，如图 4-121 所示。单击鼠标右键确认，蓝色边线消失，完成板标识的提取，如图 4-122 所示。

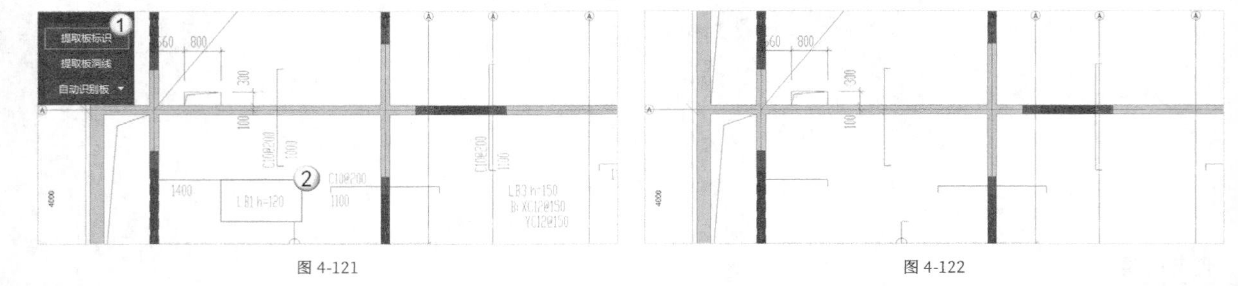

图 4-121　　图 4-122

04 板标识提取完成后，单击“提取板洞线”命令，将鼠标指针放到板洞线位置，待鼠标指针变成“回字形”时表示板洞线可被选中，然后任选一处板洞线进行单击，当图层出现蓝色时表示选择成功，如图 4-123 所示。单击鼠标右键确认，蓝色边线消失，完成板洞线的提取，如图 4-124 所示。

图 4-123　　图 4-124

05 板的全部信息提取完成后，单击“自动识别板”命令，打开“识别板选项”对话框，单击“确定”按钮，如图 4-125 所示。

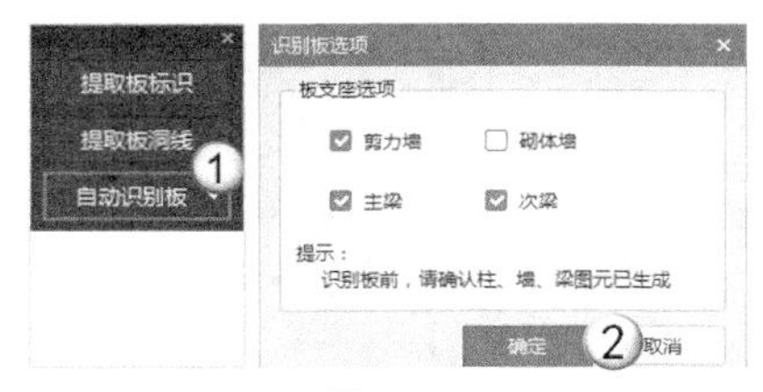

图 4-125

06 在打开的“识别板选项”对话框中，提取的板标注信息将被全部列出，查看案例图纸可知未标注的板厚均为 120mm，所以将“无标注板”的“名称”修改为 B，单击“确定”按钮。板识别成功后，就自动开始生成板，如图 4-126 所示。

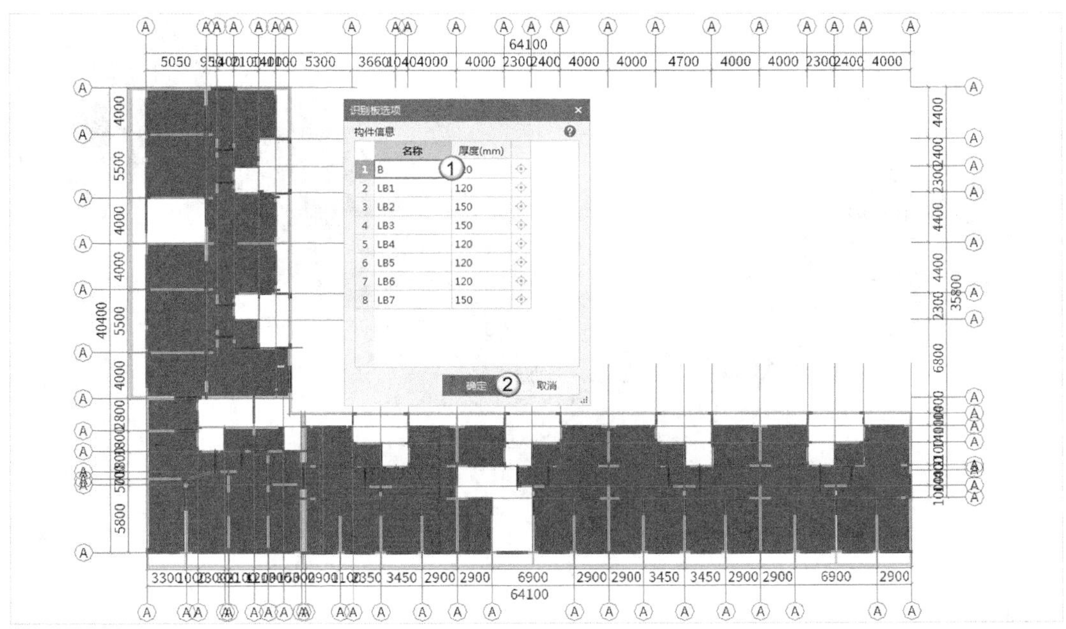

图 4-126

07 自动识别的板虽然完成，但是还存在未识别的板，需要找到未识别板所在图纸的板名称，在“构件列表”面板中选择对应的板，使用“点”工具，绘制未识别的板，如图 4-127 所示。

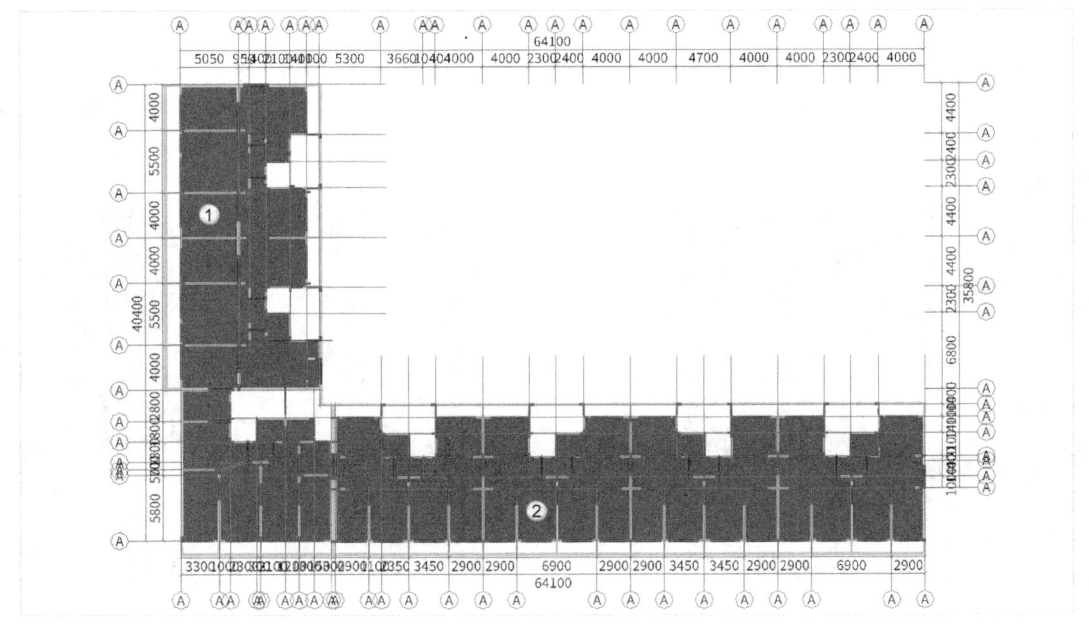

图 4-127

08 主体板构件绘制完成后，可以使用“三维”工具快速查看板构件的三维效果，如图 4-128 所示。

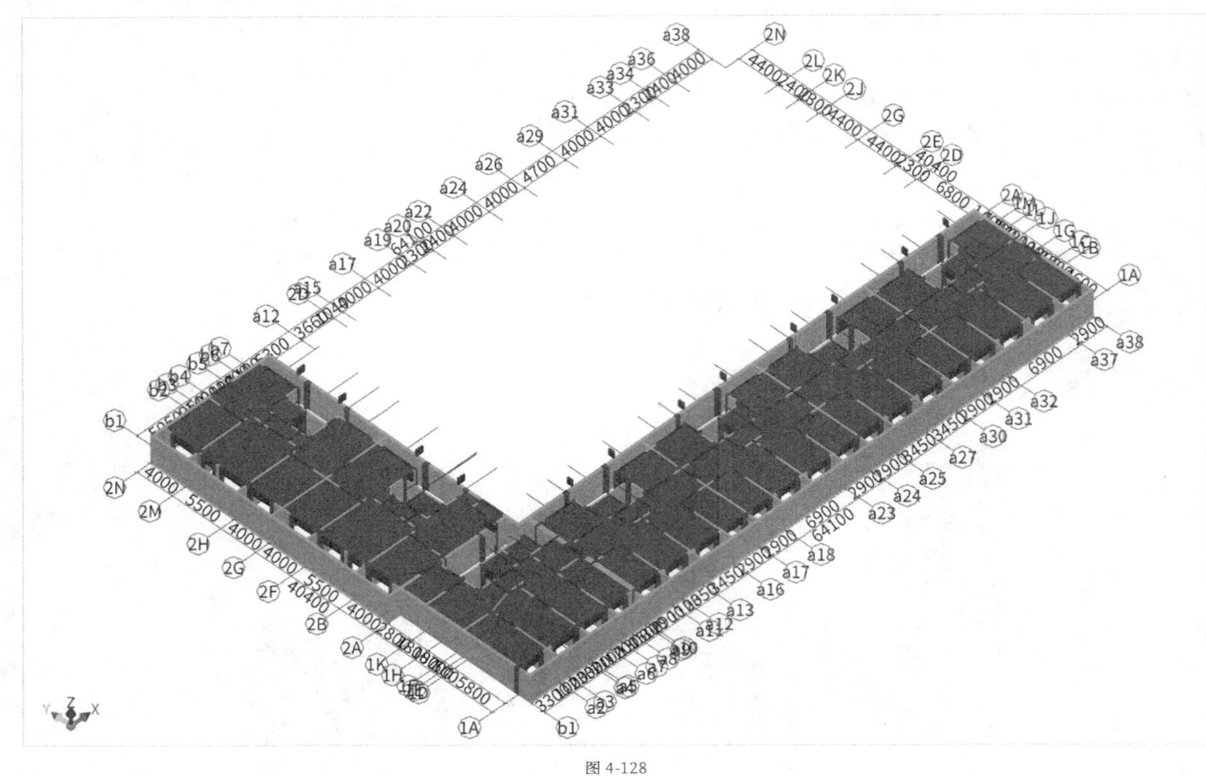

图 4-128

识别板筋

01 现浇板绘制完成后，开始识别“板受力筋”和“板负筋”，该工程在识别“板受力筋”时也能将“板负筋”一并识别好，因此直接使用“识别受力筋”即可。在“构件导航栏”中执行“板 > 板受力筋”命令，单击菜单栏的“识别受力筋”按钮，如图 4-129 所示。

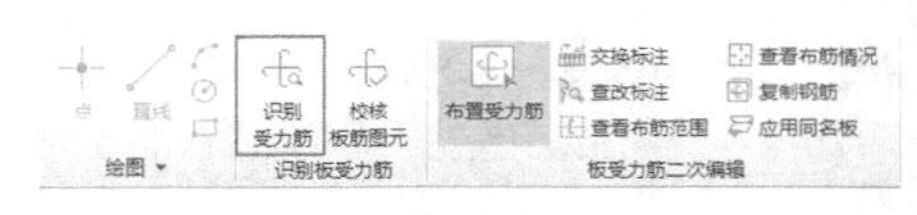

图 4-129

02 在“识别受力筋”对话框中单击“提取板筋线”命令，将鼠标指针放到受力钢筋线的位置，待鼠标指针变成“回字形”时表示板筋线可被选中，任选一处板筋线单击，当图层出现蓝色时表示选择成功，如图 4-130 所示。单击鼠标右键确认，蓝色边线消失，完成板筋线的提取，如图 4-131 所示。

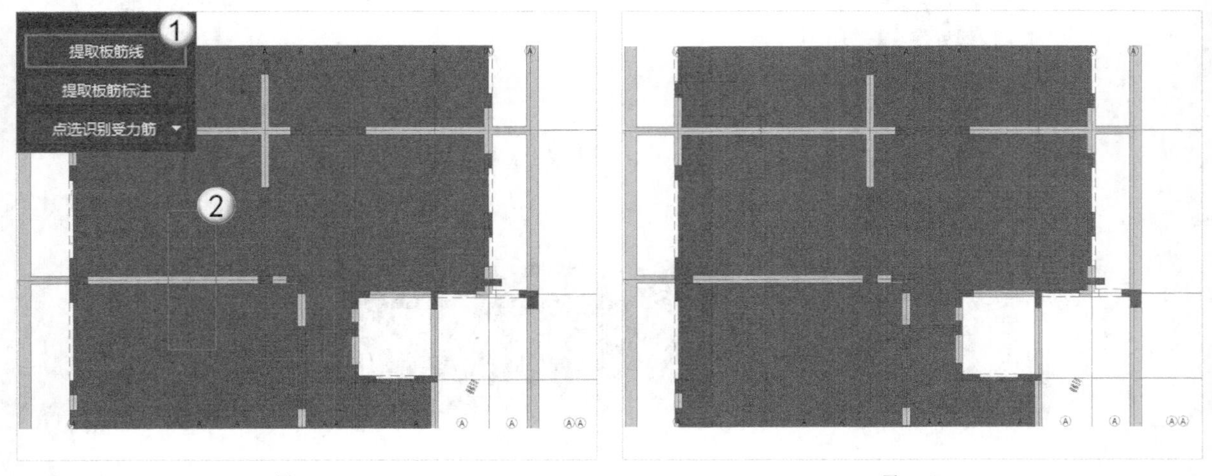

图 4-130　　图 4-131

03 板筋线提取完成后，由于在识别现浇板时已经完成了第 2 步“提取板筋标注”，因此这里直接进入第 3 步“自动识别板筋”即可。在“点选识别受力筋”的下拉菜单中单击“自动识别板筋”命令，打开“识别板筋选项”对话框，由于图纸上的板标注没有规律，因此直接单击“确定”按钮，如图 4-132 所示。

04 在打开的“自动识别板筋”对话框中，核对无标注的板筋信息，核对和图纸要求是否一致，核对完成后单击“确定”按钮 确定 完成板钢筋的识别，如图 4-133 所示，识别后的钢筋效果如图 4-134 所示。

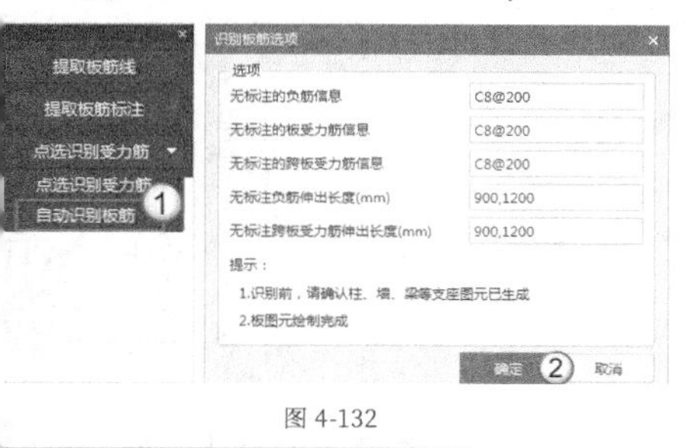

图 4-132

自动识别板筋

	名称	钢筋信息	钢筋类别
1	FJ-C8@100	C8@100	负筋
2	FJ-C8@150	C8@150	负筋
3	FJ-C10@200	C10@200	负筋
4	无标注FJ-C8@200	C8@200	负筋
5	KBSLJ-C8@100	C8@100	跨板受力筋
6	KBSLJ-C8@150	C8@150	跨板受力筋
7	无标注KBSLJ-C8@200	C8@200	跨板受力筋
8	无标注SLJ-C8@200	C8@200	面筋

确定 取消

图 4-133

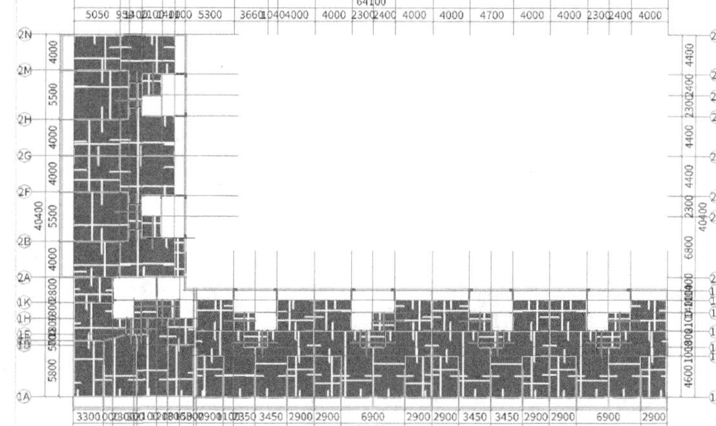

图 4-134

提示 对于图纸中使用对称或镜像线标注的部分，要在自动识别钢筋绘制完毕后，框选绘制完成的板钢筋信息，再使用“镜像”工具快速绘制其余部分钢筋，对于相同部分，则可使用“复制”工具来快速建模。

05 板筋构件绘制完成后，可以使用“三维”工具快速查看板钢筋的三维效果，如图 4-135 所示。

提示 读者在进行“识别负筋”操作时，如果出现负筋绘制长度范围重复的提醒，那么可以使用“校核板筋图元”命令进行板筋校核，对发现的错误及时进行修改。

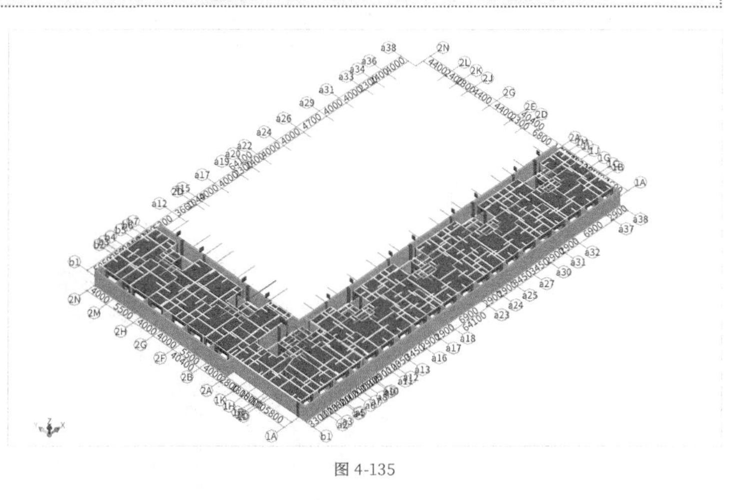

图 4-135

4.2.9 二次结构

根据快速建模的一般流程，下面对二次结构的建模方式进行介绍。

快速建模介绍

主体结构快速建立后，二次结构的快速建模主要是完成砌体墙、门窗和构造柱 3 种构件的建立。快速提取砌体墙和门窗的边线和标识，能快速实现构件的自动新建和构件的绘制。在二次结构中，只有将砌体墙绘制好，才能开始快速完成门窗构件和构造柱的建模。如果门窗没有父图元，就无法绘制门窗。

快速建模方式

基本流程

快速创建二次结构的流程如图 4-136 所示。

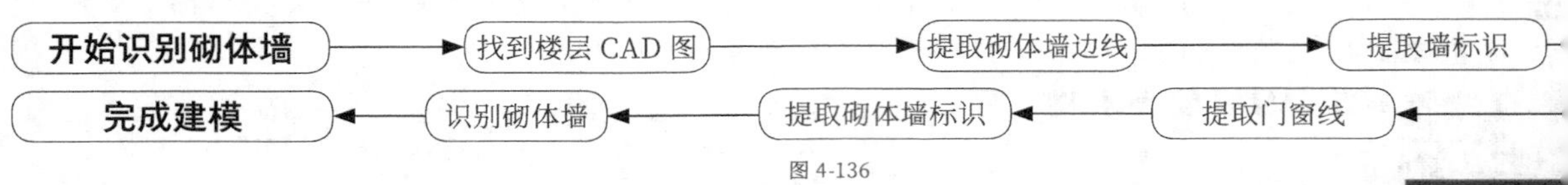

图 4-136

功能说明

在快速识别砌体墙时，会用到“识别砌体墙”对话框中的“提取砌体墙边线”“提取墙标识”“提取门窗线”“识别砌体墙”4 个命令，如图 4-137 所示。每一步都需要确保对应的图层被提取，否则会影响砌体墙自动识别的准确性。

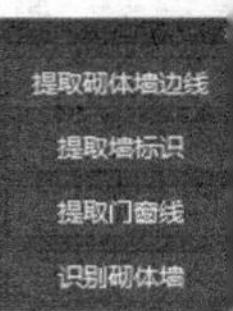

图 4-137

提取砌体墙边线：单击图纸中的某一砌体墙边线，就能自动对砌体墙边线的图层进行提取；在进行图层的选择时一般选择默认的“按图层选择”即可；如果 CAD 图纸图层不明显，那么还可以利用“单图元选择”和“按颜色选择来完成 CAD 砌体墙边线的提取操作。

提取墙标识：单击图纸中的某一个砌体墙的标注，就能自动对标注的图层进行提取，包括砌体墙编号和砌体墙引线两个部分。

提取门窗线：单击图纸中的某一个门或窗示意线，就能自动对门窗线的图层进行提取。

识别砌体墙：完成砌体墙边线、墙标识和门窗线的提取后，此时图纸内所有砌体墙的图层全部消失则表示全部完成提取，那么单击“识别砌体墙”就能获得自动完成的所有图纸范围的砌体墙绘制。

实战：快速创建某高层住宅工程第三层的二次结构

素材位置	无
实例位置	实例文件>CH04>实战：快速创建某高层住宅工程第三层的二次结构
教学视频	实战：快速创建某高层住宅工程第三层的二次结构.mp4

扫码观看视频

图 4-138 所示为快速创建的某高层住宅工程第三层的二次结构的效果图。

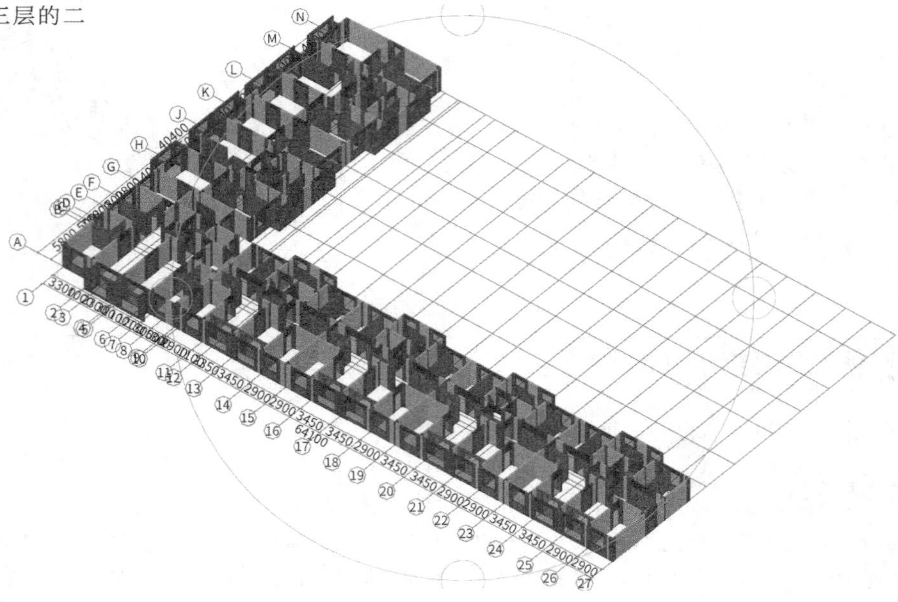

图 4-138

任务说明

（1）根据“三～十一层平面图”，完成砌体墙构件的新建。

（2）根据“三～十一层平面图”，完成砌体墙构件的绘制。

（3）根据“三～十一层平面图”，完成“自动生成构造柱”的参数设置和构造柱的自动绘制。

（4）根据“三～十一层平面图”，完成“自动生成砌体加筋”的参数设置和构件生成。

任务分析

图纸分析

参照图纸：“三～十一层平面图”。

工具分析

通过查看本高层住宅项目图纸及图集可知，由于过梁和圈梁不能自动识别，智能绘制在第 3 章已经讲解过，因此该案例仅需快速创建“砌体墙”“构造柱”“砌体加筋”3 种构件。除了“砌体墙”需要使用“识别砌体墙”命令快速识别墙体外，“构造柱”和“砌体加筋”均能采用智能生成的方式来完成。

任务实施

识别砌体墙

01 打开“实例文件 >CH04> 实战：快速创建某高层住宅工程地下二层的主体板 > 主体板 .GTJ”文件，先在“楼层构件栏”中将楼层切换到“第 3 层”，然后在“构件导航栏”中执行“墙 > 砌体墙”命令，双击“图纸管理”面板中的“三～十一层平面图”，如图 4-139 所示，这时打开的“三～十一层平面图”如图 4-140 所示。

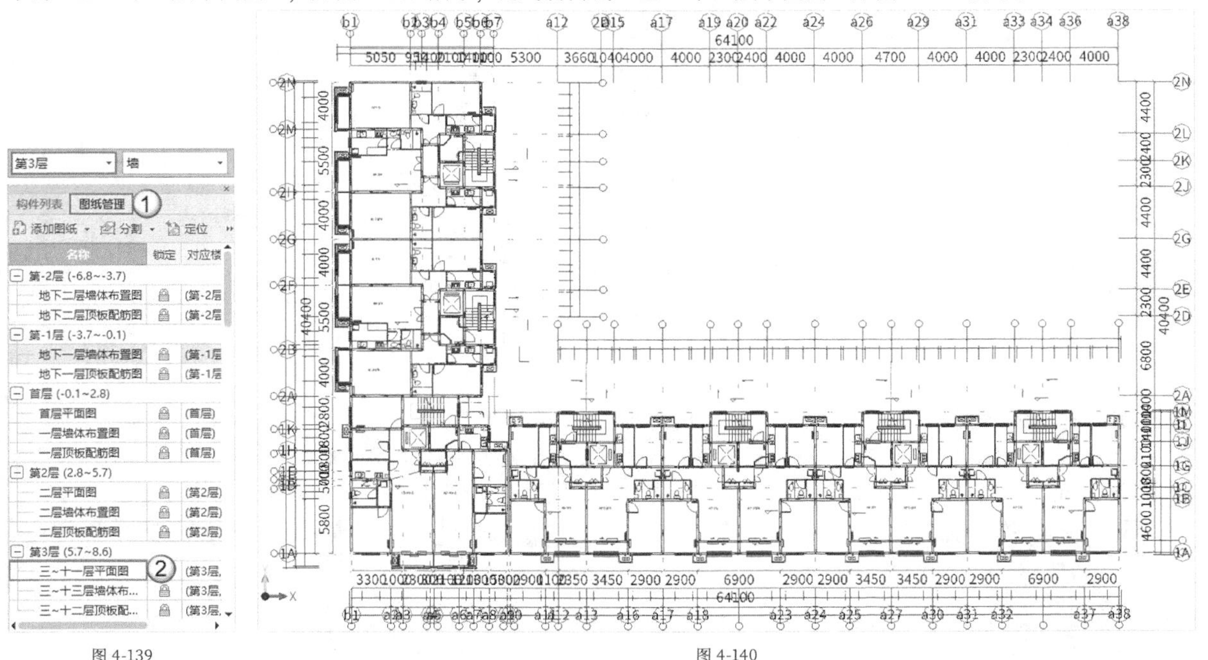

图 4-139　　图 4-140

02 单击菜单栏的“识别砌体墙”按钮，如图 4-141 所示。

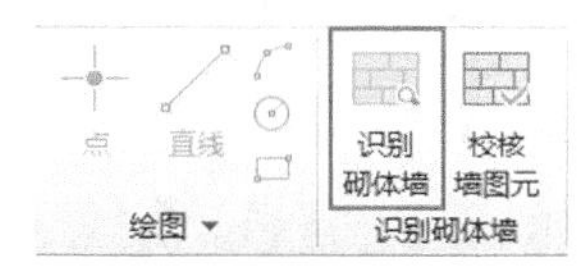

图 4-141

03 在“识别砌体墙”对话框中单击“提取砌体墙边线”命令，将鼠标指针放到除剪力墙之外的砌体墙边线，待鼠标指针变成“回字形”时表示砌体墙边线可被选中，然后任选一处连砌体墙边线单击，当图层出现蓝色时表示选择成功，如图 4-142 所示。单击鼠标右键确认，蓝色边线消失，完成砌体墙边线的提取，如图 4-143 所示。

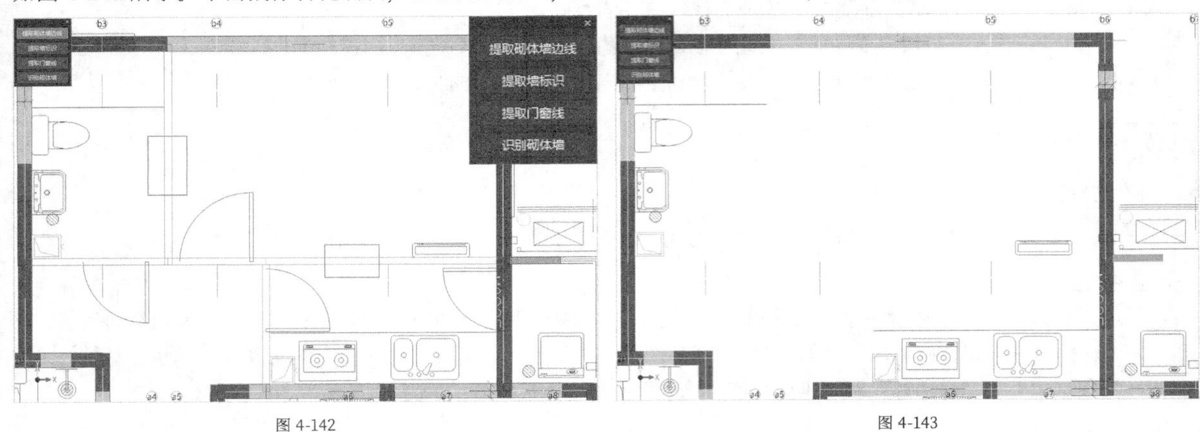

图 4-142　　　　图 4-143

04 由于本案例中的砌体墙没有进行标注，因此直接进行第 3 步的“提取门窗线”操作，将鼠标指针放到门窗线上，待鼠标指针变成“回字形”时表示门窗线可被选中，然后任选一处门窗线单击（选中所有门窗线，并检查门窗线已被全部选中），当图层出现蓝色时表示选择成功，如图 4-144 所示。单击鼠标右键确认，蓝色边线消失，完成门窗线的提取，如图 4-145 所示。

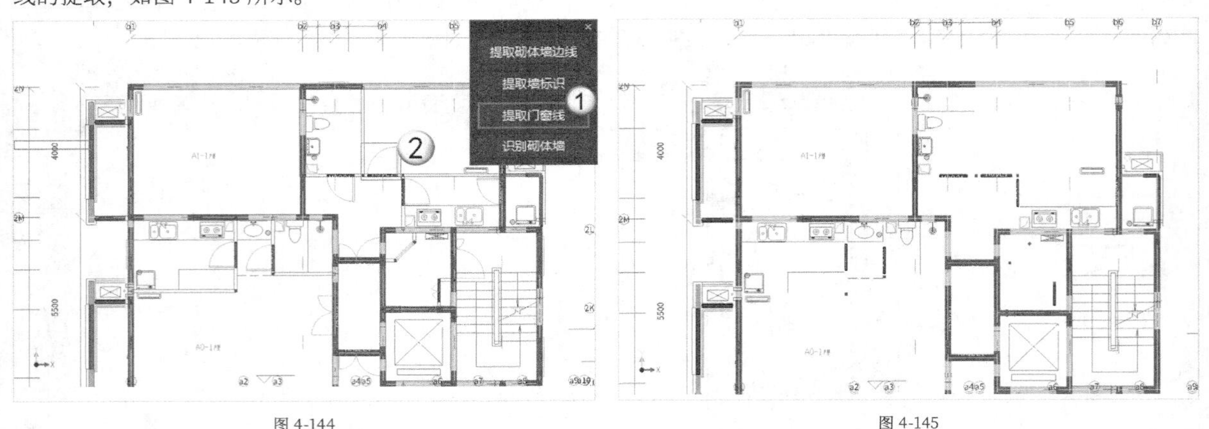

图 4-144　　　　图 4-145

05 门窗线提取完成后，单击“识别砌体墙”命令，打开“识别砌体墙”对话框，这时可以依次双击每一项提取的砌体墙名称，查看提取的砌体墙是否为正确的墙线。检查自动拾取的墙厚，单击“删除”按钮 删除 ，删除不需要的墙厚，仅保留 90、100、150、180mm 的砌体墙，如图 4-146 所示，删除后如图 4-147 所示。

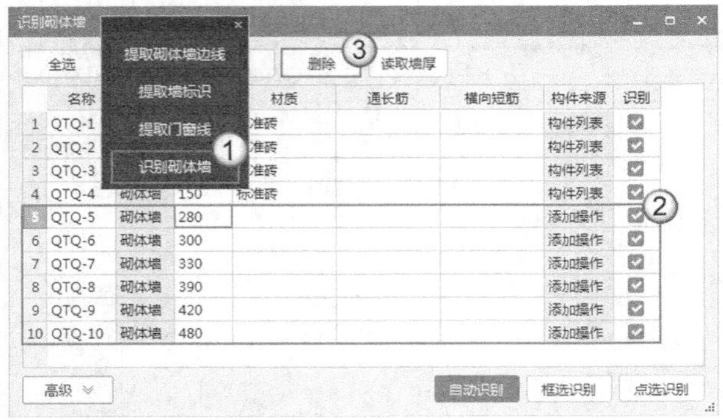

图 4-146

图 4-147

06 如果想要查看“厚度”为 90mm 的砌体墙是否准确，可以单击“读取墙厚”按钮，找到墙厚为 90mm 的砌体墙所在的位置。选中两道墙线，完成后单击鼠标右键进行确定，检查无误后单击“自动识别”按钮，如图 4-148 所示。

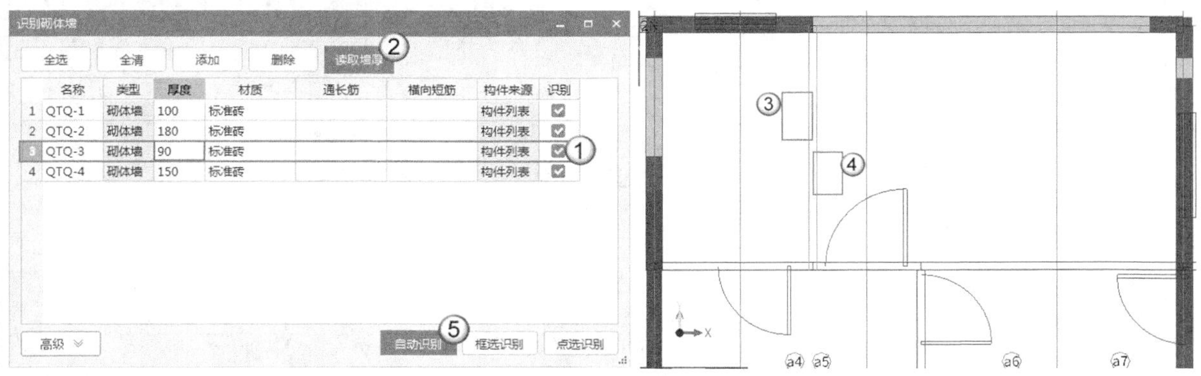

图 4-148

07 这时弹出提示，由于已经绘制好了柱，因此直接单击“是”按钮，如图 4-149 所示，这时墙体就自动生成，效果如图 4-150 所示。

提示 读者在提取砌体墙图层时，一定要注意提取的线是否是墙线。因为软件有时候会选择两道墙中间的间隔作为墙线，但是这样识别出来的墙就是错误的，因此在进行自动识别砌体墙时要双击识别的墙厚进行查看。

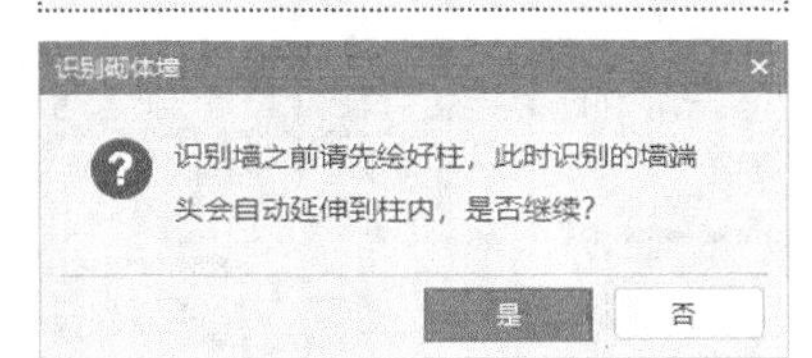

图 4-149

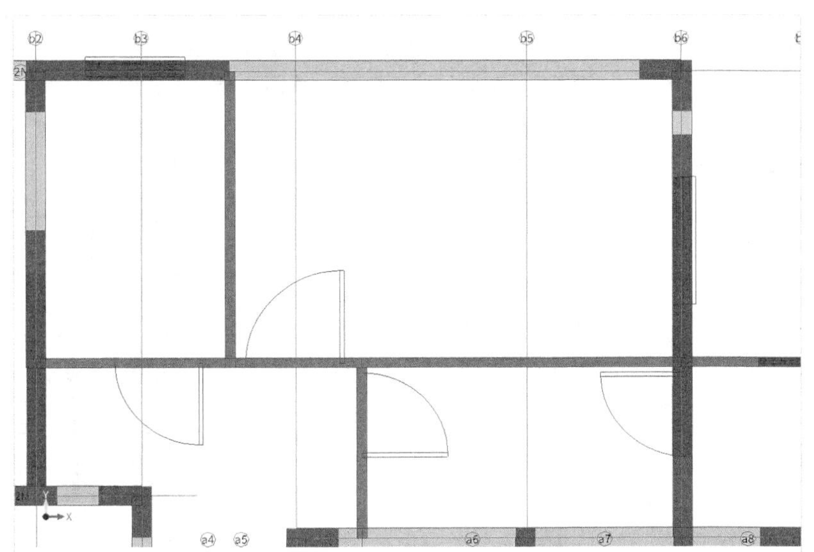

图 4-150

08 砌体墙构件绘制完成后，可以使用“三维”工具快速查看砌体墙构件的三维效果，如图 4-151 所示。

提示 读者在选择CAD图纸时，如发现图纸和轴网不重合，这时需要使用前面所学的“定位”功能对图纸和轴网进行定位，这样识别的构件才能和主体构件一致。

图 4-151

生成构造柱

01 按照第3章中的“结构设计总说明”中对构造柱和抱框的设计要求，通过“生成构造柱”功能进行快速建模。在“构件导航栏”中执行“柱 > 构造柱”命令（快捷键为ZZ），然后单击菜单栏的“生成构造柱”按钮，如图4-152所示。

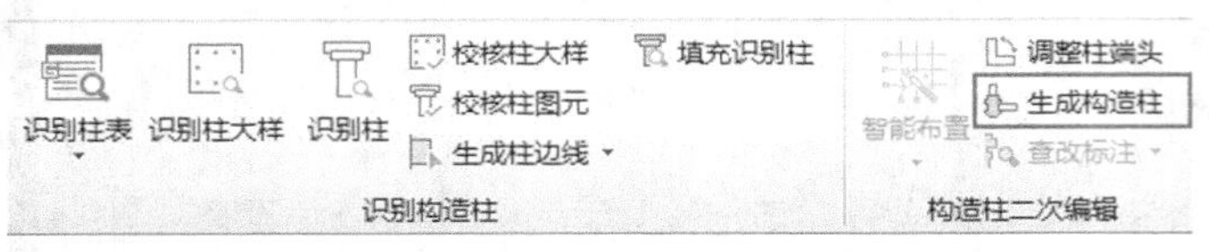

图4-152

02 在打开的“生成构造柱”对话框中勾选“门窗洞两侧生成抱框柱”选项，设置“门窗洞两侧，洞口宽度≥”为1500、“构造柱间距”为4000；在“构造柱属性”一栏中，设置“截面高”为250、“纵筋”为4A12、“箍筋”为A6@250；在“抱框柱属性”一栏中，设置“截面高”为100、“纵筋”为2C12、“箍筋”为A6@250，调整完成后单击“确定”按钮，如图4-153所示。

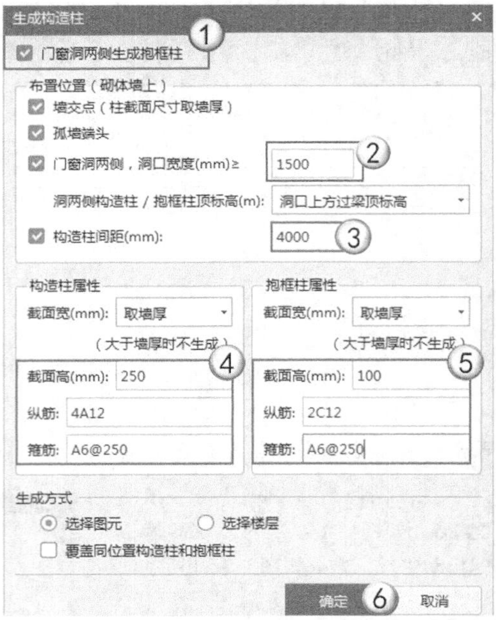

生成构造柱
① 门窗洞两侧生成抱框柱
布置位置（砌体墙上）
墙交点（柱截面尺寸取墙厚）
孤墙端头
门窗洞两侧，洞口宽度(mm)≥ 1500 ②
洞两侧构造柱 / 抱框柱顶标高(m): 洞口上方过梁顶标高
构造柱间距(mm): 4000 ③
构造柱属性
截面宽(mm): 取墙厚
（大于墙厚时不生成）
截面高(mm): 250 ④
纵筋: 4A12
箍筋: A6@250
抱框柱属性
截面宽(mm): 取墙厚
（大于墙厚时不生成）
截面高(mm): 100 ⑤
纵筋: 2C12
箍筋: A6@250
生成方式
选择图元 选择楼层
覆盖同位置构造柱和抱框柱
确定 ⑥ 取消

图4-153

03 框选所有墙体，选择完成后，单击鼠标右键进行确认，弹出“生成构造柱”对话框，提示共有128个构造柱生成，然后单击“关闭”按钮，如图4-154所示，这时构造柱就创建完成，其效果如图4-155所示。

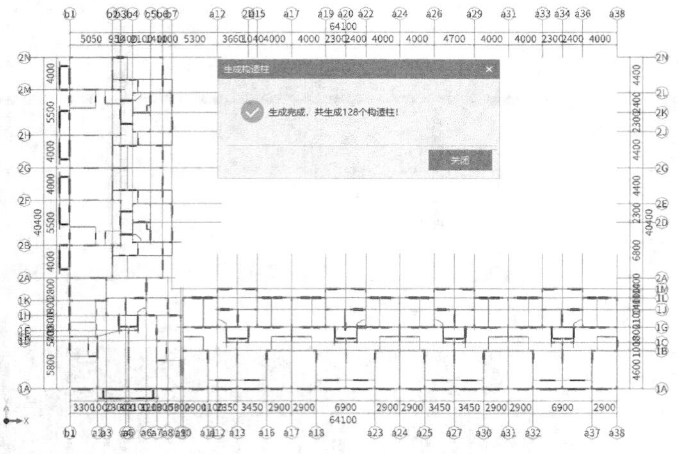

图4-154

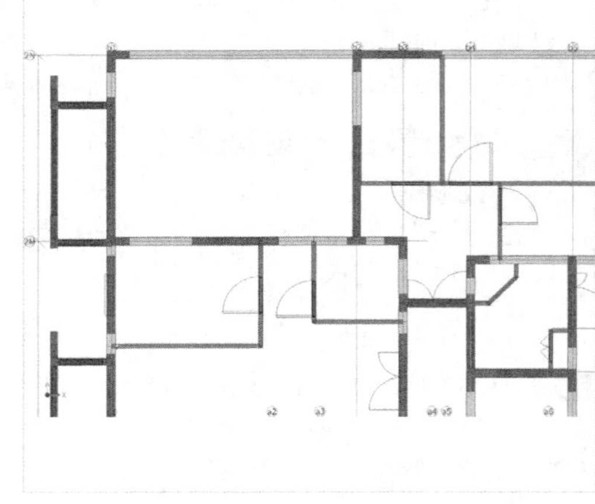

图4-155

04 完成后的三维效果如图4-156所示。

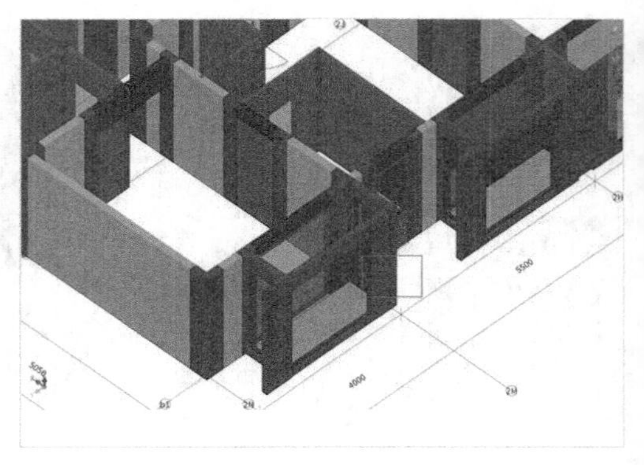

图4-156

提示 读者在使用GTJ2018自动生成构造柱后，需要再次检查自动生成的构造柱位置是否准确，如果出现不符合工程实际的情况时，则需要手动调整构造柱信息，然后进行构件的绘制。

生成砌体加筋

01 在“构件导航栏”中执行“墙 > 砌体加筋”命令，单击“生成砌体加筋”按钮，打开“生成构造柱”对话框，如图 4-157 所示。

02 根据实际情况，在选择砌体加筋时，当“设置条件”为“遇框架柱、砼墙”时，“加筋形式”选择“植筋”；当“设置条件”为“遇构造柱”时，“加筋形式”选择“预留钢筋”。同时长度按照 700mm 进行设置（读者在实际工程中遇到长度不一致的情况时可以根据实际工程进行调整），完成后单击“确定”按钮，如图 4-158 所示。设置完成后，各个砌体加筋的节点如图 4-159~ 图 4-165 所示。

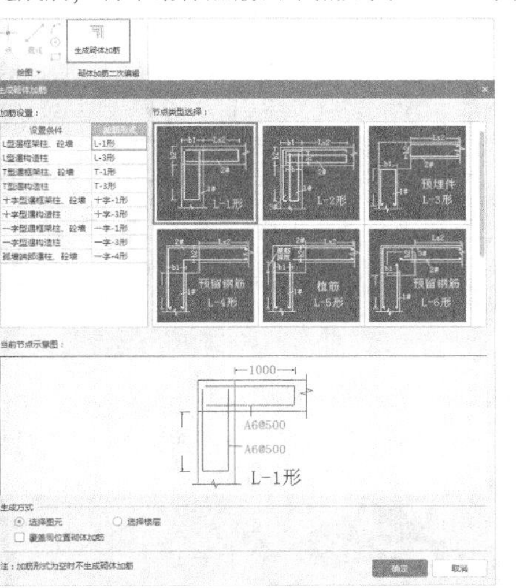

图 4-157

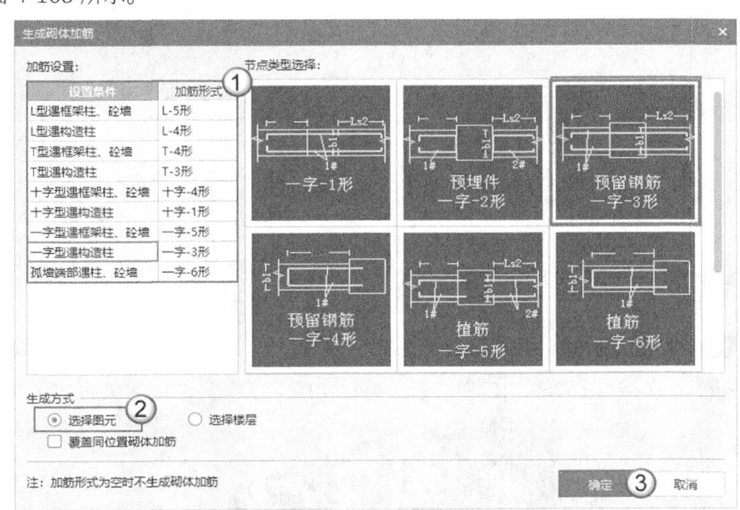

图 4-158

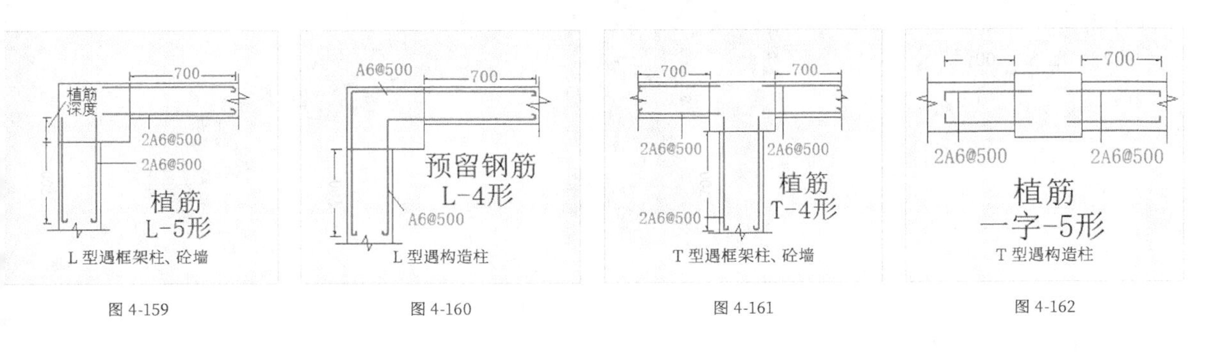

图 4-159　　图 4-160　　图 4-161　　图 4-162

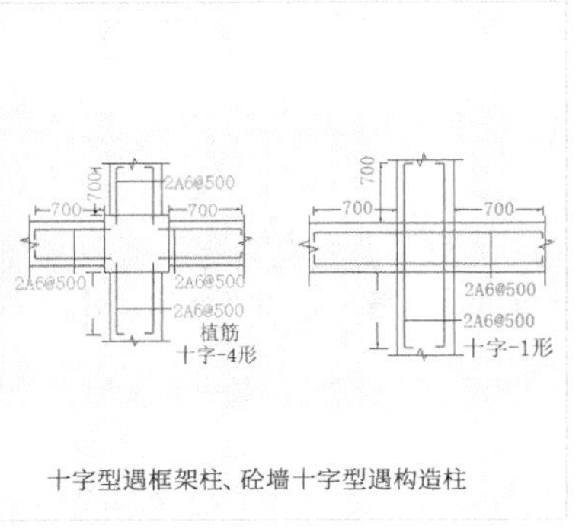

图 4-163

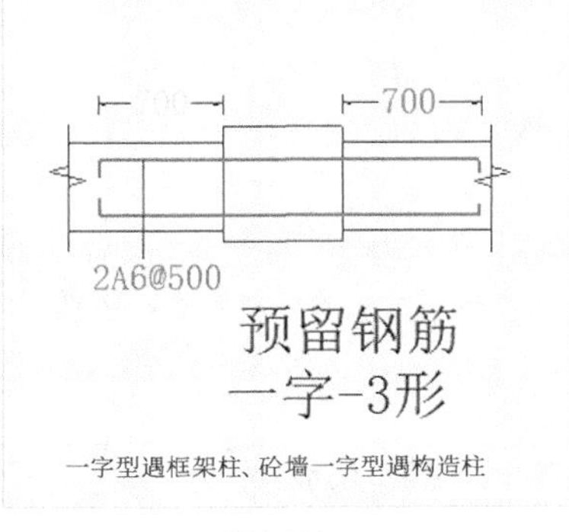

图 4-164

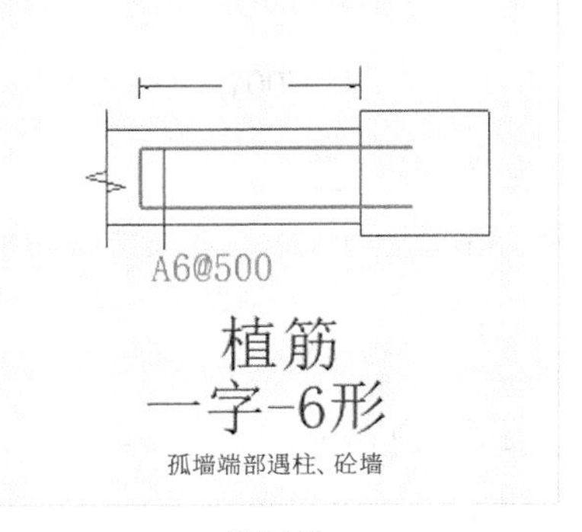

图 4-165

03 框选需要的全部砌体墙体后，单击鼠标右键进行确定，将提示共有 386 个砌体加筋生成，单击“关闭”按钮 关闭，如图 4-166 所示，这时砌体加筋就绘制完成，其效果如图 4-167 所示。

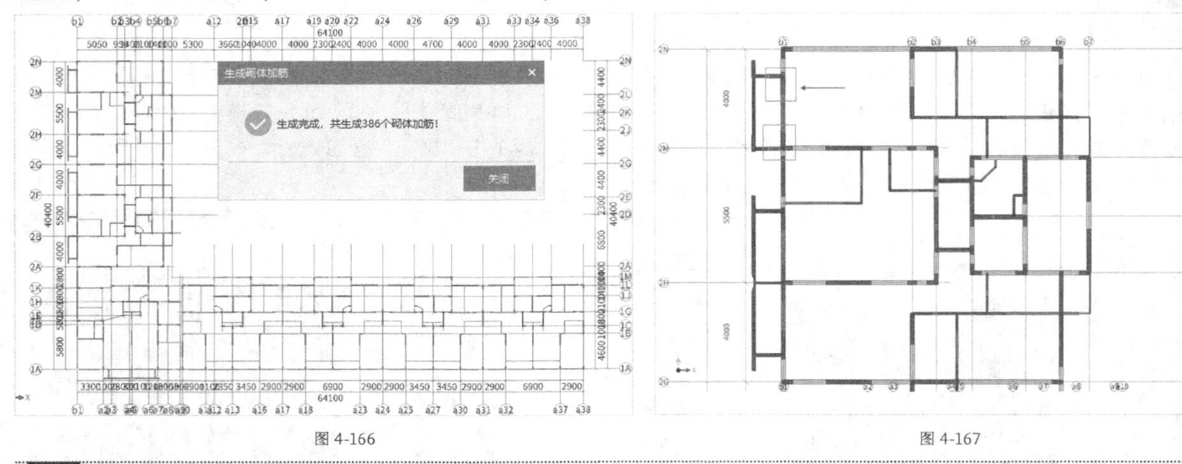

图 4-166　　图 4-167

> **提示**　“生成砌体加筋”需要读者根据生成情况进行检查。

04 砌体加筋绘制完成后，可以使用“三维”工具快速查看砌体加筋构件的三维效果，如图 4-168 所示。

05 二次结构的构件创建完成后，可以使用“三维”工具快速查看构件的三维效果，如图 4-169 所示。

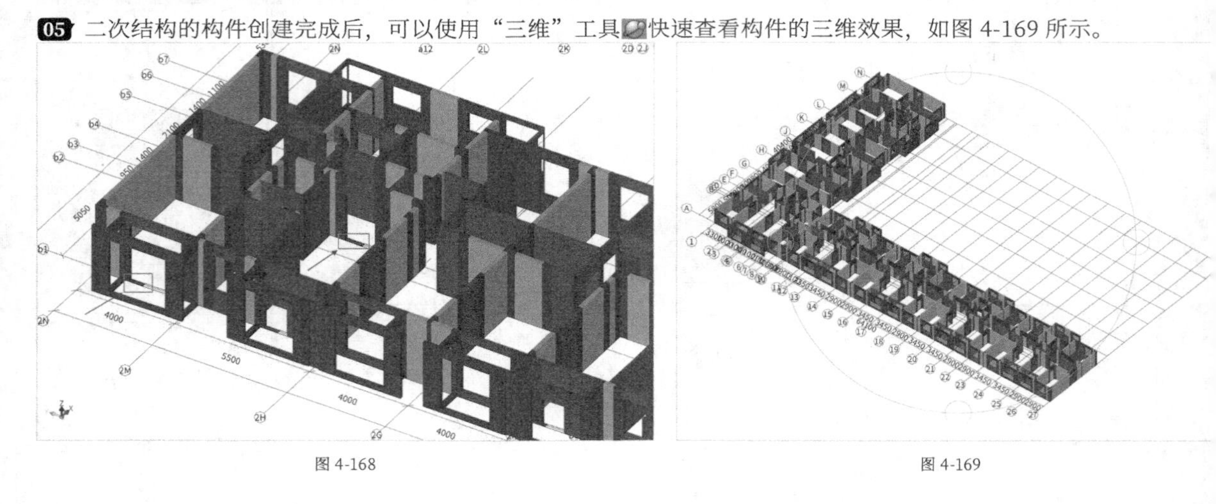

图 4-168　　图 4-169

4.2.10 装修工程

根据快速建模的一般流程，下面对装修工程的建模方式进行介绍。

快速建模介绍

通常 CAD 图纸会附带房间做法明细表，表中注明了房间的名称、房间内各种地面、墙面、踢脚、天棚、吊顶和墙裙的一系列装修做法。装修工程的快速建模主要是通过对装修做法表中的信息进行提取来快速获得房间对应的装修做法，然后完成装修构件的快速新建。

快速建模方式

基本流程

快速创建装修构件的基本流程如图 4-170 所示。

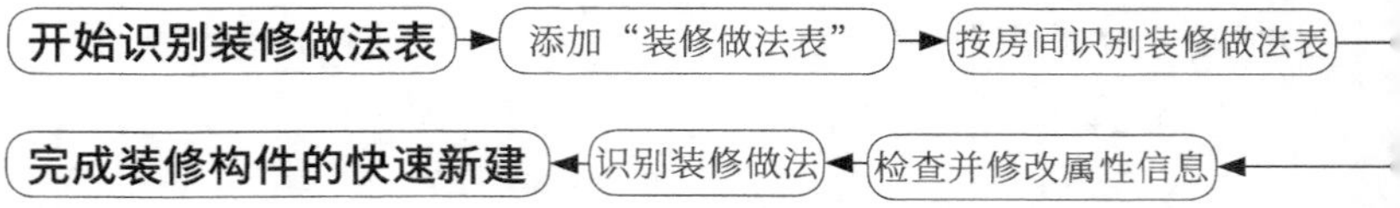

开始识别装修做法表 → 添加“装修做法表” → 按房间识别装修做法表 →

完成装修构件的快速新建 ← 识别装修做法 ← 检查并修改属性信息 ←

图 4-170

功能说明

（1）装修构件主要包括楼地面、踢脚、墙裙、墙面、天棚、吊顶、独立柱装修和单梁 8 种构件。每种构件可以单独进行绘制，也能作为房间的依附构件，在绘制“房间”时，完成依附构件的绘制。使用菜单栏中的“定义”命令，可新建或查看构件，如图 4-171 所示。

图 4-171

重要参数介绍

依附构建类型：指房间中绘制的楼地面、踢脚、墙裙、墙面、天棚和吊顶等需要依附的装修类型。

（2）在快速创建装修构件时，可以使用“按房间识别装修表”命令，通过框选装修做法表，提取房间设置需要的楼地面、踢脚、墙面、天棚和吊顶 5 种关键参数信息，快速实现房间构件设置。

实战：快速创建某高层住宅工程第三层的装修构件

素材位置	素材文件>CH04>实战：快速创建某高层住宅工程第三层的装修构件
实例位置	实例文件>CH04>实战：快速创建某高层住宅工程第三层的装修构件
教学视频	实战：快速创建某高层住宅工程第三层的装修构件.mp4

扫码观看视频

图 4-172 所示为快速创建的某高层住宅工程第三层的装修构件。

图 4-172

任务说明

（1）完成“装修做法表”的导入。

（2）完成房间装修构件（楼地面、墙面、踢脚、天棚和吊顶）的快速新建。

任务分析

图纸分析

参照图纸：“装修做法表”。

工具分析

通过查看“装修做法表”可知，使用“按房间识别装修表”工具可快速识别房间中的装修构件。

任务实施

01 打开“实例文件 >CH04> 实战：快速创建某高层住宅工程第三层的二次结构 > 二次结构 .GTJ”文件，然后执行“装修 > 房间”命令，在“图纸管理”面板中单击“添加图纸”按钮，打开“添加图纸”对话框，选择“素材文件 >CH04> 实战：快速创建某高层住宅工程第三层的装修构件 > 装修做法表 .dwg”文件，单击“打开”按钮，如图 4-173 所示。

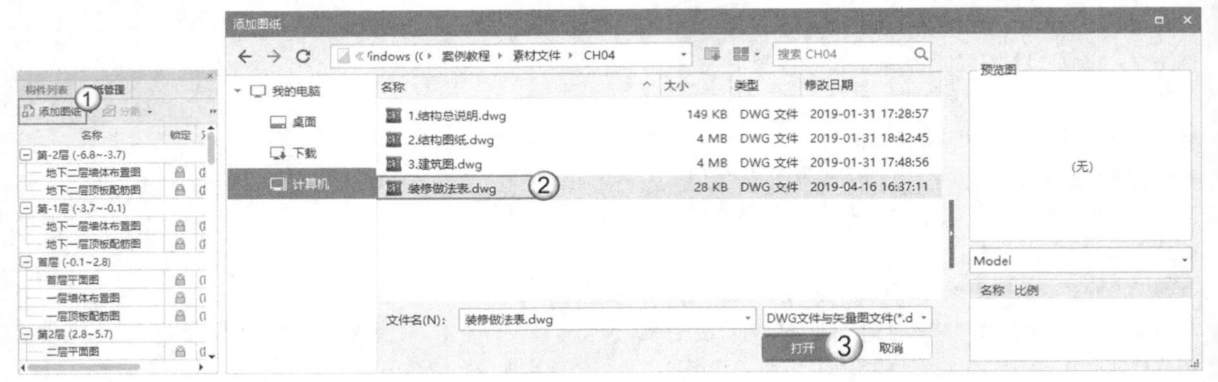

图 4-173

02 在“图纸管理”面板中双击“装修做法表”图纸，打开“装修做法表”，如图 4-174 所示。

装修做法表

房间名称	楼地面	踢脚	内墙面	天棚	吊顶	备注
起居室/卧室	地砖	地砖	乳胶漆	乳胶漆		
卫生间	地砖	/	瓷砖	PVC吊顶	吊顶	吊顶离地高2700mm
厨房	地砖	/	瓷砖	PVC吊顶	吊顶	吊顶离地高2700mm
玄关	地砖	地砖	乳胶漆	乳胶漆		
阳台	地砖	/	瓷砖	乳胶漆		
楼梯间	地砖	地砖	乳胶漆	乳胶漆		
管道间(水电井)	水泥砂浆(20厚1:2.5水泥砂浆面层)	/	水泥砂浆(15厚1:3水泥砂浆打底、找平)	/		

图 4-174

03 使用“按房间识别装修表”命令，将“装修做法表”全部进行框选，完成后单击鼠标右键进行确认，如图 4-175 所示。

按构件识别装修表
按房间识别装修表
识别Excel装修表
绘图
识别房间
房间二次编辑

装修做法表

房间名称	楼地面	踢脚	内墙面	天棚	吊顶	备注
起居室/卧室	地砖	地砖	乳胶漆	乳胶漆		
卫生间	地砖	/	瓷砖	PVC吊顶	吊顶	吊顶离地高2700mm
厨房	地砖	/	瓷砖	PVC吊顶	吊顶	吊顶离地高2700mm
玄关	地砖	地砖	乳胶漆	乳胶漆		
阳台	地砖	/	瓷砖	乳胶漆		
楼梯间	地砖	地砖	乳胶漆	乳胶漆		
管道间(水电井)	水泥砂浆(20厚1:2.5水泥砂浆面层)	/	水泥砂浆(15厚1:3水泥砂浆打底、找平)	/		

图 4-175

04 在打开的“按房间识别装修表”对话框中，使用“删除行”命令删除第 1 行和第 2 行，然后将“/”符号删除，并按照“修改后”界面中的数据完成“装修做法表”信息的录入。修改完成后，单击“识别”按钮，如图 4-176 所示，此时弹出识别的构件数量的提示，单击“确定”按钮，完成房间及依附构件的快速建立，如图 4-177 所示。

按房间识别装修表

撤消 恢复 查找替换 删除行 删除列 插入行 插入列 复制行

房间	楼地面	踢脚	内墙面	天棚	吊顶	备注	所属楼层
						装修做法表	某高层住宅工程[-2]
房间名称	楼地面	踢脚	内墙面	天棚	吊顶	备注	某高层住宅工程[-2]
起居室/卧室	地砖	地砖	乳胶漆	乳胶漆			某高层住宅工程[-2]
卫生间	地砖	/	瓷砖	PVC吊顶	吊顶	吊顶离地...	某高层住宅工程[-2]
厨房	地砖	/	瓷砖	PVC吊顶	吊顶	吊顶离地...	某高层住宅工程[-2]
玄关	地砖	地砖	乳胶漆	乳胶漆			某高层住宅工程[-2]
阳台	地砖	/	瓷砖	乳胶漆			某高层住宅工程[-2]
楼梯间	地砖	地砖	乳胶漆	乳胶漆			某高层住宅工程[-2]
管道间(水...	水泥砂浆(20厚...	/	水泥砂浆(...	/			某高层住宅工程[-2]

提示:请在第一行的空白行中单击鼠标从下拉框中选择对应列关系

识别 取消

修改前

按房间识别装修表

撤消 恢复 查找替换 删除行 删除列 插入行 插入列 复制行

房间	楼地面	踢脚	内墙面	天棚	吊顶	备注	所属楼层
起居室	地砖	地砖	乳胶漆	乳胶漆			某高层住宅...
卧室	地砖	地砖	乳胶漆	乳胶漆			某高层住宅...
卫生间	地砖		瓷砖		PVC吊顶	离地高2700...	某高层住宅...
厨房	地砖		瓷砖		PVC吊顶	离地高2700...	某高层住宅...
玄关	地砖	地砖	乳胶漆	乳胶漆			某高层住宅...
阳台	地砖		瓷砖	乳胶漆			某高层住宅...
楼梯间	地砖	地砖	乳胶漆	乳胶漆			某高层住宅...
管道间(水电井)	水泥砂浆面层		水泥砂浆墙面				某高层住宅...

提示:请在第一行的空白行中单击鼠标从下拉框中选择对应列关系

识别 4 取消

修改后

图 4-176

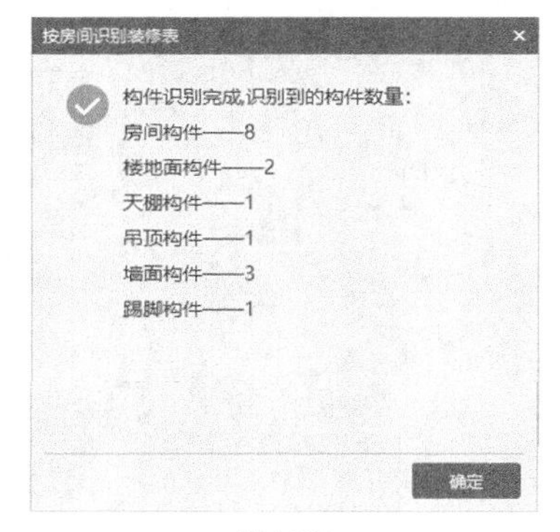

图 4-177

05 单击菜单栏中的“定义”图标，查看快速新建好的房间及依附构件，如图 4-178 所示。

图 4-178

提示 快速完成房间及附属构件的定义后，就可以按照建筑平面图的房间名称完成房间和装修构件的建模，读者可以按照第3章的方法自行完成。

这里选择的楼层是标准层，如果需要将已绘制完的本层复制到其他楼层，那么在勾选房间的同时也需要勾选其依附构件。除此之外，如果还需要调整（增加或删除）某个房间的依附构件，那么可以直接在“定义”设置界面完成，然后单击“刷新装修图元”按钮，即可自动完成构件在绘图区的修改。

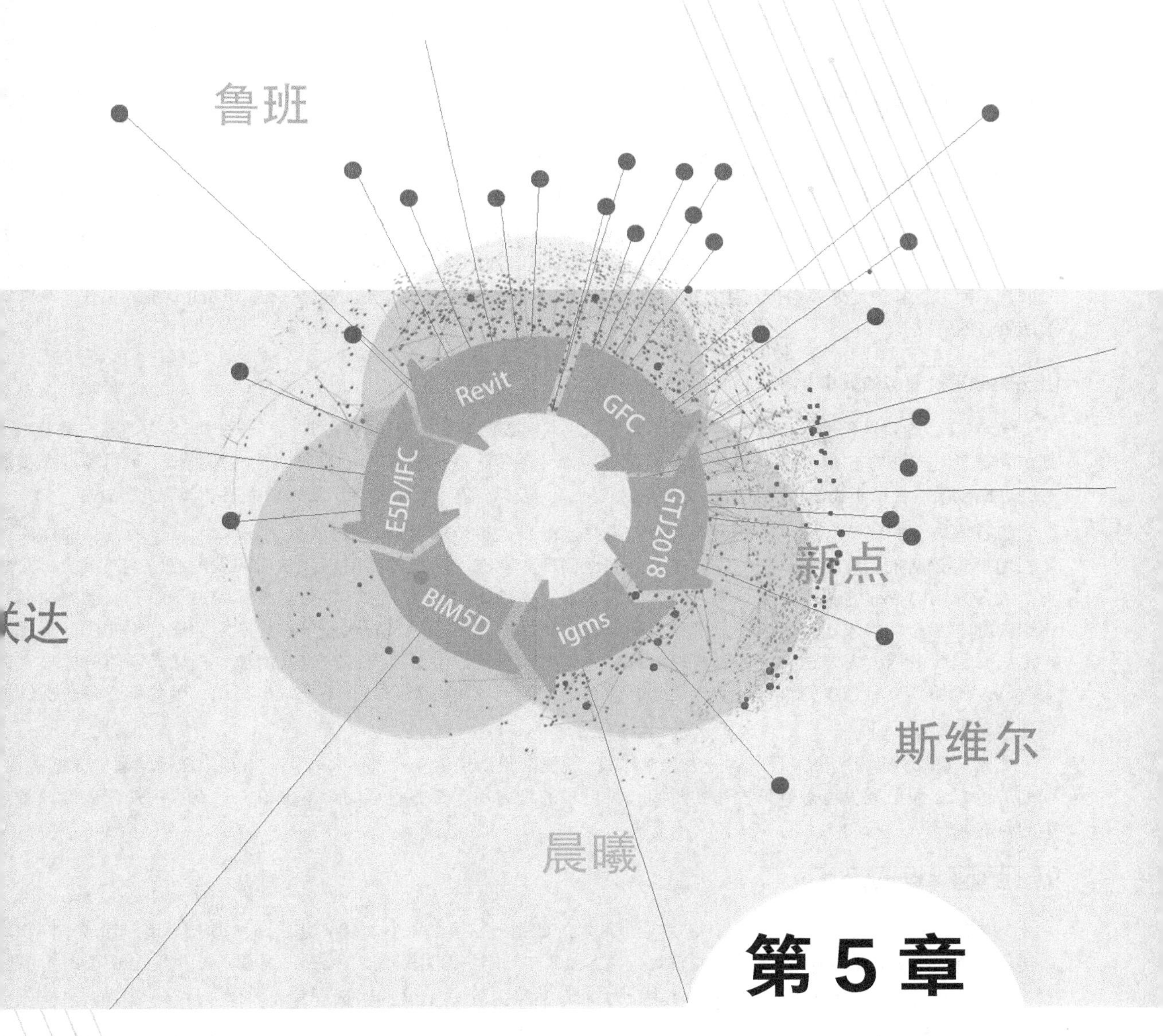

第 5 章 数据交互

作为 BIM 造价应用的专业人员，每天都会接触大量的数据，那么这些数据应该如何借助交互快速满足工作需求？这就是本章将要讲解的内容，也是讨论 BIM 造价数据交互的意义所在。而且，面对市场上众多的 BIM 造价数据格式，造价专业人员应该了解常见的 BIM 造价数据的类别和交互流程，以实现更快捷的业务处理。

知识要点

◎ BIM 造价数据交互的意义

◎ 常用的 BIM 数据交互接口

◎ Revit 导出 GFC 数据交互流程

◎ GTJ 导出数据至 Revit、BIM5D 交互流程

5.1 BIM 造价数据交互的意义

随着各行各业的高速发展，如今在人工智能、BIM、云计算和大数据等“新技术”的助力下，数据的应用就得尤为重要了。对于造价专业工程师来说，他们需要应对来自不同方面的数据，其中包括传统造价业务产生的纸质（电子）文档及 BIM 模型的相关信息数据，数据与数据之间、软件与软件之间都需要通过开放的交互接口来满足业数据交互的需求。因此，如果造价专业人员能够熟练掌握各数据格式之间的交互方式，那么就能减少学习新工具时间，从而可以高效地处理造价业务。下面将从以下 3 个方面来介绍 BIM 造价数据交互对造价专业人员在未来的展所具备的意义。

提升处理造价业务的效率

学习 BIM 造价数据交互能帮助造价专业人员迅速识别数据格式，提升处理造价业务的效率。在前面的章节中，简单介绍了国内外的 BIM 造价软件，这些专业 BIM 软件，每一种都具有其自身特有的文件类型，造价专业人员常会选择自己熟悉和能快速获取数据的软件来完成招标、投标、施工图算量乃至最终的竣工结算等业务处理。

随着建筑业的转型升级，不少总承包企业也在逐渐步入转型的行列。承包商为了获取项目，通常会前往项所在地搜集数据来完成数据分析，以便最大限度地确保企业在市场上的占有率，从而实现企业转型升级。可实上，大多数国内企业的转型并不乐观，究其原因是由于各地的定额不一致。企业在投标的过程中，需要用招标规定的标书制作软件才能完成电子标书和投标组价工作（制作电子标书的软件多数为本地的造价软件厂商开发产品），因此投标人需要购买招标人要求的软件才能完成电子标书的制作，这也就增加了投标人学习各标书软的时间，增加了投标过程的负担，而且学习专业软件所投入的精力和回报并不一定成正比（因为不是每一次的标都能够中标）。

那么，了解了国内主流平台所对应的数据格式，就能够帮助造价专业人员知晓目前市场上常用的造价数据格式帮助造价专业人员减少再去学习软件的时间，将更多的精力用于投标过程的精准报价，达到提高处理造价业务率的目的。

获得满足业务需求的数据

了解数据交互规则，能更好地获得满足业务需求的数据。在第 2 章中大家学习了 BIM 数据标准，知道不同软之间只有通过建立交互的建模规范，才能有效减少工程师在工作中因建模不规范导致工程量不能满足业务需求的问题

因此，要想获得合格的数据，造价工程师就需要提前学习 BIM 建模和数据交互的相关规范。在处理数据时，个规范能帮助造价专业人员提前了解交互过程数据和结果数据之间的关系，使得造价工程师在进行翻模或在和设师进行数据对接时，能够提供更精准的数据要求。这就如同使用 Revit 进行建模，如果建模师在建模时没有考虑扣减关系，选择直接将墙平行重叠绘制，而 Revit 又没有自动检测的功能，那么此时就会出现构件扣减与国内定的要求不符的情况，导致工程量的计算结果增大，从而影响工程造价的准确性。如果建模师提前学习了建模和交规范，那么就能避免上述的问题出现，建好的模型就能直接作为造价工程量数据来进行计价处理，从而更好地为程造价业务服务。

扩大职业发展方向

熟悉各软件的交互规范，有助于扩大职业发展方向。随着建筑业转型升级的深入，BIM 作为一项新技术也随行业的发展而发展，其应用也越来越广泛，这将吸引更多的人员学习 BIM，并把它作为未来职业发展的方向。但在发展 BIM 的同时也需要专业技术作为基础，简单的建模工作会随着行业发展的深入而变得廉价。熟悉工具交互范的前提是造价专业人员具备专业技能并熟练操作专业工具，这样便能在传统行业的发展中更具竞争力。因为熟新技术的造价专业人员能通过 BIM 技术来快速实现传统业务的处理。而且造价专业人员还能够成为复合型人才，传统企业在业务处理中承担顾问的角色，帮助传统企业向信息化、智能化的发展转型。

除此之外，熟悉 BIM 技术的造价专业人员，还能为信息化在建筑业的发展开发更合适的平台化产品提供建议，使得传统工程界人员的职业发展不仅仅局限于工程行业，还可以为符合建筑业未来的咨询、信息化和智能化行业的发展形成助力。

5.2 常见的 BIM 造价数据类型

造价专业人员在处理实际造价业务的过程中，会遇到各式各样的数据类型，而这些数据类型也会出现在 BIM 技术中。造价专业人员了解常见的造价数据类型能方便其更好地学习 BIM 造价数据在交互上的实践，从而帮助其解决传统造价业务中不能处理的数据交互问题。

5.2.1 常用的 BIM 数据交互接口

造价专业人员通过学习常用的 BIM 造价数据接口和数据类型，一方面可以帮助其在工作中进行造价数据信息化管理，另一方面可引导专业工程对造价数据进行挖掘、开发和二次开发等应用。下面将介绍两种常用的数据交互接口。

基于 API 数据交互

API（Application Programming Interface）是指应用程序接口，其交互流程如图 5-1 所示。

利用 API 作为数据接口访问集成 BIM 平台内置数据信息，需要预先定义好交互数据的参数函数，然后以附加插件的形式安装在 BIM 平台，使得用户通过插件获取“BIM+ 成本数据”集成的信息交互，也可以利用造价软件逆向操作传输到 BIM 平台，实现“BIM+ 进度 + 成本”的结合，甚至是质量、安全等过程数据整合的业务应用。

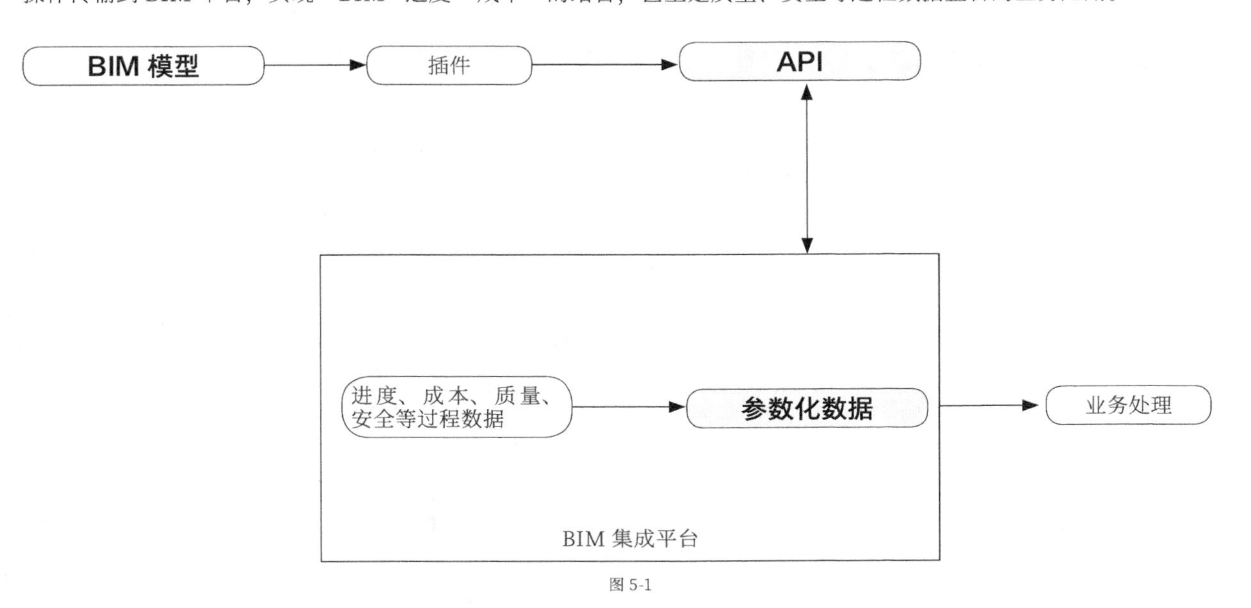

图 5-1

提示 使用API进行数据交互时，通常需要借助插件来实现编辑构件的参数化信息，由于原平台不符合国内的建模规则，导致构件得出的结果不能满足传统造价的计量要求。例如，Revit在进行工程量统计时，不能按照国内的计量规则考虑构件之间的扣减关系。以柱和梁的绘制为例，柱、梁长度在软件中绘制到哪，软件在统计工程量时就计算到哪，并不会考虑计量规则中需将柱计算到顶、梁计算到柱边的算量规则要求。因此，基于API交互的数据也不能避免构件扣减的结果不能满足传统计量的问题。

基于 ODBC 数据交互

ODBC（Open Database Connectivity）是指开放数据库互联，其交互流程如图 5-2 所示。

通过 ODBC 进行数据交互时，主要依靠一套无关于具体数据库管理系统的数据库访问模式，它的优点是可以利用不同类别的应用进行数据集成，来满足不同类型数据集成后的应用。不过，这类接口的缺点也是显而易见的，通常表现为通过 ODBC 接口进行数据交互时需要对主体数据库的架构有明确的了解，通过这个接口进行的数据传输往往表现为单向性，单方面进行的数据修改不能再通过接口返回至平台进行模型的实时更新。

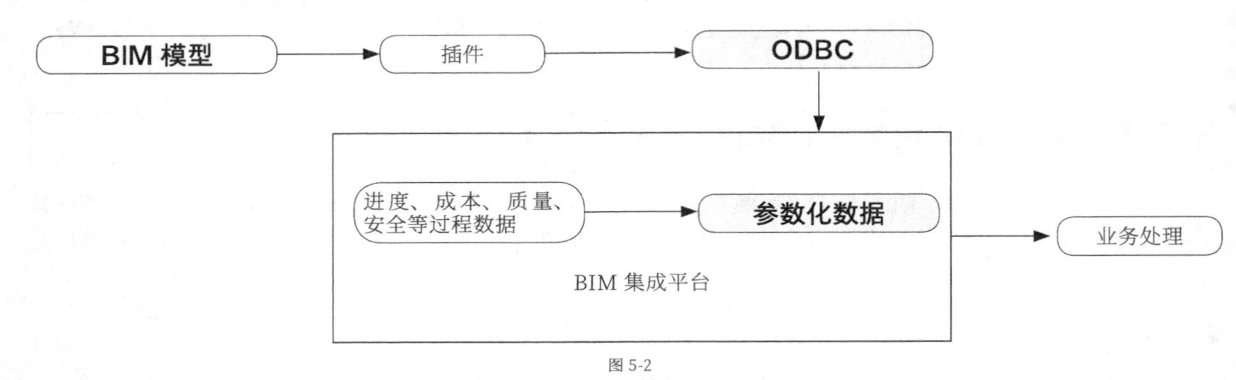

图 5-2

提示 选择ODBC作为数据交互接口时，开发者通常会选择在市场上应用较广泛的BIM软件进行开发交互。例如，国内造价软件通过ODBC接口导入Revit模型后，能够快速进行模型工程量的计算，但是一旦在造价软件中进行修改，其模型便不能再通过交互接口返回至BIM建模软件内，而且自建族如果没有按照接口的建模规范进行建模，构件将出现导出后不能被识别的现象。

5.2.2 常用的数据格式

根据 BIM 信息化的发展要求，需要了解并识别市面上常用的计量计价软件的数据格式，以便造价专业人员在实际应用中对数据文件进行快速识别，完成数据快速交互、造价数据应用等工作，从而使造价专业人员在处理造价管理工作时的效率能够获得大幅提升。下面将国内常用的计量计价类的数据格式进行汇总和简单描述，如表 5-1 所示。

表 5-1

序 号	BIM 造价数据格式				
	软件厂家	计量	计价	数据交互	BIM
1	广联达	GCL10、GGJ12、GTJ	GBQ4、GCCP5	IGMS、GFC	E5D
2	鲁班	LBIM	lbzj	rlbim	pds
3	斯维尔	rvt	/	SFC	/
4	新点	rvt	/	/	/
5	晨曦	rvt	/	/	/

广联达

广联达的产品包括土建、钢筋、安装、精装、钢结构和市政等各类计量软件，计量文件名称和软件名称类似。计价类软件已经从传统的计价模式升级到具备云平台的计价模式。由于它依托多年计价应用的造价数据，因此还能帮助造价专业人员进行大数据的造价指标分析，来检查工程数据是否存在问题，并对出现的问题进行预警提示。同时，它开发的单独的造价云平台手机移动端能方便地计量计价数据，并且造价专业人员能够随时随地通过 App 浏览和查看需要的数据。广联达产品的主要特点是拥有自己独立的图形计量平台，因此不需要借助国外的第三方平台（如 CAD、Revit），实现了自主化的技术路线。

广联达的数据交互插件主要包括 Revit 导入计量软件的 GFC 插件和导入 BIM 平台的 IGMS 插件（文件类型为 .E5D 格式），图 5-3 所示为广联达系列产品图谱，其数据交互方式如图 5-4 所示。

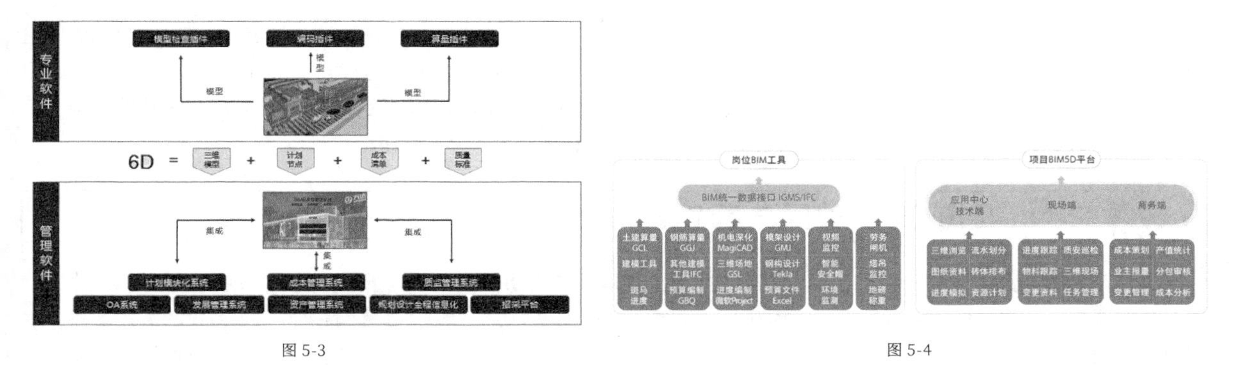

图 5-3

图 5-4

鲁班

鲁班的产品主要包括土建、钢筋、安装和钢构 4 类计量产品。它的主要特点是需要依托国外主流建模软件（如 CAD、Revit），除云检查需要收费外，传统计量、计价产品已经实现免费使用。

鲁班的数据交互插件，主要通过在 Revit 安装鲁班万通插件实现三维算量文件 LBIM 的导入功能。图 5-5 所示为鲁班 BIM 全过程造价应用解决方案。

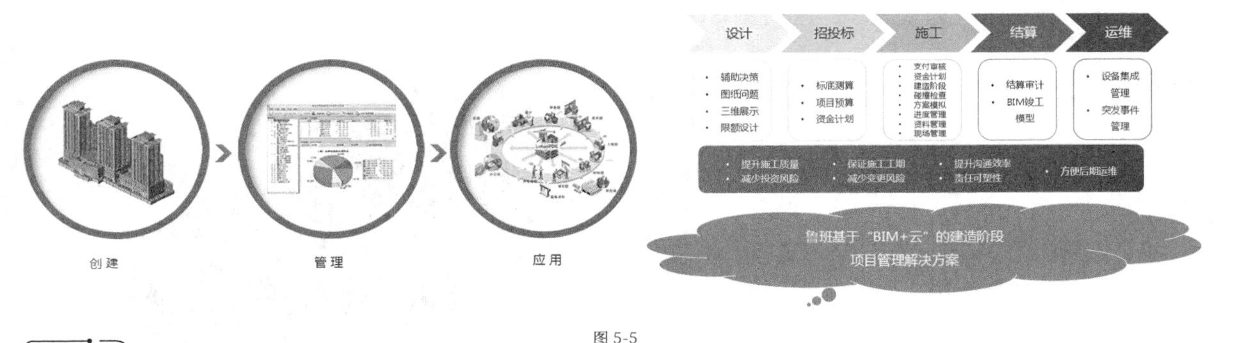

图 5-5

斯维尔

斯维尔的产品主要包括土建、钢筋和安装 3 类计量软件。斯维尔的计价类软件主要应用于建筑、电力配电和水利等专业。它的主要特点也是需要借助国外主流建模软件（如 CAD、Revit）。

斯维尔数据交互插件主要通过 SFC 插件进行 Revit 数据的导入、导出。

晨曦

晨曦的产品主要包括土建、钢筋和安装 3 类计量软件。晨曦的计价类软件主要应用于建筑、电力配电和水利等专业。它的主要特点是需要依托国外的主流建模软件（如 CAD、Revit）。

除此之外，晨曦还支持二维图纸翻模，使钢筋可以在 Revit 中进行处理。由于晨曦主要通过 Revit 插件实现三维算量功能，因此不需要再单独安装 Revit 和算量插件。

新点

新点的产品主要包括土建和安装两类计量软件。新点的计价类软件主要应用于建筑、电力配电和水利等专业。它的主要特点是可依托国外第三方 Revit 平台，进行 5D 工程算量模式。

新点和晨曦类似，主要通过 Revit 插件实现三维算量功能，因此不需要安装特定的算量插件来获得满足规范的工程量数据。

5.3 BIM 造价数据交互

在 5.2 节中，介绍了 BIM 造价数据常用的数据交互接口和数据格式，主要是为了让读者更加深入地学习 BIM 造价数据交互的方式，这一节开始将通过实际操作来讲解 BIM 造价数据之间的交互流程。下面将以市面上应用较广泛的 GTJ2018 和 Revit 为例进行讲解。相信通过这一节的学习，读者对 BIM 在造价数据交互方面的应用会有一定的了解，知道 BIM 造价数据是如何进行交互的，并且对市面上常用的造价类文件格式有更清楚的认识。

5.3.1 Revit 导出 GFC 数据交互流程

本小节讲解的数据交互是利用 Revit 模型进行造价工程计量的操作，目的在于直接由设计端提供的 BIM 数据就能完成造价计量及成本核算业务处理，从而帮助造价专业人员减少通过二维图纸进行翻模得出工程量的工作步骤，达到简化基础造价工作流程的目的。此外，此方式还能避免造价专业人员在进行二次翻模时，因对图纸理解不一致而造成各方工程量不一致的问题。图 5-6 所示为 Revit 导出 GFC 数据交互的流程。

图 5-6

基础数据资料

素材文件 >CH05> 三层办公楼工程 .rvt

打开模型

打开“素材文件 >CH05> 三层办公楼工程 .rvt”文件，得到三层办公楼工程的模型，如图 5-7 所示。

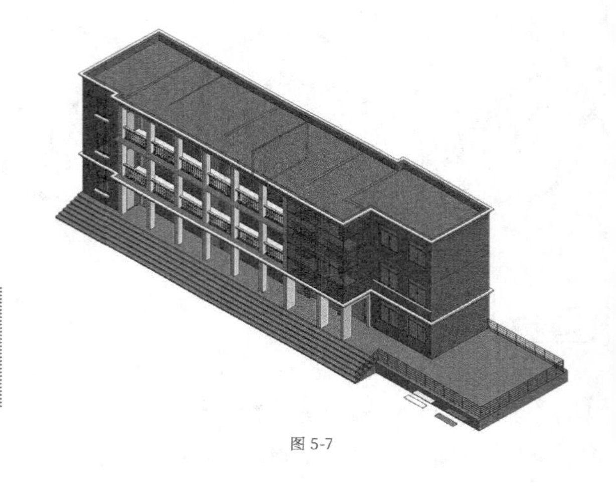

图 5-7

> **提示** Windows7及以上操作系统在运行Revit时，需要单击鼠标右键，在弹出的快捷菜单中选择“以管理员身份运行”命令，以保证安装在Revit中的插件能够正常使用。

登录广联云

切换至“广联达 BIM 算量”选项卡，单击“未登录”图标，进入登录界面（第 1 次登录需要创建账号）。登录后，登录界面将显示该账号的用户名的名称，如图 5-8 所示。

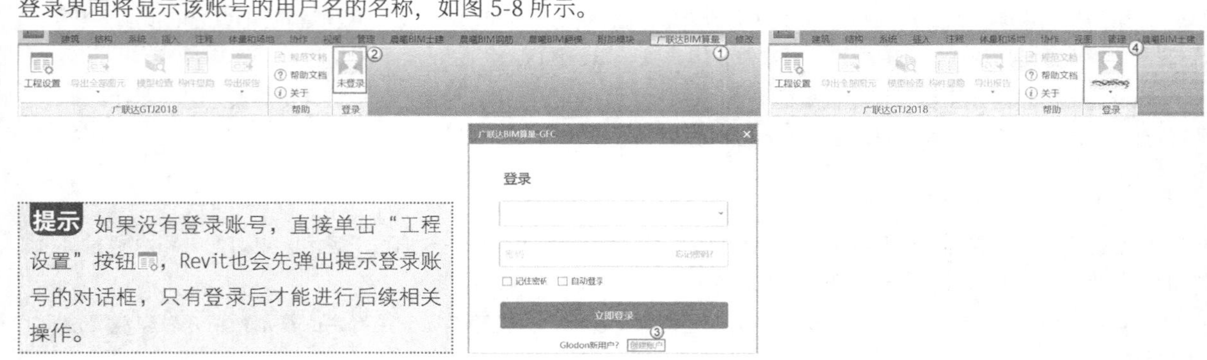

> **提示** 如果没有登录账号，直接单击“工程设置”按钮，Revit也会先弹出提示登录账号的对话框，只有登录后才能进行后续相关操作。

图 5-8

工程设置

广联云登录完成后，为便于工程导出后与计量软件的基础数据进行匹配，可基于广联达 BIM 土建计量平台 GTJ2018 的算量基础信息来调整工程设置，帮助用户避免因插件信息设置和 GTJ2018 工程设置不统一引发的工程计量出现的偏差。下面将通过简单的操作来讲解具体的流程步骤。

01 在“广联达 BIM 算量”选项卡中单击“工程设置”按钮，打开“导出 GFC- 工程概况”对话框。根据三层办公楼工程的信息，设置“设防烈度”为 7、“檐高”为 10.8、“抗震等级”为“二级抗震”、“室外地坪相对±0.000 标高”为 -1，单击“下一步”按钮，如图 5-9 所示。

02 在“导出 GFC- 楼层转化”对话框中，由于三层办公楼工程的混凝土等级为 C30，因此需要将构件中的“柱”“框架梁”“非框架梁”“剪力墙”“人防门框”“墙柱”“墙梁”“现浇板”对应的“砼标号”调整为 C30，选择 F5 层修改所有构件的“砼标号”，完成后单击“复制到其他楼层”按钮，如图 5-10 所示。

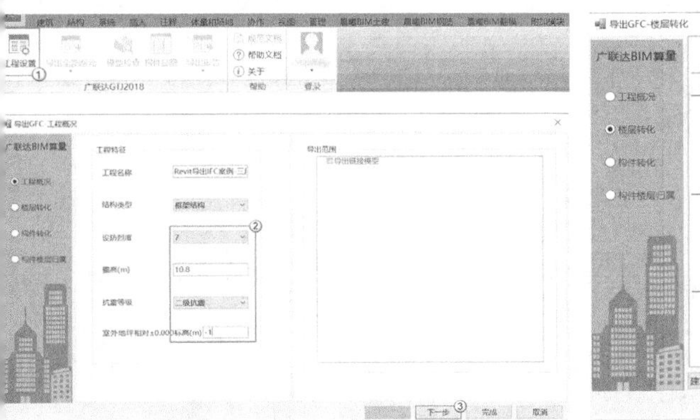

图 5-9

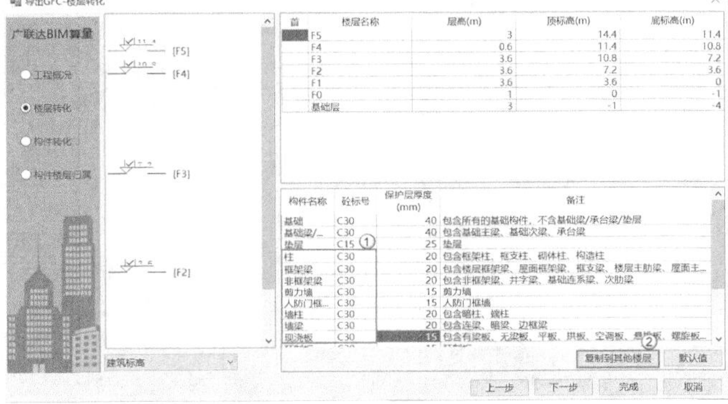

图 5-10

03 在打开的“楼层选择”对话框中勾选“所有楼层”选项，单击“确定”按钮，修改的信息就复制到了其他楼层，如图 5-11 所示。

04 随机选择其中一层，检查“砼标号”是否全部复制。以 F0 层为例，单击楼层 F0，检查“砼标号”的信息是否复制成功，检查完成后即可单击“下一步”按钮，如图 5-12 所示。

图 5-11

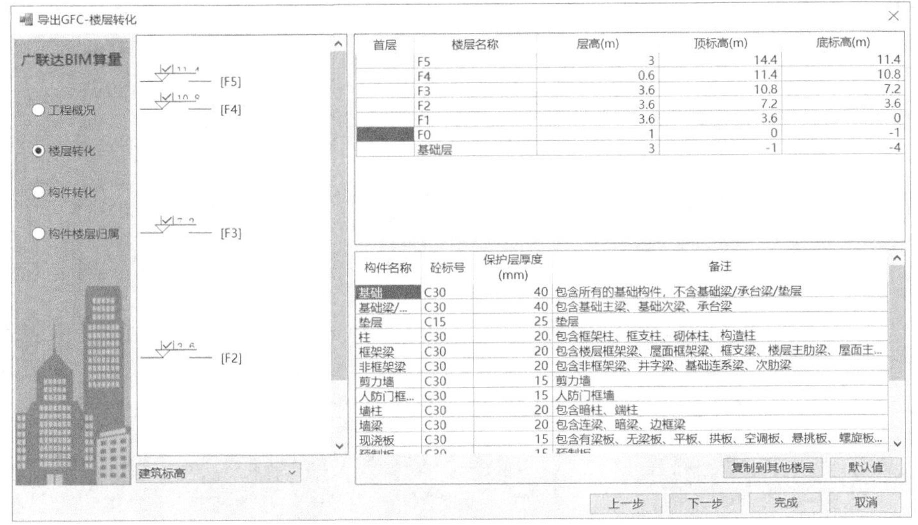

图 5-12

提示 在设置“楼层转化”的相关信息时，需要注意对“混凝土保护层厚度”的信息和图纸构件进行审核，确保设置和图纸要求一致，因为混凝土保护层厚度一旦设定后，导入GTJ2018后会影响钢筋工程量计算的准确性。

05 在“导出 GFC- 构件转化”对话框中，由于在 Revit 建模时会遇到构件命名规则的问题，因此在通过插件导出数据时需要将构件类别调整为准确的算量构件，以避免构件丢失的现象发生。勾选“未转化构件”选项，将 Revit 中类别一致的全部调整为对应的算量类别。

以墙面为例，这里的 GFC 插件默认 Revit 墙面面层材质为砌体墙，实际上在 GTJ2018 中应该为装修构件下的“面”。因此需要将 GFC 插件中的“砌体墙”调整为“装修”，将算量类别从“砌体墙”调整为“墙面”，将其他默认设置全部修改完成后，单击“下一步”按钮 下一步 ，修改完成后如图 5-13 所示。

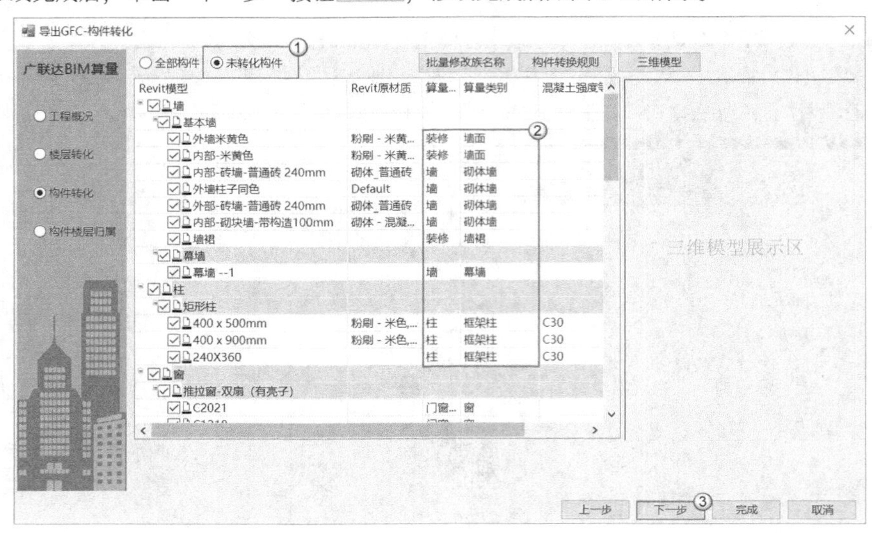

图 5-13

提示 在建模时，应确保建模过程严格按照交互的建模规范对构件进行命名，这样才能避免建模完成后出现因命名不符合插件导出的规则导致构件丢失的现象。因此需要提前将模型命名不规范的问题进行批量修改，让构件满足插件导出的规则（单击“构件转换规则”按钮 构件转换规则 能查看构件导出数据的操作规范）。

06 在“导出 GFC- 构件楼层归属”对话框中，可将不满足构件层高规则的竖向构件单独进行设定（该三层办公楼工程按照默认条件设置即可），设置完成后单击“完成”按钮 完成 ，如图 5-14 所示。

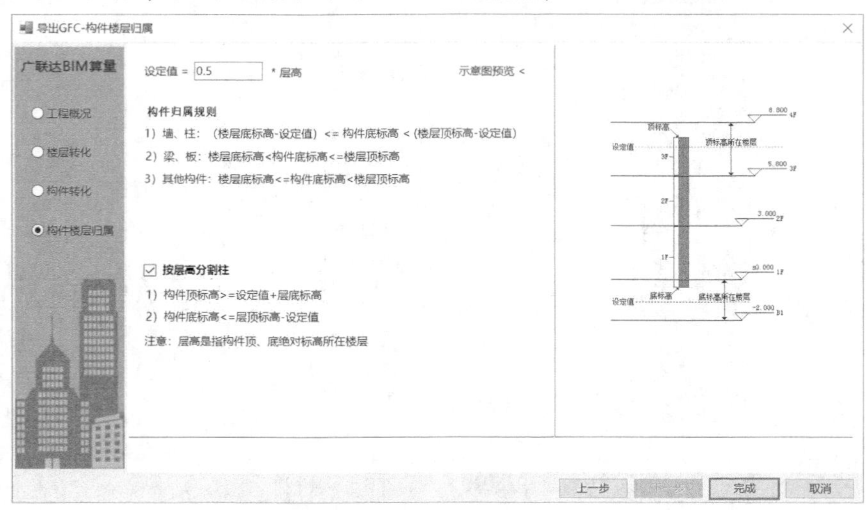

图 5-14

导出全部图元

01 完成工程设置后，单击“导出全部图元”按钮，打开“导出”对话框，勾选需要导出的构件。该三层办公楼工程需要一次性导出，因此按照默认设置全部导出构件即可，单击“导出”按钮 导出 ，如图 5-15 所示。

02 在打开的“另存为”对话框中，找到文件保存的位置，然后单击“保存”按钮 保存(S) ；数据导出成功，得到“三层办公楼工程 .rvt（GTJ）.gfc2”交互文件，如图 5-16 所示。

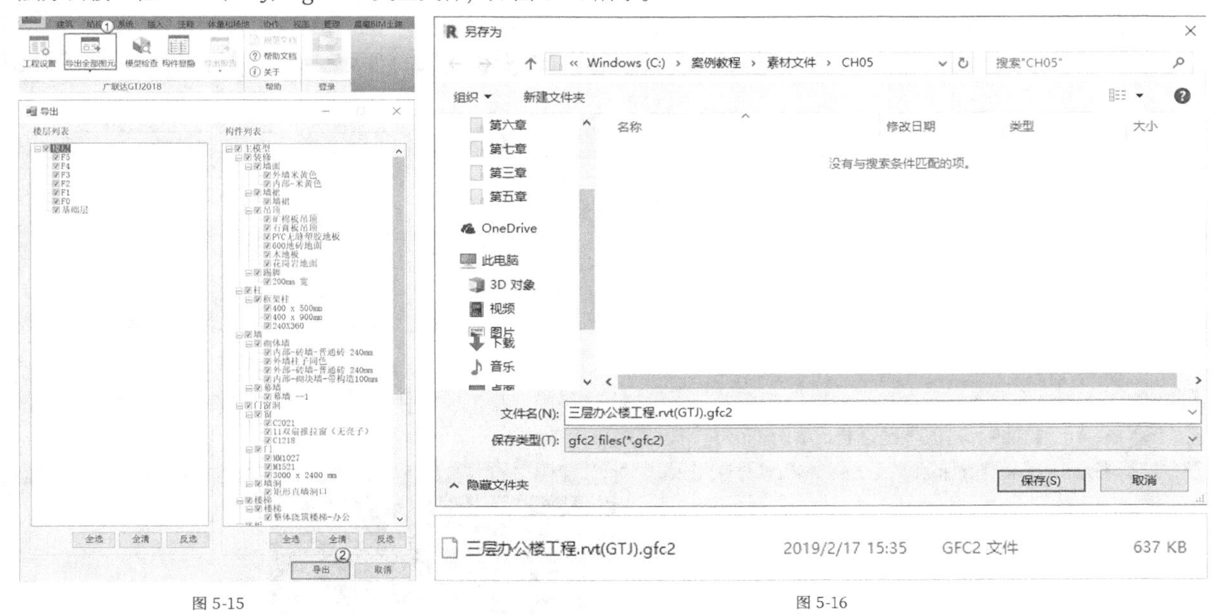

图 5-15

图 5-16

> **提示** Revit导出GFC数据的方式有两种。第1种是“导出全部图元”，主要针对工程不是特别大、构件不是很多的工程，可以一次性全部导出；第2种是“导出可见图元”，主要针对工程大、构件多的工程，通过批量导出来处理更加方便。

5.3.2 GTJ 导入 Revit 数据交互流程

Revit 数据导出 GFC 文件后，获得的“三层办公楼工程 .rvt(GTJ).gfc2”文件就可以直接将交互数据导入 GTJ2018，从而完成 Revit 到 GTJ 的业务处理流程。图 5-17 所示为 GTJ 导入 Revit 数据交互流程图。

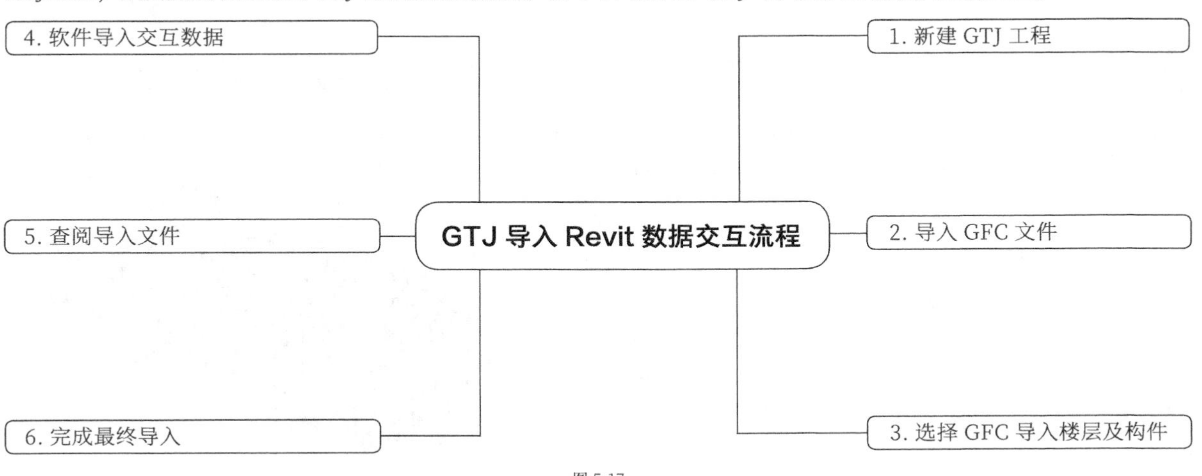

图 5-17

基础数据资料

素材文件 >CH05> 三层办公楼工程 .rvt(GTJ).gfc2

GTJ 导入 GFC2 文件

01 打开 GTJ2018，单击“应用程序”按钮，执行“导入 > 导入 GFC”菜单命令，打开“打开 GFC 文件”对话框，选择“素材文件 >CH05> 三层办公楼工程 .rvt(GTJ).gfc2”文件，单击“打开”按钮，如图 5-18 所示。

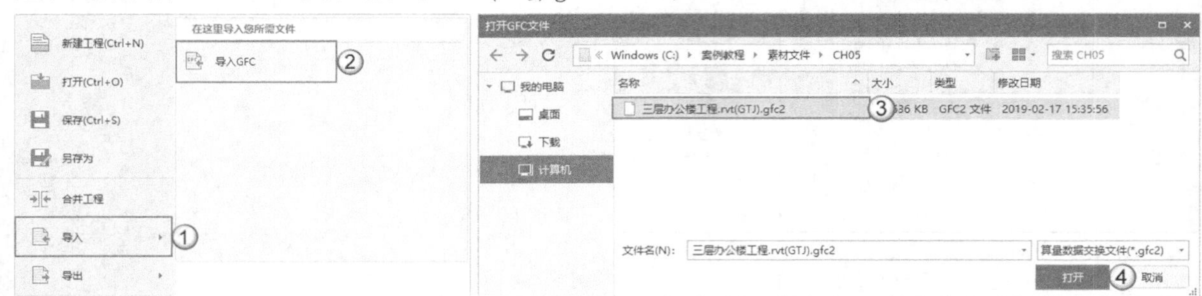

图 5-18

02 在“GFC 文件导入向导”对话框中选择需要导入的楼层和构件，并按照默认设置进行导入，然后单击“确定”按钮，继续打开“导入完成”对话框，单击“确定”按钮，如图 5-19 所示。

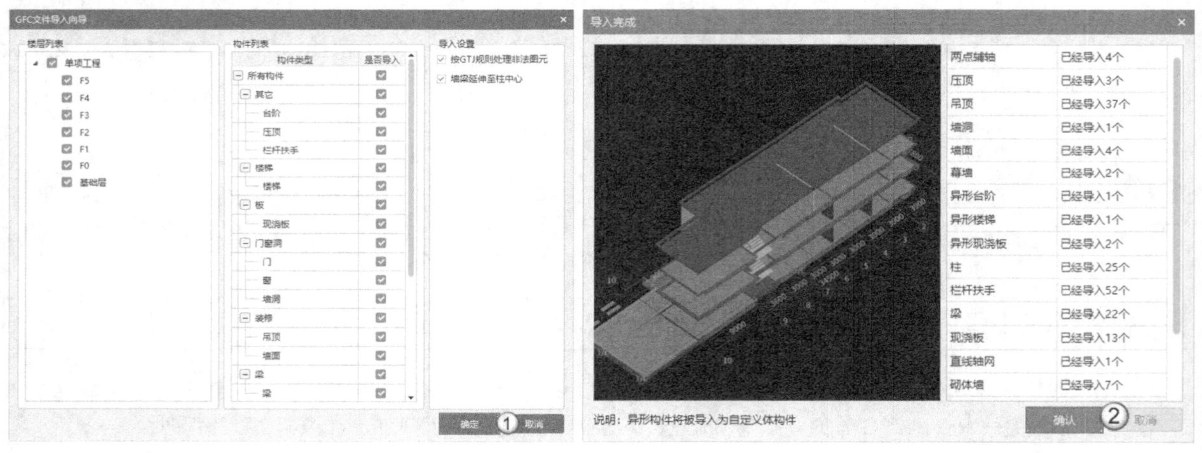

图 5-19

03 这时广联达将对导入的数据进行检查，在打开的“导入报告”对话框中，单击“确定”按钮，此外还可以对问题项进行双击，通过自动定位来快速查阅，如图 5-20 所示。

04 可以在 GTJ2018 中利用三维整体模型查看导入情况，并进行后续的业务处理。图 5-21 所示为导入的三维模型图。

图 5-20

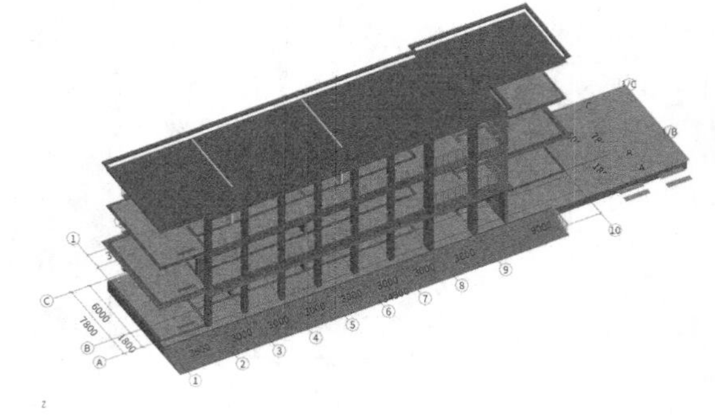

图 5-21

5.3.3 Revit 导出 E5D 数据交互流程

在项目实施的过程中，如果设计院已经提供了 Revit 模型，那么总承包单位现场的施工管理人员便可根据设计院提供的模型来完成对现场的总体规划部署。这时，施工管理人员就可以使用 Revit 和 BIM5D 的交互数据来完成数据交互处理工作。

在交互的过程中，Revit 和 BIM5D 之间通过插件来完成数据的传递，涉及的交互数据格式是 E5D 格式。图 5-22 所示为 Revit 导出 BIM5D 数据交互的流程图。

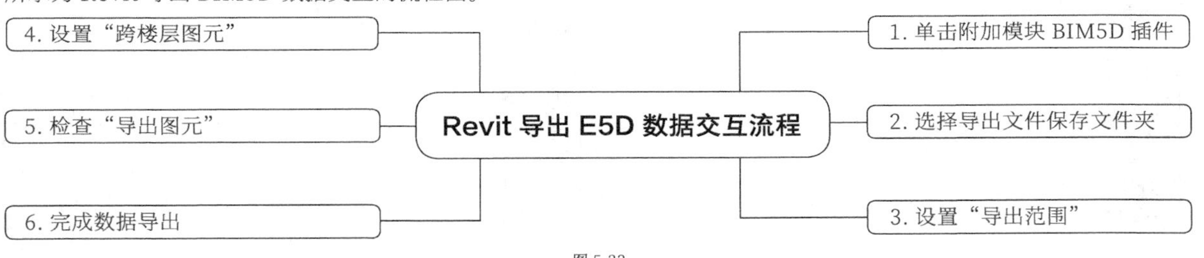

图 5-22

基础数据资料

素材文件 >CH05> 三层办公楼工程 .rvt

Revit 模型导出 E5D 文件

在 Revit 中，单击“附加模块”选项卡，在“BIM5D”的下拉菜单中单击“导出全部图元”命令，打开“E5D 文件路径”对话框，选择要保存的位置，单击“保存”按钮 保存(S) ，如图 5-23 所示。

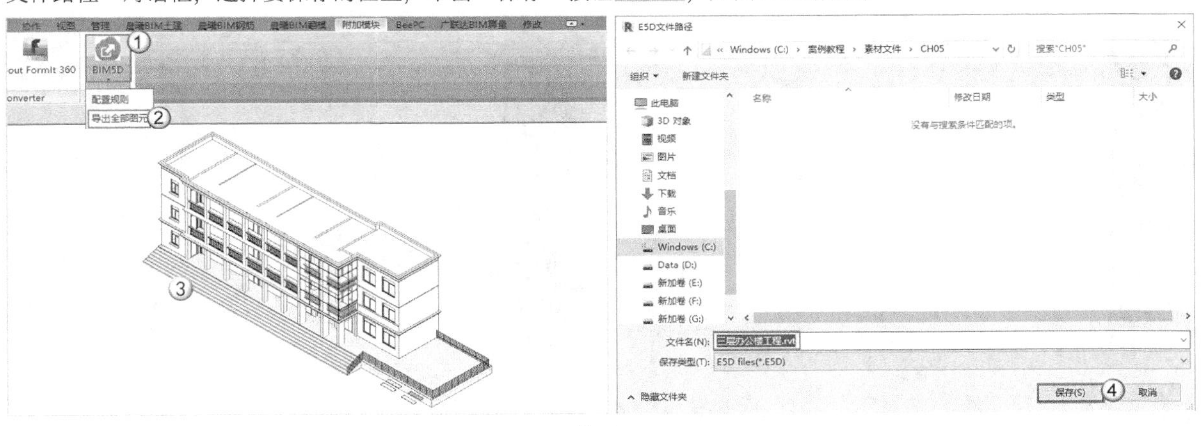

图 5-23

设置导出选项

01 由于该三层办公楼工程仅包括土建专业构件，因此在打开的“导出范围设置”对话框中勾选“土建（土建、粗装修、幕墙、钢构、措施）”选项，接着单击“下一步”按钮 下一步 ，如图 5-24 所示。

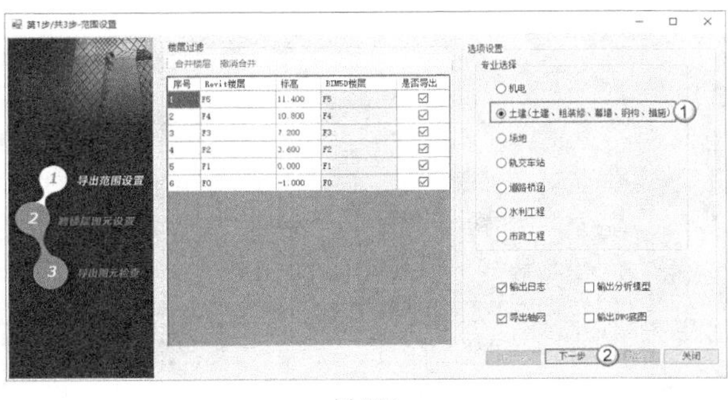

图 5-24

提示 在“范围设置”对话框中，“选项设置”的专业选择和 BIM5D的专业是一一对应的。在实际操作的过程中，需要根据模型的内容进行选择，如果专业选择不对，会在导出时出现报错的现象。

02 在“跨层图元楼层设置”对话框中，可双击列表图元，查看图元是否存在跨楼层的现象。如果存在，那么就需要在所属楼层中的下拉列表中选择相应的楼层进行调整，接着单击“下一步”按钮 下一步 ，如图 5-25 所示。

03 进入“图元检查”对话框，在“已识别图元”选项卡中检查 Revit 族类型默认设置的 BIM5D 构件类型是否准确，并对不符合构件类型的 Revit 土建构件进行调整，调整后的 BIM5D 构件类型如图 5-26 所示。

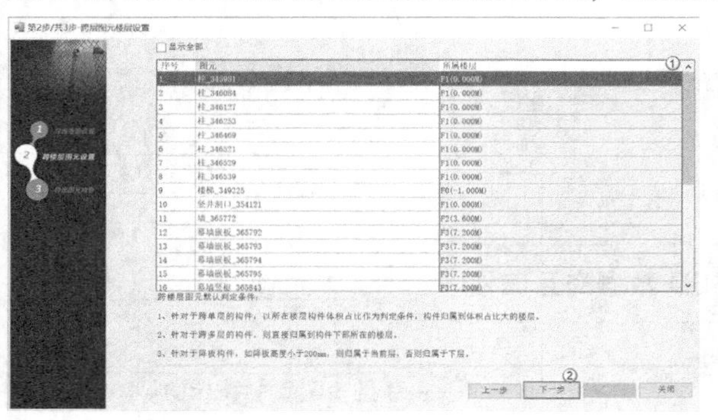

图 5-25

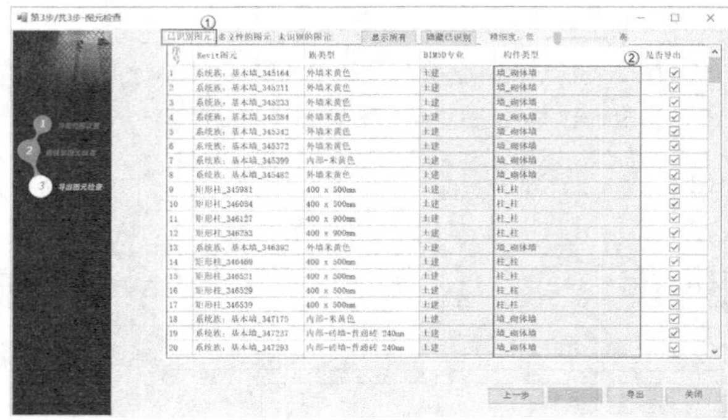

图 5-26

提示 在修改图元构件的属性信息时，如果“BIM5D专业”和“构件类型”中的信息出现好几列属于同一专业或构件类型均需修改时，那么可以分别在“BIM5D专业”或“构件类型”列按住Shift键的同时单击起始行，再滚动下滑条到需要修改的最后一行并再次进行单击，选择准确的“BIM5D专业”或“构件类型”对应的属性，就能快速完成多行同类别属性信息的修改。

04 按照同样的方法，调整“粗装修”的“多义性的图元”和“未识别的图元”中的构件类型，单击“导出”按钮 导出 ，全部调整后的 BIM5D 构件类型如图 5-27 和图 5-28 所示。

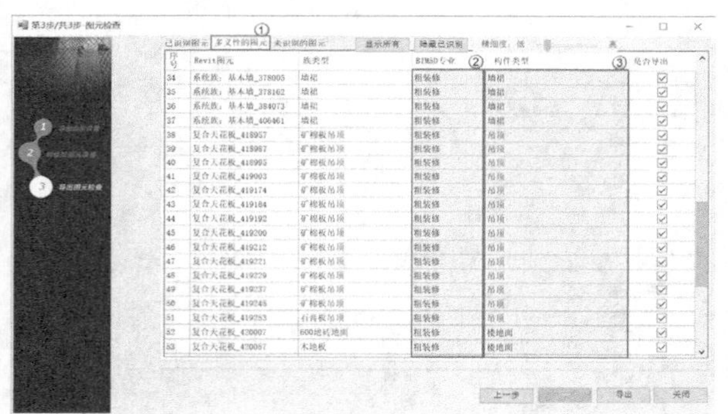

图 5-27

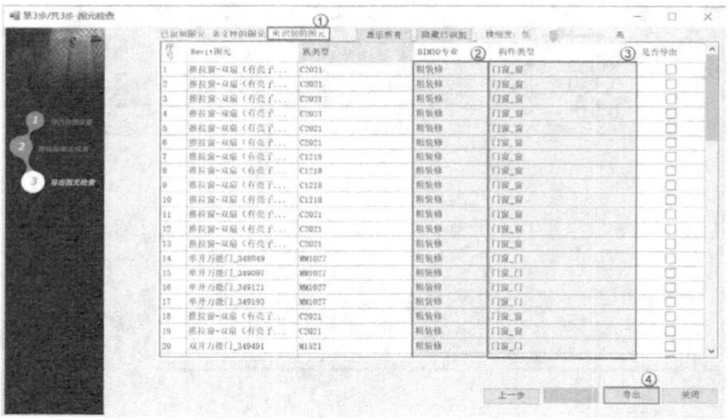

图 5-28

05 待构件全部导出后，弹出“导出完成”对话框，提示处理的图元数量，单击“确定”按钮 确定 ，如图 5-29 所示。数据导出成功，得到 E5D 格式的交互文件，如图 5-30 所示。

导出完成
共处理图元311个，其中可识别图元311个，轴网图元15个，未识别图元0个
确定

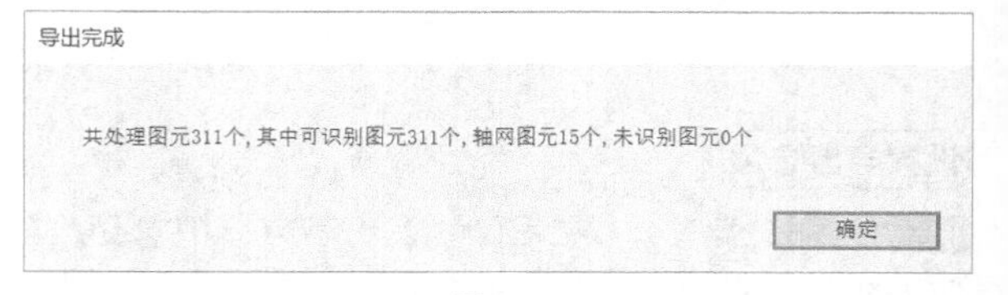

图 5-29

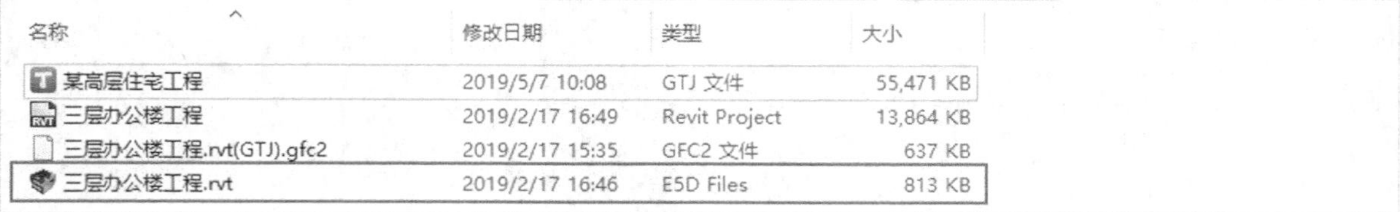

名称
修改日期
类型
大小
某高层住宅工程 2019/5/7 10:08 GTJ 文件 55,471 KB
三层办公楼工程 2019/2/17 16:49 Revit Project 13,864 KB
三层办公楼工程.rvt(GTJ).gfc2 2019/2/17 15:35 GFC2 文件 637 KB
三层办公楼工程.rvt 2019/2/17 16:46 E5D Files 813 KB

图 5-30

Revit 导出 IFC 数据文件

除此之外，还可以通过 Revit 导出 IFC 进行数据交互。在 Revit 中，执行“文件 > 导出 >IFC”菜单命令，打开“Export IFC”对话框，先单击“Browse”按钮 Browse... ，浏览文件导出的位置，再单击“Export”按钮 Export 进行输出，此时弹出“IFC export”对话框，单击“是”按钮 是(Y) ，完成 IFC 数据的导出，获得“三层办公楼工程 .ifc”交互文件，如图 5-31 所示。

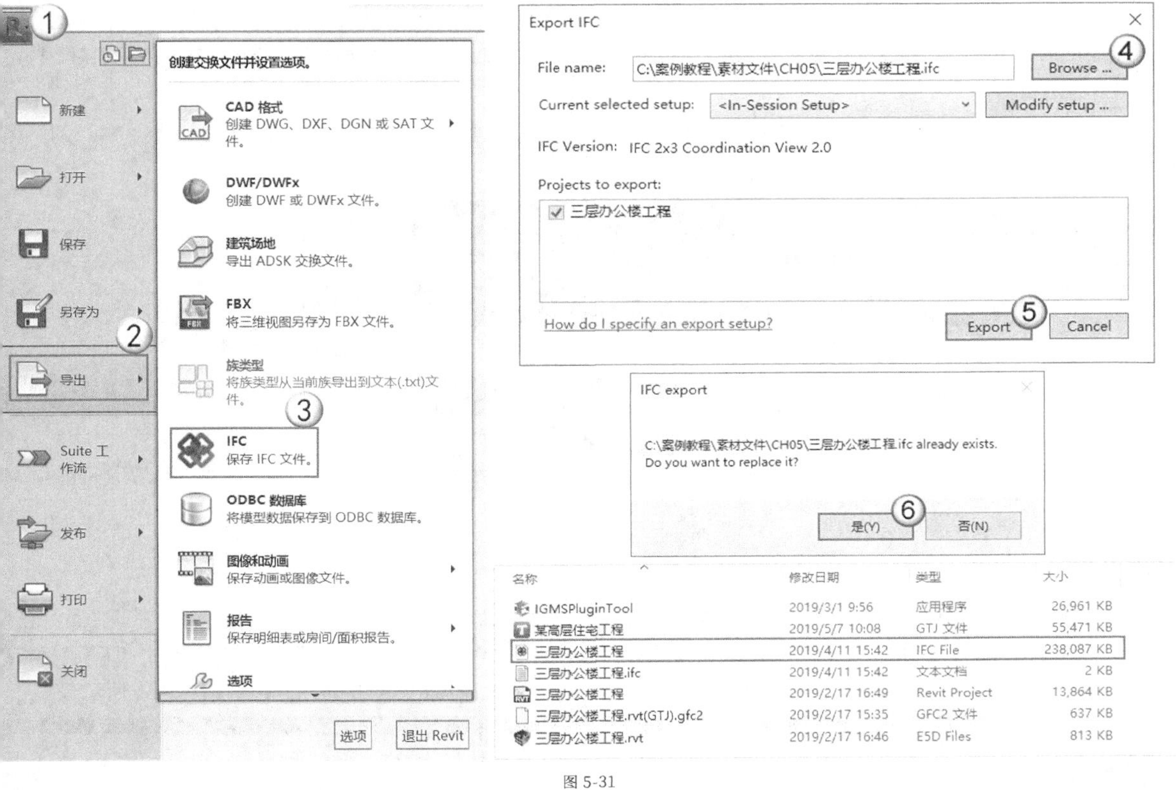

图 5-31

提示 数据导出完成后，可在“记事本”中查看导出的详细信息，如图5-32所示。

三层办公楼工程.ifc 2019/4/11 15:42 文本文档 2 KB

图 5-32

5.3.4 BIM5D 导入 Revit 数据交互流程

在实际的业务处理过程中，Revit 导出 BIM5D 的 E5D 交互数据还不是一个完整的应用流程，还需要将 E5D 文件导入 BIM5D 中完成具体的业务处理，也就是这一小节将要介绍的内容。图 5-33 所示为 BIM5D 导入 Revit 数据交互流程图。

图 5-33

基础数据资料

素材文件 >CH05> 三层办公楼工程 .rvt.E5D

素材文件 >CH05> 三层办公楼工程 .ifc

新建项目

由于需要用到新软件，因此简单讲解 E5D 导入工程的准备步骤。在“广联达 BIM5D”的图标上单击鼠标右键，在弹出的菜单中选择“以管理员身份运行”选项，打开广联达 BIM5D。以新建本地项目为例，单击“新建项目”按钮，如图 5-34 所示。

在打开的“新建向导”对话框中，修改“工程名称”为“BIM5D 工程”，单击“浏览”按钮选择保存的路径，然后单击“完成”按钮，如图 5-35 所示。

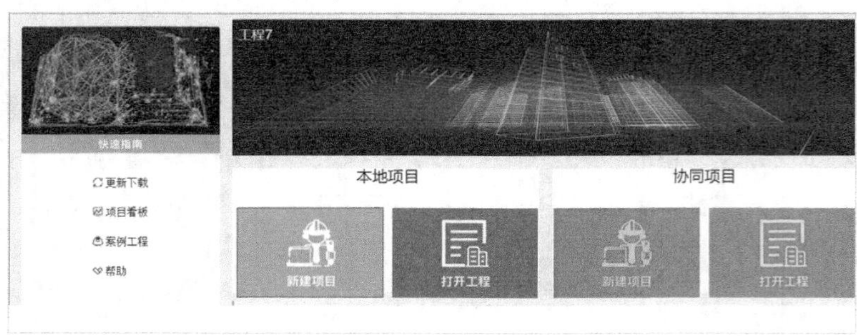

图 5-34

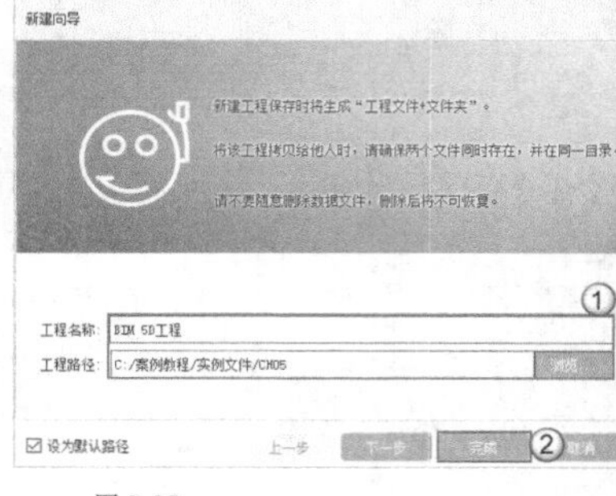

图 5-35

导入项目

01 项目新建完成后，单击“数据导入”按钮，进入相应的界面。单击“添加模型”按钮，在打开的“打开模型文件”对话框中，选择“素材文件 >CH05> 三层办公楼工程 .rvt”文件，然后单击“打开”按钮，即可打开“添加模型”对话框。由于 BIM5D 会自动建立“单体”，因此只需要单击“导入”按钮，如图 5-36 所示。

图 5-36

02 导入完成后，“三层办公楼工程”文件出现在模型列表中。如果想看模型导入后的样式，那么可以选中该文件，然后单击“文件预览”按钮，如图 5-37 所示，其三维效果如图 5-38 所示。

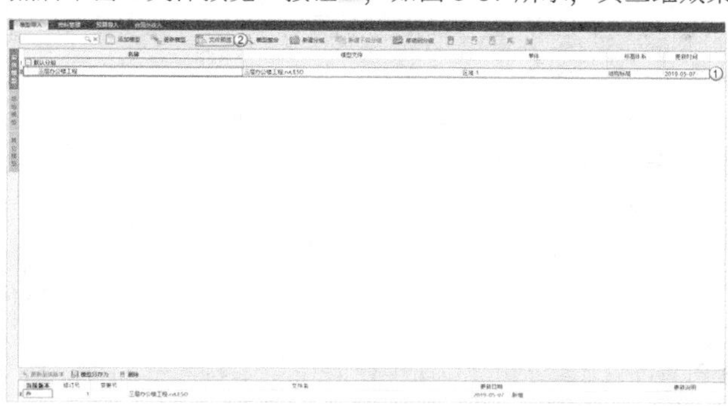

图 5-37

图 5-38

5.3.5 GTJ 导出数据至 Revit、BIM5D 交互流程

在 GTJ2018 中，能通过交互数据接口将算量三维模型导入 Revit 和 BIM5D。如果传统造价专业人员想在 BIM 中查看二维图纸建好的算量模型的三维效果，那么就需要学习 GTJ 导出 Revit、BIM5D 数据交互的流程，获得 Revit 和 BIM5D 交互的数据文件格式。

在学习之前，需要先认识 Revit 和 BIM5D 能识别的数据文件类型。GTJ 和 Revit 进行数据交互是通过国际标准数据格式 IFC 进行处理的，而与 BIM5D 交互则是另外一种格式，即 IGMS 格式。由于 Revit 和 BIM5D 都支持 IFC 数据接口，而且 GTJ 导出两种软件的步骤类似，因此本小节以 IGMS 格式为例进行流程讲解。图 5-39 所示为 GTJ 导出数据至 Revit、BIM5D 交互流程图。

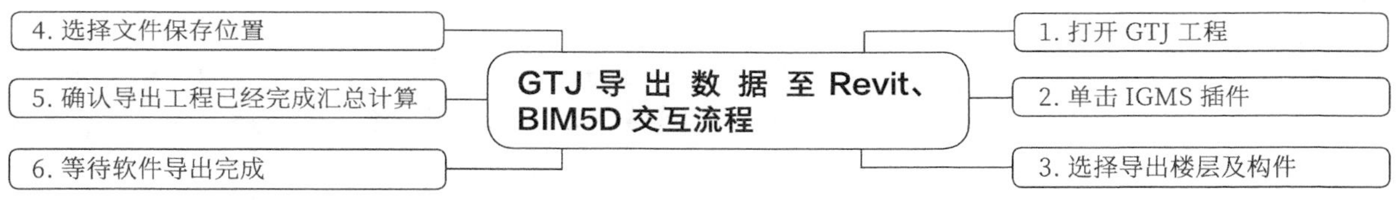

图 5-39

基础数据资料

素材文件 >CH05> 某高层住宅工程 .GTJ

打开模型

双击“素材文件 >CH05> 某高层住宅工程 .GTJ”文件，打开某高层住宅工程的图纸，如图 5-40 所示。

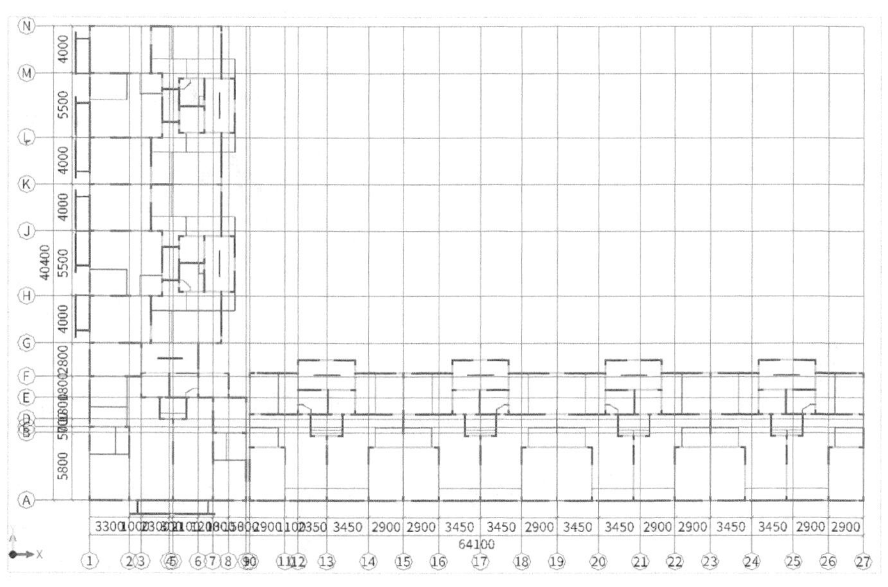

图 5-40

导出IFC

01 在“IGMS”选项卡中单击“导出IGMS”按钮，弹出算量模型是否已经完成确认的提示，由于本素材文件已经完成了计算，因此直接单击“是”按钮，如图5-41所示。

02 在弹出的对话框中选择保存的位置，修改名称为“某高层住宅工程-BIM5D模型”，并单击“保存”按钮，弹出导出成功的提示后，单击“确定”按钮，如图5-42所示。数据导出成功，得到“某住宅高层工程-BIM5D模型.igms”文件，如图5-43所示。

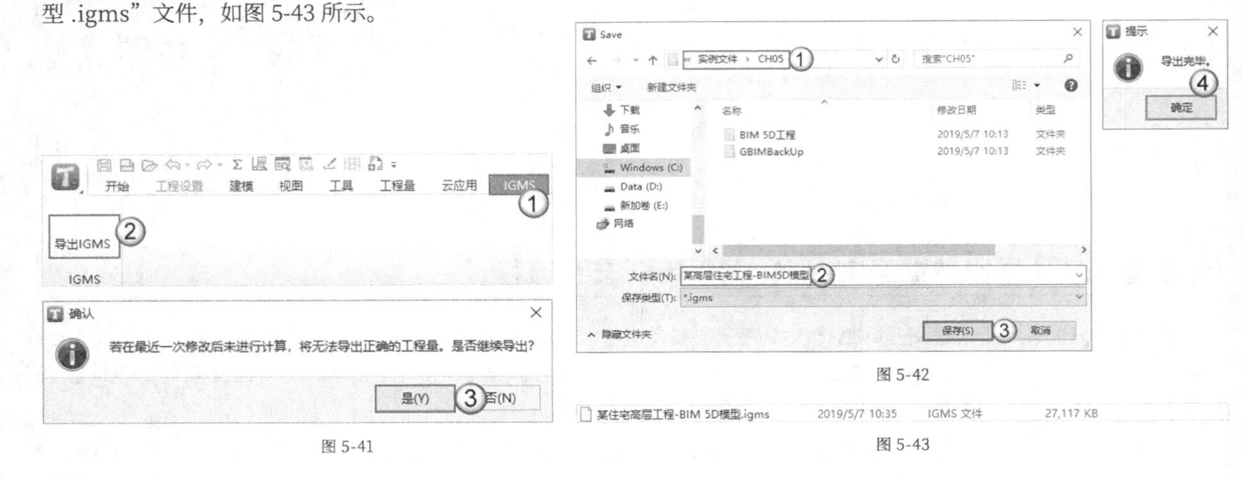

图5-41

图5-42

图5-43

Revit导出IFC数据文件

01 单击“应用程序”按钮，执行“导出>导出IFC”菜单命令，打开“导出IFC”对话框，单击“确定”按钮，如图5-44所示。

02 在打开的“保存IFC文件”对话框中选择保存的位置，并将其命名为“某高层住宅工程”，最后单击“保存”按钮，待弹出导出成功的提示后，单击“确定”按钮，如图5-45所示。IFC数据导出完成，得到“某高层住宅工程.ifc”交互文件，如图5-46所示。

图5-44

图5-45

图5-46

> **提示** 如果需要将Revit导入GTJ2018的模型进行算量或导入BIM5D进行造价应用，那么一定要按照GTJ2018导入Revit数据建模规范完成规范的建模过程，否则在Revit数据导入时会出现构件丢失的现象，而且工程量计算也会存在误差，也就失去了数据交互的价值。

目前，即便Revit和BIM5D之间提供了数据交互的接口插件，但是两者之间还是存在技术壁垒，这就导致用户在进行导入、导出等实际业务的过程中还是不可避免地会出现一些问题，读者可以在实际应用的过程中再进行深度研究。本书主要是提供常用数据间的操作流程和思路讲解，为造价专业人员提供一些参考，相信随着时间的推进，BIM在未来造价行业的发展也会越来越深入，数据和数据的交互过程也会越来越简单。

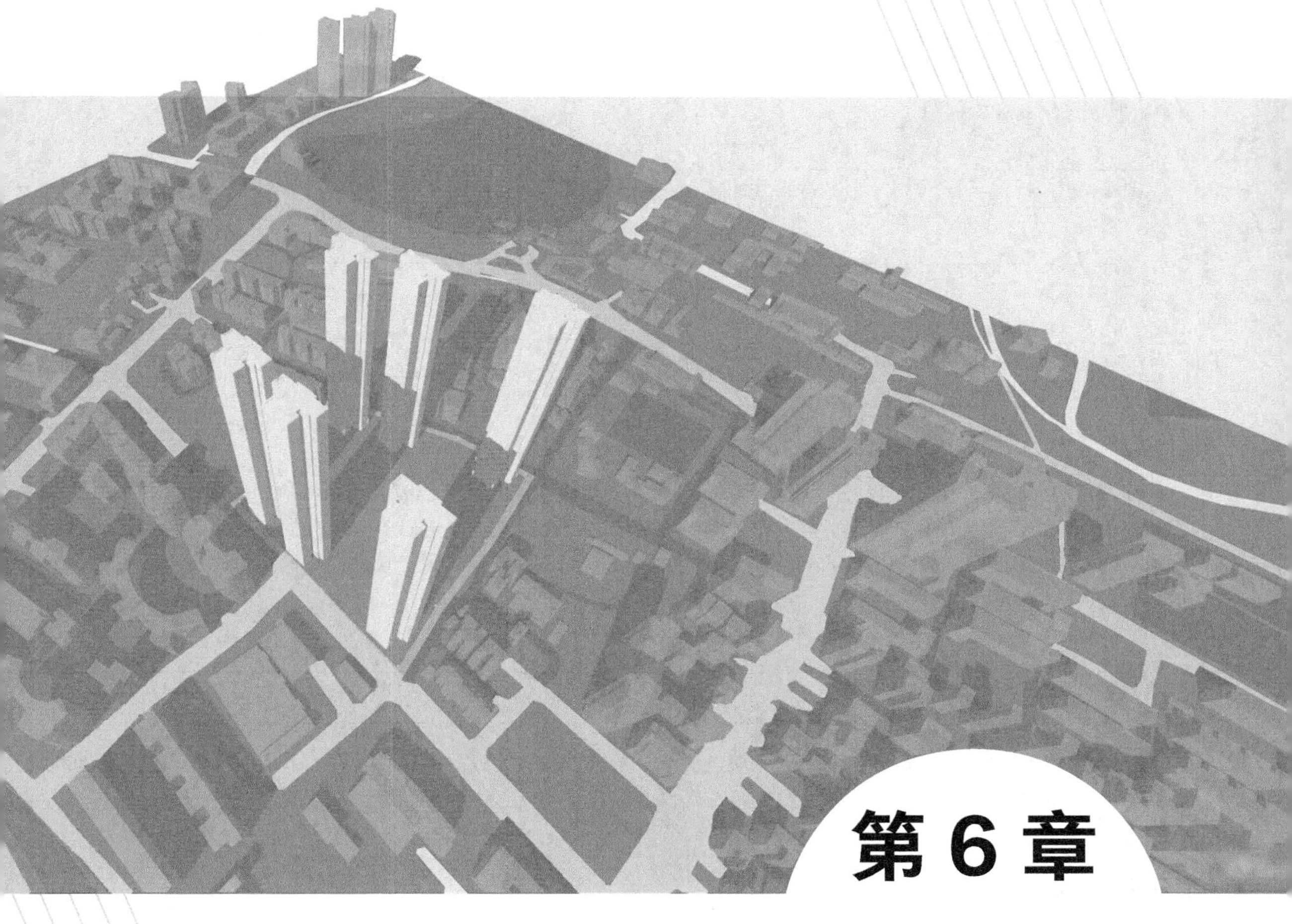

第 6 章

实践应用

学习了 BIM 造价数据交互篇的内容后，相信读者掌握了模型数据导出进行集成应用的具体步骤，那么在造价管理中，BIM 的具体应用有哪些呢？本章将通过全过程造价管理的应用介绍 BIM 在“项目决策—设计—实施”全过程造价管理中的应用场景，为后续的 BIM 造价管理综合案例做准备。

知识要点

◎ 项目决策阶段 BIM 造价应用之投资成本估算
◎ 设计阶段 BIM 造价应用之限额设计
◎ 实施阶段 BIM 造价应用之资金分析
◎ 实施阶段 BIM 造价应用之物料计划管控
◎ 实施阶段 BIM 造价应用之成本控制
◎ 实施阶段 BIM 造价应用之变更管理

6.1 项目决策阶段 BIM 造价应用

建设项目的全过程造价管控，主要分为项目决策、设计和实施 3 大阶段（其中实施阶段又可以分为发承包、实施和竣工 3 部分内容）。在这 3 个阶段中，又属项目决策阶段对项目造价的影响最大，研究数据表明，项目决策阶段对造价的影响能达到整个项目造价的 95%~100%。因此，为实现项目决策阶段的造价管控目标，造价工程师可以借助 BIM 技术来更好地完成造价投资决策分析，从而帮助管理者做出更精准的决策。图 6-1 所示为建设项目在项目决策阶段的造价业务流程图。

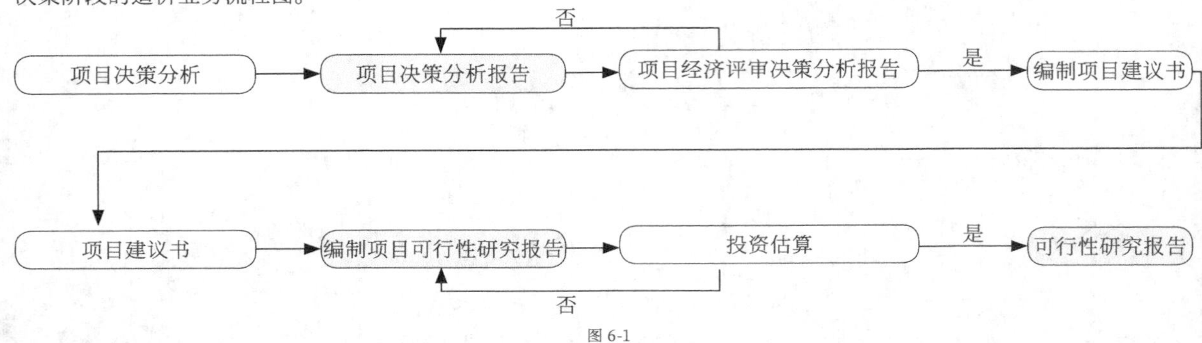

图 6-1

在项目决策阶段，BIM 作为建筑业项目数据的载体，需要企业对大量已完成的项目数据进行整理并形成企业数据库，造价师再通过查询内部历史工程指标数据，为后续的项目决策提供更好的基础数据支持，这也是未来造价管理向大数据发展的方向。同时，BIM 能够快速获得建筑方案和主要的技术经济指标，帮助造价工程师提升决策分析的准确度和工作效率。

6.1.1 可行性研究

项目可行性研究指根据项目前期完成的项目决策分析报告，来完成对项目的投资、筹资、建设和运营方案的合理性和可行性的详细分析，如项目建设的位置、项目的规模和项目经济性等问题，从而编制完整的可行性技术和经济分析报告。

传统工作回顾

对建设项目的可行性分析，在通常的可行性研究报告中主要包括以下两个方面的内容。

项目需求及方案的定性分析

在项目的可行性研究过程中，会涉及项目需求分析和建设规模，包括需求分析、建设规模方案比选（结构形式、建筑面积和使用功能）和推荐的建设规模方案。

方案技术经济指标定量分析

项目的可行性分析除了有定性分析外，还会涉及一定的定量分析，主要包括建筑方案的选择中所涉及的总体规划方案、建筑方案和主要的建筑技术经济指标数据等。

BIM 场景分析

BIM 在可行性研究方案中，可以通过“GIS+BIM+AI”技术对拟建地块进行方案智能排布，并快速导出项目经济指标。

在可行性分析阶段，借助 BIM 技术，用户可以通过在地图中找到对应的项目所在地，绘制出项目的规划区域，再通过内置的栋型库来设置好架空、角度和合并等信息（还能上传企业户型及自定义户型），最后录入相关的造价指标信息，如图 6-2 所示。相关平台便能将智能生成的建筑方案的若干产品进行组合，同时还能快速获得项目的经济指标数据，如表 6-1 所示。

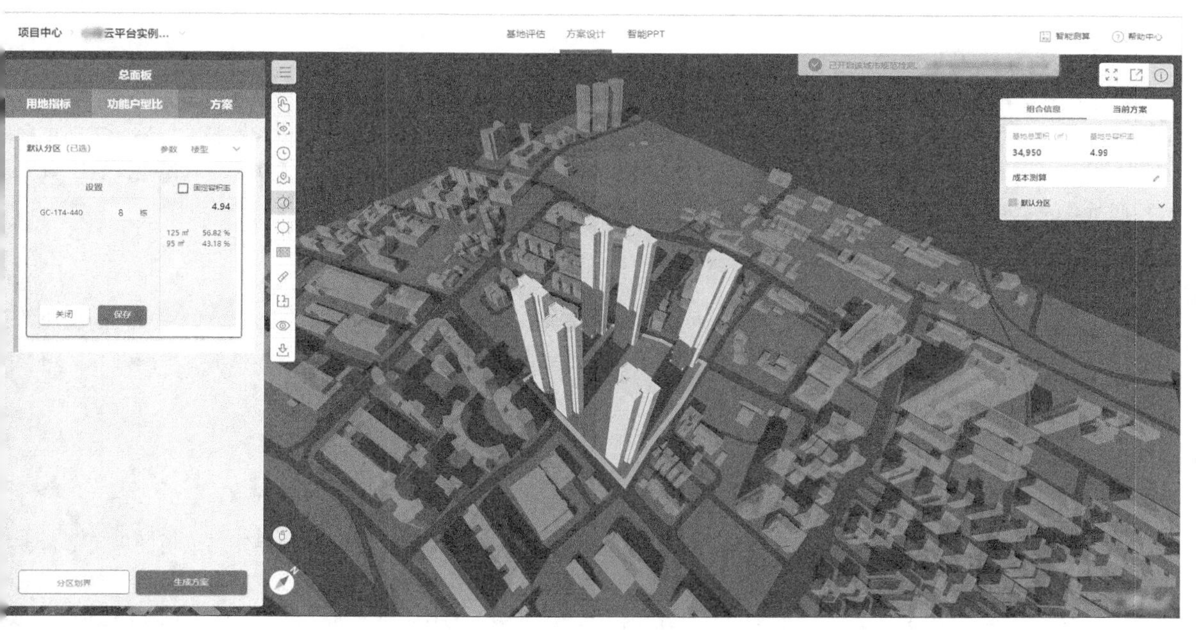

图 6-2

表 6-1

项目技术经济指标

序号	项目		单位	数量
1	规划总用地面积		m^2	16043.00
2	可建设用地面积		m^2	16043.00
3	总建筑面积		m^2	64080.00
4	计容建筑面积		m^2	48060.00
5	不计容建筑面积		m^2	16020.00
6	容积率		m^2/ m^2	3.00
7	居住数量		户	534.00
8	建筑物基底面积		m^2	0.00
9	总建筑密度		%	0. 1
10	绿地率		%	0.30
11	景观和道路面积		m^2	0.00
12	车位总数		辆	534.00
13	地上计容总建筑面面积		m^2	48060.00
14	其中	住宅类	m^2	48060.00
15		高层	m^2	45000.00
16		独栋	m^2	3060.00
17	地下不计容总建筑面积		m^2	16020.00
18	其中	地下车库及设备（共 1 层）	m^2	16020.00
19		机动车停车位	辆	534.00

6.1.2 投资估算

投资估算是指在投资决策阶段，以方案设计或可行性研究文件为依据，按照规定的程序、方法和规则要求，对拟建项目所需总投资及其构成进行预测和估算，是在研究并确定项目的建设规模、产品方案、技术方案、工艺技术、设备方案、厂址方案、工程建设方案和项目进度计划等的基础上，根据特定的方法，估算项目从筹建、施工直至建成投产所需的全部建设资金总额，最后测算建设期各年资金使用计划的过程。

传统工作回顾

在以往的投资估算编制过程中，工程量指标数据来源于设计方案的估算，对于类似的历史工程数据的管理并不到位，只能根据造价专业工程师的经验数据来审核指标数据的范围。如果是没有经验的新员工，可能就无法精准地判断投资估算的工程量是否在合理范围。

BIM 场景分析

利用 BIM 技术，建立企业造价大数据库

企业在大量的项目完成推广并应用 BIM 进行项目管理后，会通过企业级 BIM 平台将完工项目的项目造价数据进行收集、整理和分析，形成企业级项目大数据库，平台还能根据定制化的服务对已完成的项目进行分类。根据项目类型的不同，还可以形成工业、住宅、商业、市政和公路等不同类型的项目数据库，也可以根据不同地区进行分类，以方便项目管理人员进行数据查找和指标匹配等操作。

查询精准历史造价指标数据，辅助投资估算

当企业在准备开发新项目而进行投资分析时，可以通过企业自主的 BIM 集成平台来查询企业大数据库，根据新建项目地区、类型和体量信息等来匹配相似项目的成本数据。作为新投资项目的估算基础，这种方式避免了在传统模式下，以经验数据来编制项目投资估算书，从而造成后续设计概算超投资估算、施工图预算超概算、竣工结算超施工图预算的“三超”现象发生。

进行项目投资估算

以某建设单位需要投资某甲级办公楼项目为例，表 6-2 所示为该项目的项目估算成本指标。造价专业人员在进行投资估算的时候，可以查询企业积累的甲级办公楼项目的价格数据或单方造价数据。项目决策人员可以按照这个单方造价指标，根据项目完工的年份，结合目前市场价格指数，获得目前这一类的甲级办公楼项目的投资估算。

表 6

项目估算成本指标					
拟建建筑面积 :157700.00m²					
序号	项目	工程内容	企业价格指标历史数据库	估算价	
				单方造价（元 /m²）	合计（万元）
1	主体建筑工程			4155.17	65527.03
2	建筑工程	桩承台基础，带形基础	2282.05~2614.49	2402	37879.54
3	装饰工程	公共区域简单装修	695.52~957.95	803.09	12664.73
4	给排水工程	给水系统，热水系统，污、废水排水处理系统，压力排水系统，雨水系统，含主材设备	84.77~139.79	102.17	1611.22
5	通风空调工程	通风系统，空调水系统，空调风系统，空调设备	316.7~571.37	476.84	7519.77
6	强电工程	动力系统，照明系统	208.33~314.94	241.65	3810.82
7	消防工程	火灾自动报警系统，消火栓系统，喷淋系统	114.23~150.32	129.42	2040.95

通过表 6-2 中的造价信息，可知某甲级办公楼的造价指标在 4155.17 元 /m²，项目实施时间是在 2012 年，价格指标已经不能满足现行价格指标数据。这时如果企业完成了每个季度的价格指数分析，那么就可以用人工、材料等指数计算现阶段下的造价指标数据。表 6-3 所示为某市造价信息发布的人工、主要材料的价格的指数，根据表格内容可更直观地感受到进行价格指数分析的便捷性。

表 6-3

2018 年四季度某市建设工程人工价格指数				
人工编码	工种	18 定额基期指数	2018 年	
			三季度	四季度
000300010	建筑综合工	100	107.5	107.5
000300020	装饰综合工	100	107.5	107.5
000300030	机械综合工	100	107.5	107.5
000300040	土石方综合工	100	110	110
000300050	木工综合工	100	107.5	107.5
000300060	模板综合工	100	107.5	107.5
000300070	钢筋综合工	100	107.5	107.5
000300080	混凝土综合工	100	107.5	107.5
000300090	架子综合工	100	107.5	107.5
000300100	砌筑综合工	100	107.5	107.5
000300110	抹灰综合工	100	107.5	107.5
000300120	镶贴综合工	100	107.5	107.5
000300130	防水综合工	100	107.5	107.5
000300140	油漆综合工	100	107.5	107.5
000300150	管工综合工	100	107.5	107.5
000300160	金属制品综合工	100	107.5	107.5
2018 年四季度某市主要建筑材料价格指数				
指数代号	材料名称	18 定额基期指数	2018 年	
			三季度	四季度
SB	钢筋	100	134.52	135.58
SS	型钢	100	135.48	132.69
TI	木材	100	108.66	108.66
CE	水泥	100	135.31	146.45
CO	商品砼	100	160.82	172.4
Bl	沥青	100	148.26	135.97
DE	柴油	100	128.55	127.66
SA	特细砂	100	194.37	227.17
MA	碎石	100	132.43	159.53
CS	毛（片）石	100	100.28	127.08
RB	毛条石	100	103.04	116.67
BR	标准砖	100	114.84	114.84
CB	加气砼砌块	100	124.33	130.04
注：本材料价格指数以某市“18 定额”材料基价为基期价格。				

企业对每个季度的价格指数进行分析后，又是如何计算调整后的造价指数呢？

由于数据是选择信息价，因此该案例需要假设造价以该市的“18 定额”为基期价格，此时人工费在整个造价的占比为 25%，主要材料的占比为 60%，其他的占比为 15%，因此可得知人工费价格指数为 107.5，主要材料指数为 130，其他指数为 110，根据假设数据就可以计算出现在的造价指数范围。

调整后的造价：4155.17×（25%×107.5+60%×130+15%×110）/100=5043.34 元 / m²。

根据计算得到的新的项目造价就可以作为投资方案的投资估算指标参考值。当然，这是在目前没有智能平台的情况下，通过手工计算获得的调整后的投资造价指标参考数据。随着 BIM 的深入推进，造价专业人员就能借助平台自动分析历史造价指数，再结合企业招采部门在项目实施的过程中完成对成本数据的累计和分析，以便获得项目各阶段的造价价格指数，并智能获取拟建项目的投资估算指标范围数据。

6.1.3 投资成本估算

判断一个项目可行性研究报告是否具有价值的一个标准是其经济指标数据的详尽和准确性，一方面可以作为项目实施中的投资控制依据，另一方面还能作为建设单位在项目开发前期进行资金筹措和制订建设项目贷款的重要经济性依据。

传统工作回顾

在传统模式下，造价师在进行项目投资成本估算时，往往会根据项目的可行性研究报告中的项目类型、项目所在地、项目结构形式和项目主要技术经济指标，查询造价师长期在实践工作中积累的类似项目工程量指标经验数据（表 6-4），通过完成项目所在地实际的劳务、材料、机械租赁和分包的成本价格的询价（表 6-5）来获得拟建项目的成本情况，再对比项目成本和可行性研究报告中涉及的投资估算，最后可得到拟投资项目未来的预计项目利润。

表 6-4

项目工程量指标

项目名称	建筑面积（m²）	构件平米指标经验数据								
		钢筋	砼	砌体	楼地面	内墙面	屋面	外墙面	模板	门窗
某项目	31010	0.057	0.447	0.202	0.837	2.927	1.573	2.407	3.140	0.353

表 6-5

专业分包费成本价

序号	费用名称	单位	含量经验值	单价（元）	平米单价（元）	备注
1	土方工程	m²	2.47	25.00	61.67	
2	金属结构工程	m²	0.67	30.00	20.00	
3	屋面及防水工程	m²	1.57	55.00	86.53	
4	保温工程	m²	0.16	60.00	9.36	
5	隔断、幕墙工程	m²	0.60	80.00	48.00	
6	楼地面工程	m²	0.84	55.00	46.02	
7	门窗工程	m²	0.35	450.00	159.00	
8	油漆、涂料、裱糊工程	m²	2.95	35.00	103.37	
9	其他工程	m²	1.22	40.00	48.80	
建筑面积（m²）			31010			
专业分包费成本单价（元 / m²）			582.74			

BIM 场景分析

随着项目发承包模式从传统的 DBB 模式向 EPC、PPP 等模式发生转变，项目投资金额及体量随之增大，BIM 所带来的价值也越来越明显。下面具体分析每个转变下的应用场景。

项目发承包模式的转变

目前，建设项目的发承包模式逐步由传统的 DBB 模式向 EPC、PPP 模式转变。在新的 EPC 发承包模式下，往往由工程总承包单位全面负责项目的设计、施工和试运行，也就是所谓的“交钥匙工程”。在项目投标前，总承包单位都会编制一份详细的项目成本估算分析报告来判断这个 EPC 项目是否具有可实施性。同时，EPC 项目的投资较传统项目来说，其具备金额大、周期长的特点，工程总承包单位为了更好地融资，会引入投资方作为项目建设过程的资本方。这时投资方会根据可行性研究报告来评判项目是否具有合适的利润值，那么对项目所涉及的投资利润分析的准确度要求也会提高，而 BIM 技术就能提供精确、高效的投资分析基础数据。

项目投资规模增大，要求更精准的成本测算

随着项目投资规模增大，不论是工程总承包单位还是投资方，都需要根据业主提供的可行性研究报告，自行或委托专业咨询单位来完成项目精准的投资成本估算分析报告，通过项目成本测算分析报告来获得项目承包后的预计利润情况。精准的成本测算能帮助工程总承包单位或投资人更好地进行项目决策，而且成本测算报告也是作为 EPC 项目投标和投资人参股的关键性指标。

传统工程造价师在进行成本测算时，也需要项目工程量、劳务、材料、机械租赁和分包的成本价格等指标数据，而借助 BIM 技术能够得出更精准的数据，帮助造价工程师完成精准的项目测算过程。如果企业还建立了企业级的 BIM 平台，那么平台就能对企业完成的所有项目历史工程量的指标数据实现自动的数据积累，还能帮助企业实现企业定额的数字化。这时如果配上企业运行的集采平台，那么不仅可以帮助企业快速实时查询成本测算需要的市场价格数据，帮助造价工程师直接通过企业 BIM 平台完成类似项目的历史指标数据的查询，使其更快捷地获取拟投资项目类型的工程量和价格数据，进而获得更精准的项目投资成本估算，而且还能为企业领导在进行项目投标或投资人进行参股决策时提供更精准的数据参考。

6.2 设计阶段 BIM 造价应用

建设项目一旦完成了决策阶段的评估，就标志着项目正式立项，也就开始了设计阶段的工作。通常按照项目进行的过程，设计阶段可分为方案设计、初步设计和施工图设计，复杂的项目还需要进行扩大初步设计。而在 EPC 项目模式下，有时候也会由方案设计直接进入施工图设计，将初步设计和施工图设计合二为一。

在投资估算的控制下，如何做好设计阶段方案概算，就成为设计阶段造价控制的重点，并且也是难点。国内外相关资料研究表明，设计阶段的费用只占了工程全部费用的 1% 左右，但是对整个项目工程造价的影响却达到了 75%~95%，可见设计阶段造价管理对全过程造价管控的影响非常大。那么，BIM 能为设计阶段带来什么帮助呢？接下来，将通过 BIM 技术在设计阶段中的方案比选和限额设计讲解造价管控应用。

6.2.1 方案比选

设计方案比选就是设计师根据项目建议书要求的项目各项技术、经济指标，提供不同的设计方案图，针对不同的方案完成对应的成本估算；造价工程师再根据不同设计方案的功能和成本，评估出最优设计方案作为项目最终的设计方案。

传统工作回顾

传统的设计阶段的方案比选主要是设计师和造价工程师各自负责各自板块的任务，只有设计师完成设计图纸后，造价工程师才能开始设计方案的经济测算。在这个过程中，造价工程师不能直接参与设计师的设计方案过程，设计师同样也不会再去关注造价工程师的经济比选过程，具体模式如下。

先出设计图纸，再计算方案对应的工程量

根据项目可行性研究报告，设计师构思设计方案，再绘制方案设计图，然后造价工程师会根据方案设计图纸完成方案构件工程量的计算，这里会利用设计师提供的设计方案（CAD 图纸）和技术指标来计算各设计方案构件的工程量。

根据计算的工程量，进行设计方案造价编制

造价工程师计算出各方案构件的工程量后，选择符合项目类型的设计概算定额，然后在概算定额中选择各构件工程量匹配的概算定额子目或者直接匹配个人建立的成本数据库，从而获得各设计方案的经济指标。

利用价值工程，完成设计方案选优

造价工程师在完成各方案设计概算或成本数据后，利用价值工程工具，根据每项设计方案的功能和对应的成本分别完成价值工程计算，将价值工程计算的结果进行数据对比，最后选择出最优的设计方案，从而完成传统的设计方案比选。

BIM 场景分析

在 BIM 技术下，设计阶段的方案比选会变得多便捷呢？下面将通过两种设计效果图方案在设计阶段中所对应的 BIM 应用场景进行讲解（方案一和方案二都是某数码产品的展销厅的设计方案）。

方案一

设计师提供的第 1 种方案是类菱形的设计方案，主要是通过类钻石的外部结构来象征建筑物内的产品拥有一种高贵的特征，如图 6-3 所示。

方案二

设计师提供的第 2 种方案则是以展销厅的功能性特征和用户参观展厅的体验性出发进行设计，此方案不仅能够展示产品，还能吸引用户并提供一定的休憩功能，使用户体验产品所代表的企业文化氛围，如图 6-4 和图 6-5 所示。

图 6-3

图 6-4

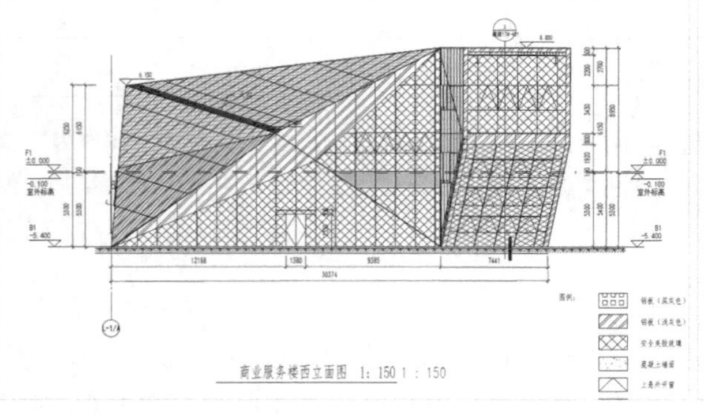

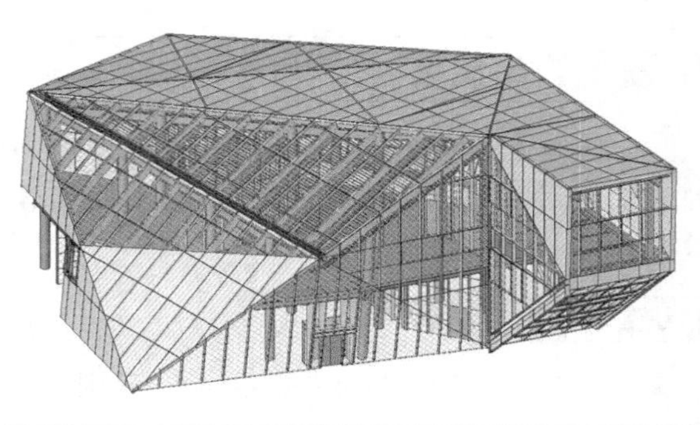

图 6-5

BIM 是具有工程量信息的数据模型。通过设计师绘制的三维设计模型，造价工程师可快速获得两种方案设计中构件的工程量信息，从而减少根据设计师提供的 CAD 图纸进行手工或翻模计算构件工程量的步骤。

如果造价工程师借助算量插件完成了工程量计算，那么就能获得更精准和满足定额规则的工程量数据模型。在这个过程中需要说明的一点是，此阶段对应的是设计方案阶段的工程量，其工程量的精准度的偏差范围往往比施工图阶段的要大，因为这个阶段设计的构件的深度也并不像施工图那么详细，仅能满足国内在设计方案阶段规范中对计算规则的要求。接下来，根据设计师提供的三维模型，造价工程师将直接利用模型工程量，完成设计方案的概算计价工作，这样能大大提高设计概算书编制工作的效率。对比传统造价工程师在方案设计阶段需要根据图纸再完成手工或翻模获得概算工程量数据的过程，手工或翻模获得计算工程量这一过程占据了造价工程师大部分的工作时间，而且造价工程师在进行造价业务的处理时，任何一项业务的开展都需要经历工程量的手算或翻模过程，耗费的时间较长。而引入 BIM 技术后，造价工程师就能直接获取设计三维模型中工程量数据进行设计概算书编制，从而减少计算工程量的过程，也就在方案比选中提升了编制设计方案经济性比选的工作效率。

6.2.2 限额设计

限额设计指按照批准的投资估算和设计任务书控制项目的设计，经批准的初步设计总概算将控制施工图设计，将上阶段设计审定的投资额和限额指标通过 WBS 分解到各专业，再分解到各分部工程甚至分项工程。在保证使用功能的前提下，设计师根据限定的额度进行方案筛选和设计，并且严格控制技术设计和施工图设计的不合理变更，在保证项目功能获得满足的前提下实现成本最优化。

传统工作回顾

随着 EPC 模式的推进，工程设计不能只从设计出发（为设计而设计），而是需要根据业主提供的功能需求由工程总承包单位和设计单位相互协作。在业主给定工程总造价一定的前提下，设计应符合项目需求的设计方案。因此，作为设计、施工一体的工程总承包单位，在满足成本最优的情况下，还需要满足业主对项目工程的基本要求。

因为工程总承包单位需要在设计时考虑整个项目的成本，所以也就引出了“限额设计”的概念，即通过设计师和造价工程师的协同作业，让设计项目不仅能满足业主功能需求，同时还能让实施成本实现最优解，保证工程总承包单位的利润值。

从造价工程师的管控角度来看，在项目进行设计时，造价工程师通常会根据项目类型制订符合项目的设计限额指标，这个限额指标也是设计师在进行项目设计时的经济数据参考基础，表 6-6 所示为某项目的“限额设计指标”参考值示例。

表 6-6

限额设计指标								
序号	业态	层数	结构形式	± 0.00 以上指标		± 0.00 以下指标		备注
				钢筋含量 (kg/m²)	砼含量 (m³/m²)	钢筋含量 (kg/m²)	砼含量 (m³/m²)	
—	住宅部分							
1	别墅	≤ 3 层	砖混	27	0.23			无地下室 / 条形基础
2		≤ 3 层	砖混	26	0.2	65	0.45	半地下室 + 砖混
3		≤ 3 层	短肢异形柱	32	0.28	80	0.45	地下室
4	多层	≤ 6 层	砖混	27	0.22			
5		≤ 6 层	短肢异形柱	32	0.26	95	0.6	有地下室
6		≤ 8 层	短肢异形柱	35	0.26			
7		≤ 8 层	短肢异形柱	32	0.25	100	0.7	有地下室
8	小高层	9~12 层	短肢	38	0.32	135	1	有地下室
9		13~18 层	短肢	42	0.35	145	1.2	有地下室、60m 以下
10	高层	19~30 层	框剪、纯剪	47	0.36	180	1.4	100m 以下、非转换层
11		31~35 层	框剪、纯剪	50	0.4	190	1.5	

（续表

二	配套设施							
1	会所	≤4 层	框架	50	0.35	105	0.7	有地下室、柱距 8m×8m
2	独立商铺	≤4 层	框架	47	0.34			柱距 8m×8m
3	大型商场	≤4 层	框架	50	0.35	125	0.9	有地下室、柱距 8m×8m
三	其他							
1	酒店式公寓	9~12 层	短肢	39	0. 32	135	1	
2		13~18 层	短肢	42	0.35	145	1.2	
3		19~30 层	框剪、纯剪	47	0. 36	180	1.5	
4	办公楼	19~30 层	框筒	50	0.4	190	1.6	
5	独立地下车库	人防	框架			160	1.2	筏板、地耐力 >120kN/m^2
6		非人防	框架			110	0.8	独基 + 防水板、地耐力 >120kN/m^2

BIM 场景分析

造价工程师在传统限额设计指标的运用过程中，还会遇到如何获得限额设计的指标数据和如何更好地维护限额指标数据这两个问题。

针对以上两个问题，BIM 技术提供了很好的解决方案。如果企业借助 BIM 平台积累项目大数据来得到需要的造价投资指标控制的参考数据，那么就能解决上面遇到的问题。

造价工程师通常会利用项目施工图完成工程量的计算来获取不同项目的工程量指标情况，然后根据长时间的积累获得各种类型的指标数据，最后整理形成表 6-6 中限额设计的指标数据。若利用 BIM 技术，企业在推广 BIM 的时候各项目则会建立满足自己需求的 BIM 模型，然后利用企业自研或采购的 BIM 平台来进行各项目的 BIM 技术实施，这是作为 BIM 大数据获取项目端的模型数据来源。如果造价工程师仅仅只有一个工程的指标数据，就很难形成企业项目库，此时就需要借助 BIM 平台。在企业所有的在建项目进行 BIM 应用，完成项目基础数据的提取，在项目完工后就能获得所有项目的 BIM 数据，从而形成企业级的 BIM 大数据库。

通过企业的 BIM 平台实现大量的项目数据的积累，造价工程师就能根据拟设计项目的项目类型、结构形式等条件进行查询，获得更精准的项目历史指标数据区间，从而制订更符合实际项目建造的限额设计指标。同时还能在建筑业大规模推广 EPC 项目时，为企业提供数据资产储备，帮助企业更好地承接项目并开拓市场。这样一来，BIM 技术不仅可以帮助造价工程师避免在收集指标数据过程中带来的数据精确度不高和不统一的问题，而且还能减少在自行收集、整理造价指标数据过程中的工作量。

企业还能建立 BIM 的协同平台，帮助造价工程师通过平台设定造价限额值。当设计师自动调取带有价格数据的构件时，平台就能自行对超出限额设计的构件进行预警并提醒，实现限额设计的在线化、协同化和智能化，帮助企业在未来的建筑业转型升级中保持竞争力。

6.3 实施阶段 BIM 造价应用

随着建筑业的转型升级，传统的管理模式已经满足不了项目的管理需要，因此专业信息化的管理方式成为主流，这也使得 BIM 在近几年的建设项目中变得相当火热（尤其是其中的实施阶段），涉及的参与方不仅包括有关部门（发布 BIM 的相关政策），还包括施工单位、设计单位和业主单位。在这些参与建筑业 BIM 实施的对象中，又以承包单位应用得较为积极，成果也更为显著，下面主要介绍一下具体的应用场景。

6.3.1 投标策略

投标即市场开发或经营，大多数的工程总承包单位都将投标工作作为企业的重点管控对象，是企业赖以生存的业务来源。

传统工作回顾

随着国内清单计价的推进，在传统的 DBB 模式下，根据业主给定的清单工程量，承包方只需要对各子目的综合单价进行填报，就能获得整个项目的总投标报价。造价专业人员在进行工程量清单报价的过程中，主要使用的策略是“不平衡报价”。

“不平衡报价”指投标总价确定后，通过调整工程量清单内部分项综合单价的构成，以期能在既不提高项目总价的情况下尽量中标，又能在结算时获得更多收益的投标报价方法。那么，当 BIM 技术出现后，如何借助这项新技术完成业务的升级呢?

BIM 场景分析

BIM 技术在项目投标阶段的应用场景较多，这里主要介绍投标文件中的工程量核查和智能预测主材价格两个方面。

招标文件错误类

在采用清单模式的投标中，把业主发布的招标文件作为工程量清单时，常常会遇到因为图纸不全、专业水平不一致造成工程量清单错误的问题。这里主要有两种原因：一种是招标文件给定的工程量清单缺项，另一种是工程量错算。面对招标清单出现的差漏项问题，在通常情况下，企业在投标的过程中会要求造价工程师对清单工程量和图纸工程量进行核对，而这种方式往往需要经过 CAD 图纸翻模才能获得算量模型，即造价类 BIM 模型，根据模型来计算构件工程量，然后将计算结果和招标文件给定的工程量清单进行对比来得到差漏项分析表，最后凭借经验值来预测差漏项在未来结算中会带来的项目收益，从而采取“不平衡报价”的策略。

面对这类差漏项问题，BIM 就可以提供很大的帮助。造价工程师通过建立 BIM 模型，就能快速完成工程量计算，获得差漏项分析表，而且建立的三维模型在技术指标方面也能完成施工模拟或者三维场地布置的应用，辅助投标文件的技术指标来获得评标专家的加分。但是，从另一种角度也说明通过翻模获得的模型是花费建模的边际成本才能获得的效益，因此在这种情况下表现出的 BIM 应用现状并不是 BIM 技术的正确应用途径。正确的使用场景应该是由设计师提供 BIM 模型，而造价工程师只是负责使用模型来获得工程量，这样就能解决必须通过翻模来获得模型所带来的边际成本增加的问题。随着 EPC 模式的推进，当下的翻模情况逐渐会被未来的 BIM 正向设计所代替。

表 6-7 所示为某项目利用 BIM 模型来获得招标清单漏项分析表的示例，该表能快速帮助造价工程师了解招标清单存在的漏项问题。

表 6-7

某项目 BIM 投标清单漏项表

序号	漏项名称	部位	单位	BIM 工程量	备注
一	砌体工程			199.45	
1	200 厚蒸压加气块	商铺 1	m^3	12.32	
2	90 厚蒸压加气块	3# 楼	m^3	53.2	
3	200 厚蒸压加气块	6# 楼	m^3	34.5	
4	200 厚蒸压加气块	7# 楼	m^3	99.43	
二	混凝土工程			156.61	
1	圈梁	商铺 1	m^3	12.5	
2	坡道	1# 楼	m^3	3.51	
3	带形基础 C25 商品砼	7# 楼	m^3	129.4	
4	节点 2 C25 商品砼	8# 楼	m^3	11.2	
三	钢筋工程			6.97	
1	螺纹钢筋 D20	3# 楼	t	2.33	
2	螺纹钢筋 D22	2# 楼	t	0.99	
3	螺纹钢筋 D25	1# 楼	t	3.65	

（续表）

四	屋面及防水部分			510.79	
1	屋面 SBS 防水卷材	3# 楼	m^2	186.29	
2	地下室底板 SBS 防水卷材	车库	m^2	324.5	
五	装修工程			930.73	
1	外墙真石漆	3# 楼	m^2	345.2	
2	女儿墙面涂料	6# 楼	m^2	123.4	
3	混凝土面抹灰	7# 楼	m^2	230.23	
4	卫生间墙砖 400×600	1# 楼	m^2	32.7	
5	卫生间墙砖 400×600	4# 楼	m^2	88.9	
6	卫生间墙砖 400×600	5# 楼	m^2	110.3	

预测主材价格波动

近些年，主材价格的波动可谓是让工程承包单位苦不堪言，这些问题主要出现在材料的变动幅度超过发包人、承包人双方约定的合同范围，随着价格涨幅超过风险范围和承受能力，还会引发大量的合同纠纷问题。针对这类问题，相关的清单计价规范和地方政府也相应地出台了一些政策和约定，在一定程度上降低了风险。但是，这也需要承包人的造价工程师在主材价格报价方面引起重视。

现阶段，一般企业都会设置物资部门，有条件的企业还会建立集采平台，在这类部门或平台上能反映出主要材料的涨幅曲线。造价工程师根据拟投标的 BIM 模型就能快速分析出本工程需要的主要材料，再结合企业积累的材料涨幅曲线就能更准确地进行材料涨跌带来的风险评估，从而在投标策略上做出相应的调整，使得企业能更好地获得投标项目的利润。

图 6-6 所示为根据某市造价信息查询到的热轧光圆钢筋 HPB300（直径为 8mm）和普通商品砼（C30）两种主要材料在近两年的价格曲线。通过曲线的幅度，能直观地看到商品砼在这段时间的价格呈现上涨的趋势。因此，造价工程师就需要在投标报价时综合考虑主材价格上涨在合同中带来的风险，尽可能地通过“不平衡报价”策略减少价格上涨带来的价格风险问题。

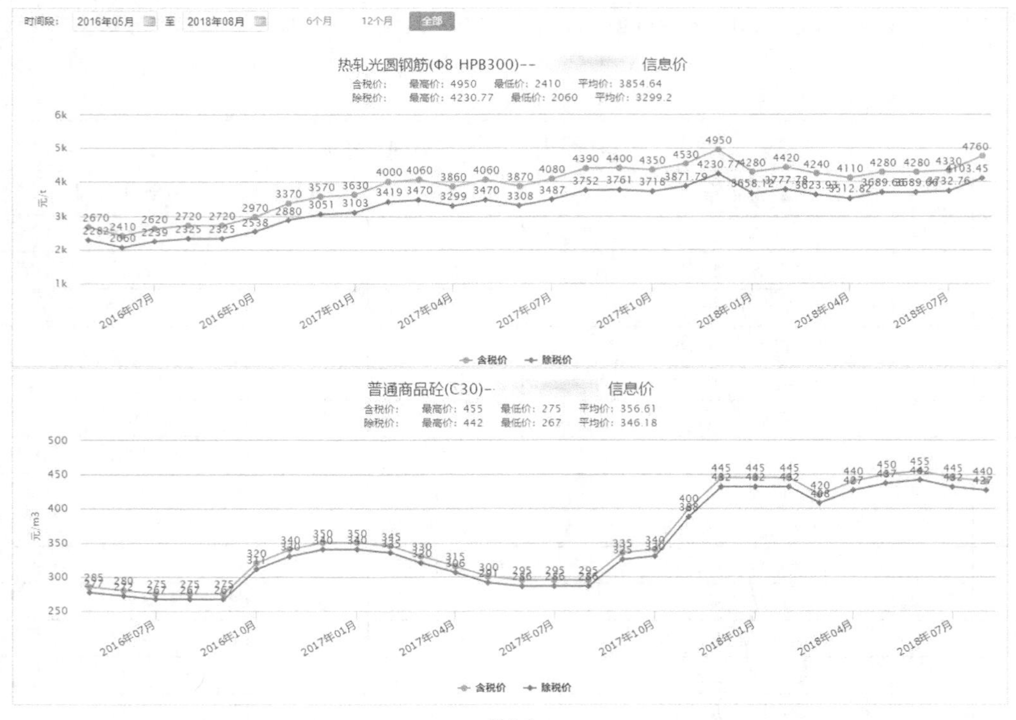

图 6-6

6.3.2 资金分析

资金分析是根据项目实施的进度来计算项目在未来时间段（月度、季度或年度）的资金流入、流出值，提醒项目管理人员及时准备需要的资金。对于不具备自有资金的企业，还需要管理人员根据现金流计算需要融资的资金成本，从而确保项目能够实现项目管理的进度目标。

传统工作回顾

传统造价在进行资金流分析时，还需要根据项目涉及的项目楼栋和施工进度计划，粗略地计算出每个时间段需要的资金流入、流出数据。这个数据往往不是很准确，通常由造价工程师的专业经验决定，因此还不能达到造价管理的控制目标。究其原因，很大程度上是因为造价工程师的经验值是不可控的。

BIM 场景分析

既然造价工程师的经验值不可控，那么 BIM 的作用主要体现在哪些方面呢？下面是利用 BIM 进行资金分析的两个应用场景。

“资金分析”应用阶段

投标阶段

在投标阶段，资金分析关系着财务费用占整个项目投标成本的比例，对投标成本测算的准确性也有一定影响。在其他费用一致的情况下，资金成本太高，投标总价也会提高，那么企业的竞争力就会大打折扣。

实施阶段

在实施阶段，资金分析关系着能否以最少的资金投入使组织项目运行起来，并及时获得资金收支情况。资金分析能帮助项目经理更好地通过回款比例来确定招标合同中付款的比例和时间，另外在项目的实施过程中，还能帮助项目经理更好地利用业主支付的工程款来满足下游分包商的工程款支付需求，从而以最少的资金成本完成业主规定的进度要求。

项目“资金分析”实施

从图 6-7 可知，通过 BIM 平台可以对承包方编制好的施工进度计划安排进行施工模拟。通过关联合同和成本预算数据，造价工程师就能获得项目在未来实施过程中的“资金曲线”，还能直接导出项目实施阶段的合同收入和成本支出的 Excel 数据，从而准确地计算出投标需要的资金成本和实施阶段资金的需求情况。这样一来，造价工程师就不需要再根据进度计划及经验成本数据去估算整个项目的资金流。BIM5D 将大大地提高资金分析的准确性，也减少了造价工程师再次进行分解预算来计算资金流带来的工作量。

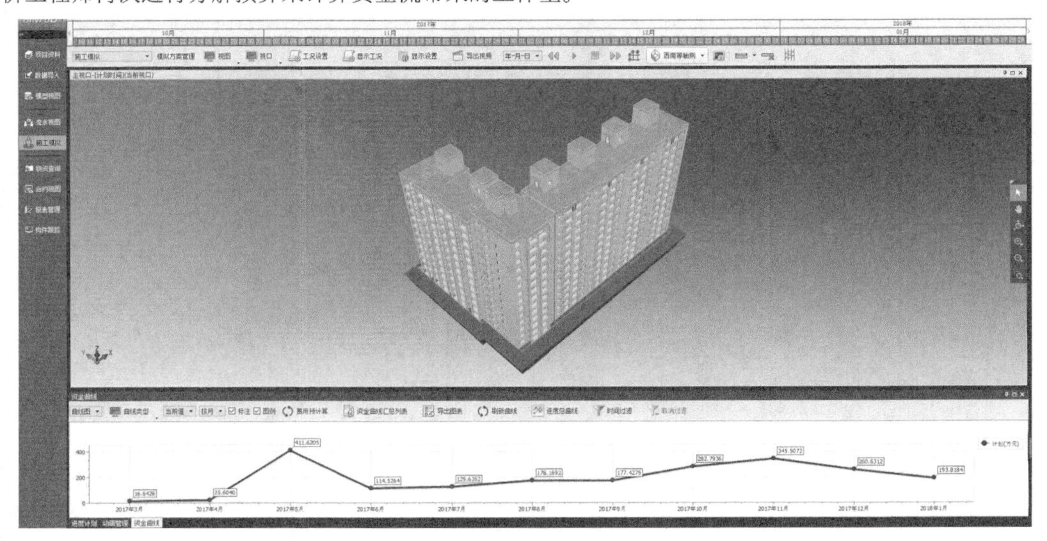

图 6-7

6.3.3 物料计划管控

材料费用占项目造价的比例通常在 50%~70%，因此做好项目物料管理是造价管控过程中的重点工作。在这个过程中，需要管理人员根据项目的不同时期计算出不同材料的用料，从而获得项目需要的物料计划。

传统工作回顾

在施工准备阶段，采购人员会根据项目进度计划完成开工项目的物料采购。根据采购管理制度，通常在采购前管理人员需要根据进度要求编制物料需求计划（通常这个需求计划只是作为项目需要物料的依据）。由于需求和采购之间还有一定的差距，因此采购人员需要根据需求再结合供应商和施工场地的要求来编制合适的物资采购计划单，下发给供应商作为送货的依据。

例如，现场需要钢筋 38.5 吨，而供应商使用的汽车每车最多装载 14 吨。如果安排两辆车，那么将会面临超载的问题，但是不超载又不能保证项目钢筋材料的用料满足进度需要；如果安排三辆车却只采购 38.5 吨，那么就会造成车空载，并付出三辆车的运输费用，也就增加了材料的运输成本。因此，为了保证物料采购计划方案的经济性，需要将采购计划单中的钢筋用量调整到 42 吨左右，这样既保证了运输费用最低，又能满足现场施工材料的正常供应。

以上仅仅是用钢筋这项材料进行举例，现场的采购不只涉及钢筋这一项，对于其他材料的管控也是一样的。在传统的工作方式中（没有进行三维模型算量时），手工计算往往需要造价人员来进行，同时施工员和技术员也需要计算工程量来编制各种物料的需求和采购计划单，这就造成大量重复计算工程量的问题。

BIM 场景分析

在 BIM 平台内，由 BIM 模型提供工程量，并可以通过选择不同的维度来获得物料工程量，这将最大限度地减少算量的工作。同时，项目人员还能直接打印软件得出的报表，获得物料管控的计划单，减少对报表进行二次编辑的工作量，如图 6-8 和图 6-9 所示。

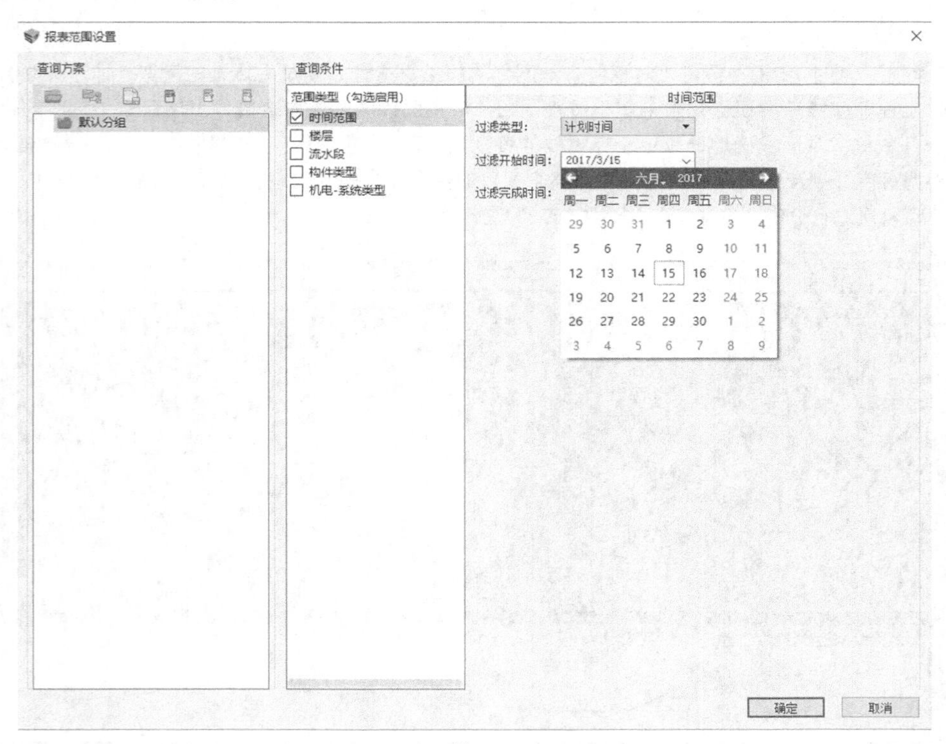

图 6-8

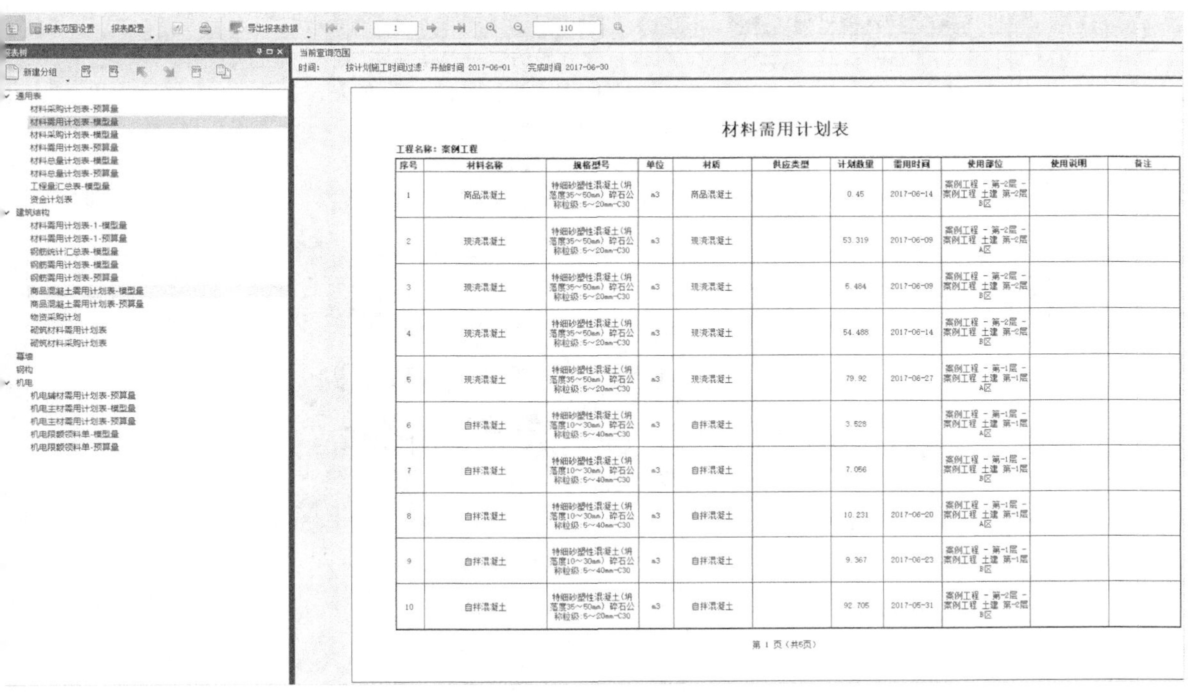

材料需用计划表

工程名称：案例工程

序号	材料名称	规格型号	单位	材质	供应类型	计划数量	需用时间	使用部位	使用说明	备注
1	商品混凝土	特细砂塑性混凝土(坍落度35~50mm) 碎石公称粒级:5~20mm-C30	m3	商品混凝土		0.45	2017-06-14	案例工程 - 第-2层 - 案例工程 土建 第-2层 B区		
2	现浇混凝土	特细砂塑性混凝土(坍落度35~50mm) 碎石公称粒级:5~20mm-C30	m3	现浇混凝土		53.319	2017-06-09	案例工程 - 第-2层 - 案例工程 土建 第-2层 A区		
3	现浇混凝土	特细砂塑性混凝土(坍落度35~50mm) 碎石公称粒级:5~20mm-C30	m3	现浇混凝土		5.484	2017-06-09	案例工程 - 第-2层 - 案例工程 土建 第-2层 B区		
4	现浇混凝土	特细砂塑性混凝土(坍落度35~50mm) 碎石公称粒级:5~20mm-C30	m3	现浇混凝土		54.488	2017-06-14	案例工程 - 第-2层 - 案例工程 土建 第-2层 B区		
5	现浇混凝土	特细砂塑性混凝土(坍落度35~50mm) 碎石公称粒级:5~20mm-C30	m3	现浇混凝土		79.92	2017-06-27	案例工程 - 第-1层 - 案例工程 土建 第-1层 A区		
6	自拌混凝土	特细砂塑性混凝土(坍落度10~30mm) 碎石公称粒级:5~40mm-C30	m3	自拌混凝土		3.528		案例工程 - 第-1层 - 案例工程 土建 第-1层 A区		
7	自拌混凝土	特细砂塑性混凝土(坍落度10~30mm) 碎石公称粒级:5~40mm-C30	m3	自拌混凝土		7.056		案例工程 - 第-1层 - 案例工程 土建 第-1层 B区		
8	自拌混凝土	特细砂塑性混凝土(坍落度10~30mm) 碎石公称粒级:5~40mm-C30	m3	自拌混凝土		10.231	2017-06-20	案例工程 - 第-1层 - 案例工程 土建 第-1层 A区		
9	自拌混凝土	特细砂塑性混凝土(坍落度10~30mm) 碎石公称粒级:5~40mm-C30	m3	自拌混凝土		9.367	2017-06-23	案例工程 - 第-1层 - 案例工程 土建 第-1层 B区		
10	自拌混凝土	特细砂塑性混凝土(坍落度35~50mm) 碎石公称粒级:5~20mm-C30	m3	自拌混凝土		92.705	2017-05-31	案例工程 - 第-2层 - 案例工程 土建 第-2层 B区		

第 1 页（共5页）

图 6-9

6.3.4 分包下料审核

随着工程总承包商逐步由自有工人模式转为由劳务公司提供劳务工人的模式，如今工程总承包商主要负责工程项目的主要材料的供应，此时主要材料就成为重点管控的对象。当然，由于钢筋下料管理的过程非常复杂，所以一直是管控的难点，钢筋工程也就成为材料费中的大项，是主要材料管理的重点。

传统工作回顾

钢筋管理涉及采购、进场、抽样、下料和绑扎等流程，而钢筋下料的利用率往往由劳务钢筋班组组长掌控。钢筋下料经验丰富的组长能帮助项目节约大量钢筋，他们能将钢筋的利用率提升到极致；而对于经验不足的组长来说，他们提供的钢筋下料方案会造成现场出现大量的钢筋废料，使得钢筋损耗增加，从而造成材料的浪费，这个过程就无法实现钢筋管控的有效性。

随着总承包单位的管理人员趋向年轻化，当劳务班组提交钢筋下料单后，青年技术人员因钢筋现场制作的经验问题，通常在审核时显得力不从心，只能完成签字手续，任凭劳务班组完成现场钢筋的下料作业。究其原因，一方面是班组组长提供的下料单不规范，导致技术员不能直观地看出钢筋下料在图纸上对应的使用部位；另一方面，也是因为技术员在钢筋下料方面的经验不足，使其不具备审核下料的能力（由于一直以来都由劳务班组负责钢筋下料，导致青年员工逐渐失去了钢筋下料的学习机会）。

BIM 场景分析

面对传统下料中存在的问题，BIM 技术又具备哪些优势呢？下面主要介绍通过三维可视化来完成钢筋下料单的审核和进行复杂节点的交底。

三维钢筋模型，帮助管理人员可视化审核

运用 BIM 进行钢筋下料审核时，管理人员可以通过建立好的三维模型来调整钢筋的定尺，并通过内置的规范自动计算钢筋的下料模型，在三维可视化模式下完成钢筋下料的审核，如图 6-10 所示。

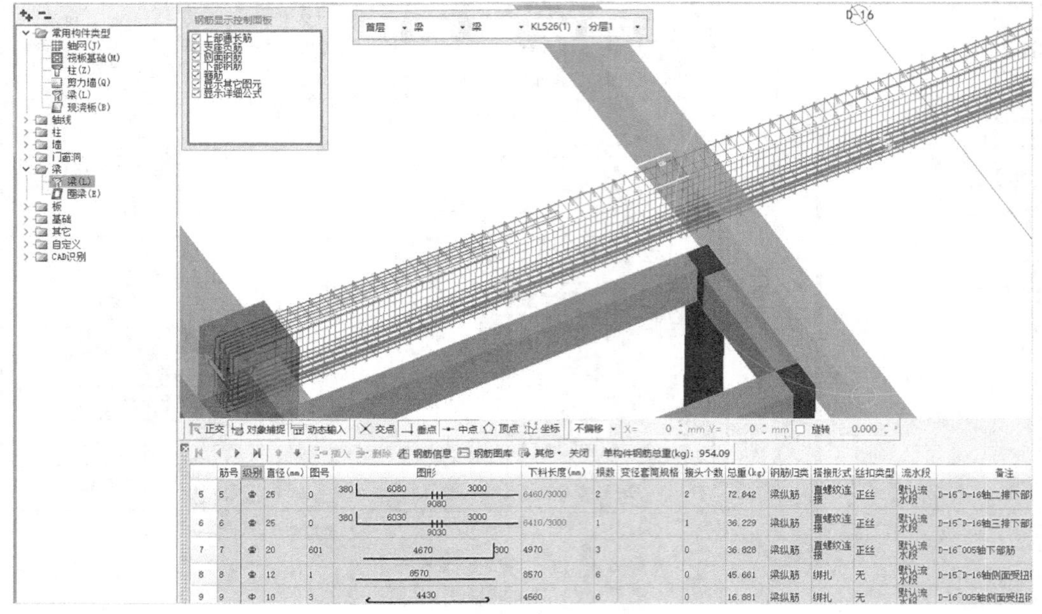

图 6-10

复杂节点可视化交底，避免作业返工

图 6-11 所示为钢筋报表图，查看该图可得知构件的钢筋下料情况，并且对比软件计算料单和钢筋班组料单还可以帮助项目管理人员审核钢筋班组料单是否经济。针对复杂的钢筋节点，管理人员还能通过三维可视化技术对劳务班组进行交底，帮助钢筋工人更直观地理解钢筋的安装位置，避免钢筋工人因图纸理解错误而引发钢筋绑扎返工问题。

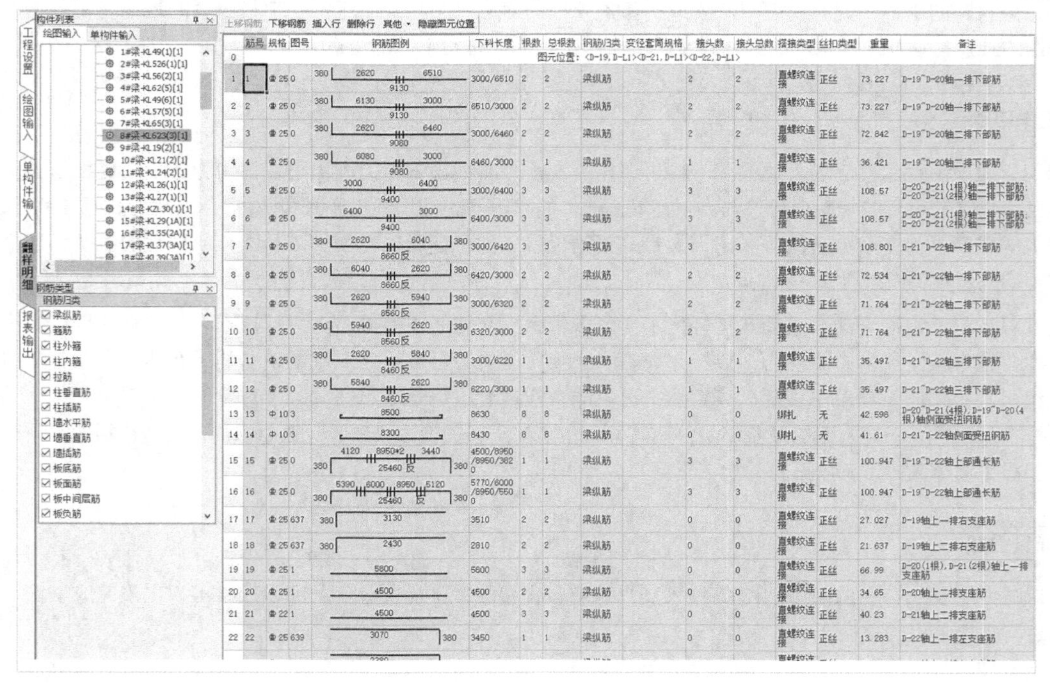

图 6-11

一键获得钢筋配料单，便于原始单据的保存

管理人员完成钢筋料单的审核后，通过钢筋翻样软件就能实现自动打印钢筋下料单，并分别交给管理人员和劳务班组进行签字和确认，以此作为钢筋工人下料的依据，也能提供给造价工程师作为后续结算和成本分析的原始单据，如图 6-12 所示。

钢筋配料单

工程名称：　　　　日期：2015-06-08

施工部位：基础底板

筋号	规格	间距 (mm)	钢筋图样 (mm)	下料长度 (mm)	根数	总根数	备注
构件名称：东西上网					构件数量：1		
构件位置：基础底板东西向							
构件单量：16223.290					构件总量：16223.290		
1	Φ18	150	270 3750 7690 2450	4020/10140	3	3	
2	Φ18		270 2750 8690 2450	3020/11140	3	3	
3	Φ18	150	270 3750 5190 3450	4020/8640	5	5	
4	Φ18		270 2750 6190 3450	3020/9840	5	5	
5	Φ18	150	2450 9500 11950*2 950 2450	11950/11950*2/3400	4	4	

图 6-12

6.3.5 进度报量

项目进入实施阶段，将会涉及工程的计量计价工作，也就是根据现场项目的施工进度计算出已完构件的工程量，再根据合同签订的构件单价完成整个进度报量工作，造价工程师在实际的进度报量过程中往往会区分不同业务的角色来完成不同进度的工程计量工作。

传统工作回顾

本小节以总承包单位的视角，对造价工程师的角色进行介绍。在承包单位的造价管理中，每个施工月份都会涉及的报量场景有以下 3 个方面。

对业主方的进度款报量

对上游建设单位来说，造价工程师需要完成工程进度款支付申请书的上报工作，获得合同收入的确认凭证。

对下游分包单位的进度报量

对下游分包单位来说，造价工程师需要审核由分包单位上报的已完周期的进度预算书，并将此作为项目成本的凭证。

对内部管理的产值报量

对于项目部造价工程师来说，不仅要向公司上报项目产值，帮助企业完成产值统计，而且内部造价管理也要完成成本分析、变更签证等业务，这些过程都涉及工程计量的计算，并且这里的每一个业务场景需要的工程量基本都不一样，这就需要造价工程师在一个计量周期内完成至少 4 份工程量计算工作，可见计量工作在整个造价管理中占据的份额。

传统计量过程会涉及算量软件、电子表格和手工计量的方式，如果项目在开工前就完成了整个预算的分解，那么在周期的计量中就会减少一定量的工作；如果在前期未曾考虑到，而仅是对总量进行计算，那么就会出现重复计量工程量的问题。因为在每一项计量工作中都需要根据合同约定的计量规则和现场完成的实际进度情况来获取数据，再根据合同约定的价格进行计价工作，最后才能形成完整的进度款凭证。

BIM 场景分析

在 BIM 技术的不断发展过程中，目前已经有一些 BIM 类平台能够集成三维模型、进度计划和合约价格等信息。造价工程师可以通过自定义流水段并通过一些操作来获得现场实际完成的算量工作，根据“三端一云”技术，现场人员可以通过手机 App 上传实际进度照片，造价工程师则通过 PC 端同步下载进度照片作为进度款支付凭证编制的依据，从而减少造价工程师在计量和收集现场实际进度所花费的时间，帮助造价工程师提升周期计量工作效率，使其能够将重心转移到更重要的合约风险管理上。图 6-13 是 BIM5D 平台对钢筋进行物资查询的界面。

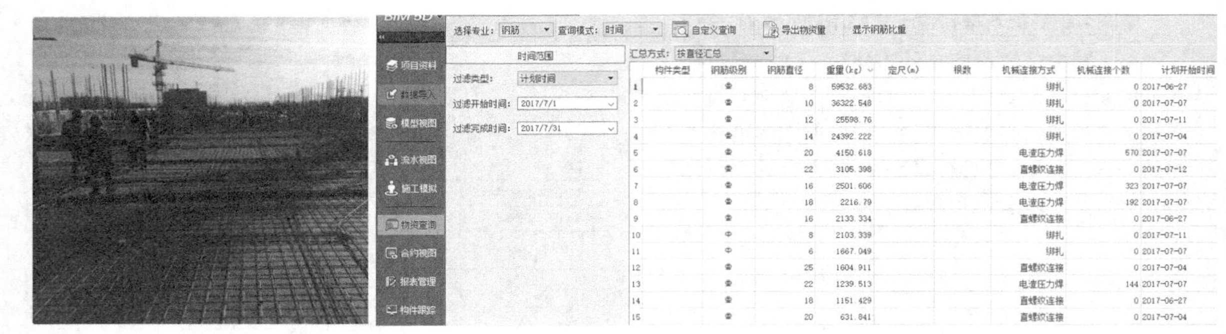

图 6-13

6.3.6 成本控制

根据项目成本的管理方法，成本管理包括成本预测、成本计划、成本核算、成本分析和成本考核 5 个维度，在整个项目的执行过程中，都需要管理人员进行成本控制来达到项目管理的目标。在项目成本的构成中，材料费的占比是最大的，因此是成本控制中较为重要的控制对象，而对于本书所讲的土建工程来说，钢筋、混凝土两大主材占材料费的比重是最高的，那么如何对钢筋、混凝土材料进行成本控制呢？

传统工作回顾

随着总包单位的利润被压缩，企业为了提高利润，会要求项目部采取精细化管理。例如，从材料管理的源头、过程和施工分析等方面，达到材料的事前、事中和事后的全过程精细化管理。在以往，项目要求造价、技术和施工这三方的管理人员分别根据施工图纸完成手工计算混凝土的图纸和现场实际用量进行对比，以此保证施工混凝土用量在控制范围内。虽然这种方法在一定程度上能控制项目的总体材料用量，但是离项目精细化管理还有一定的差距。

所谓的精细化管理需要精确到每一处梁、板的工程量图纸和现场用量分析，这时手工分析就显得比较麻烦，而且在施工浇筑混凝土后期，现场管理人员往往是凭借经验来估算剩余构件的混凝土用量，再向供应商提供订单，往往会出现混凝土浇筑剩余或混凝土材料被浪费的现象。

BIM 场景分析

当项目应用了 BIM 技术，通过 BIM 的三维模型，再根据现场浇筑混凝土的范围来框选混凝土浇筑范围，系统将直接计算各构件、各标号构件的工程量，并将各构件工程量分别标注在构件上，现场施工员就能快速根据混凝土方量下单，并根据浇筑的进度规划商品混凝土的供货量，避免因估算不精准导致原材料浪费的现象出现。为了规范管理行为，还需根据 BIM5D 提供的工程量，获得 BIM 商砼用量交底单，各方签字后，这将作为后续导致用量问题的凭证，以规范现场管理行为，提高项目管理水平，如图 6-14 所示。

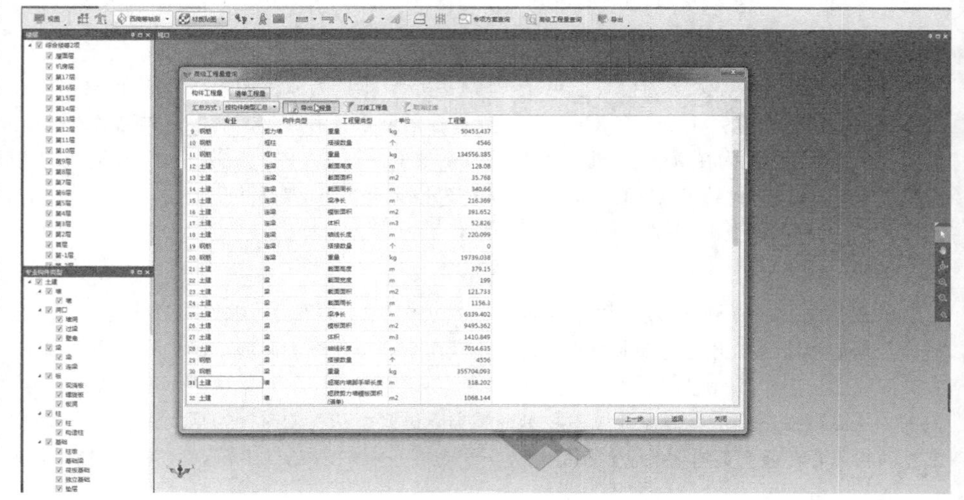

图 6-14

在每月底，需要对现场的进度情况进行汇总，比较计划和现场实际的执行情况，获得计划和实际的资金、资源用量，作为“挣值法”的数据基础，通过分析项目实际的进度和成本比率，帮助管理人员进行成本控制。

6.3.7 变更管理

项目的变更管理是造价管理过程中的重点，它对变更时限、变更资料的完整度都有严格的要求。同时，工程变更往往还是造成工程造价“三超”问题的主要因素。

传统工作回顾

传统的 DBB 承包模式或 EPC 模式，在项目实施的过程中都会出现各类变更。如何进行更好地变更管理，一直是项目管理的一大难点。

企业在进行项目变更管理时，一方面要求造价人员编制变更管理台账，以便及时记录项目变更情况；另一方面，根据项目执行的情况，管理人员需要将变更资料上报到上层管理部门进行备案，避免原始变更资料发生丢失，导致费用申报不成功的问题出现。在实际结算的过程中，往往还会出现因人员离职、设备故障等变故导致变更原始资料缺失，使得建设方和承包方发生纠纷。

BIM 场景分析

既然传统的变更管理资料的控制方式不能够适应更加复杂的变更情况，那么还有没有更好的解决方式呢？

答案是肯定的。在管理变更、签证或者商务资料时，通过“模型 + 云端”技术就能将原始单据关联到模型，使模型和整个原始资料能够不受时间和地点的限制并及时同步到云端。

项目在执行的过程中，造价人员对实施过程进行检查，确保每项变更的计量、计价模型和原始凭证都与模型一一对应，这也为项目最后的变更结算提供了有力的保障。同时，通过手工建立的变更台账将直接关联到 BIM 集成平台，方便管理人员进行查看和审核，如图 6-15 所示。

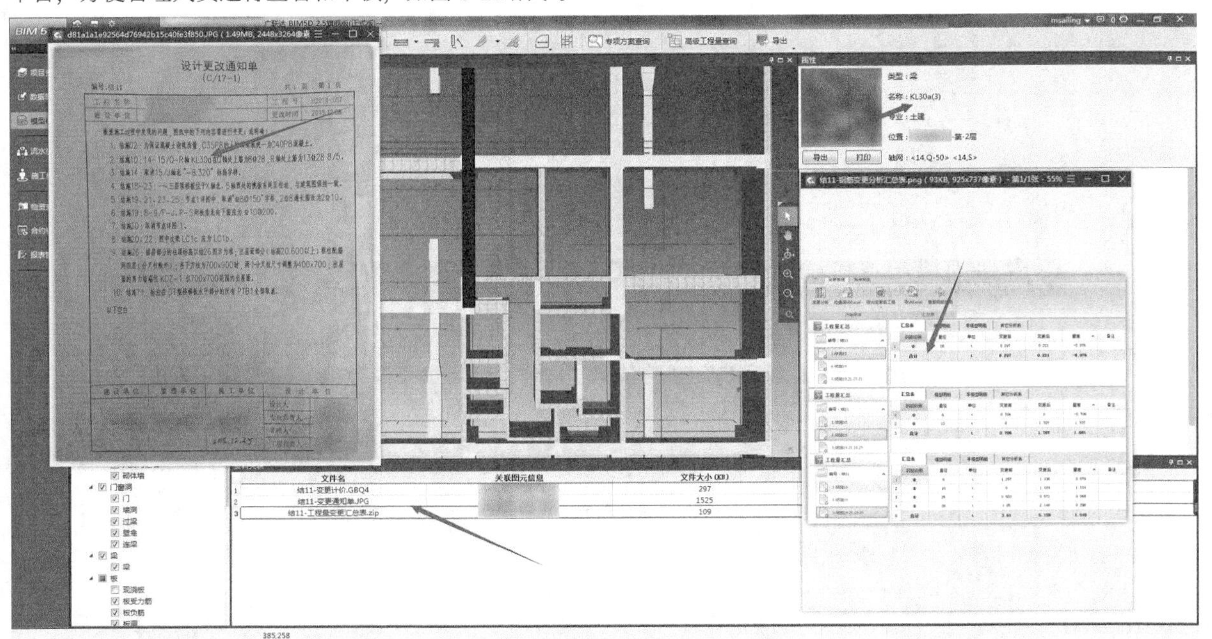

图 6-15

6.3.8 结算管理

结算管理是工程项目造价管理的最后一个环节，一份好的结算书有时候能帮助项目转亏为盈，但是这个过程需要管理人员在项目实施阶段就对项目过程资料和造价数据进行全面的管理。造价工程师只有提供了完整的原始数据资料结算书，才能使项目最终结算达到管理者预期的目标值。

传统工作回顾

施工总承包方的造价管理，包括对业主的竣工结算和下游分包结算。这个环节比较容易发生争端，原因是双方通常会因为某项事情意见不一致而发生纠纷，而且一旦发生纠纷，短时间内双方都会因未达到期望值而放弃沟通，这也是导致项目结算多年完不成的一个原因。

究其原因，大多数是施工方根据业主方口头指令完成项目施工任务，但是由于未能及时完成书面的签字手续，随着项目的进展、人员的变更，这份口头协议就成了双方发生纠纷的原因。出现这样的情况原因比较复杂，它是由多种问题不断积累产生的，其中包括管理因素、人员因素等。

BIM 场景分析

BIM 在结算管理方面，不仅能够通过 BIM 模型来快速获得结算的工程量，还能通过项目的云端资料管理获得施工过程录入的变更、签证台账和资料（见图 6-16），然后造价工程师在施工的过程中就能完成变更预算书或合同外签证上传的造价文件的编制（见图 6-17），并查询整个项目从实施到结算建立的合同外变更分析数据（见图 6-18），帮助造价工程师实现台账管理。最后造价工程师只需要通过云端下载项目过程所有的原始资料数据和合同外造价文件作为竣工结算书编制的依据，从而避免了传统模式中因人员流动造成的资料和造价数据丢失引发的结算风险。

图 6-16　　　　图 6-17

图 6-18

第 7 章

综合案例

通过对 BIM 造价管理在应用场景中的介绍，帮助造价专业人员了解 BIM 作为技术工具的价值。本章将以一个综合案例来讲解 BIM5D 在造价管理中的实际应用，旨在帮助读者更好地理解 BIM 与造价管理之间的应用流程，并学会运用 BIM5D 完成实际工作中的造价业务，从而提升处理造价业务的效率。

知识要点

◎ 施工流水段划分

◎ BIM 在合约规划中的实践

◎ BIM 在成本管控中的实践

◎ BIM 在资金成本测算中的实践

◎ BIM 在进度报量中的实践

◎ BIM 在变更管理中的实践

7.1 BIM与造价应用案例数据准备

本节主要讲解BIM5D在进行造价应用实战操作前需要做的一些准备工作，也就是将项目工程的BIM5D模型、进度计划、合同和成本预算等基础数据导入BIM5D，完成数据和模型的挂接工作，为后续的业务应用提供基础数据准备

7.1.1 BIM5D的模型集成

素材位置	素材文件>CH07>BIM5D的模型集成
实例位置	实例文件>CH07>BIM5D的模型集成
教学视频	BIM5D的模型集成.mp4

扫码观看视频

本例将借助项目级BIM5D平台来讲解造价管理的具体应用，通过新建项目完成BIM5D工程的建立，再将模型数据导入BIM5D平台，实现模型的三维可视化、模型工程量的查询，还可以使用云移动互联网技术，最后在平台上直接完成项目在进度和成本方面的协同管理。

任务说明

（1）完成某高层住宅工程的新建。

（2）完成某高层住宅工程模型的导入。

任务实施

新建工程

01 打开BIM5D，进入新建项目的初始界面，然后单击"新建项目"按钮，如图7-1所示。

02 在打开的"新建向导"对话框中修改工程名称为"某高层住宅工程综合案例"，保持默认设置或单击"浏览"按钮 浏览 选择其他保存路径，单击"完成"按钮 完成 ，如图7-2所示。此时，进入新建项目工程界面，如图7-3所示

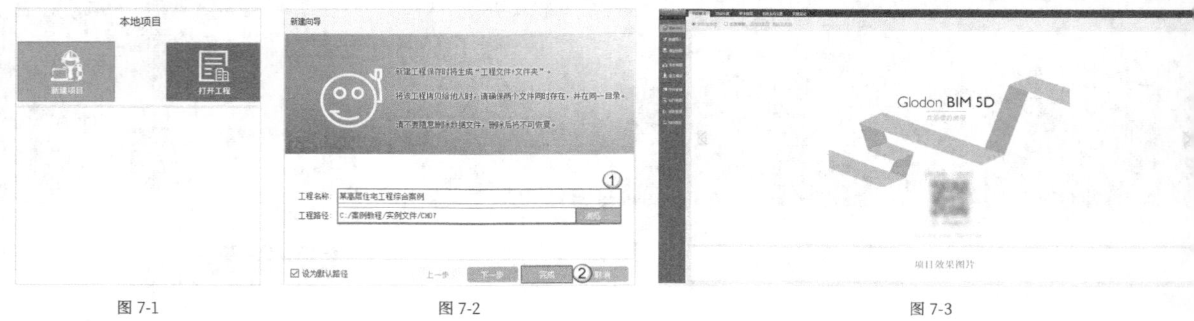

图7-1　　图7-2　　图7-3

导入模型

01 单击左侧的"数据导入"按钮，进入界面后单击"添加模型"按钮，打开"打开模型文件"对话框，选择"素材文件>CH07>BIM5D的模型集成>某高层住宅工程-BIM5D模型.igms"文件，单击"打开"按钮 打开(O) ，如图7-4所示。

图7-4

02 在打开的“添加模型”对话框中继续添加模型，由于 BIM5D 会自动建立单体，因此只需单击“导入”按钮 导入 ，如图 7-5 所示。此时，该建筑模型就被添加到 BIM5D 中了，如图 7-6 所示。

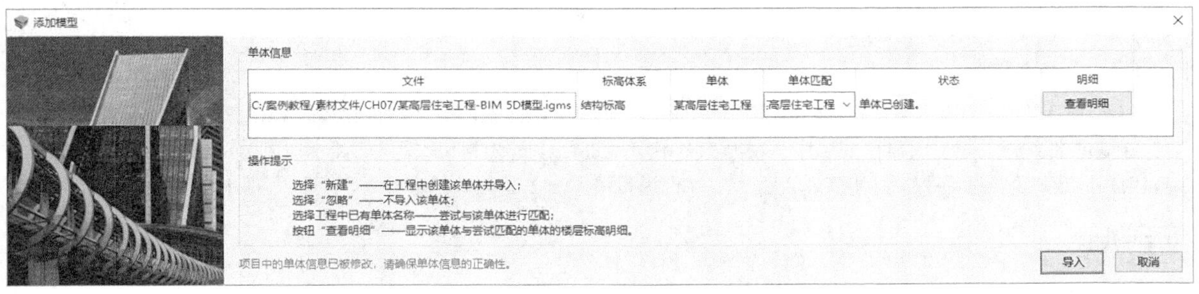

图 7-5

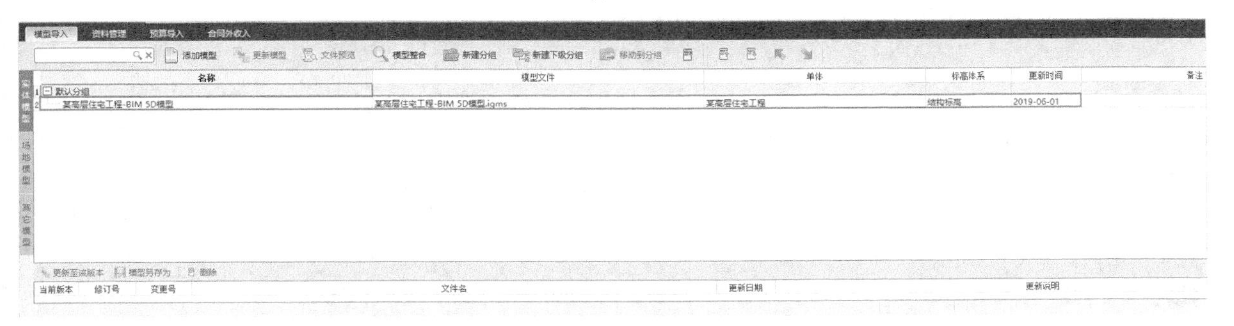

图 7-6

03 选中导入的模型文件，然后单击“文件预览”按钮，查看导入模型的三维效果，如图 7-7 所示。这时弹出的预览界面就会将该建筑的三维模型展示出来，效果如图 7-8 所示。

图 7-7

图 7-8

7.1.2 施工流水段划分

扫码观看视频

素材位置	素材文件>CH07>施工流水段划分
实例位置	实例文件>CH07>施工流水段划分
教学视频	施工流水段划分.mp4

流水施工指将拟建工程按其工程特点和结构部位划分为若干个施工段，根据规定的施工顺序，组织各施工队（组）依次连续地在各施工段完成自己的工序，使施工有节奏地进行。而 BIM5D 提供的流水段划分功能可以将流水施工在 BIM5D 上清晰地表达出来，方便管理人员通过平台进行流水施工管理，从而提升项目的管理水平。

任务说明

（1）完成某高层住宅工程流水段划分区域。

（2）复制分区流水段并完成其他专业及楼层的流水段划分。

任务实施

划分基础层的流水段

01 打开“实例文件 >CH07>BIM5D 的模型集成 > 某高层住宅工程 .P5D”文件，单击“流水视图”按钮，进入相应的界面，然后单击“新建同级”按钮，在打开的“新建”对话框中，选中“类型”下的“单体”选项，同时勾选导入的“某高层住宅工程”单体，最后单击“确定”按钮确定，完成工程的新建，如图 7-9 所示。

02 回到“流水段定义”选项卡，单击“新建下级”按钮，打开“新建”对话框，选中“类型”下的“专业”选项，同时勾选“土建”专业，最后单击“确定”按钮确定，完成专业的新建，如图 7-10 所示。

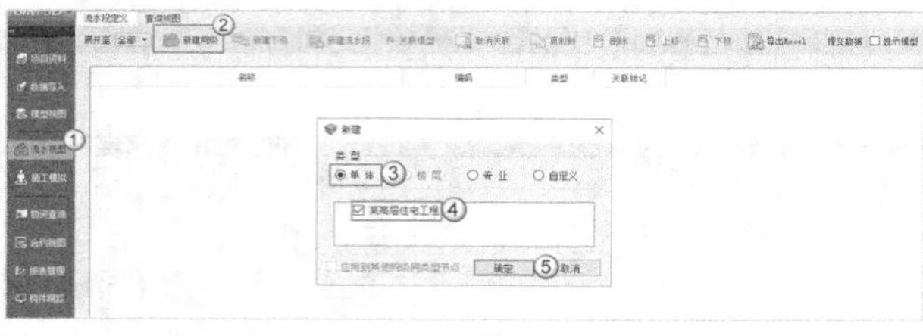

图 7-9

图 7-10

03 按照专业创建流水段的类型完成后，回到“流水段定义”选项卡。选中刚刚新建的“土建”专业，然后单击“新建下级”按钮，在打开的“新建”对话框中，选中“类型”下的“楼层”选项，同时勾选“基础层”楼层，最后单击“确定”按钮确定，完成楼层的创建，如图 7-11 所示。

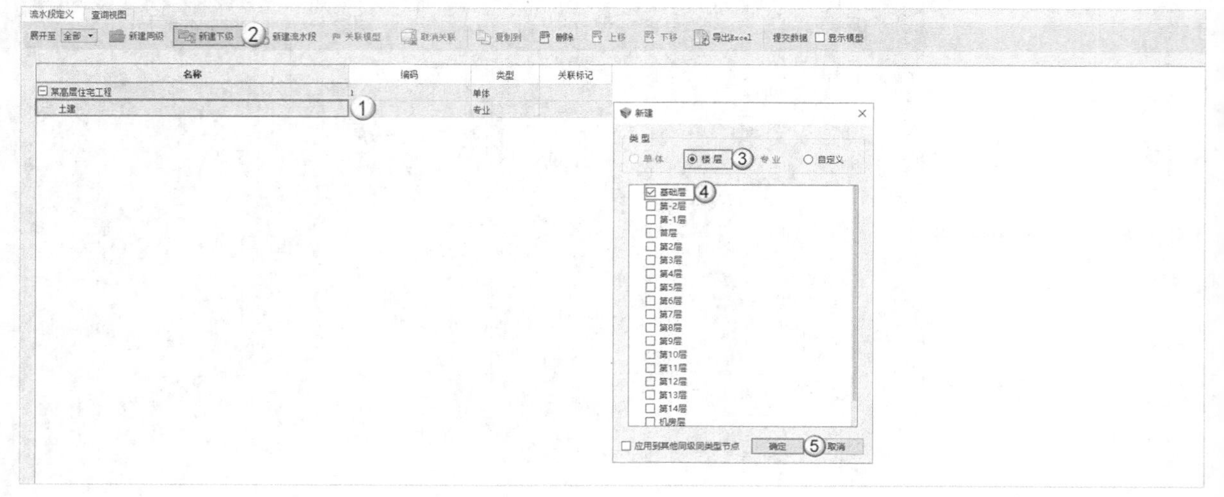

图 7-11

04 楼层创建完成后，选中刚刚新建的“基础层”楼层，单击“新建流水段”按钮，如图 7-12 所示，这时将自动建立“基础层”的子级“流水段 1”，接着单击“关联模型”按钮，对关联的模型进行设置，如图 7-13 所示。

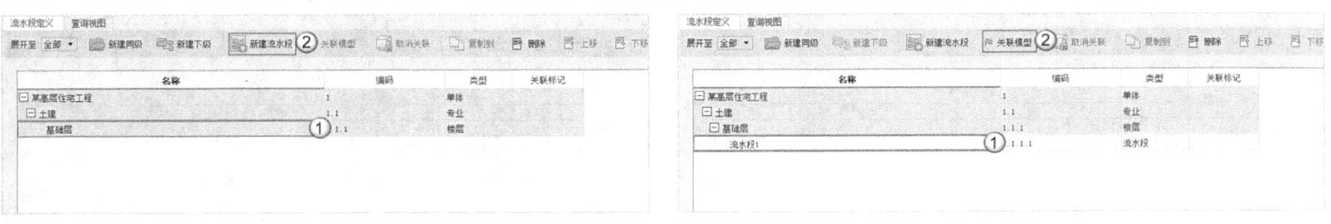

图 7-12　　图 7-13

05 在打开的“流水段创建”对话框中，会出现该基础层的建筑模型。这时单击“土建”类型左侧的“锁”按钮，确保已关联所有土建专业构件，为了显示后浇带（便于绘制流水区域），可取消勾选“土方”选项，如图 7-14 所示。

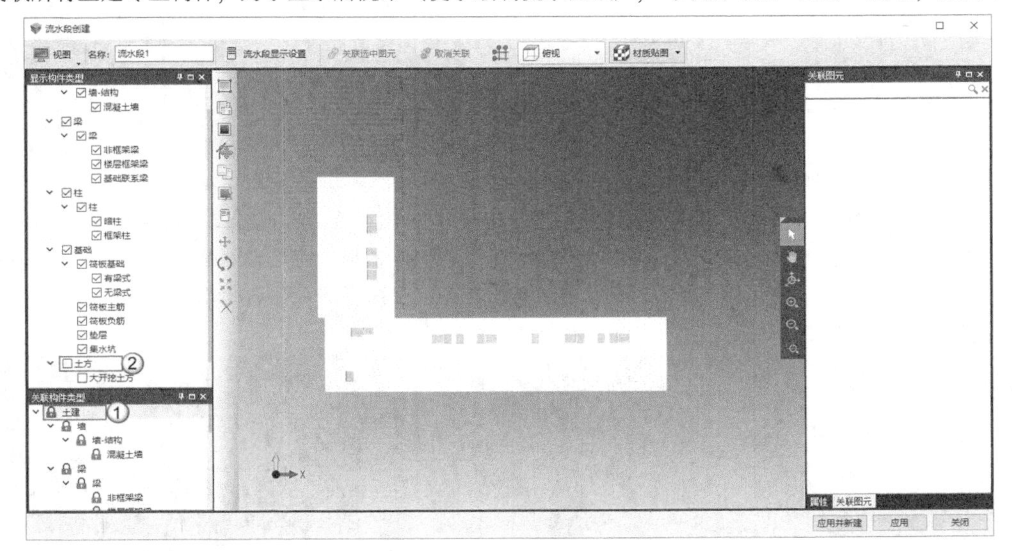

图 7-14

06 在“视图”的下拉菜单中选择“CAD 图纸管理”选项，打开“CAD 图纸管理”面板，然后单击“添加图纸”按钮，如图 7-15 所示。

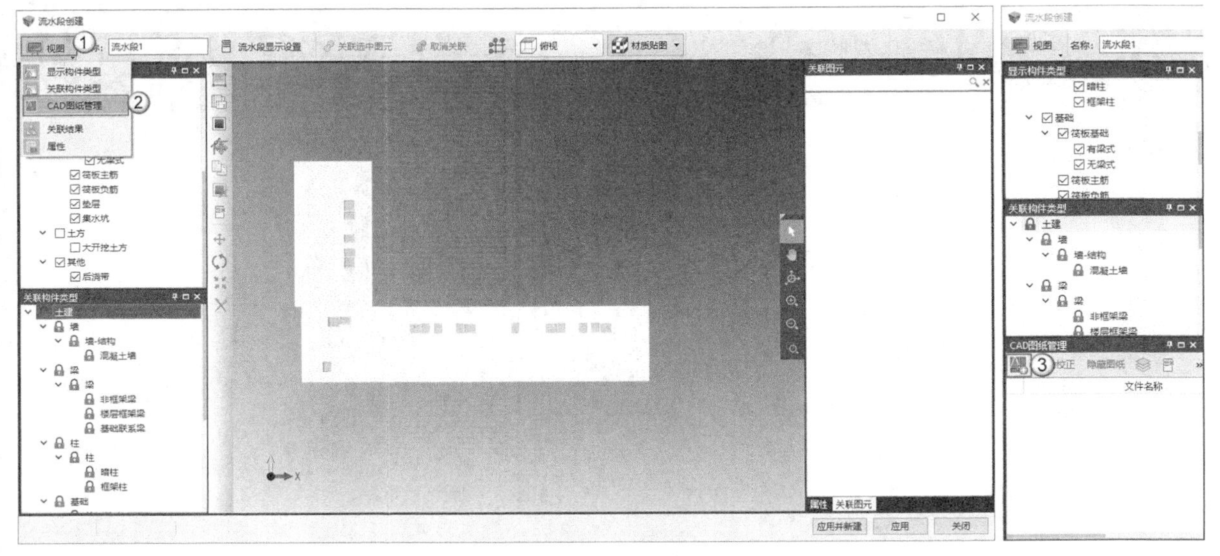

图 7-15

07 在弹出的“添加 DWG/DXF 文件”对话框中选择“素材文件 >CH07> 施工流水段划分 > 某高层住宅工程 - 流水段分区图 .dwg”文件，然后单击“打开”按钮 打开(O)，如图 7-16 所示。这时图纸添加成功并显示在视图中，效果如图 7-17 所示。

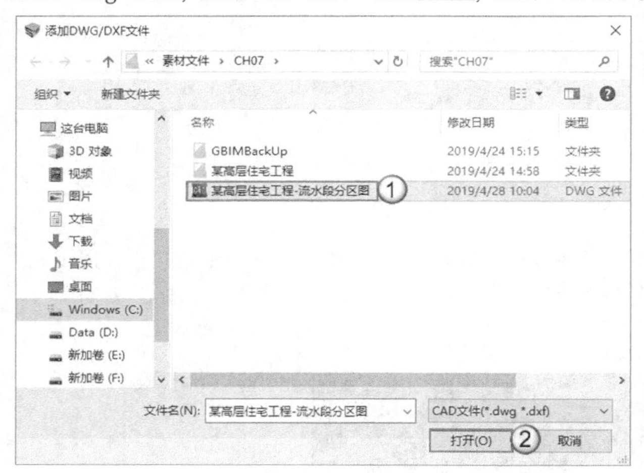

图 7-16

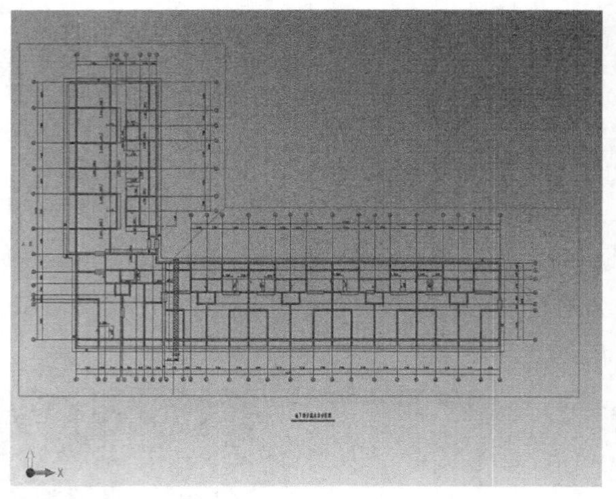

图 7-17

08 由于图纸未和模型进行自动定位，因此需要单击“定位图纸”按钮，然后将鼠标指针移至“地下部分流水段分区图纸”中筏板基础的左下角，待鼠标指针变成“口字形”时表示捕捉到交点后，单击进行确定，然后移至模型筏板基础的左下角，待鼠标指针变成“口字形”时表示捕捉成功，如图 7-18 所示。单击进行确定，完成图纸的定位设置，最终效果如图 7-19 所示。

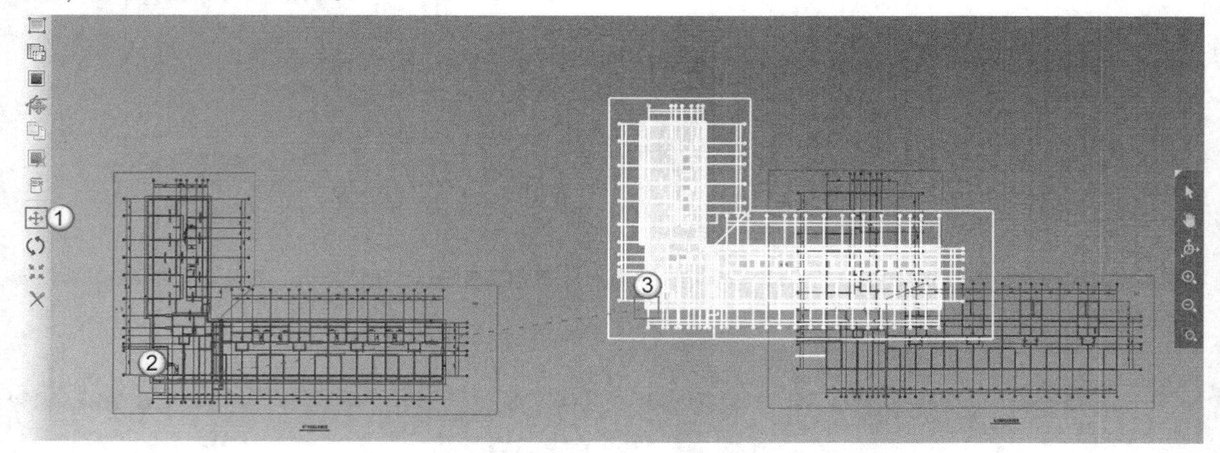

图 7-18

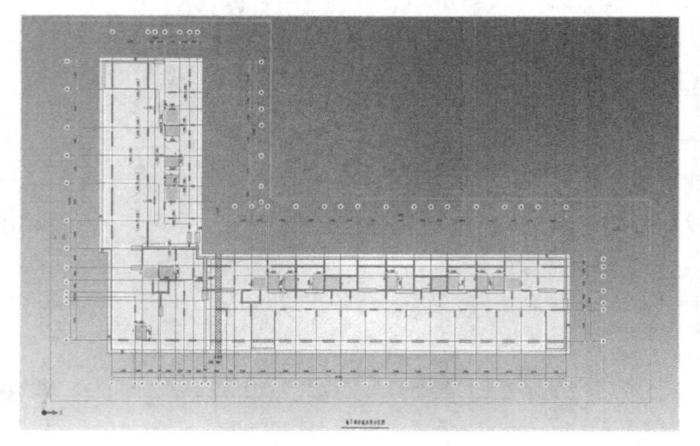

图 7-19

09 修改流水段的“名称”为“A 区”，然后单击“画流水段线框”按钮，为了便于绘图时能更好地捕捉交点，可以单击“交点”按钮，激活交点捕捉命令，接着在绘图界面中沿着 A 区流水段分区线绘制多边形线框，绘制完成后单击鼠标右键确认，完成 A 区流水段的绘制。A 区流水段绘制完成后，还需继续绘制 B 区流水段，这时需要单击“应用并新建”按钮应用并新建，如图 7-20 所示。

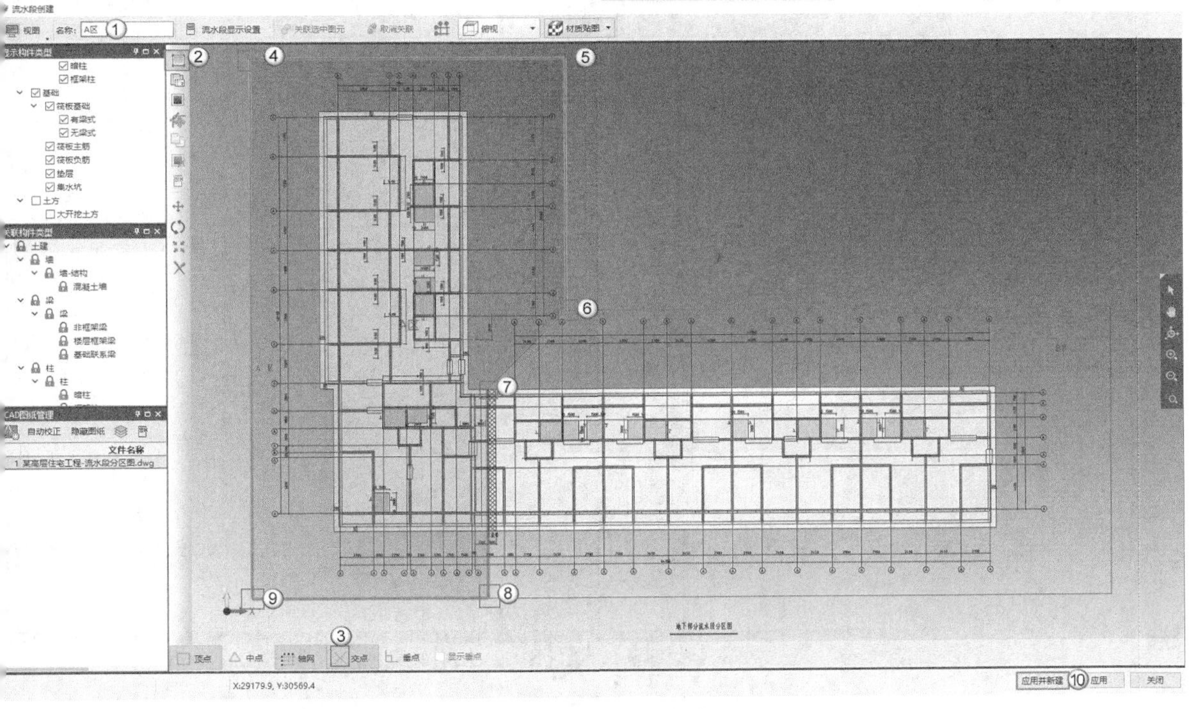

图 7-20

10 这时将弹出关联完成的提示，单击“确定”按钮确定，A 区流水段划分完成，最后在“CAD 图纸管理”面板中单击“隐藏图纸”按钮，此时将显示 A 区流水段绘制的效果，如图 7-21 所示。

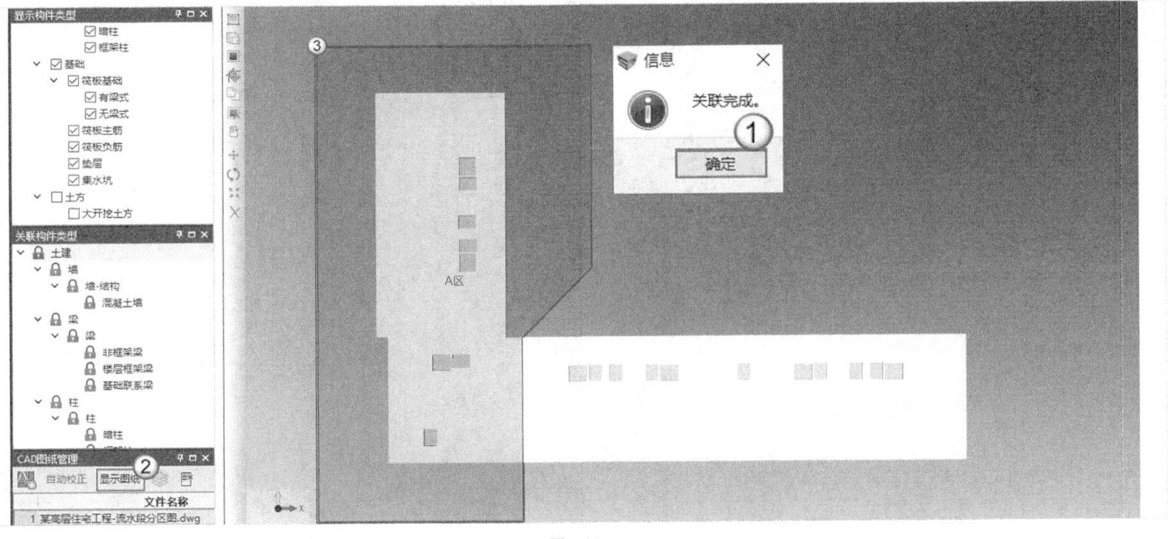

图 7-21

提示 在绘制过程中，可以滑动鼠标滚轮来调整图纸的大小，使交点能够被成功捕捉。划分流水段的时候，如果发现绘制的线框不准确，可以使用“编辑流水段”工具对线框进行修改。

11 按照同样的方式绘制 B 区流水段。修改流水段的“名称”为“B 区”，然后单击“画流水段线框”按钮，在绘图界面中沿着 B 区流水段分区线绘制多边形线框，绘制完成后单击鼠标右键确认，完成 B 区流水段的绘制，最后单击“应用”按钮 应用 ，本层流水段绘制完成，如图 7-22 所示。

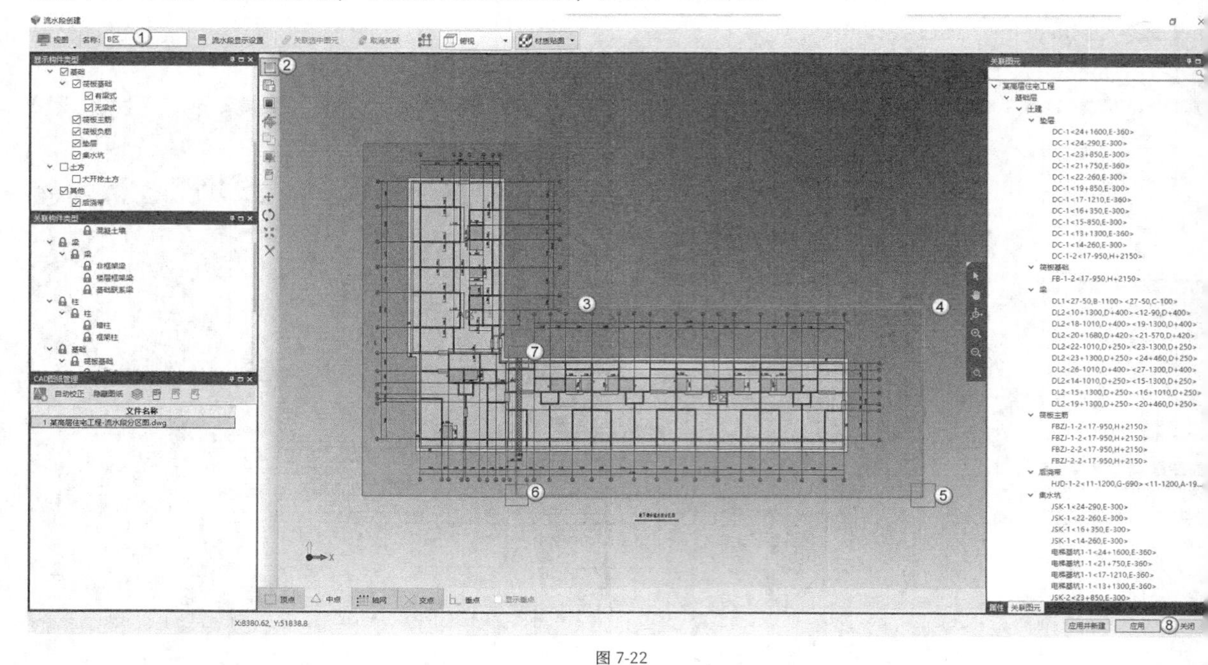

图 7-22

12 此时弹出关联完成的提示，单击“确定”按钮 确定 。完成基础层 A、B 区流水段的划分后，单击“关闭”按钮 关闭 ，退出流水段的绘制，如图7-23所示。回到“流水段定义”选项卡后，基础层中的 A 区和 B 区就关联好了，如图 7-24 所示。

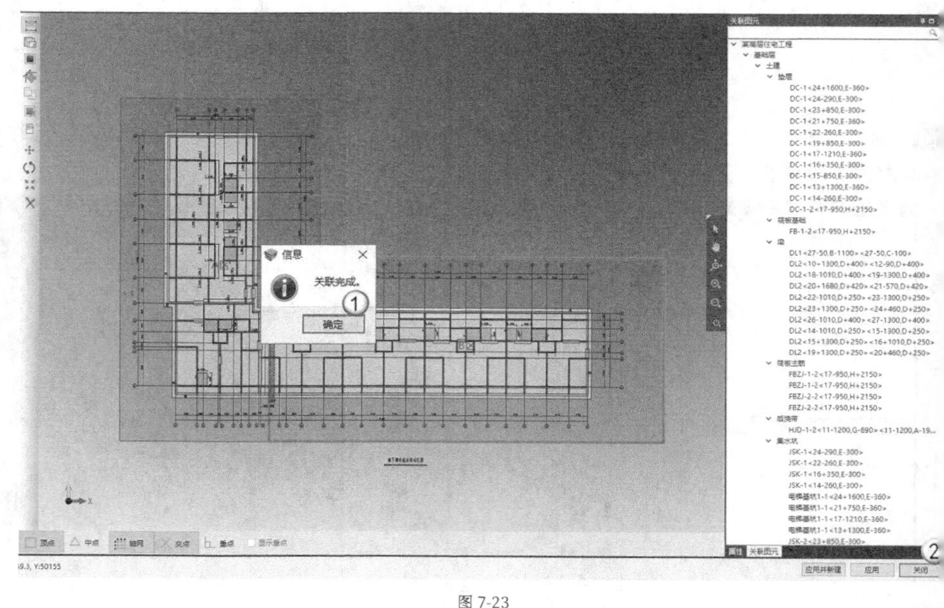

图 7-23

流水段定义　查询视图

展开至 全部　新建同级　新建下级　新建流水段　编辑流水段　取消关联　复制到　删除　上移　下移　导出Excel　提交数据　显示模型

名称	编码	类型	关联标记
某高层住宅工程	1	单体	
土建	1.1	专业	
基础层	1.1.1	楼层	
A区	1.1.1.1	流水段	⚑
B区	1.1.1.2	流水段	⚑

图 7-24

13 在“流水段定义”选项卡中选中“基础层”楼层，然后勾选“显示模型”选项，就能在右侧看到绘制好的流水段所关联的模型，如图 7-25 所示。

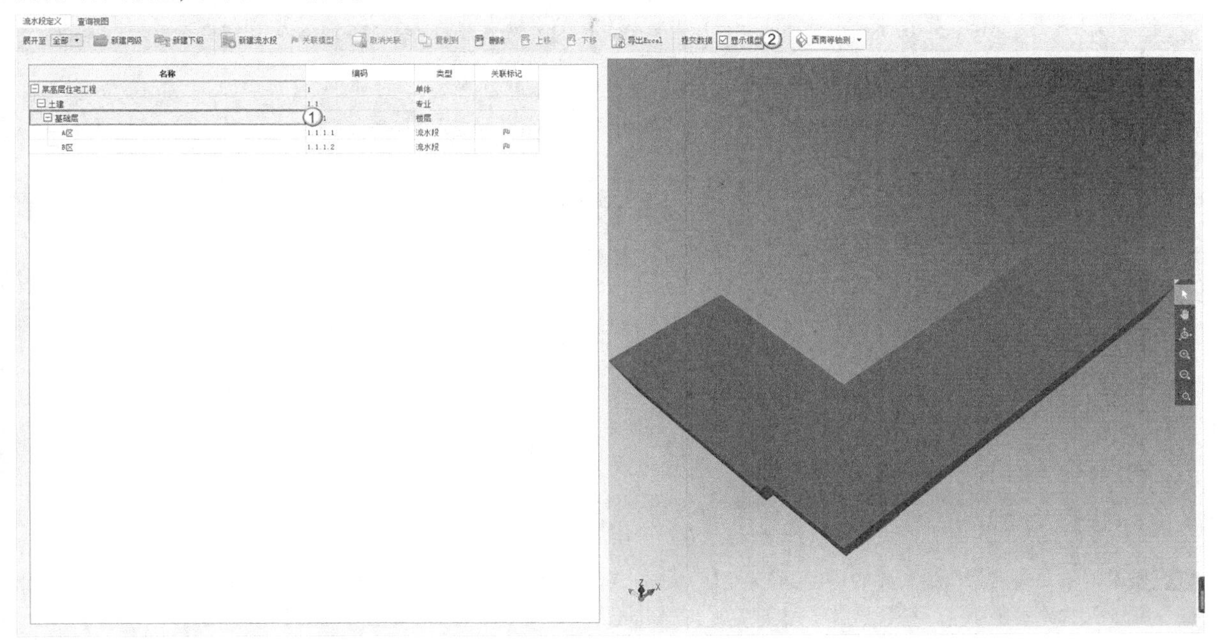

图 7-25

14 根据流水段分区图可知，地下部分流水段包括基础层、地下二层和地下一层，因此基础层的流水段划分完成后，可以直接将该楼层的流水段复制到地下二层和地下一层，快速完成地下部分的流水段划分。先选中“土建”专业，然后单击“新建下级”按钮，在打开的“新建”对话框中，选中“类型”下的“楼层”选项，同时勾选“第 -2 层”和“第 -1 层”楼层，最后单击“确定”按钮，如图 7-26 所示。

15 按住鼠标左键的同时选中“A 区”和“B 区”，单击鼠标右键并选择“复制到”选项，打开“复制流水段”对话框，然后勾选“第 -2 层”和“第 -1 层”楼层，接着单击“复制”按钮，待弹出复制完成的提示后，单击“确定”按钮，如图 7-27 所示，“A 区”和“B 区”便成功复制在“第 -2 层”和“第 -1 层”楼层中。

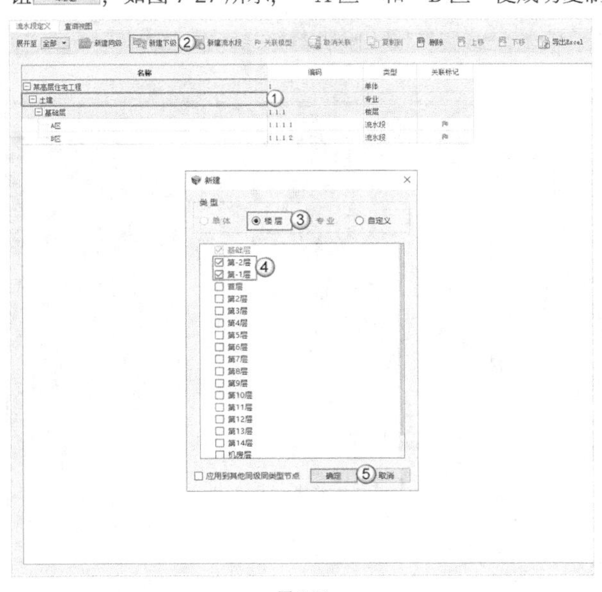

图 7-26

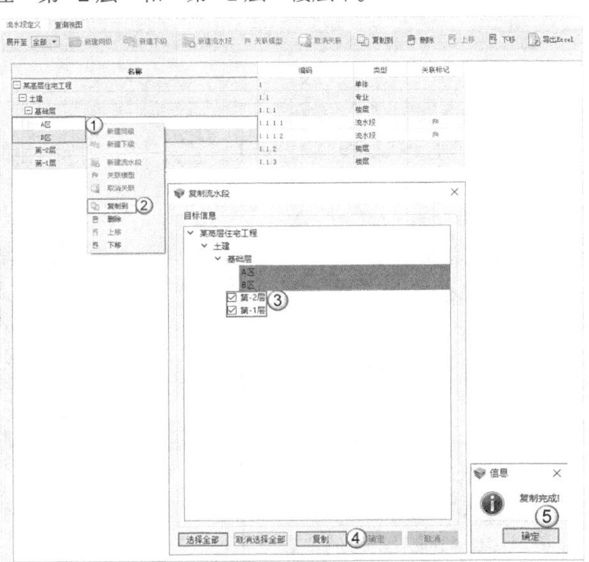

图 7-27

划分首层及首层以上的流水段

01 添加首层及首层以上的流水段的方式与添加基础层的流水段的方式相同。选中“土建”专业，单击“新建下级”按钮，在打开的“新建”对话框中，选中“楼层”选项，同时勾选“首层”~“第16层”楼层，最后单击“确定”按钮 确定 ，完成楼层的创建，如图7-28所示。

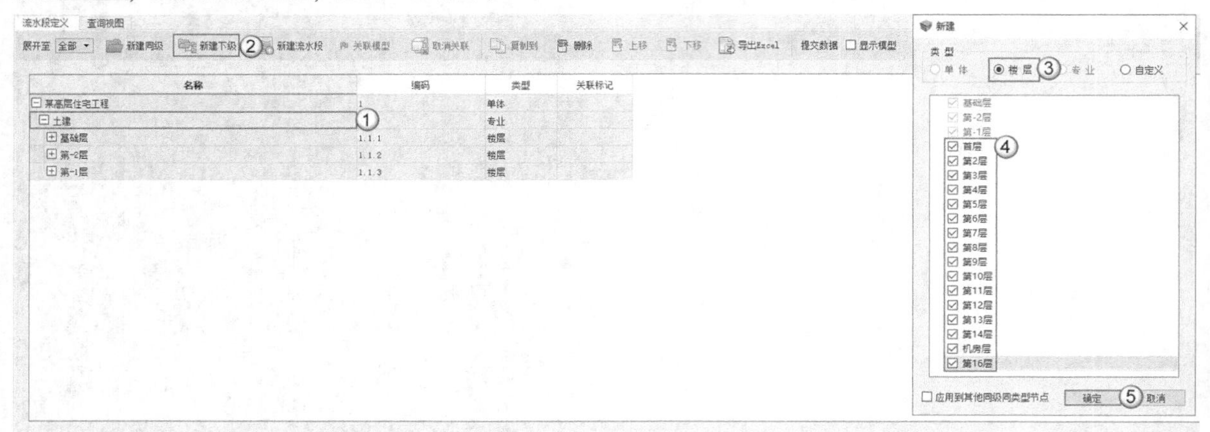

图 7-28

02 楼层创建完成后，选中新建的“首层”楼层，单击“新建流水段”按钮，如图7-29所示，这时将自动建立“首层”的子级“流水段1”，然后单击“关联模型”按钮，对模型进行关联设置，如图7-30所示。

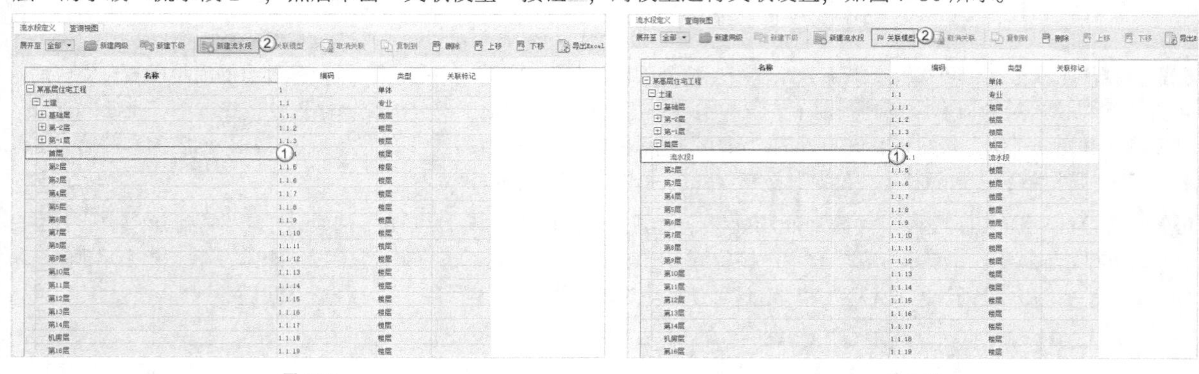

图 7-29

图 7-30

03 在打开的“流水段创建”对话框中，展开“视图”的下拉菜单，选择“CAD图纸管理”选项，接着双击“某高层住宅工程-流水段分区图.dwg”文件。由于基础层定位的是地下部分流水段分区，因此在首层以上的部分需要选择“地上部分流水段分区图”，使用“定位图纸”工具，与基础层进行定位图纸的流程相同，按照同样的方式完成地上部分流水段分区图纸和模型定位的设置，如图7-31所示。

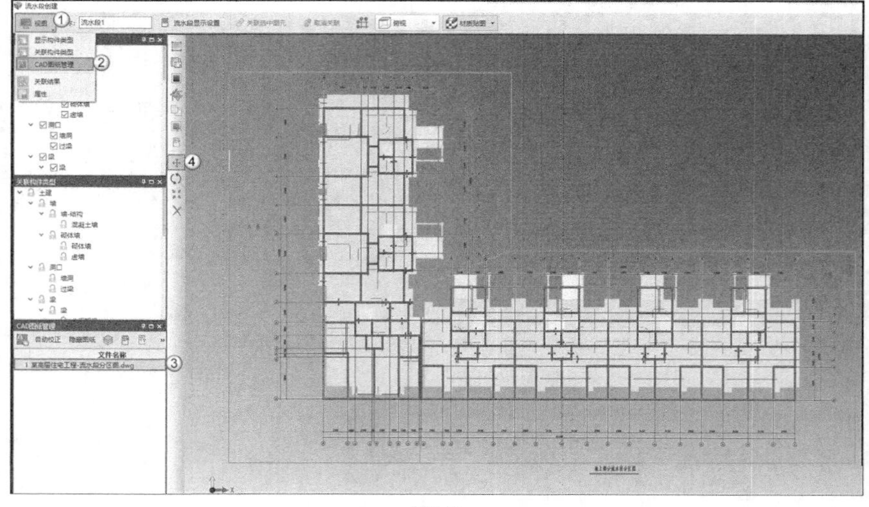

图 7-31

04 在打开的“流水段创建”对话框中，修改流水段的“名称”为“A 区”，然后单击“土建”类型左侧的“锁”按钮，确保流水段已关联构件。在绘制流水段之前，单击“画流水段线框”按钮，然后单击“交点”按钮，激活交点捕捉命令。开始绘制地上部分的流水段分区，绘制完成后单击鼠标右键确认，退出 A 区流水段的绘制。A 区流水段绘制完成后继续绘制 B 区流水段，这时需要单击“应用并新建”按钮应用并新建，如图 7-32 所示。

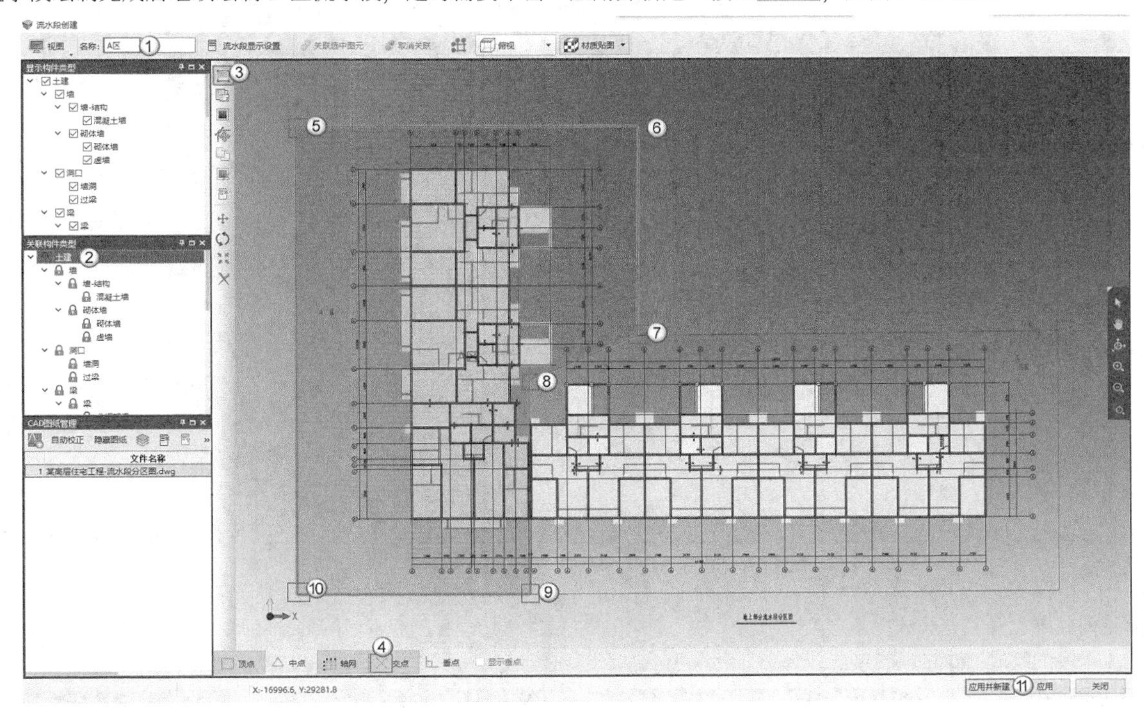

图 7-32

05 这时将弹出关联完成的提示，单击“确定”按钮确定，A 区流水段划分完成，最后在“CAD 图纸管理”面板中单击“隐藏图纸”按钮，此时将显示 A 区流水段绘制的效果，如图 7-33 所示。

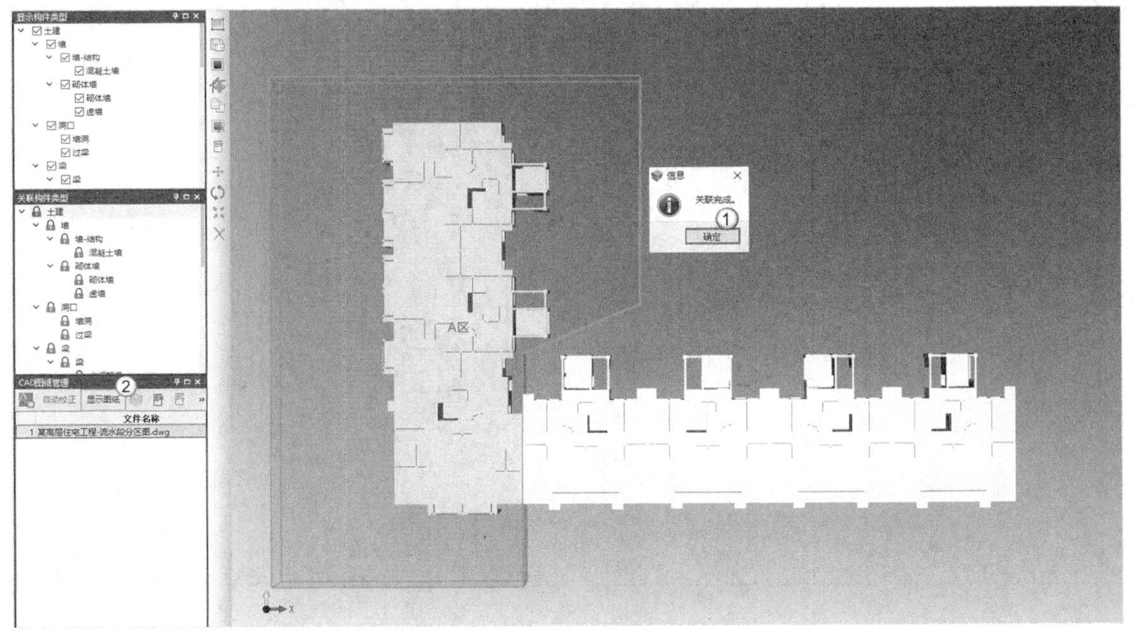

图 7-33

06 按照同样的方式绘制 B 区流水段。先修改流水段的“名称”为“B 区”，然后绘制地上部分的流水段分区，绘制完成后单击鼠标右键确认，退出 B 区流水段的绘制，单击“应用”按钮 应用 ，本层流水段绘制完成，如图 7-34 所示。

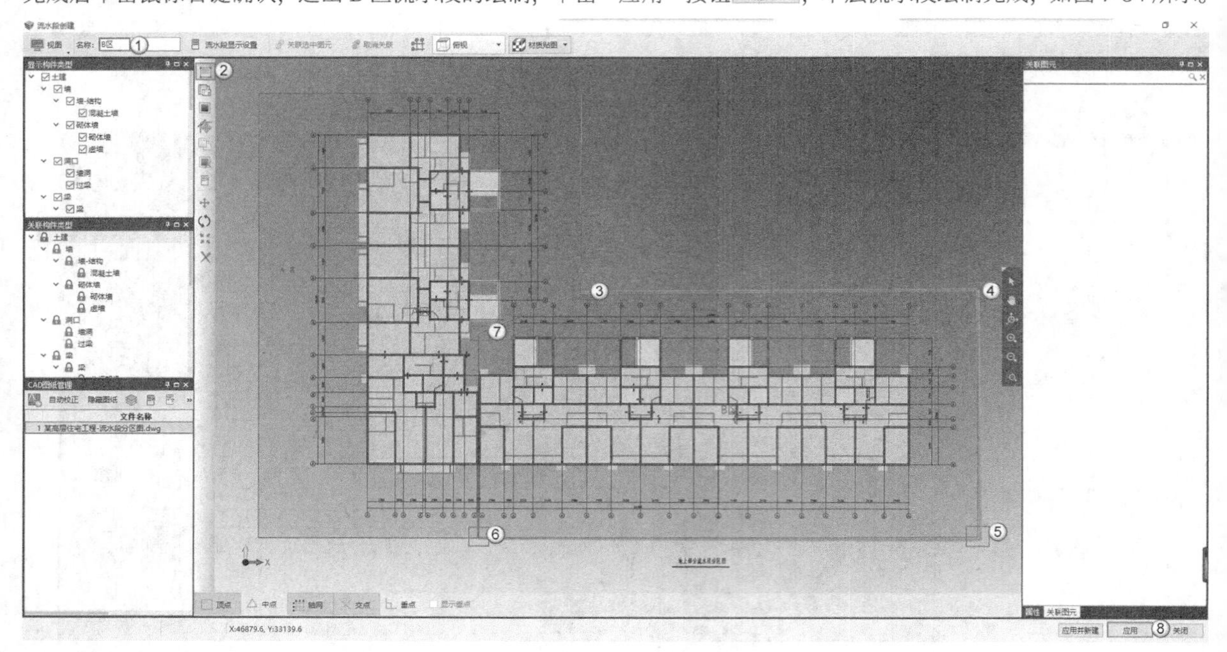

图 7-34

07 这时将弹出关联完成的提示，单击“确定”按钮 确定 。完成首层 A、B 区流水段的划分后，单击“关闭”按钮 关闭 ，退出流水段的绘制，如图 7-35 所示。

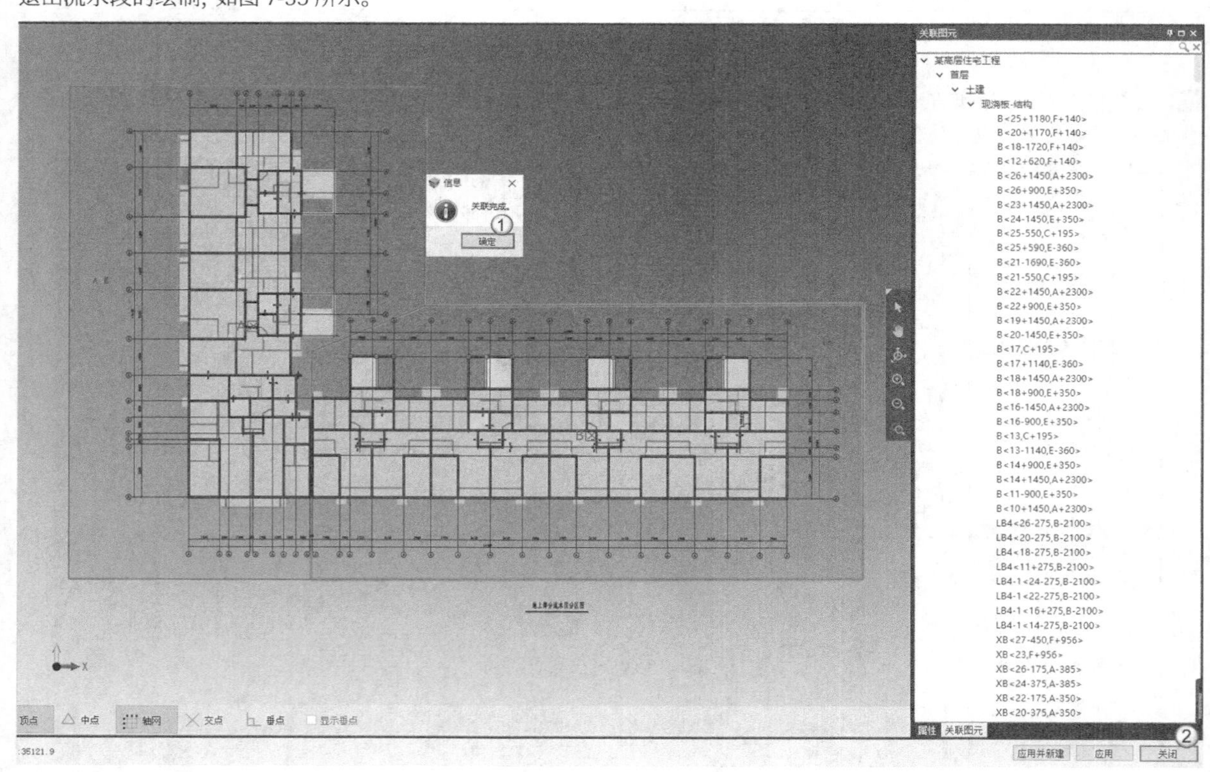

图 7-35

08 在“流水段定义”选项卡中选中“首层”楼层，然后勾选“显示模型”选项，就能在右侧看到绘制好的流水段所关联的模型，如图 7-36 所示。

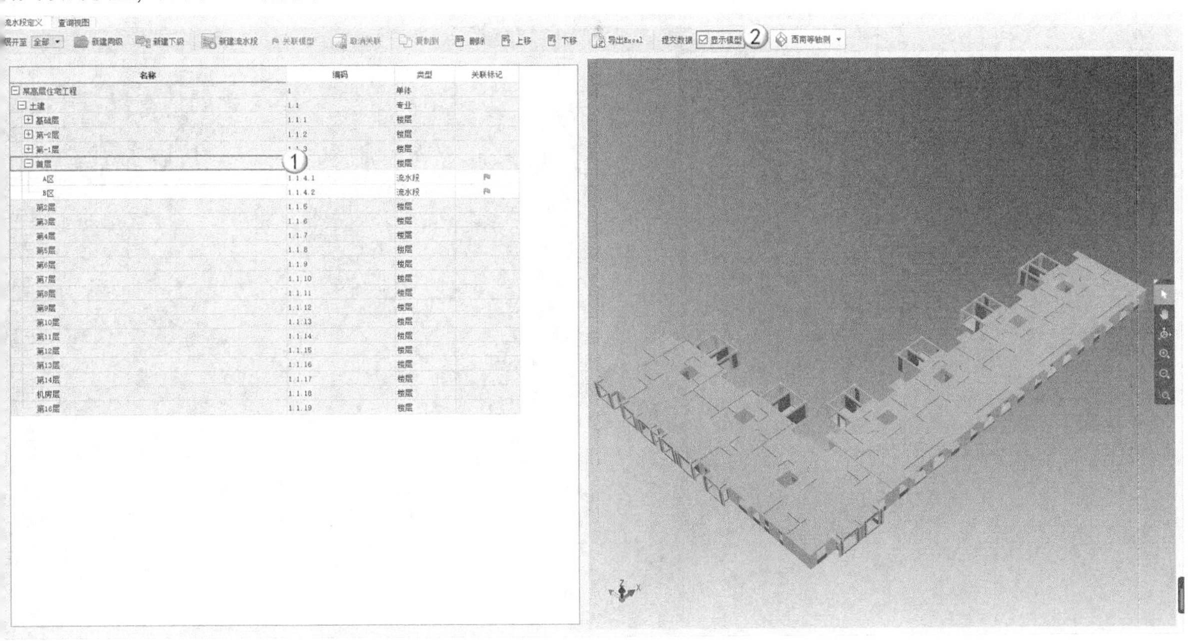

图 7-36

09 其他楼层的流水段划分和首层一致，因此可以直接将首层绘制好的流水段区域复制到“第 2 层”~“第 16 层”楼层。选择“首层”已划分好的流水段“A 区”和“B 区”，然后单击鼠标右键，在弹出的菜单中选择“复制到”选项，打开“复制流水段”对话框，接着勾选“第 2 层”~“第 16 层”楼层，单击“复制”按钮 复制 ，会自动将首层绘制的流水段范围复制到勾选的楼层，如图 7-37 所示。

10 这时将弹出复制完成的提示，单击“确定”按钮 确定 ，完成流水段的复制，单击“确定”按钮 确定 ，退出复制流水段的设置，如图 7-38 所示。

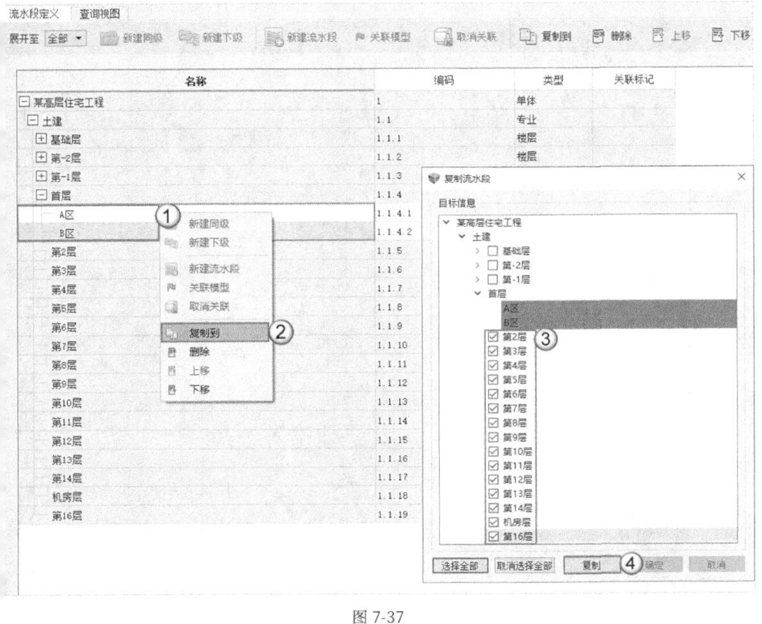

图 7-37

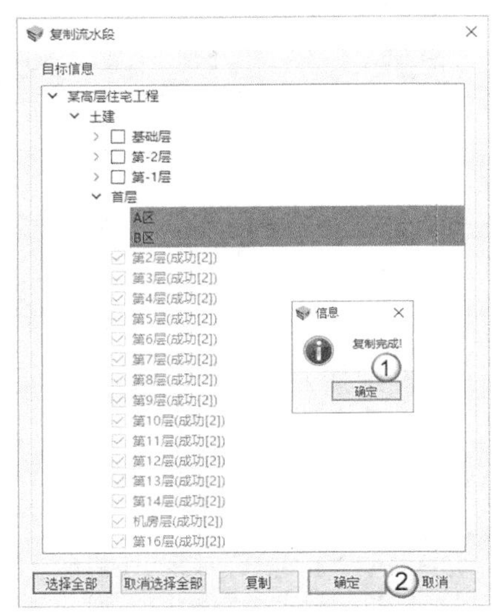

图 7-38

11 查看所有“土建”专业划分的流水段所关联构件的三维模型。在“流水段定义”选项卡中，选中某高层住宅工程的“土建”专业，然后勾选“显示模型”选项，就能在右侧看到已完成的所有流水段分区所关联的模型，如图 7-39 所示。

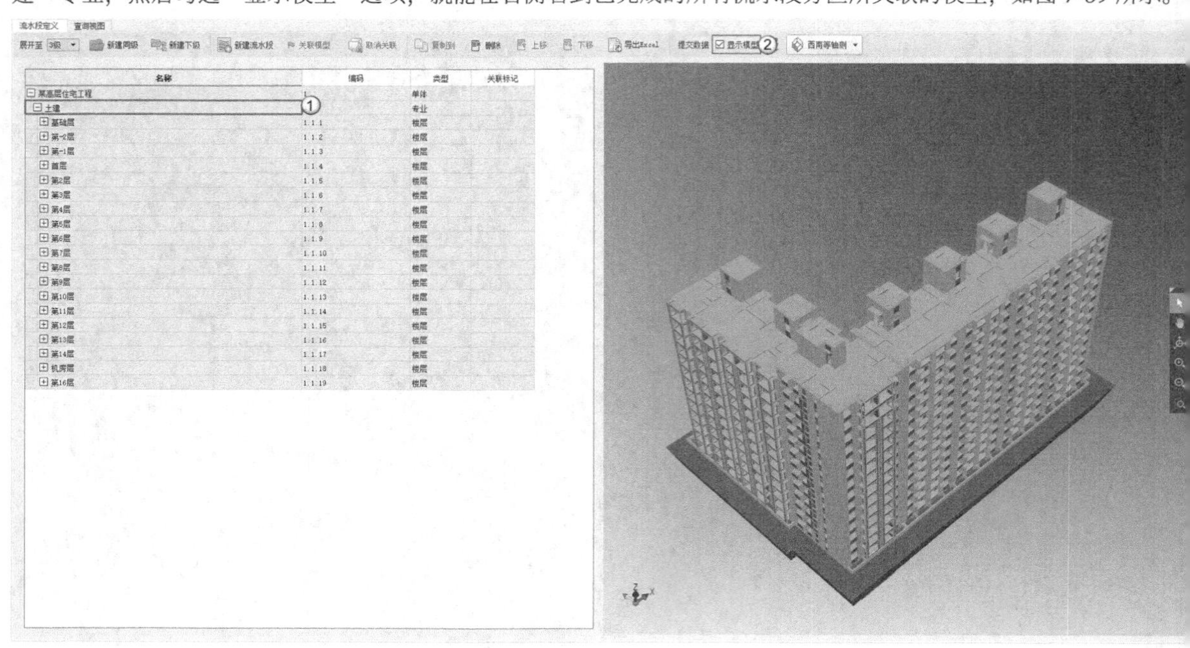

图 7-39

提示 在复制流水段前，需要检查流水段的构件是否全部挂接。在“关联构件类型”面板中，通过“编辑流水段”命令即可查看分区的流水段是否全部锁定，如果“关联构件类型”面板中的内容显示为“锁定”状态，那么就表示已经全部挂接成功。

划分粗装修的流水段

01 完成“土建”专业流水段的划分工作后，继续完成“粗装修”专业的流水段划分。在“流水段定义”选项卡中选择“某高层住宅工程”单体，单击“新建下级”按钮，在打开的“新建”对话框中，选中“类型”下的“专业”选项，同时勾选“粗装修”选项，单击“确定”按钮，完成专业的新建，如图 7-40 所示。

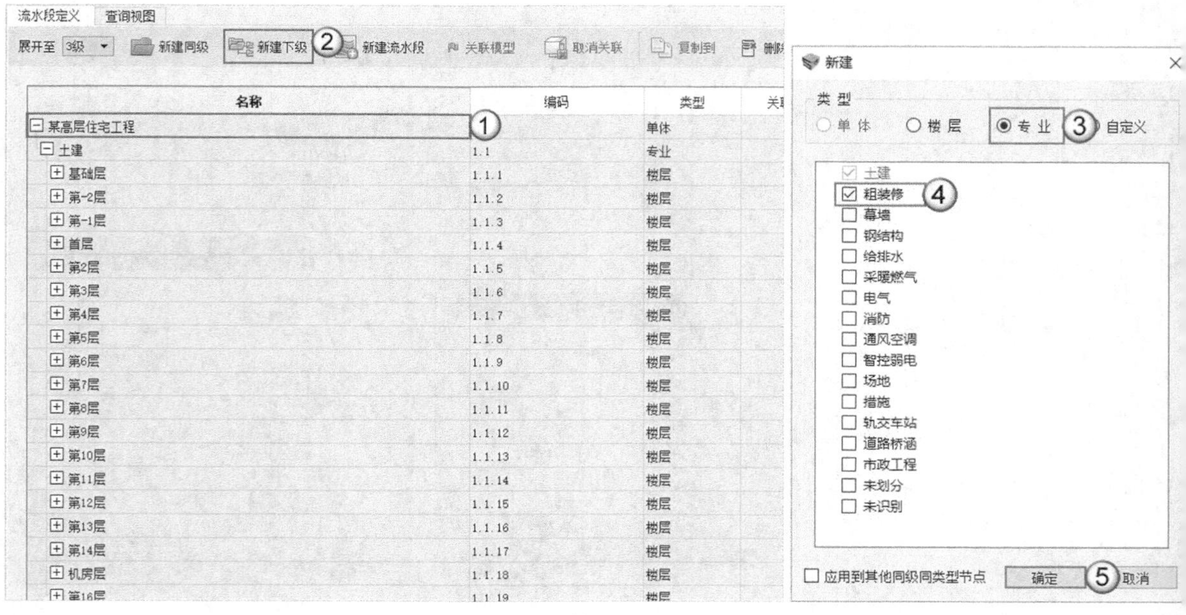

图 7-40

02 按照“专业”创建流水段类型完成后，选中新建的“粗装修”专业，单击“新建下级”按钮，在打开的“新建”对话框中选中“楼层”选项，同时勾选“第 -2 层”~“机房层”楼层，单击“确定”按钮，完成楼层的创建，如图 7-41 所示。

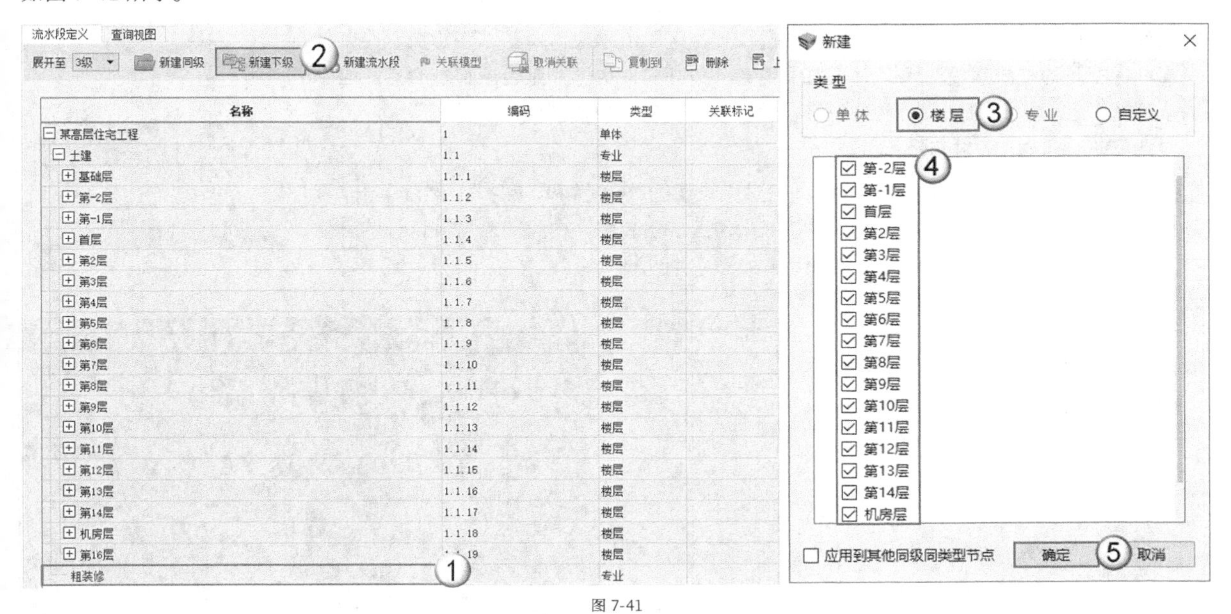

图 7-41

03 由于 BIM5D 能直接区分“土建”和“粗装修”专业对应的构件，因此仅需将“土建”专业绘制的流水段复制到“粗装修”专业即可。同时选中首层的“A 区”和“B 区”，单击“复制到”按钮，打开“复制流水段”对话框，然后勾选“粗装修”中的“首层”选项，最后单击“复制”按钮，如图 7-42 所示。

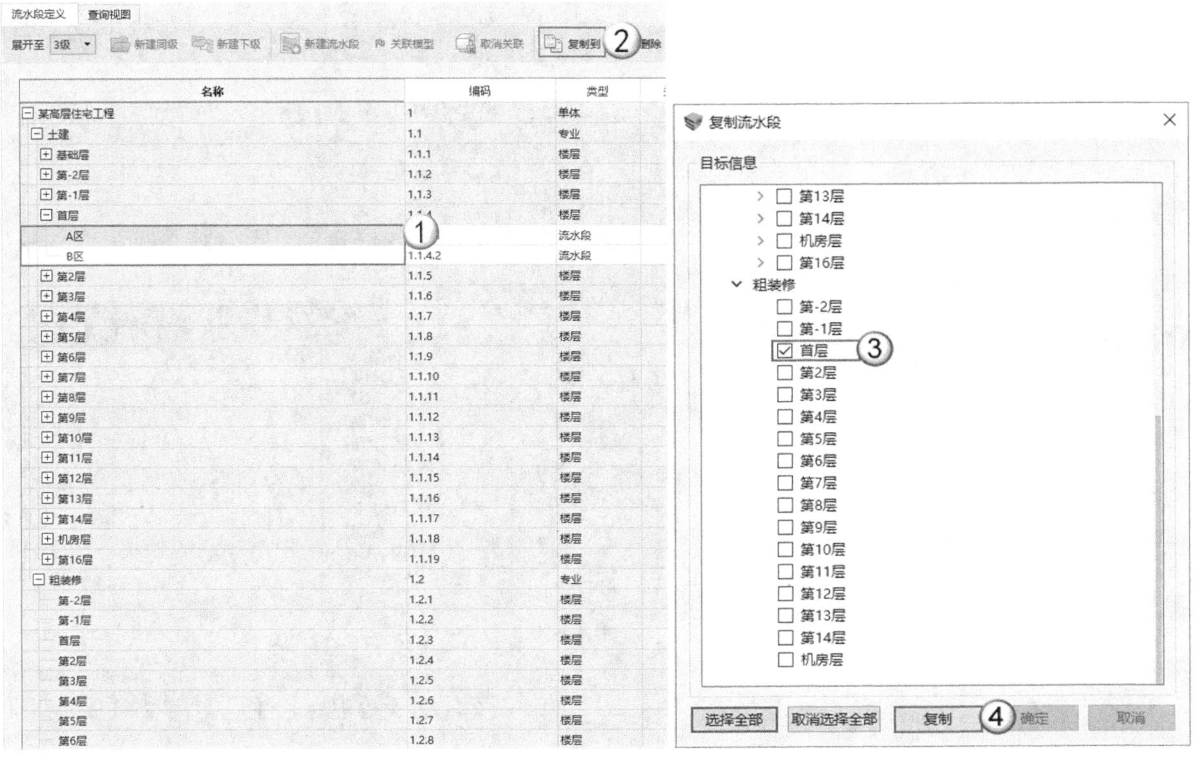

图 7-42

04 待弹出复制完成的提示后，依次单击“确定”按钮 ，“A 区”和“B 区”便被成功复制到“首层”，如图 7-43 所示。

05 为确认从“土建”专业复制的“首层”流水段分区直接挂接了首层所有“粗装修”的构件，下面以“A 区”为例进行确认。选择“A 区”流水段，单击“编辑流水段”按钮，在打开的“流水段编辑”对话框中查看“关联构件类型”是否全部被锁定，显示为全部“锁定”状态则表示构件已经自动挂接好，这时单击“确定”按钮 ，退出对话框即可，如图 7-44 所示。

06 完成构件的挂接后，按住鼠标左键同时选中首层的“A 区”和“B 区”，然后单击“复制到”按钮，打开“复制流水段”对话框，勾选“粗装修”中除“首层”以外的其他楼层选项，然后单击“复制”按钮 ，如图 7-45 所示。

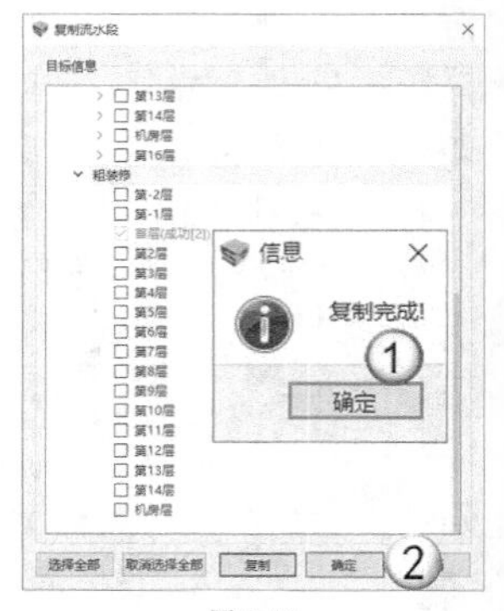

图 7-43

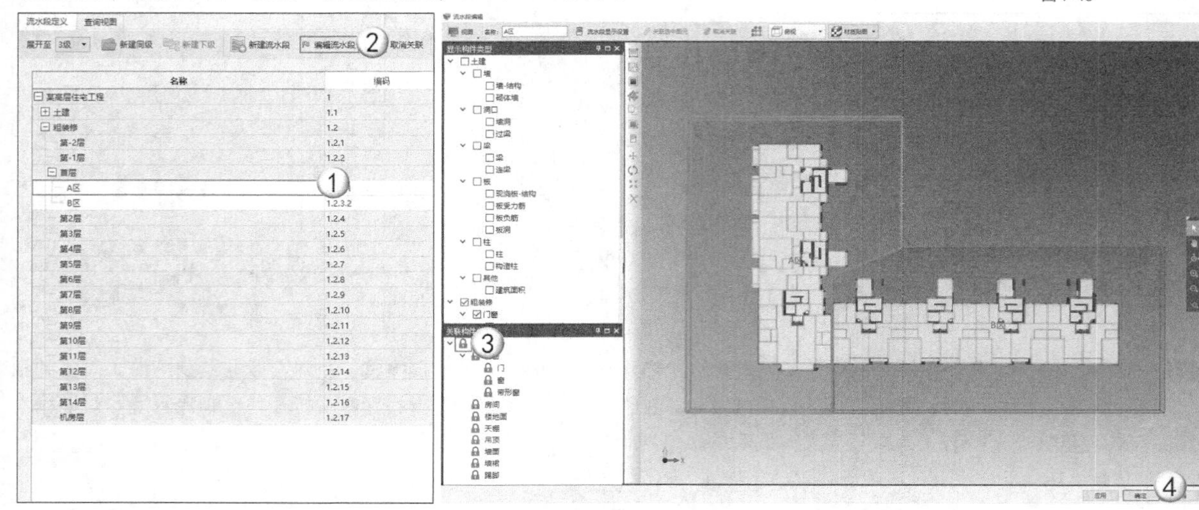

图 7-44

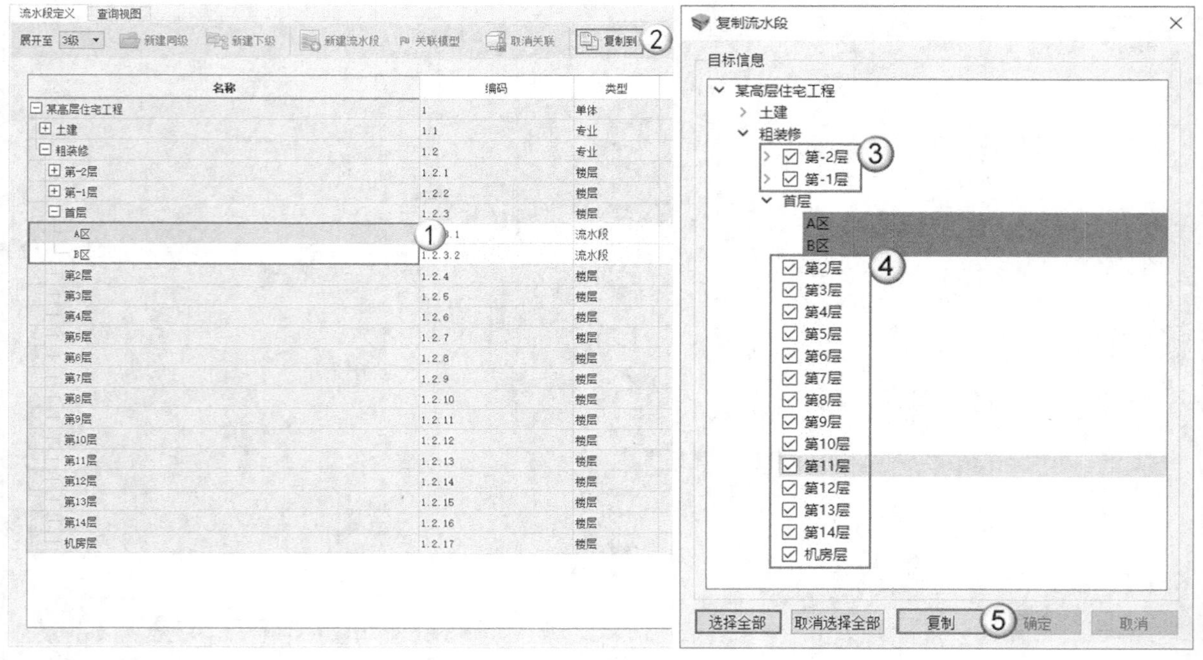

图 7-45

07 这时将弹出复制完成的提示，单击“确定”按钮 确定 ，“A区”和“B 区”便被成功复制到其他楼层，如图 7-46 所示。

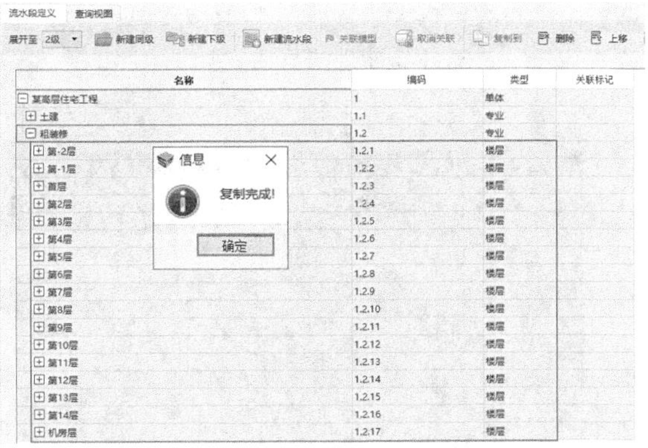

提示 本案例主要以“土建”和“粗装修”为例，如果读者的实际案例中还有其他专业，则可以参照“土建”专业的操作流程。

此外，本高层住宅工程采用的是GTJ2018建模，属于土建和钢筋专业一体化模型。如果读者使用的是钢筋和土建单独建立的模型，那么除了需要按照上述步骤建立“土建”专业外，还需要按照与建立“粗装修”专业同样的方法新建并复制“钢筋”专业的流水段设置。

图 7-46

7.1.3 BIM 模型挂接进度数据

素材位置	素材文件>CH07>BIM模型挂接进度数据
实例位置	实例文件>CH07>BIM模型挂接进度数据
教学视频	BIM模型挂接进度数据.mp4

扫码观看视频

在 BIM5D 平台中，如果有了 BIM 模型（仅包含 3D 模型视图），那么就能在 GTJ2018 中查看三维可视化效果。但是 BIM5D 集成平台不仅可以对模型进行三维可视化，还可以作为项目管理的应用管理平台，因此还会涉及进度计划的数据，需要将进度数据导入 BIM5D。

每一项进度计划在实际的施工中都会涉及工程项目的具体构件。本小节是将项目管理中制订的项目施工计划和 BIM 模型中的构件进行挂接，让实际的进度计划能够细分到具体的模型构件，方便施工管理人员直观地进行项目施工模拟，查看工序设置的合理性。

任务说明

（1）完成进度计划的导入。

（2）根据进度计划任务项关联对应的模型构件。

任务实施

导入进度计划

01 打开“实例文件>CH07>流水段划分>某高层住宅工程.P5D”文件，单击“施工模拟”按钮，在“进度计划”对话框中单击“导入进度计划”按钮，打开“导入”对话框，然后选择“素材文件>CH07>BIM 模型挂接进度数据>某高层住宅工程-进度计划.mpp”，最后单击“打开”按钮 打开(O) ，如图 7-47 所示。

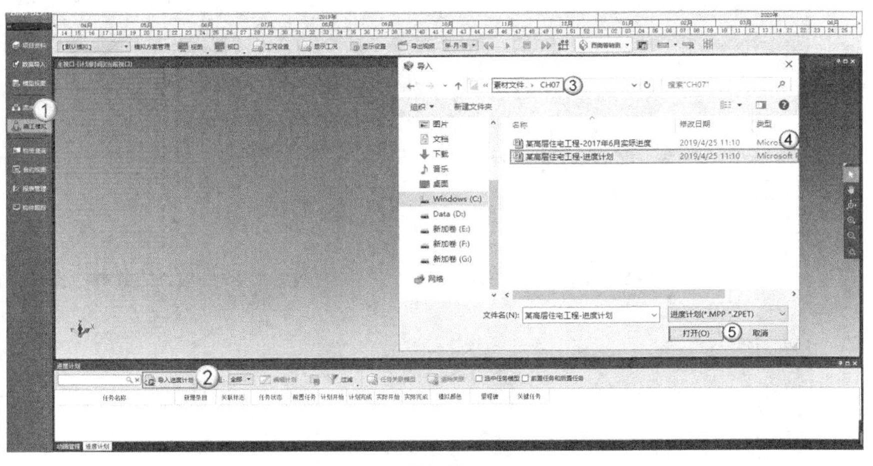

图 7-47

02 在打开的“导入进度计划”对话框中，软件将自动匹配 Project 中进度计划的时间字段，单击“确定”按钮 确定 ，完成进度计划的导入，如图 7-48 所示。

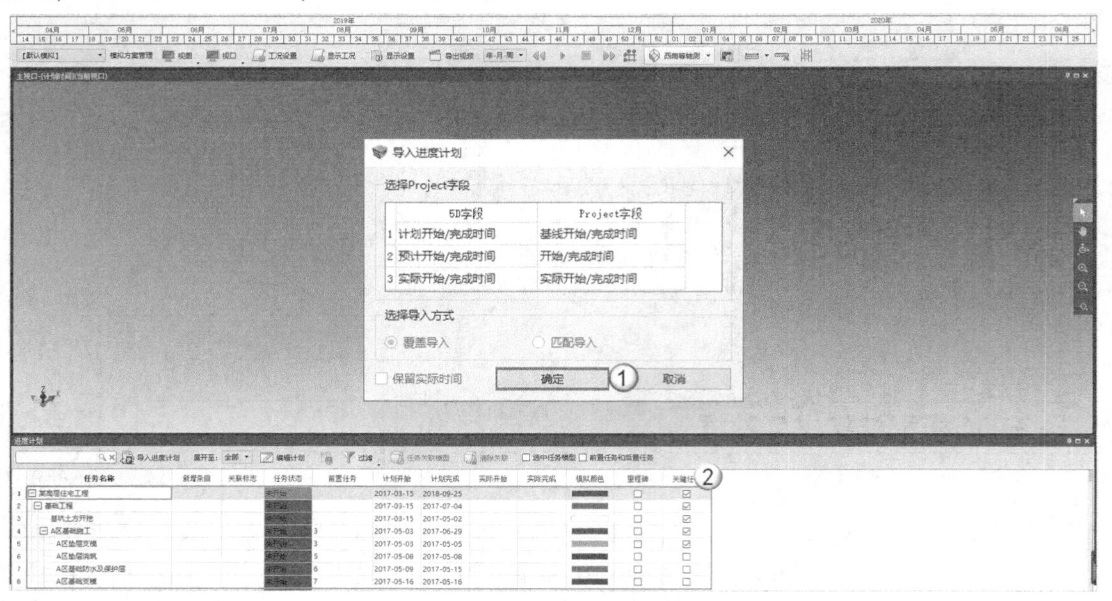

图 7-48

提示 本案例以“单机版”为例讲解BIM5D造价应用。在实施项目的过程中，如果采用的是协同版，那么进度计划可以由项目部的其他管理人员负责导入，而造价专业人员仅需完成合同预算和成本预算的导入即可。

除此之外，在导入进度计划时，需要提前安装好Project软件。

进度计划关联模型

01 单击“施工模拟”按钮，打开“进度计划”对话框，根据进度计划施工顺序，逐一将进度计划任务关联到 BIM 模型构件。这里以“基坑土方开挖”为例，讲解任务关联模型的具体操作。在“任务名称”中选择“基坑土方开挖”，然后单击“任务关联模型”按钮，如图 7-49 所示。

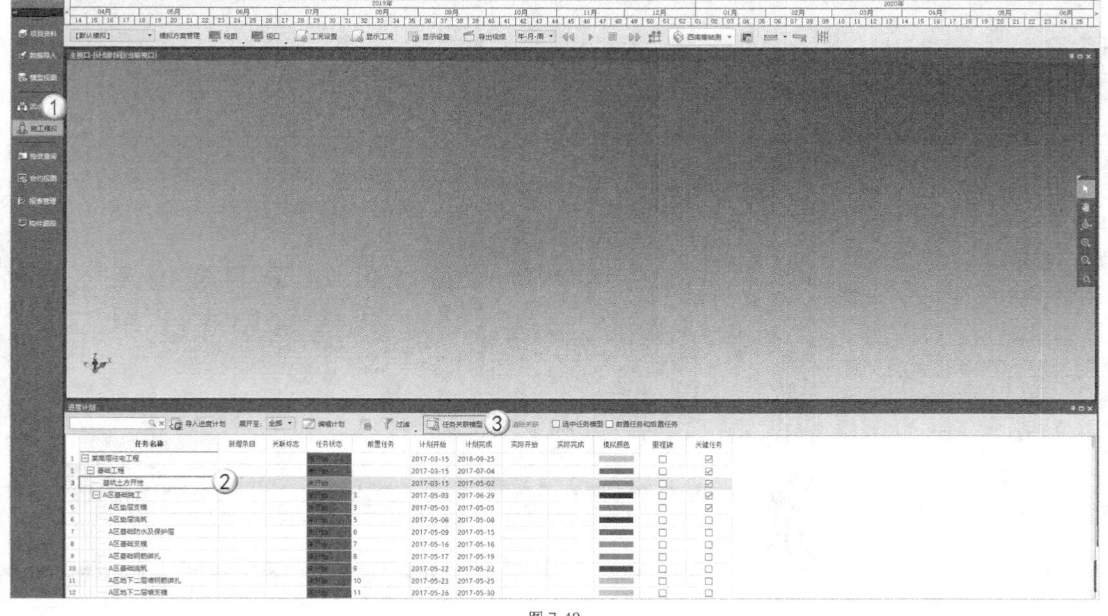

图 7-49

02 由于选择的是“基坑土方开挖”，因此与它对应的模型楼层在“基础层”楼层，并且其专业属于“土建”。基坑开挖按照不区分流水段进行处理，因此选择“流水段”为“基础层（包含 A、B 区）”，然后勾选“构件类型”为“大开挖土方”选项，最后单击“关联”按钮，待弹出关联成功的提示后，单击“确定”按钮，完成“基坑土方开挖”与模型“大开挖土方”构件的挂接，如图 7-50 所示。

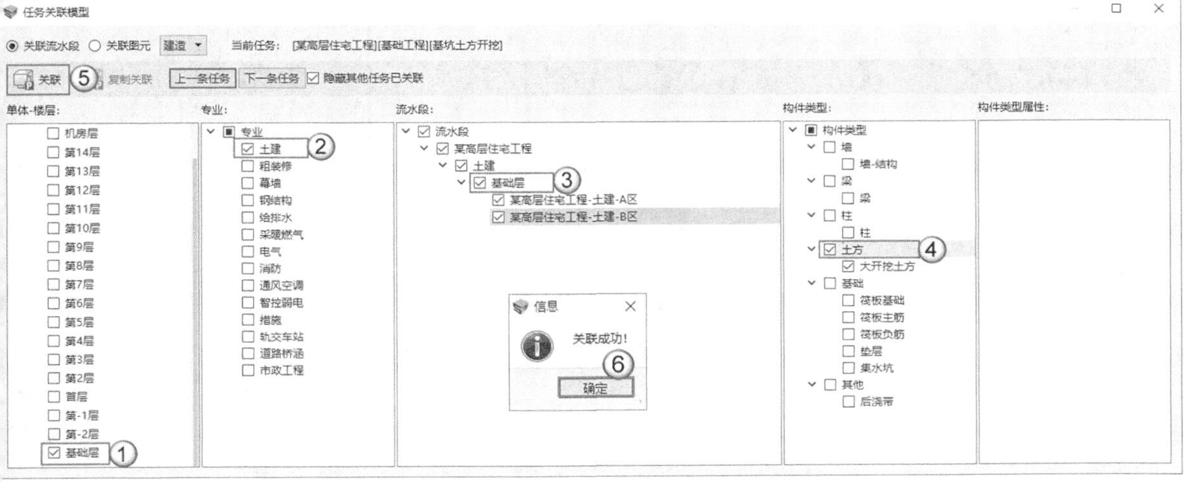

图 7-50

提示 在关联流水段时，可以在“任务关联模型”对话框中勾选“隐藏其他任务已关联”选项，使已关联的构件不显示，提高关联的速度。

03 某一个任务关联成功后，“进度计划”对话框中该任务的“关联标志”一栏将出现“绿色旗帜”图标作为成功的标识，如图 7-51 所示。

	任务名称	新增条目	关联标志	任务状态	前置任务	计划开始	计划完成	实际开始	实际完成	模拟颜色	里程碑	关键任务
1	⊟ 某高层住宅工程			未开始		2017-03-15	2018-09-25				☐	☑
2	⊟ 基础工程			未开始		2017-03-15	2017-07-04				☐	☑
3	基坑土方开挖			未开始		2017-03-15	2017-05-02				☐	☑
4	⊟ A区基础施工			未开始	3	2017-05-03	2017-06-29				☐	☑
5	A区垫层支模			未开始	3	2017-05-03	2017-05-05				☐	☑
6	A区垫层浇筑			未开始	5	2017-05-08	2017-05-08				☐	☐
7	A区基础防水及保护层			未开始	6	2017-05-09	2017-05-15				☐	☐
8	A区基础支模			未开始	7	2017-05-16	2017-05-16				☐	☐
9	A区基础钢筋绑扎			未开始	8	2017-05-17	2017-05-19				☐	☐
10	A区基础浇筑			未开始	9	2017-05-22	2017-05-22				☐	☐
11	A区地下二层墙钢筋绑扎			未开始	10	2017-05-23	2017-05-25				☐	☐
12	A区地下二层墙支模			未开始	11	2017-05-26	2017-05-30				☐	☐

图 7-51

04 按照同样的方法，将“主体”和“粗装修”的进度计划关联到对应的模型，完成后如图 7-52~ 图 7-61 所示。

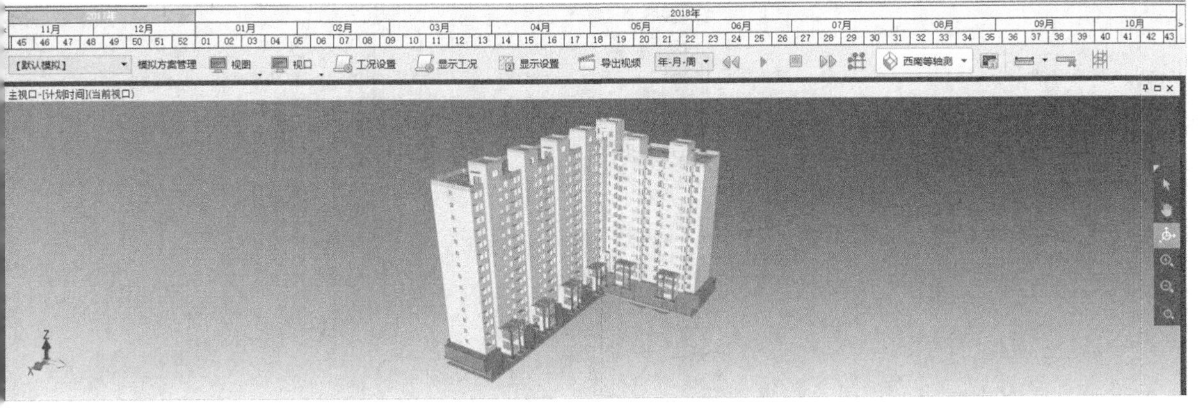

图 7-52

进度计划　导入进度计划　展开至：全部

	任务名称	新增条目	关联标志
1	⊟ 某住宅项目进度计划		
2	⊟ 基础工程		
3	基坑土方开挖		⚑
4	⊟ A区基础施工		
5	A区垫层支模		
6	A区垫层浇筑		⚑
7	A区基础防水及保护层		
8	A区基础支模		
9	A区基础钢筋绑扎		⚑
10	A区基础浇筑		⚑
11	A区地下二层墙钢筋绑扎		
12	A区地下二层墙支模		
13	A区地下二层墙砼浇筑		⚑
14	A区地下二层板支模		⚑
15	A区地下二层板钢筋绑扎		⚑
16	A区地下二层板砼浇筑		⚑
17	A区地下一层墙钢筋绑扎		
18	A区地下一层墙支模		
19	A区地下一层墙砼浇筑		⚑
20	A区地下一层板支模		
21	A区地下一层板钢筋绑扎		⚑
22	A区地下一层板砼浇筑		⚑
23	⊟ B区基础施工		
24	B区垫层支模		
25	B区垫层浇筑		⚑
26	B区基础防水及保护层		
27	B区基础支模		
28	B区基础钢筋绑扎		⚑
29	B区基础浇筑		⚑
30	B区地下二层墙钢筋绑扎		
31	B区地下二层墙支模		
32	B区地下二层墙砼浇筑		⚑
33	B区地下二层板支模		
34	B区地下二层板钢筋绑扎		⚑

图 7-53

进度计划　导入进度计划　展开至：全部

	任务名称	新增条目	关联标志
34	B区地下二层板钢筋绑扎		⚑
35	B区地下二层板砼浇筑		⚑
36	B区地下一层墙钢筋绑扎		
37	B区地下一层墙支模		
38	B区地下一层墙砼浇筑		⚑
39	B区地下一层板支模		
40	B区地下一层板钢筋绑扎		⚑
41	B区地下一层板砼浇筑		⚑
42	⊟ 地上主体工程		
43	⊟ A区主体施工		
44	A区首层墙钢筋绑扎		
45	A区首层墙支模		
46	A区首层墙砼浇筑		⚑
47	A区首层板支模		
48	A区首层板钢筋绑扎		⚑
49	A区首层板砼浇筑		⚑
50	A区2层墙钢筋绑扎		
51	A区2层墙支模		
52	A区2层墙砼浇筑		⚑
53	A区2层板支模		
54	A区2层板钢筋绑扎		⚑
55	A区2层板砼浇筑		⚑
56	A区3层墙钢筋绑扎		
57	A区3层墙支模		
58	A区3层墙砼浇筑		⚑
59	A区3层板支模		
60	A区3层板钢筋绑扎		⚑
61	A区3层板砼浇筑		⚑
62	A区4层墙钢筋绑扎		
63	A区4层墙支模		
64	A区4层墙砼浇筑		⚑
65	A区4层板支模		
66	A区4层板钢筋绑扎		⚑
67	A区4层板砼浇筑		⚑

图 7-54

进度计划　导入进度计划　展开至：全部

	任务名称	新增条目	关联标志
67	A区4层板砼浇筑		⚑
68	A区5层墙钢筋绑扎		
69	A区5层墙支模		
70	A区5层墙砼浇筑		⚑
71	A区5层板支模		
72	A区5层板钢筋绑扎		⚑
73	A区5层板砼浇筑		⚑
74	A区6层墙钢筋绑扎		
75	A区6层墙支模		
76	A区6层墙砼浇筑		⚑
77	A区6层板支模		
78	A区6层板钢筋绑扎		⚑
79	A区6层板砼浇筑		⚑
80	A区7层墙钢筋绑扎		
81	A区7层墙支模		
82	A区7层墙砼浇筑		⚑
83	A区7层板支模		
84	A区7层板钢筋绑扎		⚑
85	A区7层板砼浇筑		⚑
86	A区8层墙钢筋绑扎		
87	A区8层墙支模		
88	A区8层墙砼浇筑		⚑
89	A区8层板支模		
90	A区8层板钢筋绑扎		⚑
91	A区8层板砼浇筑		⚑
92	A区9层墙钢筋绑扎		
93	A区9层墙支模		
94	A区9层墙砼浇筑		⚑
95	A区9层板支模		
96	A区9层板钢筋绑扎		⚑
97	A区9层板砼浇筑		⚑
98	A区10层墙钢筋绑扎		
99	A区10层墙支模		
100	A区10层墙砼浇筑		⚑

图 7-55

进度计划　导入进度计划　展开至：全部

	任务名称	新增条目	关联标志
100	A区10层墙砼浇筑		⚑
101	A区10层板支模		
102	A区10层板钢筋绑扎		⚑
103	A区10层板砼浇筑		⚑
104	A区11层墙钢筋绑扎		
105	A区11层墙支模		
106	A区11层墙砼浇筑		⚑
107	A区11层板支模		
108	A区11层板钢筋绑扎		⚑
109	A区11层板砼浇筑		⚑
110	A区12层墙钢筋绑扎		
111	A区12层墙支模		
112	A区12层墙砼浇筑		⚑
113	A区12层板支模		
114	A区12层板钢筋绑扎		⚑
115	A区12层板砼浇筑		⚑
116	A区13层墙钢筋绑扎		
117	A区13层墙支模		
118	A区13层墙砼浇筑		⚑
119	A区13层板支模		
120	A区13层板钢筋绑扎		⚑
121	A区13层板砼浇筑		⚑
122	A区14层墙钢筋绑扎		
123	A区14层墙支模		
124	A区14层墙砼浇筑		⚑
125	A区14层板支模		
126	A区14层板钢筋绑扎		⚑
127	A区14层板砼浇筑		⚑
128	A区机房层墙钢筋绑扎		
129	A区机房层支模		
130	A区机房层墙砼浇筑		⚑
131	A区机房层板钢筋绑扎		⚑
132	A区机房层板砼浇筑		⚑
133	⊟ B区主体施工		

图 7-56

进度计划　导入进度计划　展开至：全部

	任务名称	新增条目	关联标志
133	⊟ B区主体施工		
134	B区首层墙钢筋绑扎		
135	B区首层墙支模		
136	B区首层墙砼浇筑		⚑
137	B区首层板支模		
138	B区首层板钢筋绑扎		⚑
139	B区首层板砼浇筑		⚑
140	B区2层墙钢筋绑扎		
141	B区2层墙支模		
142	B区2层墙砼浇筑		⚑
143	B区2层板支模		
144	B区2层板钢筋绑扎		⚑
145	B区2层板砼浇筑		⚑
146	B区3层墙钢筋绑扎		
147	B区3层墙支模		
148	B区3层墙砼浇筑		⚑
149	B区3层板支模		
150	B区3层板钢筋绑扎		⚑
151	B区3层板砼浇筑		⚑
152	B区4层墙钢筋绑扎		
153	B区4层墙支模		
154	B区4层墙砼浇筑		⚑
155	B区4层板支模		
156	B区4层板钢筋绑扎		⚑
157	B区4层板砼浇筑		⚑
158	B区5层墙钢筋绑扎		
159	B区5层墙支模		
160	B区5层墙砼浇筑		⚑
161	B区5层板支模		
162	B区5层板钢筋绑扎		⚑
163	B区5层板砼浇筑		⚑
164	B区6层墙钢筋绑扎		
165	B区6层墙支模		
166	B区6层墙砼浇筑		⚑

图 7-57

进度计划　导入进度计划　展开至：全部

	任务名称	新增条目	关联标志
166	B区6层墙砼浇筑		⚑
167	B区6层板支模		
168	B区6层板钢筋绑扎		⚑
169	B区6层板砼浇筑		⚑
170	B区7层墙钢筋绑扎		
171	B区7层墙支模		
172	B区7层墙砼浇筑		⚑
173	B区7层板支模		
174	B区7层板钢筋绑扎		⚑
175	B区7层板砼浇筑		⚑
176	B区8层墙钢筋绑扎		
177	B区8层墙支模		
178	B区8层墙砼浇筑		⚑
179	B区8层板支模		
180	B区8层板钢筋绑扎		⚑
181	B区8层板砼浇筑		⚑
182	B区9层墙钢筋绑扎		
183	B区9层墙支模		
184	B区9层墙砼浇筑		⚑
185	B区9层板支模		
186	B区9层板钢筋绑扎		⚑
187	B区9层板砼浇筑		⚑
188	B区10层墙钢筋绑扎		
189	B区10层墙支模		
190	B区10层墙砼浇筑		⚑
191	B区10层板支模		
192	B区10层板钢筋绑扎		⚑
193	B区10层板砼浇筑		⚑
194	B区11层墙钢筋绑扎		
195	B区11层墙支模		
196	B区11层墙砼浇筑		⚑
197	B区11层板支模		
198	B区11层板钢筋绑扎		⚑
199	B区11层板砼浇筑		⚑

图 7-58

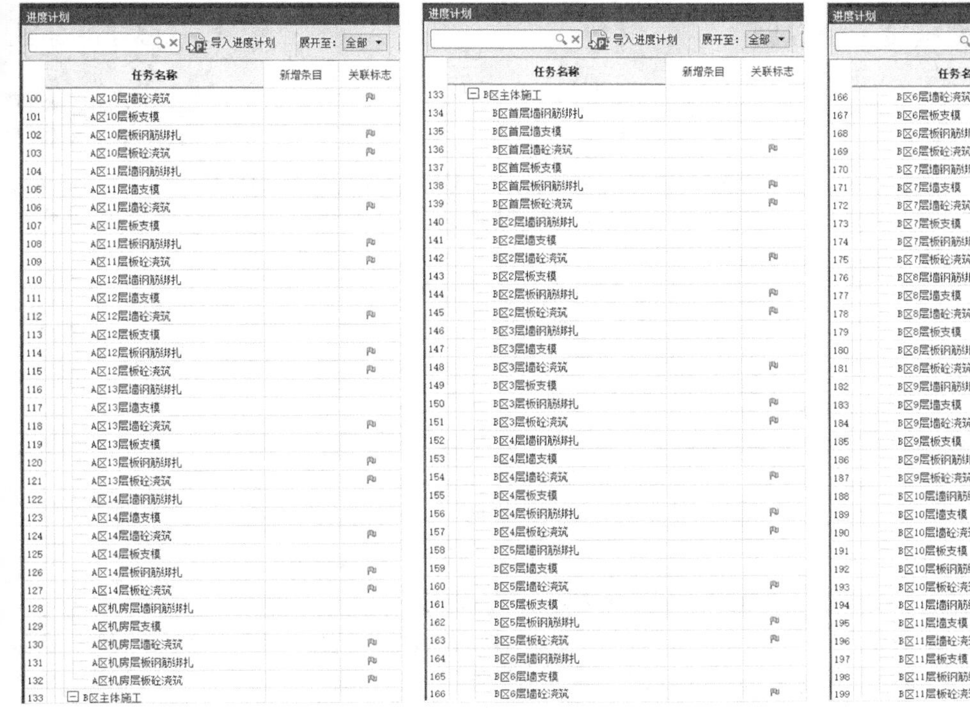

图 7-59

图 7-60

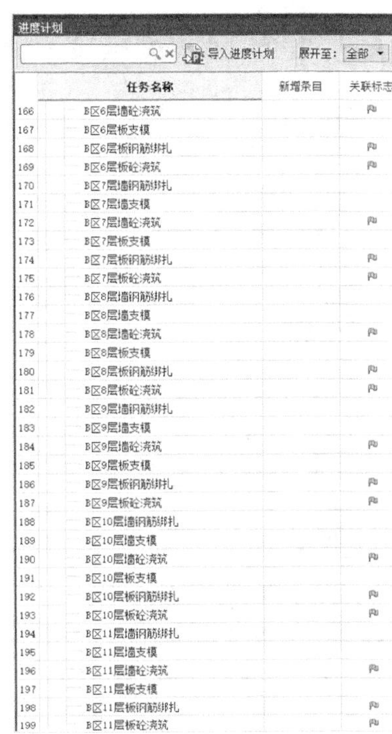

图 7-61

提示 对于本案例中出现的进度计划中的“墙支模”和“墙钢筋绑扎”选项，因未提供模架和钢筋专业模型，因此案例进度计划中的“墙支模”和“墙钢筋绑扎”选项未关联对应的模型构件，如图7-62所示。

图 7-62

由于本高层住宅项目是剪力墙结构，因此需要在“进度计划”中将暗柱关联到“墙砼浇筑”，如图7-63所示。此外，板进度计划则包括梁、板和挑檐等剩余主体构件，读者可自行完成。在实际的操作过程中，需根据进度计划关联模型。

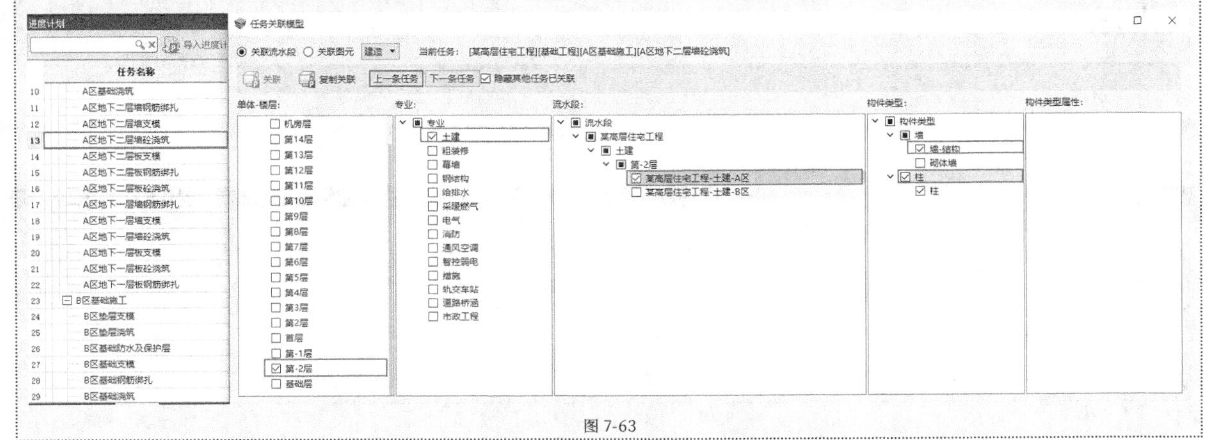

图 7-63

7.1.4 BIM 模型挂接造价数据

素材位置	素材文件>CH07>BIM模型挂接造价数据
实例位置	实例文件>CH07>BIM模型挂接造价数据
教学视频	BIM模型挂接造价数据.mp4

扫码观看视频

完成模型挂接进度计划的任务后，则可在 3D（可视化）的基础上加载时间维度，形成 BIM 的 4D 功能。而本书重点介绍的是 BIM 在造价方面的应用，因此还需要将预算数据挂接至模型，形成 BIM 的 5D 功能，从而满足造价管理过程中对资金、物料的模拟需求，这也是本例将要讲解的内容。

任务说明

（1）完成合同预算和成本预算文件的导入。

（2）完成合同预算手动关联模型流程。

（3）完成成本预算清单匹配自动关联模型流程。

任务实施

导入合同预算和成本预算

01 打开“实例文件 >CH07>BIM 模型挂接进度数据 >BIM 模型挂接进度数据 .P5D”文件，单击“数据导入”按钮，进入相应的界面。切换到“预算导入”选项卡，单击“添加预算书”按钮，在打开的“添加预算文件”对话框中选中“GBQ 预算文件”选项，最后单击“确定”按钮，如图 7-64 所示。

02 这时将打开“添加预算书”对话框，选择“素材文件 >CH07>BIM 模型挂接造价数据 > 某高层住宅工程 - 合同预算 .GBQ4”文件，单击“打开”按钮，完成合同预算的导入，如图 7-65 所示。

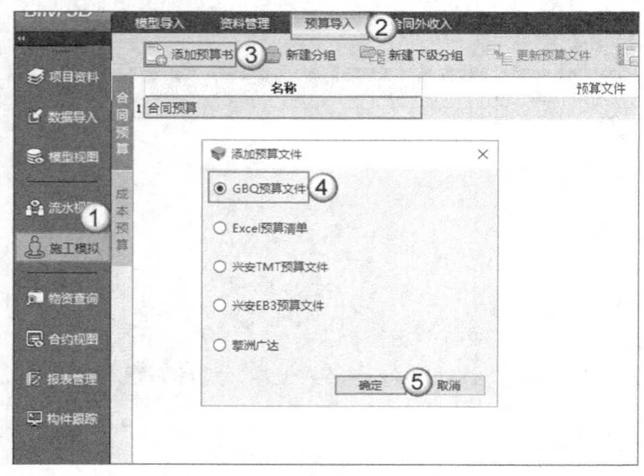

图 7-64

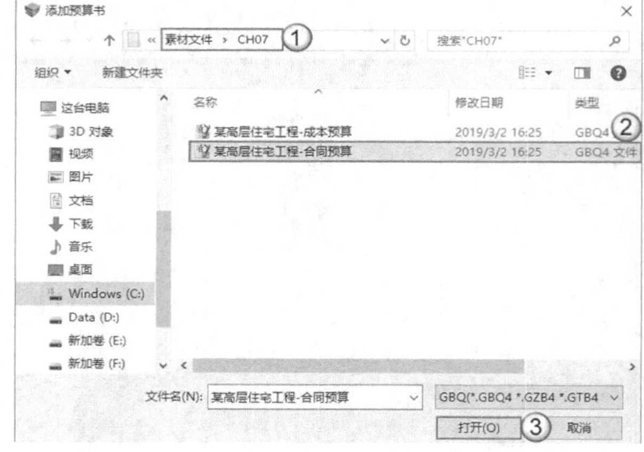

图 7-65

03 导入后会弹出添加预算成功的提示，单击“确定”按钮，这时该工程的合同预算书就显示在“合同预算”列表中了，如图 7-66 所示。

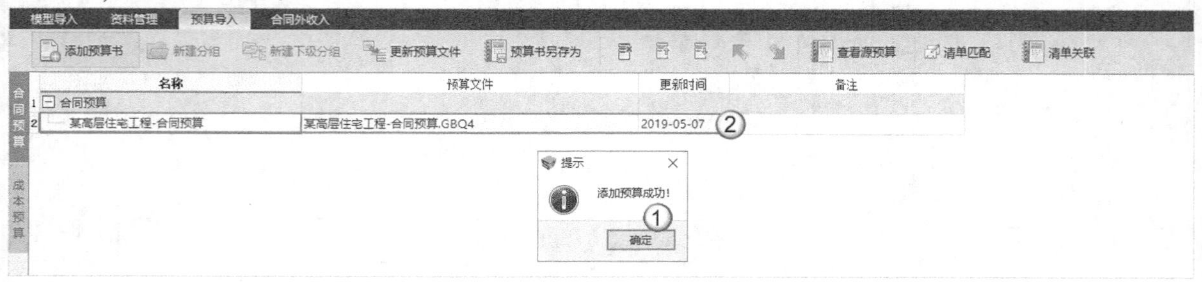

图 7-66

04 切换到“成本预算”设置界面，单击“添加预算书”按钮，在打开的“添加预算文件”对话框中选中“GBQ 预算文件”选项，单击“确定”按钮，如图 7-67 所示。

05 在打开的“添加预算书”对话框中选择“素材文件 >CH07>BIM 模型挂接造价数据 > 某高层住宅工程 - 成本预算 .GBQ4”文件，然后单击“打开”按钮，完成成本预算的导入，如图 7-68 所示。

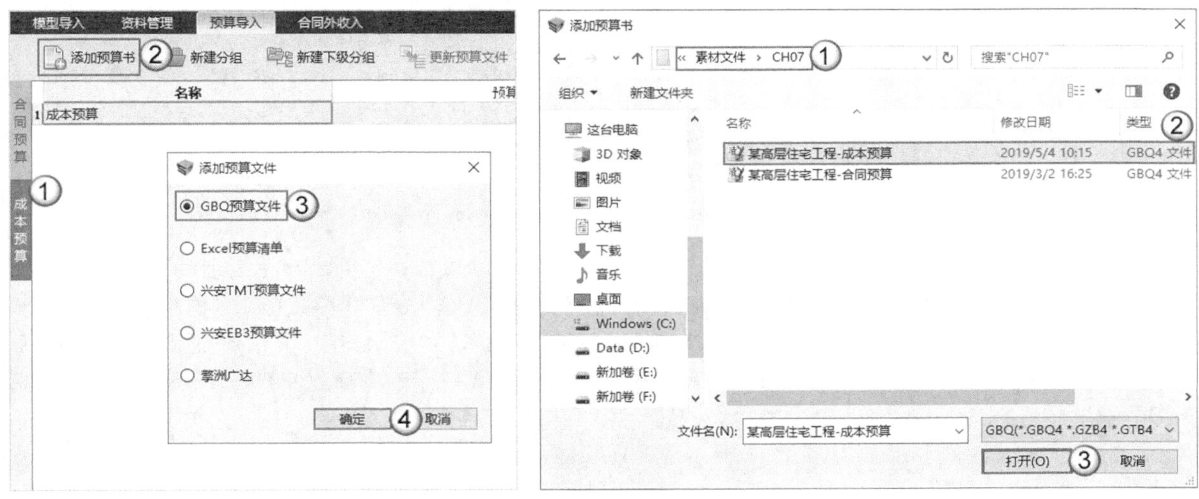

图 7-67　　图 7-68

06 导入后弹出添加预算成功的提示，单击“确定”按钮，这时该工程的成本预算书就显示在“成本预算”列表中了，如图 7-69 所示。

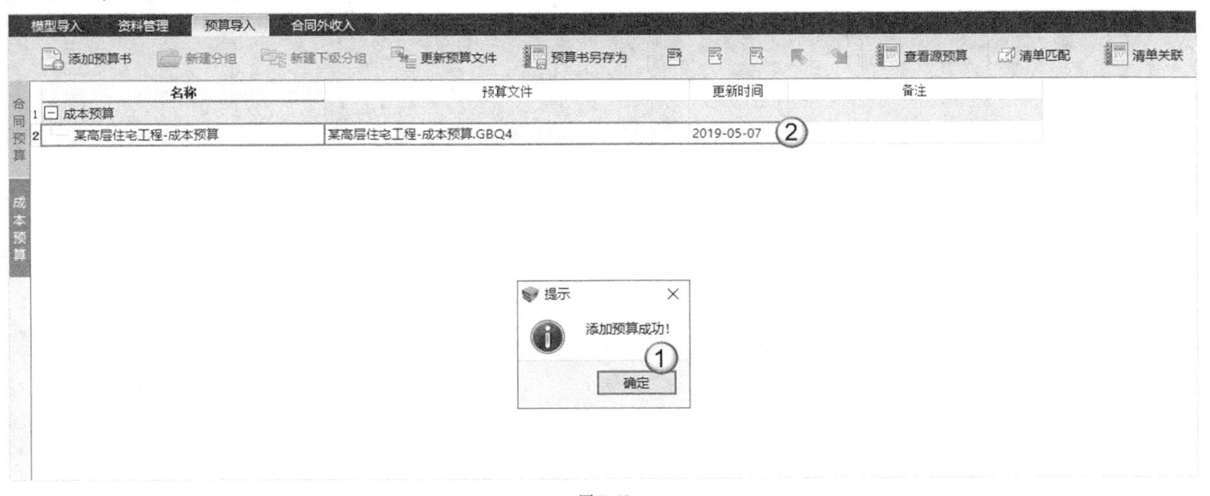

图 7-69

提示 在实际的操作过程中，如果实际导入的“预算文件”不是GBQ4预算文件，那么根据用户实际的预算文件格式选择对应的格式导入即可。如果需要导入Excel文件，那么建议将分部分项工程量清单、可计量措施清单和总价措施项这3种清单一同导入，也可以以“分部分项工程量清单+可计量措施清单”或“分部分项工程量清单+总价措施项”的形式一同导入，这样将会被合并为一份预算文件，在后续对总价措施进行关联时，就可以将清单关联到总价措施项目下。

合同预算手动关联

01 切换到“合同预算”选项卡，选中“某高层住宅工程 - 合同预算”预算文件，单击“清单关联”按钮，打开“清单关联”对话框，如图 7-70 所示。接下来分别以“土建”“C30 后浇带”子目和“钢筋”“现浇钢筋 钢筋规格 HPB300 6.5”为例，对合同预算的手动关联模型进行讲解。

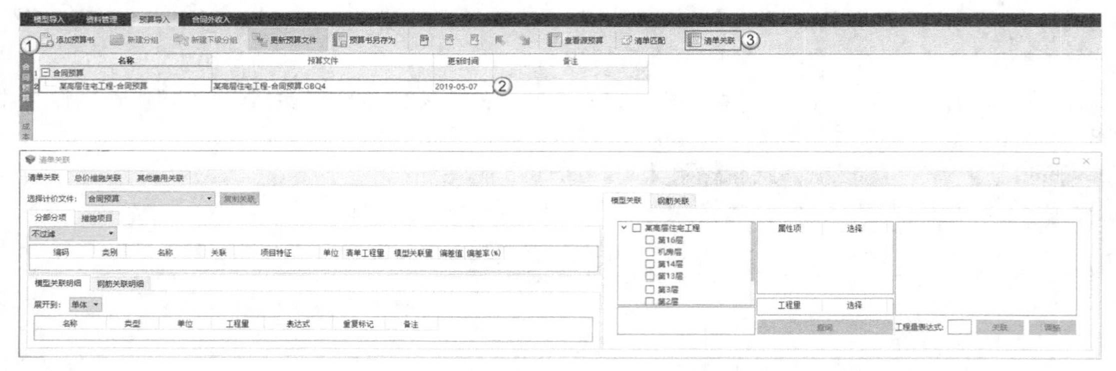

图 7-70

02 在“清单关联”对话框中，先选择计价文件，即“某高层住宅工程 - 合同预算”，并在“分部分项”一栏内找到“C35后浇带”，发现此时模型的工程量为空白，分析可知“后浇带”属于“土建”专业中“基础层”的构件。因此，在“模型关联”一栏中，勾选“基础层”和“后浇带”选项，并设置“属性项”为“名称”、“工程量”为“筏板基础后浇带体积”，单击“查询”按钮 查询 ，选择得到的“筏板基础后浇带体积”工程量，再单击“关联”按钮 关联 ，如图 7-71 所示。

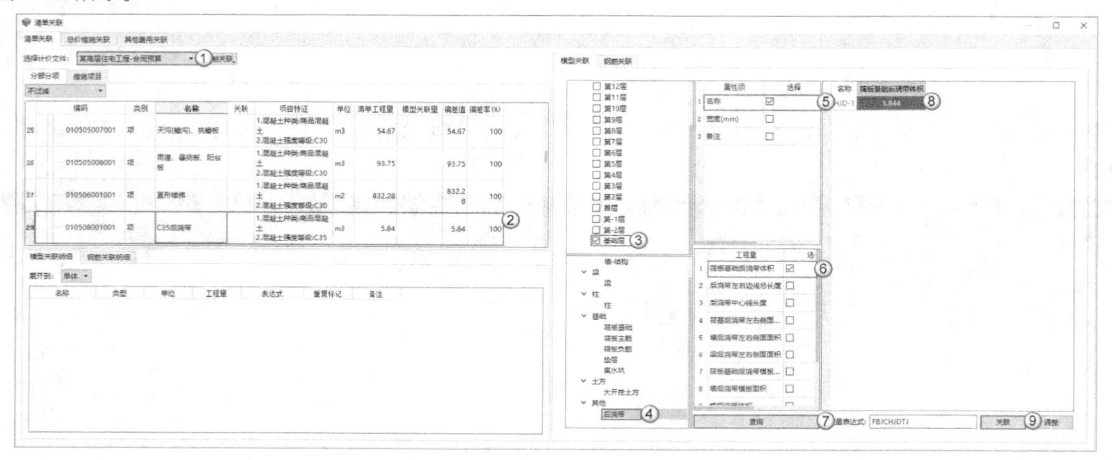

图 7-71

03 这时“C35 后浇带”已经关联了模型工程量，在左侧的“模型关联明细”一栏中还能查看“C35 后浇带”构件所关联的明细，如图 7-72 所示。

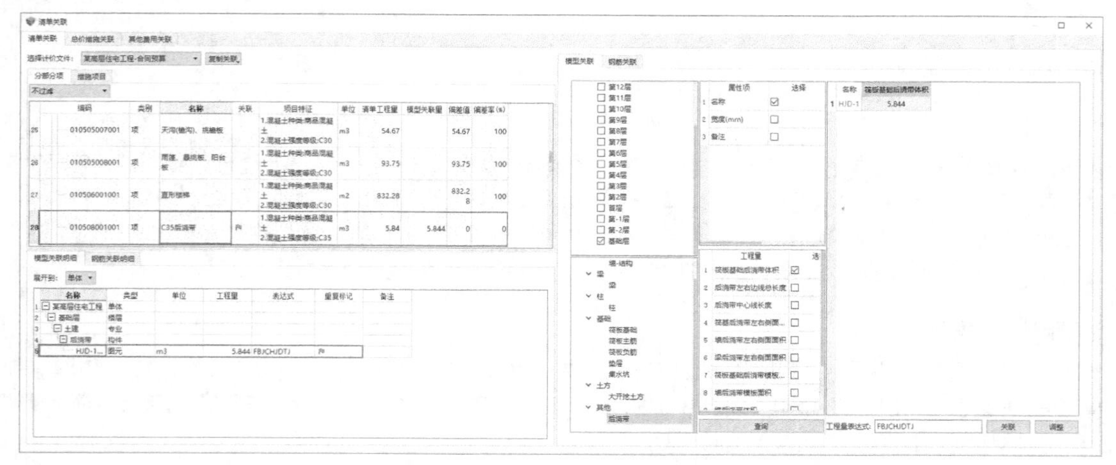

图 7-72

提示 在实际的操作过程中，如果发现关联的模型工程量和清单工程量不一致，那么可以在左侧的“模型关联明细”一栏中单击对应的构件工程量，然后单击鼠标右键并在弹出的菜单中选择“取消关联”选项，通过“楼层—构件—属性—工程量”的顺序查询清单项所对应的构件工程量后，再将模型构件的工程量数值关联至对应清单项。

04 如果清单项是钢筋构件，那么可通过分析得知“现浇钢筋 钢筋规格 HPB300 6.5”对应“某高层住宅工程”中的所有楼层，且“土建”专业的钢筋级别为 HPB300、钢筋直径为 6.5mm。因此需要在“分部分项”一栏中选择“现浇构件钢筋 钢筋种类、规格：HPB300 6.5”，然后单击“钢筋关联”列表，勾选“某高层住宅工程”选项（所有楼层）和“土建”专业中的所有构件，接着设置“属性项”为“钢筋种类”和“钢筋直径”、“工程量”为“重量（kg）”，单击“查询”按钮 查询 ，再在右侧找到对应的“钢筋级别”，最后单击“关联”按钮 关联 ，如图 7-73 所示。

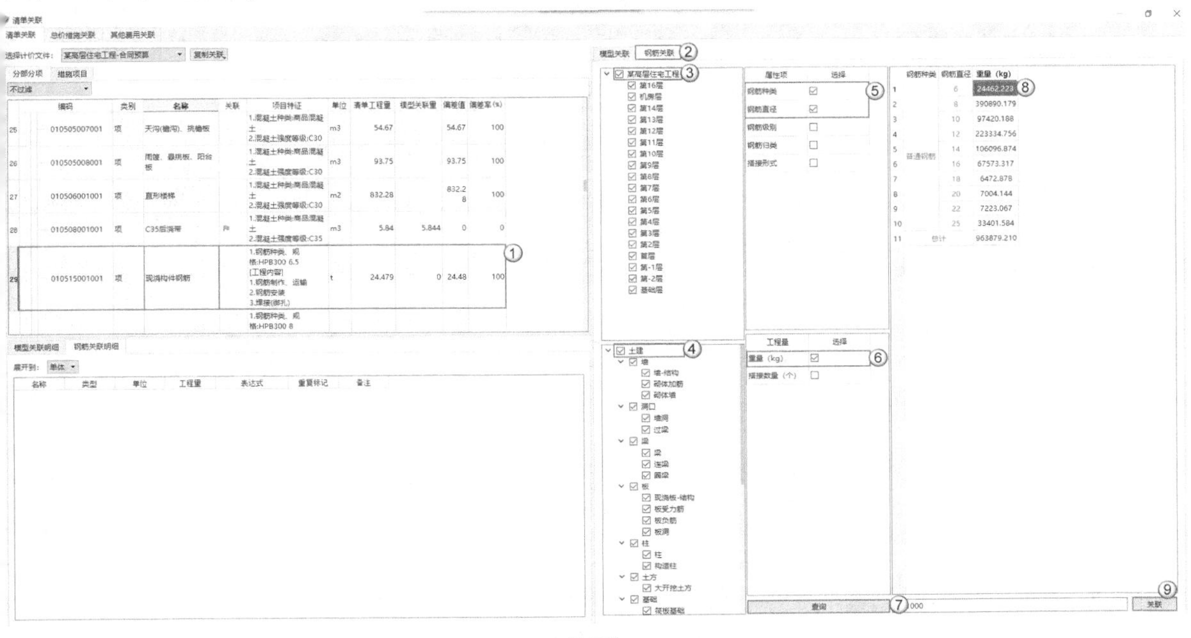

图 7-73

05 这时“现浇钢筋 钢筋规格 HPB300 6.5”已经关联了模型工程量，在左侧的“钢筋关联明细”一栏中还能查看“现浇构件钢筋 钢筋种类、规格：HPB300 6.5”构件所关联的明细，如图 7-74 所示。

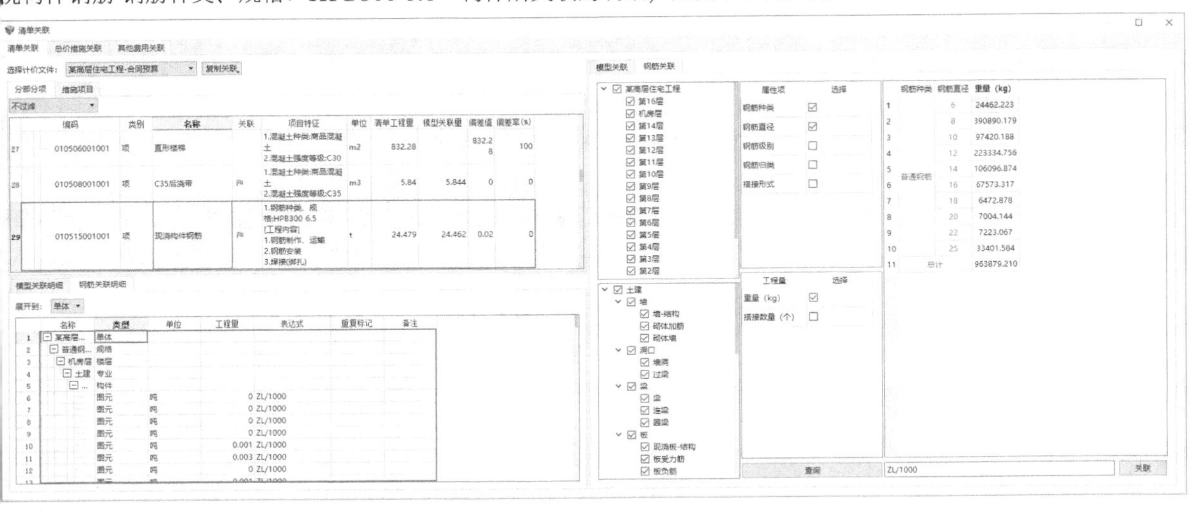

图 7-74

提示 按照同样的方式，可完成所有清单项和模型构件的关联设置，如图7-75所示。

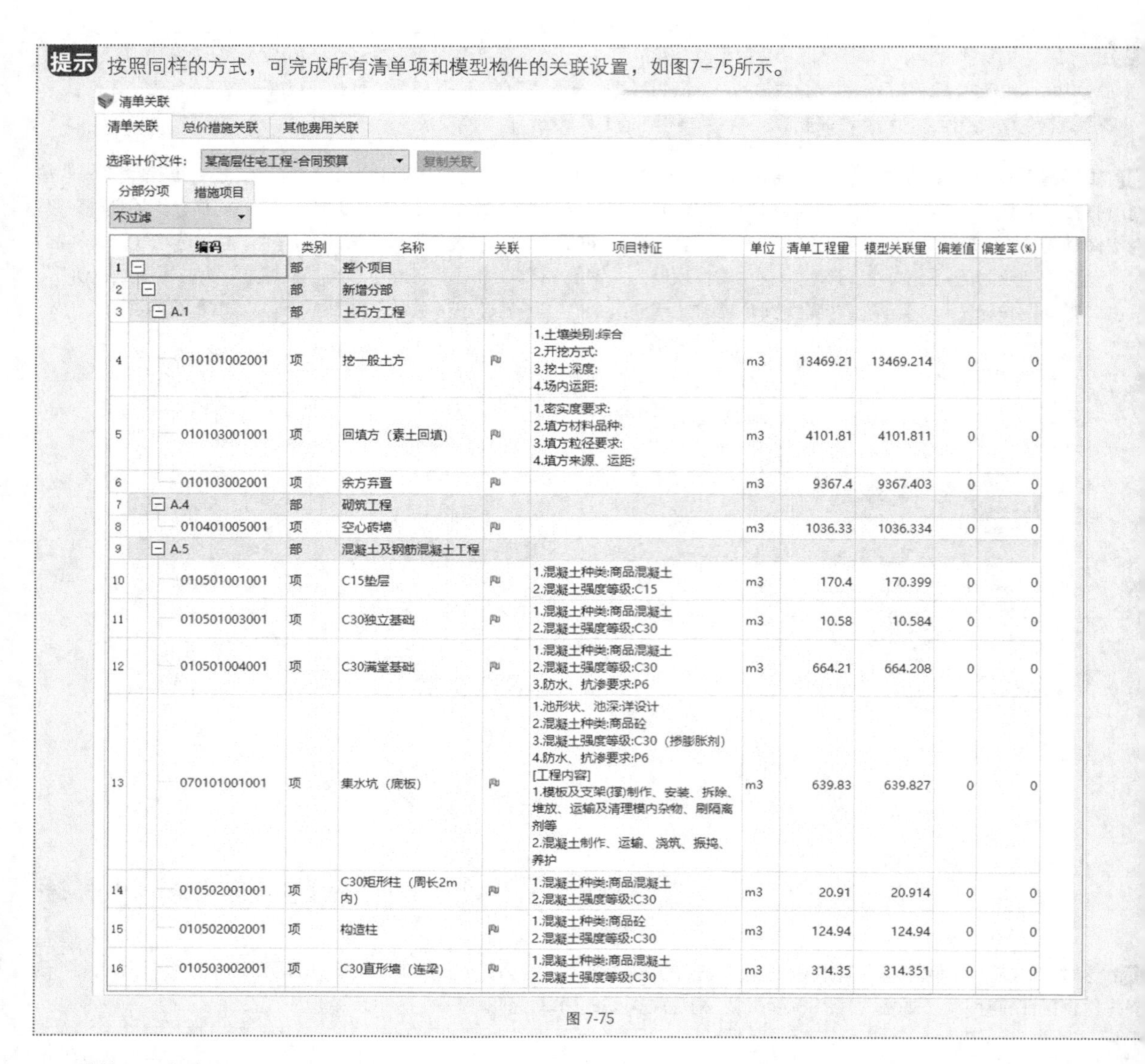

	编码	类别	名称	关联	项目特征	单位	清单工程量	模型关联量	偏差值	偏差率(%)
1		部	整个项目							
2		部	新增分部							
3	A.1	部	土石方工程							
4	010101002001	项	挖一般土方		1.土壤类别:综合 2.开挖方式: 3.挖土深度: 4.场内运距:	m3	13469.21	13469.214	0	0
5	010103001001	项	回填方（素土回填）		1.密实度要求: 2.填方材料品种: 3.填方粒径要求: 4.填方来源、运距:	m3	4101.81	4101.811	0	0
6	010103002001	项	余方弃置			m3	9367.4	9367.403	0	0
7	A.4	部	砌筑工程							
8	010401005001	项	空心砖墙			m3	1036.33	1036.334	0	0
9	A.5	部	混凝土及钢筋混凝土工程							
10	010501001001	项	C15垫层		1.混凝土种类:商品混凝土 2.混凝土强度等级:C15	m3	170.4	170.399	0	0
11	010501003001	项	C30独立基础		1.混凝土种类:商品混凝土 2.混凝土强度等级:C30	m3	10.58	10.584	0	0
12	010501004001	项	C30满堂基础		1.混凝土种类:商品混凝土 2.混凝土强度等级:C30 3.防水、抗渗要求:P6	m3	664.21	664.208	0	0
13	070101001001	项	集水坑（底板）		1.池形状、池深:详设计 2.混凝土种类:商品砼 3.混凝土强度等级:C30（掺膨胀剂） 4.防水、抗渗要求:P6 [工程内容] 1.模板及支架(撑)制作、安装、拆除、堆放、运输及清理模内杂物、刷隔离剂等 2.混凝土制作、运输、浇筑、振捣、养护	m3	639.83	639.827	0	0
14	010502001001	项	C30矩形柱（周长2m内）		1.混凝土种类:商品混凝土 2.混凝土强度等级:C30	m3	20.91	20.914	0	0
15	010502002001	项	构造柱		1.混凝土种类:商品砼 2.混凝土强度等级:C30	m3	124.94	124.94	0	0
16	010503002001	项	C30直形墙（连梁）		1.混凝土种类:商品混凝土 2.混凝土强度等级:C30	m3	314.35	314.351	0	0

图 7-75

清单匹配自动关联成本预算

01 BIM5D 还提供了“清单匹配”功能，可快速实现清单和构件的关联，这里以“成本预算”的关联为例进行讲解切换到“预算导入”选项卡，并在“成本预算”设置界面中选择“某高层住宅工程 - 成本预算”文件，然后单击“清单匹配”按钮，如图 7-76 所示。

图 7-76

02 在打开的“清单匹配”对话框中，双击“某高层住宅工程”的“编码”栏中的“更多”按钮；在打开的“选择预算书”对话框中勾选“某高层住宅工程 - 成本预算”选项，完成后单击“确定”按钮 确定 退出，如图 7-77 所示。

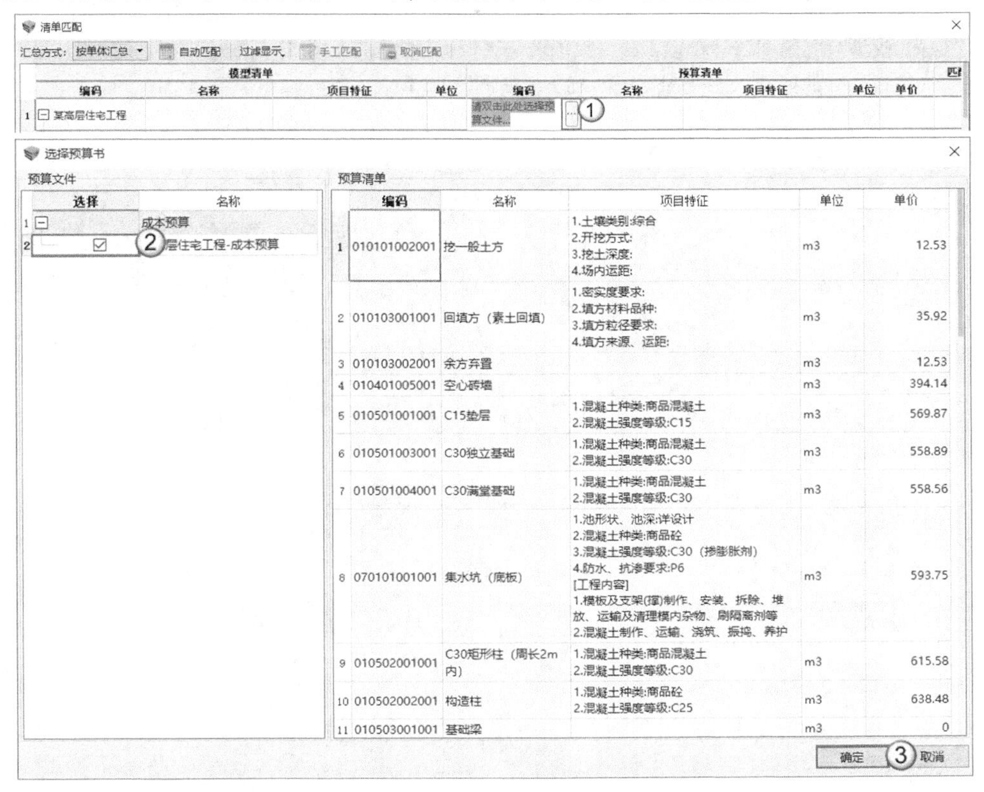

图 7-77

03 单击“自动匹配”按钮，打开“自动匹配”对话框，由于本高层住宅工程使用的是国标清单，所以设置“清单类型”为“国标清单”，在“匹配规则”选项组中勾选“编码”“名称”“项目特征”“单位”4 个选项，然后设置“匹配范围”为“匹配全部”，单击“确定”按钮 确定 ，即可进行自动匹配，如图 7-78 所示。

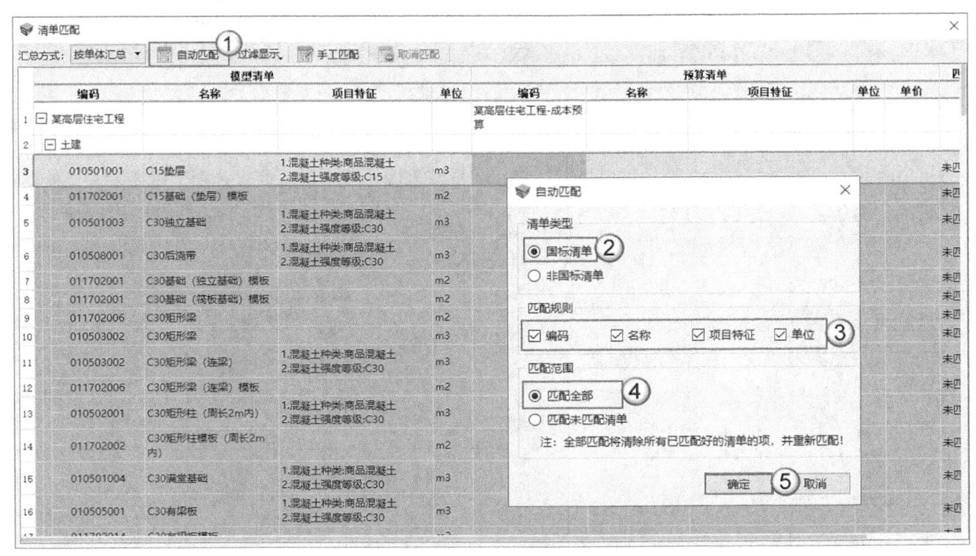

图 7-78

04 这时弹出未成功匹配的提示，单击“是”按钮，对未匹配成功的清单进行查看，这里以“集水坑（底板）”清单项为例，以“手工匹配”方式完成未成功匹配的清单项。选中“集水坑（底板）”清单项，然后单击“手工匹配”按钮，激活“选择预算清单”面板，在“预算书查询”一栏中选择“新增分部”下的“混凝土及钢筋混凝土工程”选项，接着在右侧找到对应的项目清单项，即“集水坑（底板）”，选中后单击“匹配”按钮，如图 7-79 所示，这时“集水坑（底板）”的匹配状态变为“已匹配”，如图 7-80 所示。

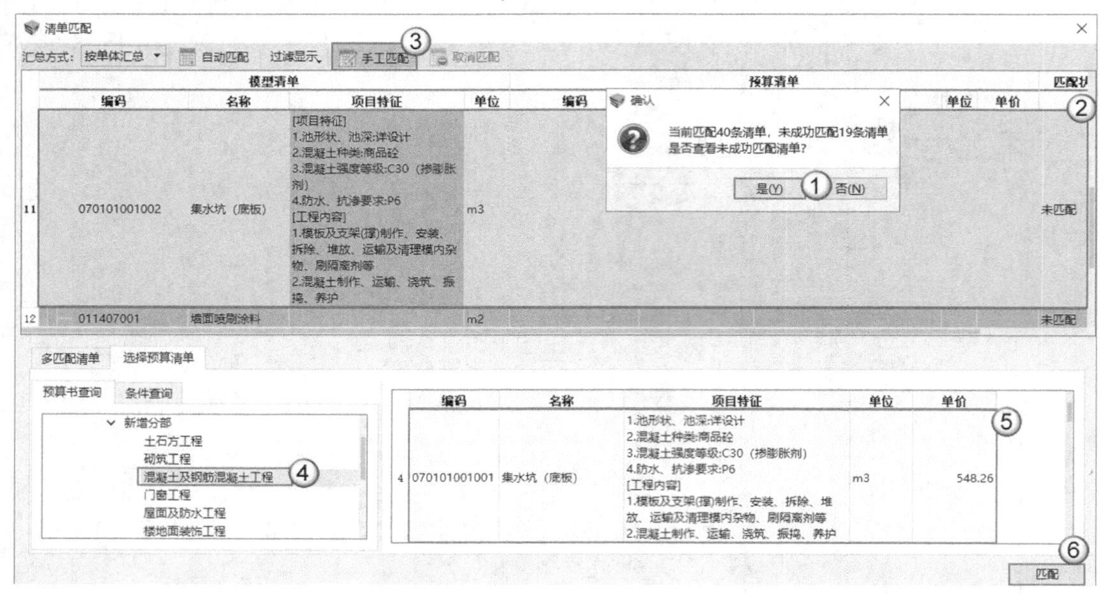

图 7-79

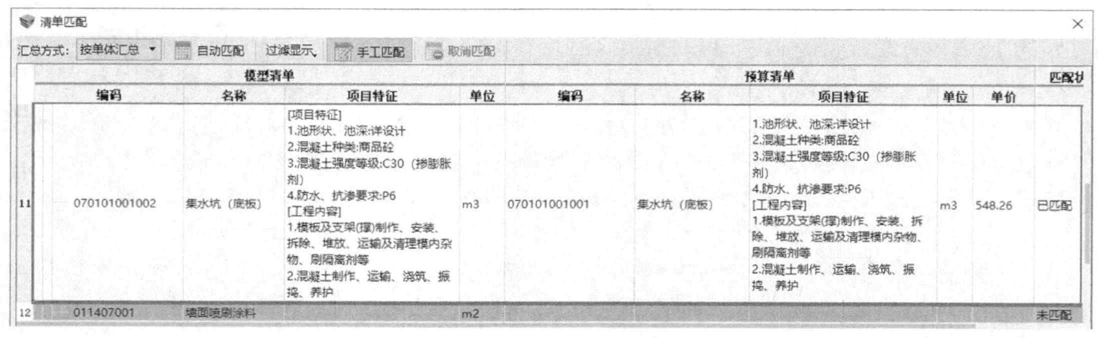

图 7-80

提示 在进行清单匹配时，需要对自动匹配的构件进行核查，如果出现数据不一致的情况，那么需要以手工匹配的方式调整匹配选项，从而确保清单项和构件的关联是准确的。

如果成本预算和合同预算一致，那么建议采用将“合同预算”关联复制到“成本预算”的方式，这样可快速实现“成本预算”与构件的关联。选择“合同预算”清单项，单击“复制关联”按钮，在下拉菜单中选择“复制全部关联到其他预算”选项，这时弹出是否清除关联信息的提示，单击“是”按钮，如图7-81所示。

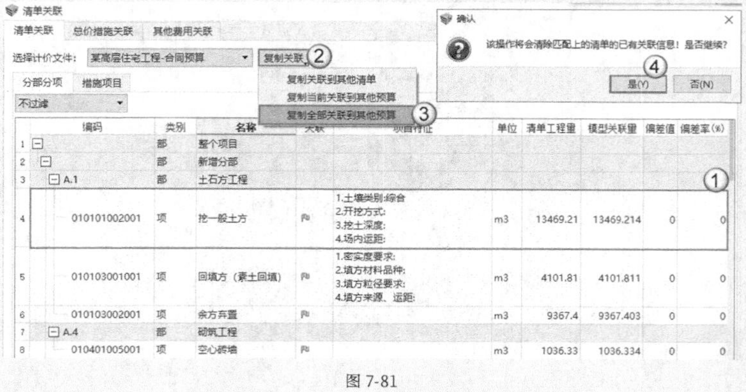

图 7-81

待全部完成复制后，弹出复制成功的提示，单击“确定”按钮，此时可以选择“某高层住宅工程-成本预算”计价文件，可以看到清单项已经具有“关联”标志，表示完成构件的关联，如图7-82所示。

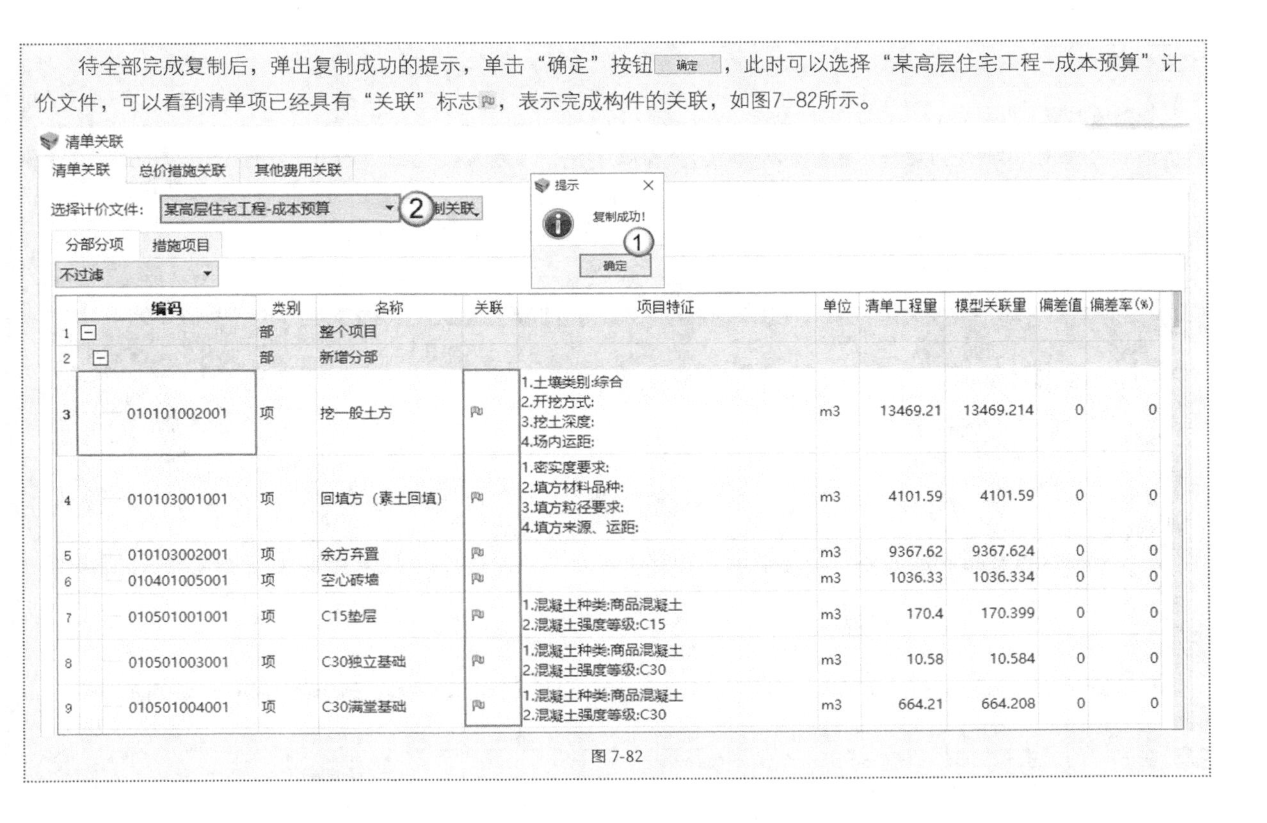

图 7-82

7.2 BIM 与造价应用案例实践

前面讲解了 BIM5D 基础数据的导入、预算和进度文件的关联，为 BIM5D 在造价管理的应用提供了 5D 模型数据。本节将开始对 BIM 与造价应用的案例进行实践，通过讲解造价管理过程中实际的业务场景，帮助造价专业人员掌握 BIM5D 快速获得造价业务数据的方法，从而快速进行造价业务的处理。

7.2.1 BIM 在资金成本测算中的实践

扫码观看视频

素材位置	素材文件>CH07>BIM在资金成本测算中的实践
实例位置	实例文件>CH07>BIM在资金成本测算中的实践
教学视频	BIM在资金成本测算中的实践.mp4

本书以施工总承包的造价管理阶段为索引（即从项目投标到实施，再到竣工结算的全过程），使用 BIM5D 辅助讲解造价管理在建设项目投标中运用资金成本测算的具体流程，帮助造价专业人员快速获得资金成本测算的基础数据。

在进行资金成本测算之前，需要了解资金成本测算的基础数据，主要包括收入（项目现金流入情况）和资金利率两个方面。

任务说明

（1）完成整个进度计划的模拟，获得资金成本测算的基础数据。

（2）导出资金成本测算的基础数据。

提示 本例的高层住宅工程的合同收入以全部垫资为例来测算，资金利率按年息8%计算，利息不计算在收入中。

任务实施

设置模拟施工方案

01 借助 BIM5D 集成平台可快速获得某高层住宅工程每月所需的现金流出情况。打开“实例文件 >CH07>BIM 模型挂接造价数据 >BIM 模型挂接造价数据 .P5D”文件，单击“施工模拟”按钮，进入相应的界面，然后单击“模拟方案管理”按钮，打开“模拟方案管理”对话框，最后单击“添加”按钮，如图 7-83 所示。

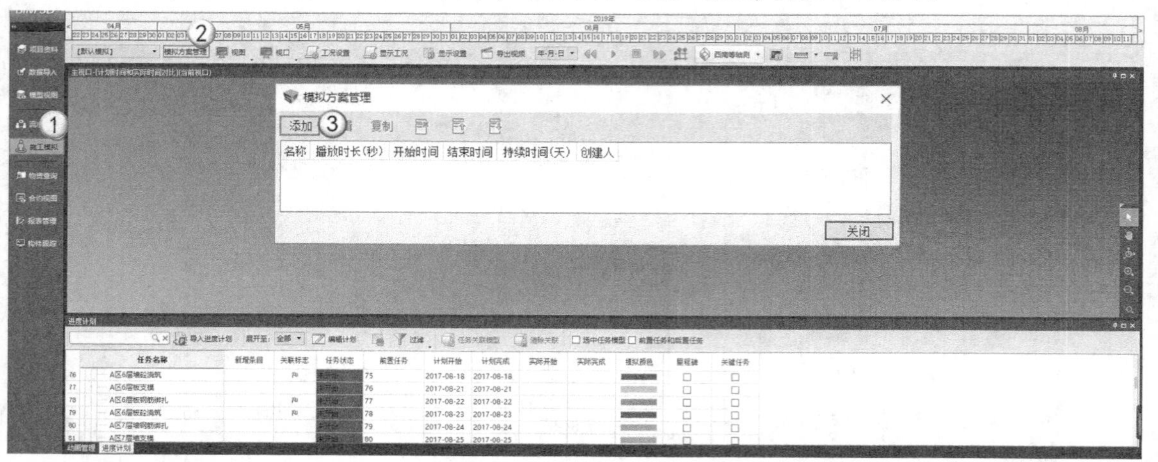

图 7-83

02 在打开的“模拟方案”对话框中，设置“方案名称”为“施工模拟”，将起止时间分别调整为项目开工到粗装修完成的时间，因此设置“开始时间”为 2017/3/14“结束时间”为 2018/2/1，信息修改完成后，单击“确定”按钮，可看到模拟施工方案已经设置好，最后单击“关闭”按钮，如图 7-84 所示。

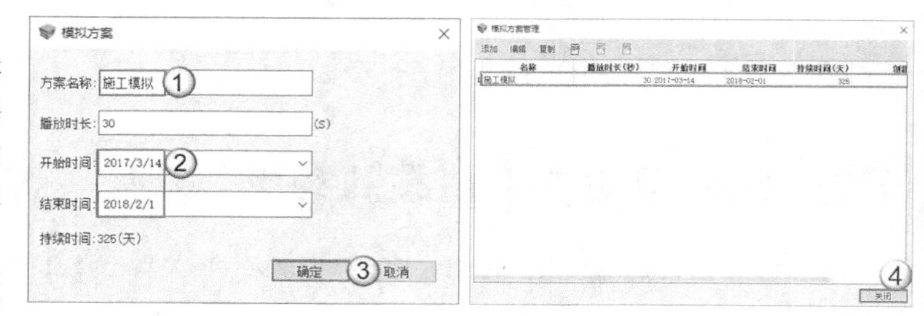

图 7-84

03 将“资金曲线”调整到“主窗口”。单击“视图”按钮，选择“资金曲线”选项，然后打开“默认模拟”的下拉列表，选择上一步新建好的“施工模拟”方案，如图 7-85 所示。

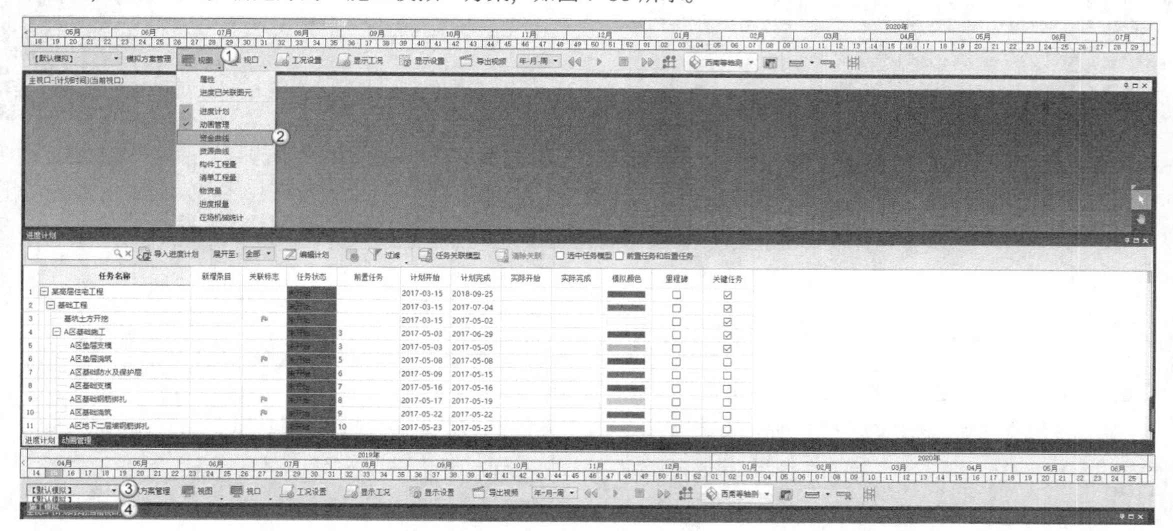

图 7-85

04 由于未设置“视口属性”，导致“主窗口”内未出现任何构件，因此需要在窗口中单击鼠标右键，在弹出的菜单中选择“视口属性”选项。在“视口属性设置”对话框中勾选“某高层住宅工程”选项，完成所有楼层和专业的选择，单击“确定”按钮，如图 7-86 所示，这时模型就出现在“主窗口”中了，其效果如图 7-87 所示。

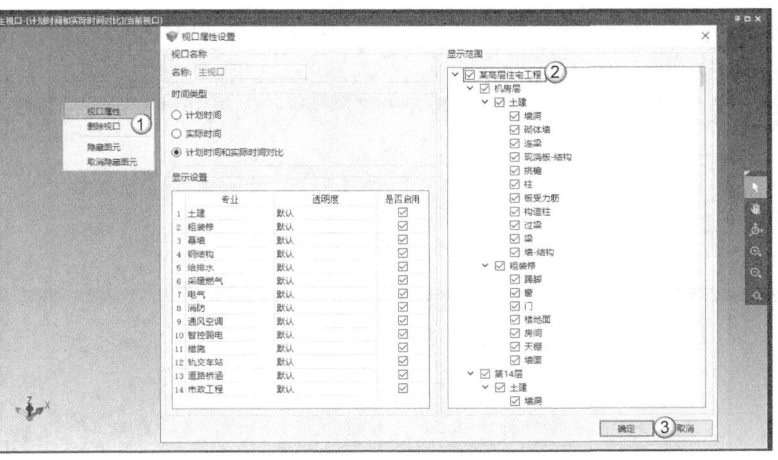

图 7-86

图 7-87

05 将“资金曲线”中的曲线统计“累计值”调整为“当前值”，并单击“费用预计算”按钮，完成模拟方案的费用计算，待弹出费用预计算完成的提示后，单击“确定”按钮，然后就可以开始进行整个工程的进度计划模拟，最后单击“播放”按钮进行自动模拟，如图 7-88 所示。

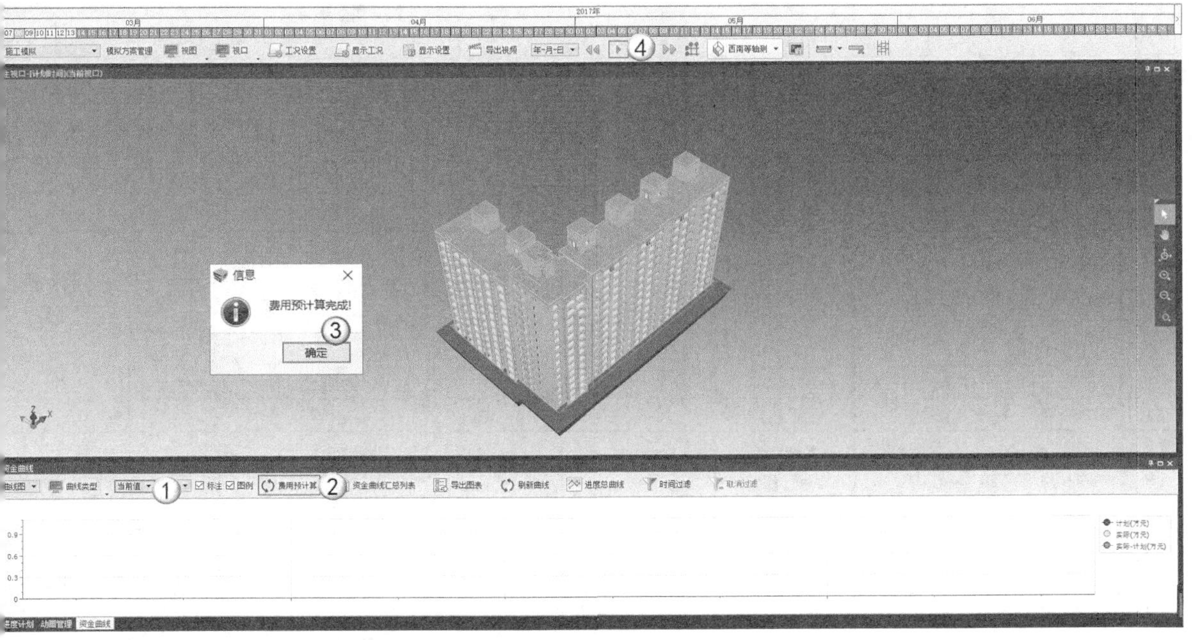

图 7-88

提示 通过对模拟方案的设置可以完成对5D模拟中的时间区间的设置，这里可以根据施工进度计划来进行模拟，如果读者在工作中涉及的时间不一样，那么可以在方案管理中单独进行调整。

“视口属性设置”中的内容主要用于确定主视口中的显示内容，这里可以完成对“时间类型”的选择，如果只需要对“计划时间”进行模拟，那么同样可以单独进行修改。

在进行“施工模拟”时，需要提前完成费用预计算。只有提前完成对模拟方案中选择的构件的工程量和价格的单独计算，才能保证模拟中的资金曲线能够被准确呈现。

导出资金成本测算数据

01 自动模拟完成后，单击“资金曲线汇总列表”按钮，打开“汇总列表”对话框，单击“导出 Excel”按钮，导出每月完工的合同进度款情况来作为资金成本测算的依据，如图 7-89 所示。

02 在打开的“导出汇总数据”对话框中选择保存的位置然后单击“保存”按钮 保存(S) ，完成数据的导出工作，待弹出导出成功的提示后，单击“确定”按钮 确定 ，如图 7-90 所示。

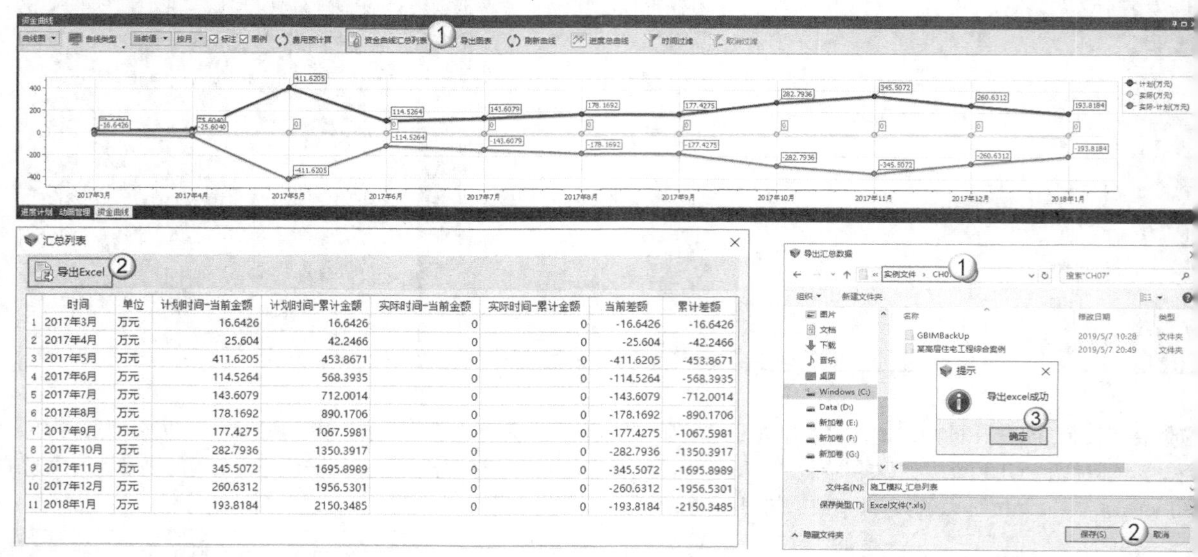

	时间	单位	计划时间-当前金额	计划时间-累计金额	实际时间-当前金额	实际时间-累计金额	当前差额	累计差额
1	2017年3月	万元	16.6426	16.6426	0	0	-16.6426	-16.6426
2	2017年4月	万元	25.604	42.2466	0	0	-25.604	-42.2466
3	2017年5月	万元	411.6205	453.8671	0	0	-411.6205	-453.8671
4	2017年6月	万元	114.5264	568.3935	0	0	-114.5264	-568.3935
5	2017年7月	万元	143.6079	712.0014	0	0	-143.6079	-712.0014
6	2017年8月	万元	178.1692	890.1706	0	0	-178.1692	-890.1706
7	2017年9月	万元	177.4275	1067.5981	0	0	-177.4275	-1067.5981
8	2017年10月	万元	282.7936	1350.3917	0	0	-282.7936	-1350.3917
9	2017年11月	万元	345.5072	1695.8989	0	0	-345.5072	-1695.8989
10	2017年12月	万元	260.6312	1956.5301	0	0	-260.6312	-1956.5301
11	2018年1月	万元	193.8184	2150.3485	0	0	-193.8184	-2150.3485

图 7-89

图 7-90

03 根据导出的汇总列表，将每月需要支付的工程款金额复制到“素材文件 >CH07>BIM 在资金成本测算中的实践 > 某高层住宅工程 - 资金成本测算表 .xlsx”中对应的“节点时间”和“月度支付款”列表，“资金成本测算表”就能自动计算出项目需要的资金成本情况，如图 7-91 所示。

		某高层住宅工程资金成本测算表						
序号	节点时间	月度支付款（万元）	累计需支付价款（万元）	应付进度款（万元）	实际支付（万元）	累计垫资（万元）	正常运作累积贷款（不含履约保证金）（万元）	贷款利息支出（%）
		0.00	0.00			0.00	0.00	0.00
1	2017年3月	16.80	16.80	0.00	0.00	16.80	16.80	0.11
2	2017年4月	25.84	42.64	0.00	0.00	42.64	42.64	0.29
3	2017年5月	99.99	142.63	0.00	0.00	142.63	142.63	0.96
4	2017年6月	101.88	244.51	0.00	0.00	244.51	244.51	1.64
5	2017年7月	127.48	371.99	0.00	0.00	371.99	371.99	2.49
6	2017年8月	173.15	545.13	0.00	0.00	545.13	545.13	3.65
7	2017年9月	181.33	726.46	0.00	0.00	726.46	726.46	4.87
8	2017年10月	250.81	977.27	0.00	0.00	977.27	977.27	6.55
9	2017年11月	283.08	1260.35	0.00	0.00	1260.35	1260.35	8.44
10	2017年12月	209.24	1469.58	0.00	0.00	1469.58	1469.58	9.85
11	2018年1月	158.68	1628.27	0.00	0.00	1628.27	1628.27	10.91
		合计						49.75

图 7-91

提示 本案例仅向读者介绍了通过模拟施工获得合同预算收入的月度资金流情况来快速进行资金成本测算，当然在实际工作中还会涉及成本数据月度的资金流，获取数据的方式与此类似，在此就不再赘述。

如果采用的是GBQ的预算文件（需要计算包含规费和税金的“资金曲线”），那么可以单击“设置”按钮，在打开的“选项设置”对话框中将“资金曲线计算规则”修改为“按GBQ计算规费税金”，待弹出注意事项的提示后，单击“确定”按钮确定。调整完成后单击“确定”按钮确定，退出选项设置，如图7-92所示。再次执行“费用预计算”时，得到的资金曲线就是包含规费和税金的全费用数据。

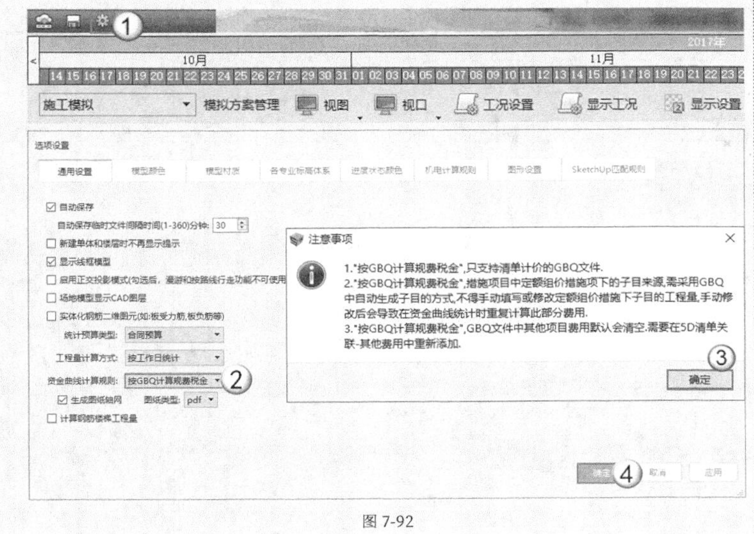

图 7-92

7.2.2 BIM 在合约规划中的实践

扫码观看视频

素材位置	素材文件>CH07>BIM在合约规划中的实践
实例位置	实例文件>CH07>BIM在合约规划中的实践
教学视频	BIM在合约规划中的实践.mp4

在投标阶段，BIM 能帮助造价专业人员提升测算资金成本的工作效率。项目中标后，就要开始组织人员进行施工前的准备工作，而在前期的准备工作中，较为重要的一项工作就是分包招标工作。招标管理的工作任务不仅烦琐，而且涉及的工程量还非常大，需要造价人员对整个合同预算做合理的规划，保证后续施工能有条不紊地进行。本小节将讲解 BIM 是如何帮助造价专业人员进行合约规划的。

任务说明

（1）完成合约规划的新建。

（2）完成“混凝土采购合同”和“钢筋采购合同” 合同预算的录入。

（3）完成当前分包合同费用查看。

提示 本案例会用到商品混凝土和钢筋两项主材，其他参数读者可根据情况自行练习。

任务实施

新建合同预算

01 打开“实例文件 >CH07>BIM 在资金成本测算中的实践 >BIM 在资金成本测算中的实践 .P5D”文件，单击“合约视图”按钮，进入相应的界面，然后单击“新建”按钮，如图 7-93 所示。这时该工程的合约新建就设置完成，如图 7-94 所示。

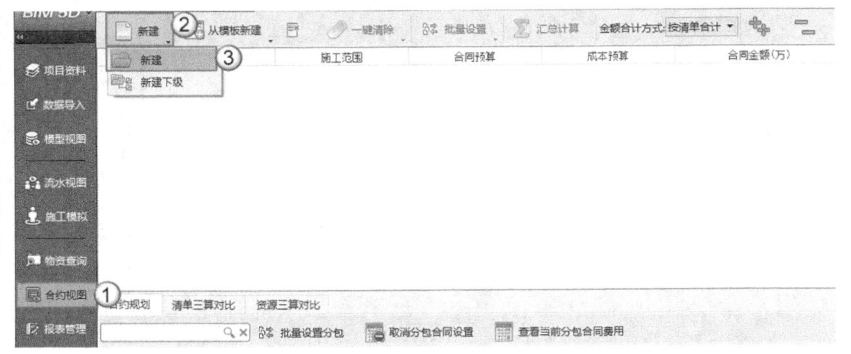

图 7-93

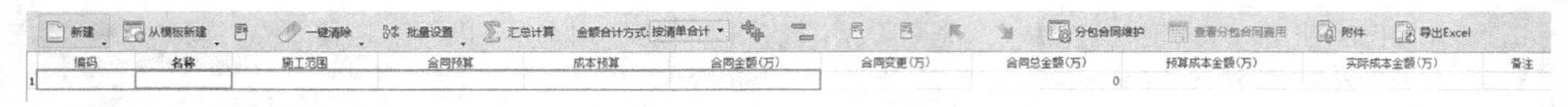

图 7-94

02 选中新建的合约，设置“名称”为“某高层住宅工程合约规划”，然后单击“施工范围”栏中的“加载”按钮，在打开的“施工范围”对话框中勾选“某高层住宅工程”选项（其中包括全部土建和粗装修专业选项），单击“确定”按钮，如图 7-95 所示。

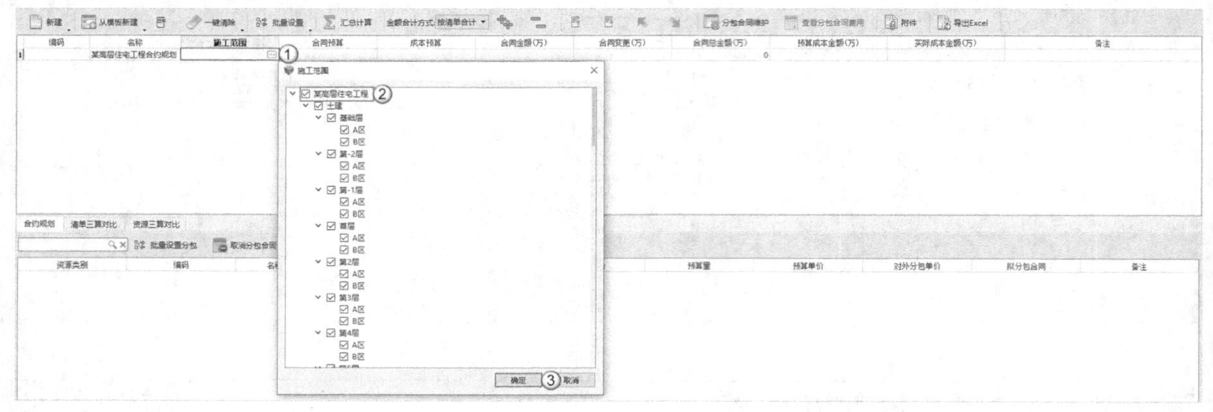

图 7-95

03 单击“合同预算”栏中的“加载”按钮，在打开的“预算文件”对话框中勾选“预算文件”“合同预算”选项，然后单击“确定”按钮，完成合同预算的导入，如图 7-96 所示。

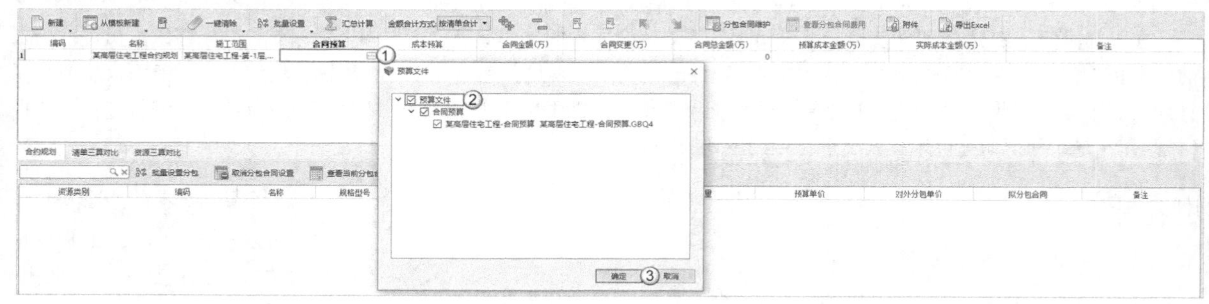

图 7-96

04 单击“成本预算”栏中的“加载”按钮，在打开的“预算文件”对话框中勾选“预算文件”“成本预算”选项，然后单击“确定”按钮，如图 7-97 所示，这时成本预算就导入成功了，如图 7-98 所示。

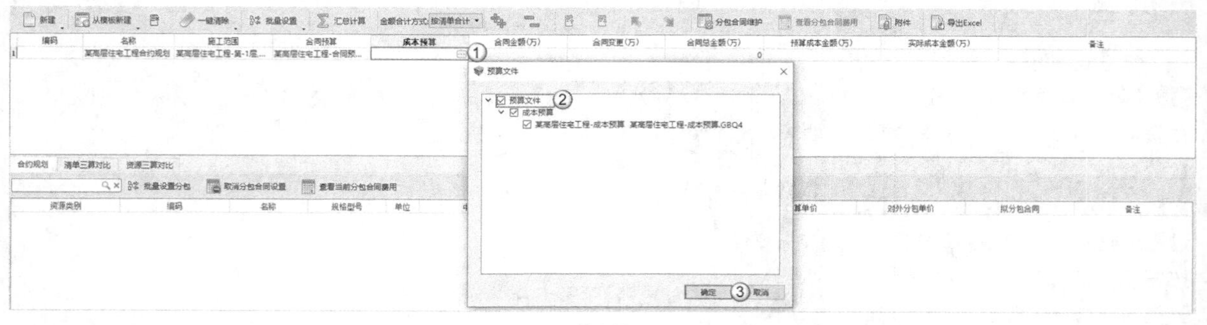

图 7-97

图 7-98

05 完成所有的施工范围、合同和成本预算的选择后，接着单击“汇总计算”按钮，可获得整个项目的“合同预算”金额和“成本预算”金额，待弹出汇总计算成功的提示后，单击“确定”按钮，如图 7-99 所示，这时金额已经全部计算成功，如图 7-100 所示。

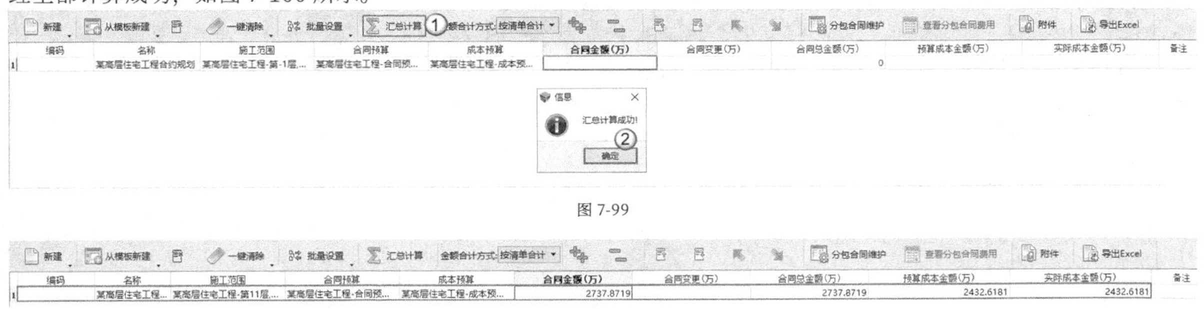

图 7-99

图 7-100

06 单击“分包合同维护”按钮，打开“分包合同维护”对话框，然后单击“新增合同”按钮，录入“混凝土采购合同”和“钢筋采购合同”的信息，设置完成后，单击“关闭”按钮，如图 7-101 所示。

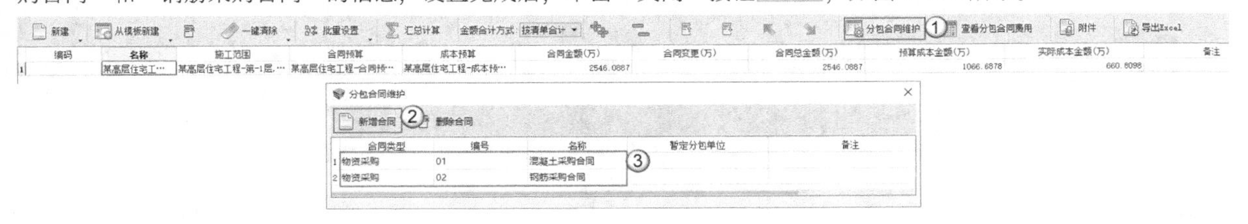

图 7-101

混凝土采购合同预算

01 在“合约规划”设置界面中找到对应的“商品砼”所在的位置，单击“拟分包合同”栏中的“加载”按钮，在打开的“选择分包合同”对话框中选择“混凝土采购合同”，最后单击“确定”按钮，如图 7-102 所示。

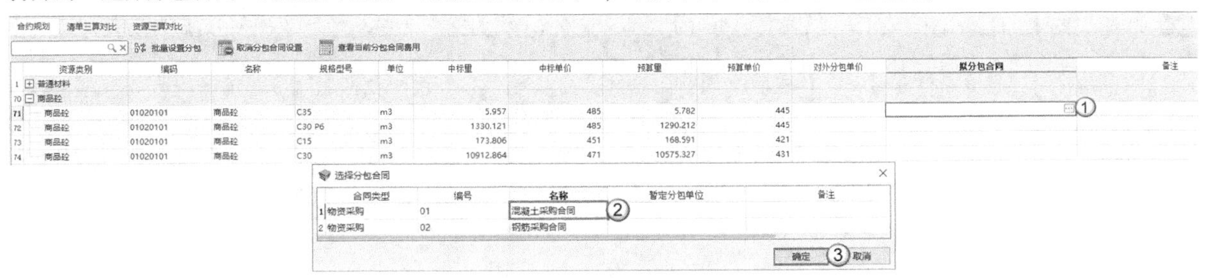

图 7-102

02 按照同样的方法，完成剩下两项商品砼拟分包合同的设置。打开“素材文件 >CH07>BIM 在合约规划中的实践 > 某高层住宅工程 - 拟分包主材单价表 .xlsx”文件，录入“对外分包单价”中“商品砼”的单价信息，如图 7-103 所示。

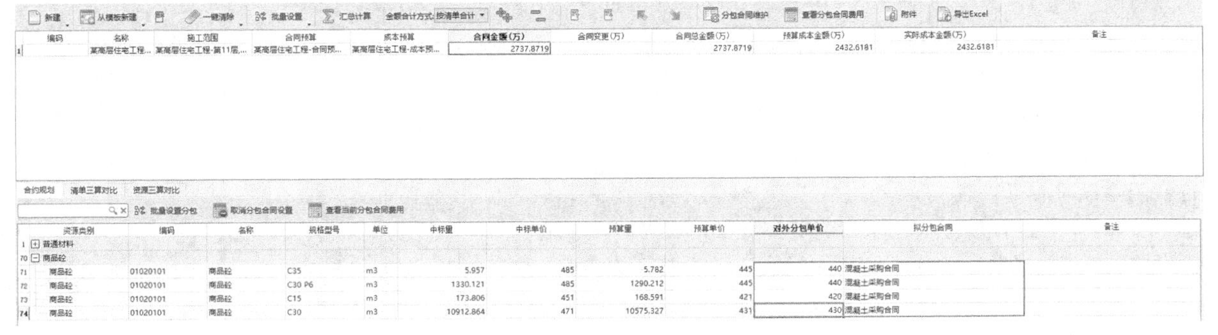

图 7-103

钢筋采购合同预算

01 由于钢筋的类别较多，可通过查找来快速筛选所有的钢筋材料子目，在搜索文本框中输入“钢筋”，单击“搜索”按钮。搜索完成后，先选择第 1 条钢筋子目，然后按住 Ctrl 键的同时选择最后一条钢筋材料子目，再单击“批量设置分包”按钮，在打开的“选择分包合同”对话框中选择“钢筋采购合同”，然后单击“确定”按钮，如图 7-104 所示。完成钢筋合同的设置，如图 7-105 所示。

图 7-104

	资源类别	编码	名称	规格型号	单位	中标量	中标单价	预算量	预算单价	对外分包单价	拟分包合同	备注
1	⊟ 普通材料											
2	普通材料	03020101	钢筋	HRB400 8	t	396.534	4230	396.484	4030		钢筋采购合同	
3	普通材料	03020101	钢筋	HRB400 14	t	109.281	4370	109.28	4170		钢筋采购合同	
4	普通材料	03020101	钢筋	HPB300 6.5	t	25.213	4220	25.196	4020		钢筋采购合同	
5	普通材料	03020101	钢筋	HRB400 22	t	7.44	4270	7.44	4070		钢筋采购合同	
6	普通材料	03020101	钢筋	HRB400 10	t	91.442	4190	91.445	3990		钢筋采购合同	
7	普通材料	03020101	钢筋	HRB400 16	t	69.6	4270	69.601	4070		钢筋采购合同	
8	普通材料	03020102	钢筋	HRB400 20	kg	70.68	4.27	68.56	4.07		钢筋采购合同	
9	普通材料	03020101	钢筋	HRB400 25	t	34.404	4270	34.404	4070		钢筋采购合同	
10	普通材料	03020102	钢筋	HRB400 18	kg	23.808	4.27	23.094	4.07		钢筋采购合同	
11	普通材料	03020101	钢筋	HRB400 12	t	201.674	4390	201.675	3990		钢筋采购合同	
12	普通材料	03020101	钢筋	HPB300 8	t	6.133	4070	6.133	3950		钢筋采购合同	
13	普通材料	03020101	钢筋	HRB400 20	t	7.214	4270	7.214	4070		钢筋采购合同	
14	普通材料	03020101	钢筋	HPB300 10	t	37.261	4000	37.258	4050		钢筋采购合同	
15	普通材料	03020101	钢筋	HRB400 18	t	6.667	4270	6.667	4070		钢筋采购合同	
16	普通材料	03020102	钢筋	HRB400 16	kg	42.532	4.27	41.256	4.07		钢筋采购合同	
17	普通材料	03020102	钢筋	HRB400 22	kg	17.856	4.27	17.32	4.07		钢筋采购合同	

图 7-105

02 打开“素材文件 >CH07>BIM 在合约规划中的实践 > 某高层住宅工程 - 拟分包主材单价表 .xlsx”文件，依次将拟分包合同单价录入钢筋的“对外分包单价”，如图 7-106 所示。

	资源类别	编码	名称	规格型号	单位	中标量	中标单价	预算量	预算单价	对外分包单价	拟分包合同	备注
1	⊟ 普通材料											
2	普通材料	03020101	钢筋	HRB400 8	t	396.534	4230	396.484	4030	4000	钢筋采购合同	
3	普通材料	03020101	钢筋	HRB400 14	t	109.281	4370	109.28	4170	4100	钢筋采购合同	
4	普通材料	03020101	钢筋	HPB300 6.5	t	25.213	4220	25.196	4020	4000	钢筋采购合同	
5	普通材料	03020101	钢筋	HRB400 22	t	7.44	4270	7.44	4070	4000	钢筋采购合同	
6	普通材料	03020101	钢筋	HRB400 10	t	91.442	4190	91.445	3990	3950	钢筋采购合同	
7	普通材料	03020101	钢筋	HRB400 16	t	69.6	4270	69.601	4070	4000	钢筋采购合同	
8	普通材料	03020102	钢筋	HRB400 20	kg	70.68	4.27	68.56	4.07	4	钢筋采购合同	
9	普通材料	03020101	钢筋	HRB400 25	t	34.404	4270	34.404	4070	4000	钢筋采购合同	
10	普通材料	03020102	钢筋	HRB400 18	kg	23.808	4.27	23.094	4.07	4	钢筋采购合同	
11	普通材料	03020101	钢筋	HRB400 12	t	201.674	4390	201.675	3990	3950	钢筋采购合同	
12	普通材料	03020101	钢筋	HPB300 8	t	6.133	4070	6.133	3950	3900	钢筋采购合同	
13	普通材料	03020101	钢筋	HRB400 20	t	7.214	4270	7.214	4070	4000	钢筋采购合同	
14	普通材料	03020101	钢筋	HPB300 10	t	37.261	4000	37.258	4050	4000	钢筋采购合同	
15	普通材料	03020101	钢筋	HRB400 18	t	6.667	4270	6.667	4070	4000	钢筋采购合同	
16	普通材料	03020102	钢筋	HRB400 16	kg	42.532	4.27	41.256	4.07	4	钢筋采购合同	
17	普通材料	03020102	钢筋	HRB400 22	kg	17.856	4.27	17.32	4.07	4	钢筋采购合同	

图 7-106

查看分包合同费用

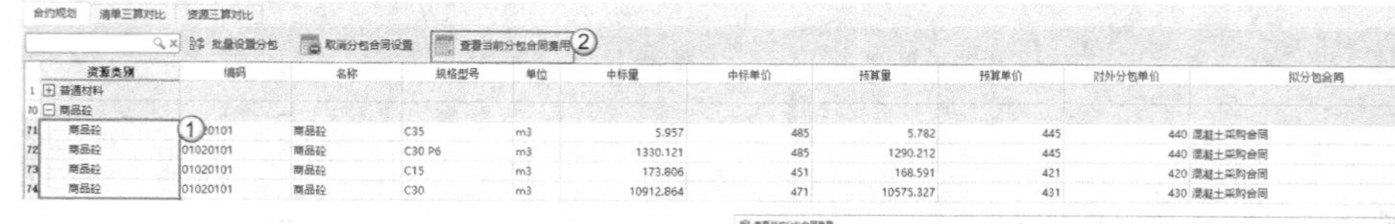

当项目编制招标计划或招标成本需要拟分包合同金额时，可以通过 BIM5D 平台查看分包的合同费用情况。例如，选中“商品砼”，然后单击“查看当前分包合同费用”按钮，然后打开的“查看当前分包合同费用”对话框就会显示对应的合同收入和拟分包的分包合同总价，如图 7-107 所示。

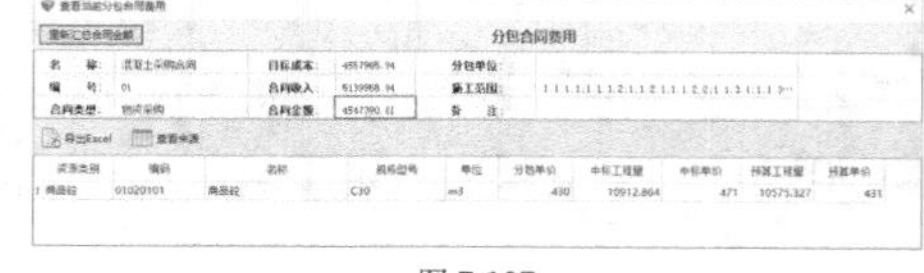

图 7-107

造价工程师可以通过分包合同费用查询，将“合同金额”作为拟分包合同金额，完成上报给公司的招标计划编制工作。分包合同费用中的“预算工程量”数值，还可以作为后续招标文件中的招标清单工程量。同时，“分包单价”还能作为分包招标的目标成本价，提供给内部评标专家作为评标商务评分依据。

7.2.3 BIM 在物料计划中的实践

素材位置	素材文件>CH07>BIM在物料计划中的实践
实例位置	实例文件>CH07>BIM在物料计划中的实践
教学视频	BIM在物料计划中的实践.mp4

扫码观看视频

项目在分包完成招标工作后，就可以开始进行正式的施工作业，这时分包的班组都已经进入施工现场，在此之前需要为施工作业的班组人员准备好施工的材料。编制物料计划的原则就是根据现场进度安排与供应商进行对接，在保证施工进度要求的同时，还要保证支付材料款的现金流最低。在这种情况下，BIM 技术就为管理人员提供了快速查询物料计划和报表的功能，大大减少管理人员通过手工计量再编制物料计划单的工作时间。下面将介绍物料计划表的具体操作过程。

任务说明

完成 2017 年 6 月项目钢筋材料计划工程量的查询和材料需求计划表的编制。

任务实施

01 打开“实例文件 >CH07>BIM 在合约规划中的实践 >BIM 在合约规划中的实践 .P5D”文件，单击“物资查询”按钮，进入相应的界面，然后设置“选择专业”为“钢筋”、“过滤开始时间”为 2017/6/1、“过滤完成时间”为 2017/6/30，设置完成后单击“查询”按钮，如图 7-108 所示。

02 查询完成后，将在右侧出现该项目 6 月份需要的所有钢筋信息。单击“钢筋直径”可按直径从小到大的顺序排列钢筋，然后将直径为 12~25mm 的 HRB400 的“定尺”设置为 12，接下来系统将会自动计算出根数，单击“导出物资量”按钮，导出 6 月份的钢筋需求计划的工程量数据，如图 7-109 所示。

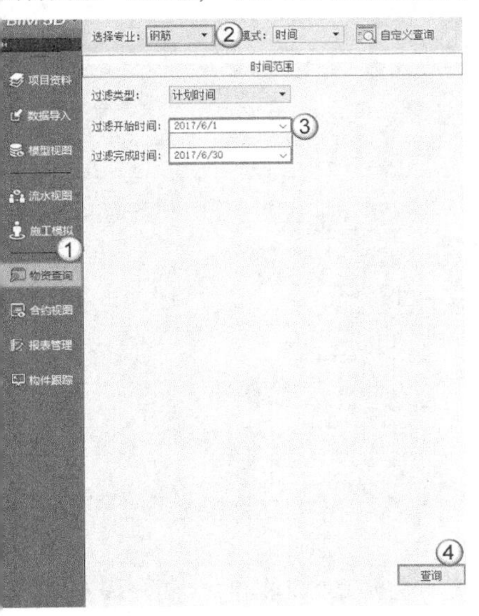

图 7-108

导出物资量 显示钢筋比重

汇总方式: 按直径汇总

	构件类型	钢筋级别	钢筋直径	重量(kg)	定尺(m)	根数	机械连接方式	机械连接个数	计划开始时间
1		Φ	6	977.31			绑扎	0	2017-05-31
2		Φ̲	8	25616.093			绑扎	0	2017-06-05
3		Φ	8	743.917			绑扎	0	2017-06-06
4		Φ̲	10	26798.181			绑扎	0	2017-06-05
5		Φ̲	12	20623.439	12	1936	绑扎	0	2017-06-05
6		Φ̲	14	50490.239	12	3478	绑扎	0	2017-05-31
7		Φ̲	16	1841.047	12	98	直螺纹连接	0	2017-06-09
8		Φ̲	18	2324.4	12	97	直螺纹连接	0	2017-06-09
9		Φ̲	20	1490.477	12	51	电渣压力焊	0	2017-06-20
10		Φ̲	20	343.425	12	12	直螺纹连接	0	2017-06-09
11		Φ̲	22	505.718	12	15	电渣压力焊	0	2017-06-20
12		Φ̲	25	9.908	12	1	直螺纹连接	0	2017-06-27

图 7-109

03 在打开的“导出”对话框中选择文件保存的位置，然后单击“保存”按钮，待弹出导出成功的提示后，单击“确定”按钮，完成钢筋需求工程量的查询工作，如图 7-110 所示。打开“素材文件 >CH07>BIM 在物料计划中的实践 > 某高层住宅工程 - 物料需求计划表 .xlsx”文件，将导出的报表中的“钢筋级别”“钢筋直径”“重量”“机械连接方式”“计划开始时间”的数据复制到物料需求计划，完成 6 月份物料需求计划的编制，如图 7-111 所示。

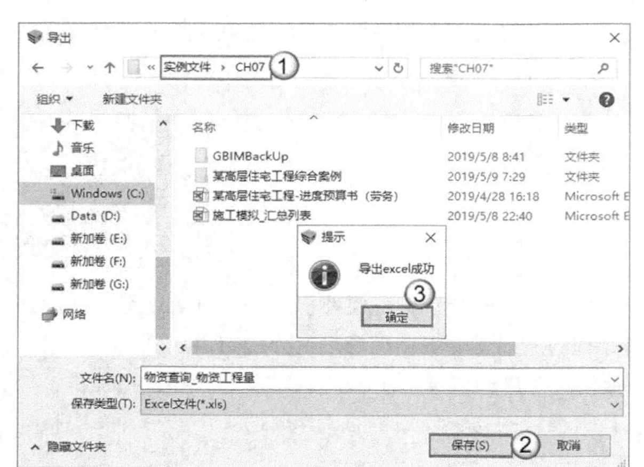

图 7-110

物料需求计划

项目名称：某高层住宅工程

序号	型号	直径	定尺（m）	单位	工程量	根数	进场日期	备注
1	HPB300	6.5		t	0.977		2017-05-31	
2	HPB300	8		t	0.744		2017-06-05	
3	HRB400	8		t	25.616		2017-06-06	
4	HRB400	10		t	26.798		2017-06-05	
5	HRB400	12	12	t	20.623	1936.00	2017-06-05	
6	HRB400	14	12	t	50.490	3478.00	2017-05-31	
7	HRB400	16	12	t	1.841	98.00	2017-06-09	
8	HRB400	18	12	t	2.324	97.00	2017-06-09	
9	HRB400	20	12	t	1.834	63.00	2017-06-20	
10	HRB400	22	12	t	0.506	15.00	2017-06-20	
11	HRB400	25	12	t	0.010	1.00	2017-06-27	
合计				t	131.764			
提制人：			审核人：				批准人：	

图 7-111

04 如果想快速获得钢筋材料需求计划报表，那么可以单击“报表管理”按钮，进入相应的界面，然后选中“材料需用计划表 - 模型量”选项，再单击“报表范围设置”按钮，如图 7-112 所示。

05 打开“报表范围设置”对话框，先勾选“查询条件”中的“时间范围”选项，然后设置“过滤开始时间”为 2017/6/1、“过滤完成时间”为 2017/6/30，如图 7-113 所示。接着勾选“查询条件”中的“构件类型”选项，设置“构件类型”为“钢筋”，完成后单击“确定”按钮 确定 ，如图 7-114 所示。

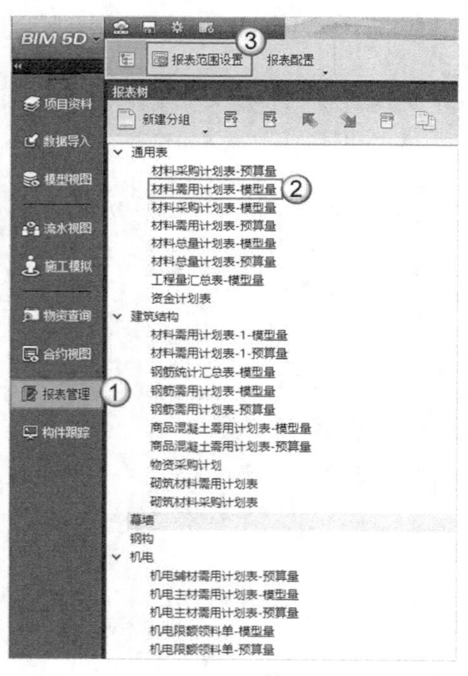

图 7-112

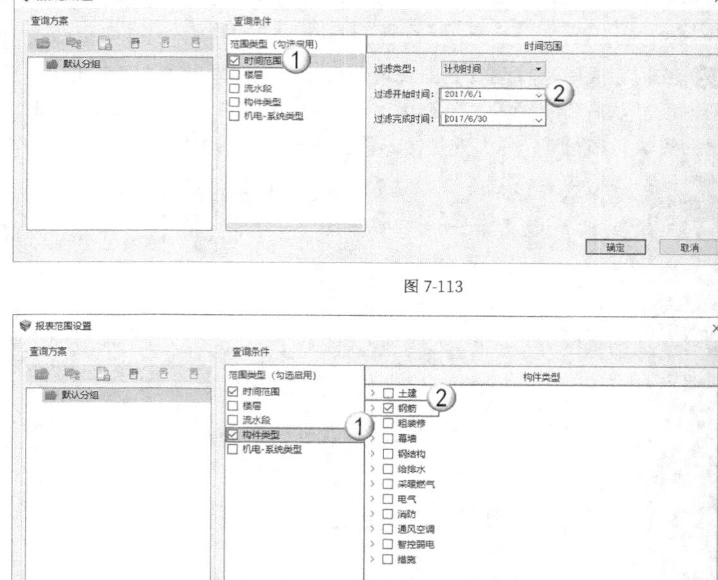

图 7-113

图 7-114

06 设置完成后，系统便自动统计钢筋的需求计划所对应的部位和钢筋量，统计完成后就能单击“打印”按钮或“导出报表数据”按钮来直接获得材料需求计划表，如图 7-115 所示。

> **提示** 本案例仅介绍了钢筋的查询操作，在实际的业务操作中，读者可以根据需要进行各类物料计划的查询或报表处理，还能根据不同维度自定义获得的工程量。

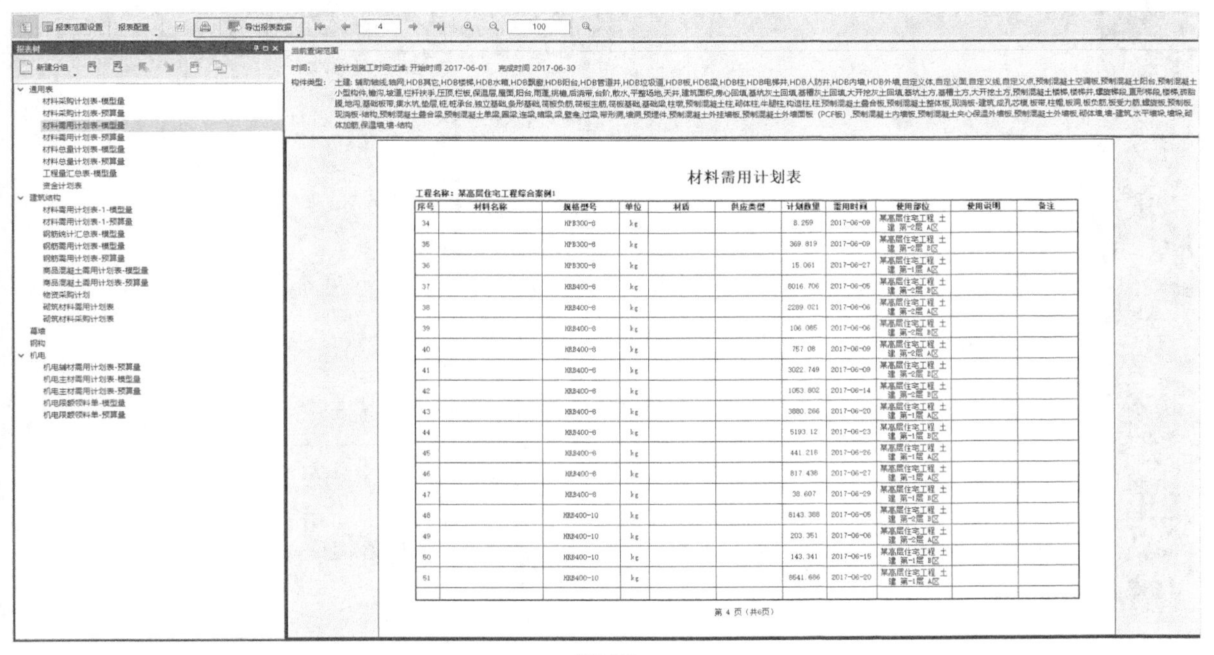

材料需用计划表

工程名称：某高层住宅工程综合案例1

序号	材料名称	规格型号	单位	材质	供应类型	计划数量	需用时间	使用部位	使用说明	备注
34		HPB300-8	kg			8.259	2017-06-09	某高层住宅工程 土建 第-2层 A区		
35		HPB300-8	kg			369.819	2017-06-09	某高层住宅工程 土建 第-2层 B区		
36		HPB300-8	kg			15.061	2017-06-27	某高层住宅工程 土建 第-1层 A区		
37		HRB400-6	kg			8016.706	2017-06-05	某高层住宅工程 土建 第-2层 B区		
38		HRB400-6	kg			2289.021	2017-06-06	某高层住宅工程 土建 第-2层 A区		
39		HRB400-8	kg			106.085	2017-06-06	某高层住宅工程 土建 第-2层 B区		
40		HRB400-8	kg			757.08	2017-06-09	某高层住宅工程 土建 第-2层 A区		
41		HRB400-6	kg			3022.749	2017-06-09	某高层住宅工程 土建 第-2层 B区		
42		HRB400-6	kg			1053.802	2017-06-14	某高层住宅工程 土建 第-2层 B区		
43		HRB400-6	kg			3880.266	2017-06-20	某高层住宅工程 土建 第-1层 A区		
44		HRB400-6	kg			5193.12	2017-06-23	某高层住宅工程 土建 第-1层 B区		
45		HRB400-6	kg			441.216	2017-06-26	某高层住宅工程 土建 第-1层 A区		
46		HRB400-8	kg			817.438	2017-06-27	某高层住宅工程 土建 第-1层 A区		
47		HRB400-8	kg			38.607	2017-06-29	某高层住宅工程 土建 第-1层 B区		
48		HRB400-10	kg			8143.388	2017-06-05	某高层住宅工程 土建 第-2层 B区		
49		HRB400-10	kg			203.351	2017-06-06	某高层住宅工程 土建 第-2层 A区		
50		HRB400-10	kg			143.341	2017-06-15	某高层住宅工程 土建 第-1层 B区		
51		HRB400-10	kg			8641.686	2017-06-20	某高层住宅工程 土建 第-1层 A区		

第 4 页（共6页）

图 7-115

7.2.4 BIM 在进度报量中的实践

素材位置	素材文件>CH07>BIM在进度报量中的实践
实例位置	实例文件>CH07>BIM在进度报量中的实践
教学视频	BIM在进度报量中的实践.mp4

扫码观看视频

当项目在有条不紊地进行时，人员、机械都在全力运转，同时材料也在一点点地转化为实体工程。到了月底，按照合同的约定需要为建设单位上报工程进度款支付申请，这时就需要根据现场实际的施工进度和合同约定的单价编制进度预算书。同时，BIM5D 平台也将随着项目进度不断地记录项目的实际数据，并通过 BIM5D 平台快速获取进度报量数据。

任务说明

（1）根据进度预算书中现场的实际完工情况，快速获取已完成工程区域的工程量。

（2）将查询的工程量、价格填入进度预算书中，完成进度预算书（劳务）编制。

（3）使用“查询视图”功能，完成某高层住宅工程进度预算书（业主）编制。

提示 由于这里使用的BIM5D是单机版，因此不能通过协同下载进度照片，将以框选范围为例。

任务实施

01 打开“素材文件 >CH07>BIM 在进度报量中的实践 > 某高层住宅工程 - 进度预算书（劳务）.xlsx”文件，根据进度预算书中编制说明的完工内容，完成工程量的获取。由于已完进度为流水段的分区内容，因此不能直接通过原流水段分区来获得，需要使用“编辑流水段”功能。打开“实例文件 >CH07>BIM 在物料计划中的实践 >BIM 在物料计划中的实践 .P5D”文件，单击“流水视图”按钮，进入相应的界面，选择已完工程量所在的楼层和分区，单击“编辑流水段”按钮，如图 7-116 所示。

图 7-116

02 为了方便根据轴线进行流水段调整，需要将轴线设置为显示状态。单击“轴网”按钮，在打开的“轴网显示设置”对话框中，勾选“第 2 层”楼层，然后单击“确定”按钮，如图 7-117 所示。完成轴网的设置后，该模型如图 7-118 所示。

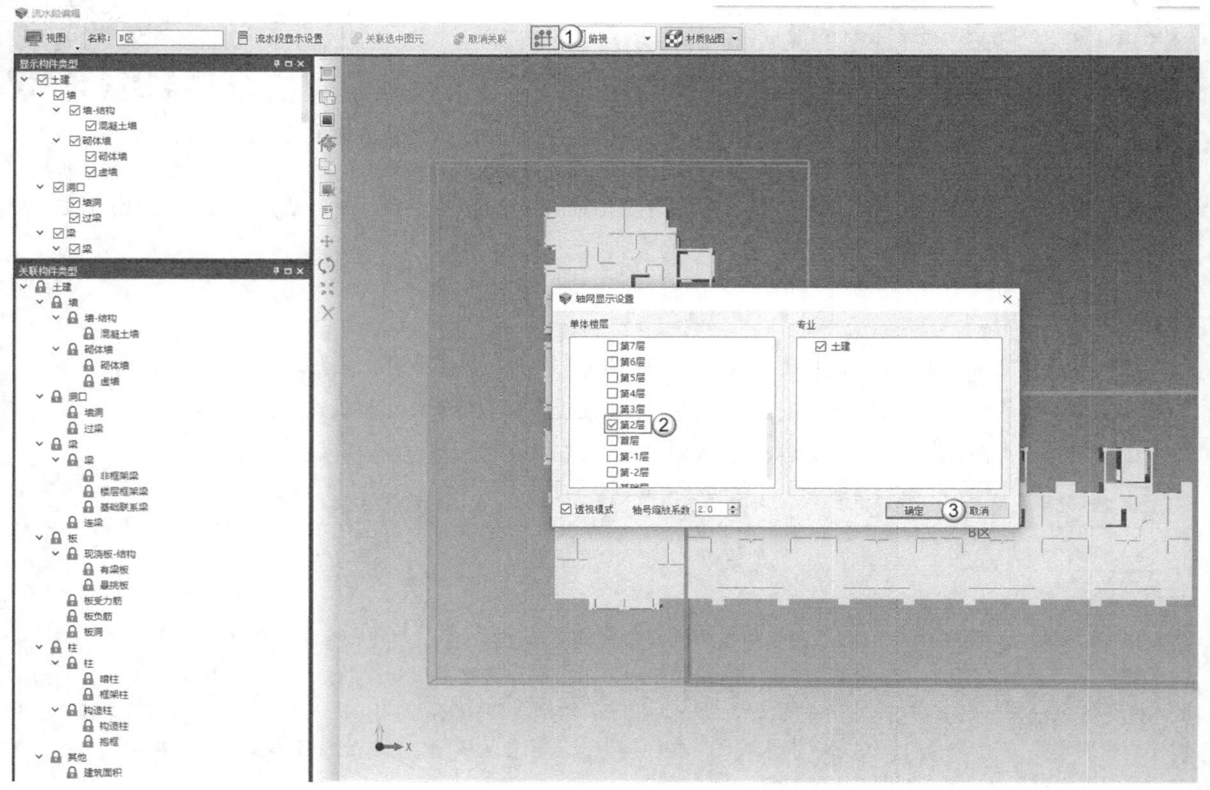

图 7-117

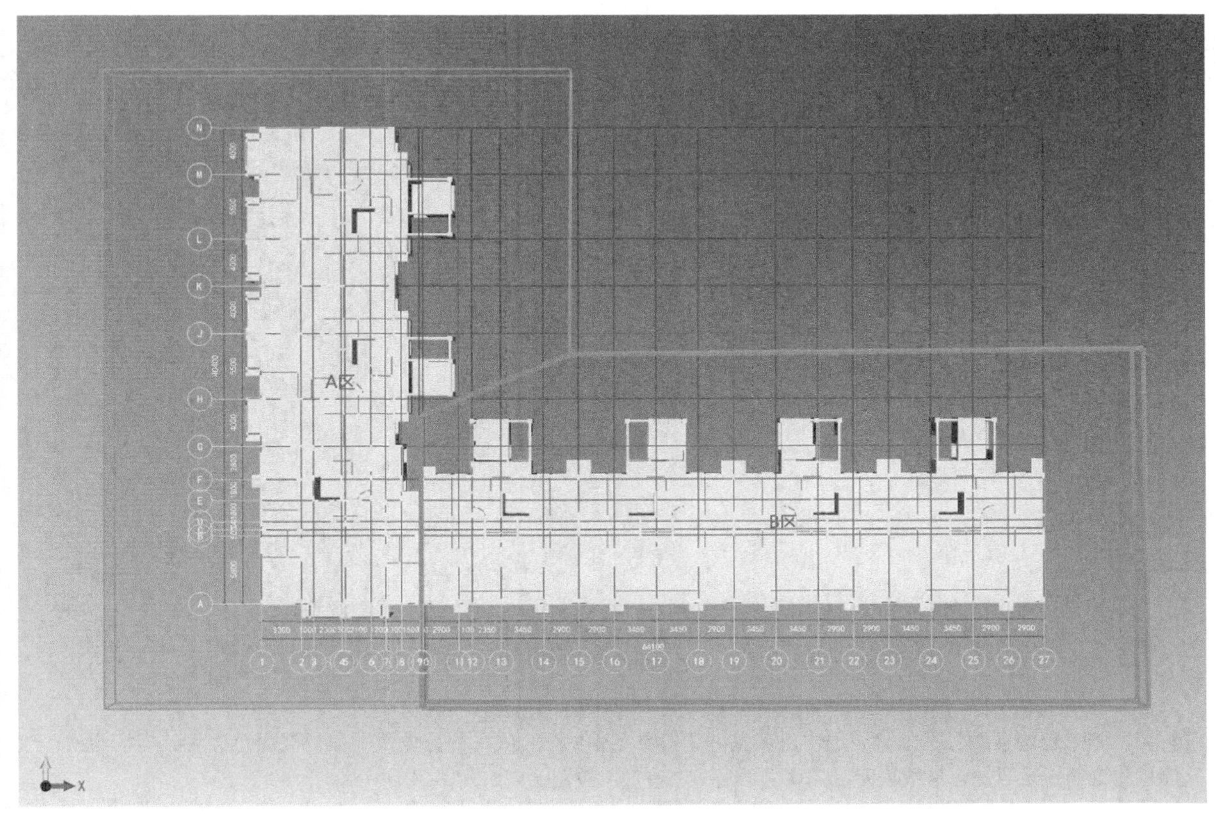

图 7-118

03 由于已完成的现场进度未包含二次结构部分，因此需要先取消“砌体墙”“过梁”“构造柱”的“锁定”状态，然后单击“编辑流水段”按钮，挪动原流水段分区线框至已完成的现场进度的实际位置，接着单击“应用”按钮 应用 ，完成流水段的修改，如图 7-119 所示。

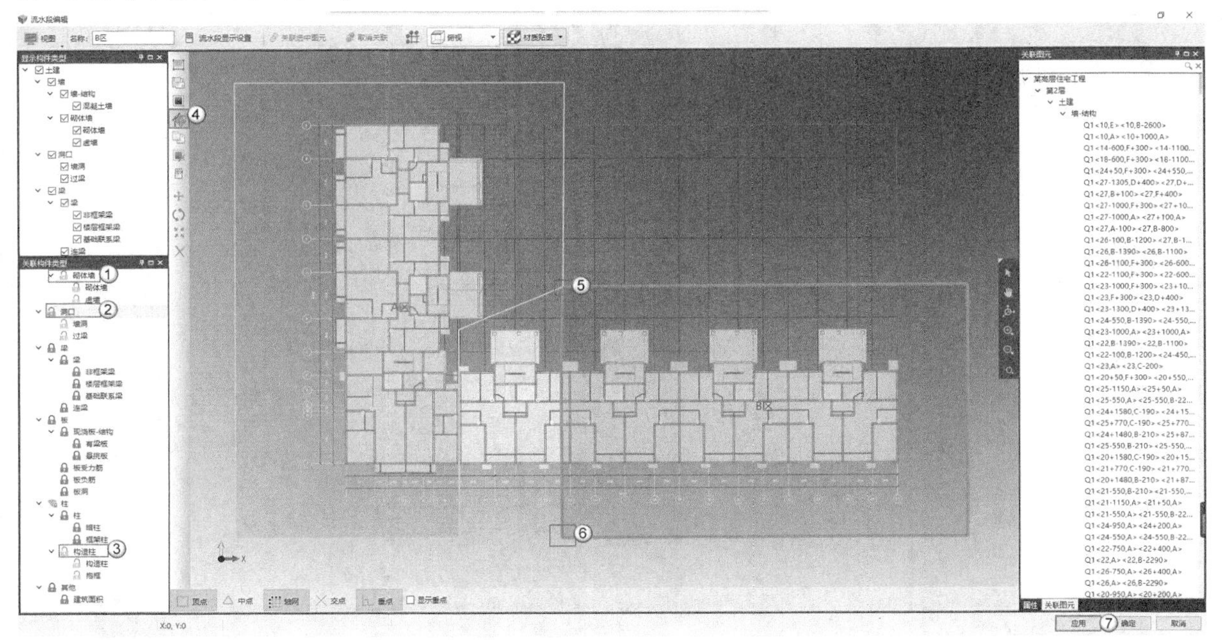

图 7-119

04 这时选中调整后的流水段“B 区”，然后勾选“显示模型”选项，就能看到完整的已完成现场进度的模型，如图 7-120 所示。

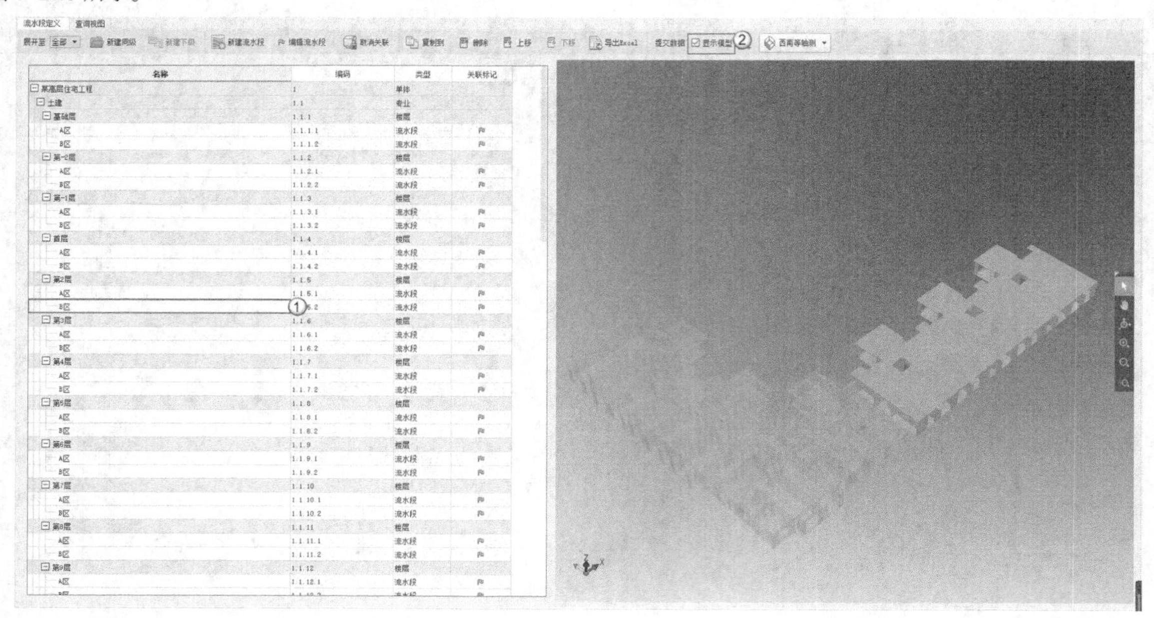

图 7-120

05 切换到“查询视图”选项卡，选中已调整好的第 2 层中的“B 区”，这里仅需获得混凝土体积、模板面积、建筑面积和钢筋重量等工程量数据即可，单击“过滤工程量”按钮，如图 7-121 所示。

	专业	构件类型	规格	工程量类型	单位	工程量
1	土建	建筑面积		面积	m2	502.884
2	土建	建筑面积		原始面积	m2	502.884
3	土建	建筑面积		周长	m	123.615
4	土建	建筑面积		综合脚手架面积	m2	502.884
5	土建	连梁	材质:自拌混凝土 砼类型:特细砂塑性混凝土(坍落度35~50mm) 碎石公称粒级:5~20mm 砼标号:C30	截面高度	m	28.2
6	土建	连梁	材质:自拌混凝土 砼类型:特细砂塑性混凝土(坍落度35~50mm) 碎石公称粒级:5~20mm 砼标号:C30	截面面积	m2	5.514
7	土建	连梁	材质:自拌混凝土 砼类型:特细砂塑性混凝土(坍落度35~50mm) 碎石公称粒级:5~20mm 砼标号:C30	截面周长	m	79.24
8	土建	连梁	材质:自拌混凝土 砼类型:特细砂塑性混凝土(坍落度35~50mm) 碎石公称粒级:5~20mm 砼标号:C30	梁侧面面积	m2	72.32
9	土建	连梁	材质:自拌混凝土 砼类型:特细砂塑性混凝土(坍落度35~50mm) 碎石公称粒级:5~20mm 砼标号:C30	梁净长	m	88.1
10	土建	连梁	材质:自拌混凝土 砼类型:特细砂塑性混凝土(坍落度35~50mm) 碎石公称粒级:5~20mm 砼标号:C30	模板面积	m2	86.121
11	土建	连梁	材质:自拌混凝土 砼类型:特细砂塑性混凝土(坍落度35~50mm) 碎石公称粒级:5~20mm 砼标号:C30	模板体积	m3	8.3
12	土建	连梁	材质:自拌混凝土 砼类型:特细砂塑性混凝土(坍落度35~50mm) 碎石公称粒级:5~20mm 砼标号:C30	体积	m3	8.3
13	土建	连梁	材质:自拌混凝土 砼类型:特细砂塑性混凝土(坍落度35~50mm) 碎石公称粒级:5~20mm 砼标号:C30	轴线长度	m	90.29
14	土建	柱	材质:自拌混凝土 砼类型:特细砂塑性混凝土(坍落度35~50mm) 碎石公称粒级:5~20mm 砼标号:C30	模板面积	m2	401.293
15	土建	柱	材质:自拌混凝土 砼类型:特细砂塑性混凝土(坍落度35~50mm) 碎石公称粒级:5~20mm 砼标号:C30	模板体积	m3	39.199
16	土建	柱	材质:自拌混凝土 砼类型:特细砂塑性混凝土(坍落度35~50mm) 碎石公称粒级:5~20mm 砼标号:C30	数量	根	125
17	土建	柱	材质:自拌混凝土 砼类型:特细砂塑性混凝土(坍落度35~50mm) 碎石公称粒级:5~20mm 砼标号:C30	周长	m	188.18
18	土建	墙-结构	材质:自拌混凝土 砼类型:特细砂塑性混凝土(坍落度35~50mm) 碎石公称粒级:5~20mm 砼标号:C30 类别:混凝土墙	剪力墙模板面积(清单)	m2	712.294
19	土建	墙-结构	材质:自拌混凝土 砼类型:特细砂塑性混凝土(坍落度35~50mm) 碎石公称粒级:5~20mm 砼标号:C30 类别:混凝土墙	剪力墙体积(清单)	m3	109.867
20	土建	墙-结构	材质:自拌混凝土 砼类型:特细砂塑性混凝土(坍落度35~50mm) 碎石公称粒级:5~20mm 砼标号:C30 类别:混凝土墙	模板面积	m2	712.294
21	土建	墙-结构	材质:自拌混凝土 砼类型:特细砂塑性混凝土(坍落度35~50mm) 碎石公称粒级:5~20mm 砼标号:C30 类别:混凝土墙	模板体积	m3	70.643
22	土建	墙-结构	材质:自拌混凝土 砼类型:特细砂塑性混凝土(坍落度35~50mm) 碎石公称粒级:5~20mm 砼标号:C30 类别:混凝土墙	墙厚	m	19.14
23	土建	墙-结构	材质:自拌混凝土 砼类型:特细砂塑性混凝土(坍落度35~50mm) 碎石公称粒级:5~20mm 砼标号:C30 类别:混凝土墙	体积	m3	109.867
24	土建	墙-结构	材质:自拌混凝土 砼类型:特细砂塑性混凝土(坍落度35~50mm) 碎石公称粒级:5~20mm 砼标号:C30 类别:混凝土墙	长度	m	195.6
25	土建	梁	材质:自拌混凝土 砼类型:特细砂塑性混凝土(坍落度35~	侧面模板面积	m2	14.71

图 7-121

06 在打开的“过滤工程量”对话框中选中“工程量类型”选项，进入“工程量类型”设置界面，然后勾选“钢筋”构件中的“柱”“梁”“板负筋”“墙 - 结构”“板受力筋”“连梁”的“重量”选项，如图 7-122 所示。

07 继续勾选“土建”专业中的“梁、墙 - 结构”“连梁”构件的“模板面积”和“体积”选项，然后勾选“现浇板 - 结构”构件中的“投影面积”“底面模板面积”“侧面模板面积”“体积”选项，勾选“建筑面积”中的“面积”选项，最后单击“确定”按钮 确定 ，如图 7-123 所示。

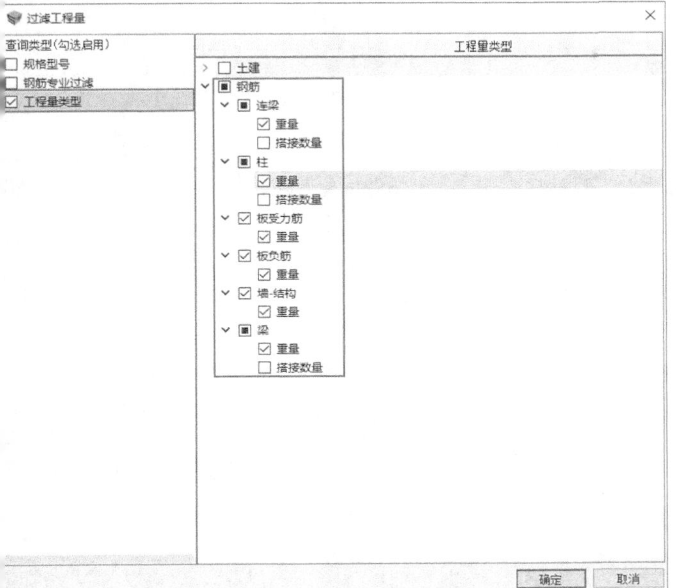

图 7-122

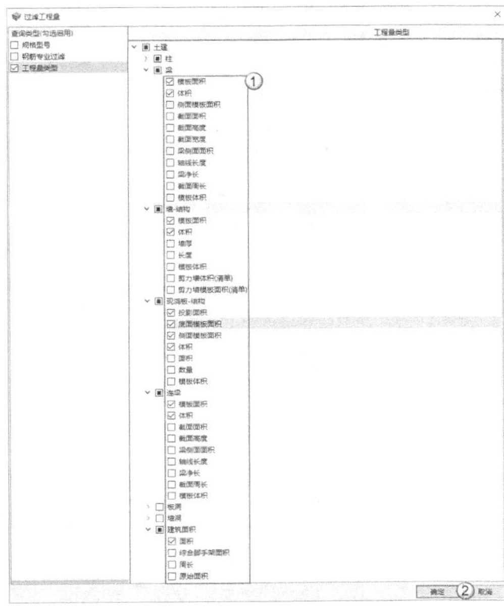

图 7-123

08 完成工程量的过滤设置后，单击“导出工程量”按钮，将导出的数据保存在合适的位置，然后单击“保存”按钮 保存(S) ，如图 7-124 所示。

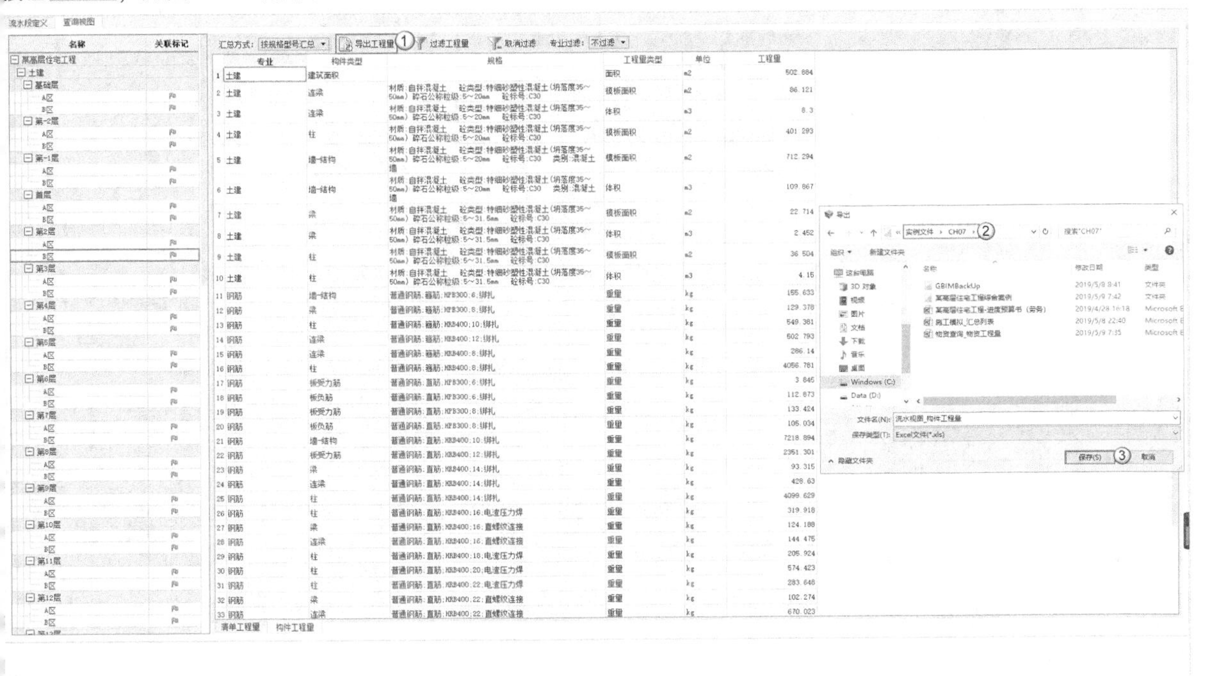

图 7-124

09 打开“某高层住宅工程 - 进度预算书（劳务）.xls”文件，将“流水视图 _ 构件工程量”中的表格数据复制到“某高层住宅工程 - 进度预算书（劳务）.xls”，从而完成进度预算书的编制，如图 7-125 所示。

某高层住宅工程–进度预算书（劳务）													
工程名称：某高层住宅工程						日期：						单位：元	
序号	分项名称	项目描述	单位	工程量	单价	合价	其中						备注
							人工费		材料费		机械费		
							单价	合价	单价	合价	单价	合价	
1	混凝土工程	包含混凝土浇筑	m³	177.46	35.00	6211.10	35.00	6211.10					
2	钢筋工程	包含钢筋绑扎及安装	t	25.45	850.00	21634.20	850.00	21634.20					
3	模板工程	包含模板制作及安装	m²	1719.47	30.00	51584.10	30.00	51584.10					
4	脚手架工程	包含脚手架搭设	m²	502.88	45.00	22629.60	45.00	22629.60					建筑面积
本页合计						102059.00		102059.00					

图 7-125

10 完成劳务分包进度预算书的编制后，还需要对业主的进度款进行申报。切换到“清单工程量”设置界面，设置“汇总方式”为“按清单汇总”、“预算类型”为“合同预算”然后单击“导出工程量”按钮，在打开的“清单工程量”对话框中，将导出的数据保存至合适的位置，然后单击“保存”按钮 保存(S) ，如图 7-126 所示。

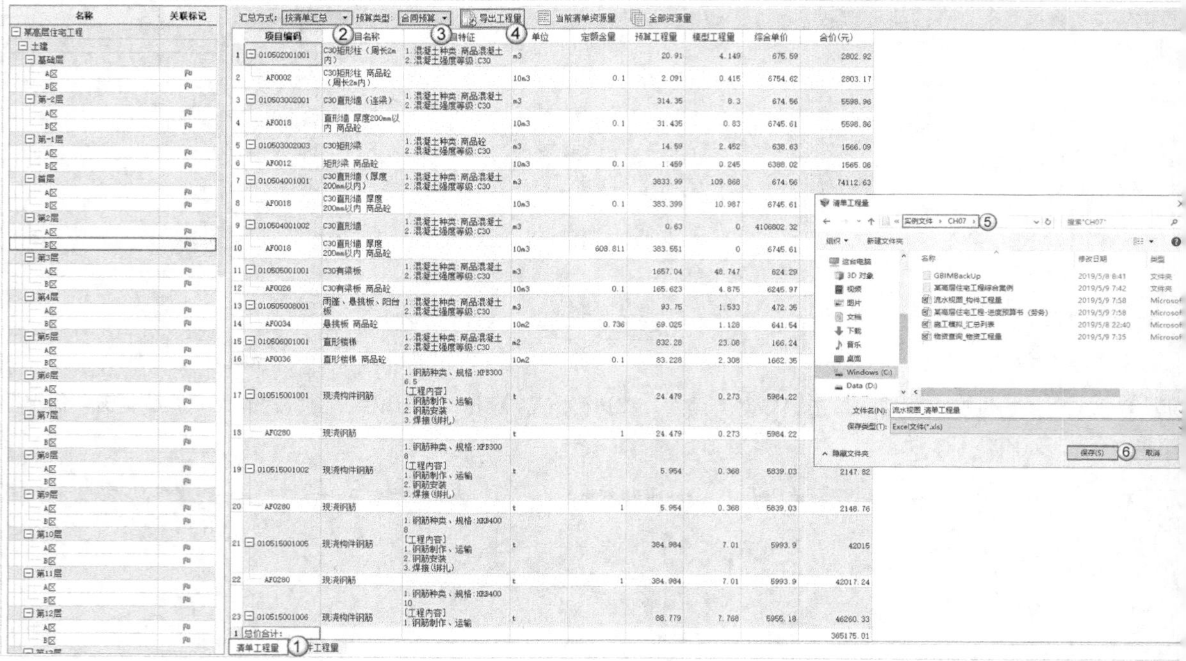

汇总方式：按清单汇总 预算类型：合同预算 导出工程量 当前清单资源量 全部资源量

	项目编码	目名称	目特征	单位	定额含量	预算工程量	模型工程量	综合单价	合价(元)
1	010502001001	C30矩形柱（周长2m内）	1.混凝土种类:商品混凝土 2.混凝土强度等级:C30	m3		20.91	4.149	675.59	2802.92
2	AF0002	C30矩形柱 商品砼（周长2m内）		10m3	0.1	2.091	0.415	6754.62	2803.17
3	010503002001	C30直形墙（连梁）	1.混凝土种类:商品混凝土 2.混凝土强度等级:C30	m3		314.35	8.3	674.56	5598.96
4	AF0018	直形墙 厚度200mm以内 商品砼		10m3	0.1	31.435	0.83	6745.61	5598.86
5	010503002003	C30矩形梁	1.混凝土种类:商品砼 2.混凝土强度等级:C30	m3		14.59	2.452	638.63	1566.09
6	AF0012	矩形梁 商品砼		10m3	0.1	1.459	0.245	6388.02	1565.06
7	010504001001	C30直形墙（厚度200mm以内）	1.混凝土种类:商品混凝土 2.混凝土强度等级:C30	m3		3633.99	109.868	674.56	74112.63
8	AF0018	C30直形墙 厚度200mm以内 商品砼		10m3	0.1	383.399	10.987	6745.61	
9	010504001002	C30直形墙	1.混凝土种类:商品混凝土 2.混凝土强度等级:C30	m3		0.63	0	4106802.32	
10	AF0018	C30直形墙 厚度200mm以内 商品砼		10m3	608.811	383.551	0	6745.61	
11	010505001001	C30有梁板	1.混凝土种类:商品混凝土 2.混凝土强度等级:C30	m3		1657.04	48.747	624.29	
12	AF0026	C30有梁板 商品砼		10m3	0.1	165.623	4.875	6245.97	
13	010505008001	雨篷、悬挑板、阳台板	1.混凝土种类:商品混凝土 2.混凝土强度等级:C30	m3		93.75	1.533	472.35	
14	AF0034	悬挑板 商品砼		10m2	0.736	69.025	1.128	641.54	
15	010506001001	直形楼梯	1.混凝土种类:商品混凝土 2.混凝土强度等级:C30	m2		832.28	23.08	166.24	
16	AF0036	直形楼梯 商品砼		10m2	0.1	83.228	2.308	1662.35	
17	010515001001	现浇构件钢筋	1.钢筋种类、规格:HPB300 6.5 [工程内容] 1.钢筋制作、运输 2.钢筋安装 3.焊接(绑扎)	t		24.479	0.273	5984.22	
18	AF0280	现浇钢筋		t	1	24.479	0.273	5984.22	
19	010515001002	现浇构件钢筋	1.钢筋种类、规格:HPB300 8 [工程内容] 1.钢筋制作、运输 2.钢筋安装 3.焊接(绑扎)	t		5.954	0.368	5839.03	2147.82
20	AF0280	现浇钢筋		t	1	5.954	0.368	5839.03	2148.76
21	010515001005	现浇构件钢筋	1.钢筋种类、规格:HRB400 8 [工程内容] 1.钢筋制作、运输 2.钢筋安装 3.焊接(绑扎)	t		384.984	7.01	5993.9	42015
22	AF0280	现浇钢筋		t	1	384.984	7.01	5993.9	42017.24
23	010515001006	现浇构件钢筋	1.钢筋种类、规格:HRB400 10 [工程内容] 1.钢筋制作、运输	t		88.779	7.768	5955.18	46260.33
1	总价合计:								365175.01

清单工程量 件工程量

图 7-126

11 打开“素材文件 >CH07>BIM 在进度报量中的实践 > 某高层住宅工程 - 进度预算书（业主）.xlsx”文件，将“流水视图 _ 清单工程量”中的表格数据复制到“某高层住宅工程 - 进度预算书（业主）.xlsx”，完成进度预算书的编制，如图 7-127 所示。

工程进度预算书							
工程名称：某高层住宅工程 施工单位：某建设有限公司					统计时间：2017年8月		
清单编码	项目名称	单位	合同单价	施工单位申报工程量		完成比例	备注
				工程量	金额		
010502001001	C30矩形柱（周长2m内）	m3	675.59	4.149	2803.02		
010503002001	C30直形墙（连梁）	m3	674.56	8.3	5598.85		
010503002003	C30矩形梁	m3	638.63	2.452	1565.92		
010504001001	C30直形墙（厚度200mm以内）	m3	674.56	109.868	74112.56		
010504001002	C30直形墙	m3	4106802.32	0	0.00		
010505001001	C30有梁板	m3	624.29	48.747	30432.26		
010505008001	雨篷、悬挑板、阳台板	m3	472.35	1.533	724.11		
010506001001	直形楼梯	m2	166.24	23.08	3836.82		
010515001001	现浇构件钢筋	t	5984.22	0.273	1633.69		
010515001002	现浇构件钢筋	t	5839.03	0.368	2148.76		
010515001005	现浇构件钢筋	t	5993.9	7.01	42017.24		
010515001006	现浇构件钢筋	t	5955.18	7.768	46259.84		
010515001007	现浇构件钢筋	t	6148.76	2.854	17548.56		
010515001012	现浇构件钢筋	t	6032.61	1.056	6370.44		
010515001013	现浇构件钢筋	t	6032.61	0.134	808.37		
010516003001	机械连接	个	19.76	0	0.00		
010516B02001	电渣压力焊	个	9.77	60	586.20		
010516B02002	电渣压力焊	个	9.77	36	351.72		
010516B02003	电渣压力焊	个	9.77	108	1055.16		
010516B02004	电渣压力焊	个	9.77	36	351.72		
011701001001	综合脚手架	m2	39.03	502.884	19627.56		
011702002001	C30矩形柱模板（周长2m内）	m2	60.09	36.504	2193.53		
011702006001	C30矩形梁（连梁）模板	m2	44.52	86.121	3834.11		
011702006002	C30矩形梁	m2	40.03	22.714	909.24		
011702011001	C30直形墙模板（厚度200mm以内）	m2	56.32	712.294	40116.40		
011702014001	C30有梁板模板	m2	45.67	420.171	19189.21		
011702023001	雨篷、悬挑板、阳台板	m2	139.38	16.497			
011702024001	楼梯	m2	96.12	23.08	2218.45		
	合计				362882.47		

图 7-127

7.2.5 BIM 在成本管控中的实践

素材位置	素材文件>CH07>BIM在成本管控中的实践
实例位置	实例文件>CH07>BIM在成本管控中的实践
教学视频	BIM在成本管控中的实践.mp4

扫码观看视频

项目的进度款申报和分包进度预算书编制完成后，这时造价工程师还有一项事情需要处理，那就是项目的成本分析。按照项目管理制度的要求，造价工程师就要开始进行月度项目成本分析，通过成本分析（包括项目的主要材料和收支情况）来分析整个项目的运行。此时，造价工程师就会根据合同约定来计算施工图的工程量，同时统计现场实际消耗的物资，再通过对比分析来了解整个项目的成本情况，最后通过 BIM5D 平台快速查看这个月的物料使用和收入情况。

任务说明

（1）根据现场进度情况，项目部已经完成了地下一层的主体施工，现需完成地下一层的三算对比分析。

（2）项目已经进展到 2017 年 7 月 1 日，使用"挣值法"完成 6 月份已完成计划成本和已完成实际成本的分析。

（3）查询地下一层物料工程量辅助合同的收入和成本数据。

任务实施

三算对比查看楼层收支情况

01 打开"实例文件>CH07>BIM 在进度报量中的实践>BIM 在进度报量中的实践.P5D"文件，单击"合约视图"按钮，进入界面后单击"新建"菜单中的"新建下级"按钮，如图 7-128 所示。

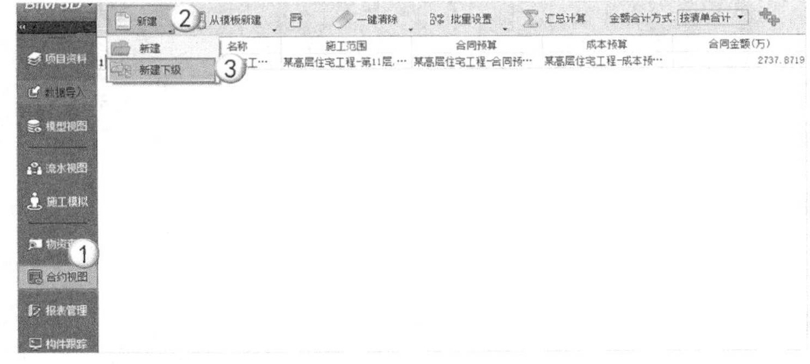

图 7-128

02 在新建的合约项中，修改"编码"为 01、"名称"为"地下一层三算对比"，单击"施工范围"栏中的"加载"按钮，在打开的"施工范围"对话框中勾选"第 -1 层"楼层，然后单击"确定"按钮退出，如图 7-129 所示。

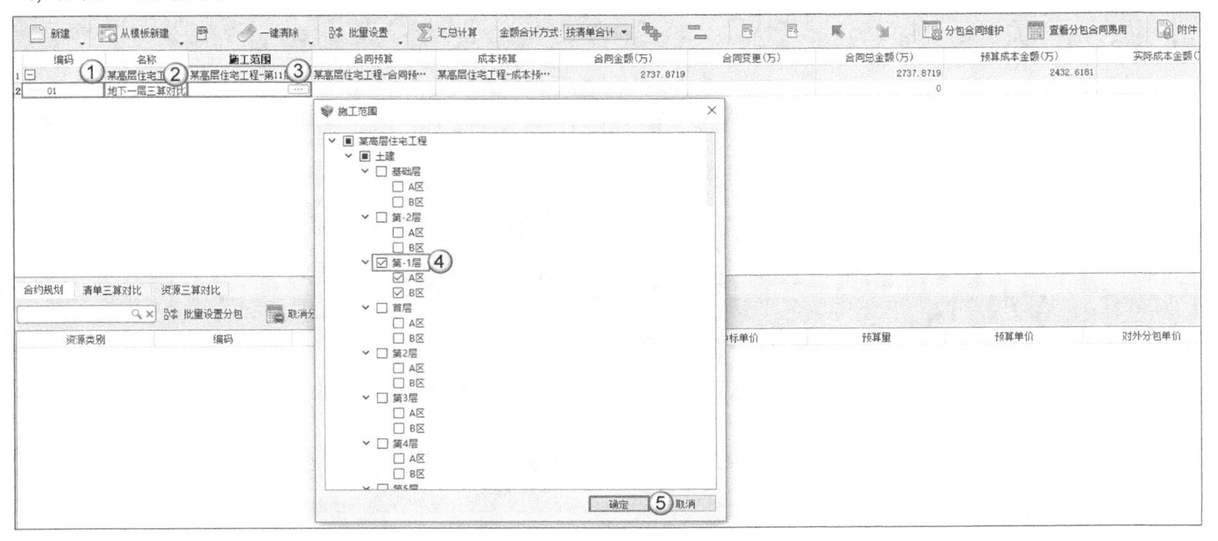

图 7-129

03 单击“合同预算”栏中的“加载”按钮 ，在打开的“预算文件”对话框中勾选“合同预算”选项，最后单击“确定”按钮 确定 ，完成合同预算的选择，如图 7-130 所示。

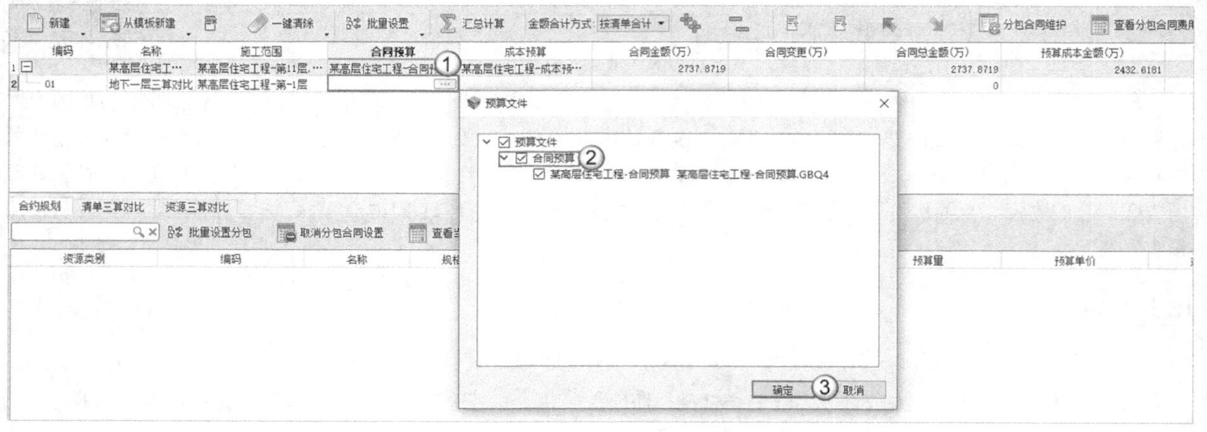

图 7-130

04 按照同样的方式，单击“成本预算”栏中的“加载”按钮 ，在打开的“预算文件”对话框中勾选“成本预算”选项，最后单击“确定”按钮 确定 ，如图 7-131 所示。

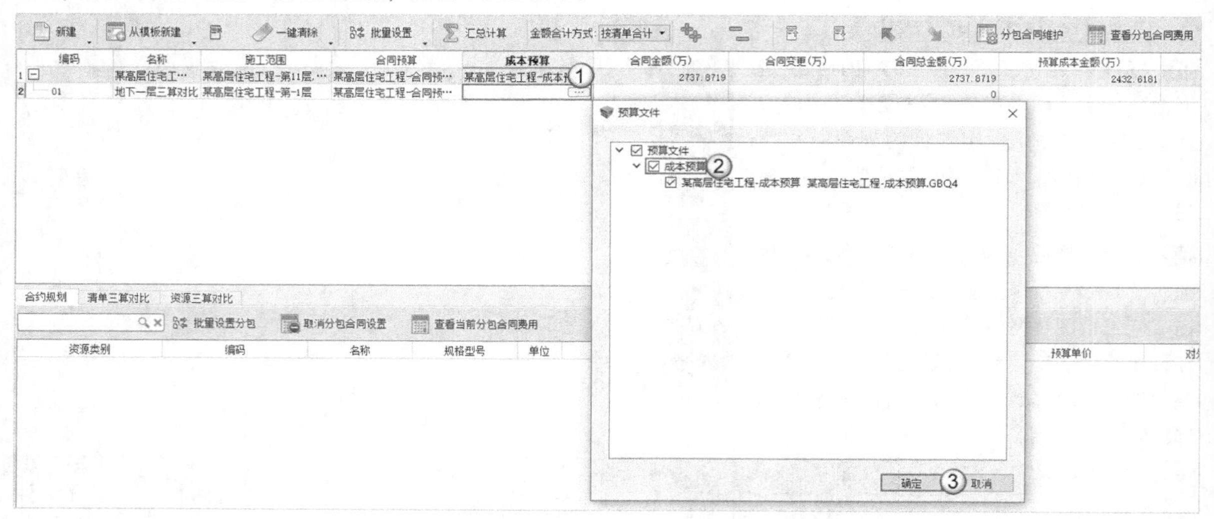

图 7-131

05 单击“汇总计算”按钮 ，待弹出汇总计算成功的提示后，单击“确定”按钮 确定 ，如图 7-132 所示，这时就能得到地下一层的成本情况，如图 7-133 所示。

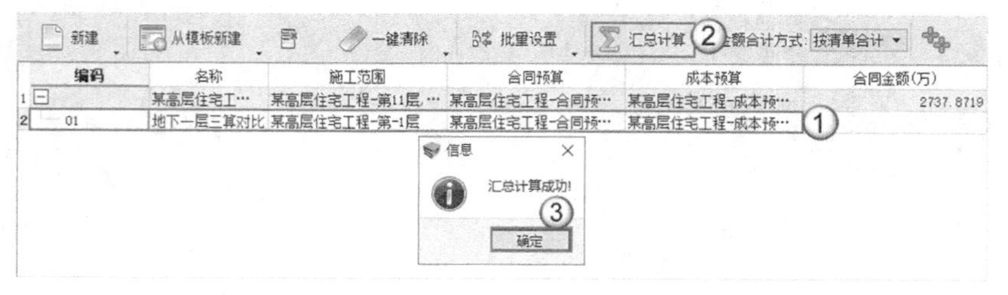

图 7-132

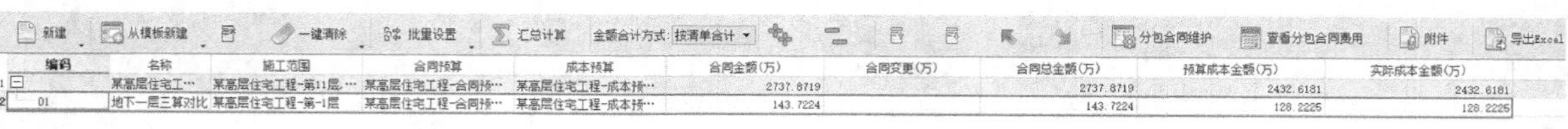

图 7-133

06 切换到“清单三算对比”设置界面，根据现场的实际情况，录入实际成本。以“C30 直行墙（厚度 300mm 以内）”为例，假设在“实际成本”中，现场浇筑墙的混凝土的“工程量”为 269m³，“单价”则按照“人工 + 材料费为 480 元 /m³”计算，将自动计算出“C30 直行墙（厚度 300mm 以内）”的成本情况，如图 7-134 所示。

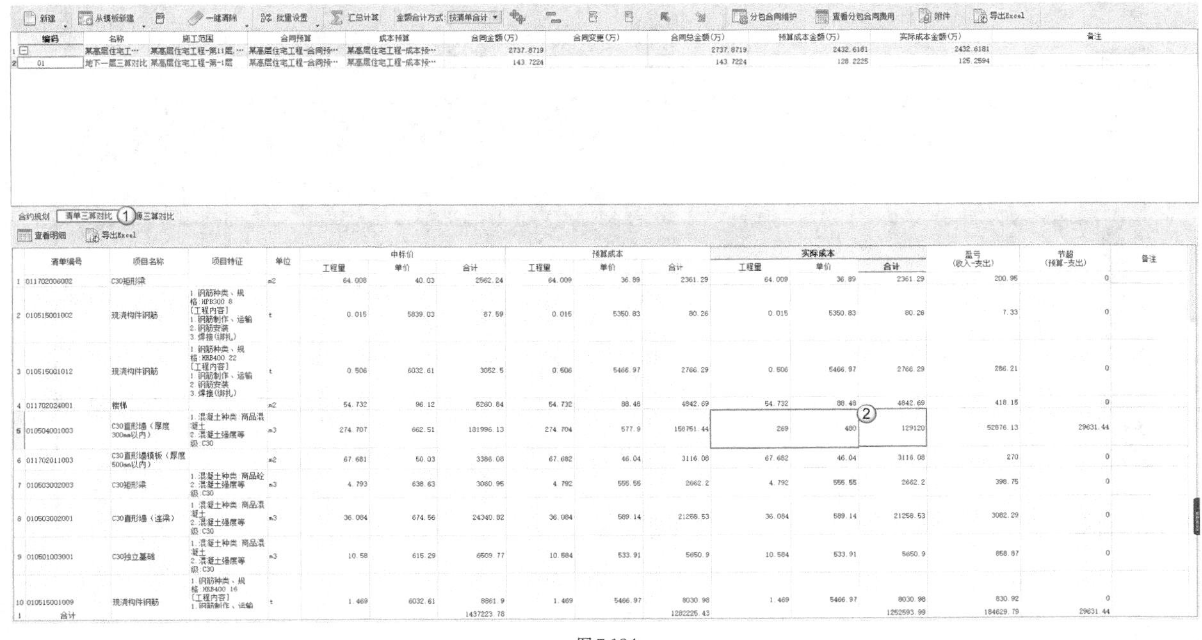

图 7-134

07 如果需要查看项目物料的三算对比分析情况，那么使用“合约视图”功能也能快速实现。切换到“资源三算对比”设置界面，同样以“商品砼 C30”材料为例，假设实际浇筑的现场商品砼“工程量”为 760m³，实际签订的材料“单价”为 420 元 /m³，就能得到“商品砼”材料的盈亏和节超情况，如图 7-135 所示。

	编码	名称	施工范围	合同预算	成本预算	合同金额(万)	合同变更(万)	合同总金额(万)	预算成本金额(万)	实际成本金额(万)	备注
1		某高层住宅工…	某高层住宅工程-第11层…	某高层住宅工程-合同预…	某高层住宅工程-成本预…	2737.8719		2737.8719	2432.6181	2432.6181	
2	01	地下一层三算对比	某高层住宅工程-第-1层	某高层住宅工程-合同预…	某高层住宅工程-成本预…	143.7224		143.7224	128.2225	125.2594	

合约规划　清单三算对比　资源三算对比 ①

导出Excel

	资源类别	编码	名称	规格型号	单位	中标价 工程量	中标价 单价	中标价 合计	预算成本 工程量	预算成本 单价	预算成本 合计	实际成本 工程量	实际成本 单价	实际成本 合计	盈亏(收入-支出)	节超(预算-支出)	备注
1	普通材料							800596.72			764586.29			764586.29	36010.43	0	
48	商品砼							393878.26			349734.63			332739.54	61138.72	16995.09	
49	商品砼	01020101	商品砼	C30	m3	804.161	471	378759.83	780.035	431	336195.09	760	420 ②	319200	59559.83	16995.09	
50	商品砼	01020101	商品砼	C30 F6	m3	19.99	485	9695.15	19.391	445	8629	19.391	445	8629	1066.15	0	
51	商品砼	01020101	商品砼	C15	m3	12.025	451	5423.28	11.664	421	4910.54	11.664	421	4910.54	512.74	0	
1	合计							1194474.98			1114320.92			1097325.83	97149.15	16995.09	

图 7-135

08 如果需要将“清单”和“资源”的三算对比情况导出为 Excel 表格进行数据处理，那么单击“导出 Excel”按钮即可，如图 7-136 所示。

合约规划　清单三算对比　资源三算对比

导出Excel

	资源类别	编码	名称	规格型号	单位	中标价 工程量	中标价 单价	中标价 合计	预算成本 工程量	预算成本 单价	预算成本 合计	实际成本 工程量	实际成本 单价	实际成本 合计	盈亏(收入-支出)	节超(预算-支出)	备注
1	普通材料							800596.72			764586.29			764586.29	36010.43	0	
48	商品砼							393878.26			349734.63			332739.54	61138.72	16995.09	
49	商品砼	01020101	商品砼	C30	m3	804.161	471	378759.83	780.035	431	336195.09	760	420	319200	59559.83	16995.09	
50	商品砼	01020101	商品砼	C30 F6	m3	19.99	485	9695.15	19.391	445	8629	19.391	445	8629	1066.15	0	
51	商品砼	01020101	商品砼	C15	m3	12.025	451	5423.28	11.664	421	4910.54	11.664	421	4910.54	512.74	0	
1	合计							1194474.98			1114320.92			1097325.83	97149.15	16995.09	

图 7-136

“挣值法”成本分析

01 单击“施工模拟”按钮，打开“进度计划”对话框，然后选择“素材文件 >CH07>BIM 在成本管控中的实践 > 某高层住宅工程 -2017 年 6 月实际进度 .mpp”文件，根据 2017 年实际进度时间，在第 14~41 行中输入 6 月份“实际开始”和“实际完成”的进度数据，如图 7-137 所示。

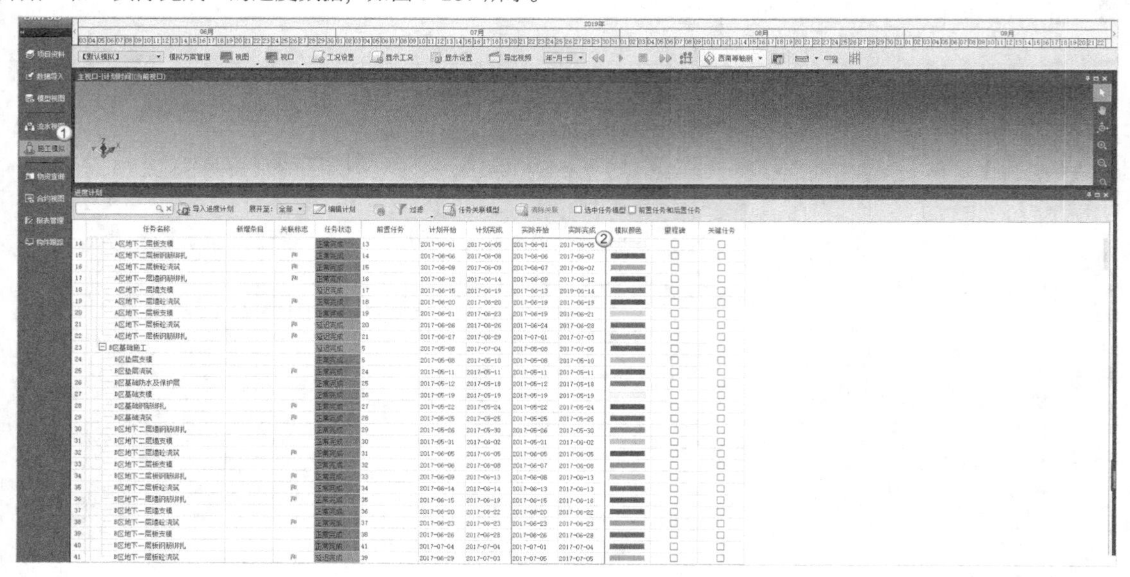

图 7-137

02 新建模拟方案，获得和成本相关的数据。在主设置界面中单击“模拟方案管理”按钮，打开“模拟方案管理”对话框，然后单击“添加”按钮添加模拟方案，如图 7-138 所示。

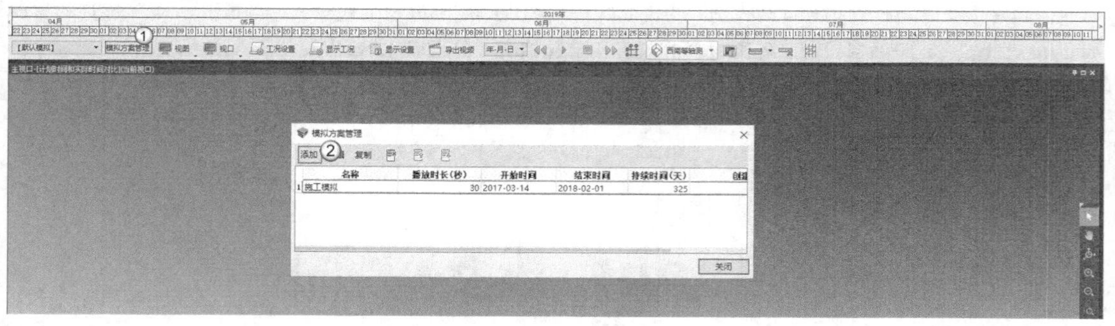

图 7-138

03 在打开的“模拟方案”对话框中输入“方案名称”为“2017 年 6 月计划与实际进度对比”，然后设置“开始时间”为 2017/6/1、“结束时间”为 2017/6/30，单击“确定”按钮，完成方案基本信息的设置，最后单击“关闭”按钮，如图 7-139 所示。

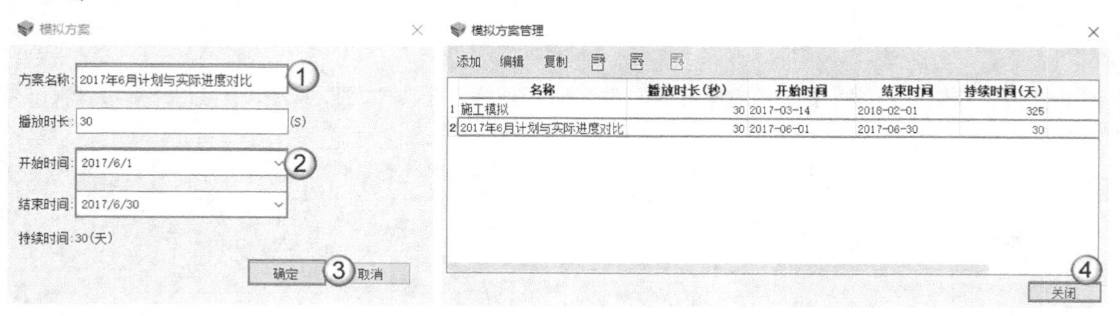

图 7-139

04 在“主视口”内单击鼠标右键并选择“视口属性”，打开“视口属性设置”对话框，选中“时间类型”下的“计划时间和实际时间对比”选项。由于 2017 年 6 月施工进度对应的楼层为地下 -2、-1 层，因此在“显示范围”一栏中，只需勾选“第 -1 层”和“第 -2 层”楼层中的所有的信息，然后单击“确定”按钮 确定 即可，如图 7-140 所示。

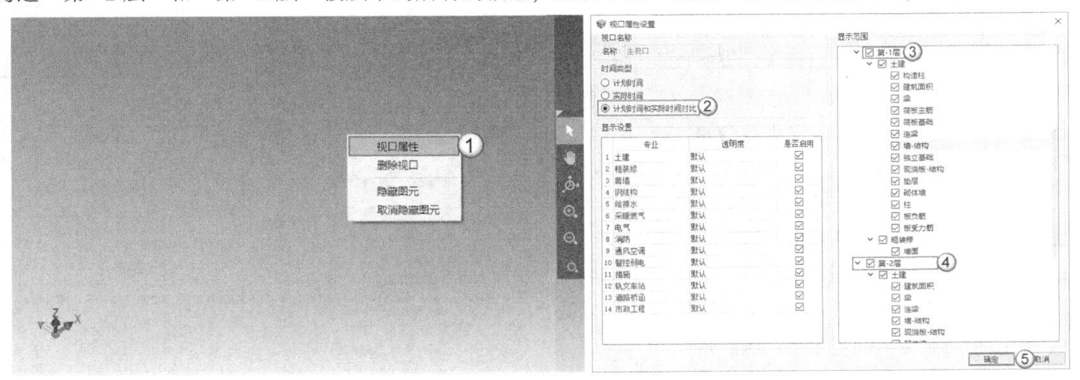

图 7-140

05 将模拟方案切换为“2017 年 6 月计划与实际进度对比”，在“视图”的下拉菜单中选择“资金曲线”和“资源曲线”选项。为了直观地显示数据的情况，将“资金曲线”和“资源曲线”的表现形式均调整为“柱状图”，然后单击“播放”按钮，进行方案的模拟操作，如图 7-141 所示。

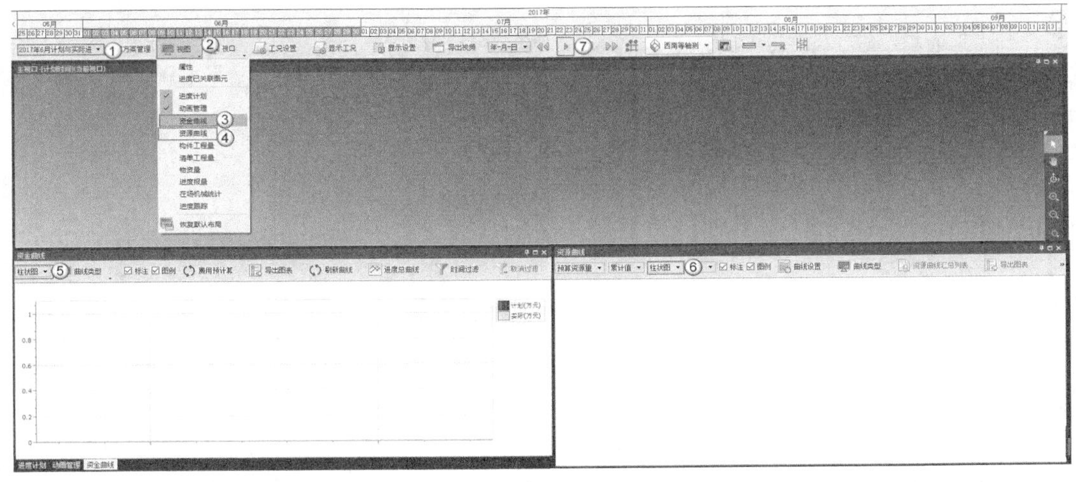

图 7-141

06 待自动模拟完成后，查看“资金曲线”就能获得 2017 年 6 月计划和实际预算数据对应的柱状图，接下来就可以使用“挣值法”完成进度分析，如图 7-142 所示。

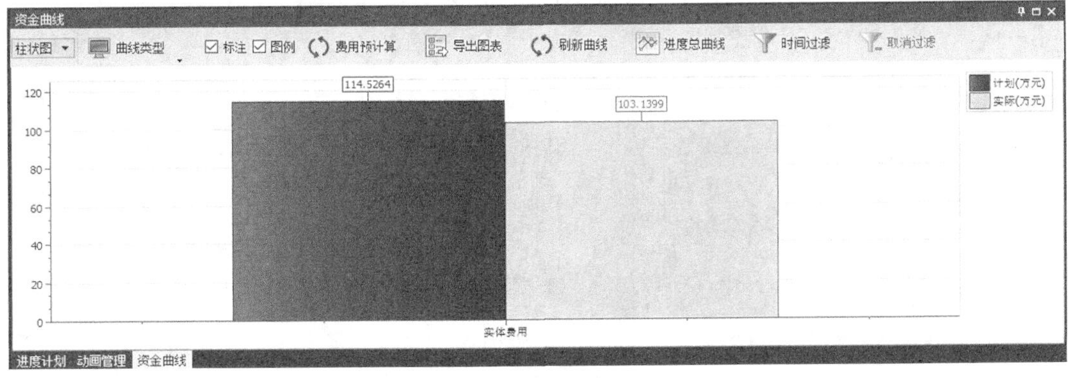

图 7-142

07 打开“素材文件 >CH07>BIM 在成本管控中的实践 > 某高层住宅工程 - 挣值法成本分析表 .xlsx”文件，从资金曲线的柱状图可知，“计划完成工作预算费用（BCWS）”为“114.53 万元”，“已完成工作预算费用 BCWP（挣值）”为“103.14 万元”，经计算获得“已完成工作实际费用 ACWP”为“115.4（万元）”，然后将其分别填入分析表。这时系统将自行计算出“进度偏差 SV”为“BCWP-BCWS=103.14-114.53=-11.39（万元）<0”，“进度绩效指数 SPI”为“BCWP/BCWS=103.14/114.53=0.9<1”，“成本偏差 CV”为“BCWP-ACWP=103.14-115.4=-12.26（万元）<0”，“费用绩效指数 CPI”为“94.26/113.4=0.89<1”。由上述情况得知，ACWP>BCWS>BCWP、SV<0、CV<0，这表示本月工程效率低、进度慢，并且投入延后，那么就可以通过使用工作效率高的工人替换工作效率低的工人的方式来加快施工进度，如图 7-143 所示。

挣值法成本分析表			
工程名称:	某高层住宅工程		
序号	费用名称	金额（万元）	备注
1	计划完成工作预算费用（BCWS）	114.53	
2	已完成工作预算费用BCWP（挣值）	103.14	
3	已完成工作实际费用ACWP	115.40	
4	进度偏差SV	(11.39)	当进度偏差为负值时，表示进度延误，即实际进度落后于计划进度；当进度偏差为正值时，表示进度提前，即实际进度快于计划进度。
5	进度绩效指数SPI	0.90	当进度绩效指数<1时，表示进度延误，即实际进度比计划进度落后；当进度绩效指数>1时，表示进度提前，即实际进度比计划进度快。
6	成本偏差CV	(12.26)	当费用偏差为负值时，即表示项目运行超出预算费用；反之，则表示实际费用没有超出预算费用。
7	费用绩效指数 CPI	0.89	当费用绩效指数<1时，表示超支，即实际费用高于预算费用；当费用绩效指数>1时，表示节支，即实际费用低于预算费用。
由上序号4-7可知：ACWP>BCWS>BCWP，SV<0，CV<0，表示本月工程效率低，进度较慢，投入延后，可以采取的措施：使用工作效率高的工人替换效率低的工人，来提高效率。			

图 7-143

流水视图查询物料工程量辅助成本分析

01 单击“流水视图”按钮，进入相应的界面，然后切换到“查询视图”选项卡，并选中“第 -1 层”楼层，这时将获得地下一层的合同收入情况，然后设置“预算类型”为“合同预算”。单击“导出工程量”按钮就能将数据导出到 Excel 中并进行合同收入的分析，如图 7-144 所示。

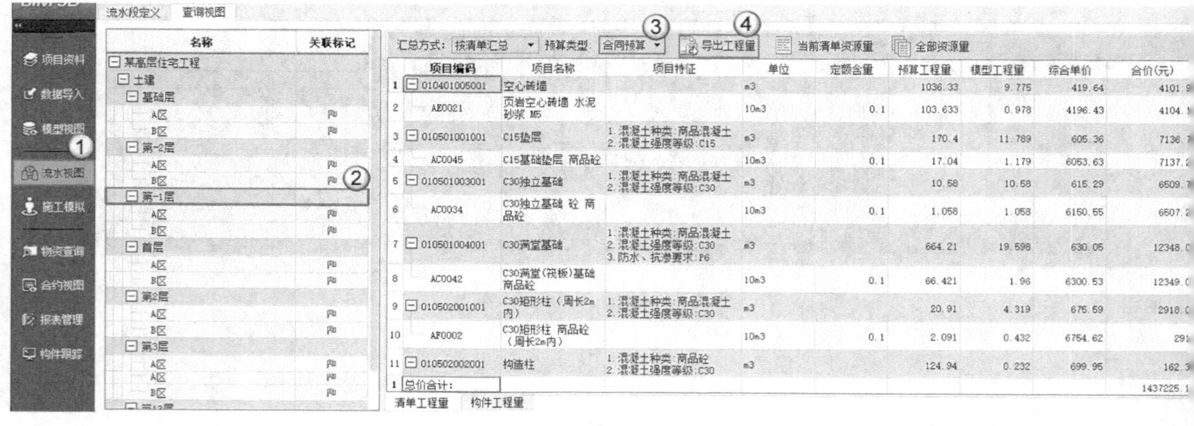

图 7-144

02 获得合同预算的数据后，将“预算类型”设置为“成本预算”，单击“导出工程量”按钮，就能将数据导出到 Excel 中并进行成本分析，如图 7-145 所示。

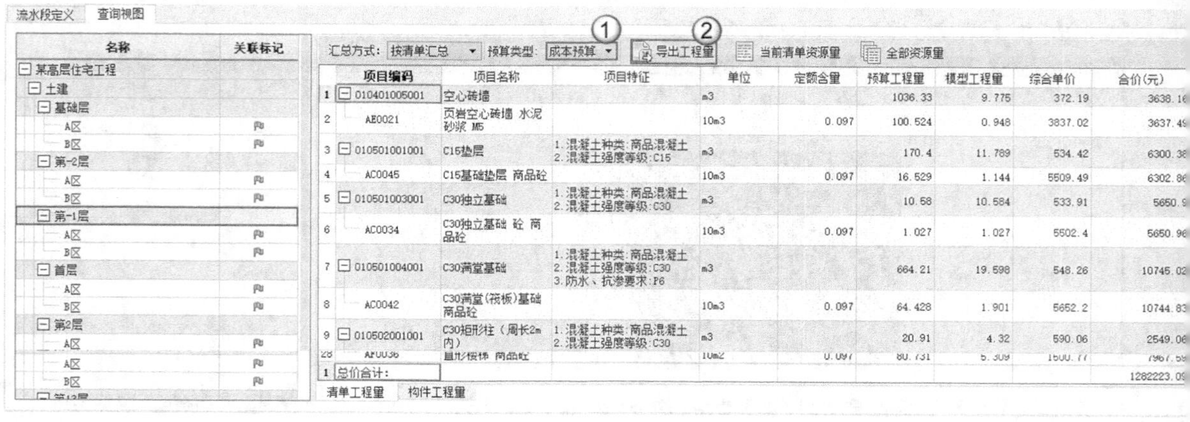

图 7-145

7.2.6 BIM 在变更管理中的实践

扫码观看视频

素材位置	素材文件>CH07>BIM在变更管理中的实践
实例位置	实例文件>CH07>BIM在变更管理中的实践
教学视频	BIM在变更管理中的实践.mp4

在项目实施的过程中，根据施工现场的地质情况，经各参建方讨论同意将独立基础加厚，由设计单位出具变更通知单。这时项目造价工程师就需要根据变更通知单，计算变更后的独立基础导致的工程量和工程价的变化，同时将变更通知单原件进行保存。下面介绍利用 BIM5D 平台进行变更管理的具体流程。

任务说明

（1）完成合同外变更单的创建。

（2）完成变更资料和对应构件的挂接设置。

任务实施

创建合同变更单

01 打开“实例文件 >CH07>BIM 在成本管控中的实践 >BIM 在成本管控中的实践 .P5D”文件，单击“数据导入”按钮，进入相应的界面。切换到“合同外收入”选项卡，然后单击“添加”按钮，打开“添加合同外收入”对话框，设置“变更编号”为 H2017-033、“变更费用（元）”为 4975.33、“变更内容”为“独立基础的厚度由原设计的 300mm 变更为 500mm”、“变更时间”为 2017/8/11、“开始时间”为 2017/8/11、“结束时间”为 2017/8/18、“楼层”为“第 -1 层”，完成后单击“确定”按钮 确定 ，如图 7-146 所示，这时独立基础的变更就添加好了，如图 7-147 所示。

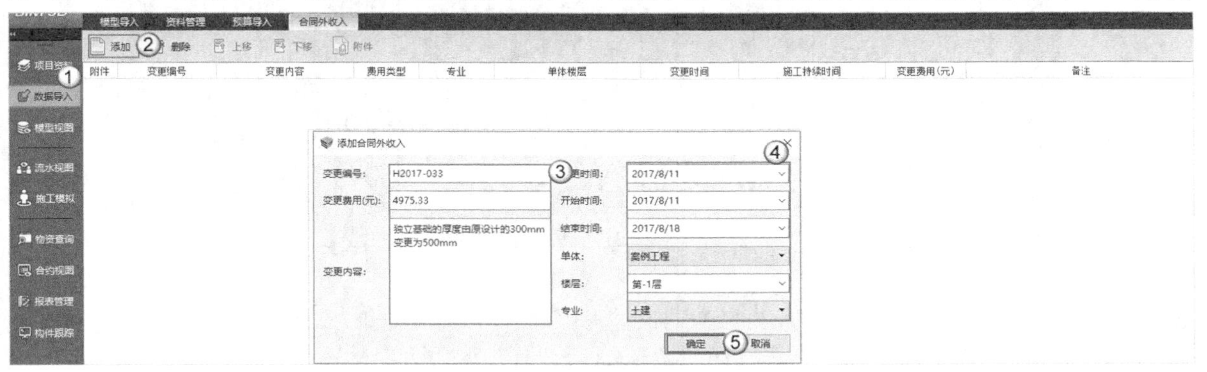

图 7-146

附件	变更编号	变更内容	费用类型	专业	单体楼层	变更时间	施工持续时间	变更费用(元)	备注
1	H2017-033	独立基础的厚度由原设计的300mm变更为500mm	实体费用	土建	某高层住宅工程:第-1层	2017-08-11	2017-08-11~2017-08-18	4975.33	

图 7-147

02 除此之外，还需要将对应的原始凭证进行管理，单击“附件”按钮，在打开的“附件”对话框中单击“上传”按钮，上传设计更改的通知单，如图 7-148 所示。

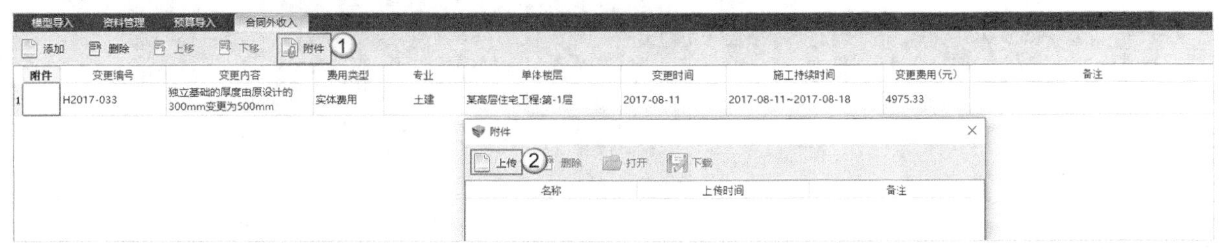

图 7-148

03 在打开的“打开文件”对话框中选择“素材文件 >CH07>BIM 在变更管理中的实践 > 设计更改通知单 -H2017-033.pdf”文件，单击“打开”按钮，如图 7-149 所示。待弹出添加成功的提示后，单击“确定”按钮，如图 7-150 所示。

图 7-149

图 7-150

和模型进行挂接

01 虽然变更单创建完成了，但是还未和模型进行关联，因此单击“模型视图”按钮，进入相应的界面。选择独立基础所在的楼层（第 -1 层），然后在“专业构件类型”面板中勾选“土建”专业选项，如图 7-151 所示。

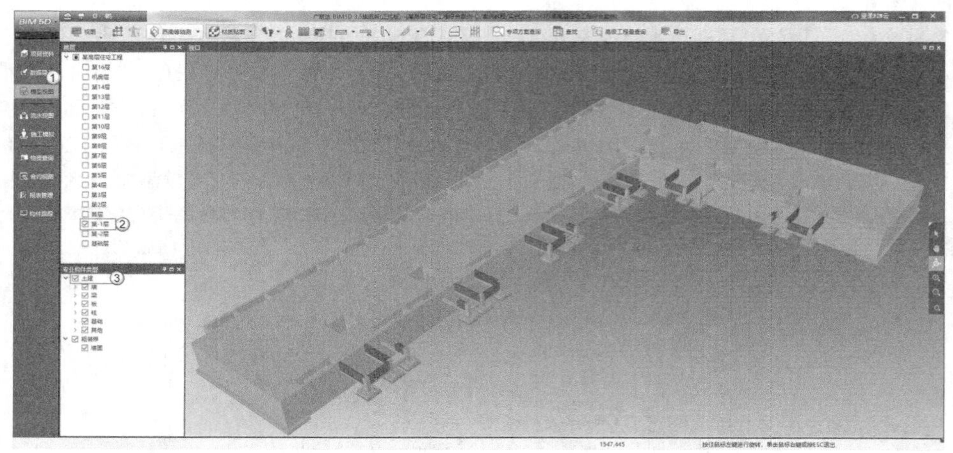

图 7-151

02 使用“选择”工具，按住 Ctrl 键的同时框选所有独立基础，然后单击鼠标右键，在弹出的菜单中选择“资料关联”命令，选择变更的资料附件后，就完成了资料和模型的关联，如图 7-152 所示。

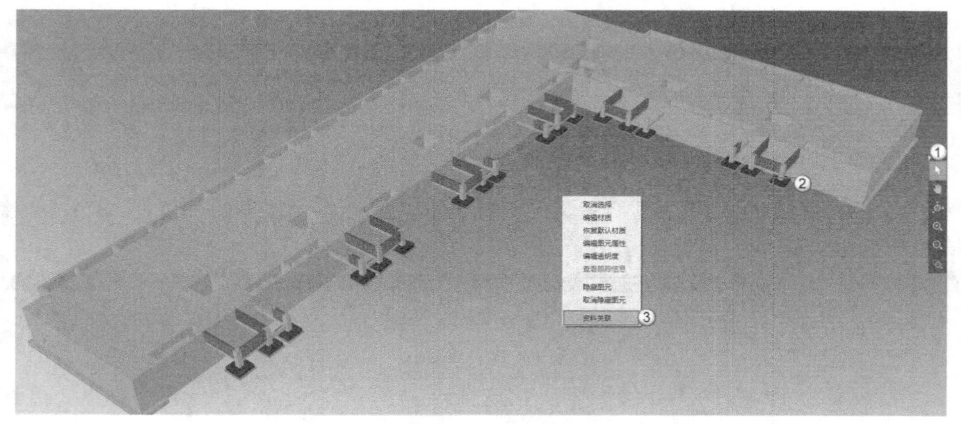

图 7-152

提示 由于本案例使用的是单机版，因此无法获得云端数据资料，且构件“资料关联”时需要登录账号进入资料库才能选中电子版变更单据。读者在实际工作中，可以根据提示和云端资料进行关联，选择对应的变更原始资料就能完成整个应用的操作。

7.2.7 BIM 在结算管理中的实践

素材位置	素材文件>CH07>BIM在结算管理中的实践
实例位置	实例文件>CH07>BIM在结算管理中的实践
教学视频	BIM在结算管理中的实践.mp4

扫码观看视频

假设通过所有人员的共同努力，项目在业主规定的竣工时间内如期完工了。虽然项目进度完成，但是接下来将有更多的事情需要造价工程师处理。后续，造价工程师主要是处理整个项目的结算工作，结算过程会涉及项目从开工到竣工的全过程，也就是整个阶段中的合同内的量价和因各方原因导致的变更、索赔带来的合同外金额。这样将各项目费用都汇总到一起，就组成了项目最后的竣工结算价。

任务说明

（1）完成竣工结算合同内清单的查询。

（2）完成合同外部分数据查询。

任务实施

查询竣工结算清单

01 打开“实例文件 >CH07>BIM 在变更管理中的实践 >BIM 在变更管理中的实践 .P5D”文件，单击“流水视图”按钮，进入界面后在“查询视图”选项卡中选中“某高层住宅工程”，并设置“汇总方式”为“按清单汇总”、“预算类型”为“合同预算”。自动获取工程量后，就能通过“导出工程量”命令将导出的工程量作为竣工结算的清单计价基础，如图 7-153 所示。

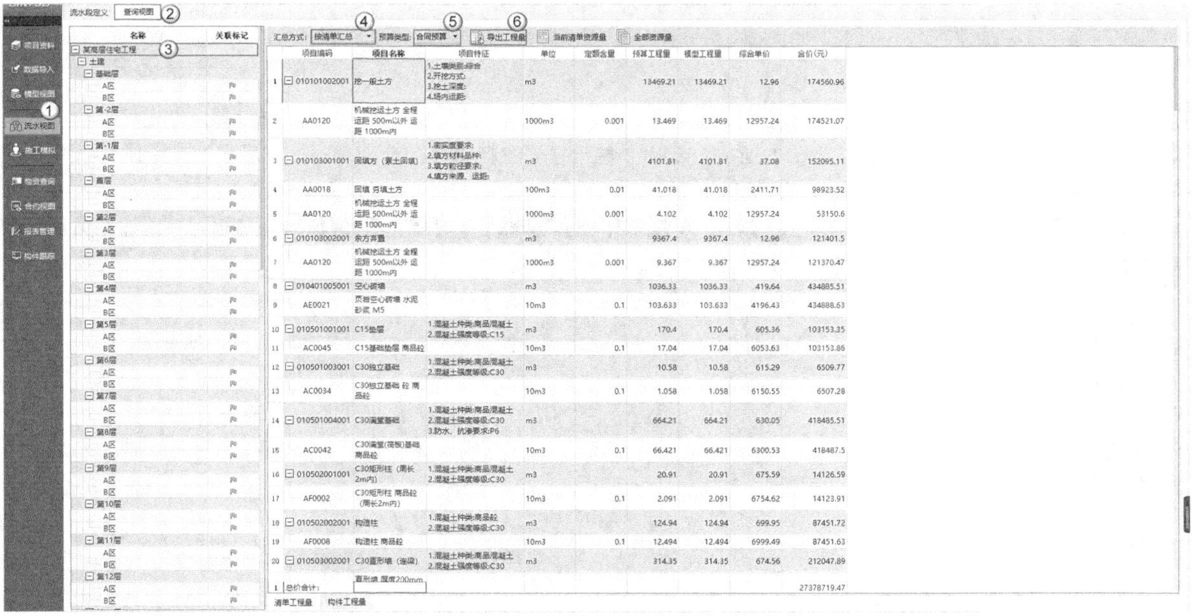

汇总方式：按清单汇总 预算类型：合同预算 导出工程量 当前清单资源量 全部资源量

	项目编码	项目名称	项目特征	单位	定额含量	预算工程量	模型工程量	综合单价	合价(元)
1	010101002001	挖一般土方	1.土壤类别:综合 2.开挖方式: 3.挖土深度: 4.场内运距:	m3		13469.21	13469.21	12.96	174560.96
2	AA0120	机械挖运土方 全程运距 500m以外 运距 1000m内		1000m3	0.001	13.469	13.469	12957.24	174521.07
3	010103001001	回填方（素土回填）	1.密实度要求: 2.填方材料品种: 3.填方粒径要求: 4.填方来源、运距:	m3		4101.81	4101.81	37.08	152095.11
4	AA0018	回填 夯填土方		100m3	0.01	41.018	41.018	2411.71	98923.52
5	AA0120	机械挖运土方 全程运距 500m以外 运距 1000m内		1000m3	0.001	4.102	4.102	12957.24	53150.6
6	010103002001	余方弃置		m3		9367.4	9367.4	12.96	121401.5
7	AA0120	机械挖运土方 全程运距 500m以外 运距 1000m内		1000m3	0.001	9.367	9.367	12957.24	121370.47
8	010401005001	空心砖墙		m3		1036.33	1036.33	419.64	434885.51
9	AE0021	页岩空心砖墙 水泥砂浆 M5		10m3	0.1	103.633	103.633	4196.43	434888.63
10	010501001001	C15垫层	1.混凝土种类:商品混凝土 2.混凝土强度等级:C15	m3		170.4	170.4	605.36	103153.35
11	AC0045	C15基础垫层 商品砼		10m3	0.1	17.04	17.04	6053.63	103153.86
12	010501003001	C30独立基础	1.混凝土种类:商品混凝土 2.混凝土强度等级:C30	m3		10.58	10.58	615.29	6509.77
13	AC0034	C30独立基础 砼 商品砼		10m3	0.1	1.058	1.058	6150.55	6507.28
14	010501004001	C30满堂基础	1.混凝土种类:商品混凝土 2.混凝土强度等级:C30 3.防水、抗渗要求:P6	m3		664.21	664.21	630.05	418485.51
15	AC0042	C30满堂(筏板)基础 商品砼		10m3	0.1	66.421	66.421	6300.53	418487.5
16	010502001001	C30矩形柱（周长 2m内）	1.混凝土种类:商品混凝土 2.混凝土强度等级:C30	m3		20.91	20.91	675.59	14126.59
17	AF0002	C30矩形柱 商品砼（周长2m内）		10m3	0.1	2.091	2.091	6754.62	14123.91
18	010502002001	构造柱	1.混凝土种类:商品砼 2.混凝土强度等级:C30	m3		124.94	124.94	699.95	87451.72
19	AF0008	构造柱 商品砼		10m3	0.1	12.494	12.494	6999.49	87451.63
20	010503002001	C30直形墙（连梁）	1.混凝土种类:商品混凝土 2.混凝土强度等级:C30	m3		314.35	314.35	674.56	212047.89
1	总价合计：								27378719.47

清单工程量 构件工程量

图 7-153

02 打开“素材文件 >CH07>BIM 在结算管理中的实践 > 某高层住宅工程 - 竣工结算汇总表 .xlsx”文件，将合同内的金额录入“竣工结算汇总表”，如图 7-154 所示。

竣工结算汇总表

项目名称：某高层住宅工程

序号	项目名称	合计（元）	备注
一	合同内部分	27378719.47	
1.1	建筑工程	27378719.47	
二	合同外部分	0.00	
2.1	变更		
三	结算总造价	27378719.47	

图 7-154

查询合同外部分数据

01 对于合同外部分的金额，可以单击“数据导入”按钮，进入相应的界面。切换到“合同外收入”选项卡，就能查看工程的整个过程中发生的合同外收入情况。选择变更单编号，单击“附件”按钮，在打开的“附件”对话框中选择附件名称，然后单击“下载”按钮，就能将变更的原始资料下载到本地，作为结算的附件资料，如图 7-155 所示。

02 打开“素材文件 >CH07>BIM 在结算管理中的实践 > 某高层住宅工程 - 竣工结算汇总表 .xlsx”文件，将合同外金额录入“竣工结算汇总表”，如图 7-156 所示。

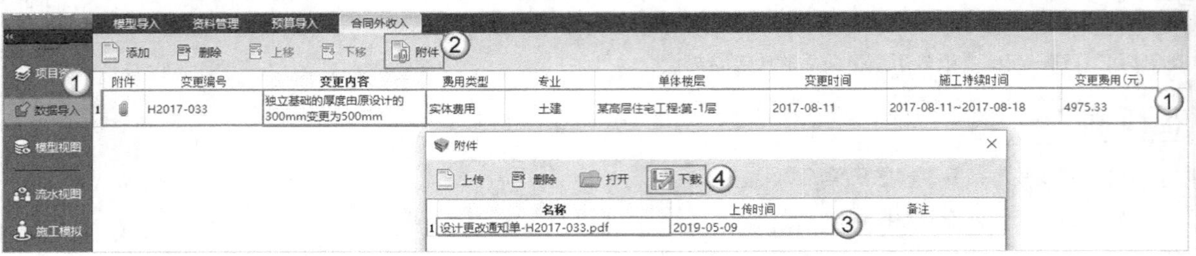

图 7-155

竣工结算汇总表			
项目名称：	某高层住宅工程		
序号	项目名称	合计（元）	备注
一	合同内部分	27378719.47	
1.1	建筑工程	27378719.47	
二	合同外部分	4975.33	
2.1	变更	4975.33	
三	结算总造价	27383694.80	

图 7-156

03 项目过程中的其他原始资料，可以在“资料管理”选项卡中获得。单击“数据导入”按钮，然后切换到“资料管理”选项卡，这时在施工过程中上传的所有资料都会显示在“资料管理”选项卡中，然后根据实际结算书编制的需求将资料下载至本地即可，如图 7-157 所示。

图 7-157

提示 由于本案例采用的是BIM5D单机版，而“资料管理”选项卡中的资料对应的是云端数据，因此读者在实际工作中，需要先将商务资料等数据上传至云端，然后在PC端单击“云数据同步”按钮，将云端数据同步至本地端，就能在“资料管理”中完成资料查看和数据关联等操作，如图7-158所示。

图 7-158

由于本案例只是讲解BIM5D的应用流程，读者在实际的项目工程中，务必要审核模型和预算数据的准确性，这样才能保证BIM5D获得的结算数据是满足业务需求的。

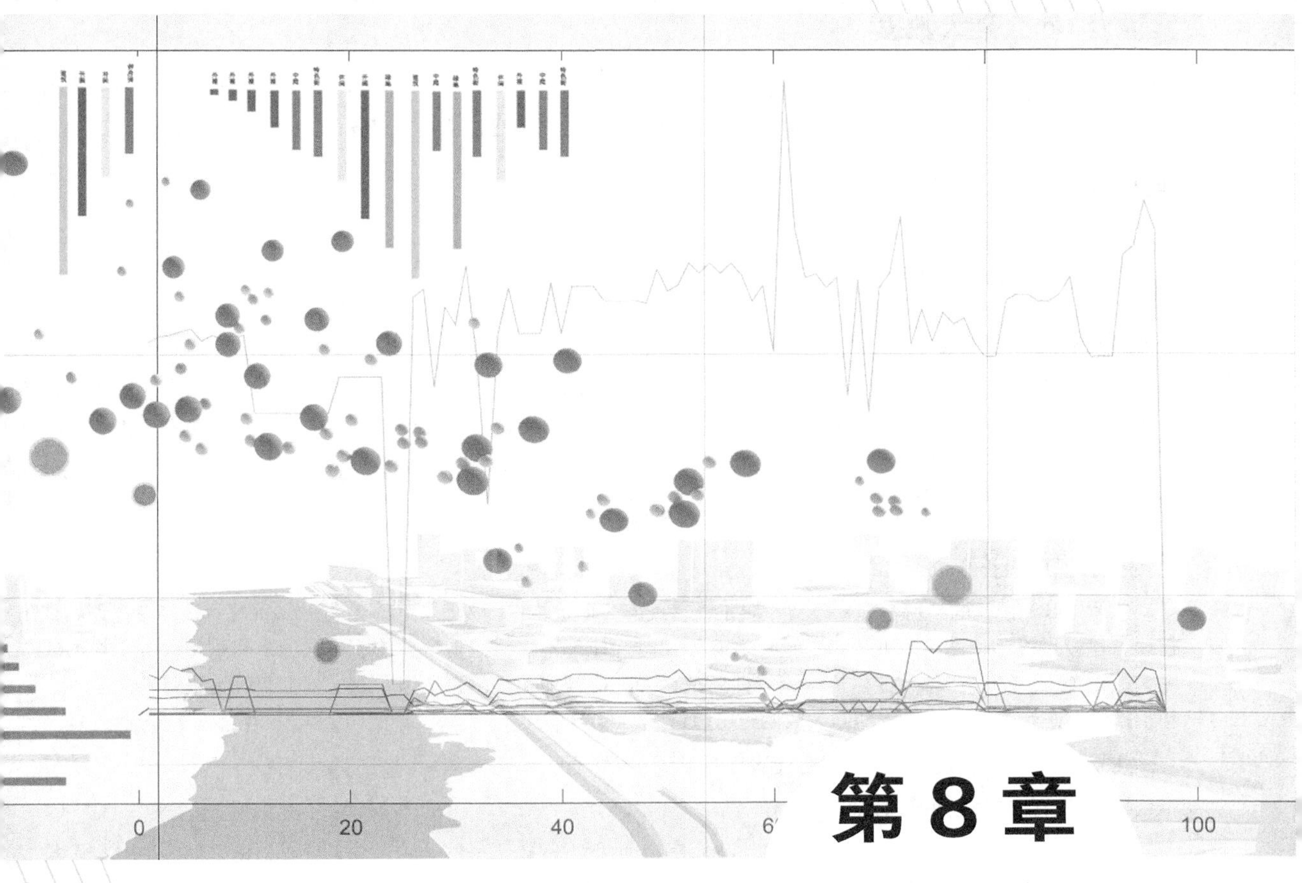

第 8 章

指标大数据

前面的章节全面介绍了 BIM 理论和建模的内容，并讲解了模型完成后需借助数据交互集成到 BIM5D 平台的过程，同时还通过某高层住宅工程案例的实战操作完成了基于 BIM 的造价管理应用，相信读者对 BIM 与造价的理论和应用均有了更深入的了解。事实上，BIM 造价不仅在理论和实际业务上有所应用，在云计算、大数据、物联网、移动互联网和人工智能等新技术的带动下，其在大数据技术上的应用也是一个重要的发展方向，本章将介绍 BIM 技术在造价大数据方面的应用。

知识要点

- ◎ BIM 与造价大数据应用流程
- ◎ BIM 造价工程量指标大数据
- ◎ BIM 造价价格指标大数据
- ◎ BIM 造价大数据指标

8.1 造价大数据概况

在学习 BIM 与造价大数据前，需要先简单了解一些 BIM 造价大数据的相关概况，知道造价大数据在工程管理领域的意义。

8.1.1 什么是大数据

大数据（Big Data）指无法在一定时间范围内使用常规工具进行捕捉、管理和处理的数据集合，是需要新处理模式才能处理的具有更强的决策力、洞察发现力和流程优化力的海量、高增长率和多样化的信息资产。

大数据的特点

IBM 曾提出大数据的“5V”特点，即 Volume（大量）、Velocity（高速）、Variety（多样）、Value（低价值密度）和 Veracity（真实性）。

大数据的优势

工程造价作为工程界的数据管理专业，其在业务实施的过程中会涉及不同领域、不同参与方、不同项目、不同阶段和不同对象的数据处理，同时具备了大数据的大量、多样、低价值密度和真实性的特点。虽然造价数据的处理过程不具备高速的特征，但是在未来借助 BIM、云计算等技术，能帮助工程造价专业人员实现数据的高效处理，从而为建筑业的数字化转型提供数据支持。

实现大数据的意义

目前，传统模式的造价管理还停留在手工计算或部分使用软件的处理阶段，数据的复用性也还存在很大的缺陷。在项目建设过程中，造价专业人员在进行业务处理时往往都不太注重对数据的收集、分析和积累，更别说形成个人的大数据资产。而且，传统的造价数据管理还缺乏先进的管理工具，无法为专业工程师更好地进行数据收集、分析和积累，这些都是影响造价管理向大数据应用迈进的因素。

建立 BIM 与造价大数据的意义主要表现在以下 4 个方面。

符合建筑业信息化发展的大趋势

全面提高建筑业信息化水平，着力增强 BIM、大数据、智能化、移动通讯、云计算和物联网等信息技术集成的应用能力，使得建筑业在数字化、网络化和智能化方面取得突破性进展，初步建成一体化行业监管和服务平台，使数据资源的利用水平和信息服务的能力获得明显地提升，最终形成一批具有较强信息技术创新能力和信息化应用达到国际先进水平的建筑企业和具有关键自主知识产权的建筑信息技术企业。在大数据的专项信息技术方面，目前提出“汇聚、整合和分析建筑企业、项目、从业人员和信用信息等相关大数据，探索大数据在建筑业的创新应用，推进数据资产管理，充分利用大数据价值”的理念，本书提出的造价大数据就是依托 BIM 技术进行造价业务数据的整合和分析，并且充分发挥了造价大数据在建筑业信息化发展的作用，这符合未来建筑业信息化发展的趋势。

解决传统造价管理数据孤岛的问题

传统的造价数据涉及的文件类型多、各软件产生的数据格式不一致，容易导致交互困难、数据形成孤岛等问题，使得造价在数据管理方面问题重重，如何解决数据孤岛问题是影响造价大数据发展的根本性问题。然而，随着 BIM 技术的出现，建立数据建模标准、数据交互标准等规范，可以让造价数据通过标准的接口进行处理，这在一定程度上帮助了造价工程师解决数据孤岛的问题。同时，利用 BIM 平台技术可以将项目的数据进行整合、分析，形成符合造价业务处理的基础数据，还能帮助造价管理从经验驱动向数据驱动转变。

提升数据驱动对后续项目设计参考的价值

一方面，在传统的 DBB 发承包模式下，造价管理偏重于项目的施工阶段，因此在项目全生命周期中的决策阶段和设计阶段的造价管理均有一定的欠缺；另一方面，造价数据以施工阶段的数据最具有价值，因为它包含项目建设从无到有、从概念到落地的全部现场过程的数据，这些数据最能反映项目建造的真实过程。因此通过 BIM 技术对已完项目施工阶段的造价数据进行分析，能为未来推广 EPC 模式下的设计阶段进行设计方案比选和经济分析提供数据支撑，让项目的造价数据创造出更大的价值。

帮助工程造价管理向数字化发展提供技术手段

虽然现阶段造价管理需面对数据孤岛和缺乏平台等多种问题，但是随着建筑业逐渐向信息化、数字化推进，造价管理也会随着技术的变革向先进的数字造价管理发展。造价管理通过 BIM 技术，能将工程造价的工程量信息实现模型化、将价格信息实现智能化，从而帮助造价管理实现数字化转变。

8.1.2 造价大数据应用流程

说到 BIM 在造价大数据的应用，就会涉及与应用过程相关的流程问题，造价大数据通常包括岗位端到项目端，最后才集成到企业级的大平台。从数据流程来说，BIM 数据会涉及业务的流程和项目岗位人员之间的岗位流，最后汇集成为整个大数据流来形成整个企业的项目造价大数据。图 8-1 所示为 BIM 与造价大数据应用的流程图。

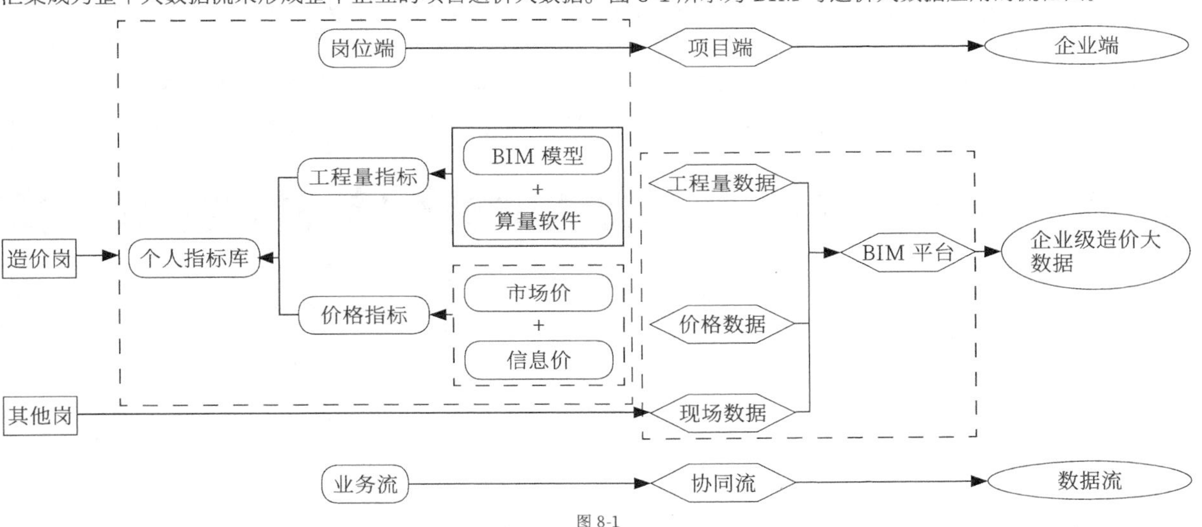

图 8-1

从上图可知，BIM 与造价大数据应用的流程图包含了以下 3 个部分。

岗位端

造价专业人员通过岗位端在完成 BIM 模型和工程计价的信息数据的处理后，从底层数据看，会形成“个人”的“工程量指标”和“价格指标”基础数据库，同时也完成了岗位端的业务数据流信息的积累。

项目端

造价专业人员将项目造价管理需要的工程量数据、价格数据在 PC 端进行数据上传，借助云端协同技术同步至项目的 BIM 平台。其他岗位人员登录同一个项目端完成对应任务后，可在云端实现和其他岗位人员的现场数据流在 BIM 集成平台的数据整合，从而完成项目端的业务数据的协同。

企业端

总承包企业通过搭建好的企业级造价大数据平台，利用 BIM、云计算和平台整合技术，可以实现对岗位级、项目级数据的抓取，再根据系统内置的统一数据标准，完成造价数据的分析、整理和归集，实现企业各项目的工程量、价格数据的分析，形成完整的造价指标大数据，从而帮助整个企业集成全项目的专业造价数据流信息。

8.2 造价大数据应用

在整个项目的全生命周期中，项目竣工仅仅意味着完成了项目管理的进度任务。但是在全过程造价管理过程中，即便竣工结算完成后，造价专业人员也需要完成成本分析和指标数据的收集、整理工作，也只有通过对项目数据进行整理和归类，造价专业人员才能获得在后续项目投资阶段中需要的设计方案经济指标数据。但是，现阶段数据管理没有统一的标准或样板，易导致各项目的实际数据不能直接共享。而且，工程造价中的竣工数据常常都是企业的核心成本数据，属于企业保密的信息，企业更加不会轻易共享。既然竣工数据是企业的核心数据，可见做好项目竣工造价指标数据的管理是多么重要。

8.2.1 BIM 造价工程量指标大数据

造价指标大数据，可以分为工程量的指标大数据和价格指标大数据两类。造价专业人员在业务处理的过程中，都会遇到指标数据的应用场景。例如，在算量的过程中，如果需要处理的是一个群体项目，有些楼栋只是户型不太一致，但是结构、形式相似，那么安排不同员工分别完成楼层的工程量计算后，管理人员就可以通过不同楼栋的钢筋、混凝土和模板等指标的相互对比来检查各楼栋负责人计算的工程量的准确性，从而帮助管理人员快速检查出问题所在，提高管理的工作效率。BIM 造价工程量的指标大数据则以项目级平台为例，介绍 BIM 在工程量指标大数据的应用过程。

在 BIM 技术下，项目级平台能通过 PC 端上传的建筑模型自动获得常用的工程量指标信息，如钢筋、混凝土等的指标信息，如图 8-2 所示。

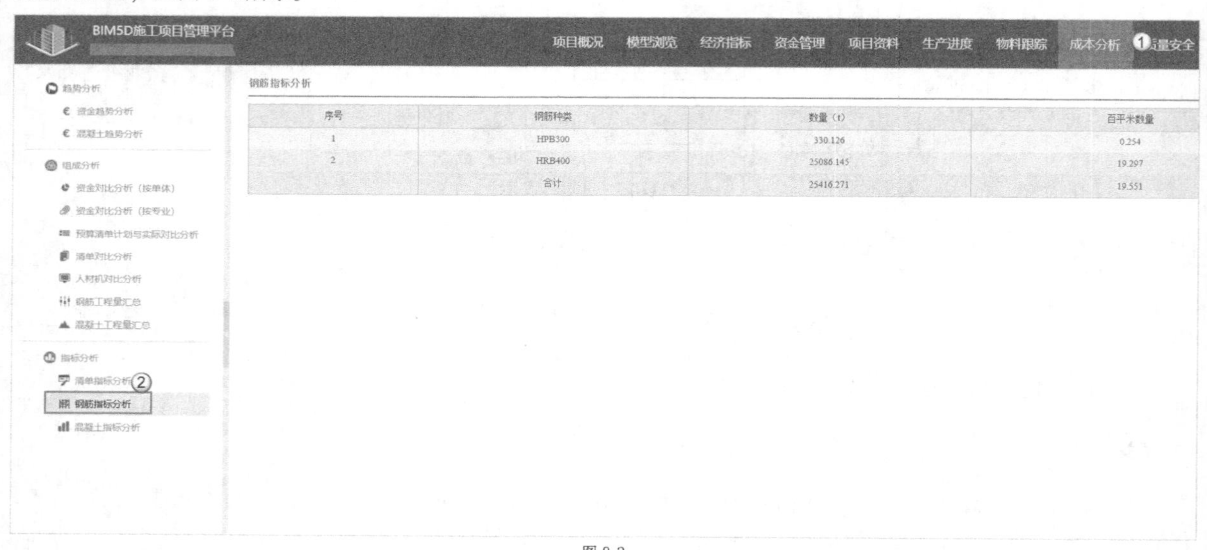

图 8-2

本小节仅以单项目的案例来讲解，造价工程量的指标数据涉及的值往往比上图中展示的参数要多，目前企业端的工程量指标数据的接口能支持定制开发，企业可以将实际业务需求反馈给厂商，实现企业应用的定制化开发，完成 BIM 在更多项目中的造价工程量指标大数据应用。

8.2.2 BIM 造价价格指标大数据

在前面一小节中介绍了 BIM 在工程量指标大数据的应用场景，但是对于工程造价，还涉及另外一个层面，那就是价格大数据。提到价格大数据，造价专业人员肯定会知道，在工程造价的费用构成中，材料价格占整个工程造价的直接花费比例最大。在第 6 章中已经介绍了价格大数据在投标策略中的实际业务场景，本小节以土建材料涉及的混凝土为例，介绍价格大数据在造价管理中的应用，图 8-3 所示为某市混凝土价格大数据。

品名	强度等级	品牌	单位	含税价	除税价	税率	比昨天(元)	比上月(元)	比上季度(元)	趋势图	报价日期
混凝土	C30		立方	¥485.0	¥470.88	3%	0.0	↓ -10.0	↓ -10.0		2019-03-15
混凝土	C30		立方	¥475.0	¥461.17	3%	0.0	↓ -10.0	↓ -10.0		2019-03-15
混凝土	C30		立方	¥485.0	¥470.88	3%	0.0	↓ -10.0	↓ -10.0		2019-03-15
混凝土	C30		立方	¥485.0	¥470.88	3%	0.0	↓ -10.0	↓ -10.0		2019-03-15
混凝土	C30		立方	¥495.0	¥480.59	3%	0.0	↓ -10.0	↓ -10.0		2019-03-15
混凝土	C30		立方	¥465.0	¥451.46	3%	0.0	↓ -10.0	↓ -10.0		2019-03-15

图 8-3

通过查询混凝土行情，就能看到当日主流品牌的混凝土的价格情况，从而帮助造价专业人员快速了解混凝土的市场价格。如果还想继续查看某地区的商品价格涨幅情况，那么也可以快速查看该地区的趋势图和价格指数，如图 8-4 所示。

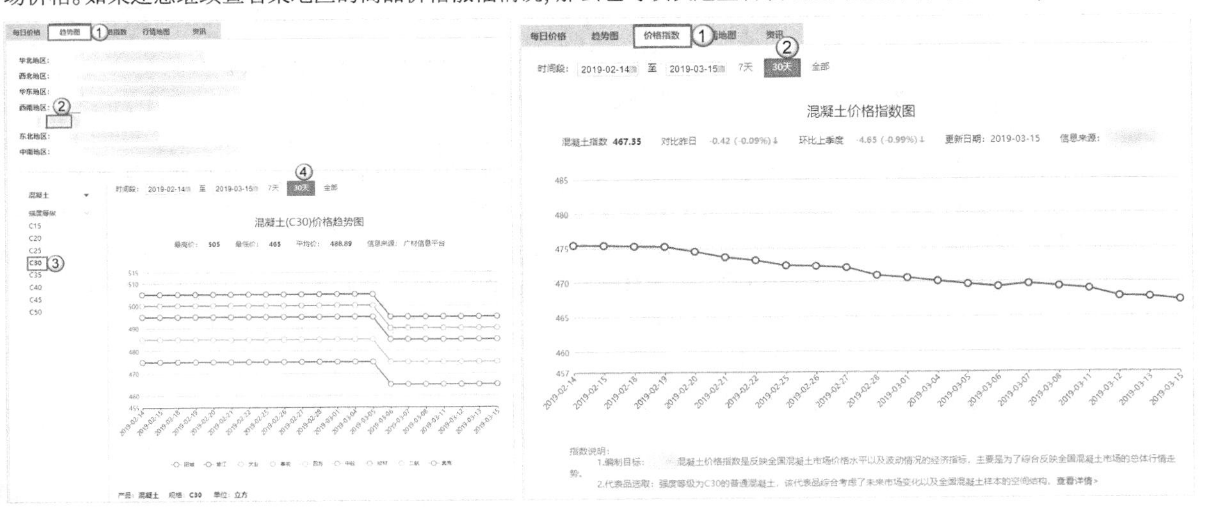

图 8-4

造价专业人员通过价格大数据系统中的图表，就能及时了解材料价格和近一段时间的价格趋势，这些图表为造价专业人员在造价业务决策时提供基础数据。当然，这里的数据并没有与 BIM 技术进行直接对接，但是如果大型企业已经完成了集中采购系统的建立，那么就能实现企业级 BIM 平台和集采平台的数据对接，实现“BIM 工程量 + 价格”的造价大数据应用。

8.2.3 BIM 造价大数据指标

前面学习了工程量和价格指标大数据的应用情况，那么整个项目的“BIM+ 造价大数据指标”具体如何落地呢？

答案就是运用企业级的云平台。企业推广 BIM 技术应用，通过“岗位级 + 项目级”的应用形成企业级 BIM 大数据的基础数据沉淀，再利用统一的数据接口将企业已经实施的所有项目的 BIM 数据进行抓取，获得企业级 BIM 大数据信息，从而帮助企业管理人员实现整个企业所属项目的各项数据管理。企业还能通过归集整个公司实施中的项目指标数据来形成整个企业的指标数据，将其作为后续投资、投标等的数据参考依据。当数据达到一定量时，就会形成企业的数据资产，企业管理人员只需登录具有权限的账号，就可查看企业所有的项目数据情况。

项目列表情况

图 8-5 所示为企业级云平台的项目列表情况。

经营动态

通过图 8-5 可直观地了解整个企业所属的项目情况，还能及时查看企业的经营动态，包括企业的产值、收付款、项目类别和项目排名情况等信息。后续有新项目需要投标时，企业就能通过平台来查看项目的造价指标数据，以便更好地进行项目投标决策。如果是 EPC 项目，那么造价工程师还能根据历史数据的情况，完成多方案经济比选，如图 8-6 所示，获得最优的设计方案，从而保证项目达到利润最大化的目标。

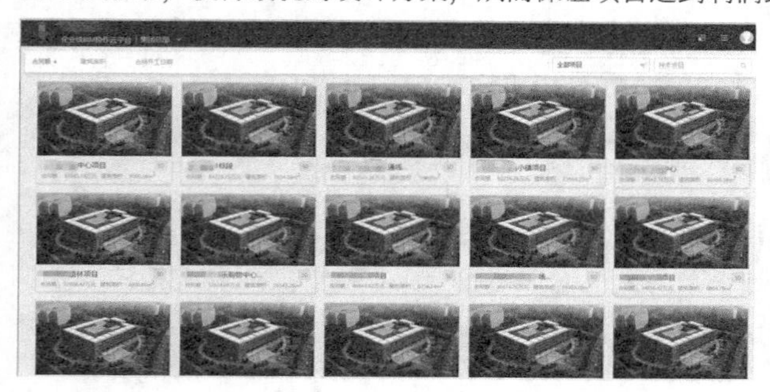

图 8-5

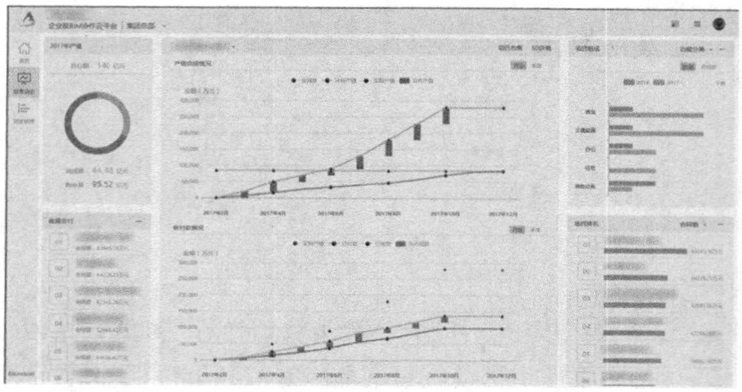

图 8-6

当然，目前 BIM 在造价大数据方面的应用还存在很大的不足，究其原因，主要包括平台技术不成熟、模型数据不统一和行业对造价指标数据的重视程度不够等，但是这不能成为 BIM 在造价大数据平面的发展停滞不前的理由。当传统的算量工作逐步被未来的人工智能、机器建模和 BIM 在全生命期的算量应用所替代，造价管理也会向全过程管理的两端转移。也只有借助新技术，才能帮助传统造价专业人员脱离复杂、枯燥和重复的建模计量及计价工作，并转向造价合同风险管控、全过程业务咨询、工程法务和税务等高端项目增值的新型造价业务，实现传统造价管理向数字造价管理的升级。

BIM 在造价管理的应用，离不开大数据、云计算等新技术的发展。作为造价专业人员，我们必须紧跟新技术发展的步伐，学习先进的 BIM 技术，夯实造价专业知识，及时了解造价行业未来的发展方向，才能应对未来的行业发展变革，为行业的整体转型升级贡献一份力量。

参考文献

[1] 何铭新，李怀健．土木工程制图 [M]．4 版．武汉：武汉理工大学出版社，2015.

[2] 刘畅．基于 BIM 的建设工程全过程造价管理研究 [D]．重庆：重庆大学，2014.

[3] 李静，方后春，罗春贺．基于 BIM 的全过程造价管理研究 [J]．建筑经济，2012（9）：96-100.

[4] 李建成．BIM 概述 [J]．时代建筑，2013（2）：10-15.

[5] 何关培．实现 BIM 价值的三大支柱 -IFC/IDM/IFD[J]．土木建筑工程信息技术，2011（1）：108-116.